中文版 Photoshop CS3 完全攻略

雷　波　编著

中国电力出版社
www.infopower.com.cn

内容提要

本书是《中文版 Photoshop CS2 完全攻略》的升级版本，书中不仅针对读者反馈的情况，对前一版本图书中存在的问题进行了修改，而且加入了 CS3 版本最新知识及其应用。

本书内容丰富、实用，且与一般同类书籍相比所讲解的内容更全面，这使本书不仅可以作为一本循序渐进式的学习书籍，而且也能够作为案头速查手册使用。由于大多数摄影爱好者所使用的图片处理软件是 Photoshop，因此笔者加大了数码照片修饰方面的知识，从而使本书内容更丰富，实用性也更强。

本书超值赠送一张多媒体教学光盘，内含约 8 小时的 Photoshop 多媒体教学讲解，并提供了书中操作实例的所有素材和最终效果文件，为您的学习提供了全方位的配合与指导。

本书非常适合初学者学习，也可作为平面设计人员的参考书，同时还可作为高等院校和相关培训学校教材。

图书在版编目（CIP）数据

中文版Photoshop CS3完全攻略 / 雷波编著. —北京：中国电力出版社，2008.2
ISBN 978-7-5083-6382-0

I. 中… Ⅱ. 雷… Ⅲ. 图形软件，Photoshop CS3 Ⅳ. TP391.41

中国版本图书馆CIP数据核字（2007）第192910号

责任编辑：王杏芸
责任校对：崔燕菊
责任印制：李文志

书　　名：中文版 Photoshop CS3 完全攻略
编　　著：雷波
出版发行：中国电力出版社
　　　　　地址：北京市三里河路 6 号　邮政编码：100044
　　　　　电话：（010）68362602　传真：（010）68316497
印　　刷：北京市同江印刷厂
开本尺寸：185mm × 260mm　印　张：30　彩　页：12　字　数：682 千字
书　　号：ISBN 978-7-5083-6382-0
版　　次：2008 年 2 月北京第 1 版
印　　次：2008 年 2 月第 1 次印刷
印　　数：0001—4000 册
定　　价：45.00 元（含 1DVD）

前 言

本书是《中文版 Photoshop CS2 完全攻略》的升级版本，专门针对 Photoshop 的初、中级用户编写，书中全面、详细、深入地讲解了 Photoshop CS3 中 90%以上的功能，采用由浅到深、从点到面、从理论到实际的讲解方式，使读者能够迅速了解和掌握 Photoshop 的强大功能。

本书可以作为初学者入门、中级用户深入研究的学习书籍，也可作为数码照片处理、平面设计人员身边常备以便随时查阅的工作参考书，书中通过理论讲解与实例分析，涉及到了这方面的大量知识与技能。

相比市场上的其他同类书籍，本书主要特色如下：

- 内容全面。全面讲解了该软件 90%的功能，有些功能可能仅针对较高端的用户，这些内容能够使本书作为一本软件工具、命令、功能速查手册使用。
- 由浅入深。针对学习者从初级到中、高级的认知过程，对图书结构与知识体系进行了优化，以保证各位读者在学习初级知识时不涉及中高级技能，从而顺利地进行学习。
- 重点突出。对于重点内容特别加大了讲解的篇幅，这些重点内容包括图层、路径、形状、通道、调色等常规重点与难点内容。
- 实例精美。无论是知识点实例还是综合实例，均从视觉方面进行了考虑，以保证这些实例在学习的同时能够提高读者的审美水平。
- 一书两用。为了使本书更具实用性，本书在讲解过程中不仅展示了如何在平面设计中使用 Photoshop CS3 软件，还讲解了许多实用的数码相片处理技术，并专门增加了一些相关的理论和实例，例如，调整相片的颜色等。

本书超值赠送一张多媒体教学光盘，内含约 8 小时的 Photoshop 多媒体教学讲解，并提供了书中操作实例的所有素材和最终效果文件。

尤其值得一提的是，为了配合各位读者的学习过程，笔者特意邀请了具有丰富教学经验的老师录制了数小时的多媒体视频教学光盘，相信这些视频教学文件能够帮助各位读者更加快速地掌握本书所讲述的知识。

虽然本书为作者的倾心之作，但由于水平有限，不敢妄言书中所述技巧与经验皆属最佳，如对本书有任何建议与意见，请将电子邮件发至 LB26@263.net 或 Lbuser@126.com，也可以访问点智文化公司网站（www.dzwh.com.cn）。

本书的主要参与者除了封面署名作者外，还包括以下人员：刘志伟、吴腾飞、左福、范玉婵、李美、邓冰峰、雷剑、卢金凤、刘小松、刘星龙、边艳蕊、马俊南、司金辉、尹承红、刘志珍、张桂莲、刘爱华、刘孟辉、徐正坤、任根盈、张养丽、张艳群、张绍山、于广浩、杨志永、史绪亮。

本书光盘中所有文件仅供学习使用，不可用于商业用途，特此声明！

作 者

2007 年 11 月

案例名称："画笔"调板参数详解 / 散布
所在章节：第 6 章第 6.2.1 节

案例名称："画笔"调板参数详解 / 其他动态
所在章节：第 6 章第 6.2.1 节

案例名称：创建杂色渐变
所在章节：第 6 章第 6.3.4 节

案例名称：使用描边命令
所在章节：第 6 章第 6.5.1 节

案例名称：输入文字选区
所在章节：第 7 章第 7.1.7 节

案例名称：将文字转换为图像
所在章节：第 7 章第 7.5.3 节

案例名称：扭曲文字
所在章节：第 7 章第 7.6.1 节

案例名称：沿路径绕排文字
所在章节：第 7 章第 7.6.2 节

案例名称：区域文字
所在章节：第 7 章第 7.6.3 节

案例名称：使用涂抹工具扭曲图像
所在章节：第 8 章第 8.1.6 节

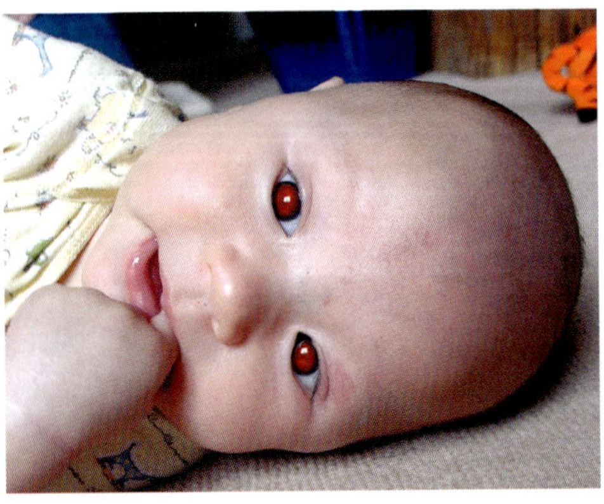

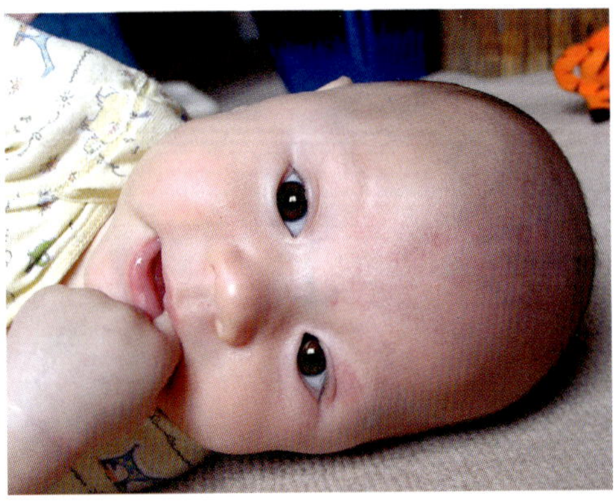

案例名称：红眼工具
所在章节：第 8 章第 8.3.6 节

案例名称：颜色替换工具
所在章节：第 8 章第 8.3.7 节

案例名称：使用“仿制源”调板绘制图像效果
所在章节：第 8 章第 8.4.3 节

案例名称：历史记录艺术画笔工具
所在章节：第 9 章第 9.3.2 节

案例名称：制作纯黑白图像效果
所在章节：第 10 章第 10.2.3 节

案例名称：制作灰度图像
所在章节：第 10 章第 10.2.5 节

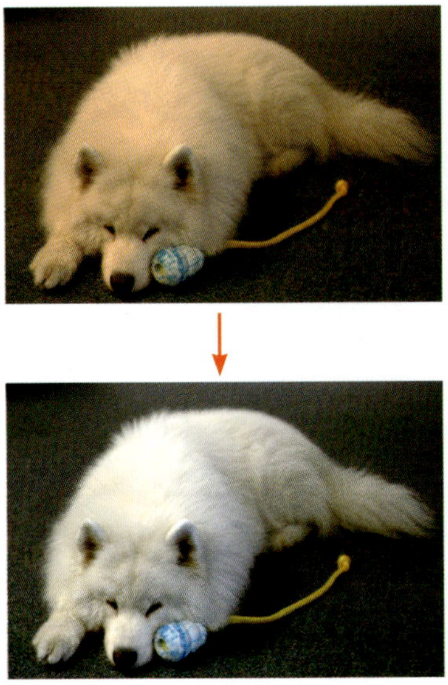

案例名称：自动调整图像的色阶
所在章节：第 10 章第 10.3.2 节

案例名称：自动调整图像的颜色
所在章节：第 10 章第 10.3.4 节

案例名称：“变化”命令
所在章节：第 11 章第 11.2 节

案例名称：“可选颜色”命令
所在章节：第 11 章第 11.3 节

案例名称：“通道混和器”命令
所在章节：第 11 章第 11.4 节

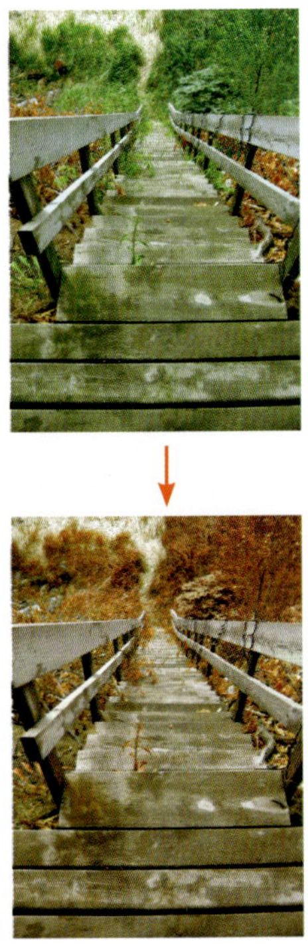

案例名称：使用模糊控件调整图像颜色
所在章节：第 11 章第 11.1.2 节

案例名称：“替换颜色”命令
所在章节：第 11 章第 11.5 节

案例名称：融合图像
所在章节：第 11 章第 11.7.1 节

案例名称：渐变映射命令
所在章节：第 11 章第 11.9 节

案例名称：使用“黑白”命令
所在章节：第 12 章第 12.1 节

案例名称：快速调整图像的明暗度
所在章节：第 12 章第 12.3.1 节

案例名称：显示更多细节图像
所在章节：第 12 章第 12.4.3 节

案例名称：改变图层顺序
所在章节：第 13 章第 13.3.9 节

案例名称：快速选择图层中的非透明区域
所在章节：第 13 章第 13.3.10 节

案例名称：缩放对象
所在章节：第 13 章第 13.12.1 节

案例名称：旋转图像
所在章节：第 13 章第 13.12.2 节

案例名称：创建图层复合
所在章节：第 13 章第 13.8.1 节

案例名称：扭曲图像
所在章节：第 13 章第 13.12.4 节

案例名称：再次变换
所在章节：第 13 章第 13.12.8 节

案例名称：指定混合范围
所在章节：第 15 章第 15.6 节

案例名称：变形图像
所在章节：第 13 章第 13.12.9 节

正常

变暗

正片叠底

颜色加深

线性加深

深色

变亮

滤色

颜色减淡

线性减淡（添加）

浅色

叠加

柔光

强光

亮光

线性光

点光

实色混合

差值

排除

色相

饱和度

颜色

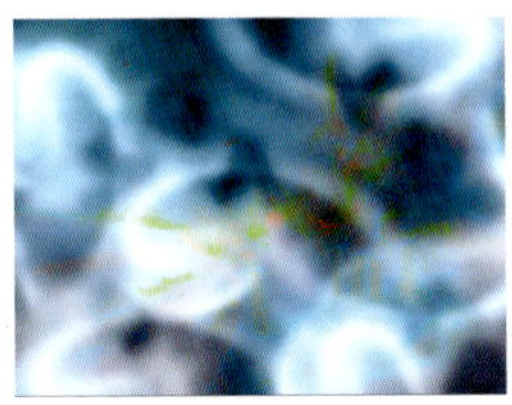

明度

案例名称：图层混合模式

所在章节：第 15 章第 15.5 节

案例名称：定义数据驱动
所在章节：第 15 章第 15.8.1 节

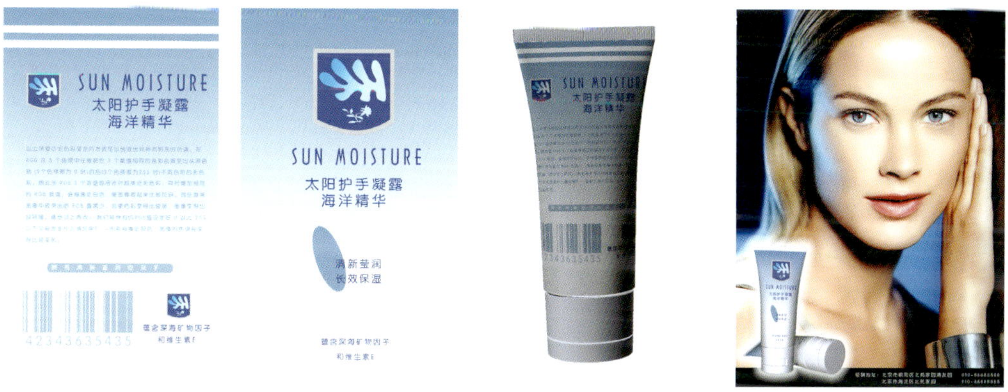

案例名称：修改模型贴图
所在章节：第 15 章第 15.10.5 节

案例名称：修改模型贴图掌握“动画（时间轴）”调板
所在章节：第 15 章第 15.12 节

案例名称：用滤镜编辑 Alpha 通道
所在章节：第 16 章第 16.4.1 节

案例名称：“应用图像”命令　　所在章节：第 16 章第 16.8 节

案例名称：通道“计算”命令　　所在章节：第 16 章第 16.9 节

案例名称：制作全景图像
所在章节：第 19 章第 19.10 节

案例名称：韵居花园
所在章节：第 20 章第 20.1 节

案例名称：中国戏曲
所在章节：第 20 章第 20.2 节

案例名称：可乐瓶
所在章节：第 20 章第 20.3 节

案例名称：热爱音乐
所在章节：第 20 章第 20.4 节

案例名称：茅台贡包装
所在章节：第 20 章第 20.5 节

案例名称：促销传单
所在章节：第 20 章第 20.6 节

Contents 目录

第 1 章

走进 Photoshop CS3 的世界

Photoshop 是美国 Adobe 公司开发的位图处理软件，在该软件十多年的发展历程中，始终以强大的功能、梦幻般的效果征服了一批又一批用户。现在，Photoshop 已经成为全球专业图像设计人员必不可少的图像设计软件，而使用此软件的设计者也因此为人类创造了数之不尽的精神财富。

随着 Photoshop CS3 版本的发布，其功能也显得更加的强大和专业，在本章中笔者将与大家一起走进 Photoshop CS3 的世界，认识它的工作界面及自定义工作环境。

1.1 Photoshop 应用领域

如前所述，Photoshop 在经历了不断的升级与更新后，其软件本身多方面的功能都得到了极大的增强，这也就允许用户在更多的应用领域中使用该软件，下面是 Photoshop 软件的主要应用领域。

1.1.1 平面设计

通常我们见到的各种类型的广告、封面以及包装作品，都可以由 Photoshop 来制作完成，也可以首先借助 Photoshop 处理其中的图像，然后再置入到 PageMaker、Illustrator 及 CorelDRAW 等软件中完成广告、封面或包装的设计。例如，图 1.1 所示为几幅优秀的广告设计作品，图 1.2 所示为几幅优秀的封面设计作品，图 1.3 所示为几个优秀的包装设计作品。

提示

如图 1.1 所示的两幅广告作品及图 1.2（b）所示的封面《Photoshop CS 质感传奇》，均为中国电力出版社《Photoshop 艺术大师——精通 Photoshop 十大商业应用》一书中的案例。

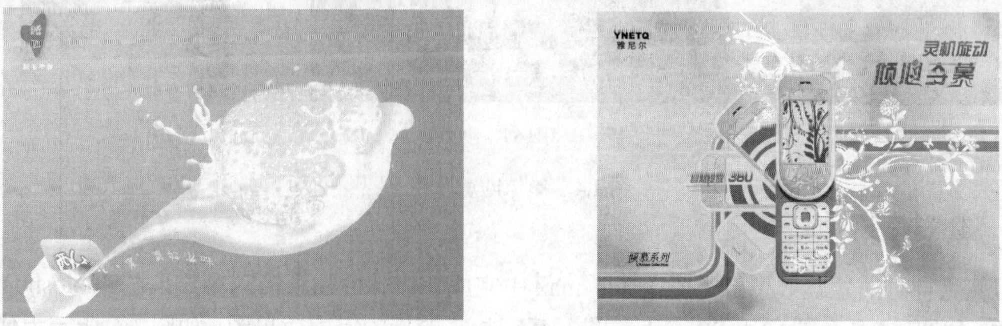

（a）　　　　（b）

图 1.1　广告作品赏析

（a）　　　　　　　　（b）

图 1.2　封面设计作品

（a）　　　　　　　　（b）

图 1.3　优秀的包装设计作品

1.1.2　影像创意

影像创意是 Photoshop 的特长，通过其强大的图像处理与合成功能，可以将一些风马牛不相及的东西组合在一起，从而得到或妙趣横生或炫丽精美的图像效果，如图 1.4 所示。

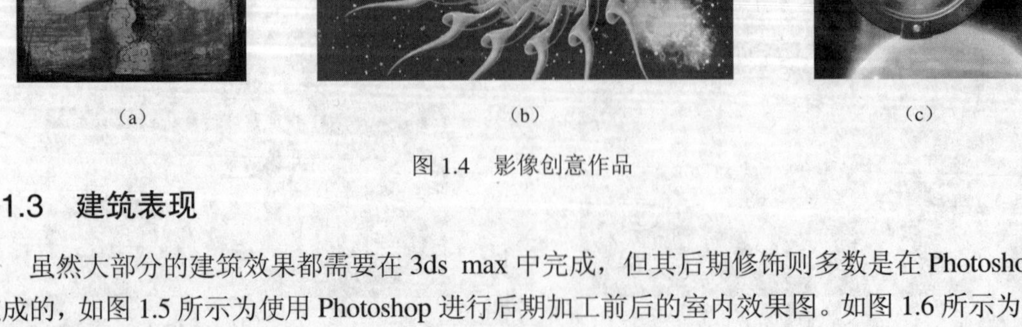

（a）　　　　　　　　（b）　　　　　　　　（c）

图 1.4　影像创意作品

1.1.3　建筑表现

虽然大部分的建筑效果都需要在 3ds max 中完成，但其后期修饰则多数是在 Photoshop 中完成的，如图 1.5 所示为使用 Photoshop 进行后期加工前后的室内效果图。如图 1.6 所示为使用 Photoshop 进行后期加工前后的室外效果图。

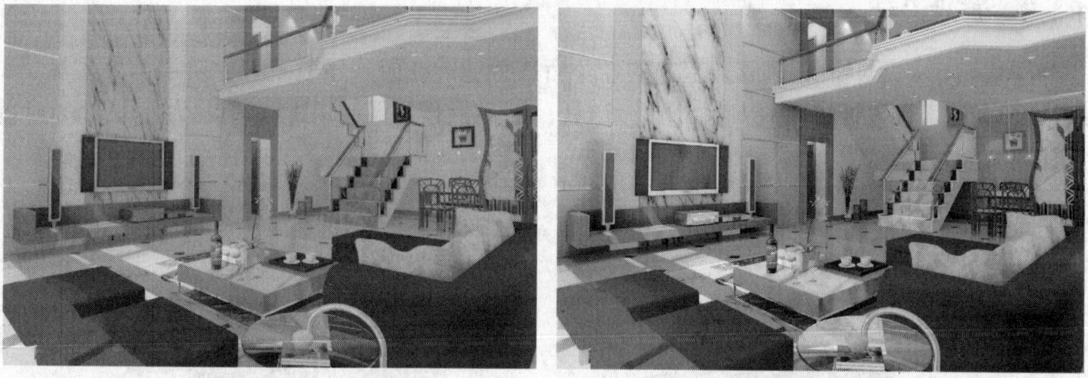

（a）　　（b）

图 1.5　室内效果图进行后期制作前后的效果

（a）　　（b）

图 1.6　室外效果图进行后期制作前后的效果

1.1.4　概念设计

所谓的概念设计，简单地说就是对某一事物重新进行造型、质感等方面的定义，形成一个针对该事物的新标准，在产品设计的前期通常要进行概念设计，除此之外，在许多电影及游戏中都需要进行角色或道具的概念设计。

如图 1.7 所示为概念自行车的设计稿。如图 1.8 所示为电影中飞行器的概念设计稿。

图 1.7　概念自行车设计稿

图 1.8　概念飞行器设计稿

1.1.5 游戏设计

游戏设计是近年来迅速成长起来的一个新兴行业，在游戏策划及开发阶段都要大量使用 Photoshop 技术来设计游戏的人物、场景、道具、装备、操作界面。如图 1.9 所示为使用 Photoshop 设计的游戏角色造型。

（a）

（b）

图 1.9 游戏人物设计

1.1.6 数码相片

伴随着电脑及数码设备走进越来越多人的生活，多数人已经不仅仅满足于拍摄的乐趣，更多的是 DIY 自己的照片，同时各大影楼也需要通过这些技术对照片进行美化和修饰。另外，对于追求唯美的数码婚纱照片设计，Photoshop 也在起着举足轻重的作用。

例如，图 1.10 所示为原图像及使用 Photoshop 校正照片颜色后的效果，图 1.11 所示为使用 Photoshop 制作的婚纱数码相片。

（a）

（b）

图 1.10 原图像及校正颜色后的效果

（a）　　　　　　　　（b）

图 1.11　数码艺术照片设计

1.1.7　网页制作

网页设计与制作行业是一个已经比较成熟的行业，互联网中每天诞生上百万的网页，这些网页中的大多数都是遵循使用了 Photoshop 进行页面设计、使用 Dreamweaver 进行页面生成的基本流程。如图 1.12 所示为一些使用 Photoshop 设计的比较优秀的网页作品。

（a）　　　　　　　　（b）

图 1.12　网页作品

1.1.8　插画绘制

插画绘制是近年来才慢慢走向成熟的行业，随着出版及商业设计领域工作的逐步细分，商业插画的需求不断扩大，从而使以前许多将插画绘制作为个人爱好的插画艺术家开始为出版社、杂志社、图片社、商业设计公司绘制插画，如图 1.13 所示为两幅使用 Photoshop 完成的成品插画。

(a)

(b)

图 1.13 优秀的插画作品

1.1.9 界面设计

随着计算机硬件设备性能的不断加强和人们审美情趣的不断提高，以往古板单调的操作界面早已无法满足人们的需求，一个网页、一个应用软件或一款游戏的界面设计得优秀与否，已经成为人们对它进行衡量时的标准之一。在此领域 Photoshop 也扮演着非常重要的角色，目前在界面设计领域 90%以上的设计师正在使用此软件进行设计。

如图 1.14 所示为两款优秀的界面设计作品。

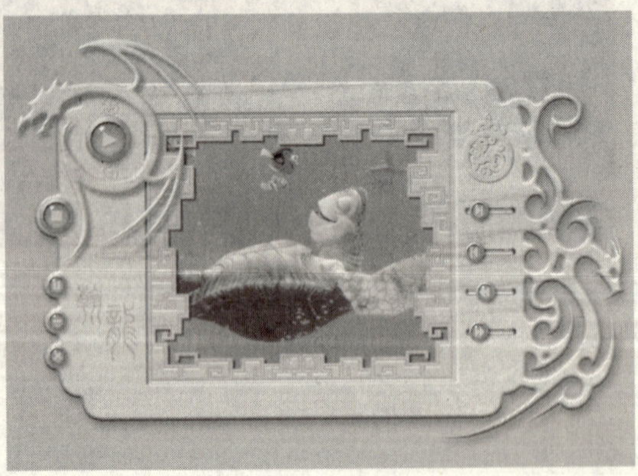

(a)

(b)

图 1.14 优秀的界面设计作品

在 Photoshop CS3 版本中，其操作的界面变得更加的人性化了，这也是继 Photoshop CS 版本中增加了泊窗界面功能后所做的又一次重大变革，其界面如图 1.15 所示。

图 1.15　完整的操作界面

通过图 1.15 可以看出，完整的操作界面由菜单命令、工具箱、调板、工具选项条与操作文件组成。由于在实际工作中，工具箱中的工具与调板是主要工作方式，因此下面重点讲解各工具与调板的使用方法。

1.2 工作界面

1.2.1　菜单命令

菜单命令是许多图形图像软件必需的组成部分，对于 Photoshop CS3 当然也不例外。

利用 Photoshop CS3 丰富的菜单命令，可以完成许多基础操作，诸如新建文件、保存文件、拷贝、粘贴、添加图层蒙版、新建调整图层、显示调板等，也可以进行改变图像大小、增加图层、删除图层等操作。

Photoshop CS3 中共有 10 个菜单，每个菜单又有数十个命令，因此 10 个菜单共包含了上百个命令，这些命令使每一个初学者都感觉到眼花缭乱，但实际情况并非如此，我们只需要了解每一个菜单中命令的特点，然后通过这些特点就能够很容易地掌握这些菜单中的命令了。

1.2.2　工具箱

工具箱中的大多数工具使用频率都非常高，因此掌握工具箱中工具的正确、快捷的使用方法有助于加快操作速度。

1．伸缩工具箱

Photoshop CS3 界面中的工具箱具备了很强的伸缩性，即可以根据需要，在单栏与双栏状态之间进行切换。该功能主要就是由位于工具箱顶部的两个三角块控制，如图 1.16 所示。

图 1.16　工具箱的伸缩栏

工具箱为双栏时，单击顶部的伸缩栏即可将其收缩为单栏状态，如图 1.17 所示，这样可以更好地节省工作区中的空间，以利于图像处理；反之，可以将其恢复至早期的双栏状态，如图 1.18 所示。

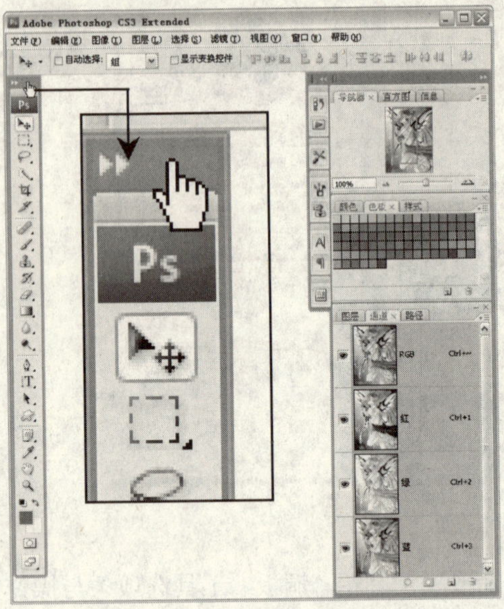

图 1.17　单栏工具箱状态

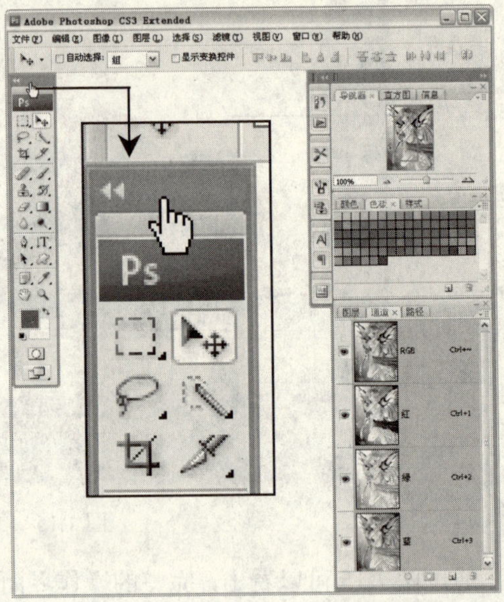

图 1.18　双栏工具箱状态

选择“窗口”|“工具”命令，可以显示或者隐藏工具箱。Photoshop CS3 工具箱中的工具与以前的变化不大，使用这些工具可以从事绘图、编辑、调整、制作选区等工作，工具箱如图 1.19 所示。

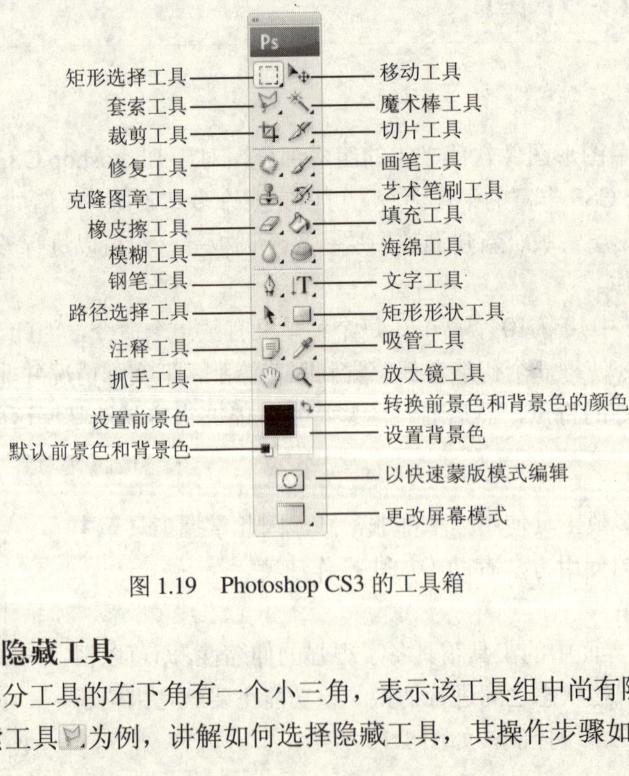

图 1.19　Photoshop CS3 的工具箱

2．显示及选择隐藏工具

在工具箱中有部分工具的右下角有一个小三角，表示该工具组中尚有隐藏工具未显示。下面以选择多边形套索工具 为例，讲解如何选择隐藏工具，其操作步骤如下：

步骤01 将鼠标置于套索工具组上，此时该工具图标将高亮显示，如图 1.20 所示。

步骤02 执行下列任一操作：

- 在工具图标上按住鼠标左键不放约 2s 左右。
- 在工具图标上单击鼠标右键。

步骤03 执行步骤 02 中的任意一个操作后，会显示出该工具组中所有工具，如图 1.21 所示。

步骤04 此时移动鼠标至多边形套索工具上，单击鼠标即可将其激活成为当前使用的工具。

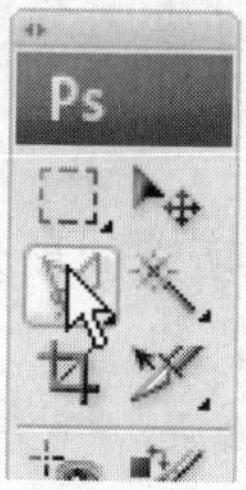

图 1.20　将鼠标置于工具图标上

图 1.21　显示所有工具

3．工具热敏菜单

Photoshop 的工具具有热敏菜单功能，即如果将光标放置于某工具之上 2s 左右，在光标右下方将出现该工具名称及操作快捷键，如图 1.22 所示。

工具热敏菜单中第一部分为该工具的名称，第二部分为此工具的快捷键，例如对于上图所示的移动工具，其快捷键为 V。

默认情况下，当某工具组中有 2 个或多个工具为同一快捷键时，按住 Shift 键+该工具的快捷键可以在这几个工具之间进行切换。

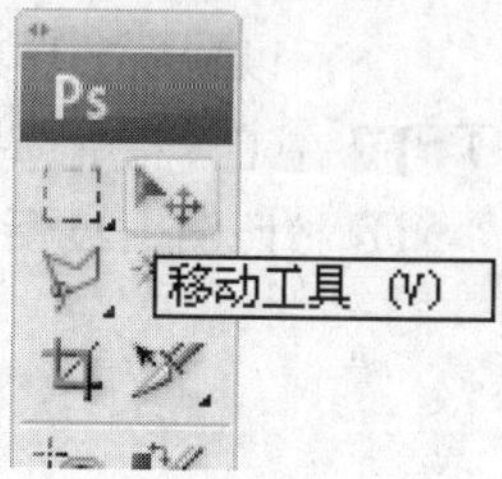

图 1.22　工具热敏菜单

1.2.3　工具选项条

Photoshop 以工具选项条的方式显示工具选项，即激活某个工具后该工具相应的选项将显示在工具选项条中。

如图 1.23 所示为激活钢笔工具后的工具选项条显示状态，在工作中设置工具选项条中的参数与选项，可以充分发挥各个工具的功能与作用。

图 1.23　钢笔工具选项条

1．工具预设值

工具预设是指预先设定好的工具的选项、参数集，如果为当前使用的工具选择某一个工具预设后，则此工具的参数自动转换为工具预设所定义的参数。

使用工具预设的优点在于我们能够将常用的参数集定义成为预设，并在需要的时候调用，而无需再次一一设置不同的参数。

下面以画笔工具为例，讲解工具预设的使用方法，其操作步骤如下：

步骤01 在工具箱中选择画笔工具。

步骤02 单击工具选项条中工具图标右侧的三角按钮，即可弹出如图 1.24 所示的工具预设调板。

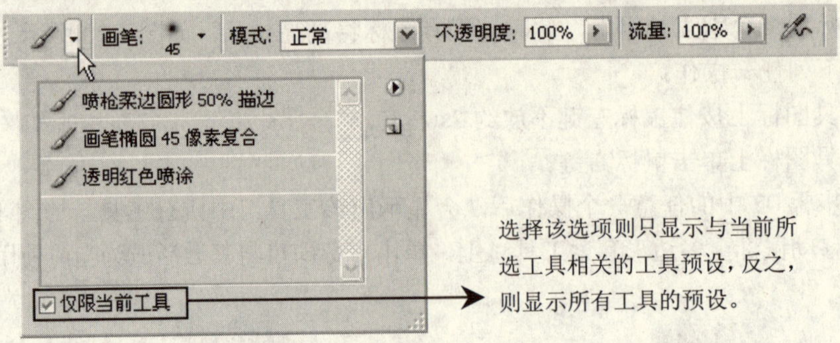

图 1.24　显示工具预设调板

步骤03 在该调板中单击需要的预设类型名称即可。此时就会按照所选的预设对工具选项进行设置。

注意

上述操作方法同样适用于其他工具。

在选择了一个工具预设后，会自动选择与之对应的工具。

下面以渐变工具为例讲解新建工具预设的操作方法，其操作步骤如下：

步骤01 在工具箱中选择径向渐变工具。

步骤02 按照图 1.25 所示设置其工具选项条。

图 1.25　渐变工具选项条

步骤03 单击工具选项条中工具图标右侧的三角按钮，即可弹出工具预设调板。

步骤04 在工具预设调板中单击其右上角的创建新的预设按钮，则弹出“新工具预设”对话框。

步骤05 在“新工具预设”对话框中输入新工具预设的名称，如图 1.26 所示。

图 1.26　“新工具预设”对话框

步骤06 在“新工具预设”对话框中，如果选中了“包含渐变”选项，则该预设会将当前所设置的渐变类型一并存储。

步骤07 设置参数完毕后，单击“确定”按钮即可。

如图 1.27 所示为利用上面定义的工具预设制作的效果（关于渐变工具的操作，读者可以参见本书第 6 章中的相关讲解）。

2．恢复工具预设值

如果希望当前工具的选项恢复为软件安装时的默认状态，则可以在工具选项条左侧的工具图标上单击鼠标右键，在弹出的菜单中选择“复位工具”命令即可，如图 1.28 所示。

图 1.27　使用渐变工具绘制的渐变

图 1.28　恢复工具的默认设置

如果选择“复位所有工具”命令，则可以将所有工具的参数设置恢复至软件安装时第一次运行时的默认参数。

1.2.4　调板

调板是 Photoshop 中必不可少的组成部分，默认情况下几个调板按默认的位置被放置在一起，共用一个控制窗口，但用户也可以根据个人的喜好显示或摆放调板，并可将多个调板上下叠放，如图 1.29 所示为调板的几种不同显示状态。

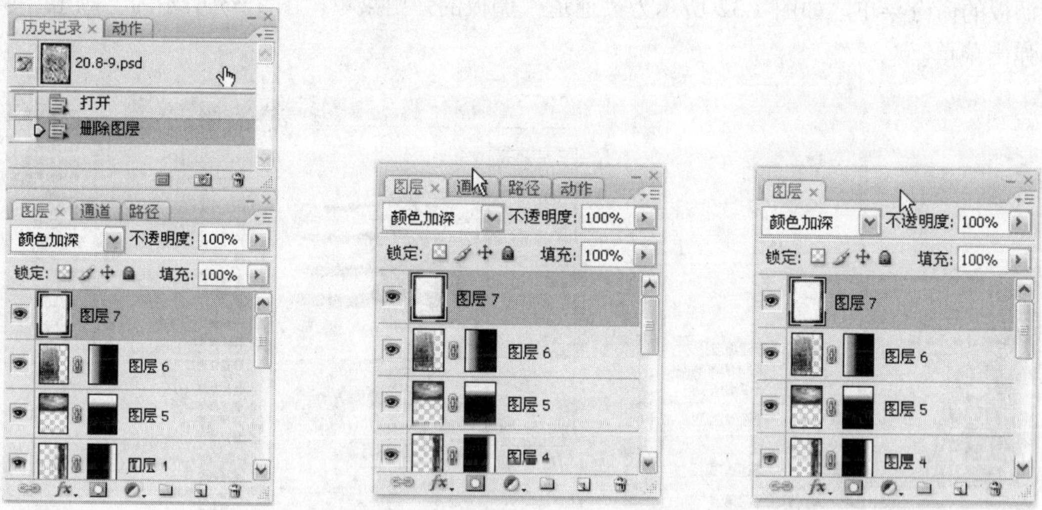

(a) 上下叠放　　(b) 水平摆放　　(c) 单独窗口

图 1.29　调板的不同显示状态

1. 重新结合调板

要使调板上下叠放，可以单击某调板将其拖至另一调板的下方，待下方出现一水平黑线时，释放左键即可，如图 1.30 所示。

通过将调板拖入一个控制窗口的操作，可以按需要将多个调板组合在一起，从而便于切换，例如，人们常将“图层”、“通道”和“路径”3 个调板组合在一起，如图 1.31 所示。

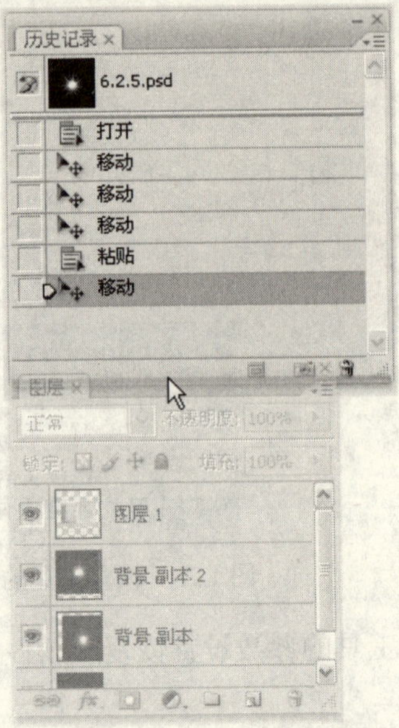

图 1.30 上下叠放操作过程

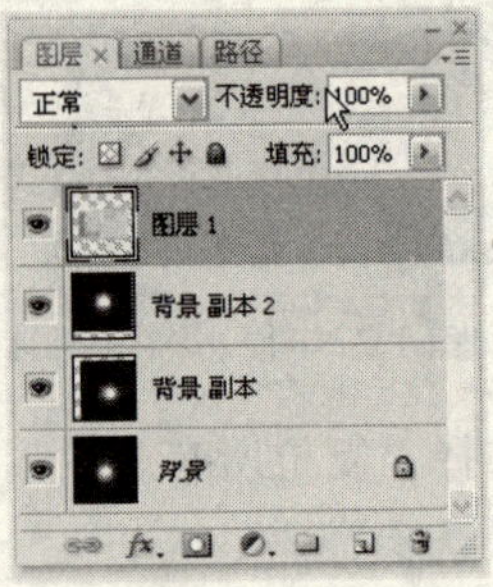

图 1.31 组合调板

调板组合只需将调板拖至另一控制窗口，待调板出现一个方形框后，释放左键即可。

2．调板菜单

每一个调板除了窗口中显示的功能按钮及参数选项外，单击其右上方的三角按钮，可弹出调板的命令菜单，如图 1.32 所示为“通道”调板的弹出菜单，图 1.33 所示为“画笔”调板的弹出菜单。

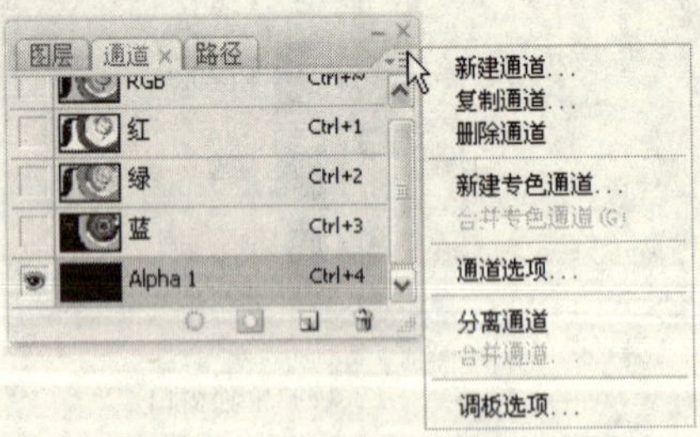

图 1.32 “通道”调板的弹出菜单

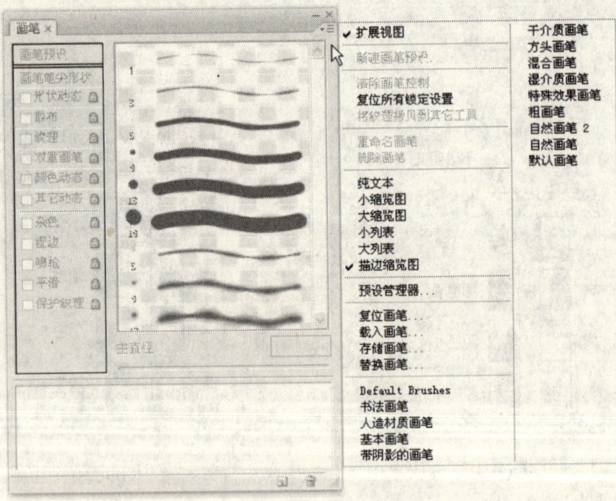

图 1.33 “画笔”调板的弹出菜单

1.2.5 掌握调板的使用方法

1．伸缩调板

调板也同样可以进行伸缩，对于已展开的一栏调板，单击其顶部的伸缩栏，可以将其收缩成为图标状态，如图 1.34 所示。反之，如果单击未展开的伸缩栏，则可以将该栏中的全部调板都展开，如图 1.35 所示。

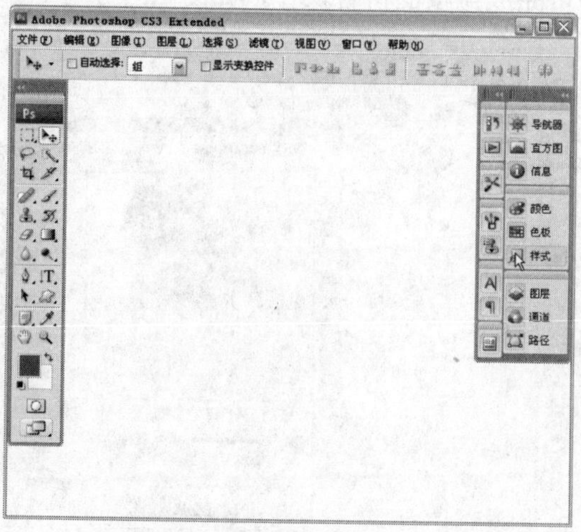

图 1.34　收缩所有调板时的状态

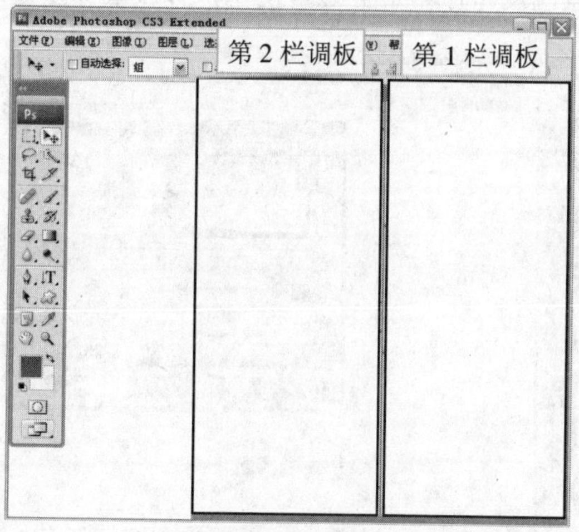

图 1.35　展开所有调板时的状态

如果要切换至某个调板，可以直接单击其标签名称；如果要隐藏某个已经显示出来的调板，可以双击其标签名称。

展开所有的调板后可以看出，虽然右侧罗列了很多个调板，但却被很规则地分为两栏，但如果有需要，也可以再增加更多个调板栏。

2．拆分调板

要单独拆分出一个调板时，可以直接按住鼠标左键选中对应的图标或标签，然后将其拖至工作区中的空白位置，如图 1.36 所示。如图 1.37 所示就是被单独拆分出来的调板。

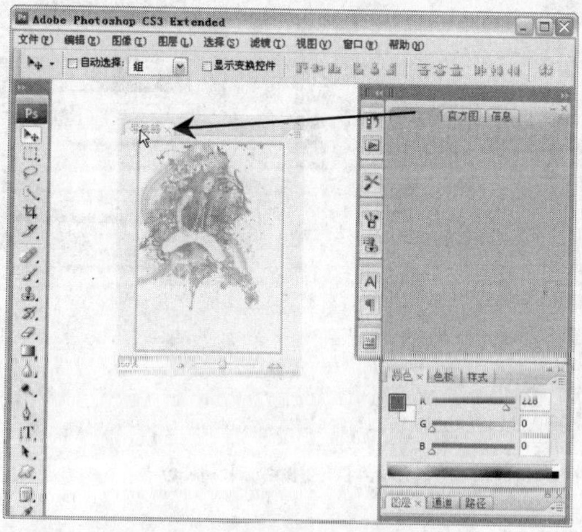

图 1.36　向空白区域拖动调板

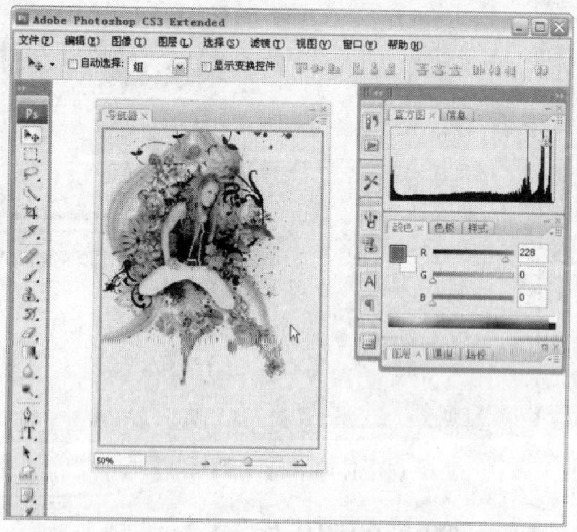

图 1.37　拖出后的调板状态

3．组合调板

组合调板操作可以将 2 个或多个调板合并到一个调板中，当需要调用其中某个调板时，只需要单击其标签名称即可，否则，如果每个调板都单独占用一个窗口，用于进行图像操作的空间就会大幅度减少，甚至会影响工作。

要组合调板，可以按住鼠标左键拖动位于外部的调板标签至想要的位置，直至该位置出现蓝色反光时，如图 1.38 所示，释放鼠标左键，即可完成调板的拼合操作，如图 1.39 所示。

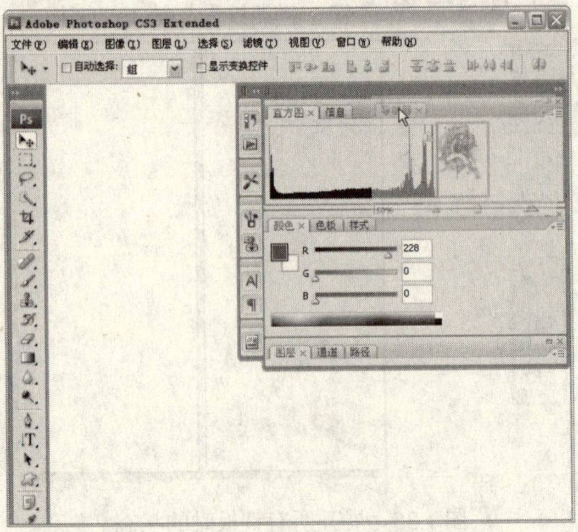

图 1.38　拖动位置

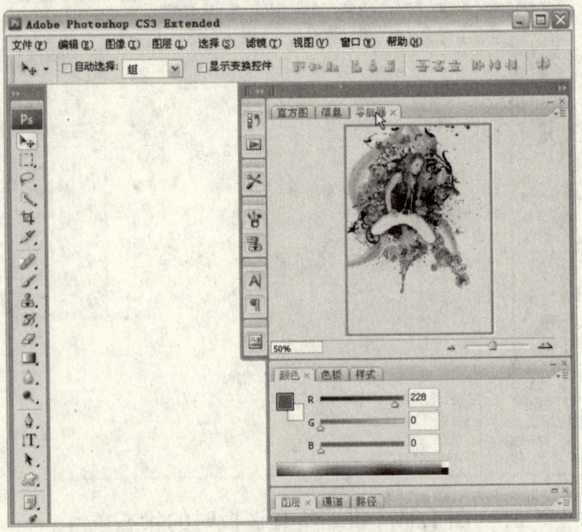

图 1.39　合并调板后的状态

上面所说的是向已经展开的调板中进行合并的操作，而对于侧面被合并起来的调板图标，也可以按照类似的方法进行操作以将其组合至侧栏中。

其操作方法仍然是拖动调板的标签名称至目标位置，如图 1.40 所示。当该位置出现蓝色的高光时释放鼠标即可，如图 1.41 所示就是组合了调板并将其显示出来后的状态。

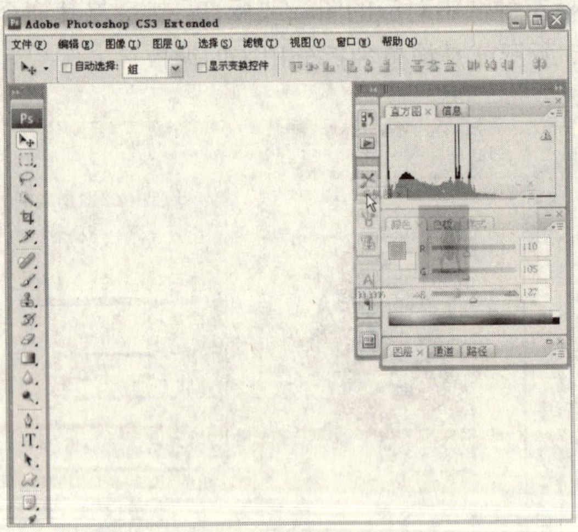

图 1.40　拖动调板

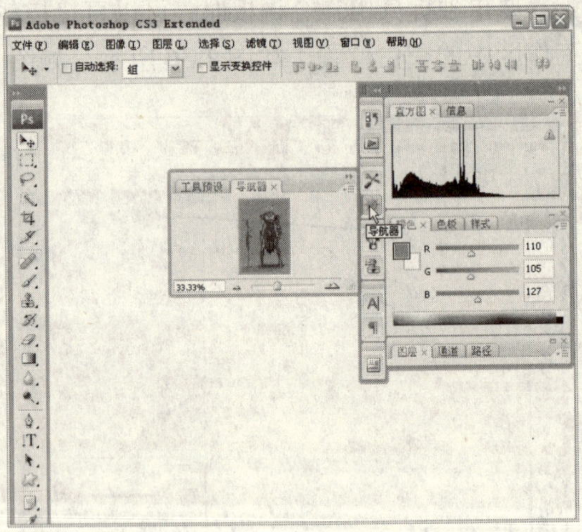

图 1.41　组合后的状态

4．创建新的调板栏

增加调板栏的操作方法非常简单，拖动一个调板至调板栏的最左侧边缘位置，此时其边缘会出现灰蓝相间的高光显示条，如图 1.42 所示，此时释放鼠标即可创建得到一个新的调板栏，如图 1.43 所示。

按照上述方法，可以在原来两个调板栏的中间增加一个新的调板栏，甚至还可以在工具箱的内侧或外侧创建调板栏，如图 1.44 和图 1.45 所示，读者可以自行尝试操作。

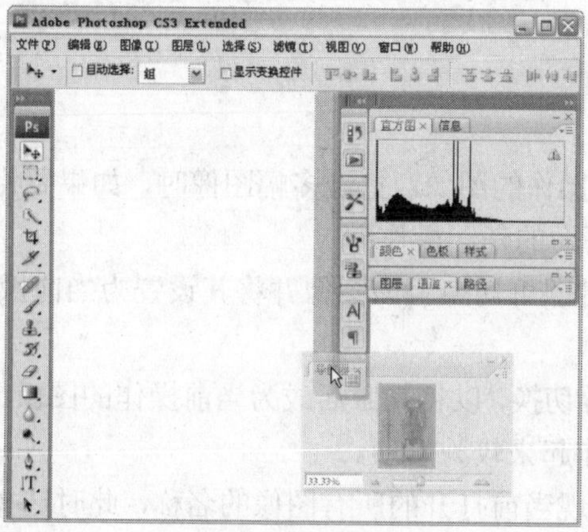

图 1.42　拖动调板

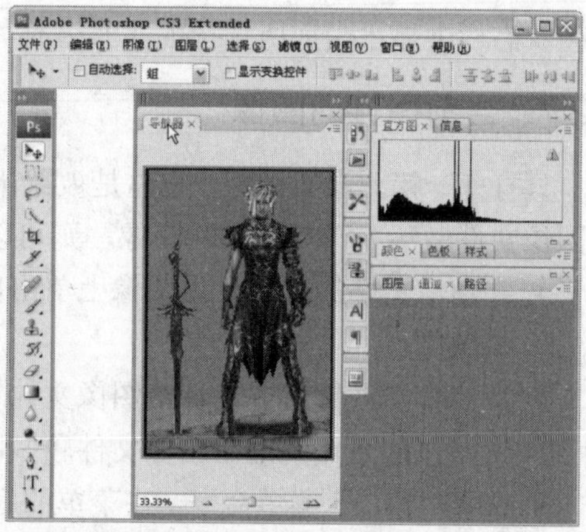

图 1.43　增加调板栏后的状态

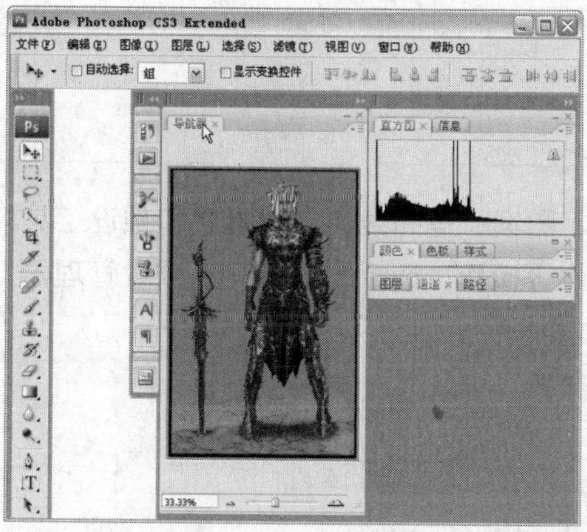

图 1.44　在中间创建调板栏

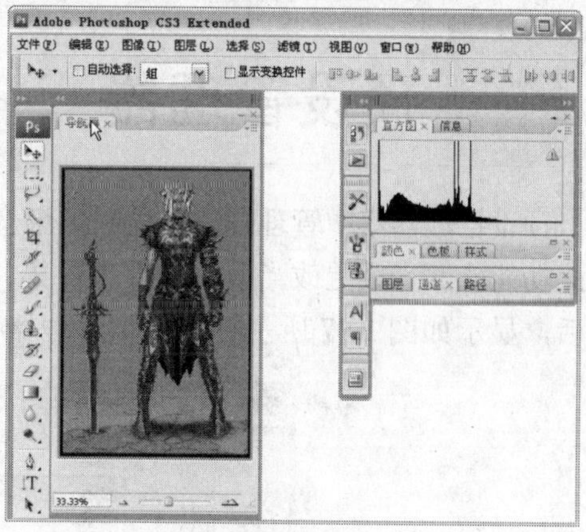

图 1.45　在工具箱右侧创建调板栏

1.2.6　状态栏

与以往版本中的状态栏略有不同，在 Photoshop CS3 版中，状态栏被移至图像的底部，而非软件的底部，它能够提供当前文件的显示比例、文件大小、内存使用率、操作运行时间、当前工具等提示信息。单击状态栏底部中间的黑色三角按钮▶，即可弹出如图 1.46 所示的菜单。

图 1.46　状态栏弹出菜单

在“显示”子菜单中，选择不同的选项，即可在状态栏中显示相关的信息，例如，选择“计时”选项，就可以在状态栏中显示用户每一步操作所用的时间，如果选择“当前工具”选项，则在状态栏中显示当前所选择的工具名称。

1.2.7 当前操作的图像

只打开一幅图像文件时，它总是被默认为当前操作的图像。打开多幅图像时，如果要将某个图像文件激活为当前操作的图像，则可以执行下面的任一操作：

- 在图像文件的标题栏或图像上单击鼠标左键即可切换至该图像并将其设置为当前操作的图像。
- 按 Ctrl+Tab 键可以在各个图像文件之间进行切换，以将其激活成为当前操作的图像，但该操作的缺点就是在图像文件较多时，操作起来较为繁琐。
- 选择“窗口”菜单命令，在菜单的底部将出现当前打开的所有图像的名称，此时选择需要激活的图像文件名称即可将其设置为当前操作的图像。

Photoshop 1.3 预设管理器 CS3

预设管理器集中管理画笔、色板、渐变、样式、图案、等高线、自定形状和预设工具，使用此功能能够完成更改当前的预设项目集、创建新库等操作。选择“编辑”|“预设管理器”命令后，显示如图 1.47 所示的“预设管理器”对话框。

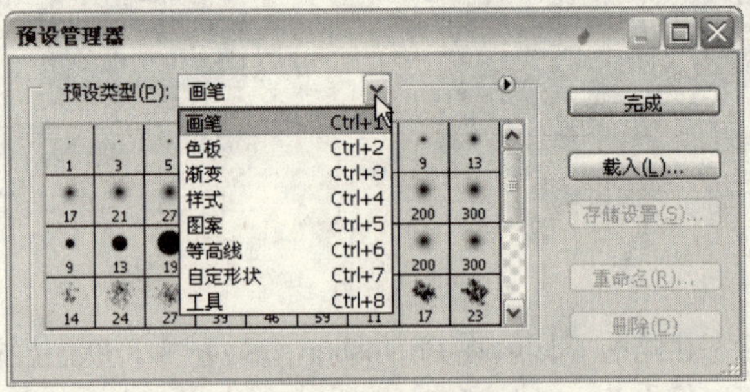

图 1.47 “预设管理器”对话框

下面讲解“预设管理器”对话框的基本使用方法。

1．更改项目的显示方式

单击对话框中的三角按钮，在弹出的预设管理器选项菜单中可以设置项目的显示方式，如图 1.48 所示。

在弹出菜单中关于设置显示方式的选项含义如下：

- “纯文本”。显示每个预设项目的名称。在色板预设中无法选择“纯文本”显示方式。
- “小缩览图”、“大缩览图”。显示每个预设项目的缩览图。在色板预设中无法选择“大缩览图”显示方式。在工具预设中无法选择任何缩览图显示方式。
- “小列表”、“大列表”。显示每个预设项目的名称与缩览图，在色板预设中无法选择“大列表”显示方式。
- “描边缩览图”。显示每个画笔预设的样本画笔描边和画笔缩览图。该显示方式只能由画笔预设使用。

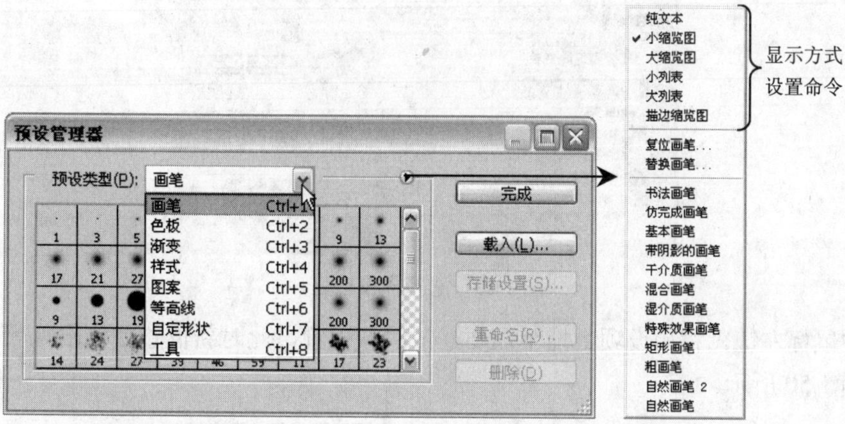

图 1.48　“预设管理器”菜单

在“预设类型”下拉菜单中选择不同的选项时，该对话框弹出菜单的显示方式命令也不完全相同，但对于同一名称的显示方式来说，其功能则是完全相同的。

2．载入预设项目库

在“预设管理器”对话框中，要载入预设项目库，可以执行以下任一操作：

- 从“预设管理器”选项菜单底部选择一个库文件。在随后弹出的对话框中单击“确定”按钮替换当前列表，或单击“追加”按钮将预设项日追加到当前列表。
- 要将外部或自定义的项目库添加到当前列表中，可以单击预设管理器右侧的“载入”按钮，在弹出的对话框中选择要添加的库文件，然后单击“载入”按钮即可将所选的项目追加至当前列表中。
- 要用其他库替换当前列表，从“预设管理器”选项菜单中选择“替换预设类型”。选择要使用的库文件，然后单击“载入”按钮。

提示

每种类型的项目库在 Photoshop 程序文件夹的“预置”文件夹中都有自己的文件扩展名和默认文件夹。

3．重命名预设项目

要为预设项目重命名，可以执行以下任一操作：

- 选择一个需要重命名的预设项目，单击“预设管理器”对话框右侧的“重命名”按钮，在弹出的对话框中输入新名称，单击“确定”按钮即可。
- 在需要重命名的预设项目上单击右键，在弹出的菜单中选择“重命名”命令，在弹出的对话框中输入新名称，单击“确定”按钮即可。
- 如果当前的显示方式被设置为小缩览图、大缩览图或描边缩览图（限画笔工具），双击需要重命名的预设项目缩览图，在弹出的对话框中输入新名称，单击“确定”按钮即可。
- 如果当前的显示方式被设置为纯文本、小列表或大列表，则双击需要重命名的预设项目的名称，然后直接输入新名称，按 Enter 键确认即可。

4．重新排列预设项目

下面以画笔工具的预设为例，讲解排列预设项目顺序的方法，其操作步骤如下：

步骤 01 将鼠标置于需要调整顺序的预设项目上，如图 1.49 所示。

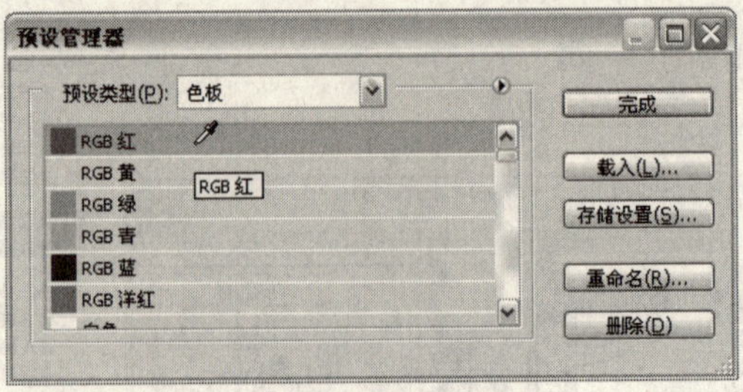

图 1.49　选择预设项目

步骤02 按住鼠标左键，将预设项目拖至需要摆放的新位置，此时新位置处将出现黑色的线条，如图 1.50 所示。

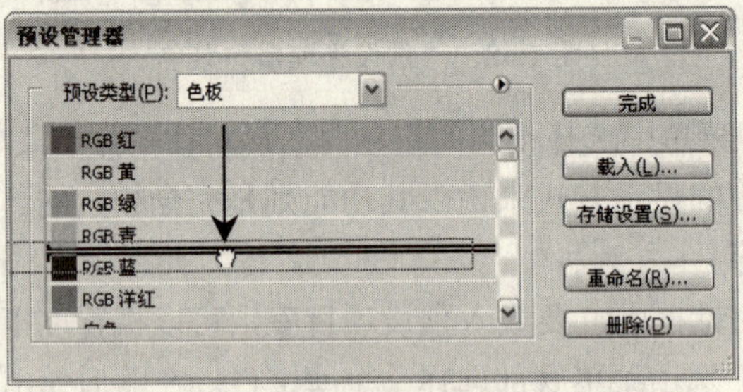

图 1.50　拖动预设项目

步骤03 确认新位置后，释放鼠标左键即可完成顺序的调整，如图 1.51 所示。

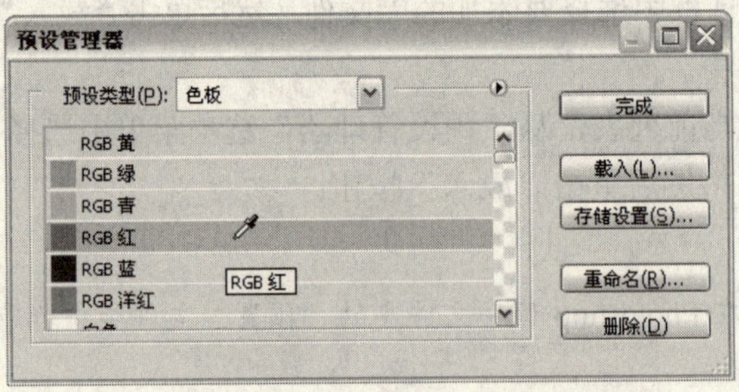

图 1.51　调整预设项目后的状态

5．删除预设项目

要删除预设项目，可以按照以下任一方法进行操作：

- 选择需要删除的预设项目，单击“预设管理器”右侧的“删除”按钮即可。
- 在需要删除的预设项目上单击右键，在弹出的菜单中选择“删除预设”命令即可。

> **提示**
>
> 在此所指的“删除预设”是一个统称，例如，在画笔预设中，该命令显示的就是“删除画笔”，在渐变预设中显示的则是“删除渐变”。

- 选择预设项目，然后单击“删除”按钮，或按住 Alt 键单击要删除的项目。

6．创建新的预设库

如果要将列表中的所有预设存储为一个库文件，则一定不要选中任何项目；如果只存储其中的某些项目，则可以按住 Shift 键（选择连续的项目）或 Ctrl 键（选择非连续的项目）将其选中。

然后单击“存储设置”按钮，在弹出的对话框中选择库文件存储的位置并输入文件名称，单击“保存”按钮，即可将所选预设项目保存为一个文件。

1.4 定义个性化 Photoshop

1.4.1　自定义帮助

Photoshop CS3 允许用户自定义的帮助内容，从而将自己的心得或体会，以条目的形式体现在“帮助”菜单中。要自定义帮助菜单，可以按照下面的步骤操作。

步骤 01 打开要定义为帮助内容的网页文件。选择“文件”|“另存为”命令，在弹出的对话框中依次选择文件夹“\Adobe Photoshop CS3\Help\additional how to content”，或者直接将网页文件复制至这个文件夹内。

提示

要定义为帮助的文件一定要置于上述路径内，否则将无法调用该文件。

步骤 02 在设置文件名时要注意，网页文件保存的扩展名为.htm 还是.html，如果无法确认其默认保存的扩展名，建议在输入文件名的同时输入其扩展名，如图 1.52 所示。

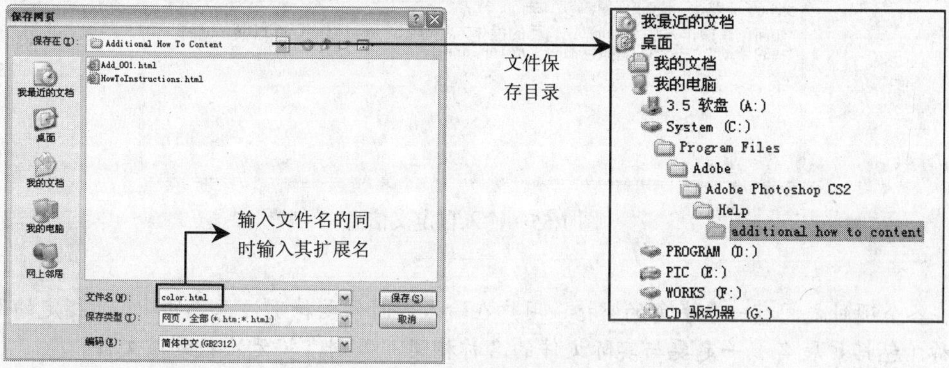

图 1.52　“保存网页”对话框

步骤 03 在“资源管理器”中打开文件夹“\Adobe Photoshop CS3\Help\additional how to content”，找到名为 Add_001.howto 的文件，默认状态下它是无法编辑类型文件的。

步骤 04 双击打开该文件，会弹出类似如图 1.53 所示的对话框，选择“从列表中选择程序”选项，单击“确定”按钮继续下面的操作。

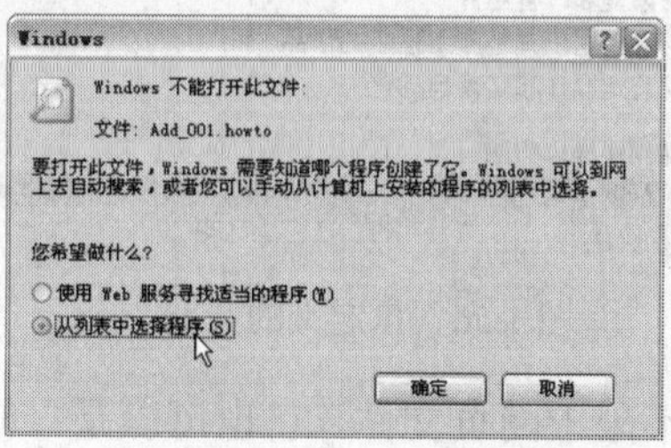

图 1.53　提示对话框

步骤05 此时会弹出“打开方式”对话框，在该对话框中选择“记事本”程序，然后单击“确定”按钮，即可打开该文件。

提示

如果读者希望以后都用“记事本”程序打开该文件，则可以选中“打开方式”对话框底部的“始终使用选择的程序打开这种文件”选项。

步骤06 在默认状态下用记事本打开 Add_001.howto 文件后，其状态如图 1.54 所示。

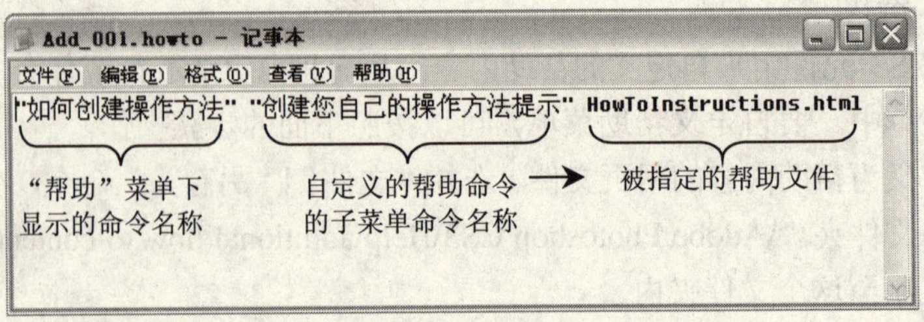

图 1.54　使用记事本打开 Add_001.howto 文件

步骤07 根据图 1.54 中所标示的格式，在记事本中另起一行，输入自定义帮助的信息，如图 1.55 所示。

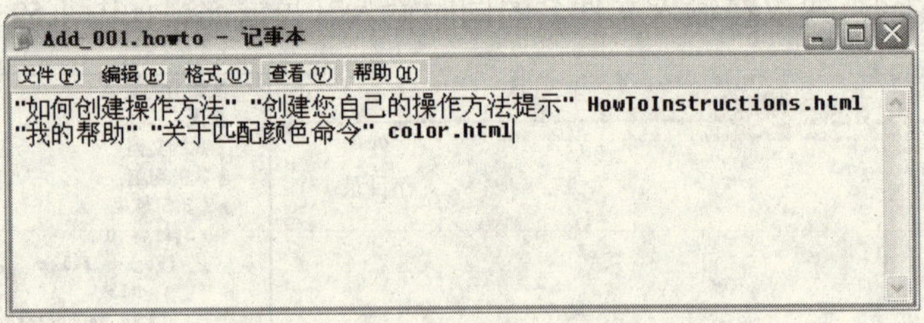

图 1.55　输入自定义信息

提示

在各个项目之间有一个半角的空格，用户在输入的时候要特别注意。另外，所指定的网页文件名称（包括扩展名）一定要与实际文件的名称相同，否则，将无法找到该文件。

步骤08 选择“文件”|“退出”命令或按 Ctrl+Q 组合键退出 Photoshop，然后重新启动 Photoshop，选择“帮助”菜单即可看到自定义的帮助内容，如图 1.56 所示。

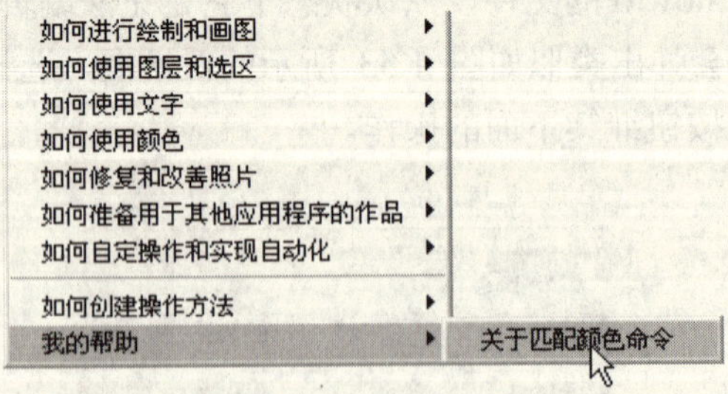

图 1.56　自定义的帮助命令

另外，自定义帮助的对象不限于网页文件，它也可以是一幅图像，甚至是一个 Word 文件，如果遇到利用 IE 浏览器无法打开的文件，就会调用计算机中相关的程序打开该文件，如图 1.57

所示为利用 IE 浏览器观看图像及 Word 文件时的状态。

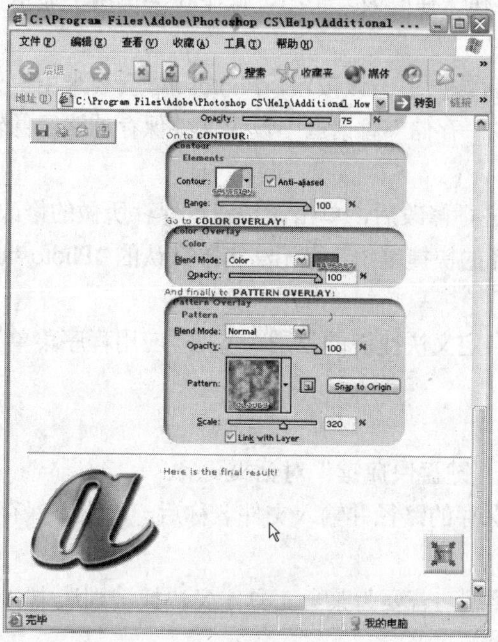

（a）教材图像

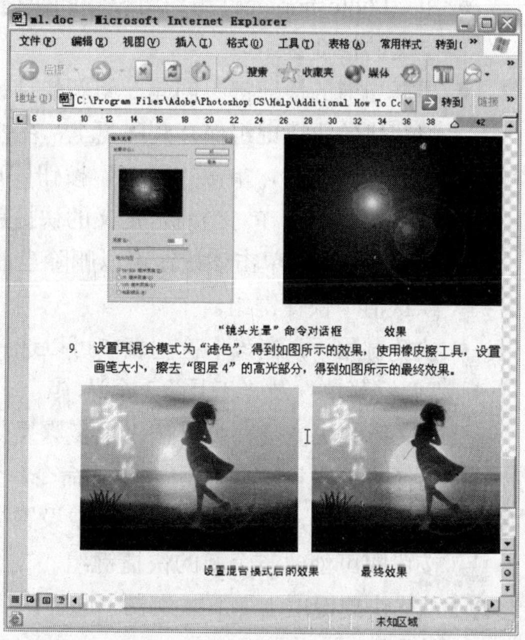

（b）word 文件

图 1.57　在 IE 浏览器中观看教材图像及 Word 文件

1.4.2　自定义快捷键

Photoshop 为很多命令都提供了默认的键盘快捷键，但从其他软件操作平台上转移过来的用户则可以根据自己的需要和习惯来重新定义每个命令的快捷键。选择“编辑”|“键盘快捷键”命令，会弹出如图 1.58 所示的对话框。

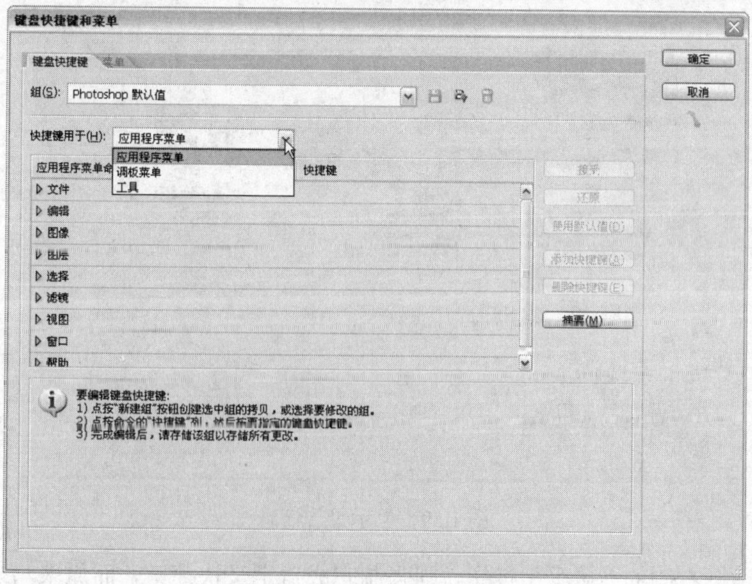

图 1.58　“键盘快捷键”对话框

“键盘快捷键”对话框中各参数的含义如下。

- 组：Photoshop 允许用户将设置的快捷键单独保存成为一个组，此下拉菜单用于显示自定义的快捷键组。
- 根据当前的快捷键组创建一组新快捷键按钮：单击该按钮，Photosohp 会要求用户先将新建的快捷键组保存到磁盘上，在弹出的“存储”对话框中设置文件保存的路径并输入文件名称后，单击“保存”按钮即可。
- 保存按钮：在对当前自定义的快捷键组进行修改后，单击该按钮可保存所做的修改。
- 删除按钮：单击该按钮可以删除当前选择的快捷键组，但无法删除默认的“Photoshop 默认值”快捷键组。
- 快捷键用于：在该下拉列表中可以选择要自定义快捷键的范围，包括“应用程序菜单”、“调板菜单”及“工具”3 个选项。

要定义新的快捷键，可以按以下步骤操作：

步骤 01 选择“编辑”|“键盘快捷键”命令，调出“键盘快捷键”对话框。

步骤 02 单击按钮，在弹出的对话框中设置文件保存的路径并输入文件名称后，单击“保存”按钮即可创建一个新的快捷键组。

步骤 03 从“快捷键用于”下拉列表中选择快捷键类型，若要为某一工具定义快捷键则选中“工具”选项。

步骤 04 如果选择的是“应用程序菜单”、“调板菜单”则需要单击选择要设置快捷键的具体命令，如果选择的是“工具”则应单击选择具体工具。

步骤 05 单击某一个命令或工具后，其右侧的快捷键文本框将被激活，在此直接按要定义的新快捷键，则该快捷键显示于此文本框中。

步骤 06 如果该键盘快捷键已分配给组中的另一个命令或工具，将出现如图 1.59 所示的警告，此时可以执行下列任一操作。

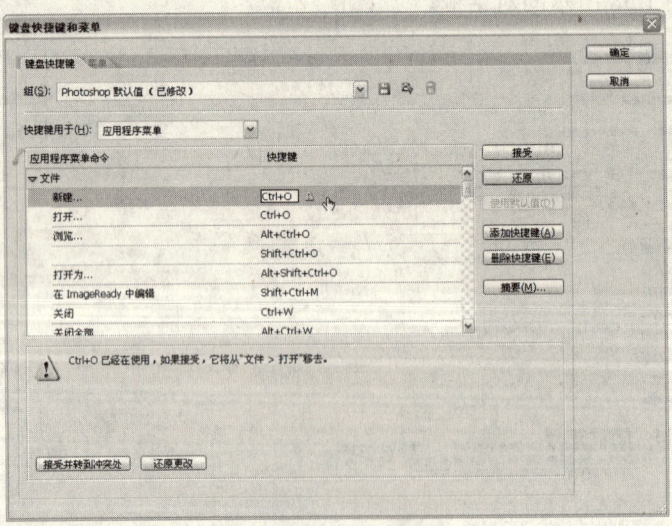

图 1.59　显示警告信息

- 单击对话框右侧的“接受”按钮，则强制完成自定义快捷键，而原来与之冲突的命令将不再拥有该快捷键。

- 单击对话框右侧的“还原”或底部的“还原更改”按钮，可以撤消当前输入的快捷键，以便重新定义其他快捷键。
- 单击对话框底部的“接受并转到冲突处”按钮，则在强制完成自定义快捷键的同时，转到与之冲突的命令上，以便对该命令重新指定其他的快捷键。

步骤 07 如果要为一个对象添加多个快捷键，则可以选中该对象，单击对话框右侧的“添加快捷键”按钮，即可在当前对象的下面激活一个新的快捷键输入框，如图 1.60 所示。

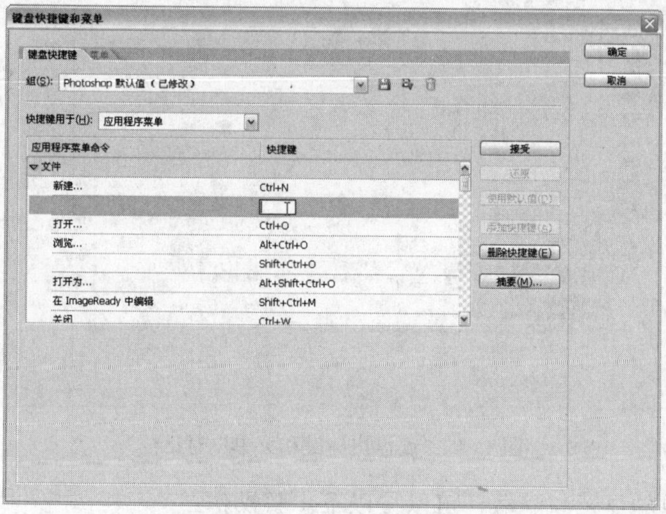

图 1.60　添加新快捷键

步骤 08 重复类似本实例中的步骤 05 的操作即可对当前对象添加一个新的快捷键。

提示

设置的快捷键越多，冲突的可能性就越大，因此建议一个对象只设置一个常用的快捷键，这样也便于记忆，而且不会出现快捷键混淆的情况。

步骤 09 单击保存按钮，可以将当前对快捷键所做的修改保存起来。

步骤 10 如果要撤消当前对快捷键所做的修改，可以执行以下任一操作：

- 在未退出“键盘快捷键”对话框前，选择被修改了的快捷键，单击对话框右侧的“还原”按钮，即可还原至最后一次修改的状态。
- 如果希望还原以前修改的快捷键，可选中该对象，单击对话框右侧的“使用默认值”按钮即可。
- 如果希望将所有快捷键恢复至 Photoshop 默认的状态，在“组合”下拉列表中选择“Photoshop 默认值”选项即可。

提示

在为调板菜单或应用程序菜单中的命令定义快捷键时，这些快捷键必须包括 Ctrl 键或一个功能键。为工具箱中的工具定义快捷键时必须使用 A ~ Z 之间的字母。

1.4.3　自定义菜单

使用 Photoshop CS3 中的自定义菜单功能可以自定义菜单中命令的显示与隐藏状态，以突

出显示另外一些命令。此操作主要使用的命令是"编辑"|"菜单"命令，此命令弹出的对话框如图 1.61 所示，可以看得出来，自定义菜单的对话框与自定义快捷键的对话框较为相似，其中各个按钮的功能也完全相同，故不再详细讲解。

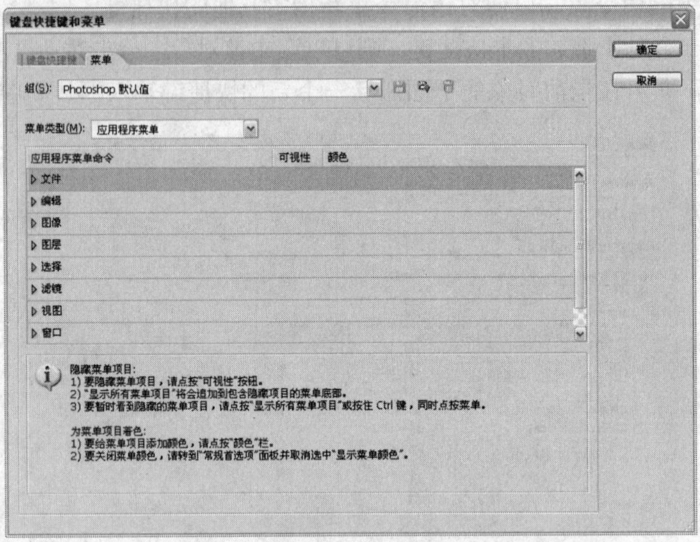

图 1.61 "键盘快捷键和菜单"对话框

要自定义菜单的显示与隐藏，可以按以下步骤操作：

步骤01 选择"编辑"|"菜单"命令以调出"键盘快捷键和菜单"对话框。

步骤02 在"菜单类型"下拉菜单中选择要修改菜单的类型。

步骤03 以修改"文件"菜单中命令的显示及颜色为例，首先我们需要展开文件菜单，如图 1.62 所示。

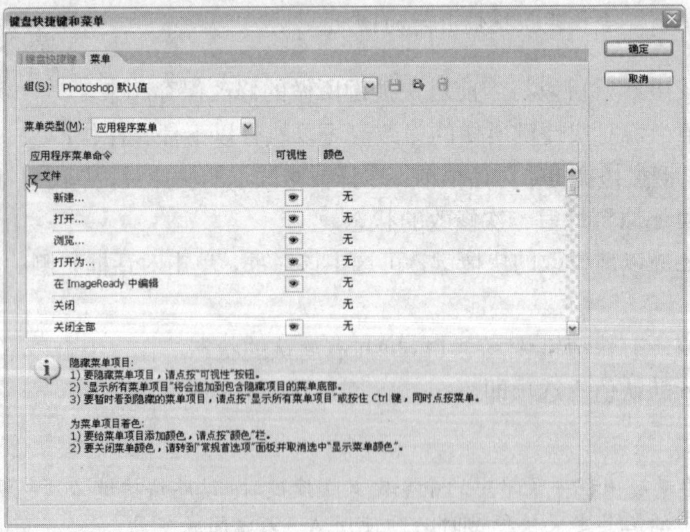

图 1.62 展开"文件"菜单

步骤04 要控制菜单命令的显示与隐藏，可以单击"可视性"下面的眼睛图标，使其变为"无"即可，如图 1.63 所示。如图 1.64 所示为隐藏了 4 个命令后的"文件"菜单状态。

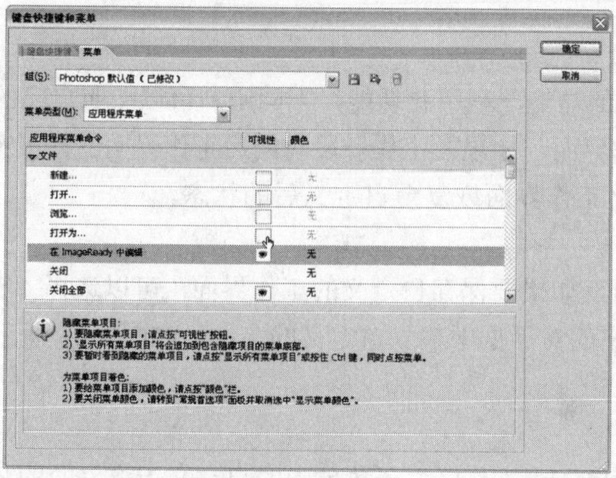

图 1.63 隐藏命令

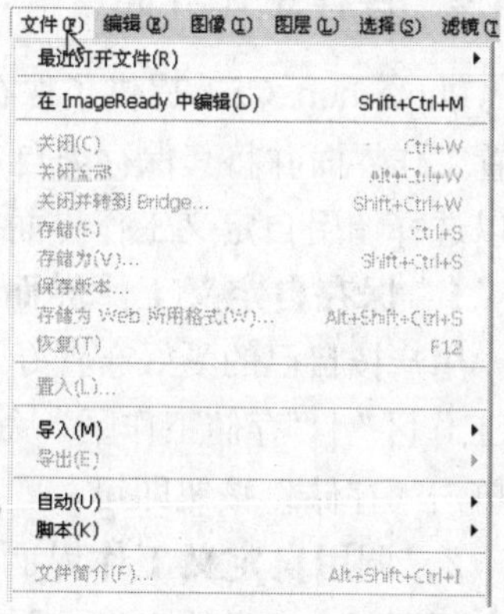

图 1.64 隐藏部分菜单命令

步骤 05 如果要设置菜单命令的颜色，可以单击“颜色”下面与命令对应的位置，将弹出如图 1.65 所示的菜单。

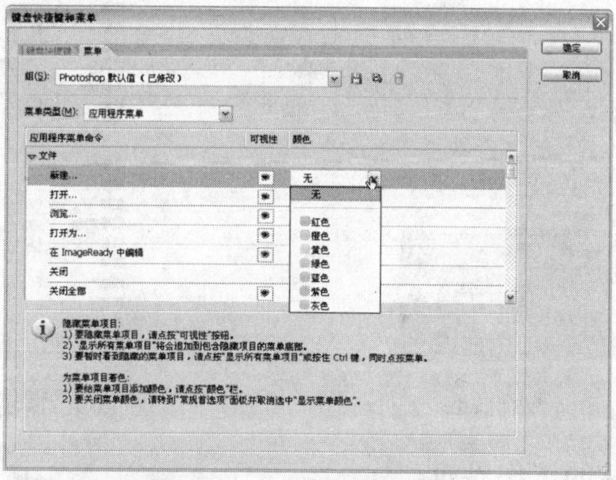

图 1.65 调出颜色下拉菜单

步骤 06 在此下拉菜单中选择要设置的颜色即可，如图 1.66 所示。设置完毕后，单击“确定”按钮退出对话框。如图 1.67 所示是“新建”、“打开”以及“打开为”命令。

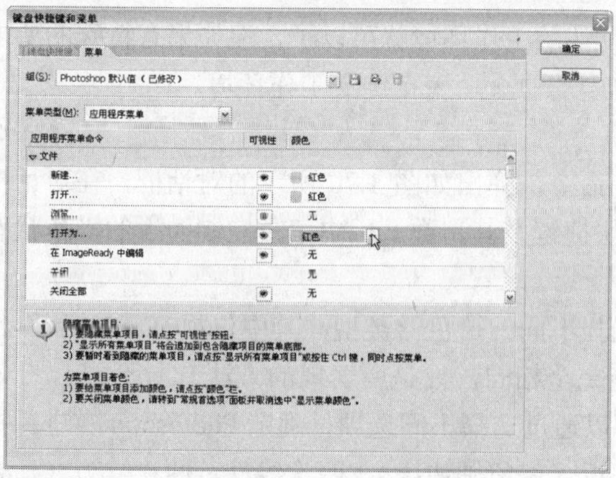

图 1.66 设置命令颜色

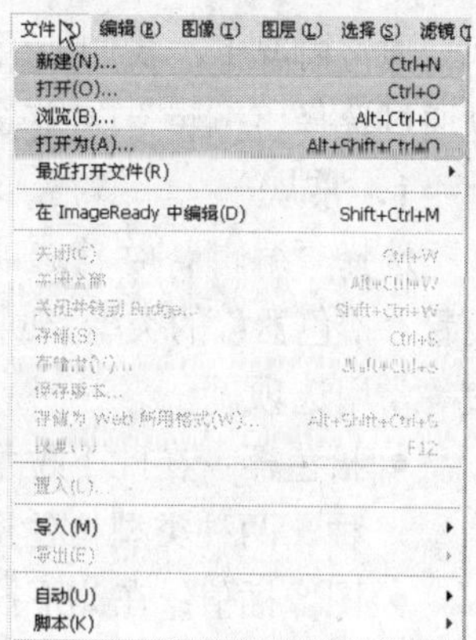

图 1.67 设置颜色后的命令状态

1.4.4 保存工作界面

Photoshop CS3 提供了保存工作界面的功能，利用此功能，不同用户可以按照自己的喜好布置工作界面并将其保存为自定义的工作界面。如果在工作一段时间后工作界面变得很零乱，可以选择调用自定义工作界面的命令，将工作界面恢复至自定义后的状态。

1．保存自定义工作界面

用户按自己的爱好布置好工作界面后，如果要保存自定义的工作界面，可以选择“窗口”|“工作区”|“存储工作区”命令，在弹出的对话框中输入自定义的名称，如图 1.68 所示，然后单击“存储”按钮即可。

2．调用自定义工作界面

要调用自定义的工作界面，选择“窗口”|“工作区”子菜单中的自定义工作界面的名称即可，如图 1.69 所示。

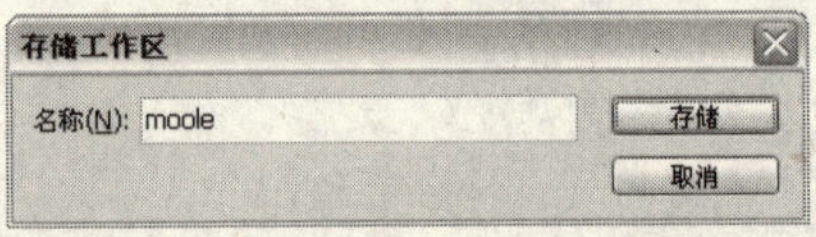

图 1.68 “存储工作区”对话框

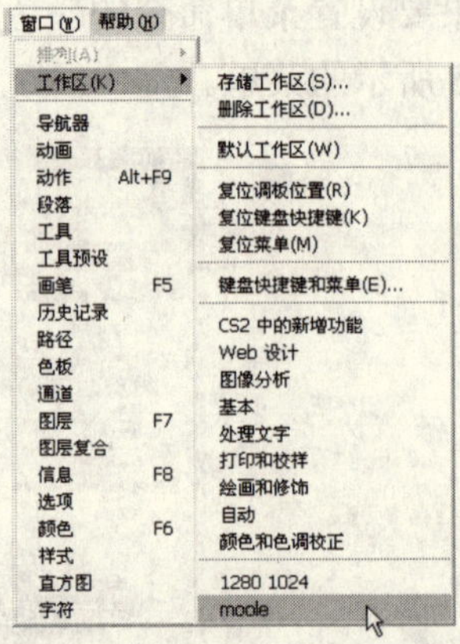

图 1.69 调用自定义工作界面

3．恢复至系统默认的工作界面

如果要将工作界面恢复至默认的工作界面，可以选择“窗口”|“工作区”|“复位调板位置”命令。

1.4.5 自定义工作环境

通常情况下，我们使用 Photoshop 默认的工作环境就可以了，但如果有特殊的要求，也可以通过选择“编辑”|“首选项”子菜单中的命令，来自定义工作环境。

1．常规

选择“编辑”|“首选项”|“常规”命令，弹出如图 1.70 所示的对话框，在对话框中可以设置“拾色器”的类型、回退与恢复的快捷键及其步数、历史记录控制面板的操作状态记录数值等常用选项。

- 拾色器：在此下拉菜单中可以选择不同的拾色器类型，其中包括 Windows 和 Adobe 两种。两种类型拾色器的基本功能完全相同，只是所表现的方法有所不同。
- 图像插值：在此下拉列表框中可以通过选择不同选项，确定 Photoshop 在进行插值时所使用的方法，其中 5 个选项为邻近（保留硬边缘）、两次线性、两次立方（适合于用平滑渐变）、两次立方较平滑（适用于扩大）、两次立方较锐利（适用于缩小）。

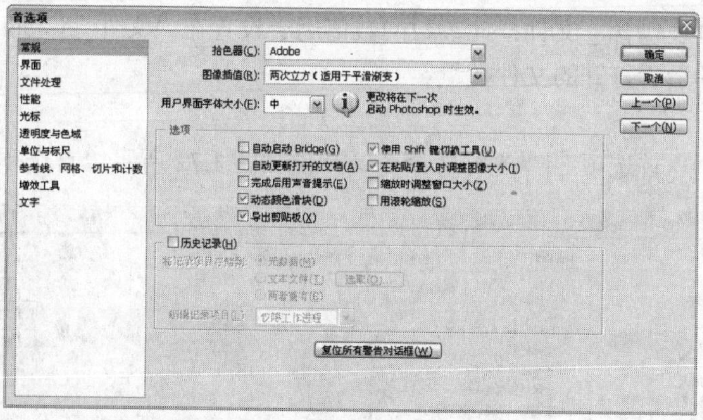

图 1.70　“常规”命令对话框

在“选项”参数控制区域的选项较多，在此介绍最为常用的几个。

- 导出剪贴板：在此复选框被选中的情况下，如果在 Photoshop 执行“拷贝”操作后，切换至其他程序，可以通过执行粘贴操作，得到在 Photoshop 中所拷贝的图像。
- 完成后用声音提示：在此复选项框被选中的情况下，当 Photoshop 完成一项操作任务后短鸣，以提示用户操作完成。
- 使用 Shift 键切换工具：在此复选项框被选中的情况下，要在同一组中以快捷键切换不同的工具必须按 Shift 键，例如，按 L 键可以切换至套索工具，如果要切换为多边形套索工具，则必须按 Shift+L 组合键。
- 缩放时调整窗口大小：选中此复选项，则在缩放图像的显示大小时，图像的窗口随之一起进行缩放，反之，则不行。

2．文件处理

选择“编辑”|“首选项”|“文件处理”命令，弹出图 1.71 所示的“首选项”命令对话框。

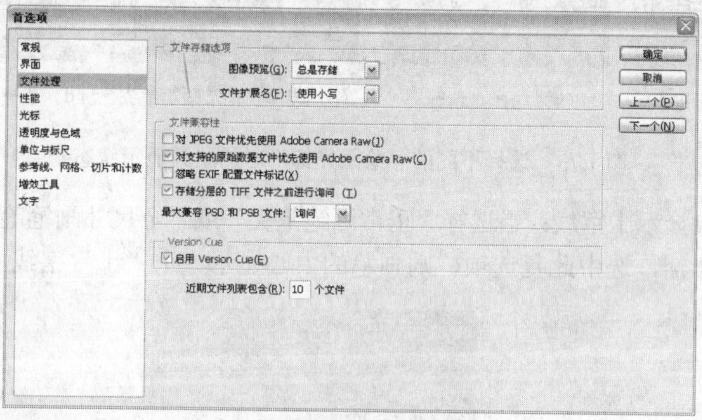

图 1.71　“文件处理”对话框

- 图像预览：此选项用于设置 Photoshop 在保存文件时，是否生成该图像的缩微预览图像。选择“总不存储”选项，保存的文件没有预览图像；选择“总是存储”选项，则保存文件都有预览图像；选择“存储时提问”选项，在保存文件将有提示框出现。
- 文件扩展名：选择“使用大写”选项，文件扩展名用大写字符；选择“使用小写”选项，文件扩展名用小写字符。

- 近期文件列表包含__文件：此参数的数值用于设置在“文件”|“最近打开文件”子菜单中列出的最近打开的文件数量。

3．光标

选择“编辑”|“首选项”|“光标”命令，弹出如图 1.72 所示“首选项”命令对话框。

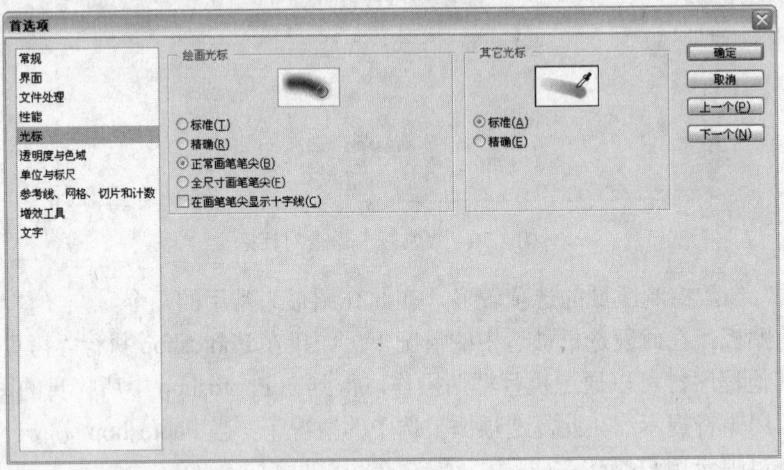

图 1.72 “光标”对话框

- 绘画光标：在此可以选择使用各工具在工作时的显示光标，如图 1.73 所示为分别选择不同的选项时工具的显示状态。

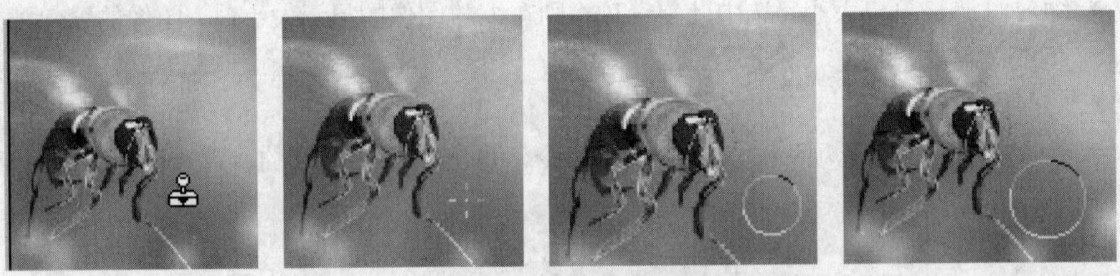

（a）选择“标准” （b）选择“精确” （c）选择“正常画笔笔尖” （d）选择“全尺寸画笔笔尖”

图 1.73 选择不同的“绘画光标”时的工具显示状态

- 在画笔笔尖显示十字线：当选择“正常画笔笔尖”或“全尺寸画笔笔尖”时，此复选框才可以被激活，选中此复选项，则画笔的中心显示一个“十”字线，如图 1.74 所示。

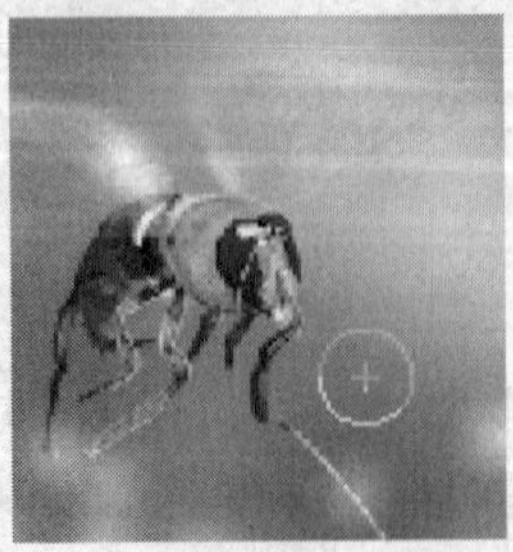

图 1.74 选择“在画笔笔尖显示十字线”

- 其他光标：其他光标选项组用于设定除绘图工具外的其他工具光标的显示状态。

4．透明度与色域

选择“编辑”|“首选项”|“透明度与色域”命令，弹出如图 1.75 所示“首选项”对话框。

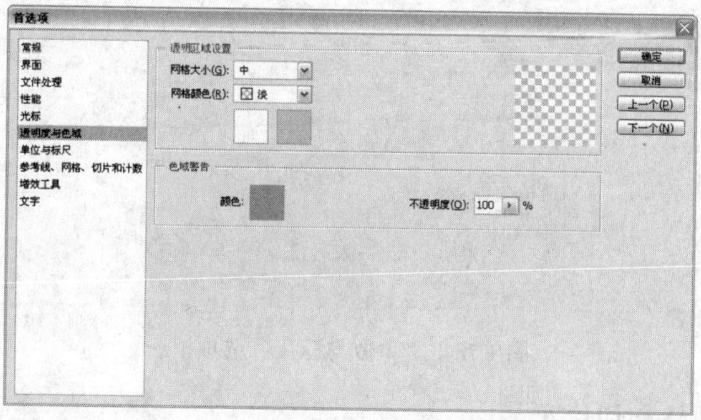

图 1.75　“透明度与色域”选项框

- 网格大小：此下拉列表菜单中的选项，用于设定透明区域的网格大小，分别选择下拉列表菜单中的 4 个选项后，网格显示如图 1.76 所示。

（a）选择“无”　（b）选择“小”　（c）选择“中”　（d）选择“大”

图 1.76　不同网格大小示例

- 网格颜色：用于设定透明区域的网格颜色，在下拉列表框中可以选择多种不同网格颜色，完成设置后的网格效果显示于右侧预览框，如图 1.77 所示为选择不同选项效果。

（a）选择“淡”　（b）选择“中”　（c）选择“黑”

图 1.77　不同网格颜色示例

- 色域警告：在该选项组中可以设定色域警告的颜色和不透明度。

5．单位与标尺

选择“编辑”|“首选项”|“单位与标尺”命令，弹出如图 1.78 所示“首选项”命令对话框。

- 标尺：在此下拉列表菜单中，可以选择标尺的单位。
- 文字：选择此下拉列表菜单中的选项，可以设置文字的度量单位。
- 新文档预设分辨率：在此可以设置打印分辨率及屏幕分辨率。

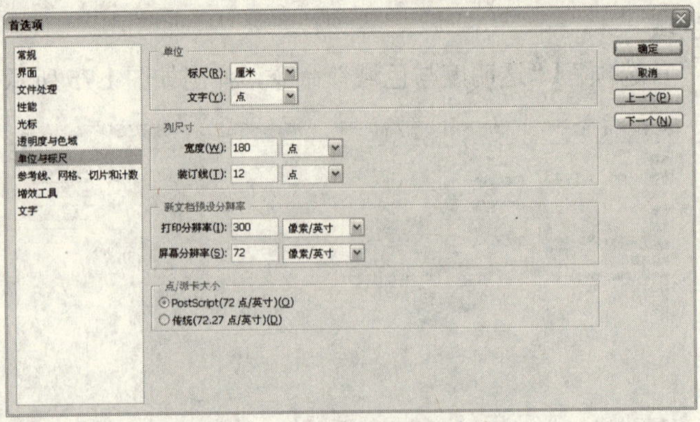

图 1.78　“单位与标尺”选项框

6．参考线、网格和切片

选择“编辑”|“首选项”|“参考线网格、切片和计数”命令，弹出如图 1.79 所示的“首选项”命令对话框。

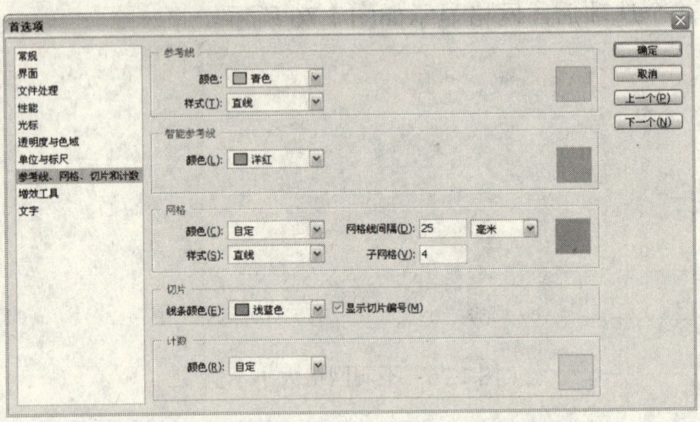

图 1.79　“参考线、网格、切片和计数”选项框

- 参考线：在“颜色”下拉列表框中可以选择预设的数种参考线颜色，在“样式”下拉列表框中可以定义参考线的类型。
- 智能参考线：在“颜色”下拉列表框中可以选择智能参考线在显示时的颜色。
- 网格：在“网格线间隔”数值输入框中输入数值，可以设置主网络线（即如图 13.11 所示网格线中较粗的线）间的距离。在“子网格”数值输入框中输入数值，可以设置子网格线（即如图 1.80 所示网格线中较细的线）间距。

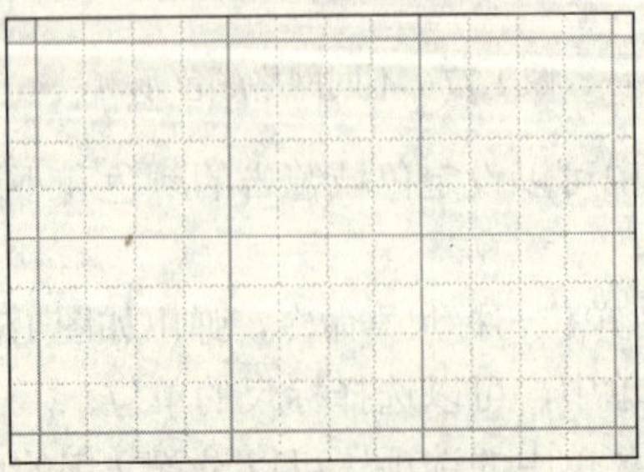

图 1.80　网格线示意图

- 切片：在此选项控制区域，可以从“线条颜色”下拉列表框中选择一种颜色以定义切片的线条颜色。
- 计数：选中此选项可以在切片上显示其排列序号，如图 1.81 所示；否则，不显示序号，如图 1.82 所示。

图 1.81 显示编号

图 1.82 不显示编号

7．性能

选择“编辑”|“首选项”|“性能”命令，弹出如图 1.83 所示的“首选项”命令对话框。

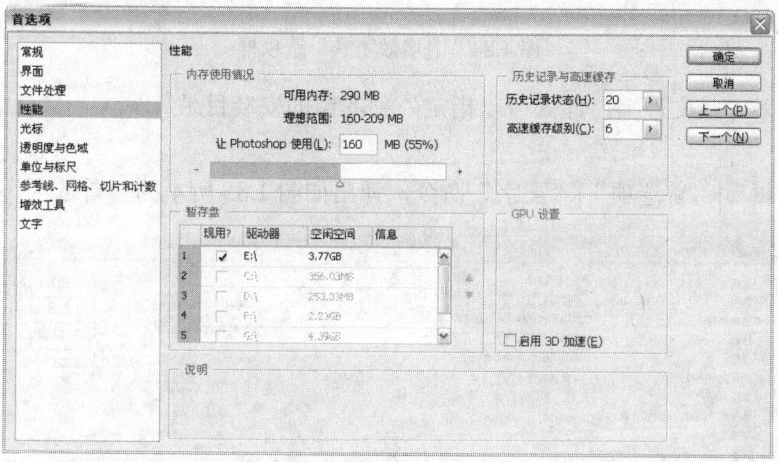

图 1.83 “性能”选项框

- 让 Photoshop 使用___MB：在此数值输入框中输入数值可以为 Photoshop 设定在运行时可用的物理内存量，如果要同时运行几个大的程序，此数值不宜设置得过高。
- 历史记录状态：在数值输入框中输入可回退的最多步数。
- 高速缓存级别：此参数用于设定图像显示的速度，数值越大，速度越快。
- 暂存盘：当系统没有足够的内存执行操作时，Photoshop 使用虚拟内存技术，即使用硬盘虚拟内存，称为暂存盘，因此硬盘可用空间的大小，将决定 Photoshop 的暂存盘大小，从而进一步影响其运行速度。

在此可以设定 4 个作为虚拟内存的硬盘分区，由于暂存盘具有优先顺序，即只有当第一暂存盘空间不足时，Photoshop 才会开始使用第二暂存盘，依此类推，使用第三和第四暂存盘，因此在设置时从第一至第四暂存盘的空间大小应该依次变小。

提示

只有再次重新启动 Photoshop，本次设置的暂存盘才能够发挥作用。

8．增效工具

选择“编辑”|“首选项”|“增效工具”命令，弹出如图 1.84 所示的“首选项”命令对话框。

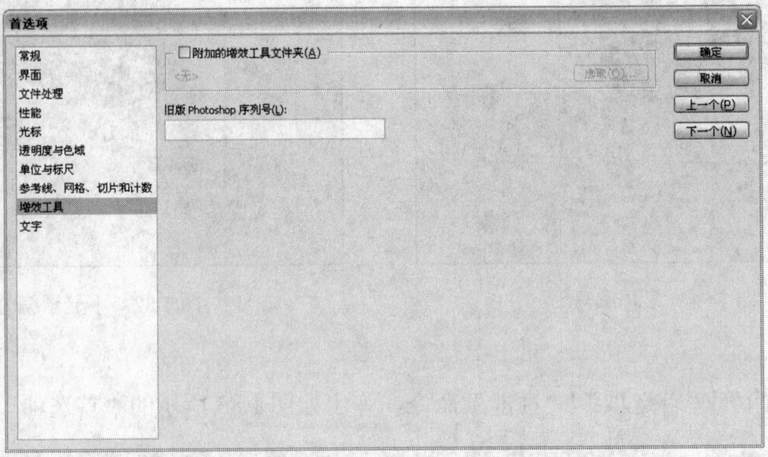

图 1.84　“增效工具”选项框

附加的增效工具文件夹：此处可以指定外部滤镜的安装目录。

9．文字

选择“编辑”|“首选项”|“文字”命令，弹出如图 1.85 所示的“首选项”命令对话框。

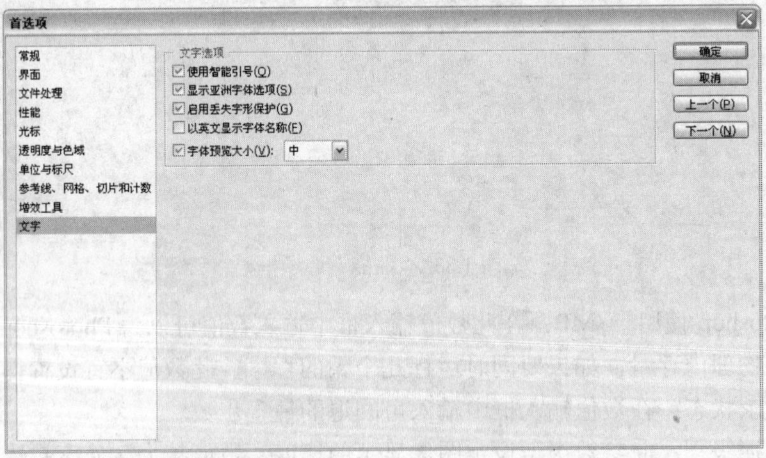

图 1.85　“文字”选项框

- 以英文显示字体名称：在此复选项框被选中的情况下，在工具选项条及文字控制面板的字体下拉列表框中以英文名称显示中文字体名称。
- 在字体预览大小：此处的选项用于设置预览字体的大小，如图 1.86 所示为分别选择不同选项时的预览效果。

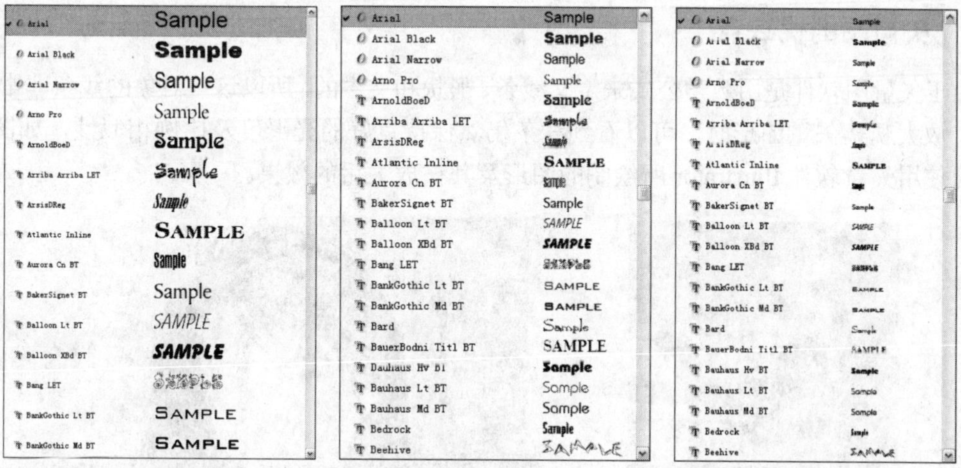

选择“超大”　　选择“大”　　选择“小”

图 1.86　选择不同选项时字体的预览状态

Photoshop CS3

1.5 位图与矢量图

位图图像由一个个像素点组合生成，不同的像素点以不同的颜色构成了完整的图像。矢量图形由一系列线条所构成，而这些线条的“颜色”、“位置”、“曲率”、“粗细”等属性都是通过许多复杂的数学公式来表达的。

1.5.1　位图的优缺点

位图图像可以表达出色彩丰富、过渡自然的图像效果，一般由 Photoshop 和 PhotoImpact、Paint、Cool3D 等位图图像软件绘制生成，除此之外，使用数码相机所拍摄的照片和使用扫描仪扫描的图像也都以位图形式保存。

而位图的缺点是在保存时，计算机需要记录每个像素点的位置和颜色，所以图像像素点越多（分辨率越高），图像就越清晰，而文件所占硬盘空间也就越大，在处理图像时计算机运算速度也就越慢。

同时，一幅位图图像中所包含的图像像素数目是一定的，如果将图像放大，其相应的像素点也会放大，当像素点被放大到一定程度后，图像就会变得不清晰，边缘会出现锯齿。

如图 1.87 所示为位图图像原始效果及其放大后的效果，可以看到图像放大后显示出非常明显的像素块。

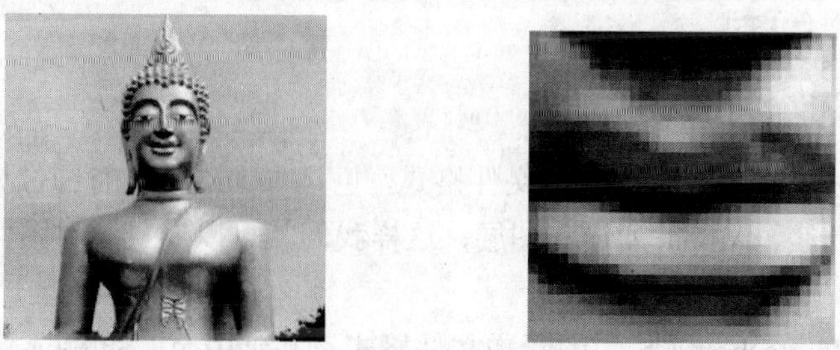

（a）　（b）

图 1.87　位图的原始效果及其放大后的效果

1.5.2 矢量图的优缺点

由于矢量图软件是用数学公式来定义线条、形状和文本的，所以这些对象的线条非常光滑、流畅，放大观察矢量图形时，可以看到线条仍然保持良好的光滑度及比例相似性，如图 1.88 所示为使用矢量软件 Illustrator 所绘制的图形及其被放大后的效果。

(a)　　(b)

图 1.88　矢量图的原始效果及其放大后的效果

矢量图软件的另一个优点是它们所占据的磁盘空间相对较小，其文件尺寸取决于图像中所包含的对象的数量和复杂程度。这样，文件大小与输出介质的尺寸就几乎没有什么关系了，这一点与位图图像的处理正好相反。

正因为矢量图形是用数学公式来定义线条和形状的，且它的颜色表示都是以面来计算的，因此，它不像位图图像那样能够表现很丰富的颜色，在绘制过程中也不能像位图图像那样随心所欲地绘制和擦除图像。

Photoshop 1.6 图像文件格式 CS3

Photoshop CS3支持20多种文件格式，而且通过增效工具模块，还可以支持更多的格式，这些格式可以应用在许多领域内，例如，在彩色印刷领域图像的文件格式要求为TIFF，而GIF和JPGE格式因其独特的图像压缩方式而被广泛用于互联网中。

因此面对不同的工作任务选择不同的文件格式非常重要，下面介绍几种在 Photoshop 中使用非常频繁的图像文件格式。

1.6.1 PSD/PSB 文件格式

PSD 文件格式是 Photoshop 的默认文件格式，也是唯一支持所有图像模式的文件格式，可以保存图像中的辅助线、Alpha 通道和图层，这样我们就可以反复地对图像进行修改，直至满意为止。

PSB 格式是在 Photoshop CS 中的新增文件格式，并延用至 CS3 版本中，它属于大型文档格式，除了具有 PSD 格式文件的所有属性外，最大的特点就是支持宽度或高度最大为 300000

像素的文档。

> **提示**
> PSB 格式的图像文件只能在 Photoshop CS 或更高的软件版本中才能够打开。

1.6.2　JPEG 文件格式

JPEG 格式是互联网上最为常用的图像格式之一，JPEG 格式支持 CMYK、RGB 和灰度颜色模式，也可以保存图像中的路径，但无法保存 Alpha 通道。

> **提示**
> 关于路径及通道的详细介绍，请参阅本书第 5 章和第 16 章。

此类文件格式的最大优点是能够大幅度降低文件大小，但由于降低文件大小的目的是通过有选择地删除图像数据来达到的，因此图像质量有一定的损失。

在将图像文件保存为 JPEG 文件格式时，可以选择压缩的级别，级别越高得到的图像品质就越低，文件也就越小。

1.6.3　TIFF 文件格式

TIFF 文件格式用于在不同的应用程序和不同的计算机平台之间交换文件，换言之，使用此种文件格式保存的图像可以在 PC、MAC 等不同的操作平台上打开，而且不会有区别。

除此之外，TIFF 是一种通用的位图图像文件格式，几乎所有的绘画、图像编辑和页面版面应用程序均支持此图像文件格式。TIFF 格式支持具有 Alpha 通道的 CMYK、RGB、Lab、索引颜色和灰度图像以及无 Alpha 通道的位图模式图像。

TIFF 文件格式能够保存通道、图层、路径，从这一点来看此文件格式似乎与 PSD 文件格式没有什么区别，但实际上如果在其他应用程序中打开此文件格式所保存的图像，则所有图层将被合并，换言之，只有使用 Photoshop 打开保存了图层的 TIFF 文件，才能修改其中的图层。

1.6.4　GIF 文件格式

GIF 文件格式是使用 8 位颜色并在保留图像细节（如艺术线条、徽标或带文字的插图）的同时有效地压缩图像实色区域的一种文件格式。因为 GIF 文件只有 256 种颜色，因此将原 24 位图像优化成为 8 位的 GIF 文件时会导致颜色信息丢失。

此文件格式的最大特点是能够创建具有动画效果的图像，在 Flash 尚未出现之前，GIF 文件格式是互联网上动画文件的霸主，几乎所有动画图像均需要保存为 GIF 文件格式。

除此之外，GIF 文件格式支持背景透明，因此如果需要在设置网页时使图像与背景融合，则需要将图像保存成为 GIF 文件格式。

1.6.5　PNG-8 文件格式

与 GIF 文件格式一样，PNG-8 文件格式可在保留图像细节（如艺术线条、徽标或带文字的插图）的同时，有效地压缩实色区域。但 PNG-8 格式的图像文件使用了比 GIF 更高级的压缩方案，因此使用此文件格式保存同一图像时比 GIF 文件小 10%～30%。

与 PNG-8 格式类似的是 PNG-24 格式，此类文件格式支持 24 位颜色。和 JPEG 格式一样，

PNG-24 可保留照片中存在的亮度和色相的显著和细微变化。PNG-24 格式与 PNG-8 格式使用相同的无损耗压缩方法。

PNG-24 文件格式的显著特点是支持多色阶背景透明，多色阶透明允许图像的透明区域具有多达 256 个色阶，所以使用此文件格式保存的图像可以非常平滑地将图像边缘与任何背景色相混合，但需要注意的是，不是所有的浏览器都支持多色阶透明度。

1.6.6 BMP 文件格式

BMP 是 DOS 和 Windows 兼容计算机上的标准 Windows 图像格式。BMP 格式支持 RGB、索引颜色、灰度和位图颜色模式，但不能够保存 Alpha 通道。

1.6.7 EPS 文件格式

EPS 文件格式可以同时包含矢量图形和位图图形，并且几乎所有的图形、图表和页面版面程序都支持该文件格式。EPS 格式用于在应用程序之间传递 PostScript 语言所编译的图片，当在 Photoshop 中打开包含矢量图形的 EPS 文件时，Photoshop 将矢量图形转换为位图图像。

EPS 格式支持 Lab、CMYK、RGB、索引颜色、双色调、灰度和位图颜色模式，但无法保存 Alpha 通道。

1.6.8 PDF 文件格式

PDF 文件格式是一种灵活的、跨平台、跨应用程序的文件格式，使用 PDF 文件能够精确地显示并保留字体、页面版面以及矢量图形和位图图形。另外，PDF 文件可以包含电子文档搜索和导航功能。

由于具有良好的传输及文件信息保留功能，PDF 文件格式已经成为无纸办公的首选文件格式。如果使用 Acrobat 等软件对 PDF 文件进行注解或批复等编辑，对于异地协同作业就非常有帮助。

第 2 章

图像文件基础操作

在使用 Photoshop 进行图像处理或绘画的过程中，首先面临的问题是对图像文件的基础操作，例如，通过“新建”命令可以创建一个新的图像文件，再进行绘制或作其他处理；也可以使用“打开”命令打开以前的图像继续进行编辑，或使用“保存”命令保存新文件或对老文件所做的修改等基础操作。

本章将详细讲解新建图像、打开图像、保存图像等基础操作，以及使用“文件浏览器”窗口查看图片的方法。

2.1 新建及打开图像文件

2.1.1 新建图像文件

选择“文件”|“新建”命令弹出如图 2.1（a）所示的对话框。在此对话框内，可以设置新建文件的名称、宽度、高度、分辨率、颜色模式和背景颜色等属性。

如果需要对创建文件进行颜色配置及像素长宽比的设置，可以在对话框上单击“高级”下拉列表按钮在“新建”对话框下方弹出如图 2.1（b）所示的选项，然后可在“颜色配置文件”、“像素长宽比”下拉列表菜单中选择相应的选项，从而更精确地设置新建文件的属性。

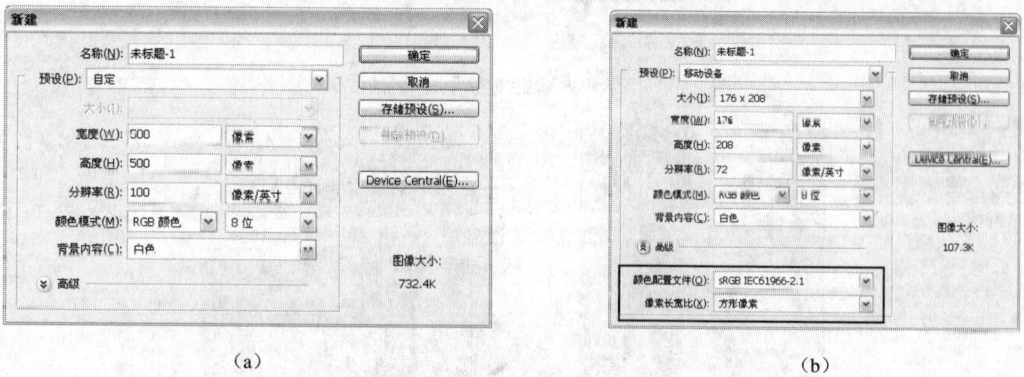

（a）　　　　（b）

图 2.1　“新建”命令对话框

提示

如在新建文件前曾做过拷贝操作，则对话框中显示的文件尺寸与所拷贝的对象大小相同，只需单击“确定”按钮，即可得到与拷贝图像大小相同的新文件。

“新建”对话框中的参数含义如下。

- 宽度、高度、分辨率：在对应的数值框输入数值即可分别设置新文件的宽度、高度、分辨率，在这些数值框右侧的下拉列表中可以选择这些数值的单位。
- 颜色模式：在前面的下拉列表中可以选择新文件的颜色模式，在后面的下拉列表中可以选择新文件是 8 位通道的还是 16 位通道的。
- 背景内容：在该下拉列表中可以设置新文件的背景颜色。
- 存储预设：如果单击“存储预设”按钮，则可以将当前设置的参数保存成为一个预置选项，以后即可以从“预置”下拉列表中调用此设置。

提示

按 Ctrl+Alt+N 键，Photoshop 将显示上次创建图像的尺寸和分辨率。

2.1.2 使用“打开为智能对象”命令

为了便于深入和方便地使用智能对象功能，Photoshop CS3 新增了“文件”|“打开为智能对象”命令，使用此命令打开所支持的文件后，则自动创建一个智能对象图层，该图层中包括了全部所打开文件中的内容（含图层、通道等信息）。

如图 2.2 所示为使用此命令打开一个由 Illustrator 生成的 AI 格式的文件时弹出的对话框，如图 2.3 所示为打开后的状态，可以看出该矢量文件已经被转换成为一个智能对象图层在 Photoshop 中打开。

图 2.2 “打开为智能对象”命令对话框

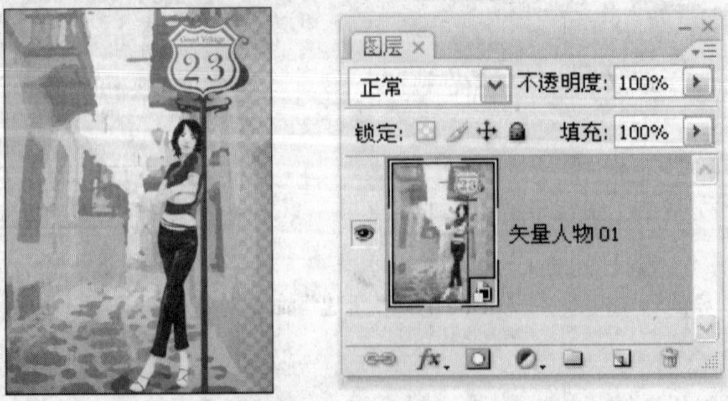

(a) (b)

图 2.3 打开后的状态

提示

关于智能对象更详细地讲解，请参见本书第 8 章的相关内容。

Photoshop CS3

2.2 保存图像文件

在实际工作中，对于新建图像文件或更改后的图像文件需要保存，以便于在以后的工作中输出或编辑。选择“文件”|“存储”命令，可以存储对当前文件所做的更改，或以某种格式保存一个新文件。选择“文件”|“存储为”命令，可以在不同的位置保存图像，或用不同的“文件名”、“格式”及“选项”保存图像。

2.2.1　以 GIF 格式保存文件

使用“存储为”命令，可以直接以 GIF 格式保存“RGB 颜色”模式、“索引颜色”模式、“灰度”模式或“位图”模式的图像。如果当前图像是 RGB 格式图像，Photoshop 将自动显示如图 2.4 所示的“索引颜色”对话框，在此对话框中可以设置将图像保存为 GIF 时的选项。如果要保存的图像有大面积单色或基本以文字为主，则建议以此文件格式保存图像。

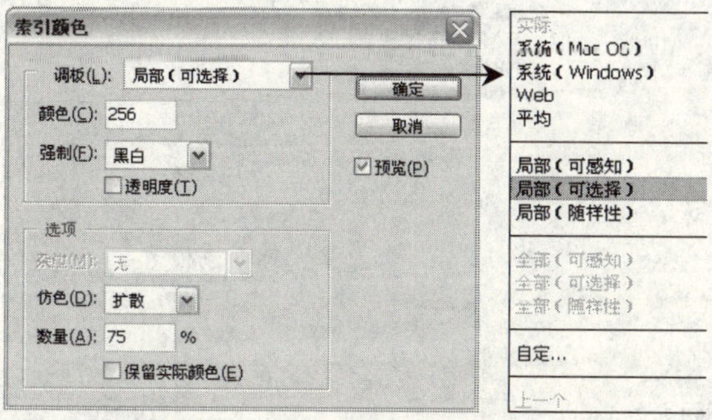

图 2.4　“索引颜色”对话框

2.2.2　以 JPEG 格式保存文件

使用“存储为”命令，可以直接以 JPEG 格式保存 CMYK、RGB 和灰度图像，与 GIF 格式不同，JPEG 保留 RGB 图像中的颜色信息，但将通过有选择地扔掉数据来压缩文件大小。选择此格式保存文件时将弹出如图 2.5 所示的“JPEG 选项”对话框。

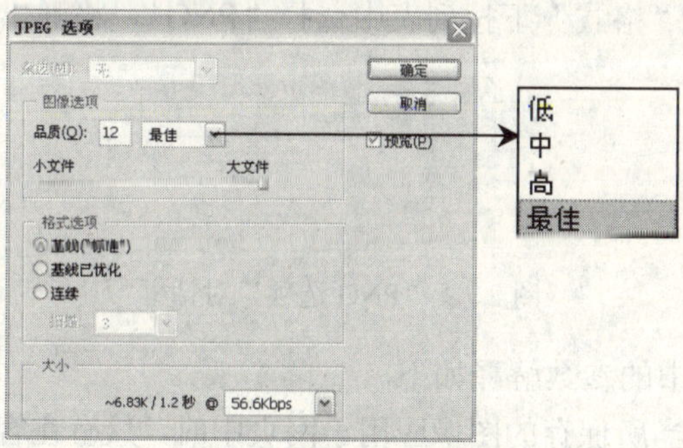

图 2.5　“JPEG 选项”对话框

在此对话框中，最重要的选项是"品质"，在此下拉列表中可以选择"高"、"中"、"低"、"最佳"四种压缩方式中的一种。

品质要求越高，对图像的压缩量越小，文件也相应会越大。如果要保存的图像有柔和过渡成丰富细腻的色彩，建议以此文件格式保存。

2.2.3 以 Photoshop PDF 格式保存文件

使用"存储为"命令，可以用 PDF 格式保存"RGB 颜色"模式、"索引颜色"模式、"CMYK 颜色"模式、"灰度"模式、"位图"模式、"Lab 颜色"模式和"双色调"模式的图像。

在"存储为"对话框"格式"下拉列表中选择"Photoshop PDF"，将弹出如图 2.6 所示的对话框。

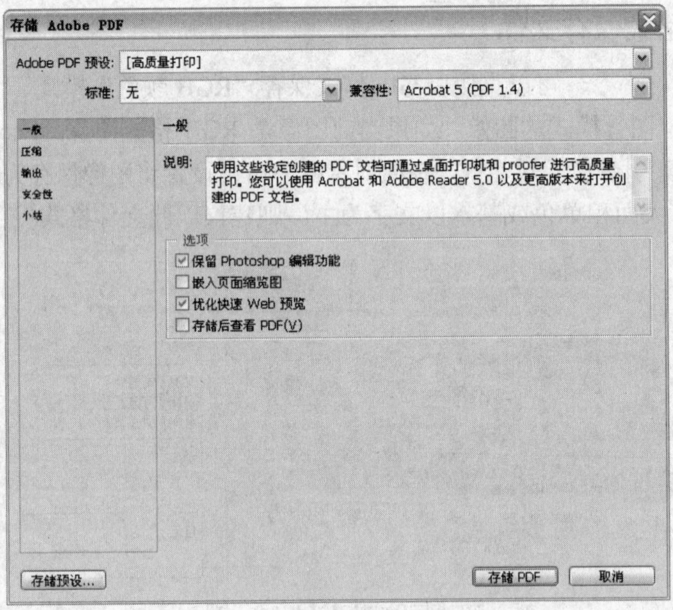

图 2.6 "PDF 选项"对话框

2.2.4 以 PNG 格式保存文件

使用"存储为"命令可以用 PNG 格式保存"RGB 颜色"模式、"索引颜色"模式、"灰度"模式和"位图"模式的图像。

在"存储为"对话框"格式"下拉列表中选择"PNG"，将弹出如图 2.7 所示的对话框。

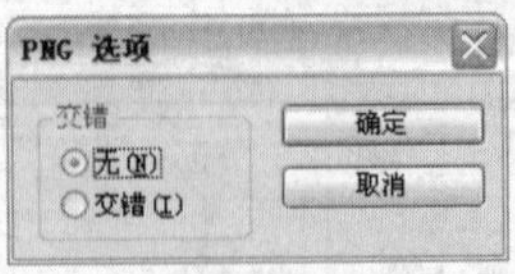

图 2.7 "PNG 选项"对话框

"PNG 选项"对话框中的参数解释如下。

- 无：选择此选项，当所保存的图像应用于网页中时，只有在客户浏览端将要显示的图像的所有数据下载完毕后才能够显示图像。

● 交错：选择此选项，所保存的图像如果应用于网页中，会以隔行显示的方式显示图像，它可以使网页的浏览者感觉下载时间较短，并能够看到下载正在进行，但该选项会增大文件尺寸。

2.2.5　以 TIFF 格式保存文件

TIFF 格式是一种常用的位图图像文件格式，而且是为数不多的几种可跨平台使用的图像文件格式之一，几乎所有图像编辑和排版类程序都支持这种文件格式。

在“存储为”对话框的“格式”下拉列表中选择“TIFF”，将弹出如图 2.8 所示的对话框。

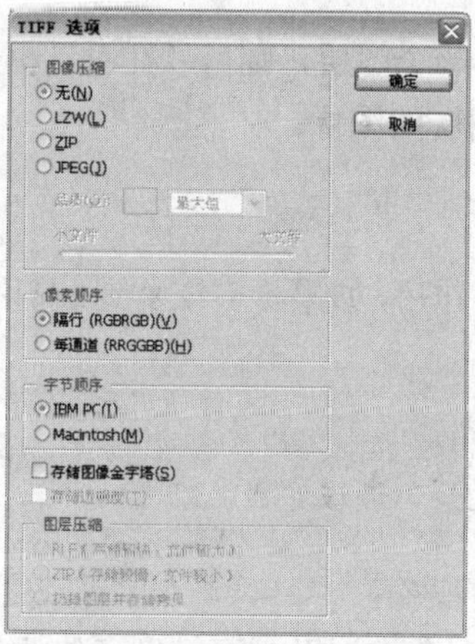

图 2.8　“TIFF 选项”对话框

● 字节顺序：在该选项中选择一种选项，以确定与 IBM PC 或 Macintosh 计算机的文件兼容性。
● LZW 压缩：选择该选项压缩文件后，可以在 Photoshop 以外的应用程序中打开 TIFF 文件。
● 存储图像金字塔：选择该选项，Photoshop 将保存当前图像的多种分辨率信息。
● 存储透明度：选择该选项后，如果当前图像的透明度小于 100 并在其他程序中打开时，则图像中的透明度以 Alpha 通道的形式存在。
● 图层压缩：在此可以选择一个选项来指定压缩图层像素数据的方法。如果在此选择“扔掉图层并存储拷贝”选项，则合并图像中图层。

Photoshop CS3

2.3　复制、恢复与关闭图像文件

2.3.1　复制图像文件

打开要复制的图像，选择“图像”|“复制”命令，输入复制后得到的新图像的名称，可以得到一个复制图像。

也可以在打开要复制的图像后，在图像的标题上单击右键，在弹出的快捷菜单中选择“复制”命令，如图 2.9 所示，在弹出的如图 2.10 所示的“复制图像”对话框中输入新图像的名称，单击“确定”按钮，即可得到所复制的图像。

图 2.9　选择“复制”命令

图 2.10　“复制图像”对话框

如果被复制的图像包含不止一个图层，则可以在对话框中选择“仅复制合并的图层”选项以通过复制得到一个合并所有图层的图像。

2.3.2　恢复与关闭图像文件

通常对当前图像执行若干操作后，如果希望恢复到最初的操作状态的情况下，可以选用“文件”|“恢复”命令。

提示

此操作也可以通过“历史记录”调板完成。

关闭图像可以执行以下任一操作：

- 选择“文件”|“关闭”命令，如果对图像做了修改，就会弹出提示对话框，询问是否保存对图像的修改。
- 单击图像文件右上方的☒按钮。
- 按 Ctrl+W 组合键。

Photoshop　CS3

2.4　图像尺寸与分辨率

图像尺寸是指一幅图像的物理尺寸，即图像在被打印输出后，在纸张中所显示的尺寸。

图像分辨率（Image Resolution）是指图像中存储的信息量。这种分辨率有多种衡量方法，典型的是以每英寸的像素数（DPI）来衡量。

图像分辨率和图像尺寸的值一起决定文件的大小及输出质量，这两个数值越大，图像文件中的像素信息就越多，所占用的磁盘空间也就越大。

图像分辨率的大小与其图像文件的大小成正比，例如，在保持图像尺寸不变的情况下，将图像分辨率提高一倍，则图像文件的大小变为原来的四倍。

在 Photoshop 中有两个与图像的分辨率相关的命令，第一个是“新建”命令，也就是在创建新文件时就可以确定图像的分辨率。

提示

如果将新建的图像用于网络中，那么将“分辨率”数值设置为 72 像素/英寸即可；如果图像用于打印输出，则需要将“分辨率”数值设置为 300 像素/英寸；如果用于喷绘，则将“分辨率”数值设置为 100～150 像素/英寸即可。

第二个与图像分辨率有关的命令是“图像大小”命令，此命令可以改变已经打开的图像的分辨率或尺寸，选择“图像”|“图像大小”命令，弹出如图 2.11 所示的对话框。

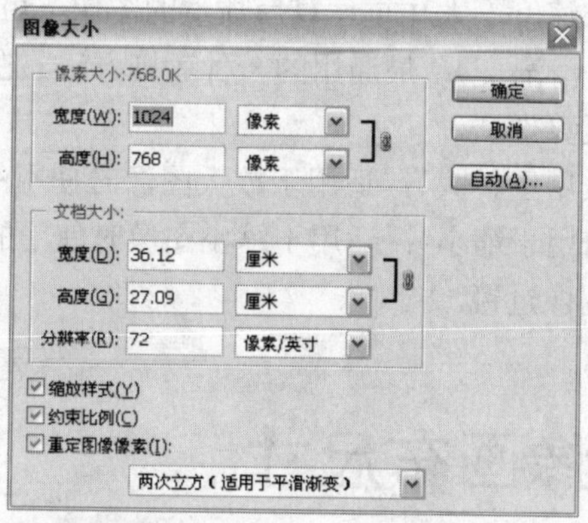

图 2.11　“图像大小”对话框

“图像大小”对话框中的参数含义如下。

- 宽度/高度：在该数值框中输入数值，可以改变图像的尺寸。
- 分辨率：在该数值框中输入数值，可以改变图像的分辨率。
- 缩放样式：选择该选项后，对图像进行放大或缩小时，当前图像中所应用的图层样式也会随之放大或缩小，从而保证缩放后的图像效果保持不变。
- 约束比例：选择该选项后，在改变图像宽度或高度尺寸时，它们将按照比例同时发生变化。
- 重定图像像素：选择该选项后，在改变图像尺寸或分辨率时，图像的总像素数量将发生变化。

提示

虽然分辨率越大图像的信息就越多，图像也就越清晰，但若人为地增大一幅本身并不清晰的图像的分辨率，这幅图像的清晰程度是不会改变的。

Photoshop 提供了 5 种插值运算方法，我们可以在“图像大小”命令对话框中的“重定图像像素”下拉列表菜单中选择，如图 2.12 所示。

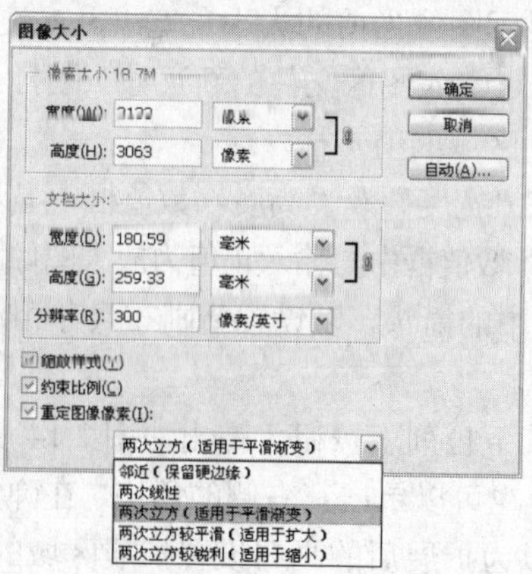

图 2.12　“图像大小”命令对话框

在 5 种插值运算方法中，“两次立方”是最通用的一种，其他方法的特点如下。

- 邻近（保留硬边缘）：此插值运算方法适用于有矢量化特征的位图图像。
- 两次线性：对于要求速度不太注重运算后质量的图像，可以使用此方法。
- 两次立方（适用于平滑渐变）：最通用的一种运算方法，在对其他方法不够了解的情况下，最好选择此种运算方法。
- 两次立方较平滑（较用于扩大）：适用于放大图像时使用的一种插值运算方法。
- 两次立方较锐利（较用于缩小）：适用于缩小图像时使用的一种插值运算方法，但有时可能会使缩小后的图像过锐。

2.5 改变图像画布尺寸

画布尺寸与图像的质量没有太大的关系，但会影响图像的整体效果。

选择“图像”|“画布大小”命令或在当前图像文件的标题栏上单击鼠标右键，在弹出快捷菜单中选择“画布大小”命令，均可调出如图 2.13 所示的对话框。

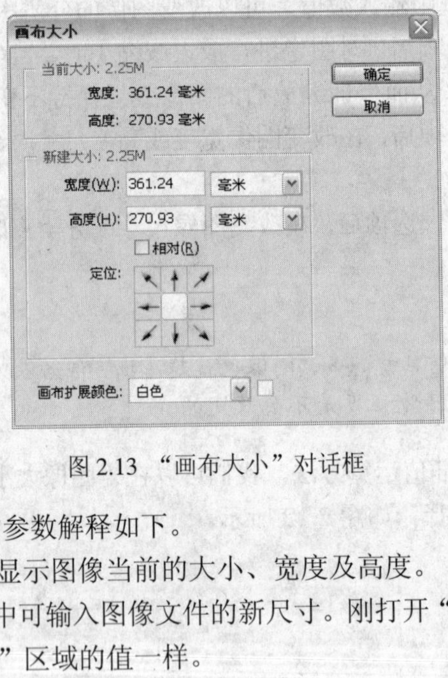

图 2.13 “画布大小”对话框

“画布大小”对话框中的参数解释如下。

- 当前大小：在此区域显示图像当前的大小、宽度及高度。
- 新大小：在此数值框中可输入图像文件的新尺寸。刚打开“画布大小”对话框时，此区域的值与“当前大小”区域的值一样。
- 相对：选择此选项，在“宽度”及“高度”数值框中显示图像新尺寸与原尺寸的差值，此时在“宽度”、“高度”数值框中与输入正值为放大图像画布，输入负值为裁切图像画布。
- 定位：单击“定位”框中的箭头，以设置新画布尺寸相对于原尺寸的位置，其中的空白为缩放的中心点。
- 画布扩展颜色：单击其下拉列表按钮，弹出如图 2.14 所示的菜单，在此可以选择扩展画布后新画布的颜色。也可以单击其右侧的色块，在弹出的“选择画布扩展颜色”对话框中选择一种颜色，以为扩展后的画布设置扩展区域的颜色。

如图 2.15 所示，在背景色为灰色的情况下，增大图像画布大小的效果。

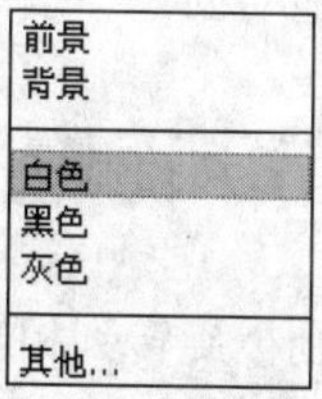

图 2.14 画布扩展颜色选项

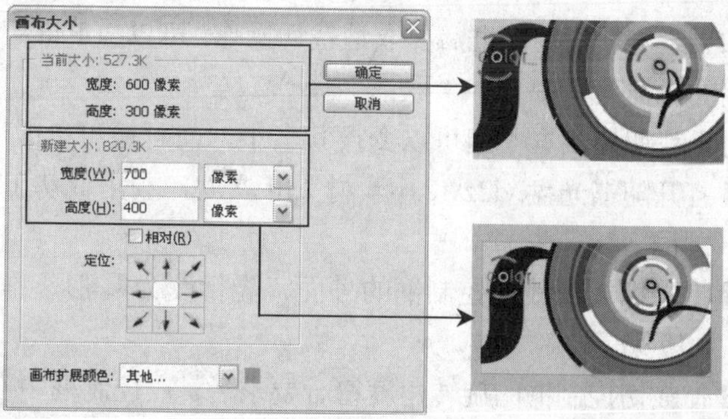

图 2.15 增大画布的效果

提示

如果在“宽度”及“高度”数值框输入小于原画布大小的数值，将弹出如图 2.16 所示的提示框，单击“继续”按钮，Photoshop 将对图像进行剪切。

图 2.16 裁剪图像提示框

Photoshop CS3

2.6 使用裁切工具裁切图像

使用裁切工具裁切图像，也是改变图像画布尺寸的常用方法，此方法比使用“画布大小”命令的方法更简单，使用方法更随意，操作也更灵活。

下面以一个实例讲解利用裁切工具改变图像大小的操作步骤。

步骤 01 打开随书光盘:\d2z\ 2.6-素材 1.tif 文件，利用裁切工具在图像中拖动，创建一个裁切控制框。

步骤 02 拖动裁切控制框的控制句柄，使控制框中仅包含所需图像，如图 2.17 所示。

步骤 03 在裁切控制框中双击鼠标或按 Enter 键确认裁切操作，如图 2.18 所示。

图 2.17 缩小裁切控制框

图 2.18 确认变换操作后的效果

如果绘制裁切控制框后要取消裁切操作，可以按 Esc 键，或在裁切控制框中单击鼠标右键，在弹出的快捷菜单中选择“取消”命令。

对于裁切控制框不但可以变换其大小，而且还可以改变其角度，其具体操作步骤如下。

步骤01 打开随书光盘:\d2z\ 2.6-素材 2.tif 文件，利用裁切工具在图像中拖动创建一个裁切控制框。

步骤02 将光标放在裁切控制框的外面，光标变为形，拖动光标即可旋转裁切控制框，如图 2.19 所示。

步骤03 使裁切控制框的旋转角度符合要求后，在控制框中双击鼠标，图像则被旋转到相应的角度，如图 2.20 所示。如图 2.21 所示为利用仿制图章工具将边缘的白色边缘图像修复后得到的最终效果。

图 2.19　旋转裁切控制框

图 2.20　裁切后的效果

图 2.21　修复边缘图像后的效果

2.7 使用 Adobe Bridge CS3 管理图像

Adobe Bridg 可用于对所需的图形图像文件资源进行组织、浏览和寻找，使用 Adobe Bridge 可以直接预览并操作 PSD、AI、INDD 和 PDF 等格式的文件，功能非常强大。

- 性能更出色，Bridge CS3 启动更迅速，并且显示缩览图的速度比 Bridge CS2 快很多。
- 直接导入照片，使用 Bridge 可以直接从数码相机存储卡中导入照片，并在导入照片之后，对照片进行旋转、调整大小或重命名操作。
- 堆栈式管理图像文件，通过创建堆栈的形式将相关图像文件编成组，以使浏览窗口看上去更整齐一些。
- 比较和预览图像，在“预览”面板中可以比较多幅图像并使用“放大镜”工具放大图像预览。
- 快速/高品质缩览图，指定 Bridge 显示源文件中嵌入的低分辨率缩览图还是从源文件生成的缩览图。
- 更加灵活的工作区，在 Bridge CS3 中我们可以通过移动和调整面板大小，配置 Bridge 工作区，然后将配置保存为新的工作区以供今后重新使用。

2.7.1 选择文件夹进行浏览

在 Photoshop 中选择“文件”｜“浏览”命令或在工具选项条中单击加入按钮，则可弹出如图 2.22 所示的 Adobe Bridge 窗口。

如果希望查看某一保存有图片的文件夹，可以在图 2.23 所示的“文件夹”面板中单击要浏览的文件夹所在的盘符，并在其中找到要查看的文件夹，这一操作与使用 Windows 的资源浏览器并没有太大的不同。

图 2.22　到 Adobe Bridge 窗口

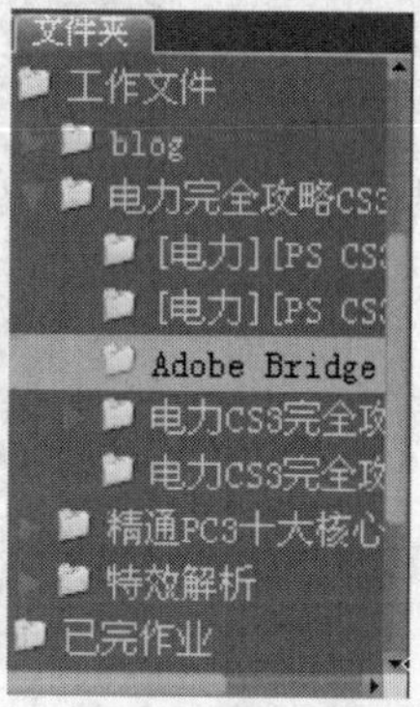

图 2.23　“文件夹”面板

提示

如果“文件夹”面板没有显示出来，可以选择“窗口”|“文件夹面板”命令来调出“文件夹”。

对于一些我们较为喜欢的图像，可以使用“收藏夹”面板来保存这些图片的文件夹，从而访问更为迅速直接，其特点类似于快捷方式，对于图片的路径不起任何变化。

“收藏夹”面板中在默认情况下仅有“我的电脑”、“桌面”、“My Documents”等几个文件夹，但我们可以通过下面所讲述的操作步骤，将自己常用的文件夹保存在“收藏夹”面板中。

步骤 01 选择“窗口”|“文件夹面板”命令显示“文件夹”面板，选择“窗口”|“收藏夹面板”命令显示“收藏夹”面板。

步骤 02 通过拖动面板的名称，使其成为在窗口中被组织成为上下摆放的状态，如图 2.24 所示。

图 2.24　摆放两块面板的位置

步骤03 在“文件夹”面板选择要保存在“收藏夹”面板中的文件夹。

步骤04 将被选择的文件夹直接拖至“收藏夹”面板中，直至出现一个粗直线，如图 2.25 所示。

图 2.25　拖动文件夹的状态

步骤05 释放左键后，即可在“收藏夹”面板中看到步骤 04 操作拖动的文件夹，按上述方法操作后，我们就能够直接在“收藏夹”面板中快速选中常用的文件夹，如图 2.26 所示。

图 2.26　文件夹被保存在“收藏夹”面板中

提示

如果要从“收藏夹”面板中去除某一个文件夹就可以在其名称上单击右键，在弹出的菜单中选择“从收藏夹中移去”的命令。

除上述方法外，还可以在窗口上方单击下拉列表按钮，在弹出的下拉列表菜单中选择“收藏夹”面板中的文件夹与最近访问过的文件夹。

单击菜单栏下面的“返回”按钮、“前进”按钮或“向上”按钮，可以使用这些按钮在当前文件夹中导航。

2.7.2　改变 Adobe Bridge 窗口显示颜色

Bridge 窗口在默认状态下以较深色的灰显示，其显示状态如图 2.27 所示。

如果用户不喜欢这种颜色，就可以按下面的步骤操作，改变 Bridge 窗口显示颜色。选择“编辑”|“首选项”命令，在弹出如图 2.28 所示的对话框中拖动“用户界面亮度”、“图像背景”滑块，即可改变窗口显示的颜色。

图 2.27　以黑色显示的窗口

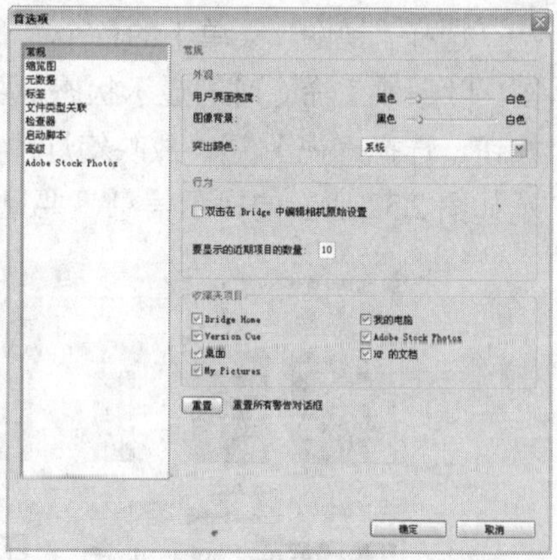

图 2.28　“首选项”对话框

2.7.3　改变 Adobe Bridge 窗口显示状态

针对不同的工作状态，例如，可以在查找图片时采取能够显示大量图片的窗口显示方式，在观赏图片时采用适宜于展示图片的幻灯片的显示状态，这里 Bridge 提供了多种窗口显示方式，来适应各种不同的工作需要。

1. 自动改变窗口显示状态

在窗口右下角，直接单击 1、2、3 三个按钮，即可以使 Bridge 按默认方式自动改变窗口显示状态，如图 2.29 所示为分别单击 1、2、3 三按钮后的窗口显示状态。

(a)　(b)　(c)

图 2.29　三种不同的窗口显示状态

除单击上述三个按钮外，也可以单击任意一个按钮不放，在弹出的如图 2.30 所示的菜单中选择合适的窗口显示状态。

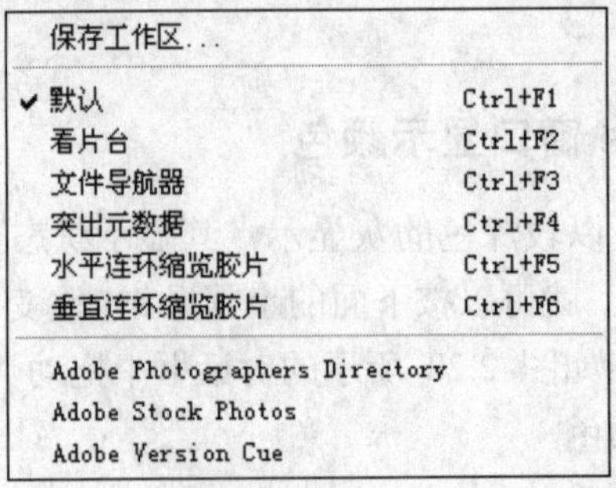

图 2.30　弹出菜单

选择“视图”菜单下的各个命令，也可以改变窗口的显示状态，如图 2.31 所示为选择“视图”|“紧凑”命令时的显示状态，要从紧凑显示状态恢复至完整宣传品显示模式，可以单击□按钮。选择“视图”|“放映幻灯片”命令可以进入图片整屏显示状态，放映中可以按 H 键显示如图 2.32 所示的提示信息，要退出此显示模式可以按 ESC 键。

图 2.31　紧凑显示状态

图 2.32　放映幻灯片显示状态

2．手动改变窗口显示状态

由于 Bridge 窗口中的面板均能够自由拖动组合，因此如果使用上述方法无法得到满意的窗口显示状态，则可以通过拖面板得到令人满意的显示状态，如图 2.33 所示为笔者通过手动调整面板得到的不同显示状态。

(a)　　　　(b)

图 2.33　不同显示状态

2.7.4　快速改变文件缩览图显示状态

拖动 Bridge 窗口底部的缩览图滑块可以调整缩览图的大小，通过多次单击缩览图滑块任一侧的按钮可以最小化或最大化缩览图。

2.7.5　指定显示文件和文件夹的方法

我们可以指定当前文件夹中的文件及文件夹的显示方式以及其显示的顺序，要指定文件或文件夹的显示方法，可以从“视图”菜单中选择以下任一命令：

- 要显示文件夹中的隐藏文件，选择“视图”|“显示隐藏文件”命令。
- 要显示当前浏览的文件夹中的文件夹中，选择“视图”|“显示文件夹”命令，此时如果当前浏览的文件夹中没有可供浏览的文件，则呈现如图 2.34 所示的显示状态。

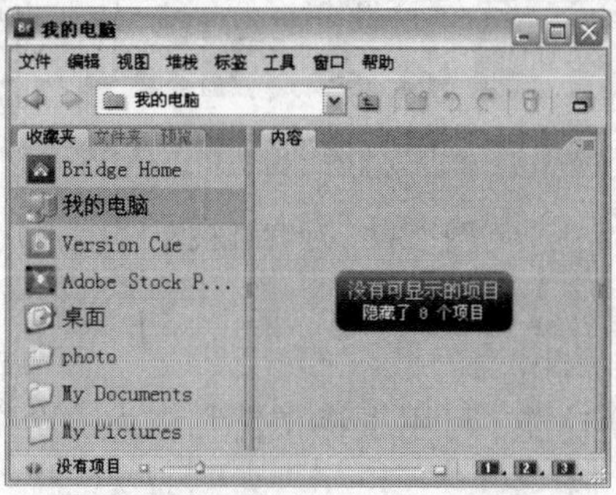

图 2.34　无可供显示文件的状态

- 要对显示在窗口中的文件进行各式排序显示，选择“视图”|“排序”级联菜单下的各个命名，例如，选择“升序”则文件按升序而不是按降序排序。

2.7.6　放大观察

Bridge CS3 提供了放大观察预览图的功能，使用此功能能够使我们更好地观察图片的细节。

在“预览”面板中将光标放于图片上，当放大镜图标出现时，单击图片即可显示一个小型的放大观察窗口，如图 2.35 所示；拖动此观察窗口，即可通过放大观察的方式观察图片的不同部分，如图 2.36 所示。

图 2.35　放大观察的状态

图 2.36　不同的观察位置

如果当前预览的是一个堆栈，则其中每一个图像文件都可以独立进行放大观察，如图 2.37 所示。

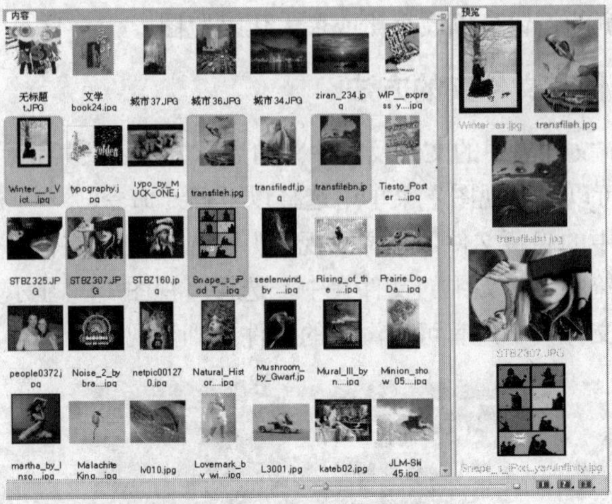

图 2.37　观察堆栈文件

2.7.7　堆栈文件

堆栈功能是 CS3 版本的新功能，可用于将文件归组为一个缩览图，可以使用此功能堆叠任何类型的文件。

使用堆栈的优点在于，我们可以像标记单个文件一样来标记堆栈，而且对展开的堆栈应用的命令会应用于该堆栈中的所有文件。

提示

如果只选择了该堆栈中的栈顶文件，则对折叠的堆栈应用的命令只应用于该堆栈中的栈顶文件。如果通过单击该堆栈边框选择了堆栈中的所有文件，则该命令应用于该堆栈中的所有文件。

下面是关于堆栈文件的一些操作。

1．创建堆栈

在 Bridge 窗口中选择要创建成为堆栈的若干文件，然后按 Ctrl+G 组合键（也可以选择“堆栈”|“归组为堆栈”命令）即可将这些文件创建成为一个堆栈如图 2.38 所示。

图 2.38　堆栈显示状态

2．展开或折叠堆栈

要展示一个堆栈可以采取下面所讲述的三种方法中的任意一种。

● 按 Ctrl+→（向右箭头键）；
● 单击堆栈上方的数字；
● 选择“堆栈”|“打开堆栈”命令。

要折叠一个堆栈可以采取下面所讲述的三种方法中的任意一种。

● 按 Ctrl+←（向左箭头键）；
● 单击堆栈上方的数字；
● 选择“堆栈”|“关闭堆栈”命令。

3．取消堆栈

要取消一个堆栈，使其中的文件重新成为独立的文件，可以按 Ctrl+Shift+G 组合键（也可以选择“堆栈”|“取消堆栈组”命令）。

4．预览堆栈中的图像

如果一个堆栈中包含的图片多于 10 张，则可以通过预览的方式查看其中的图片，而不必将其展开。

将光标放于此类堆栈上，则图像的上方就会显示一个小的播放按钮及一个小的黑色圆点，单击播放按钮或直接拖动小的黑色圆点都能够预览堆栈中的图像，如图 2.39 所示。

（a）　（b）

图 2.39　预览堆栈中的图像

2.7.8　打开图片

要将 Adobe Bridge 中的图片导入到 Photoshop 中进行操作非常简单，可以使用以下几种方法中的任意一种。

● 直接在 Adobe Bridge 中双击图片；
● 将图片从 Adobe Bridge 中拖至 Photoshop 中；
● 在图片中单击右键，在弹出的菜单中选择“打开”命令。

2.7.9　管理文件

在这些方面，我们可以像使用 Windows 的资源管理器一样，使用 Adobe Bridge 来管理文件，例如，我们可以很容易地拖放文件、在文件夹之间移动文件、复制文件。

下面分别讲解不同操作的操作方法。

● 复制文件：选择文件，然后选择“编辑”|“复制”，也可以选择“文件”|“复制到”级联菜单中的命令，以当前选中的图像复制到指定的位置。
● 粘贴文件：选择“编辑”|“粘贴”。
● 将文件移动到另一个文件夹：选择文件，然后将文件拖移到另一个文件夹中。
● 重命名文件：单击文件名，键入新名称，并按 Enter 键。
● 将文件置入应用程序：选择文件，然后选择“文件”|“置入”级联菜单中的应用程序名称。
● 将文件从 Bridge 中拖出：选择文件，然后将其拖移到桌面上或另一个文件夹中，则该文件会被复制到桌面或该文件夹中。
● 将文件拖入 Bridge 中：在桌面上、文件夹中或支持拖放的另一个应用程序中选择一个或多个文件，然后将其拖到 Bridge 显示窗口中，则这些文件会从当前文件夹中移动到

Bridge 中显示的文件夹中。

- 删除文件或文件夹：选择文件或文件夹并单击“删除项目”按钮，或在文件上单击右键在弹出的快捷菜单中选择“发送到回收站”命令。
- 复制文件和文件夹：选择文件或文件夹并选择“编辑”|“复制”，或者按 Ctrl 键并拖动文件或文件夹，将其移至另一个文件夹。
- 创建新文件夹：单击“创建新文件夹”按钮，或选择“文件”|“新建文件夹”。

2.7.10 旋转图片

可以直接在 Adobe Bridge 中对图像进行旋转操作，单击窗口上方的或按钮即可将图像按顺时针或逆时针方向旋转 90°。如图 2.40 所示为旋转前状态，旋转后状态如图 2.41 所示。

图 2.40 旋转前的状态

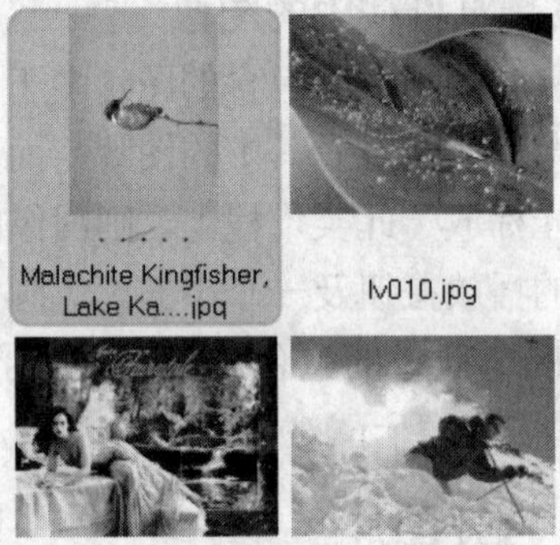

图 2.41 旋转后的状态

2.7.11 标记文件

Bridge 的实用功能之一是使用颜色标记文件，按这种方法对文件进行标记后，可以使文件显示为某一种特定的颜色，从而直接区别不同文件。

如图 2.42 所示为未标记的文件，如图 2.43 所示为经过标记后的文件，可以看出经过标记后，各种文件就一目了然了。

图 2.42 标记前的文件显示状态

图 2.43 标记后的文件

若要标记文件，首先选择文件，然后从“标签”菜单中选择一种标签类型，或在文件上单击右键，在弹出的快捷菜单中的“标签”菜单中进行选择。若要从文件中去除标签，选择“标

签”|“无标签”命令。

由于 CS3 默认了若干种标签类型，例如，红色表示“选择”、黄色表示“第二”、绿色表示“已批准”，因此在“标签”菜单中仅能够看到上述选项。

但我们能够通过自定义改变这些选项，其方法如下。

步骤 01 选择“编辑”|“首选项”命令，在弹出如图 2.44 所示的对话框中选择“标签”项。

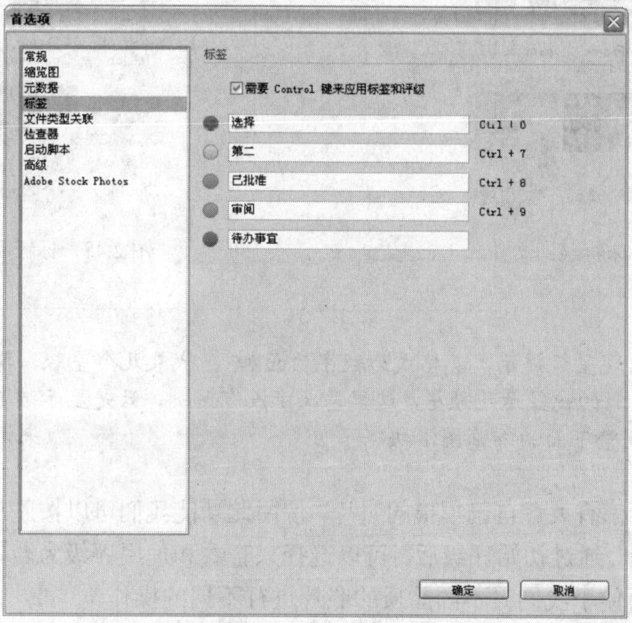

图 2.44　“首选项”命令对话框

步骤 02 在对话框右侧每一种颜色的右侧输入希望定义的选项名称，如图 2.45 所示为自行定义的状态。

步骤 03 单击“确定”按钮退出对话框，则可以在“标签”菜单中看到所定义的效果，如图 2.46 所示。

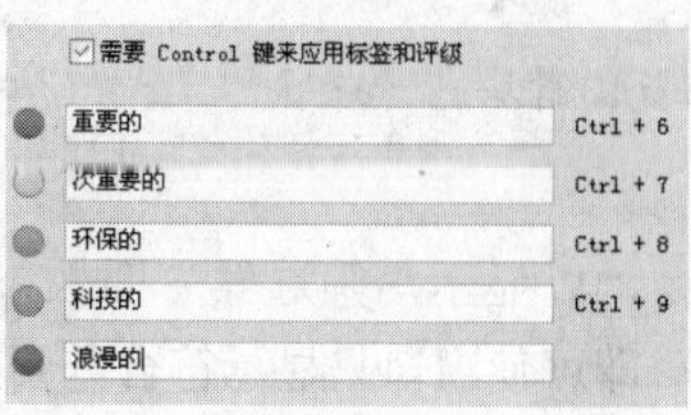

图 2.45　自定义的状态

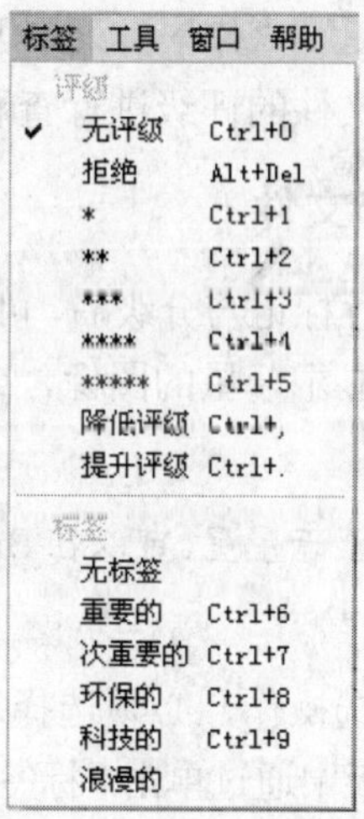

图 2.46　菜单显示效果

2.7.12 为文件标级别

为文件标定级别同样是 Bridge 提供的一种实用功能，Bridge 提供了从一星到五星的 5 级星级，如图 2.47 所示为未标记的文件，如图 2.48 所示为经过标级后的文件。

图 2.47 未标级的文件

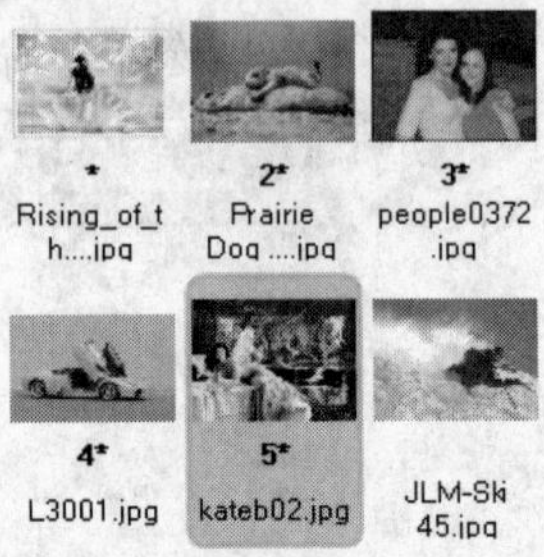

图 2.48 标级后的文件

提示

上图标星级后出现星级提示，其格式为数字后面加*，代表几个星级，操作中有可能显示不是这种方式，是几星级的就显示几颗星，这里意义上没有区别，只是显示缩览图大小影响了星级的显示，可以通过调整下面的缩览图滑块来调整显示效果。

许多摄影爱好者都有大量自己拍摄的照片，使用此功能我们可以按照从最好到最差的顺序对这些照片进行评级，通过初始评级后，可以选择只查看和使用评级为四星级或五星级其他星级标准的照片，从而便于我们对不同品质的照片进行不同的操作。

要对文件进行标级操作，先选择一个或多个文件，然后进行下列任一操作。

- 在“缩览图”视图中，单击代表要赋予给文件的星数的点，如果不能够显示星星，就可以拖动。
- 从“标签”菜单中选择星级。
- 要添加一颗星选择“标签”|“提升评级”。要去除一颗星选择“标签”|“降低评级”。
- 要去除所有的星选择“标签”|“无评级”命令。

选择“视图”|“排序”菜单下的命令或选择“未筛选”下拉列表菜单中的星级名称，就可以方便地根据文件的评级进行查看了。

2.7.13 筛选文件

对文件进行标记与分级后，可以方便我们通过筛选操作，对这些文件进行选择与显示操作，例如，可以只显示一星的图像，或标定为“重要”的图像。

提示

如果无法显示星星，可以在 Bridge CS3 窗口底部拖动缩览图滑块以调整缩览图的大小。

要进行筛选操作，必须选择“窗口”|“筛选器”命令，以显示“筛选器”面板，在如图 2.49 所示的面板中通过单击“标签”或“评级”下方的选项，即可使窗口只显示符合需要的图像。

例如，图 2.50 所示的“筛选器”面板表明，显示标定为 1 星、2 星、3 星、4 星的所有图像文件。

图 2.49　“筛选器”面板

图 2.50　“筛选器”面板使用示例

2.7.14　在 Bridge 中运行自动化任务

在“工具”|“Photoshop”菜单下包含有各个 Photoshop 自动化任务命令，在显示窗口中选择图像文件后，可以直接选择这些命令以运行指定的自动化任务。

2.7.15　批量重命名

批量重命名功能是 Adobe Bridge 提供的非常实用的一项功能，使用此功能我们能够一次性重命名一批文件。要重命名一批文件可以参考以下操作步骤。

步骤 01 在 Adobe Bridge 中选择“工具”|“批重命名”命令，弹出如图 2.51 所示的对话框。

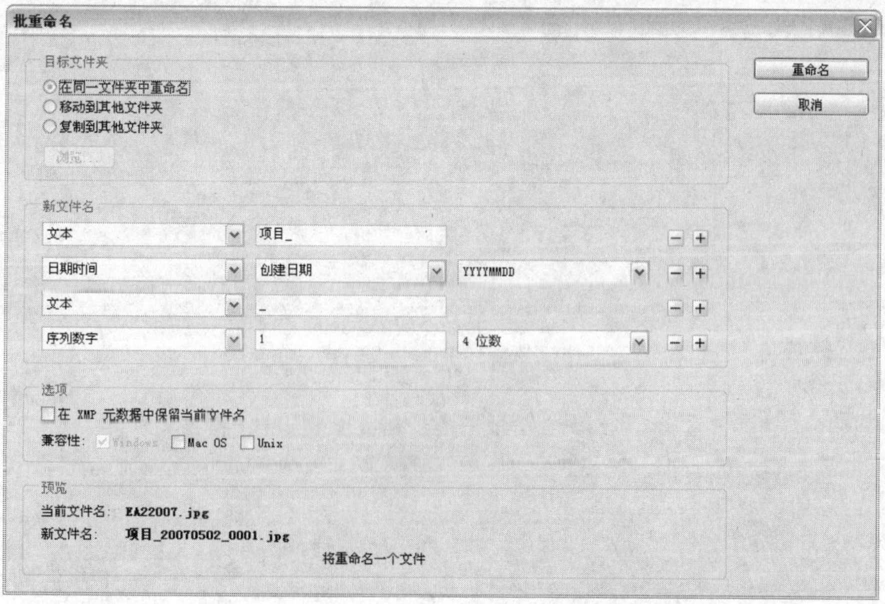

图 2.51　“批重命名”命令对话框

步骤02 在“目标文件夹中”选择一个选项，以确定是在同一文件夹中进行重命名操作，还是将重命名的文件移至不同的文件夹中。

步骤03 在“文件名”区域确定重命名后，文件名命名的规则。如果规则项不够用就可以单击⊞按钮以增加规则，反之，可以单击⊟按钮以减少规则。

步骤04 观察“预视”区域命名前后文件名的区别，并对文件名的命名规则进行调整，直至得到满意的文件名。

步骤05 单击[重命名]按钮，即可以开始命名操作。

第 3 章

制 作 选 区

Photoshop

选区是用户在工作过程中经常会用的功能，使用它可以限制图像调整的范围，也可以将图像中的一部分选中，并使其脱离所在图像，而且定义图案、定义画笔等操作也都离不开选区，选区表现为封闭的浮动蚂蚁线围成的区域，如图 3.1 所示。

图 3.1　蚂蚁线状态的选区

本章将详细讲解创建选区、编辑选区、变换选区及变换选区中图像的方法和技巧。

Photoshop 3.1 利用工具创建选区 CS3

Photoshop 提供了很多种创建选区的工具，例如，用于创建矩形选区的矩形工具、利用自由手绘方式创建选区的套索工具，以及依据图像的颜色或亮度创建选区的魔棒工具等，下面将详细介绍这些工具的使用方法。

3.1.1　矩形选框工具

使用矩形选框工具可建立矩形选区，单击鼠标左键并拖动滑过需要选择的区域，即可创建矩形选区。

在矩形选框工具被选中的情况下，工具选项条如图 3.2 所示，更改其中选项可以改变其工作模式，创建更加令人满意的选区。

图 3.2　矩形选框工具选项条

提示

如果要创建正方形选区，选择新选区按钮，在页面上拖动鼠标的同时按住 Shift 键即可；如果要从某中心出发向四周扩散式创建选区，可在按 Alt 键的同时拖动鼠标。

- 羽化：在“羽化”数值框中输入大于零的数值，可以指定选区并在边缘产生半选择状态，从而得到柔化效果。图 3.3 所示是“羽化”值为 5 时，将图像粘贴入选区时的效果，图 3.4 所示是“羽化”值为 15 时的粘贴入图像的效果。

图 3.3　“羽化”值为 5 时的效果

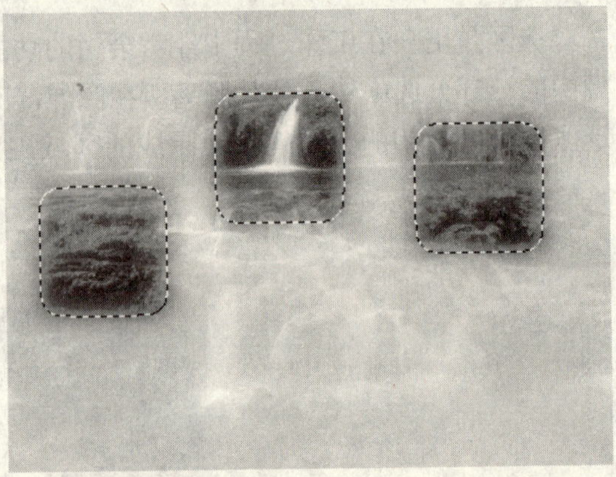

图 3.4　“羽化”值为 15 时的效果

提示

如果设置的“羽化”数值很大，而绘制的选区又很小，就有可能弹出如图 3.5 所示的提示框，但这并不会影响用户创建选区，只是这些选区在图像中看不见，而且如果为这样的选区填充颜色，得到的图像透明度都低于 50%。

图 3.5　错误提示框

矩形工具选项条中的“样式”下拉列表可以设置选区绘制的方法，其中各个选项的含义如下。

- 正常：该选项为默认选项，此时用户可以绘制任意大小的矩形选区。
- 约束长宽比：选择该选项，则其后面的“宽度”和“高度”数值框将被激活，分别输入数值可以在绘制选区时限制高度与宽度的比例。
- 固定大小：选择该选项，“宽度”和“高度”数值框将被激活，与选择“约束长宽比”选项不同，在此数值框中输入数值，可以确定新选区高度与宽度的精确数值。这时只须在图像中单击，即可以按设置的大小创建选区。

3.1.2　椭圆选框工具

使用椭圆选框工具可建立一个椭圆形选区，按住鼠标左键并拖动鼠标滑过需要的区域，这样即可创建椭圆形选区，如图 3.6 所示。

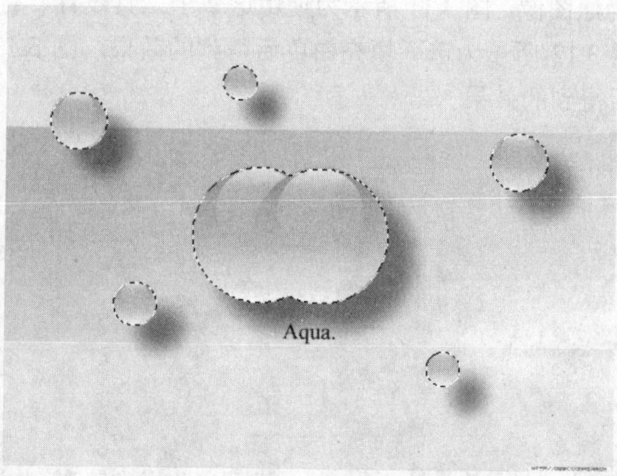

图 3.6　使用椭圆选框工具创建选区

椭圆选框工具的工具选项条如图 3.7 所示，其与矩形选框工具的工具选项条基本相同，此处不再赘述。

图 3.7　椭圆选框工具选项条

其中选择“消除锯齿”选项可防止锯齿产生，图 3.8 所示为未选择此选项绘制选区填充黑色后的整体与局部放大效果，图 3.9 所示为选择此项绘制选区填充黑色后的整体与局部放大效果。

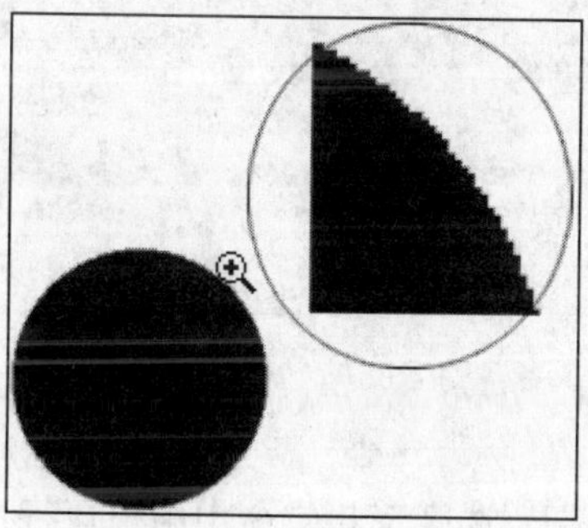

图 3.8　未选择“消除锯齿”选项效果

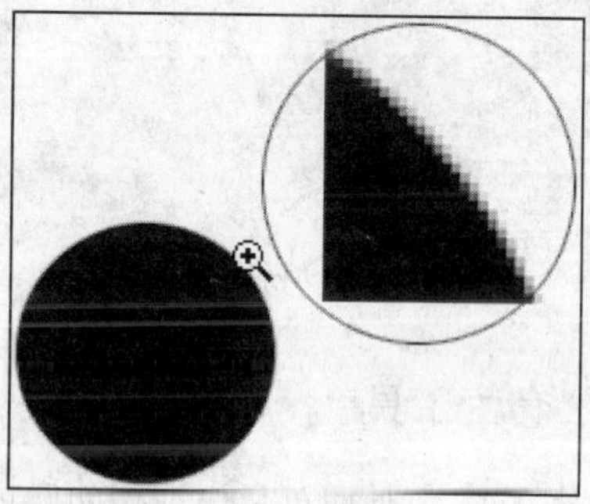

图 3.9　选择“消除锯齿”选项效果

对比图 3.8 和图 3.9，可以看出在“消除锯齿”选项被选中的情况下，图像的边缘有色混现象，因此在正常观察率下查看时图像的边缘看上去更细腻，反之则出现很明显的锯齿现象。

提示

如果制作的图像需要输出为 GIF 透明图像，并应用于一张底图上，则不要选择此选项，否则，将由于边缘的色混现象，出现毛边现象。

3.1.3 单列选框工具和单行选框工具

使用单列选框工具和单行选框工具可以选择一列像素或一行像素。这两个工具一般用于特殊效果的制作，其选项栏与矩形选框工具选项条相同，只是“样式”选项不可被使用。

例如图 3.10 所示为原图像，图 3.11 所示为使用这 2 个工具设置“羽化”数值为 0.5 的情况下创建的选区效果，图 3.12 所示为选区填充白色后得到的效果，图 3.13 所示的将白色线条与下面的图像进行混合后得到的效果。

图 3.10 原图像

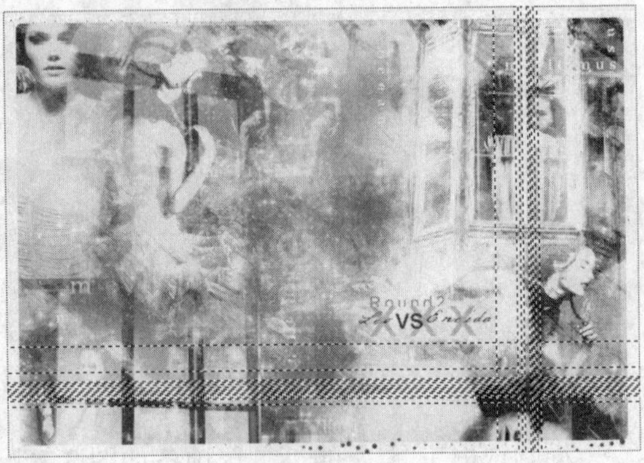

图 3.11 创建选区

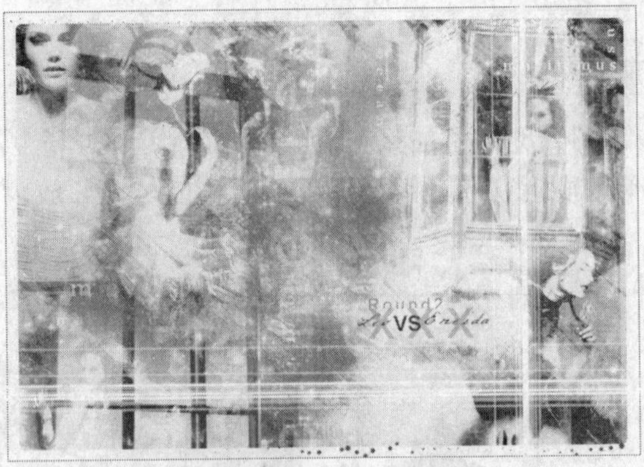

图 3.12 填充选区

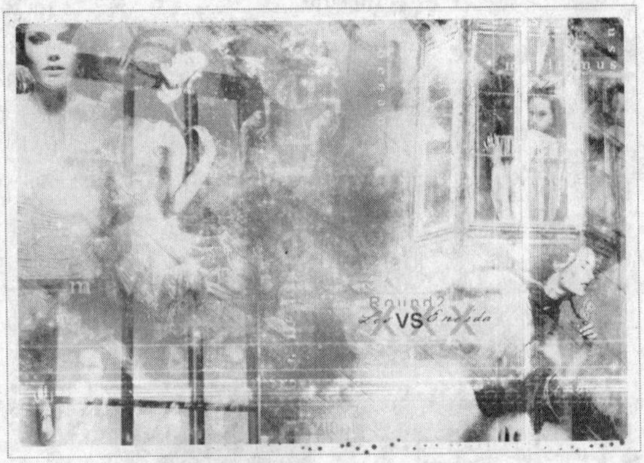

图 3.13 混合图像后的效果

3.1.4 套索工具

套索工具是通过自由地移动鼠标来创建选区的工具，选区形状完全由用户自行控制，其工具选项条选项的意义与椭圆选框工具的相似，这里不再重述。

值得一提的是，为套索工具设置适当“羽化”数值后，可以制作得到晕边图像的效果，其操作步骤如下。

步骤01 打开随书光盘:\d3z\3.1.4-素材.tif 文件，如图 3.14 所示。

步骤02 选择套索工具，在其工具选项条上设置“羽化”数值为 25。

步骤03 使用套索工具沿着狗头的边缘绘制选区轮廓，如图 3.15 所示。

图 3.14　原图像

图 3.15　绘制选区

步骤04 选择“选择”|“反选”命令做反向选择操作。

提示

关于“反选”命令请参见本章第 3.2.3 节。

步骤05 设置前景色为白色，按 Alt+Delete 组合键使用前景色填充选区，选择“选择”|“取消选择”命令，即可得到如图 3.16 所示的效果。

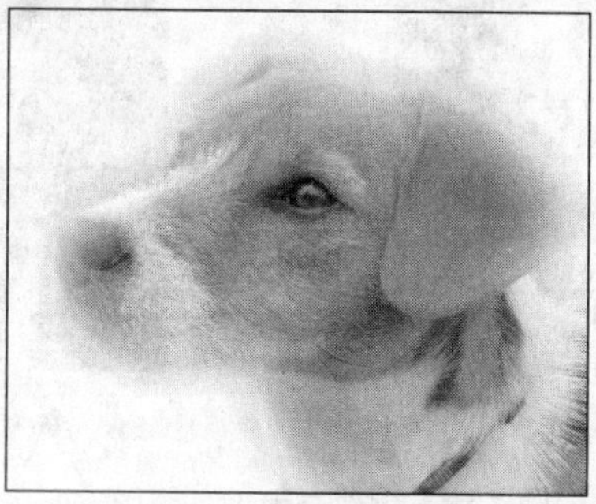

图 3.16　填充白色后的效果

3.1.5　多边形套索工具

使用多边形套索工具可以创建直边的选区，使用此工具可以选择具有直角边的物体，如图 3.17 所示。

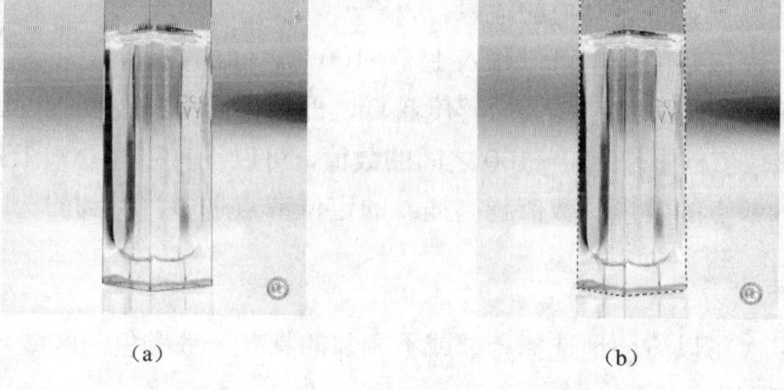

（a）　　（b）

图 3.17　使用多边形套索工具创建选区

与套索工具不同，在使用此工具时，需要按照“单击－释放左键－单击”的方式进行操作，而且最后一个单击点的位置应该与第一个单击点的位置相同，选区才能闭合，如果找不到第一点所在的位置，就可以在任意一点双击左键闭合选区。

提示

在绘制选区的过程中，按住 Shift 键可以得到水平、垂直或 45° 方向的选择线；按住 Alt 键可以暂时切换至套索工具，从而开始绘制任意形状的选区，释放 Alt 键可再次切换至多边形套索工具；如果要在绘制中改变选区，可以按 Delete 键删除定位节点。

3.1.6　磁性套索工具

磁性套索工具可以自动捕捉具有反差的颜色区边缘并依此创建选区，其使用实例如图 3.18 所示。

（a）绘制选区　　（b）得到雕塑选区

图 3.18　磁性套索工具使用实例

磁性套索工具选项条如图 3.19 所示。

图 3.19　磁性套索工具选项条

此工具选项条的重要参数含义如下。

- 宽度：在该数值框中可以输入数值，以设置磁性套索工具检测的宽度，此时此工具仅检测从光标开始指定距离以内的边缘。
- 边对比度：在该数值框中可以输入 1%～100%之间的数值，以设置磁性套索工具对颜色反差的敏感程度。数值越高敏感度越低，即越不容易捕捉到准确的边界点。
- 频率：在该数值框中输入 0～100 之间的数值，可以设置磁性套索工具在定义选择边界线时插入节点的数量，数值越高插入的定位节点越多，得到的选区也越精确。

3.1.7　魔棒工具

使用魔棒工具可以方便地选择相邻或不相邻的具有一致颜色的区域，图 3.20 所示为一次性选择图中所有的黄色区域。

图 3.20　使用魔棒工具选择图像中白色区域

此工具的工具选项条如图 3.21 所示，其重要的参数含义如下。

图 3.21　魔棒工具选项条

- 容差：在此允许输入 0～255 之间的像素值，可以调整色彩范围的容差。输入较小的值可选择与所单击的像素非常相似的较少颜色；输入较高的值可选择更宽的色彩范围。换言之，如果希望选择的颜色范围广一些，就可以设置较大的容差值；反之，应设置较小的容差值以制作较为精确的选择范围，如图 3.22 所示为容差值不同时用魔术棒工具单击图像同一位置时得到的不同选区。

（a）容差值为 1　　（b）容差值为 30

图 3.22　应用不同容差值的选择效果

- 对所有图层取样：选择该选项后，魔棒会将当前所有可见图层中的图像视为一幅图像，然后在此基础上创建选区。
- 连续的：此选项被选中的情况下，使用魔棒仅可以选择颜色相连接的单个区域，如图 3.23（a）所示在此选项被选中的情况下用魔棒工具单击中间的黄色区域，则仅能选择该黄色区域。反之，如果此选项未被选中，单击同样的位置，则可以选择整幅图像内所有黄色，如图 3.23（b）所示。

（a）“连续的”选项被选中　　　　（b）“连续的”选项未被选中

图 3.23　“连续的”选项效果

3.1.8　涂抹式依据颜色制作选区

快速选择工具是 Photoshop CS3 版本中新增的一项功能，其最大的特点就是可以像使用画笔工具绘图一样来创建选区，此工具的选项条如图 3.24 所示。

图 3.24　快速选择工具选项条

快速选择工具选项条中的参数解释如下。

- 选区运算模式：限于该工具创建选区的特殊性，所以它只设定了 3 种选区运算模式，即新选区、添加到选区和从选区减去。
- 画笔：单击右侧的三角按钮可调出如图 3.25 所示的画笔参数设置框，在此设置参数，可以对涂抹时的画笔属性进行设置。在涂抹过程中，可以设置画笔的硬度，以便创建具有一定羽化边缘的选区。

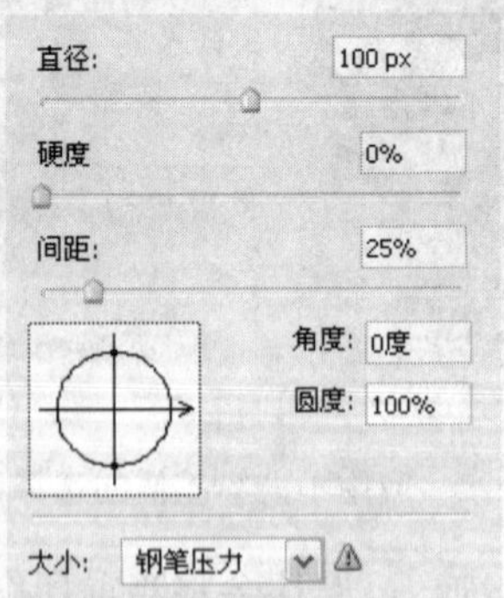

图 3.25　设置画笔参数

- 对所有图层取样：选中此选项后，将不再区分当前选择了哪个图层，而是将所有我们看到的图像视为在一个图层上，然后来创建选区。
- 自动增加：选中此选项后，可以在绘制选区的过程中，自动增加选区的边缘。
- 调整边缘：使用“调整边缘”命令可以对现有的选区进行更为深入的修改，从而帮助我们得到更为精确的选区，详细讲解见4.4.1节。

下面通过一个简单的实例，来讲解此工具的使用方法。

步骤01 打开随书光盘：d4z\3.1.8-素材.tif，如图 3.26 所示。在本例中，我们将把图像中人物的背景选择出来。

步骤02 选择快速选择工具，在工具选项条上设置适当的参数及画笔大小状态如图3.27所示。

步骤03 在人物以外的区域，按住鼠标不放并拖动，在拖动过程中就能够得到如图 3.28 所示的选区。

图3.26　素材图像

图3.27　设置“工具选项条”

图3.28　绘制选区

提示

在操作中，如果要选择更多的图像，则需要在其工具选项条上选择按钮，或在单击及拖动涂抹前，按住Shift键进行操作。如果发现有多条选中的选区，可以按住Alt键暂时切换至减选选区模式（即从选区减去模式），然后将多余的选区减掉，例如，出现如图3.29所示的状态按Shift键进行涂抹以添加选区；例如，出现如图3.30所示的状态按Alt键进行涂抹以减掉选区。

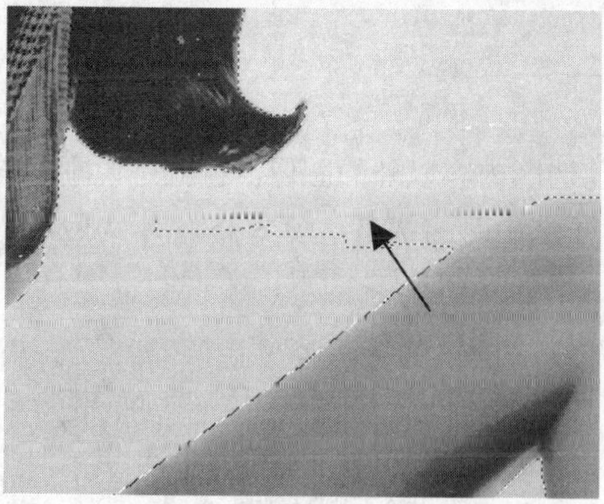

图3.29　添加选区

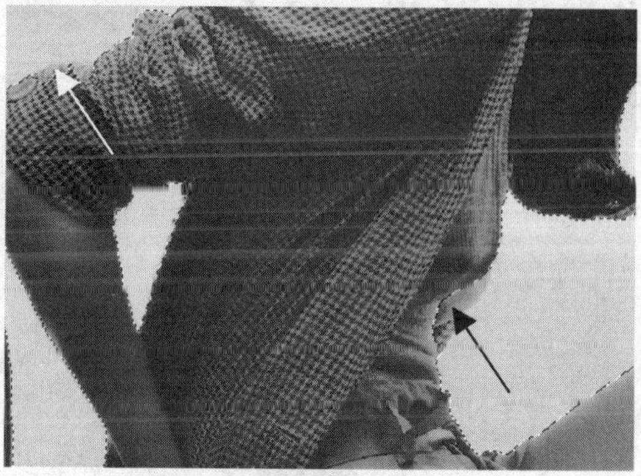

图3.30　减掉选区

步骤04 应用“滤镜”|“纹理”|“拼缀图”命令，弹出对话框设置如图3.31所示，确认后得到效果如图3.32所示。

图 3.31 “拼缀图”命令对话框

图 3.32 应用“拼缀图”命令的效果

在选择大范围的图像内容时，可以利用拖动滑抹的形式进行处理，而添加或减少小范围的选区时，则可以考虑使用单击的方式进行处理。

Photoshop CS3

3.2 利用命令创建选区

除了使用工具外，Photoshop 还提供了一些相当实用的命令，来辅助用户创建一些特殊形态的选区，下面就分别对各个制作选区的命令进行讲解。

图 3.33 使用“全选”命令创建选区

3.2.1 选择全部图像

要选择全部图像，可以选择“选择”|“全选”命令或按 Ctrl+A 键，其选区状态如图 3.33 所示。

3.2.2 重新选择刚刚取消的选区

如果希望载入最近一次载入的选区，可以选择“选择”|“重新选择”命令或按 Ctrl+Shift+D 组合键。

3.2.3 反相选择

选择“选择”|“反选”命令可以使选区选择当前选区内容以外的图像，也就是说刚好与原来的选择范围相反。如图 3.34 所示为利用选区将叶子选中时的状态，图 3.35 所示为应用“反选”命令后得到的选区状态。

图 3.34 原选区

图 3.35 反选后的选区状态

3.2.4　使用“色彩范围”命令创建选区

相对于魔棒工具而言，“选择”|“色彩范围”命令虽然与其操作原理相同，但功能更为强大，可操作性也更强。使用此命令可以从图像中一次得到一种颜色或几种颜色的选区，此命令弹出的对话框如图 3.36 所示。

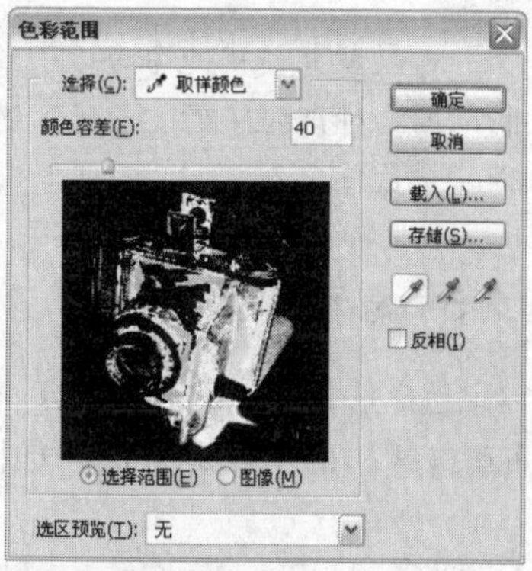

图 3.36 “色彩范围”对话框

该对话框中的重要参数含义如下。

- 颜色吸管：选择滴管工具单击图像中要选择的颜色区域，则该区域内所有相同的颜色将被选中。如果需要选择不同的几个颜色区域，可以在选择一种颜色后，选择滴管加工具单击其他需要选择的颜色区域。如果需要在已有的选区中去除某部分选区，可以选择滴管减工具单击其他需要去除的颜色区域。
- 颜色容差：如果要在当前选择的基础上扩大选区可以将“颜色容差”滑块向右侧滑动，以扩大“颜色容差”数值。图 3.37 所示为容差值为 50 及 90 时的滑块状态及选区。

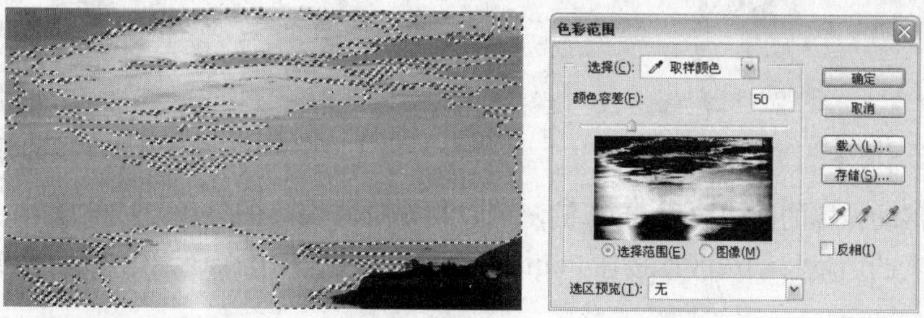

（a）容差值为 50

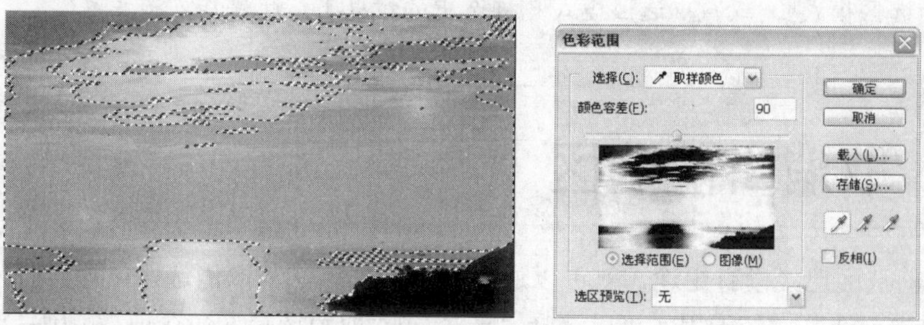

（b）容差值为 90

图 3.37　容差值为 50 及 90 时的滑块状态及选区

- 反相：选择“反相”选项可以将当前选区反选。
- 选择范围、图像：利用“选择范围”和“图像”单选按钮可指定预览窗口中的图像显示方式。
- 选区预览：“选区预览”下拉列表表示指定图像窗口（不是预览窗口）中的图像选择预览方式。默认情况下，其设置为“无”，即不在图像窗口显示选择效果。若选择“灰度”、“黑色杂边”和“白色杂边”选项，则分别表示以灰色调、黑色或白色显示未选区域。若选择“快速蒙版”选项，则表示以预设的蒙版颜色显示未选区域。

设置完成各选项后，单击“确定”按钮退出对话框，即可得到所需要的选区。

提示

可以重复使用此命令以选择颜色的子集，例如，若要选择青色选区内的绿色区域，选择“色彩范围”对话框中的“青色”选项并单击“确定”按钮，然后重新运用“色彩范围”对话框并选择“绿色”选项。

3.2.5 移动选区

选择任何一种选择工具，将光标放在已有的选区内，待光标的形状变为▷⬚时，用该光标拖动选区，即可移动选区，如图 3.38 所示，移动选区位置后的状态如图 3.39 所示。

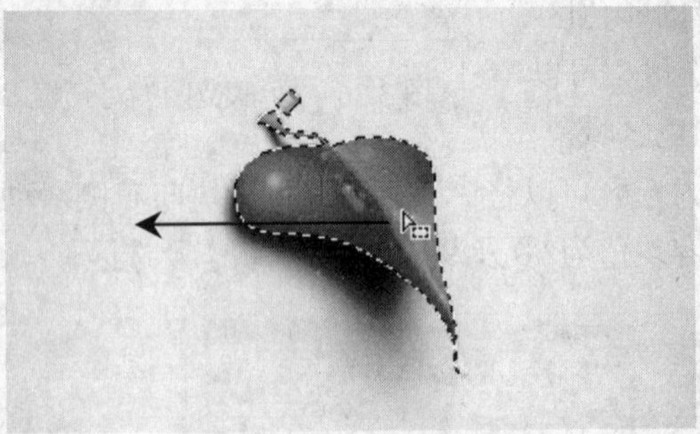

图 3.38 移动选区

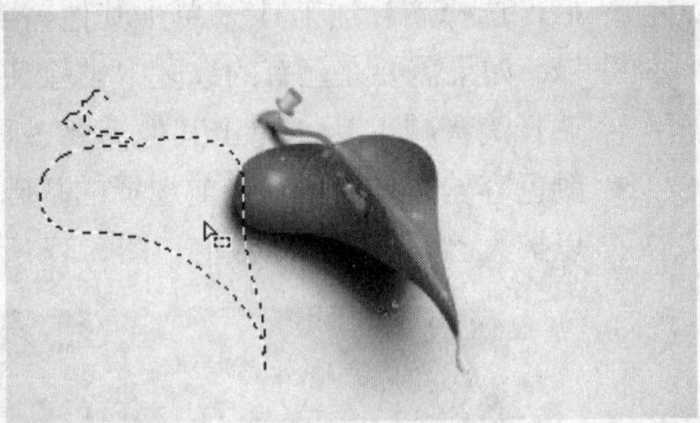

图 3.39 修改选区位置后的状态

如果在移动光标的同时按住 Shift 键，可限制方向为 45°的倍数；按键盘上的箭头键，可以按 1 个像素的增量移动选区；按住 Shift+箭头键，可以按 10 个像素的增量移动选区。

提示

在增加选区模式 或减少选区模式 被选中的情况下，此操作方法无效。

3.3 取消当前选区

如果当前选区已经没有用途，就可以通过以下两种方法来取消选区：

- 如果当前选区已经无用，可以选择“选择” | “取消选择”命令或按 Ctrl+D 键，取消选择当前选区。
- 通过命令取消选区、通过使用选择工具在选区以外的区域单击取消选区。

3.4 选区模式

无论选择矩形选框工具、圆形选框工具，还是魔棒选择工具、套索工具，工具选项栏中都将显示 按钮，这 4 个按钮用于设置在绘制选区时当前选区工具的工作模式，下面将详细讲解 4 个按钮的不同作用。

3.4.1　绘制新选区按钮

单击绘制新选区按钮，可以创建新的选区，图 3.40 所示为原图像，图 3.41 所示为利用椭圆选框工具创建的新选区。如果再次绘制选区，则新选区将取代旧的选区。

图 3.40　原图像

图 3.41　创建新选区

3.4.2　增加选区按钮

单击增加选区按钮在工作页面中操作，可以创建多个选区。

换言之，在此按钮被按下的情况下，可在保留原选区的情况下，将再次绘制得到的选区添加至现有选区中，如图 3.42 所示。

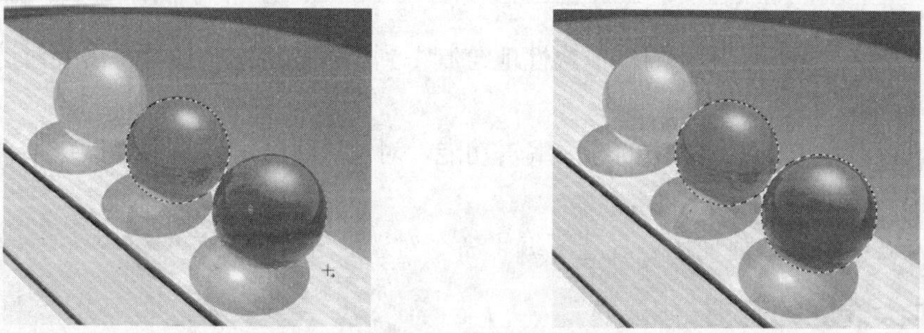

（a）　（b）

图 3.42　选区相加实例

3.4.3　减少选区按钮

单击减少选区按钮在工作页面中操作，可以从已存在的选区中减去当前绘制选区与该选区的重合部分，如图 3.43 所示。

（a）　（b）

图 3.43　减少选区实例

3.4.4 交叉选区按钮

单击交叉选区按钮在工作页面中操作，可以得到新选区与已有的选区相交叉（重合）的部分。例如，在选择与选区交叉按钮的情况下，使用矩形选框工具按照图 3.44 所示进行选区绘制，得到如图 3.45 所示的选区状态。

图 3.44 绘制矩形选区

图 3.45 选区相交后的状态

Photoshop 3.5 调整选区 CS3

通常情况下，用户不可能通过一次性地绘制得到满意的选区，通常都需要对选区进行这样或那样的修改。

此时可以利用 Photoshop 中的选区编辑功能，对选区进行编辑与调整操作，直至得到满意的结果为止。

下面就详细讲解如何使用各种选区编辑命令对选区进行编辑与调整。

3.5.1 扩大选区的范围

选择“选择”|“扩大选取”命令，可以在选区的基础上根据当前选区的状态扩大选区的选择范围。图 3.46 所示为在原选区基础上选择此命令后扩大的选区效果。

（a）原选区

（b）应用“扩大选取”命令后的效果

图 3.46 “扩大选取”命令应用实例

使用此命令后，选区扩大的程度与在魔棒工具的工具选项条中设置的“容差”数值有关，此数值越大使用此命令后选区的扩大程度就越大，反之则越小。

3.5.2　选择相似的图像

当在场景中创建一个选区后，选择“选择”|“选取相似”命令，则 Photoshop 会在整个图像中寻找并选取与当前存在的选区中颜色相似的区域。

图 3.47 所示为原选区及选择此命令后得到的具有相似选区的效果。

（a）原选区　　（b）应用“选取相似”命令后的效果

图 3.47　“选取相似”命令应用实例

3.5.3　收缩选区的范围

选择“选择”|“修改”|“收缩”命令可以将当前选区缩小，其对话框如图 3.48 所示，在“收缩量”数值框中输入的数值越大，选区的收缩量就越大，在此允许输入的数值范围为 1～100。

图 3.48　“收缩选区”对话框

图 3.49 所示为原选区及选择此命令将选区缩小并填充颜色后的效果。

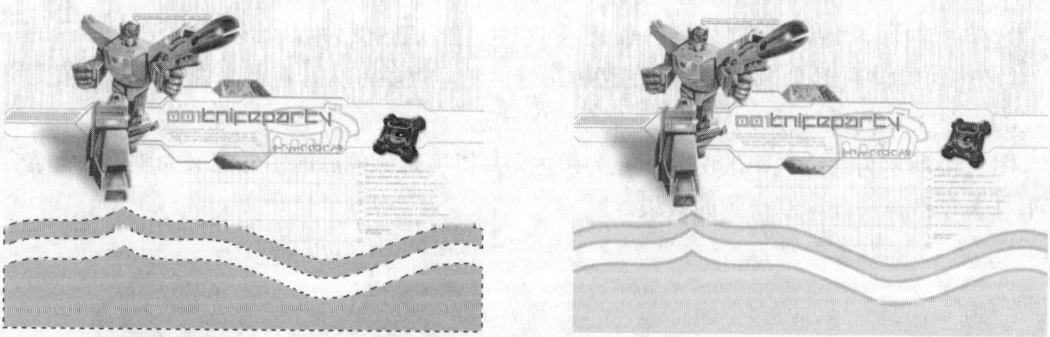

（a）原选区　　（b）应用“收缩”命令并改变选区内的颜色后的效果

图 3.49　“收缩”命令应用实例

提示

当选区的边缘已经到达图像文件的边缘时，再应用“收缩”命令，与图像边缘相接处的选区不会被收缩。

3.5.4 扩展选区的范围

选择“选择”|“修改”|“扩展”命令，可以扩大当前选区，在“扩展量”数值框中输入的数值越大，选区被扩展得越大，在此允许输入的数值范围为1～100。

3.5.5 使选区变得更加平滑

选择“选择”|“修改”|“平滑”命令，可以使当前选区的边缘更为平滑，如图 3.50 所示，在“平滑半径”数值框中，输入的数值越大，选区越平滑，在此允许输入的数值范围为1～100。

（a）原选区　　（b）应用“平滑”命令后效果

图 3.50　“平滑”命令应用实例

提示

在使用魔术棒操作选区时，得到的选区边缘往往呈现很明显的锯齿状，使用平滑命令可以使选区更光滑一些。

3.5.6 制作环状选区

选择“选择”|“修改”|“边界”命令，可以将当前选区变为边框形选区，在此命令的“宽度”数值框中输入的数值越大，创建的边框形选区的宽度就越大，在此允许输入的数值范围为1～200。图 3.51 为原选区及应用扩边命令后的状态。

图 3.52 所示为对选区中的图像填充为黑色，并将填充颜色后的图像定义为画笔后，结合画笔工具和路径进行绘制得到的效果。

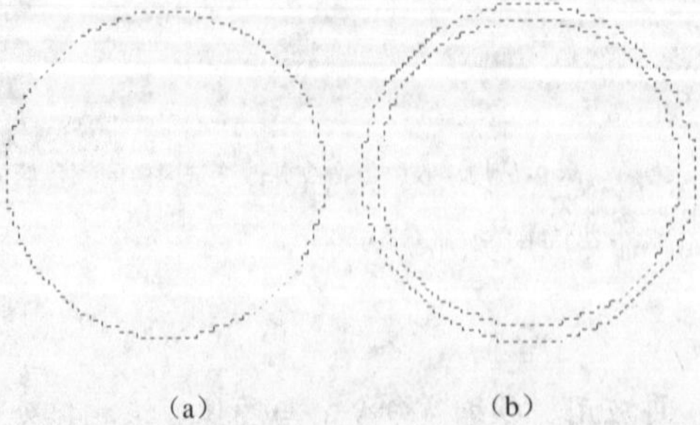

（a）　（b）

图 3.51　原选区及应用“边界”命令后的效果

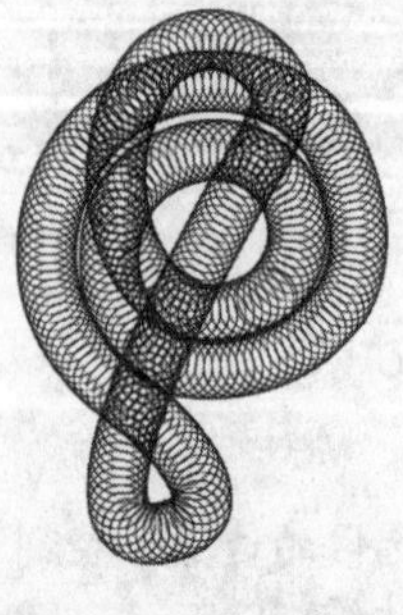

图 3.52　尝试效果

提示

使用此方法得到的选区具有一定的羽化度，因此在执行填充或描边等操作后将可得到柔边效果的图像。

3.5.7　为选区添加羽化

利用“羽化”命令为选区添加羽化，与在绘制选区工具的工具选项条上设置“羽化”数值的作用是相同的，都是让选区的边缘更柔和。

不同之处在于使用“羽化”命令只能对当前存在的选区进行羽化，而在工具选项条上设置“羽化”数值则必须在绘制选区前进行设置才会对后面的绘制选区操作产生作用。

以本章 3.1.4 节中的图像为例，先使用套索工具 在没有设置“羽化”数值的情况下，沿狗身体的边缘绘制选区，如图 3.53 所示。

然后，选择“选择”|“羽化”命令，在弹出的对话框中设置“羽化半径”数值为 20，反选后为选区填充白色，就可以得到与图 3.54 相同的效果。

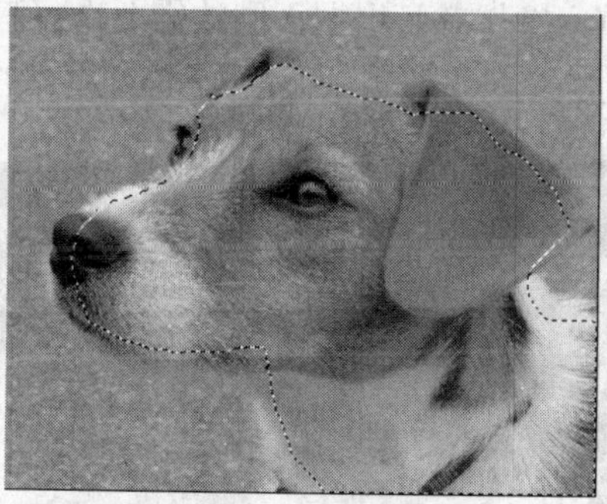

图 3.53　使用套索工具绘制选区

图 3.54　为选区添加羽化并填充颜色

提示

本实例最终效果文件为随书光盘：d3z\3.5.7.psd。本章所用到的素材文件为随书光盘:\d3z\中的文件，文件名对应着本章的小节号。

3.5.8　调整边缘

为了对现有的选区进行更为深入地修改，可以使用“调整边缘”命令，使用此命令可以很方便地修改选区，并且很直观地看到调整效果，从而得到更为精确的选区。绘制一个选区，选择“选择”|“调整边缘”命令，即可调出其对话框，如图 3.55 所示。

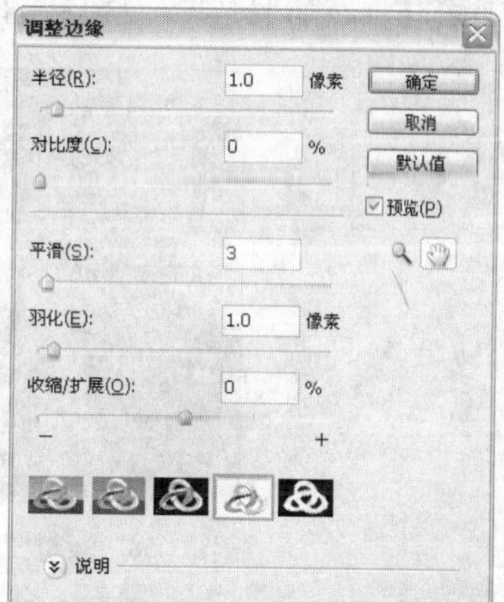

图 3.55　“调整边缘”对话框

除选择此命令外，也可以在各个选区绘制工具的工具选项条上通过单击“调整边缘”按钮调出“调整边缘”对话框，对当前的选区进行编辑。例如，图 3.56 所示的 3 个工具选项条中，在其最右侧都存在着“调整边缘”按钮，单击此按钮，同样会弹出“调整边缘”对话框。

图 3.56　带有“调整边缘”按钮的工具选项条

“调整边缘”对话框中的参数解释如下。

- 半径：此参数可以微调选区与图像边缘之间的距离，数值越大，则选区会得到越来越精确的靠近图像边缘。
- 对比度：设置此参数可以调整边缘的虚化程度，数值越大则边缘越锐化。通常可以帮助我们创建比较精确的选区。
- 平滑：当创建的选区边缘非常生硬，甚至有明显的锯齿时，使用此选项来进行柔化处理。
- 羽化：此参数与“羽化”命令的功能基本相同，都是用来柔化选区边缘的。
- 收缩/扩展：该参数与“收缩”和“扩展”命令的功能基本相同，向左侧拖动滑块可以收缩选区，而向右侧拖动则可以扩展选区。
- 预览方式：此命令具有 5 种不同的选区预览方式，操作者可根据不同的需要选择最需要的预览方式。例如，图 3.57 所示按照从左至右的顺序，分别演示了各种预览方式的效果。

图 3.57　5 种不同的预览模式

- 说明区域：单击按钮后，对话框将向下扩展出一块区域，用于显示说明文字，当光标置于不同的参数上时，此区域将显示不同的提示信息，以帮助我们进行具体操作。

下面将通过一个简单的实例，来讲解此命令的操作方法。

步骤 01 打开随书光盘：d3z\3.5.8-素材 1.tif，如图 3.58 所示，“图层”调板如图 3.59 所示。

图 3.58　素材图像

图 3.59　“图层”调板

步骤 02 选择椭圆选框工具，按 Alt 键在人物的中心向外拖动来绘制如图 3.60 所示的选区，单击工具选项条最右边的“调整边缘”按钮，弹出“调整边缘”对话框，此时图像的状态如图 3.61 所示，然后设置对话框如图 3.62 所示，图像状态如图 3.63 所示。

图 3.60　绘制选区

图 3.61　弹出“调整边缘”对话框的图像状态

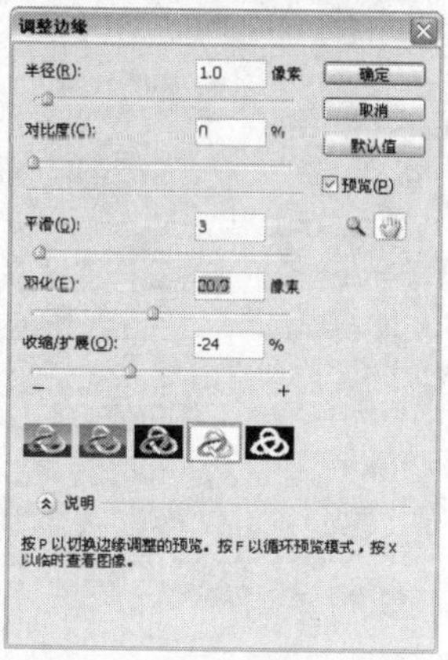

图 3.62　“调整边缘”对话框

图 3.63　设置参数的状态

步骤 03 单击“调整边缘”对话框“确定”按钮以退出对话框，按 Ctrl+Shift+I 组合键将选区反选，将前景色设置为白色，按 Alt+Delete 组合键进行填充得到效果如图 3.64 所示，然后应用“滤镜”|“像素化”|“晶格化”命令，弹出对话框设置如图 3.65 所示，确认后按 Ctrl+D 组合键隐藏选区得到如图 3.66 所示的效果。

图 3.64　填充颜色的状态

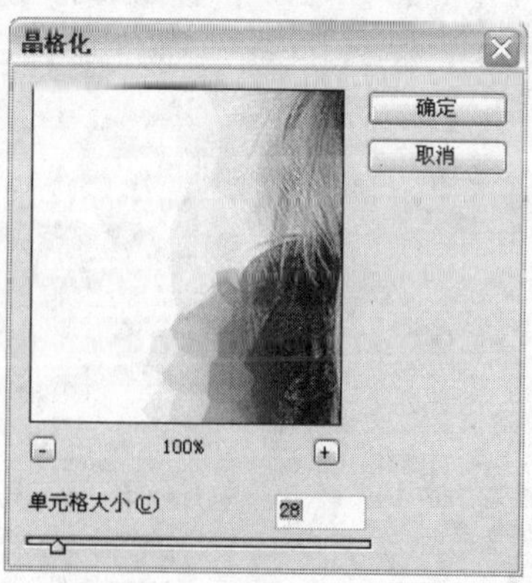

图 3.65　“晶格化”对话框

图 3.66　图像效果

提示

至此，图像的效果已经制作完成，读者也可以发挥想像添加一些其他内容，例如，如图 3.67 所示给图像添加的签名。

图 3.67 应用效果

第4章 定义颜色

色彩是一幅作品中的重要元素之一，正确地使用颜色能使黯淡的图像明亮绚丽，使毫无生气的图像充满活力。当颜色运用不正确时表达的概念就不完整，图像也就无法传达出它本应传达的信息。

Photoshop 作为一个专业的图像处理软件，可以制作出绚丽夺目的图像效果，此时颜色的搭配及合理运用就显得非常重要了。

要在 Photoshop 中正确地运用颜色，必须具备颜色理论的知识。理解 Photoshop 的颜色术语，这样在绘图时才能挑选到合适的颜色。

4.1 颜色的基本属性

颜色具有“色相”、“亮度”、“饱和度”3 种属性，这 3 种属性相互制约，共同构成人类视觉中完整的颜色表相。

4.1.1 色相

每种颜色的固有颜色叫做色相，这是区分颜色最常用的方法。通常颜色的名称是根据其色相来定的，例如，红、绿、蓝、黄、品红。颜色体系中最基本的色相为赤（红）、橙、黄、绿、青、蓝、紫，将这些颜色相互混合可以产生许多色相的颜色。

除了以颜色固有的色相来命名颜色外，也有以其他方式命名颜色的情况，例如：

- 以植物所具有的颜色命名，如柠檬黄、草绿、玫瑰红、橘黄等。
- 以动物所具有的颜色命名，如孔雀蓝、象牙白、驼色、鸽子灰等。
- 以自然界物质和物体所具有的颜色命名，如土红、土黄、天蓝、湖蓝等。
- 以颜色的深浅和明暗命名，如深绿、浅绿、暗红、深红等。
- 以习惯性叫法命名，如肉色、国防绿、曙红等。

以上是基于色相的方法对颜色命名的，这只能反映出颜色的一般相貌和特征，由于地区环境不同、年龄不同、爱好不同，人们对于颜色的认识也不相同，就很难准确表达出颜色间的细微区别，因此要在各种情况下正确传达一种颜色，必须结合另外两种颜色属性——饱和度和亮度来量化颜色的属性值。

4.1.2 饱和度

“饱和度”又称为颜色的“纯度”，换言之也就是颜色呈现的完整程度。

当一种颜色本身色素含量达到 100%时，才能体现其颜色的完整色相特征，在这种状态下颜色就达到了饱和的程度。颜色的饱和度越高，其鲜艳的程度也就越高，反之，颜色则因包含其他颜色而显得陈旧或混浊。

在现实生活中，尤其是彩色印刷中，由于工艺条件的限制，不可能得到纯度为 100%的颜料，因此颜色的饱和度也就无法达到 100%。

4.1.3 亮度

“亮度”是指颜色的明暗程度，颜色的亮度有两种定义，一种是由于物体受白光照射的强弱不同产生的色相明暗，另一种是指颜色本身的亮度。

通常在正常强度的光线照射下的色相，被定义为标准色相，那些亮度高于标准色相的，称为该色相的亮调，反之，称为该色相的暗调。因此即使是同一种颜色，亮度不同表达的意义也有所不同。

在各种颜色中亮度最高的是白色或接近白色的颜色，亮度最低的是黑色或接近黑色的颜色，因此黑色与白色是亮度中的极点。

色彩的上述 3 种属性是由其物质特性所决定的，3 种属性相互依存、相互制约而且不可相互替代，因此在改变某一种颜色的属性时其他两种属性也必然会随之改变。

在 Photoshop 中颜色的 3 种属性均是数值化的，因此在调整颜色或由原色混合生成新颜色时非常容易。例如，在 HSB 模式下，如果要调整颜色的亮度，只需调整颜色的 H 值即可调整颜色的强弱和明暗，而调整 S 值则可以调整颜色的鲜艳程度。

Photoshop 4.2 选择颜色 CS3

Photoshop 提供了大量的颜色选择方案，例如，利用“拾色器”对话框选择颜色、利用吸管工具吸取颜色及利用“颜色”调板选择颜色等，下面将详细讲解如何在 Photoshop 中正确地选择颜色。

4.2.1 指定颜色

使用 Photoshop 的绘图工具进行绘图时，选择正确的作图色至关重要。

在 Photoshop 中选择颜色的工作是在工具箱下方的颜色选择区中进行的，在此区域中可以分别选择前景色与背景色。前景色又被称为作图色，背景色则被称为画布色。工具箱下方的颜色选择区由前景色样本块、背景色样本块、切换前景色与背景色的转换按钮及默认前景色/背景色按钮组成，如图 4.1 所示。

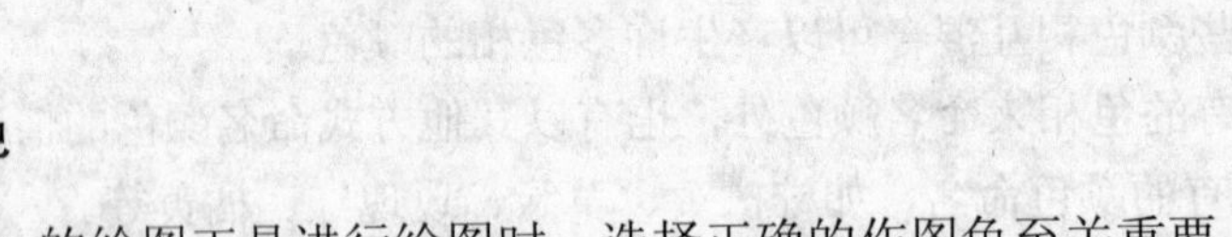

图 4.1　前景和背景色设置

- 切换前景色与背景色转换按钮：单击该按钮，可以交换前景色和背景色的颜色。
- 默认前景色/背景色按钮：单击该按钮可恢复前景色为黑色、背景色为白色的默认状态。

无论单击前景色样本块还是背景色样本块，都可以弹出如图 4.2 所示的“拾色器”对话框。

在“拾色器”对话框中单击任何一点即可选择一种颜色，如果拖动颜色条上的三角形滑块，就可以选择不同颜色范围中的颜色。

如果需要选择网络安全颜色，可在“拾色器”对话框中选择“只有 Web 颜色”选项，在该选项被选中的情况下，“拾色器”对话框如图 4.3 所示，在此状态下可直接选择能正确显示于互联网的颜色。

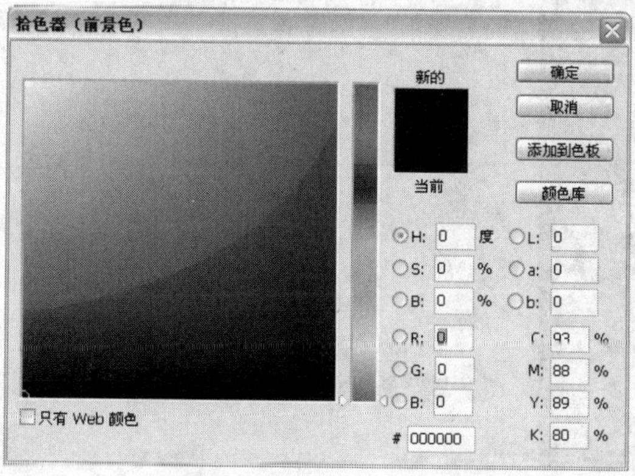

图 4.2　“拾色器”对话框

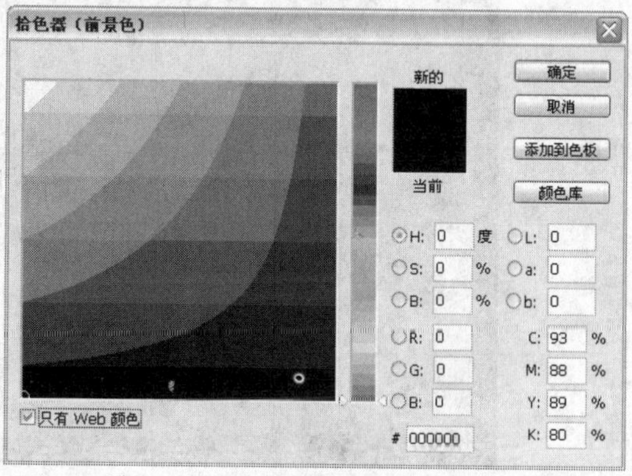

图 4.3　“只有 Web 颜色”选项被选中时的“拾色器”对话框

4.2.2　“颜色”调板

除了上述两种方法外，还可以使用如图 4.4 所示的“颜色”调板来设置前景色和背景色。

在“颜色”调板上有前景色样本块和背景色样本块，用鼠标单击前景色样本块，拖动右边的滑块可对前景色进行设置。

单击背景色样本块，拖动右边的滑块可对背景色进行设置。

在设置颜色时，也可以通过单击调板底部的颜色条直接采取色样，此时鼠标指针变成吸管状。如果在前景色或背景色样本块已经选中情况下再单击该样本块，则会弹出“拾色器”对话框。

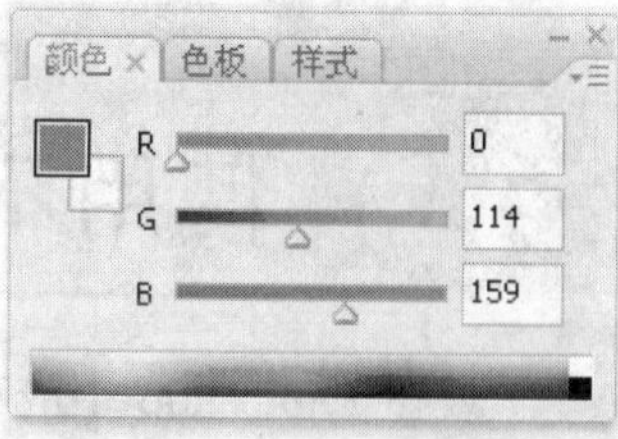

图 4.4　“颜色”调板

4.2.3　“色板”调板

图 4.5 所示的“色板”调板也可以用于设置前景色和背景色，但除此功能之外，其最大的用途在于保存暂时不使用的颜色，以便需要时重新选择此颜色。

使用“色板”调板设置前景色时，只需单击“色板”调板中的颜色，若要设置背景色，可以按住 Ctrl 键并单击“色板”调板中的颜色。

要使用此调板保存当前背景色的颜色，只需要在调板中单击新建按钮。

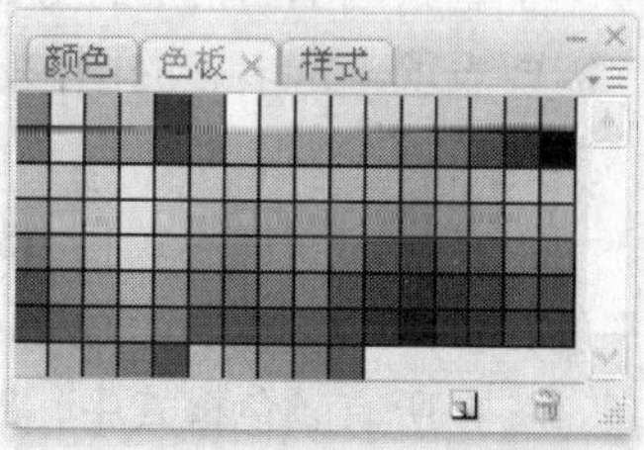

图 4.5　“色板”调板

4.2.4 吸管工具

除了使用“拾色器”对话框选择所需要的颜色外，选择颜色使用较多的还有吸管工具。使用吸管工具可以读取图像的颜色，并把取样颜色设置为前景色。

4.2.5 颜色取样工具

与吸管工具处于同一个工具组中的是颜色样本工具，使用颜色样本工具可以在图像定位 4 个取样点，依次为#1、#2、#3、#4，如图 4.6 所示。

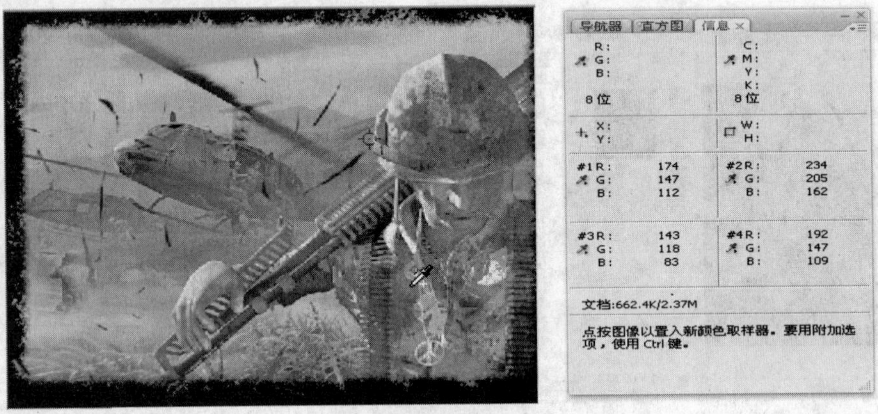

图 4.6　使用颜色取样器工具定位取样点

要移动取样点，可以按 Ctrl 键将光标放于取样点上方，待光标转换为形，拖动取样点即可。要删除取样点，按 Alt 键单击取样点即可。

4.3 使用不同的颜色模式

要在 Photoshop 中成功地选择正确的颜色，必须先了解颜色模式。在确定图像模式后，可以将颜色定义为精确的颜色值，从而使颜色在各种情况下能得到一致的描述。如果选择了 CMYK 颜色模式，便能设置特定的颜色值，如 100%的青色、3%的洋红色、30%的黄色、15%的黑色等。

由于任何一种颜色模式都不能将全部颜色表现出来，而仅仅是根据颜色模式的特点表现某一个色域范围内的颜色。因此不同的颜色模式能表现的颜色范围与颜色种类也是不同的，如果需要表现丰富多彩的图像，应该选用色域范围大的颜色模式，反之，则选择色域范围小的颜色模式。

常见的颜色模式有 HSB（色相、饱和度、亮度）、RGB（红色、绿色、蓝色）、CMYK（青色、洋红、黄色、黑色）和 Lab 等数种。

在所有颜色模式中，Lab 具有最宽的色域，它包括了 RGB 和 CMYK 色域中的所有颜色。

颜色模式不仅影响可显示颜色的数量，还影响图像的通道数和图像的文件大小，因此正确地选择工作颜色模式至关重要。

4.3.1　位图模式

位图模式下的图像也叫黑白图像或一位图像，此类模式的图像是非常纯粹的黑白图像。因为位图图像由 1 位像素组成，所以文件非常小。选择“图像”|“模式”|“位图”命令，弹出如图 4.7 所示的对话框。

位图模式的图像虽然简单，如果在设计中运用得当，也能表现颇具艺术意味的黑白世界，图 4.8 所示为不同的位图效果。

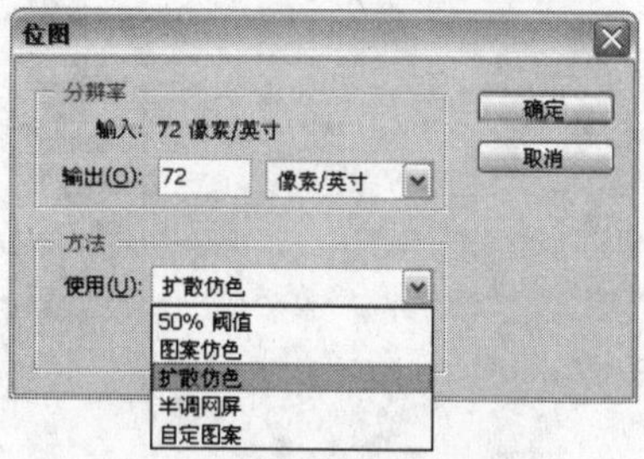

图 4.7　“位图”对话框

（a）原图

（b）“50%阈值”

（c）“图案仿色”

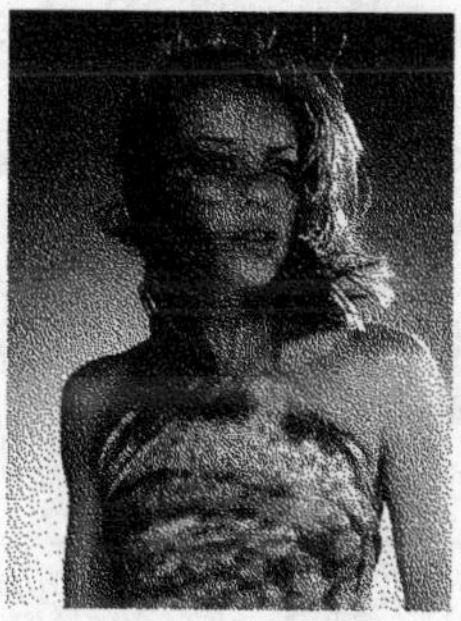

（d）“扩散仿色”

（e）“半调网格”

（f）“自定图案”

图 4.8　不同的位图效果

4.3.2　灰度模式

灰度模式的图像是由 256 级灰度颜色组成的图像，灰度图像的每个像素都可以具有 0～255 之间的任一个亮度值。任何一种彩色图像转换为“灰度”的图像时，所有颜色都将被删除。由于灰度模式的图像具有介于黑、白颜色间的 256 级灰度，因此可以表现过渡非常细腻的图像。

4.3.3　双色调模式

双色调模式是在灰度图像上添加一种或几种彩色的油墨，以达到彩色的效果，比起常规的 CMYK 四色印刷，其成本大大降低。

要得到双色调模式的图像，应先将其他模式的图像转换为灰度模式，然后选择“图像”|

"模式"|"双色调"命令，设置弹出如图 4.9 所示的对话框。

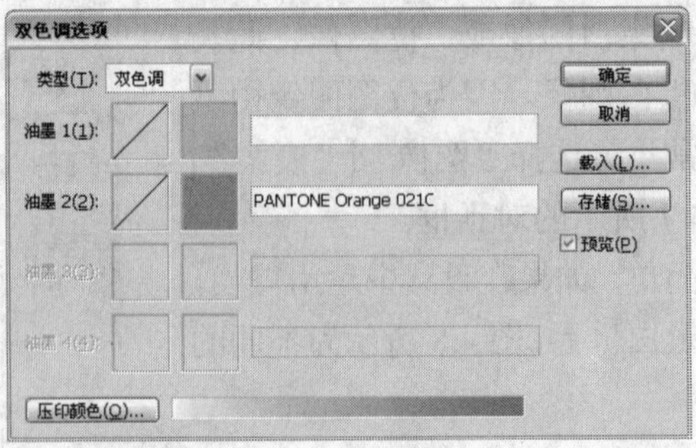

图 4.9 "双色调选项"对话框

此对话框的重要参数及选项含义如下。

- 在"类型."下拉列表中可以选择色调的类型，选择"单色调"选项，则只有"油墨 1"被激活，此选项生成仅有一种颜色的图像。单击"油墨 1"右侧的颜色图标，在弹出的对话框中可以选择图像的色彩。
- 在"类型"下拉列表中选择"双色调"选项，可激活"油墨 1"和"油墨 2"，此时可以同时设置两种图像色彩，生成双色调图像。

选择"三色调"选项，激活 3 个"油墨"选项，可生成具有 3 种颜色的图像。

1．将图像转换为双色调模式

要将其他模式的图像转换成双色调模式，可按以下步骤操作：

步骤 01 打开随书光盘:\d4z\4.3.3-素材.tif，选择"图像"|"模式"|"灰度"命令，先将 RGB 模式的图像转换为灰度模式，如图 4.10 所示。

(a)　　(b)

图 4.10 将"RGB"模式的图像转换为灰度模式

提示

要将其他模式的图像转换成双色调模式的图像，必须先转换成灰度模式。

步骤 02 选择"图像"|"模式"|"双色调"命令，弹出如图 4.11 所示的对话框，在"双色调选项"对话框中选择"预览"选项，则可以在设置"油墨"时观察图像的变化效果。

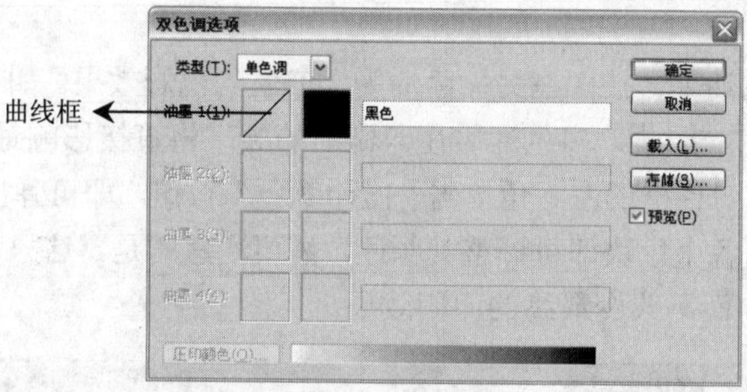

图 4.11　“双色调选项”对话框

“双色调选项”对话框中的参数含义如下。

- 类型：在此下拉列表中选择使用色调的数量，包括“单色调”、“双色调”、“三色调”和“四色调”。选择“双色调”选项，“油墨 2”被激活，其他以此类推。
- 曲线框：单击油墨颜色框左侧的曲线框，在弹出的对话框中可以调整每种油墨颜色的双色调曲线，如图 4.12 所示。

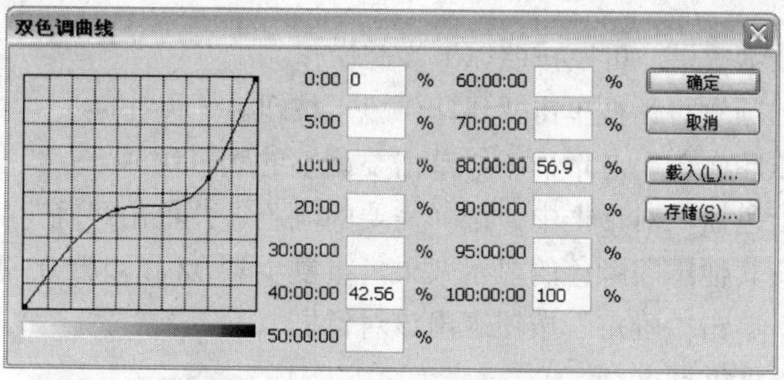

图 4.12　“双色调曲线”对话框

- 颜色框：单击油墨的颜色框，在弹出的“拾色器”或“自定义颜色”对话框中可以选择用于构成双色调图像的油墨颜色。

步骤 03 在“双色调选项”对话框中设置参数完毕后，单击“确定”按钮，则此图像被转换为双色调图像。

图 4.13 所示为按此方法操作得到的双色调图像（选择“双色调”选项，则对话框中的“油墨 2”将被激活）。

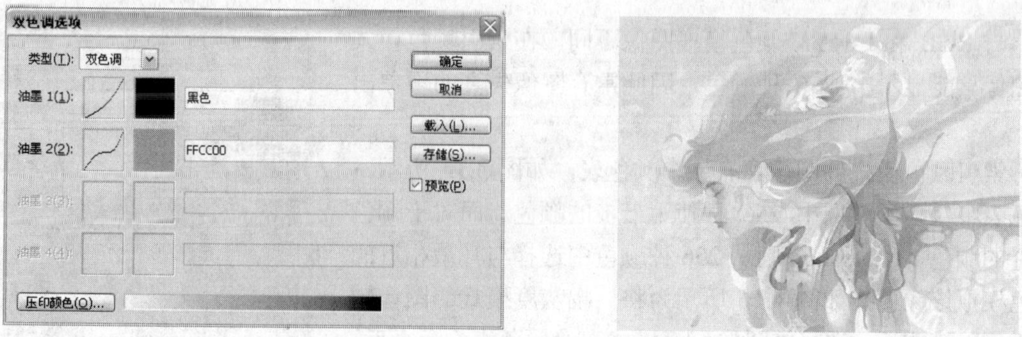

(a)　(b)

图 4.13　双色调图像

2．压印色彩

压印色彩是指一色油墨直接印在另一色油墨上产生的色彩效果。如青色油墨印到黄色油墨上，压印结果是绿颜色。因此，多色油墨在印刷中的顺序将直接影响最终输出的效果。

在“双色调选项”对话框的左下角单击“压印颜色”按钮，即可弹出如图 4.14 所示的“压印颜色”对话框，单击各个色块即可调整其颜色，需要注意的是，这只是对压印后的颜色进行屏幕显示效果的调整，而不改变最终的印刷效果。

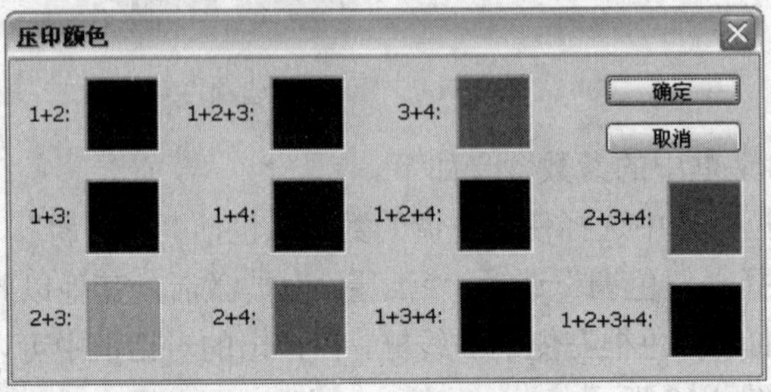

图 4.14　“压印颜色”对话框

要调整压印的显示效果，可以按照以下步骤操作。

步骤 01 在“双色调选项”对话框单击“压印颜色”按钮。

步骤 02 在弹出的“压印颜色”对话框中，单击要调整的颜色块。

步骤 03 在弹出的“拾色器”对话框中，选择需要的颜色，并单击“确定”按钮退出对话框。

步骤 04 如果需要改变其他压印颜色的显示效果，重复步骤 02 和步骤 03 的操作即可。

步骤 05 完成设置后，单击“确定”按钮退出该对话框。

3．存储和载入双色调曲线

单击“双色调选项”对话框右侧的“存储”按钮，在弹出的对话框中选择需要载入的单击“保存”按钮，即可存储双色调曲线，该文件的扩展名为 ATF。

单击“双色调选项”对话框右侧的“载入”按钮，在弹出的对话框中选择需要载入的双色调曲线文件，单击“载入”按钮即可载入双色调曲线。

另外，Photoshop 内部还预置了一些常用的双色调、三色调及四色调曲线的样本，用户可以在这些样本的基础上自定义双色调曲线。

4.3.4　索引颜色模式

与 RGB 和 CMYK 颜色模式图像不同，在索引颜色模式下图像只能显示出 256 种颜色，因此常有图像失真的现象出现。

索引颜色模式的图像含有一个颜色表，如图 4.15 所示，颜色表中包含了图像中 256 种使用最多的颜色。而对于颜色表外的颜色，Photoshop 则从 256 种颜色中选择与其最相近的颜色模拟该颜色，如图 4.16 所示为将一幅灰度模式的图像转换为索引模式后，选择“图像”|“模式”|“颜色表”命令后，在弹出的菜单中选择不同的颜色表得到的效果。

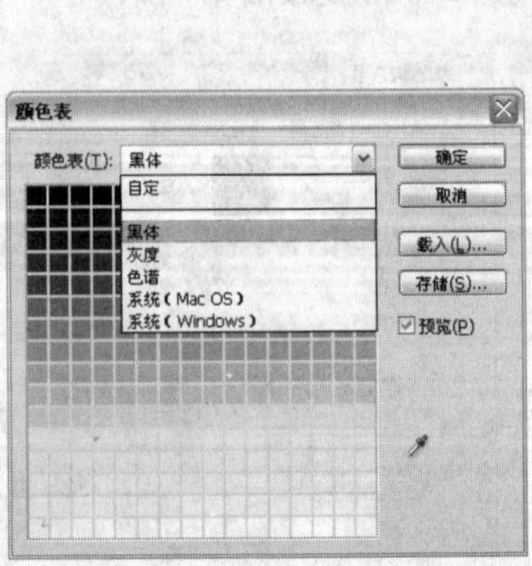

图 4.15　“颜色表”对话框

（a）原图像　　（b）选择“黑体”选项　　（c）选择“色谱”选项

图 4.16　不同的颜色表选项得到的效果

由于这种模式的图像比 RGB 颜色模式的图像小得多，大概只有 RGB 颜色模式的三分之一，因此使用这种模式可以大大减少文件所占的磁盘空间，并减少图像文件在网络上的传输时间，因此较多应用于网络中。

4.3.5　RGB 颜色模式

RGB 颜色模式是 Photoshop 中最常用的颜色模式。绝大部分可见光谱中的颜色可以用红、绿和蓝（RGB）三色光按不同比例和强度混合后生成，当三种颜色两两混合可以分别产生青色、洋红和黄色，如图 4.17 所示。

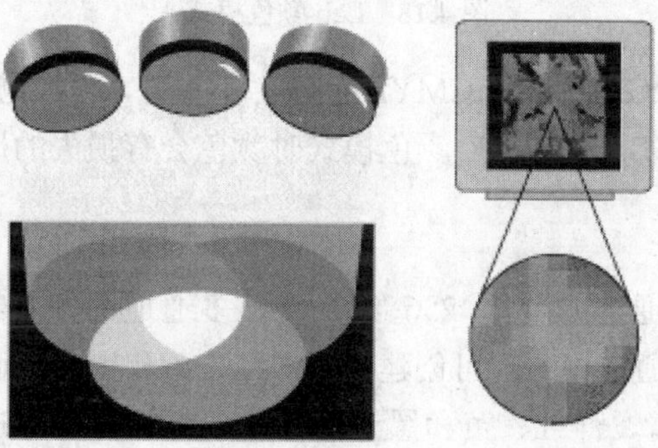

图 4.17　RGB 颜色原理图

因为 RGB 三种颜色合成后产生白色，因此此颜色模式也被称为加色模式。虽然 RGB 图像只使用三种颜色，但在屏幕上可以重现多达 1670 万种颜色。

4.3.6　CMYK 颜色模式

CMYK 颜色模式以打印在纸张上的油墨的光线吸收特性为理论基础，是一种印刷所使用的模式，由分色印刷时所使用的纯青色（C）、洋红（M）和黄色（Y）、黑色（K）四种颜色组成。由于这四种颜色能够通过合成得到可以吸收所有颜色的黑色，因此使用 CMYK 生成颜色的模式也被称为减色模式。

虽然在理论上 C、M、Y 三种颜色等量混合应该产生黑色，但由于所有打印油墨都会包含一些杂质，因此这三种油墨混合实际上产生了一种土灰色，因此必须与黑色（K）油墨混合才能产生真正的黑色，四色印刷色也正是由此而得名的。

4.3.7 Lab 颜色模式

Lab 颜色模式由亮度或光亮度分量（L）和两个色度分量组成，即 a 分量（从绿到红）和 b 分量（从蓝到黄）。1976 年这种模式被重新修订并命名为 CIE L*a*b，图 4.18 是 Lab 颜色模式原理图。

Lab 颜色模式的最大优点是与设备无关，无论使用什么设备（如显示器、打印机、计算机或扫描仪）创建或输出图像，这种颜色模式所产生的颜色都可以保持一致。

因为 Lab 颜色与设备无关，所以在 Photoshop 中如果要在不同颜色模式之间相互转换，则应该首先转换成为此颜色模式，再向目标颜色模式转换。

此模式的色域示意图如图 4.18 所示，其中 A 代表 Lab 的色域，B 代表的是 RGB 色域，而 C 代表的是 CMYK 色域。

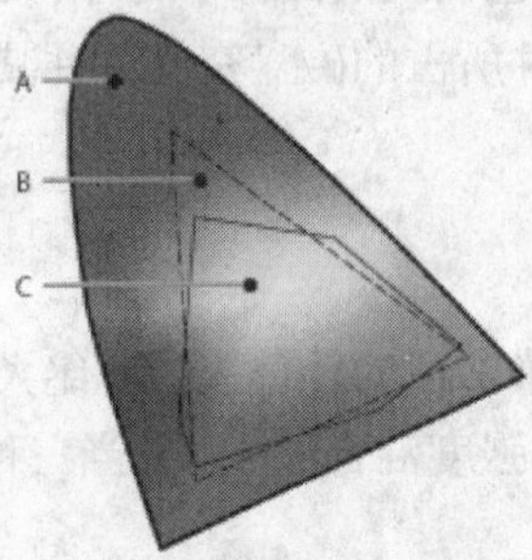

图 4.18 Lab 颜色模式

从图 4.18 可以看出，RGB 色域与 CMYK 色域并不重合，且都包含于 Lab 颜色模式的色域内，这也是当相互转换 RGB 及 CMYK 颜色模式时颜色会有损失的原因。

4.3.8 多通道颜色模式

多通道模式是在每个通道中使用 256 级灰度，多通道图像对特殊的打印非常有用。将 CMYK 模式图像转换为多通道模式后可创建青、洋红、黄和黑专色通道，将 RGB 模式图像转换为多通道模式后可创建青、洋红、黄和黑专色通道，当用户从 RGB、CMYK 或 Lab 模式的图像中删除一个通道后，该图像自动转换为多通道模式。

提示

本章所用到的素材文件为随书光盘:\d4z\中的文件，文件名对应着本章的小节号。

第 5 章

Photoshop

路径与形状

路径是 Photoshop 中的众多强大功能之一，它是基于“贝塞尔”曲线建立的矢量图形，所有使用矢量绘图软件或矢量绘图工具制作的线条，原则上都可以称为路径。

路径的组成并不复杂，它可以是一条曲线、一条直线或两者兼而有之，甚至它可以只是简单的一个锚点。但归纳来说，路径的组成通常包括 3 部分，即控制句柄、路径线和锚点，如图 5.1 所示。

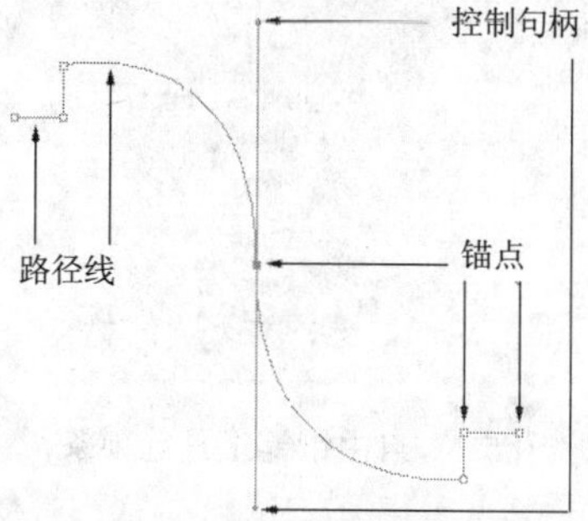

图 5.1　路径示意图

形状和路径十分相似，较为明显的区别是，路径只是一条线，它不会随着图像一起打印输出，是一个虚体；而形状是一个实体，可以拥有自己的颜色，并可以随着图像一起打印输出，而且由于它是矢量的，所以在输出的时候不会受到分辨率的约束，这也是形状的几大优点之一。

本章将详细讲解如何在 Photoshop 中创建路径、保存路径、制作剪贴路径及绘制形状等，并深入剖析形状与路径间的关系。

Photoshop　CS3

5.1 用于绘制路径的工具

Photoshop 提供了专用于绘制路径的工具，其中包括钢笔工具、自由钢笔工具和磁性钢笔，这 3 个工具也是用户在工作过程中经常会用到的路径绘制工具，下面分别讲解它们的作用和使用方法。

5.1.1　钢笔工具

在开始绘制路径前首先应该了解路径工具的选项，以绘制正确的路径形状，钢笔工具选项条如图 5.2 所示。

图 5.2　钢笔工具选项条

如果开始绘制路径则应该单击选中路径按钮，反之，如果需要绘制新的形状路径，则应单击选中形状图层按钮。

- 自动添加/删除：选中“自动添加/删除”选项，可用钢笔工具直接增加或删除锚点。

提示

如果要暂时屏蔽自动添加或删除功能，就可以按住 Shift 键进行操作。

- 橡皮带：如果选择“橡皮带”选项，在屏幕上移动钢笔工具时，从上一个鼠标单击点到当前笔所在的位置之间将会显现一条线段，这样有助于确定下一个锚点的位置。

5.1.2　自由钢笔工具

选择自由钢笔工具后，其工具选项条显示如图 5.3 所示。

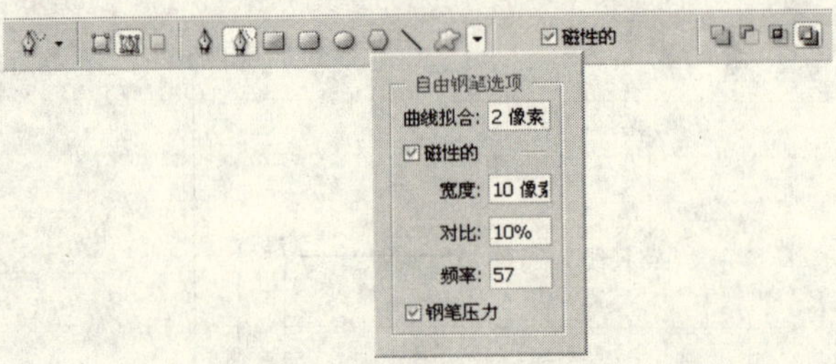

图 5.3　自由钢笔工具选项条

在使用方法上，自由钢笔工具与铅笔工具有几分相似，不同的只是经过自由钢笔工具描绘过的路径，可以进行编辑从而形成一条比较精确的路径。

“曲线拟合”参数控制了路径对鼠标移动的敏感性，在此可以输入一个数值，数值越高创建的路径锚点越少，路径越光滑。

5.1.3　磁性钢笔工具

在自由钢笔工具选项条上选中“磁性的”选项可以激活磁性钢笔工具，此工具能够依据当前图像的对比度自动沿边缘生成一条路径，如图 5.4 所示。

其原理及使用方法都与磁性套索工具类似，因此图像是否具有很好的对比度是能否得到高质量路径的关键所在。

提示

使用此工具绘制路径时，注意移动光标时始终保持光标与图像中对比度最强烈的边缘对齐，在图像拐角位置可以人为单击鼠标以增加锚点，如果需要删除无用锚点，可以按 Delete 键删除上一个锚点。

单击自由钢笔工具选项条上的按钮弹出如图 5.5 所示调板，在此可以设置此工具的参数。

图 5.4　应用磁性钢笔绘制路径

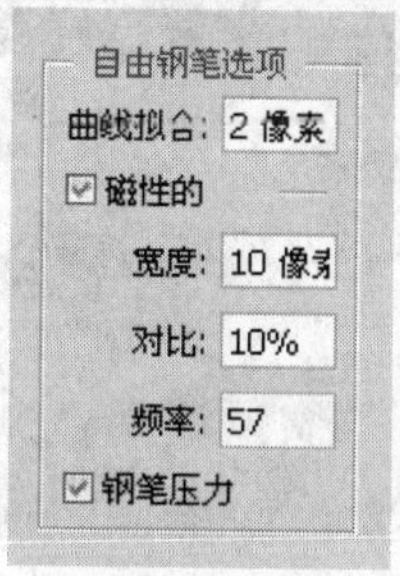

图 5.5　“自由钢笔选项”调板

此调板中重要参数的含义如下。

- 宽度：在此可以输入一个像素值，以定义“磁性钢笔”探测的宽度，此数值越大“磁性钢笔”探测的宽度也越大。如果图像的对比度很高，此数值的大小不会对最终得到的路径的准确程度有太大影响，反之，图像的对比度低，则此数值应该尽量小一些，以在最大程度上排除图像其他区域对生成路径的影响。
- 对比：在此可以输入一个百分比，指定像素之间被看作边缘所需的对比度。此值越高，图像的对比度越低。
- 频率：在此可以输入一个数值，以定义当钢笔在绘制路径时设置锚点的密度，此数值越大，得到的路径上的锚点的数量越多。

提示

与钢笔工具一样，当光标移至路径上第一个锚点处时，可以闭合路径，如果按住 Alt 键同时双击，可以在任何位置使路径闭合。

要完成使用此工具绘制路径的操作，可以执行以下操作之一：

- 按 Enter 键结束开放路径。
- 双击闭合包含磁性段的路径。
- 按住 Alt 键并双击，以闭合包含直线段的路径。

Photoshop CS3

5.2 用于编辑路径的工具

当绘制的路径出现偏差或错误时，可以利用 Photoshop 中的路径编辑工具进行修改。

5.2.1　添加锚点工具

选择添加锚点工具，可以在已绘制完成的路径上增加锚点。在路径被激活的状态下，选用添加锚点工具，直接单击要增加锚点的位置，即可以增加一个锚点，如图 5.6 所示。

提示

如果钢笔工具选项条中“自动添加/删除”选项处于被选中状态，则利用钢笔工具也可以直接添加锚点。首先选定路径，再将钢笔工具移动到路径上需要增加锚点的位置，钢笔工具将自动改变为添加锚点工具，单击即可以添加一个锚点。

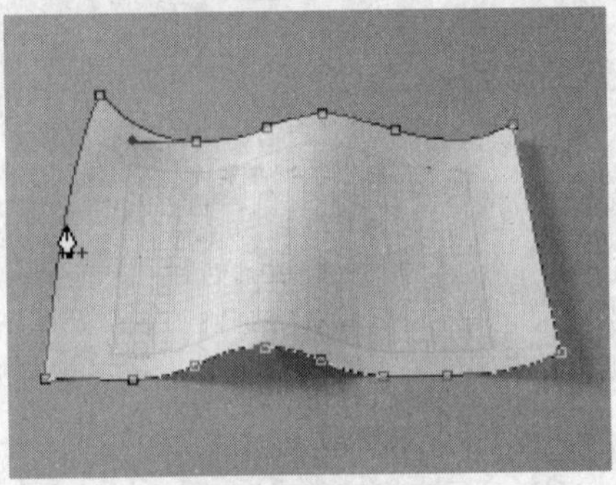

(a)

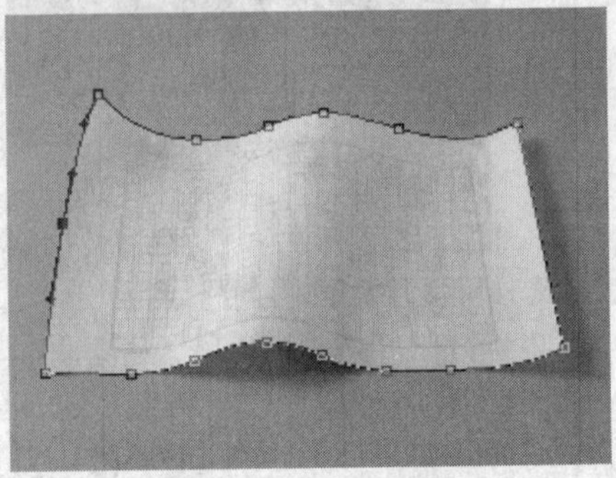

(b)

图 5.6　使用添加锚点工具实例

5.2.2　删除锚点工具

选中路径后将删除锚点工具移动到欲删除的锚点上，单击一下即可删除该锚点。图 5.7 所示为原路径，图 5.8 所示为删除多个锚点后的效果。

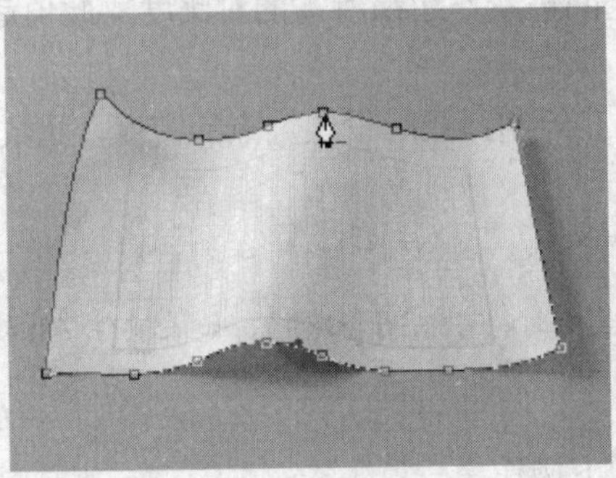

图 5.7　原路径

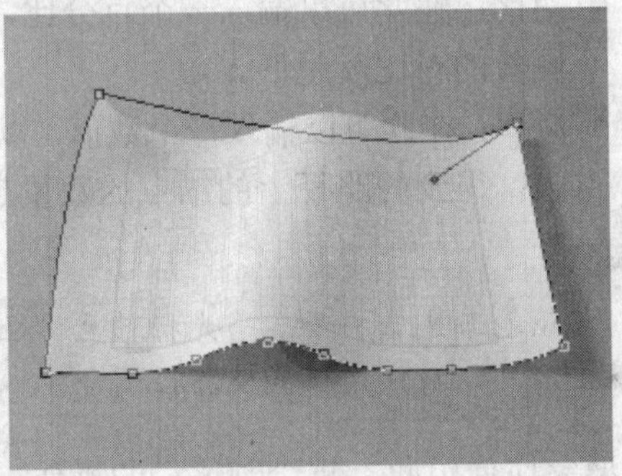

图 5.8　删除锚点后的路径

提示

如果钢笔工具选项条中“自动添加/删除”选项处于被选中状态，则可以利用钢笔工具直接删除锚点；首先应该将包含此锚点的路径选中，然后将钢笔工具移动到欲删除的锚点上，此时钢笔工具自动改变为删除锚点工具，单击欲删除的锚点即可。

5.2.3　转换点工具

在对锚点进行编辑时经常需要将一个两侧没有控制句柄的直线型锚点转换为两侧具有控制句柄的圆滑型锚点或将圆滑型锚点转换为直线型锚点。

要完成此类操作任务，可以使用转换点工具。使用此工具在直线型锚点上单击并拖动，可以将此锚点转换为圆滑型锚点；反之，如果使用此工具单击圆滑型锚点，则可以将此锚点转换成为直线型锚点。

图 5.9 所示为转换前的路径，图 5.10 所示为转换后的路径，可以看到转换后，整条路径的形状更加平滑，也更贴近原图像的外形。

图 5.9　转换前的路径

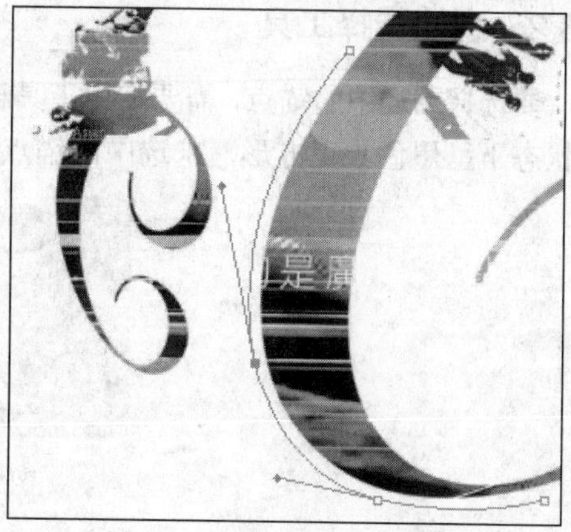

图 5.10　转换后的路径

Photoshop CS3

5.3 用于选择路径的工具

正确地选择路径是对其进行编辑的前提，如果连对象都没有选择正确，后面所做的操作也都是无用功。

Photoshop 提供了两种用于选择路径的工具：路径选择工具和直接选择工具，如图 5.11 所示。使用它们可以选择整条路径或只选择路径中的某个锚点，下面将分别讲解它们的用途和使用方法。

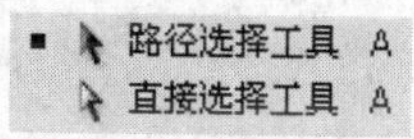

图 5.11　选择工具组

5.3.1 路径选择工具

如果在编辑过程中要选择整条路径，就可以使用选择工具组中的路径选择工具。在整条路径被选中的情况下，路径上的锚点全部显示为黑色小正方形，如图 5.12 所示。

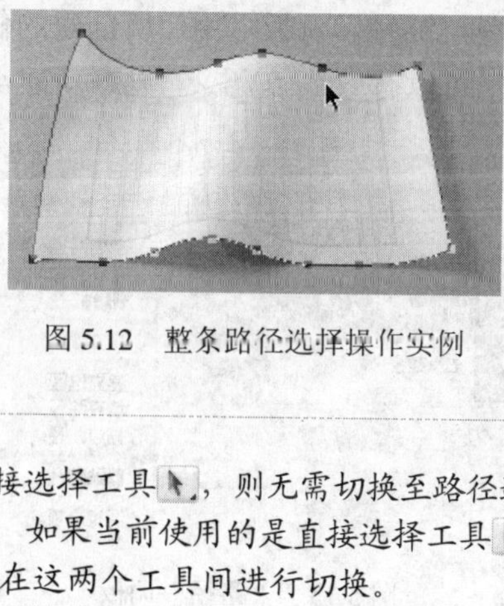

图 5.12　整条路径选择操作实例

提示

如果当前使用的工具是直接选择工具，则无需切换至路径选择工具，只需按 Alt 键单击路径，即可将整条路径选中；如果当前使用的是直接选择工具或者路径选择工具，只要按住 Ctrl 键单击鼠标左键即可在这两个工具间进行切换。

5.3.2 直接选择工具

要选择路径中的锚点，需要使用工具箱中的直接选择工具，在路径中的锚点处于被选定的状态下呈黑色小正方形，未选中的锚点呈空心小正方形，如图 5.13 所示。

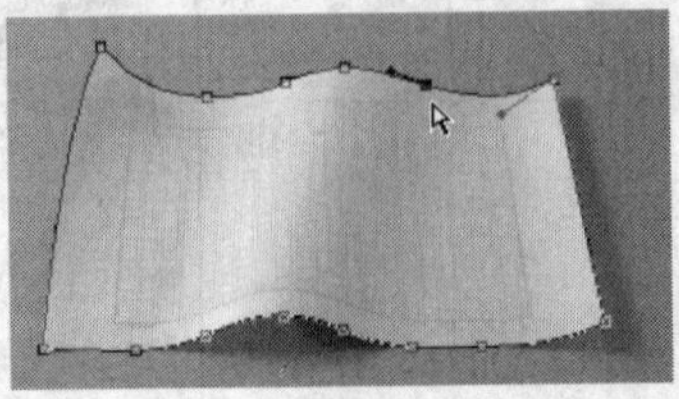

图 5.13 选择锚点

根据需要可以用点选的方法选择一个锚点，如果要选择多个锚点，可以按 Shift 键不断单击锚点，或按住鼠标左键拖出一个虚线框，释放鼠标左键后，虚线框中的锚点将被选中，如图 5.14 所示。

（a）　　（b）

图 5.14 使用直接选择工具选择锚点

5.4 使用“路径”调板管理路径

与钢笔工具配合使用的是“路径”调板，用户所创建的任一条路径都会显示于“路径”调板上，利用“路径”调板用户可以有效地填充、勾勒、新建与删除路径，“路径”调板如图 5.15 所示。

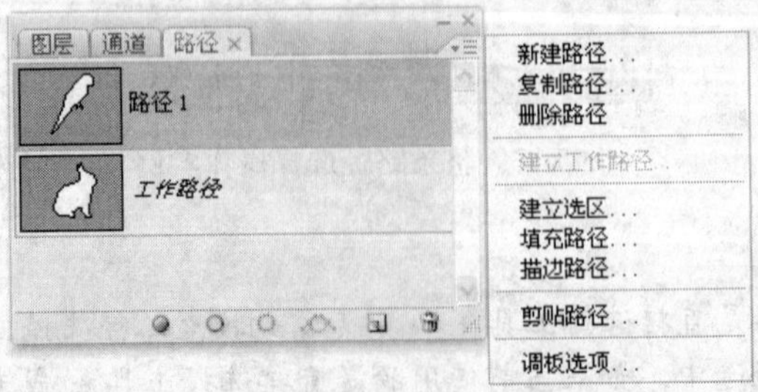

图 5.15 “路径”调板

“路径”调板中各个按钮的含义如下。

- 单击填充路径按钮，可以用前景色填充路径。
- 单击描边路径按钮，可以用前景色和默认的画笔大小锚边路径。
- 单击将路径作为选区载入按钮，可以将当前选择的路径转换为选区。
- 单击从选区生成工作路径按钮，可以将当前选区存储为工作路径。
- 单击创建新路径按钮，可以新建路径。
- 单击删除当前路径按钮，在弹出的提示对话框中单击“是”按钮可以删除选中的路径。

5.4.1　选择或取消路径

要选择路径可在“路径”调板中单击该路径的名字即可将其选中。

在通常状态下，绘制的路径以黑色线显示于当前图像中，这种显示状态将影响用户所做的其他大多数操作。

单击“路径”调板上的灰色区域，即图 5.16 中箭头所指的区域，可以取消所有路径项的选定状态，即隐藏路径线。也可以在使用直接选择工具或路径选择工具的情况下，按 Esc 或 Enter 键隐藏当前显示的路径。

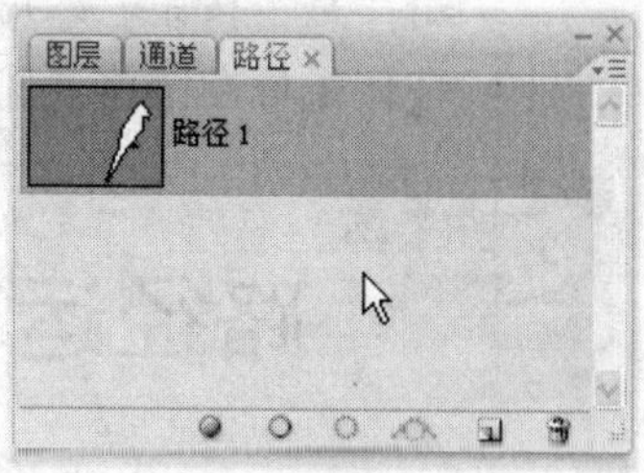

图 5.16　隐藏路径操作

5.4.2　创建新路径

单击“路径”调板底部的新路径按钮，可以建立空白路径。另外，使用路径绘制工具绘制路径时，如果当前没有在“路径”调板中选择任何一个路径，则 Photoshop 会自动创建一个工作路径。需要注意的是，在没有保存路径的情况下，绘制的新路径会替换原来的旧路径。

如果需要在新建路径时为其命名，可以按住 Alt 键并单击按钮，在弹出的对话框中输入新路径的名称，单击“确定”按钮即可。

提示

在“路径”调板中没有改变路径名称的命令，但可以通过双击路径的名称，待其名称变为可输入状态时，在弹出的对话框中重新输入文字以改变路径的名称。

5.4.3　保存“工作路径”

在绘制新路径时，Photoshop 会自动创建一个“工作路径”，而该路径一定要在被保存后才可以永久地保留下来。

要保存工作路径，可以双击该路径的名称，在弹出的对话框中单击“确定”按钮即可。

5.4.4　复制路径

复制路径的优点在于对于同样的路径无需进行重复性操作，只需执行复制路径操作即可，复制路径可以执行以下操作之一：

- 如果当前使用的是直接选择工具或路径选择工具，按住 Alt 键单击并拖动路径，可完成复制路径操作。
- 如果当前使用的工具是钢笔工具，按住 Alt+Ctrl 组合键并单击拖动路径，可完成复制路径操作。

- 将要复制的路径选中后，选择“编辑”|“拷贝”、“粘贴”命令也可以复制路径，且粘贴后得到的路径位置保持与原路径相同。
- 在“路径”调板上将要复制的路径拖至新建路径按钮上，则可以复制该路径项中的所有路径。

5.4.5 删除路径

删除路径可以执行以下操作之一：

- 选中要删除的路径，单击“路径”调板底部的删除路径按钮，在弹出的对话框中单击“是”按钮，即可删除路径。
- 按住鼠标左键将要删除的路径拖至“路径”调板底部的删除路径按钮上即可。

5.5 路径运算

在绘制路径过程中，除了掌握上述方法从绘制各类形状简单的路径外，还应该掌握如何使用工具选项条上的按钮，通过路径间的相互运算产生新的更为复杂路径。下面以图 5.17 所示的图像及对应的“路径”调板为例，分别讲解 4 个按钮的含义。

（a）

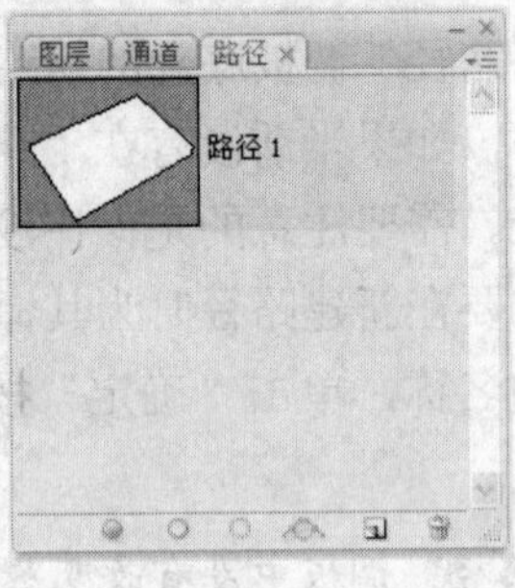

（b）

图 5.17　原图像及对应的“路径”调板

- 单击添加到形状区域按钮，再绘制路径，可向现有路径中添加新路径所定义的区域，得到如图 5.18 所示的效果。图 5.19 所示为将路径转换为选区后的效果。

（a）

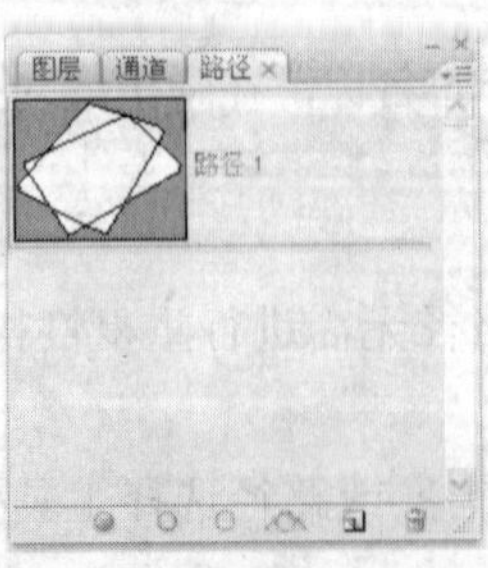

（b）

图 5.18　原路径及“路径”调板

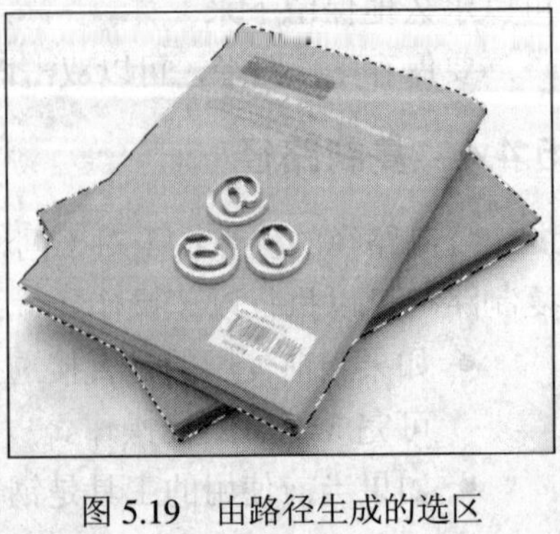

图 5.19　由路径生成的选区

- 单击从形状区域减去按钮，再绘制路径，可从现有路径中删除新路径与原路径的重叠区域。对上例而言，如果选择此按钮后再绘制路径，“路径”调板如图 5.20 所示，而路径转换为选区后的图像效果如图 5.21 所示。

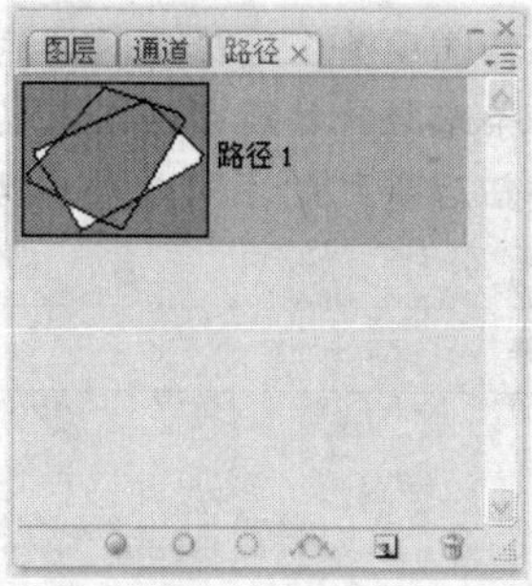

图 5.20　“路径”调板 1

图 5.21　由路径生成的选区 1

- 单击交叉形状区域按钮，再绘制路径，生成的新区域被定义为新路径与现有路径的交叉区域。对上例而言，选择此按钮后再绘制路径，“路径”调板如图 5.22 所示，路径转换为选区后图像效果如图 5.23 所示。

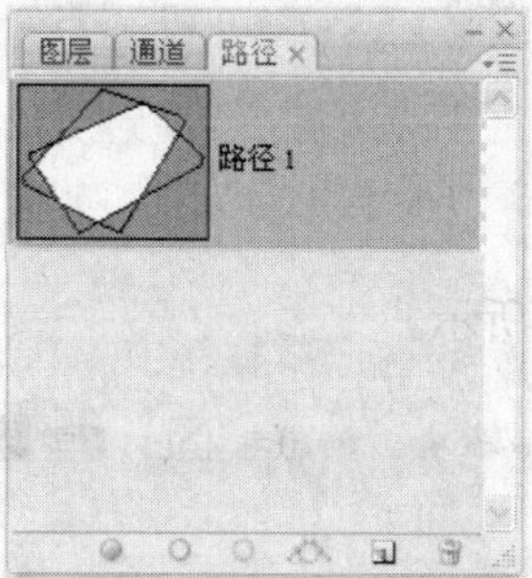

图 5.22　“路径”调板 2

图 5.23　由路径生成的选区 2

- 单击重叠形状区域除外按钮，再绘制路径，可以定义生成的新区域为新路径和现有路径的非重叠区域。对上例而言，选择此按钮后再绘制路径，得到如图 5.24 所示的路径，路径转换为选区后的图像效果如图 5.25 所示。

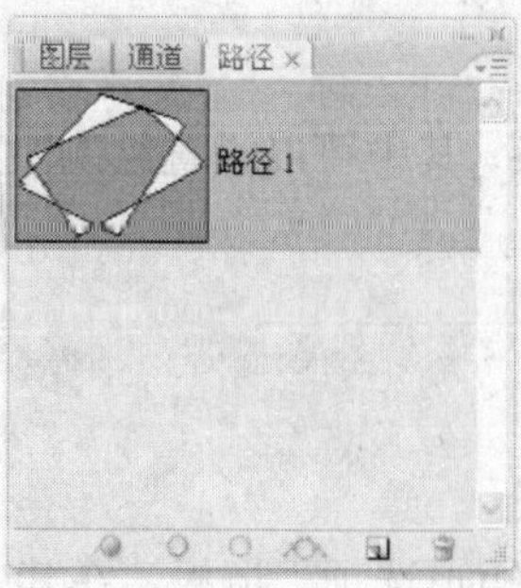

图 5.24　“路径”调板 3

图 5.25　由路径生成的选区 3

通过以上实例，可以看出，在绘制路径时可以通过选择不同的选项，得到不同的新路径并生成不同的新选区。

提示

在绘制第二条路径时确定的路径间的运算模式，具有灵活的可编辑性。即如果要得到其他运算模式所定义的效果，可以在该路径被选中的情况下，直接在工具选项条上选择不同的运算按钮选项，建议各位读者打开随书光盘中本小节的实例文件，选择一条路径，然后分别在工具选项条中单击不同的运算按钮，将路径转换为选区，观察选择不同的按钮后得到的不同效果，以增加感性认识。

5.6 绘制规则形状

利用 Photoshop CS3 中的形状工具，可以非常方便地创建各种规则的几何形状或路径。在工具箱中的矩形工具上单击鼠标右键，将弹出如图 5.26 所示的隐藏工具。

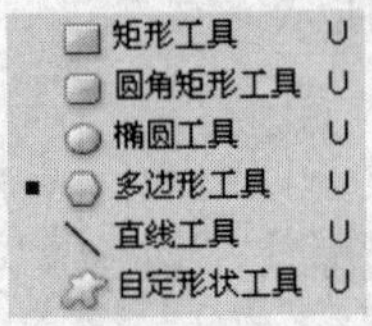

图 5.26 隐藏工具

选择其中的任意一种形状工具，工具选项条显示如图 5.27 所示。

图 5.27 工具选项条

选择任何一个形状工具都可以创建以下 3 种类型的对象：

- 选择形状图层按钮后，使用形状工具绘制时，将创建一个形状图层。
- 选择工作路径按钮后，使用形状绘制时将创建一条路径。
- 选择填充区域按钮后，使用形状绘制时将在当前图层中创建一个图形。

下面分别讲解各种形状工具的使用方法及相应的参数选项。

5.6.1 矩形工具

选择矩形工具，将显示如图 5.28 所示的矩形工具选项条，其中可以设置绘制矩形的“类型”、“模式”及“不透明度”。

图 5.28 矩形工具选项条

单击形状工具右侧的三角按钮，弹出如图 5.29 所示的“矩形选项”调板，在其中可设置相应的选项。

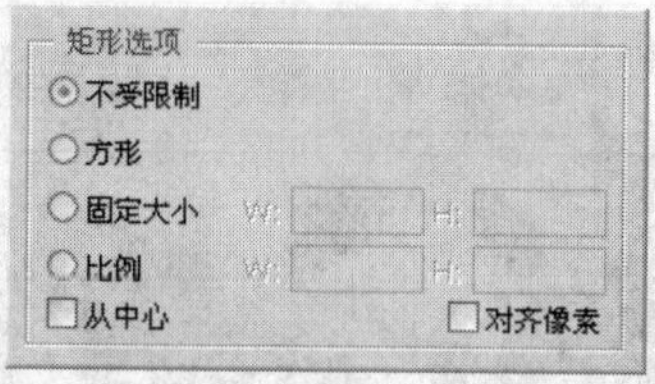

图 5.29　“矩形选项”调板

该调板中重要参数的含义如下。

- 不受限制：选择该选项，可以任意地绘制矩形，其长宽比不受限制。
- 方形：选择该选项，绘制的所有形状都是正方形。
- 固定大小：选择该选项后，便可在其后的 W 和 H 数值框中输入数值，以精确定义矩形的宽度与高度尺寸。
- 比例：选择该选项，便可以在其后的 W 和 H 数值框中输入数值，定义矩形宽度与高度的比例值。
- 从中心：不管选择以上 4 种绘制方式中的哪一种，都可以选择“从中心”选项，选择该选项后，绘制矩形时将从中心向外扩展。
- 对齐像素：选择该选项，使绘制的矩形边缘与像素对齐，没有模糊的像素，如果不选择该选项，则图形放大后会出现模糊边缘，如图 5.30 所示。

（a）未选择绘制的效果　　（b）选择后绘制的效果

图 5.30　选择“对齐像素”选项的前后对比

提示

在使用矩形绘制图形时，按住 Shift 键可以直接绘制出正方形，而无需选择矩形选项对话框中“方形”选项，如果按住 Alt 键就可实现从中心开始向四周扩展绘图的效果，在 Alt 键与 Shift 键同时被按下的情况下，可实现从中心绘制出正方形的效果。

图 5.31 所示为利用矩形工具▭绘制的图像版式，图 5.32 所示为以该版式为依据添加图像后的效果。

图 5.31　使用矩形工具绘制版式以定位图像

图 5.32　依据版式添加图像后的效果

5.6.2　圆角矩形工具

选择圆角矩形工具，可以绘制圆角矩形，其工具选项条及矩形工具相似，选项设置与矩形工具完全一样，如图 5.33 所示。

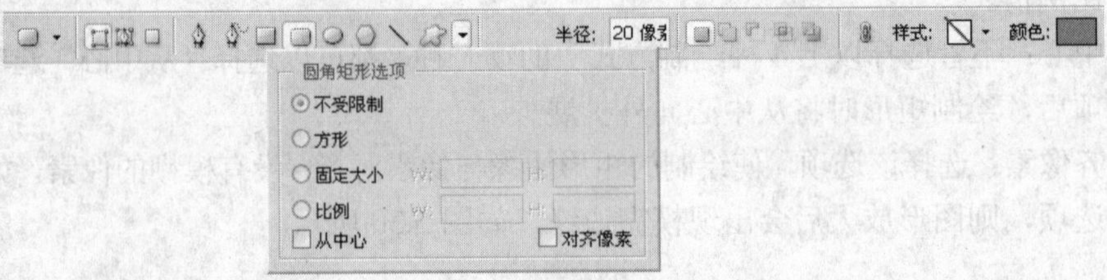

图 5.33　圆角矩形工具选项条

与矩形工具不同的是，该工具多了一个“半径”选项，在该数值框中输入数值，可以设置圆角的半径值。数值越大角度越圆滑，如果“半径”值为 0 px，就可创建矩形。

图 5.34（a）所示为“半径”数值为 15px 的圆角矩形，图 5.34（b）所示的圆角矩形“半径”数值为 30px。

（a）　（b）

图 5.34　半径不同的圆角矩形

5.6.3　椭圆工具

利用椭圆工具可以绘制出圆和椭圆，其使用方法和选项设置与矩形工具一样，其工具选项条如图 5.35 所示。

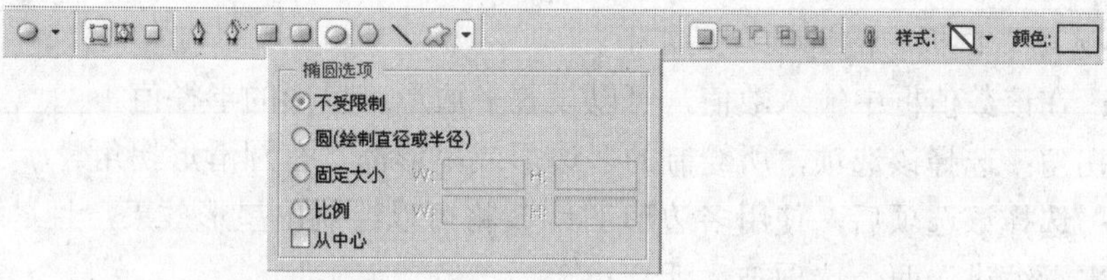

图 5.35　椭圆形工具选项条及选项调板

可以看出其工具选项与矩形工具的选项基本相同，故不再重述。

使用椭圆工具制作得到的效果如图 5.36 所示。

（a）　（b）

图 5.36　椭圆工具实例

5.6.4　多边形工具

多边形工具用于绘制不同边数的多边形或星形，其工具选项条及选项调板如图 5.37 所示。

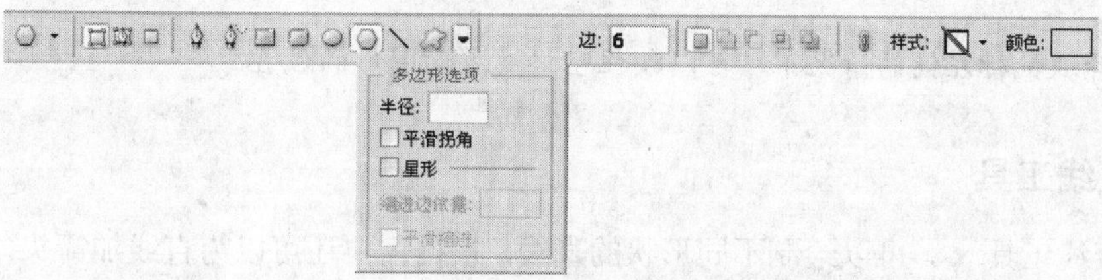

图 5.37　多边形工具选项条及选项调板

在工具选项条中的“边”数值框中输入数值，可设置多边形或星形的边数，边数范围为 3～100，图 5.38 所示为将该数值设置为 6 时绘制多边形得到的效果。

图 5.38　多边形工具实例

“多边形选项”调板中的选项含义如下。

- 半径：在该数值框中输入数值，可以设置多边形或星形的半径值。
- 平滑拐角：选择该选项，所绘制的多边形或星形都具有圆滑形拐角。
- 星形：选择该选项后，使用多边形工具将可以绘制出星形效果，且“缩进边依据”和“平滑缩进”两个选项被激活。
- 缩进边依据：在该数值框中输入数值，可以定义星形的缩进量，其范围为1%～99%，数值越大，星形的内缩效果越明显，图5.39所示为设置“缩进边依据”数值为30%时的效果。
- 平滑缩进：选择该选项，可使星形平滑缩进，图5.40所示为选择此选项绘制的星形应用实例。

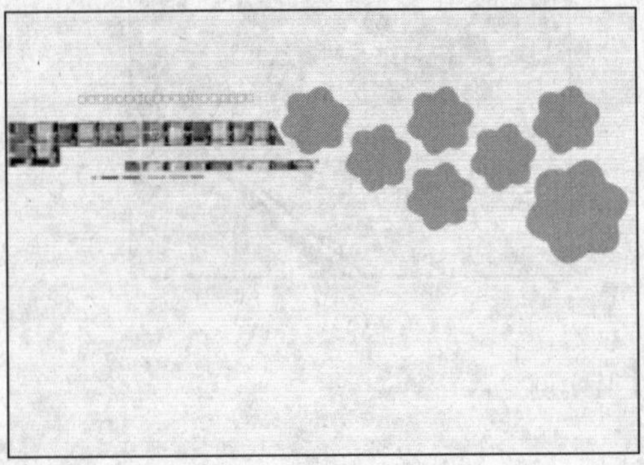

图5.39　设置“缩进边依据”数值绘制多边形

图5.40　选择“平滑缩进”选项绘制多边形

提示

在未释放鼠标左键的情况下，可以按住空格键移动图形的位置。

5.6.5　直线工具

选择直线工具，可以绘制不同形状的直线，根据需要还可以为直线加箭头，其工具选项条及选项调板如图5.41所示。

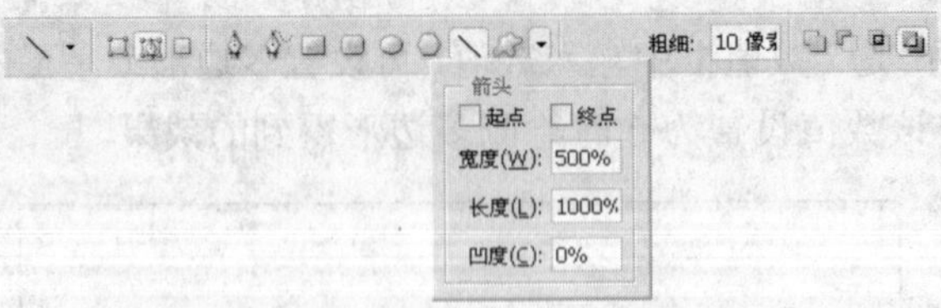

图5.41　直线工具选项条及选项调板

在工具选项条中的“粗细”数值框中输入数值，可以确定直线的宽度，数值范围为1～1000像素。

- 起点、终点：选择“起点”或“终点”选项，可以指定在直线的起点或终点创建箭头，如果同时选择这两个选项，可以在直线的两端均创建箭头。
- 宽度：在此数值框中输入数值，可以设置箭头宽度的百分比。
- 长度：在此数值框中输入数值，可以设置箭头长度的百分比。

- 凹度：在此数值框中输入数值，可以设置箭头最宽处的尖锐程度，箭头和直线在此相接，凹度范围为−50%～+50%，正数向内凹陷，负数向外凸起。

图 5.42 所示为使用直线工具的应用实例。

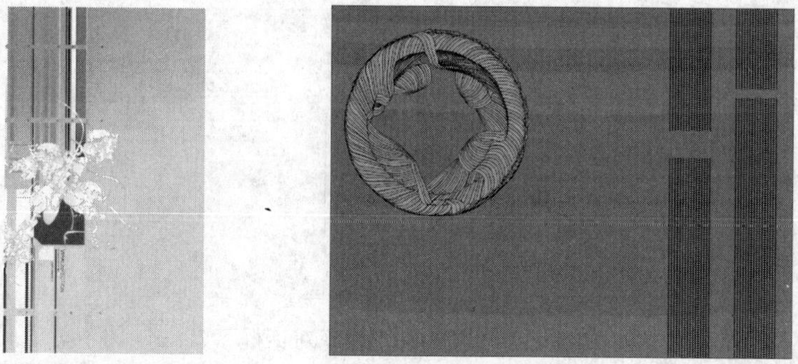

（a）　　　　　　　　（b）

图 5.42　直线工具实例

5.6.6　自定形状工具

在自定形状调板中，Photoshop 提供了大量的特殊形状，利用该工具可以非常方便地在页面中创建相应的形状或路径，其工具选项条及选项调板如图 5.43 所示。

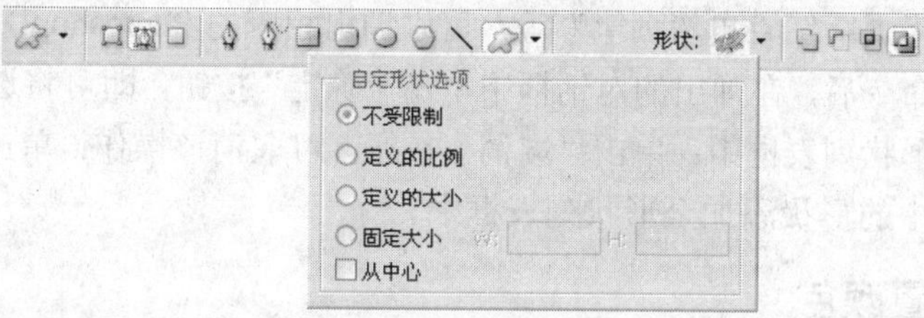

图 5.43　自定形状工具选项条及选项调板

“自定形状选项”调板中的选项与“矩形工具选项”调板相似，区别是在“自定形状选项”调板中，选择“定义的比例”选项创建的形状均维持原图形的比例，选择“定义的大小”选项创建的形状是原图形的大小。

单击自定形状工具选项栏“形状”选项后的三角按钮，弹出如图 5.44 所示的形状列表框，选择其中的 个图形，即可在页面中创建相应的形状。

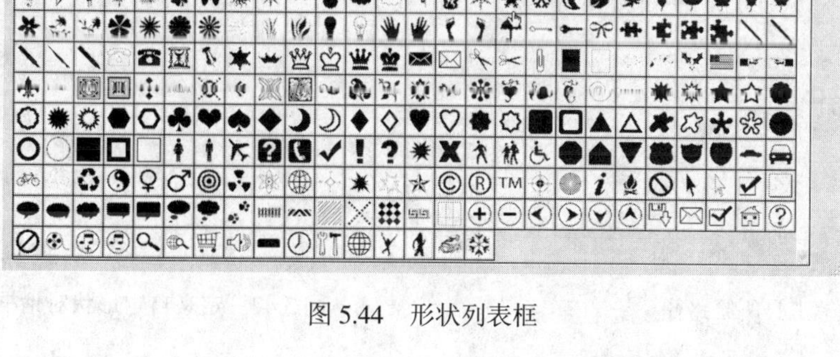

图 5.44　形状列表框

单击形状列表框右上方的三角按钮，弹出其下拉菜单，选择其中的命令可以改变图形的显示状态，并进行保存、添加或替换图形等操作，其中重要命令如下。

- 预设管理器：选择该命令可弹出如图 5.45 所示的“预设管理器”对话框。

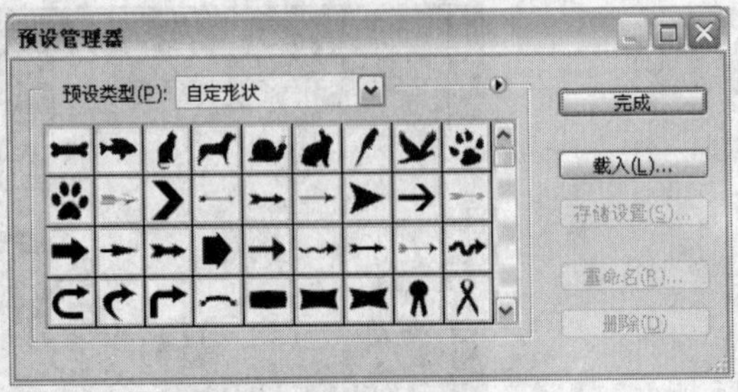

图 5.45 “预设管理器”对话框

- 复位形状：在经过多次删除与增加形状操作后，如果要将其恢复为默认状态，就可以选择此命令。
- 载入形状：选择此命令，可以在弹出的“载入”对话框中选择一个存储形状的文件，并将该文件所存储的形状载入到形状列表框中。
- 存储形状：选择此命令，可以将形状列表框中的形状保存为一个文件，以便以后使用。
- 内置形状命令：选择菜单中的各种内置形状区域中的命令，例如，“书法画笔”、“仿完成画笔”、“粗画笔”、“自然画笔”等，可以调出相应的 Photoshop 预置形状，选择其中的任意一个命令后，在弹出的对话框中单击“确定”按钮，即可将选择的命令文件中的形状调入至形状列表框中；单击“取消”按钮，可取消该操作；单击“追加”按钮可将选择的文件中的形状添加至形状列表框中。

5.6.7 为形状设置颜色

双击“图层”调板形状图层的缩微图，在弹出的“拾色器”对话框中选择一种需要的颜色，然后单击“确定”按钮退出该对话框即可。

5.6.8 创建自定义形状

如果在 Photoshop 形状调板中没有合适的形状，用户可根据需要创建新的自定义形状，要创建自定义图形，可按如下步骤操作。

步骤 01 选择钢笔工具，绘制所需要的形状的外轮廓路径，如图 5.46 所示。

步骤 02 选择“编辑”|“定义自定形状”命令，在弹出的对话框中输入新形状的名称，然后单击“确定”按钮确认，如图 5.47 所示。

图 5.46 钢笔工具所绘路径

图 5.47 定义自定形状对话框

步骤03 选择形状工具，打开形状列表框，即可选择自定义的形状，如图 5.48 所示。

图 5.48　新图形

按下述步骤操作可以创建大量新形状，而无需一一使用路径工具进行绘制。

步骤01 新建文件并在工具箱中选择横排文字工具 T。

步骤02 设置文字工具选项条如图 5.49 所示。

图 5.49　文字工具选项条

步骤03 将前景色设置为黑色，选择横排文字工具 T 在图像中单击以插入一个光标点，并输入字母“B”，同时得到一个对应的文字图层。

步骤04 选择“图层”|“文件”|“创建工作路径”命令，此时将在“路径”调板中生成一条与文字形状相同的路径。

步骤05 选择“图层”|“文字”|“转换为形状”命令，将文字转换成形状，选择添加锚点工具，在字母“W”两边的内侧添加两个锚点，使用直接选择工具将形状调整至如图 5.50 所示的状态，其“路径”调板如图 5.51 所示。

步骤06 选择“编辑”|“定义自定形状”命令，在弹出的对话框中输入文字以命名形状。

图 5.52 所示为形状列表框中按此方法所创建的新图形。

图 5.50　输入文字后效果

图 5.51　“路径”调板

图 5.52　新图形

实际上，此方法的关键之处在于使用了图形化的字体 WeddingText BT，此种字体作为一种图形化的字体应用非常广泛。

在互联网上有许多这样的字体，当然，用户还可以使用 Windows 自带的图形化字体 Windings、Windings 2 及 Windings 3 等字体。

Photoshop CS3 5.7 路径、选区及形状的相互转换

5.7.1　将选区转换为路径

应用路径的矢量特性与可编辑性，可以创建出精确的形状并在“路径”调板中将其转换为

选区。在理论上可以应用钢笔工具绘制出任何形状的路径，但在某些情况下应用钢笔工具绘制路径并不是最简捷的方法，例如，绘制围绕某图层非透明区域的路径时，用户最好使用由选区得到路径的方法创建路径，而不必自己绘制这样的路径。

要由选区生成路径，可以按下述步骤操作。

步骤01 使用制作选区的各种工具创建所需要的选区，或者按 Ctrl 键单击某一图层，以调出其非透明区域的选区。

步骤02 按住 Alt 键单击“路径”调板底部的按钮，或者选择“路径”调板弹出菜单中的“建立工作路径”命令，设置弹出的如图 5.53 所示的对话框。

图 5.53　“建立工作路径”对话框

对话框中的“容差”数值框中的数值决定了路径所包括的定位点数，默认的容差值为 2 像素，在此可输入的容差值范围为 0.5～10 像素。

如果输入一个较高的容差值，则用于定位路径形状的锚点将较少，得到的路径将较平滑。如果选用一个较低的容差值，则可用的定位点将较多，产生的路径也将不平滑。

图 5.54 所示的是分别使用容差值为 1 与 6 时的路径。

（a）原选区　　（b）容差值为 1 时生成的路径　　（c）容差值为 6 时生成的路径

图 5.54　不同容差所生成的效果

提示

有时将选区转换为路径时会生成过于复杂的路径，以至于打印机无法打印。在这种情况下，最好是使用删除锚点工具删掉一些定位点或用较高的容差值重新创建路径。另外，由选区产生的路径和原始选区可能不完全相同。

5.7.2　将路径转换为选区

要将当前选择的路径转换成为选区，可以单击“路径”调板底部的按钮，或在此调板的弹出菜单中选择“建立选区”命令。

图 5.55 所示为原路径，图 5.56 所示为按上述方法操作所得到的选区。

提示

也可按住 Ctrl 键单击调板中的路径图标，或按 Ctrl+Enter 组合键直接将路径转换成为选区。

图 5.55　原路径

图 5.56　转换后生成选区

与直接单击“路径”调板底部的按钮不同，如果选择“建立选区”命令将弹出如图 5.57 所示对话框（按住 Alt 键单击按钮也会弹出该对话框）。

在“建立选区”对话框中，“羽化半径”选项和“消除锯齿”选项的作用，与其在选区工具选项中的意义相同，在此不再重述。

在“操作”选项区域中可以指定创建选区的方式，各选项含义如下。

- 新建选区：仅由路径创建选区。
- 添加到选区：将路径所创建的选区添加至当前选区中。
- 从选区中减去：从选区中删去路径所创建的选区。
- 与选区交叉：由路径所创建的选区与当前存在选区重合的区域创建选区。

图 5.58 所示为原选区及花瓣形路径，图 5.59 所示为显示花瓣形路径的“路径”调板。

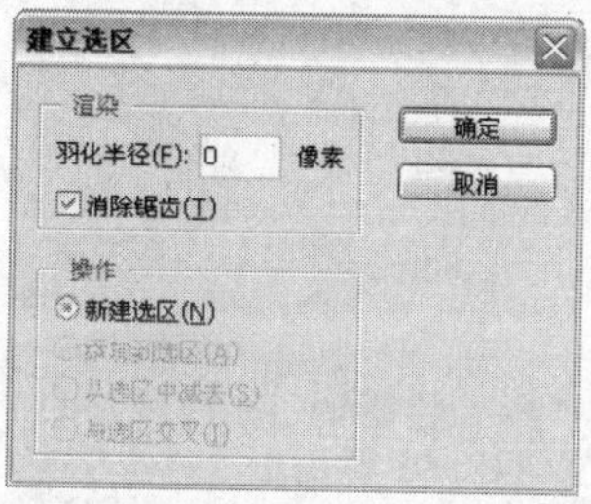

图 5.57　“建立选区”对话框

图 5.58　原选区

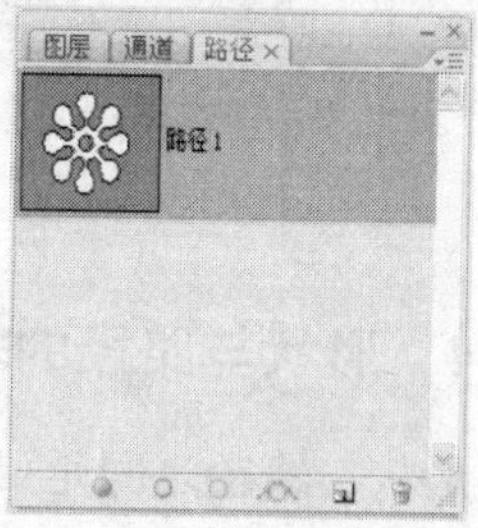

图 5.59　“路径”调板

图 5.60（a）所示为将花瓣形路径转换为选区，并在“建立选区”对话框中选择“添加到选区”选项产生的新选区并填充后的效果，图 5.60（b）所示为选择“从选区中减去”选项产生的新选区并填充后的效果，图 5.60（c）所示为选择“与选区交叉”选项产生的新选区并填充后的效果。

（a）选择“添加到选区”选项　（b）选择“从选区中减去”选项　（c）选择“与选区交叉”选项

图 5.60　选区运算

提示

按住 Shift+Ctrl 组合键单击“路径”调板中的路径名称或直接按 Shift+Ctrl+Enter 组合键，可以将其所定义的选区添加到选区中；按住 Alt+Ctrl 组合键并单击调板中的路径名称或直接按 Alt+Ctrl+Enter 组合键，可以从选区中去除路径所定义的选区；按住 Alt+Ctrl+Shift 组合键单击调板中的路径名称或直接按 Alt+Ctrl+Shift+Enter 组合键，可以得到当前选区与路径所定义的选区重合的部分选区。

5.7.3 将形状转换为选区

当创建一个形状图层后，在相应的“路径”调板上将得到一个“形状 1 矢量蒙版”，如图 5.61 所示为创建的形状和相对的“路径”调板状态。在路径调板中将此“形状矢量蒙版”转换为选区与将路径转换为选区的方法相同，这里不再赘述。

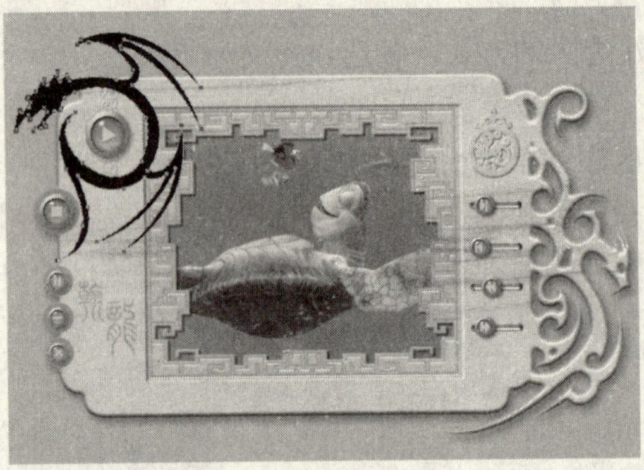

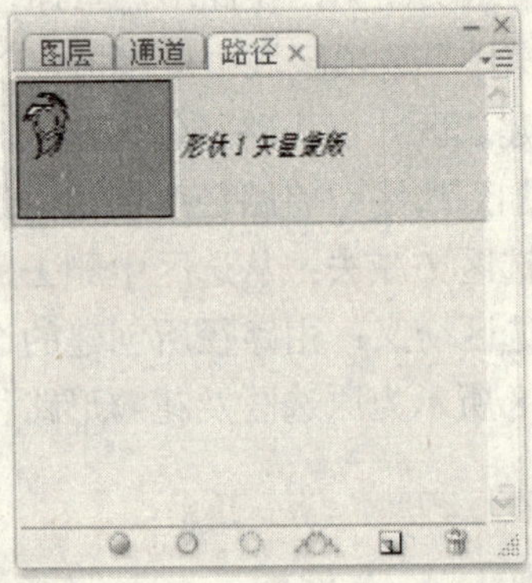

图 5.61 绘制的形状及“路径”调板状态

5.7.4 形状与路径的转换

形状与路径之间是可以相互转换的，下面分别讲解几种转换方式。

1．由形状图层得到路径

在“图层”调板上选择一个形状图层后，切换至“路径”调板双击“形状 1 矢量蒙版”的缩览图，在弹出的对话框中单击“确定”按钮，即可从形状图层中得到路径。

2．由路径得到形状

在绘制一条路径并将其选中的情况下，可以选择“编辑”|“定义自定形状”命令，在弹出的对话框中单击“确定”按钮，将其定义为形状。

需要使用该形状时，只要选择自定形状工具，在其工具选项条上单击 形状: ✱· 右侧的下拉列表按钮，即可在弹出的自定形状选择框中选择刚定义的形状进行绘制操作。

提示

本章所用到的素材文件为随书光盘:\d5z\中的文件，文件名对应着本章的小节号。

第 6 章

绘画的艺术

Photoshop 7.0 的发布是该软件由图像处理发展为图像处理加图像绘制的一个标志，在最新发布的 Photoshop CS3 版本中，Photoshop 保留并增强了这一特色，图 6.1 所示的就是艺术家用 Photoshop 绘制的优秀作品。

（a）

（b）

图 6.1　优秀的 Photoshop 绘画作品

Photoshop 中主要的绘图工具包含画笔工具、铅笔工具和渐变工具组，本章将详细讲解这些工具的使用方法和技巧。

6.1 画笔工具

使用画笔工具能够绘制边缘柔和的线条，此工具在绘制中使用最为频繁。

在使用画笔工具进行绘制工作时，除了需要选择正确的绘图前景色以外，还必须正确设置画笔工具选项。

在工具箱中选择画笔工具，其工具选项条如图 6.2 所示，在此可以选择画笔的笔刷类型并设置绘图透明度及其混合模式。

图 6.2　画笔工具选项条

- 画笔：在此下拉列表中选择合适的画笔大小。
- 模式：设置用于绘图的前景色与作为画纸的背景之间的混合效果。“模式”下拉列表中的大部分选项与图层混合模式相同，请参见本书第 15 章的相关内容。
- 不透明度：设置绘图颜色的不透明度，数值越大绘制的效果就越明显，反之，则越不清晰，如图 6.3 所示为分别利用 50%和 100%的不透明度创建的不同绘制效果。
- 流量：设置拖动光标一次得到图像的清晰度，数值越小，图像越不清晰。
- 喷枪工具：单击此图标，将画笔工具设置为喷枪工具，在此状态下得到的笔画边缘更柔和，而且如果在图像中单击并按住鼠标不放，前景色将在此点淤集，直至释放鼠标。

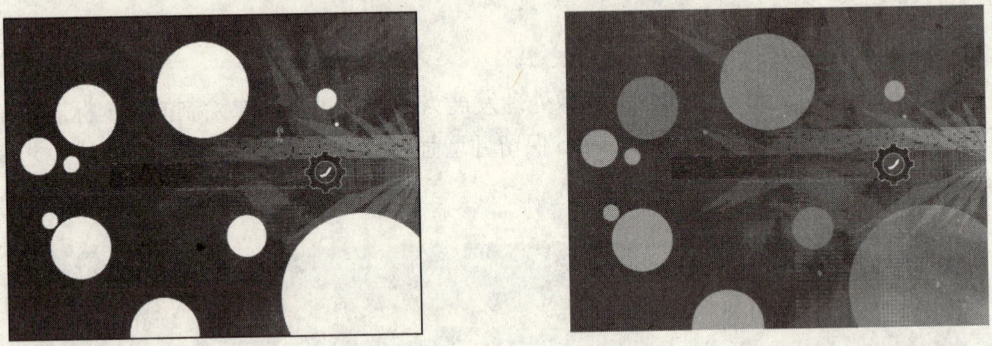

（a）（b）

图 6.3 不同透明度创建的效果

6.2 “画笔”调板

使用 Photoshop 之所以能够绘制出丰富、逼真的图像效果，很大一部分原因在于其具有强大的“画笔”调板，它使绘画者能够通过控制画笔的参数，获得丰富的画笔效果。

选择“窗口”|“画笔”命令或按 F5 键，可弹出如图 6.4 所示的“画笔”调板。

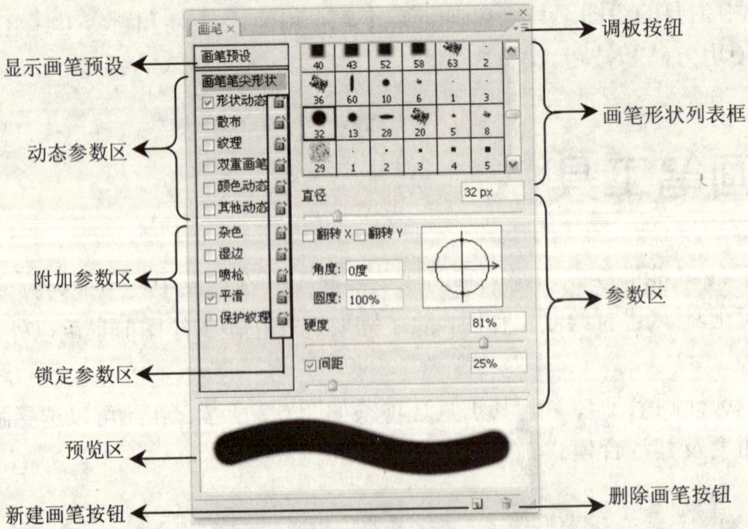

图 6.4 “画笔”调板

下面对“画笔”调板中各区域的作用进行简单的介绍。

- 单击“画笔预设”选项，可以在调板右侧的“画笔形状列表框”中单击选择所需要的画笔形状。
- 动态参数区：在该区域中列出了可以设置动态参数的选项，其中包含“画笔笔尖形状”、“形状动态”、“散布”、“纹理”、“双重画笔”、“颜色动态”和“其他动态”7 个选项。
- 附加参数区：在该区域中列出了一些选项，选择它们可以为画笔增加杂色及湿边等效果。
- 锁定参数区：在该区域中单击锁形图标使其变为状态，就可以将该动态参数所做的设置锁定起来，再次单击锁形图标使其变为状态即可解锁。
- 预览区：在该区域可以看到根据当前的画笔属性生成的预览图。
- 画笔形状列表框：该区域在选择“画笔笔尖形状”选项时出现，在该区域中可以选择要用于绘图的画笔。
- 参数区：该区域中列出了与当前所选的动态参数相对应的参数，在选择不同的选项时，该区域所列的参数也不相同。
- 新建画笔按钮：单击该按钮，在弹出的对话框中单击“确定”按钮，按当前所选画笔的参数创建一个新画笔。
- 删除画笔按钮：在选择“画笔预设”选项的情况下，选择了一个画笔后，该按钮就会被激活，单击该按钮，在弹出的对话框中单击“确定”按钮即可将该画笔删除。
- 单击“画笔”调板右上角的三角按钮，弹出如图 6.5 所示的“画笔”调板下拉列表。

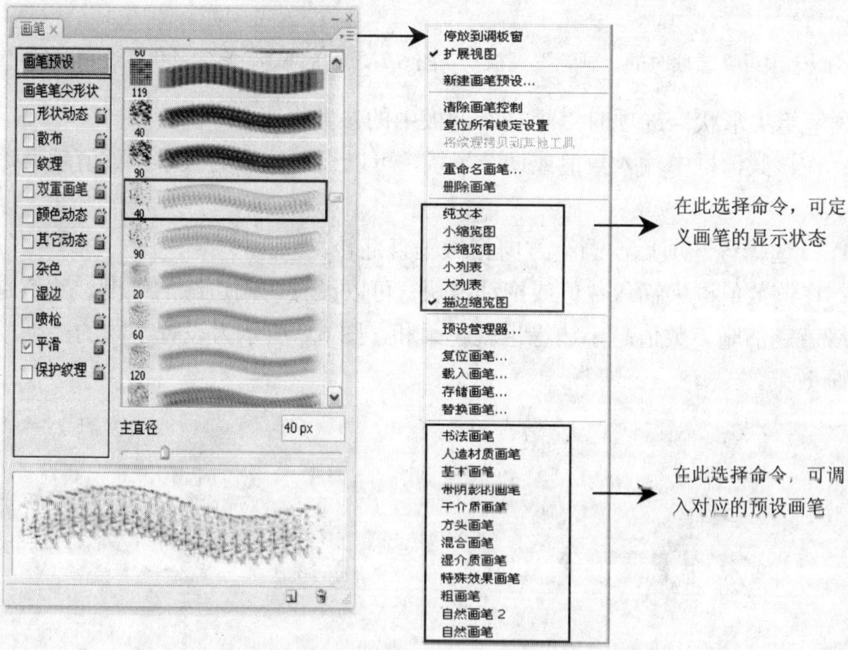

图 6.5　“画笔”调板下拉列表

在下拉列表中可以设置“画笔形状列表框”中画笔的显示方式，并能够调出 Photoshop 预设的画笔类型。

6.2.1　“画笔”调板参数详解

通过上面一节的讲解，相信读者已经对“画笔”调板的基本内容有所了解。下面将详细讲解各个参数的作用。

1．画笔预设

选择“画笔预设”选项后，“画笔”调板如图 6.6 所示。这里相当于是所有画笔的一个控制台，可以利用“描边缩览图”显示方式方便地观看画笔描边效果，或对画笔进行重命名、删除等操作。拖动画笔形状列表框下面的“主直径”滑块还可以调节画笔的直径。

2．画笔笔尖形状

选择该选项后，“画笔”调板如图 6.7 所示，此时可以对画笔的基本属性，如直径、角度及圆度进行设置。

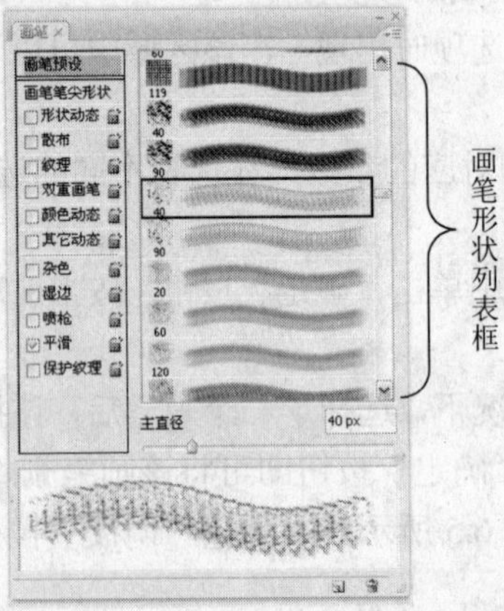

图 6.6 选择“画笔预设”选项时的“画笔”调板

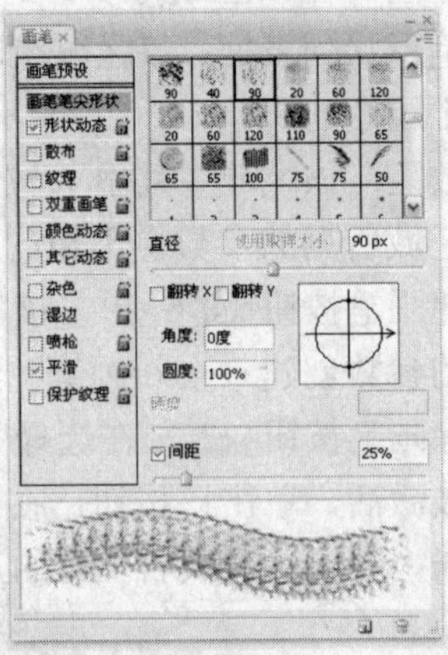

图 6.7 选择“画笔笔尖形状”选项时的“画笔”调板

选择“画笔笔尖形状”选项时“画笔”调板中的参数含义如下。

- 直径：在该数值框中输入数值或调节滑块，可以设置笔刷的大小，数值越大，笔刷直径就越大。
- 翻转 Y：选择该选项后，画笔方向将做垂直翻转。
- 硬度：在该数值框中输入数值或拖动滑块，可以设置笔刷边缘的硬度，数值越大，笔刷的边缘就越清晰，数值越小边缘也就越柔和，图 6.8 所示为设置不同的“硬度”数值时的绘画效果。

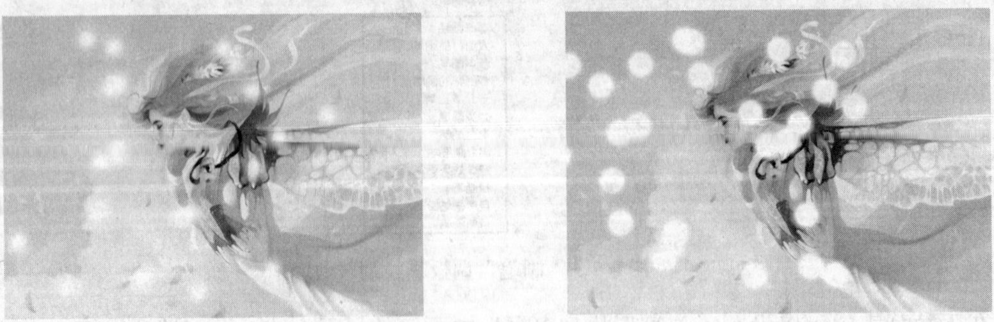

(a) (b)

图 6.8 设置不同的“硬度”数值时的绘画效果

- 间距：在该数值框中输入数值或调节滑块，可以设置绘图时组成线段的两点间的距离，数值越大间距就越大。

- 圆度：在该数值框中输入数值，可以设置笔刷的圆度，数值越小笔刷就越扁。
- 角度：对于圆形画笔，在“圆度”值小于 100%时，在该数值框中输入数值，可以设置笔刷旋转的角度。而对于非圆形画笔，在该数值框中直接输入数值，则可以设置画笔旋转的角度。图 6.9 所示为设置“圆度”为 3%，再分别设置不同的“角度”数值制作得到的星光效果，图 6.10 所示为将所绘制的星光效果重新定义为画笔，然后应用于装饰 CG 作品后的效果。

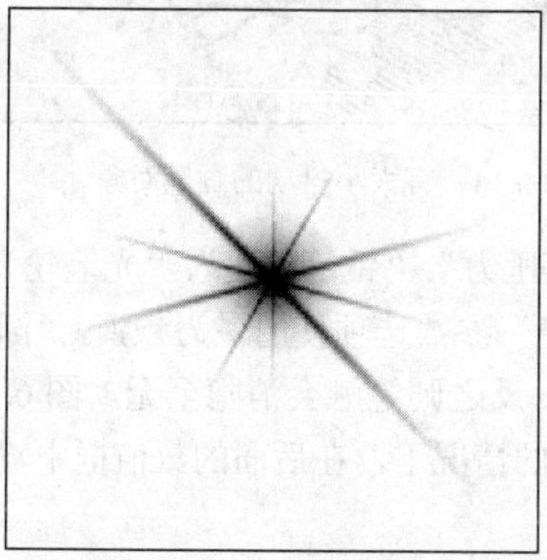

图 6.9　绘制星形

图 6.10　添加星光后的效果

- 翻转 X：选择该选项后，画笔方向将做水平翻转。图 6.11 所示为在保持“角度”和“圆度”值不变的情况下，选择“翻转 X”选项前后模拟雪花飞落的绘画效果。

3．形状动态

选择该选项后，“画笔”调板如图 6.12 所示。

（a）　（b）

图 6.11　选择“翻转 X”选项前后模拟雪花飞落的绘画效果

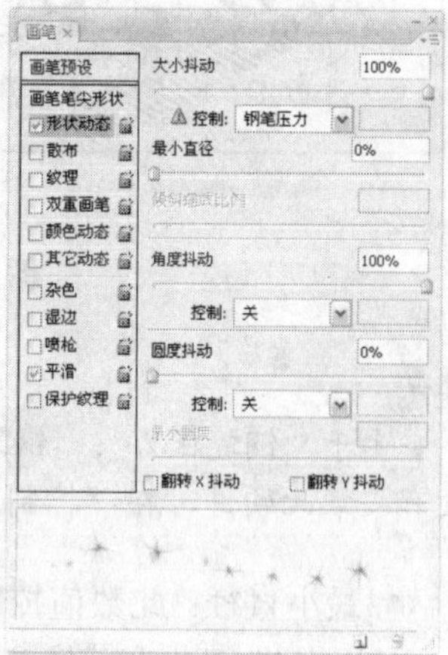

图 6.12　选择“形状动态”选项时的“画笔”调板

选择“形状动态”选项时“画笔”调板中的参数含义如下。

- 大小抖动：此参数控制画笔在绘制过程中尺寸的波动幅度，数值越大，波动的幅度就越大。未设置“大小抖动”参数时，画笔绘制的每一处笔触大小相等，如图 6.13 所示。设置“大小抖动”值为 100%时，其大小将随机缩小（缩小的程度还与“最小直径”中的数值有关），如图 6.14 所示。

图 6.13　相等大小的画笔对象

图 6.14　有大小抖动的画笔对象

- 控制：在该下拉列表中包括“关”、“渐隐”、“钢笔压力”、“钢笔斜度”、“光笔轮”5 个选项，它们可以控制画笔波动的方式，其中“渐隐”参数选项使用最为频繁，“渐隐”的数值越大，笔触达到消隐时经过的距离就越长，反之则笔触会消隐至无。图 6.15 所示为在“大小抖动”值为 0%且选择“渐隐”选项的情况下，在后面的数值框中输入一个较大数值及一个较小数值时得到的绘画效果。

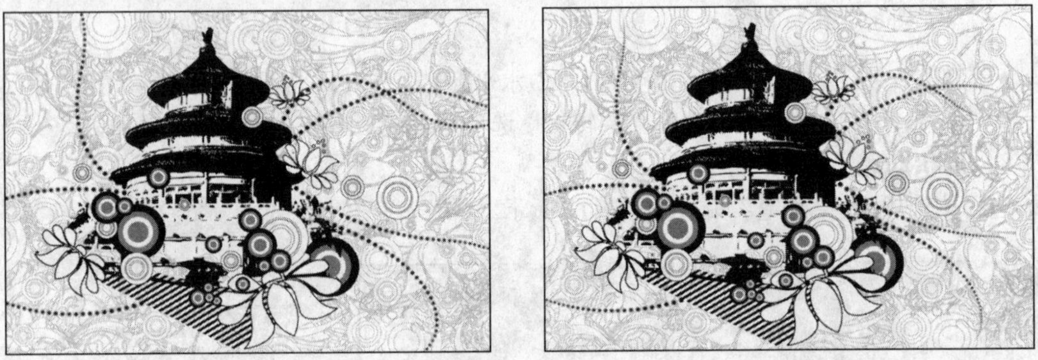

（a）　　（b）

图 6.15　设置不同的“渐隐”数值时的绘画效果

提示

由于“钢笔压力”、“钢笔斜度”及“光笔轮”3 种方式都需要有压感笔的支持，因此，如果没有安装此硬件，在“控制”选项的左侧将显示一个叹号。

- 最小直径：此数值控制在尺寸发生波动时画笔的最小尺寸。数值越大，画笔笔触发生波动的范围越小，波动的幅度也会相应变小。
- 角度抖动：此参数控制画笔在角度上的波动幅度，数值越大，波动的幅度也就越大，画笔显得越紊乱。未设置“角度抖动”参数时，画笔绘制的每一个对象的旋转角度相同。
- 圆度抖动：此参数控制画笔在圆度上的波动幅度。图 6.16 所示为保持其他参数相同的情况下，设置“圆度抖动”值所得到的绘画效果。
- 最小圆度：此参数可控制画笔在圆度发生波动时，画笔的最小圆度尺寸值。

4．散布

在“画笔”调板中选择“散布”选项，“画笔”调板如图 6.17 所示。

图 6.16　设置“圆度抖动”数值得到的绘画效果

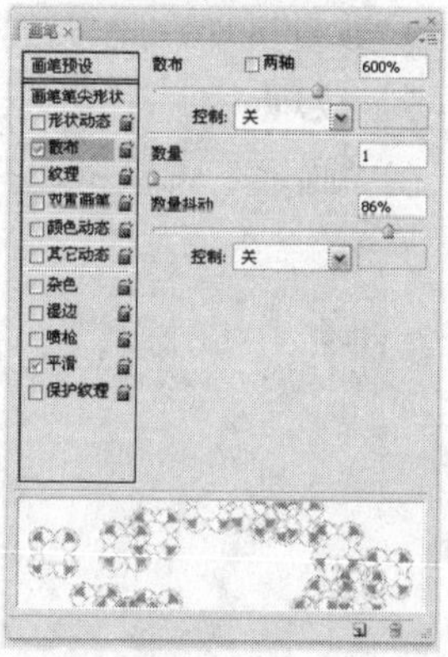

图 6.17　选择“散布”选项时的“画笔”调板

选择“散布”选项时“画笔”调板中的参数含义如下。

- 散布：此参数控制使用画笔绘制的笔画的偏离程度，百分数越大，偏离的程度就越大。如图 6.18 所示为在其他参数相同的情况下，设置不同的“散布”值时的不同绘画效果。

（a）

（b）

图 6.18　设置不同的“散布”值得到的效果

- 两轴：选择此选项，画笔在 X 及 Y 两个轴向上发生分散；如果不选择此选项，则只在 X 轴向上发生分散。
- 数量：此参数可以控制绘画时画笔的数量。图 6.19 所示为其他参数相同的情况下，使用较小“数量”值与较大“数量”值时所得到的绘画效果。

（a）

（b）

图 6.19　设置不同的“数量”值得到的效果

- 数量抖动：此参数控制在绘制的笔画中画笔数量的波动幅度。

5．纹理

在“画笔”调板中选择“纹理”选项，“画笔”调板如图 6.20 所示。

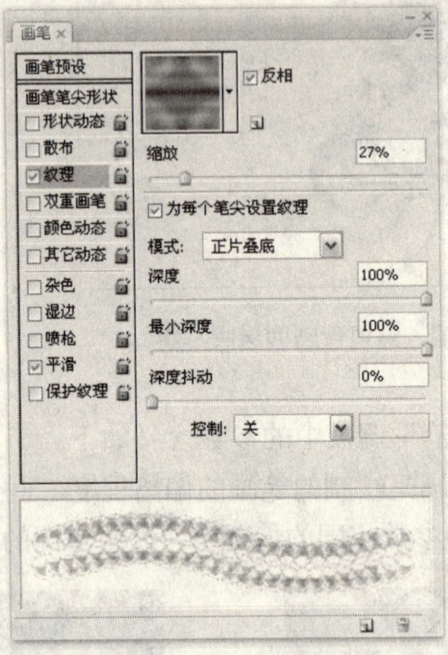

图 6.20　选择“纹理”选项时的“画笔”调板

选择“纹理”选项时“画笔”调板中的参数含义如下。

- 缩放：此参数设置纹理的缩放比例。
- 模式：在此下拉列表中可选择一种纹理与画笔的叠加模式。
- 深度：此参数用于设置所使用的纹理显示时的深度，数值越大，纹理效果就越明显。如果数值偏小，则原来画笔的效果就越清晰，如图 6.21 所示。

（a）“深度”值为 50%

（b）“深度”值为 100%

图 6.21　设置不同深度时得到的纹理效果

- 最小深度：此参数用于设置纹理显示时的最浅浓度，数值越大，纹理显示效果的波动幅度就越小。
- 深度抖动：此参数用于设置纹理显示浓淡度的波动程度，数值越大，波动的幅度也就越大。

6．双重画笔

“双重画笔”选项与“纹理”选项的原理基本相同，只是前者是画笔与画笔之间的混合，而后者是画笔与纹理之间的混合。在“画笔”调板中选择“双重画笔”选项，“画笔”调板如图 6.22 所示。

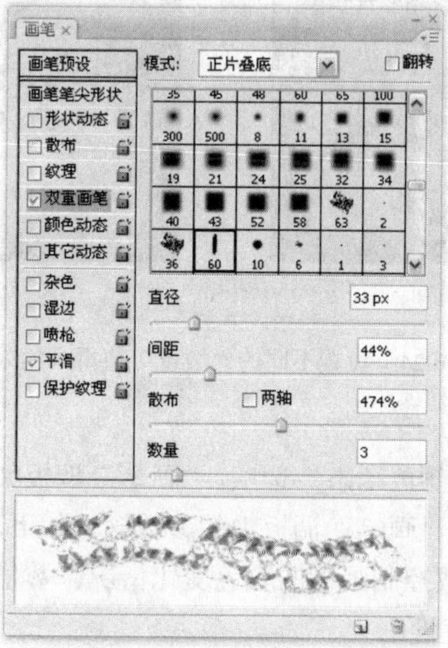

图 6.22　选择“双重画笔”选项时的“画笔”调板

选择“双重画笔”选项时“画笔”调板中的参数含义如下。

- 直径：此参数用于控制叠加画笔的大小。
- 间距：此参数用于控制叠加画笔的间距。
- 散布：此参数用于控制叠加画笔偏离绘制线条的距离。图 6.23 所示为在其他参数相同的情况下，设置不同的“散布”数值时在图像边缘进行绘画的效果。

(a)　　(b)

图 6.23　设置不同的“散布”值得到的绘画效果

- 数量：此参数用于控制叠加画笔的数量。图 6.24 所示为在其他参数相同的情况下，设置不同的“数量”值时的绘画效果。

(a)

(b)

图 6.24　设置不同的“数量”值得到的效果

7．颜色动态

在“画笔”调板中选择“颜色动态”选项，“画笔”调板如图 6.25 所示。

选择“颜色动态”选项时“画笔”调板中的参数含义如下。

- 前景/背景抖动：此参数控制画笔的颜色变化情况。数值越大，就越接近于背景色；数值越小，就越接近于前景色。
- 色相（饱和度、亮度）抖动：此参数用于控制画笔色相的随机效果，数值越大，就越接近于背景色色相；数值越小，就越接近于前景色色相。
- 纯度：此参数控制笔画的纯度。

8．其他动态

在“画笔”调板中选择“其他动态”选项时，“画笔”调板如图 6.26 所示。

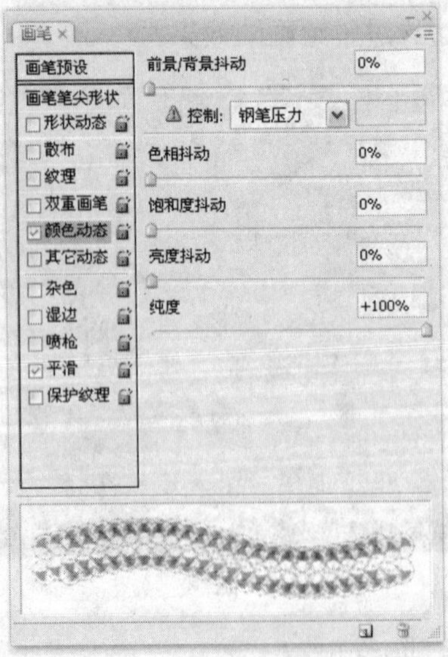

图 6.25　选择“颜色动态”选项时的“画笔”调板

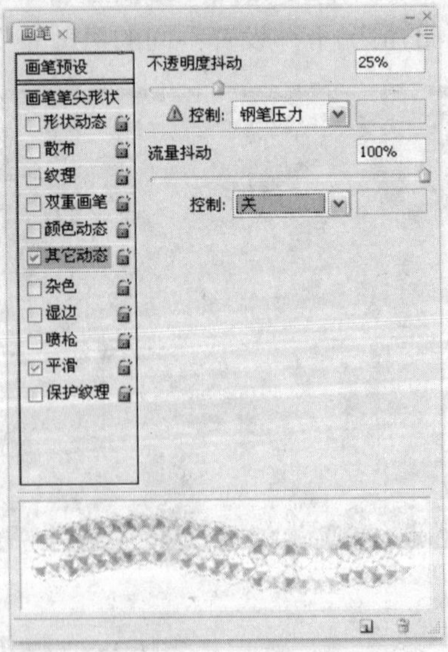

图 6.26　选择“其他动态”选项时的“画笔”调板

选择“其他动态”选项时“画笔”调板中的参数含义如下。

- 不透明度抖动：此参数用于控制画笔的随机不透明度效果。图 6.27 所示为在其他参数不变的情况下，以不同“不透明度抖动”值绘制图像背景的效果。

（a）　　　　（b）

图 6.27　设置不同的“不透明度抖动”值得到的效果

- 流量抖动：此参数用于控制画笔绘制时的消褪速度，数值越大，消褪就越明显。

9．附加参数

在该参数区域中，选择适当的选项可以创建出一些特殊效果，下面将分别讲解各个选项的作用。

- 杂色：选择该选项时，画笔边缘越柔和，杂色效果就越明显，也就是当画笔“硬度”数值为 0%时杂色效果最明显，“硬度”值为 100%时效果最不明显。
- 湿边：选择该选项后，在进行绘图时将沿着画笔的边缘增加油彩量，从而创建出水彩画的效果。
- 喷枪：选择该选项后，与在画笔工具选项条上选中喷枪按钮的作用是相同的，当使用画笔工具并按住鼠标左键不放时，会产生颜色淤积的效果。
- 平滑：选择该选项后，在绘图过程中可能产生较平滑的曲线，尤其在使用压感笔的时候，选择该选项得到的平滑效果更为明显。但需要注意的是，此时可能会出现轻微的滞后。
- 保护纹理：选择该选项后，将对所有具有纹理的画笔预设应用相同的图案和比例。选择此选项后，在使用多个纹理画笔笔尖绘画时，可以模拟出一致的画布纹理。

6.2.2　锁定动态参数设置

当用户设置了一些动态参数，并希望将它们应用于所选的每一个画笔时，可以将这些动态参数锁定。

例如，笔者设置了一个“双重画笔”，如图 6.28 所示，如果希望在以后选择任意一个画笔时都可以应用该动态参数，此时就可以单击该选项名称右侧的锁形图标，使其变为状态，如图 6.29 所示。

锁定动态参数后，再次选择其他任何画笔时，都会应用该动态参数。

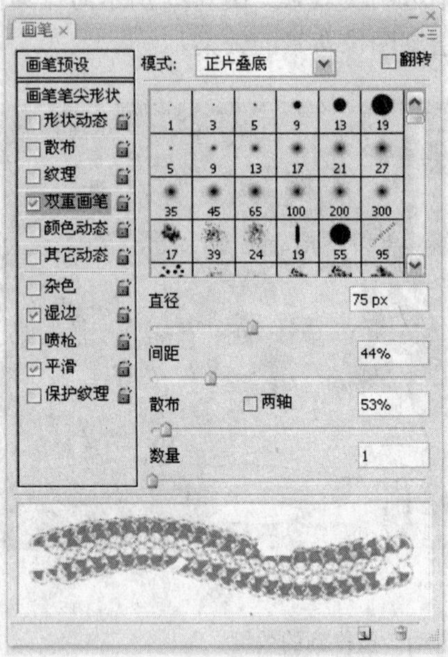

图 6.28　设置“双重画笔”动态参数时的“画笔”调板

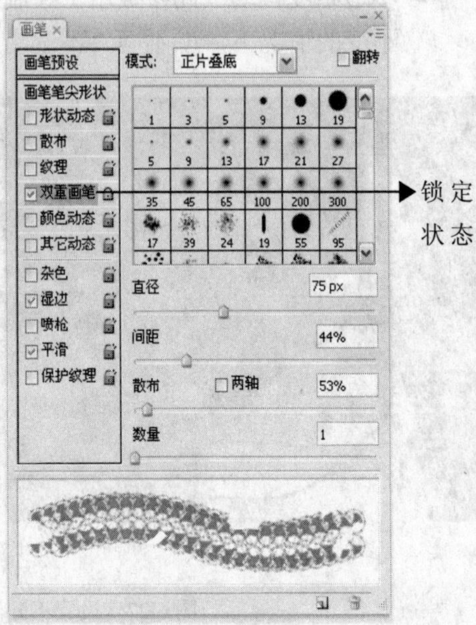

图 6.29　锁定动态参数

提示

如果选择的画笔已经具有 Photoshop 预设的动态参数，Photoshop 会自动以锁定的动态参数替换原有的动态参数。

6.2.3　解除动态参数的锁定

要解除动态参数的锁定状态，直接单击参数名称后面的锁形图标，使其变为状态即可。

如果要同时解除所有动态参数的锁定状态，可以单击“画笔”调板右上方的三角按钮，在弹出的菜单中选择“复位所有锁定设置”命令。

6.2.4　将纹理拷贝到其他工具

在一个包含有“纹理”动态参数的画笔中，“画笔”调板允许用户将其中所选的纹理复制到其他支持该动态参数的绘图工具中，例如仿制图章工具，其操作步骤如下。

步骤01 显示“画笔”调板，并选择“纹理”选项。

步骤02 在此时的“画笔”调板中选择需要复制的纹理图案。

步骤03 单击“画笔”调板右上方的三角按钮，在弹出的菜单中选择“将纹理拷贝至其他工具”命令。

步骤04 选择目标工具，例如选择仿制图章工具，在“画笔”调板中选择“纹理”选项，可以看出，此时调板顶部的图案已经变为刚刚复制的图案。

提示

选择“将纹理拷贝至其他工具”命令，只会将如图 6.30 所示的图案及参数进行复制，而其他参数则保持不变。

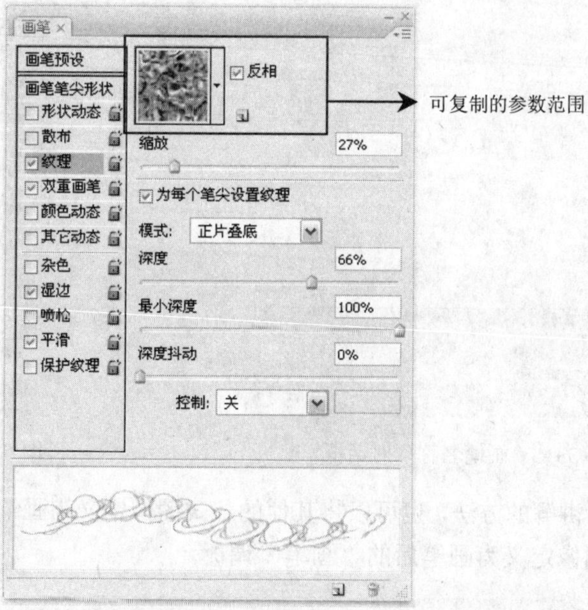

图 6.30 “画笔”调板

6.2.5 创建自定义画笔

除了编辑画笔的形状外，用户还可以自定义图案画笔，以创建更丰富的画笔效果。其操作方法非常简单，只要利用选区将要定义为画笔的区域选中，Photoshop 就可以将任意一种图像定义为画笔。

下面以将一幅星光素材图像定义为画笔为例，讲解定义画笔的方法，其操作步骤如下。

步骤 01 打开随书光盘：\d6z\6.2.5-素材.psd，如图 6.31 所示。

步骤 02 由于在 Photoshop 中无法将白色与透明区域定义为画笔，所以我们需要将要定义为画笔星光的图像转换为黑色。按 Ctrl+I 组合键执行“反相”操作，从而将使星光图像变为黑色，而背景图像变为白色，如图 6.32 所示。

图 6.31 素材图像

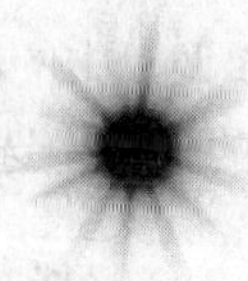

图 6.32 反相后的效果

步骤 03 选择“编辑”|“定义画笔预设”命令，在弹出的对话框中输入新画笔的名称，如图 6.33 所示。

步骤 04 单击“确定”按钮退出对话框即完成定义画笔。按 F5 键显示“画笔”调板就可以看到刚刚定义的画笔了，如图 6.34 所示。

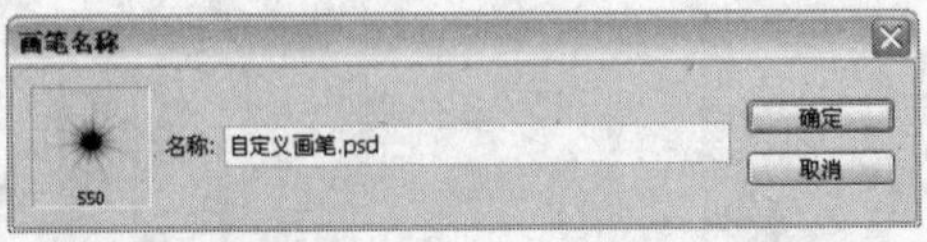

图 6.33 “画笔名称”对话框

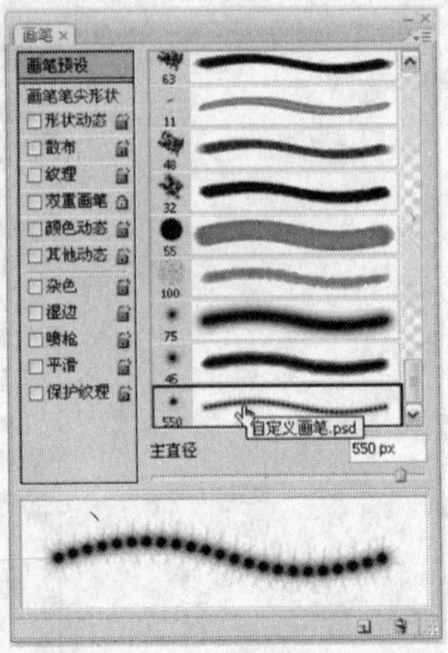

图 6.34 查看自定义的画笔

按照上面所讲解的方法，也可以将其他的各式图像定义为画笔，例如，图 6.35 所示为笔者将各式各样的图像定义为画笔后的“画笔”调板。

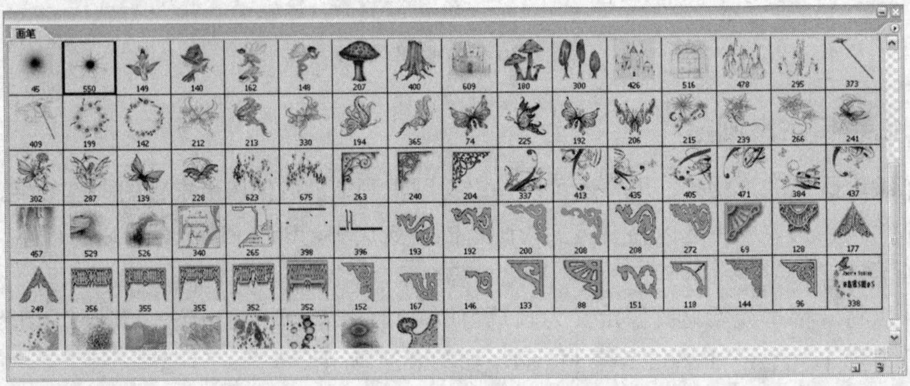

图 6.35 利用自定义画笔制作的效果

除了使用文字来定义画笔外，最常见的情况是绘制图像并将所绘制的图像定义为画笔，两种方法相同。

6.2.6 复位画笔预设

要将当前“画笔”调板中的画笔种类恢复至默认的状态，可以单击“画笔”调板右上方的三角按钮▾≡，在弹出的菜单中选择“复位画笔”命令，会弹出如图 6.36 所示的提示对话框。

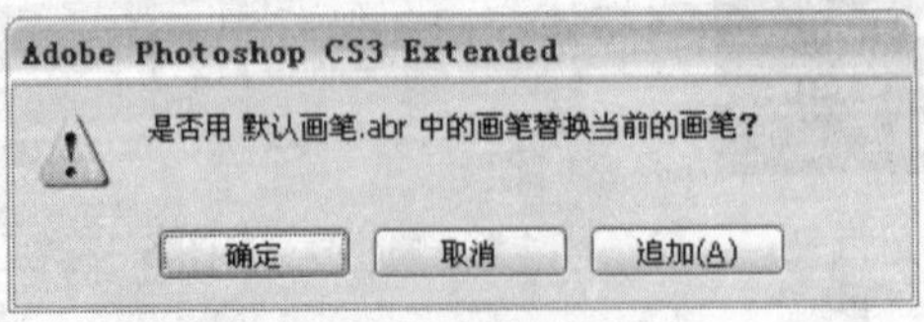

图 6.36 复位画笔预设时的提示对话框

提示对话框中各个按钮的含义如下：

- 单击“确定”按钮就可以复位画笔预设，从而完全清除无用的笔刷。
- 单击“取消”按钮则放弃复位画笔。

● 单击“追加”按钮则将默认的画笔预设追加至当前的画笔预设中。

6.2.7　储存画笔

通过保存画笔，可以将画笔保存为一个文件，以便其他用户使用。

要保存画笔可以单击“画笔”调板的“画笔预设”选项，然后在“画笔”调板弹出菜单中选择“存储画笔”命令，在弹出的“存储”对话框中输入画笔名称并选择合适的路径，单击“保存”按钮，将其以文件形式保存起来。

6.2.8　载入画笔

Photoshop CS3 中有多种预设的画笔，在默认情况下这些画笔并未调入“画笔”调板中，要调入这些笔刷，可以在调板弹出菜单中的预设画笔区选中相应的画笔名称，在弹出的对话框中单击“追加”按钮。

互联网提供了许多画笔库供用户下载使用，搜集这些画笔库并将其应用到设计工作中，可以起到意想不到的特殊效果。

如图 6.37 所示都是在网络中找到的艺术家使用画笔创作的作品。

（a）　　（b）

图 6.37　艺术作品

6.2.9　替换画笔

利用“替换画笔”命令可以直接使用所选画笔将当前的画笔预设替换掉。

如果我们在此前载入过默认或其他预设的画笔，并对其进行了添加画笔或删除画笔等编辑操作，则选择“替换画笔”命令后，会弹出如图 6.38 所示的提示对话框，询问用户是否保存对当前预设的修改。

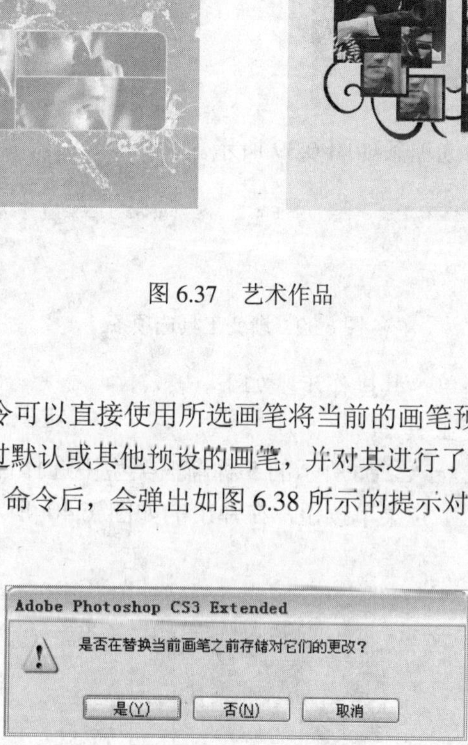

图 6.38　提示对话框

提示对话框中各个按钮的含义如下。

- 单击“是”按钮，在接下来弹出的“存储”对话框中设置好文件存储的路径及文字名称，单击“保存”按钮后，弹出“替换”对话框，选择需要载入的画笔预设，单击“载入”按钮即可。
- 单击“否”按钮则会直接弹出“替换”对话框，选择需要载入的画笔预设，单击“载入”按钮即可。
- 单击“取消”按钮即放弃替换画笔。

6.2.10 删除画笔

要删除画笔，可以执行以下操作之一：

- 在“画笔”调板中选择“画笔预设”选项，在右侧的画笔形状列表框中选择要删除的画笔，单击删除画笔按钮，在弹出的对话框中单击“确定”按钮即可。
- 在“画笔”调板中选择“画笔预设”选项，在右侧的画笔形状列表框中找到要删除的画笔，再按住鼠标左键将要删除的画笔拖至按钮上即可。

6.3 渐变工具

渐变工具用于创建不同颜色间的混合过渡效果，Photoshop 为用户提供了可以创建 5 类渐变的渐变工具，即线性渐变工具、径向渐变工具、角度渐变工具、对称渐变工具和菱形渐变工具。

6.3.1 渐变工具选项条

选择渐变工具后其工具选项条如图 6.39 所示。

图 6.39 渐变工具选项条

渐变工具的使用较为简单，其操作步骤如下。

步骤01 在工具箱中选择渐变工具。

步骤02 在工具选项条中所示的 5 种渐变类型中选择合适的渐变类型。

步骤03 单击“渐变效果框”下拉菜单按钮，在弹出的如图 6.40 所示的“渐变类型”调板中选择合适的渐变效果。

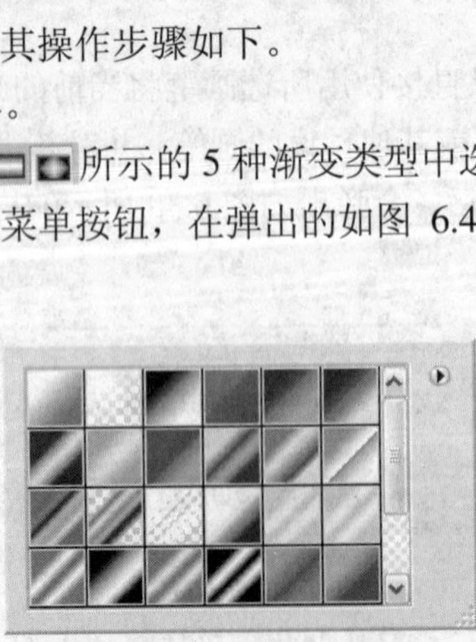

图 6.40 “渐变类型”调板

步骤04 设置渐变工具选项条中的其他选项。

步骤05 在图像中拖动渐变工具，即可创建渐变效果。

提示

拖动渐变工具的过程中，拖动的距离越长则渐变过渡越柔和，反之，则过渡越急促。如果在拖动过程中按住 Shift 键，则可以在水平、垂直或 45° 方向应用渐变。

- 渐变类型：在 Photoshop 中共可以创建 5 种类型的渐变，如图 6.41 所示。

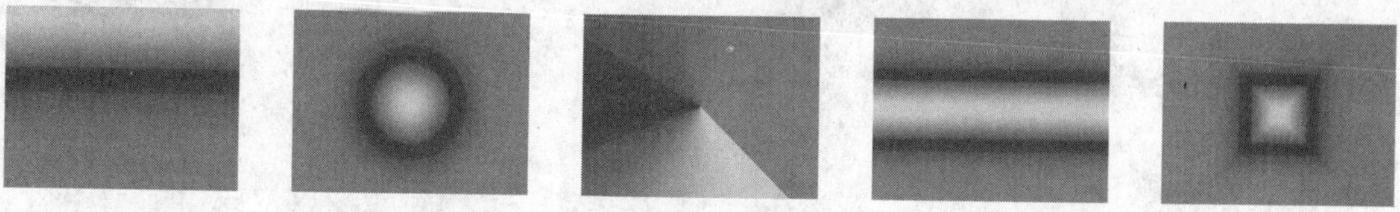

（a）线性渐变　（b）径向渐变　（c）角度渐变　（d）对称渐变　（e）菱形渐变

图 6.41　不同渐变工具创建的渐变效果

- 模式：选择其中的选项可以设置渐变颜色与底图的混合模式。
- 不透明度：此参数用于设置渐变的不透明度，数值越大渐变越不透明，反之，则越透明。
- 反向：选择该选项，可以使当前的渐变以相反的颜色顺序进行填充。
- 仿色：选择该选项，可以平滑渐变中的过渡色，以防止在输出混合色时出现色带效果，从而导致渐变过渡出现跳跃效果。
- 透明区域：选择该选项可使当前所使用的渐变按设置呈现透明效果。

6.3.2　创建实色渐变

虽然 Photoshop 自带的渐变类型足够丰富，但在有些情况下，用户还是需要自定义新渐变，以配合图像的整体效果。要创建实色渐变可按下述步骤操作。

步骤01 在工具选项条中选择任一种渐变工具。

步骤02 单击渐变类型选择框，如图 6.42 所示，即可调出如图 6.43 所示的“渐变编辑器”对话框。

图 6.42　单击渐变类型选择框

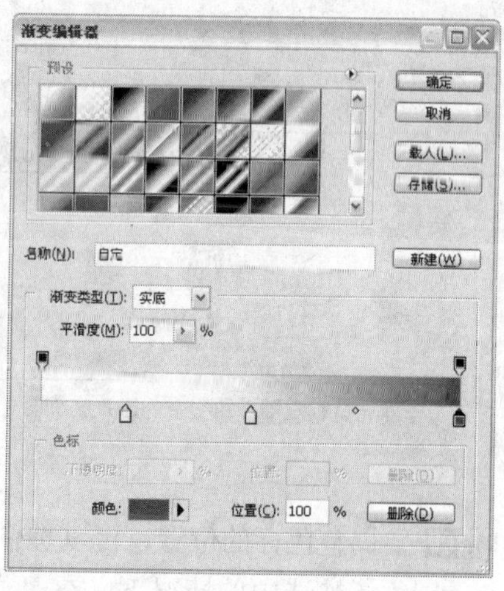

图 6.43　“渐变编辑器”对话框

步骤03 单击“预置”区域中的任意一种渐变，以基于该渐变来创建新的渐变。在此应该选择一种与要创建的渐变最相近的渐变。

步骤04 在“渐变类型”下拉列表中选择“实底”选项，如图 6.44 所示。

步骤05 单击起点颜色色标使该色标上方的三角形变黑，以将其选中，如图 6.45 所示。

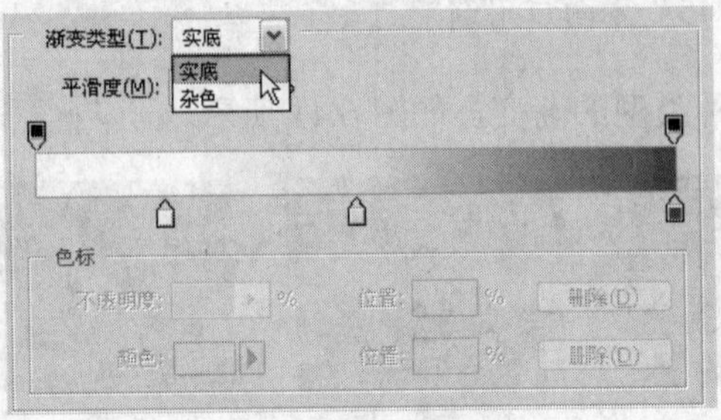

图 6.44　选择渐变类型

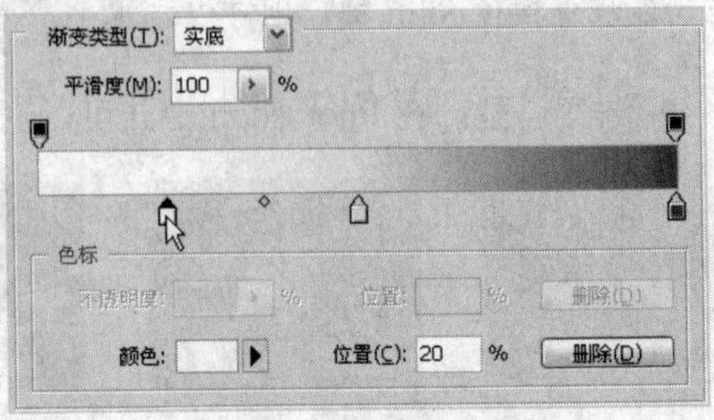

图 6.45　选择颜色块

步骤06 单击对话框底部的“颜色”右侧的三角按钮▶，弹出选项菜单，该菜单中各选项的含义如下。

- 选择“前景”可以将该色标定义为前景色。
- 选择“背景”可以将该色标定义为背景色。
- 如果需要选择其他颜色来定义该色标，可选择“用户颜色”选项或双击色标，在弹出的“拾色器”对话框中选择颜色。

提示

如果将色标定义为“前景”或“背景”，可以使该色标随着前景色与背景色的变化而变化。

步骤07 按照本例步骤 05 和步骤 06 中所述方法为其他色标定义颜色。

步骤08 如果需要在起点与终点色标中添加色标，以将该渐变类型定义为多色渐变，可以直接在渐变条下面的空白处单击，如图 6.46 所示，然后按照步骤 05 和步骤 06 中所述的方法定义该处颜色色标。

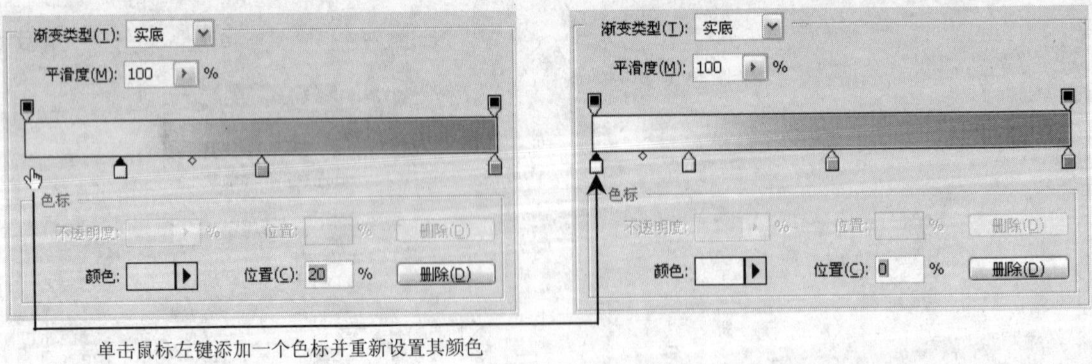

图 6.46　创建色标

步骤09 要调整色标的位置，可以按住鼠标左键将色标拖拽到目标位置，如图 6.47 所示，或在色标被选中的情况下，在“位置”数值框中输入数值，以精确定义色标的位置，如图 6.48 所示为改变色标位置后的状态。

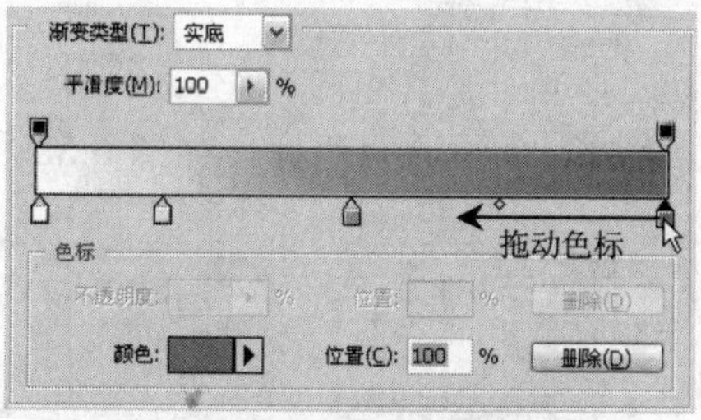

图 6.47　拖动色标

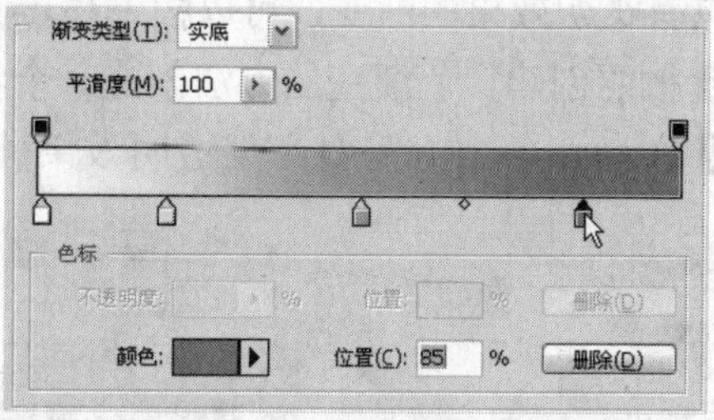

图 6.48　拖动色标后状态

步骤 10 如果需要调整渐变的急缓程度，可以拖拽两个色标中间的菱形滑块，如图 6.49 所示。向左侧拖动可以使右侧色标所定义的颜色缓慢向左侧色标所定义的颜色过渡；反之，如果向右侧拖动则可使左侧色标所定义的颜色缓慢向右侧色标所定义的颜色过渡。在菱形滑块被选中的情况下，在“位置”数值框中输入一个百分数，可以精确定位菱形滑块，如图 6.50 所示为向右侧拖动菱形滑块后的状态。

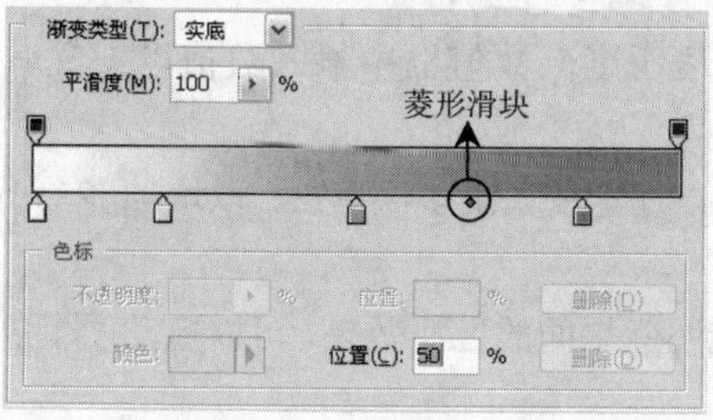

图 6.49　单击选中菱形滑块

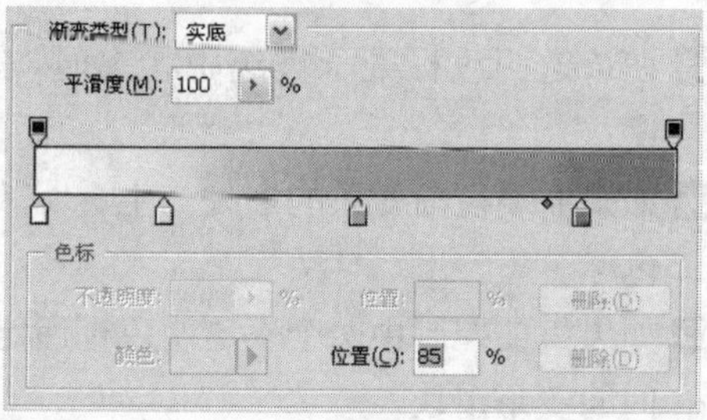

图 6.50　拖动菱形滑块后的状态

步骤 11 如果要删除处于选中状态下的色标，可以直接按 Delete 键，或者按住鼠标左键向下拖动，直至该色标消失为止。如图 6.51 所示为将色标删除后的状态。

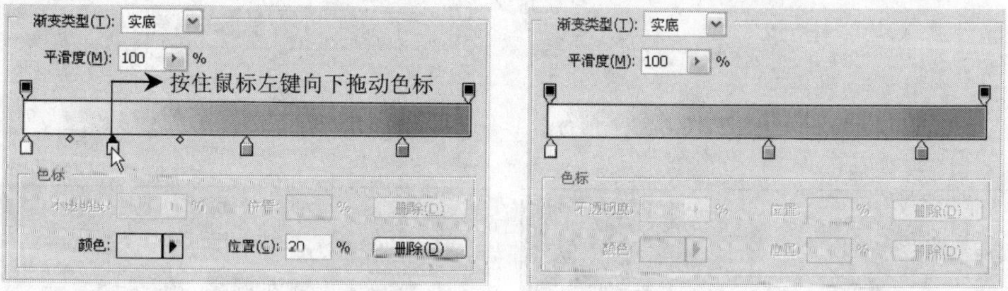

图 6.51　删除色标及删除色标后的状态

步骤 12 拖动菱形滑块定义该渐变的平滑程度。

步骤 13 完成渐变颜色设置后，在“名称”文本框中输入该渐变的名称。

步骤 14 如果要将渐变存储在预设置调板中，单击“新建”按钮即可。

步骤 15 单击“确定”按钮退出“渐变编辑器”对话框，则新创建的渐变自动处于被选中状态。

6.3.3　创建透明渐变

在 Photoshop 中用户除了可以创建不透明的实色渐变外，还可以创建具有透明效果的渐变。

创建具有透明效果的渐变，可以按下述步骤操作。

步骤 01 按照创建实色渐变的方法创建一个实色渐变。

步骤 02 在渐变条上方需要产生透明效果处单击，以增加一个不透明色标，如图 6.52 所示。

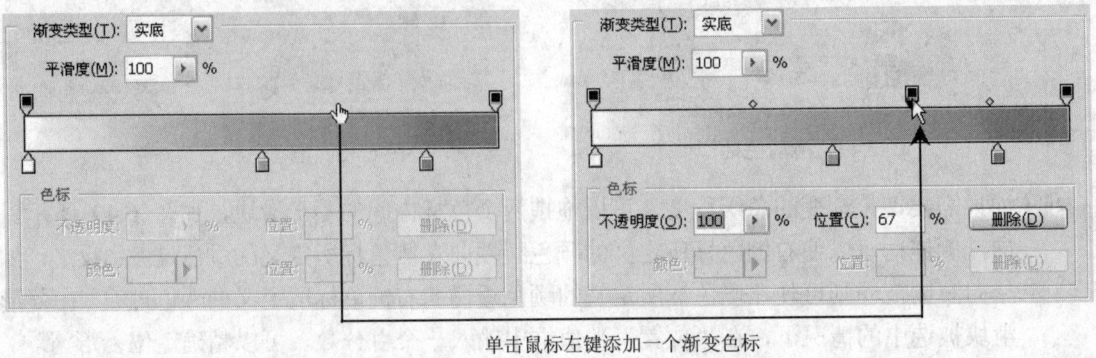

图 6.52　增加不透明色标

步骤 03 在该透明色标处于被选中状态时，在“不透明度”数值框中输入数值以定义其透明度。

步骤 04 如果需要在渐变条的多处产生透明效果，可以在渐变条上多次单击，以增加多个不透明色标。

步骤 05 如果需要控制由两个不透明色标所定义的透明效果间的过渡效果，可以拖动两个色标中间的菱形滑块。

图 6.53 所示为一个非常典型的具有多个不透明色标的透明渐变，图 6.54 所示为原图像，图 6.55 所示为应用此渐变后的图像效果。应用具有透明效果的渐变时，应注意在工具选项条中选中 “透明区域”选项。

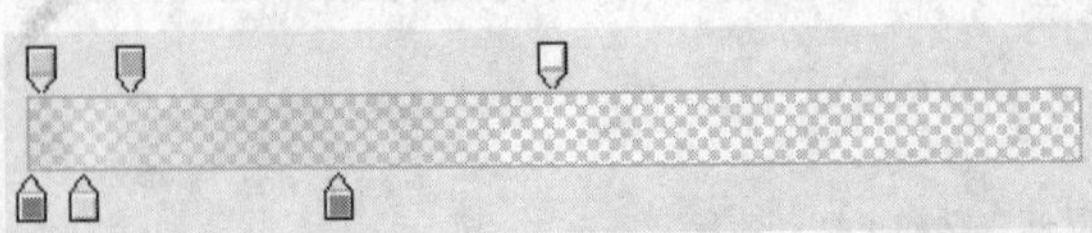

图 6.53　具有多个不透明色标的渐变

图 6.54　原图

图 6.55　创建透明渐变后的效果

6.3.4　创建杂色渐变

除了创建平滑渐变外，“渐变编辑器”对话框还允许定义新的杂色渐变，即在渐变中包含用户所指定的颜色范围内随机分布的颜色。

创建杂色渐变可按如下操作步骤进行。

步骤 01 选择渐变工具。

步骤 02 单击其选项条中的渐变类型选择框，以调出“渐变编辑器”对话框。

步骤 03 在“渐变类型”下拉列表中选择“杂色”选项，如图 6.56 所示，选择该选项后“渐变编辑器”对话框则变为如图 6.57 所示的状态。

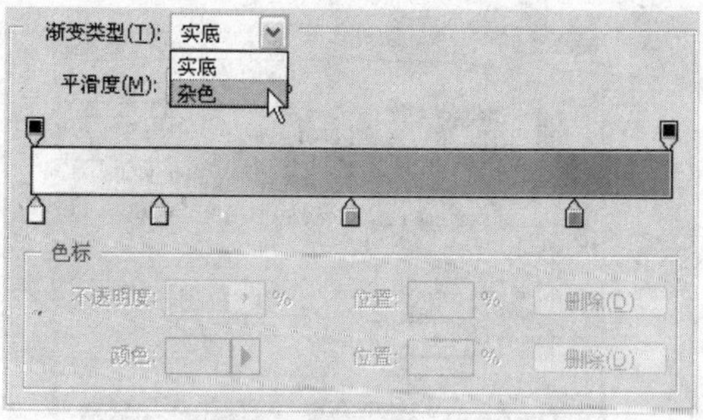

图 6.56　选择渐变类型

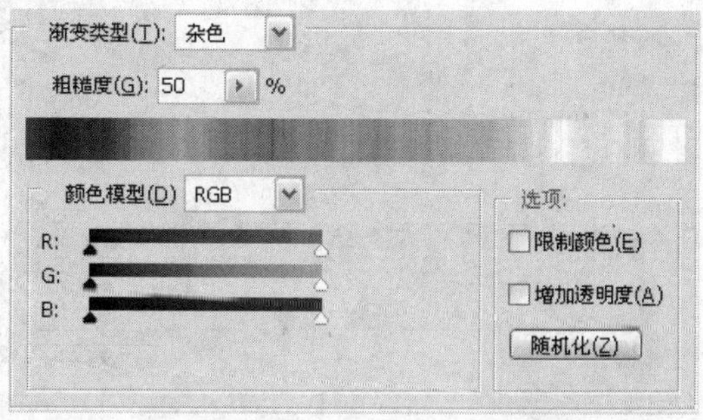

图 6.57　选择“杂色”选项后的“渐变编辑器”对话框

步骤 04 在“粗糙度”数值框中输入数值或拖动其滑块，可以控制渐变的粗糙程度，数值越大则颜色的对比度越明显，如图 6.58 所示为设置不同的“粗糙度”数值时呈现的渐变效果。

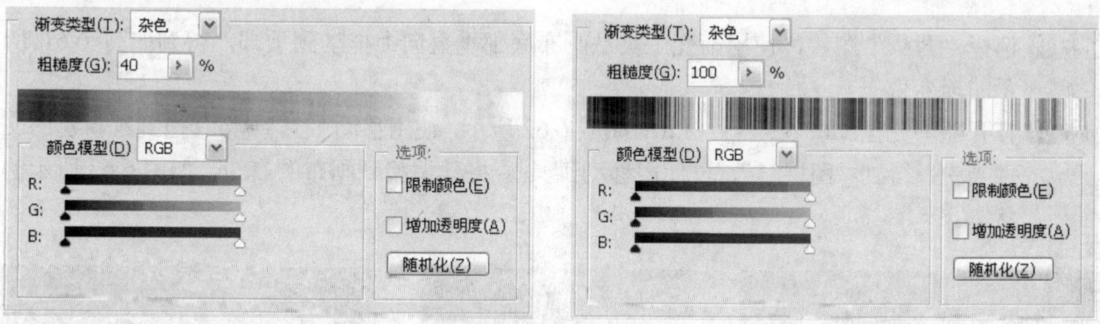

(a)　　　　(b)

图 6.58　设置不同的“粗糙度”值时的渐变效果

步骤 05 在“颜色模型”下拉列表中可以选择渐变中颜色的色域。

步骤 06 要调整颜色范围，可拖动滑块。对于所选颜色模型中的每个颜色组件，都可以拖动滑块来定义可接受值的范围。例如，如果选择 HSB 模型，则可以将渐变限制为蓝绿色调、高饱和度和中等亮度。

步骤 07 选择“限制颜色”选项可以避免杂色渐变中出现过于饱和的颜色。

步骤 08 选择“增加透明度”选项可以创建出具有透明效果的杂色渐变。

步骤 09 单击“随机化”按钮可以随机得到不同的杂色渐变。

下面通过“杂色”渐变来制作一个宣传品的作品。

步骤01 按 Ctrl+N 组合键新建一个文件，弹出的对话框设置如图 6.59 所示，确认后生成一个文件。

> **提示**
>
> 下面将通过杂色渐变及素材来制作作品底图。

步骤02 选择工具箱的渐变工具，激活工具选项条上的线性渐变按钮，再单击工具选项条上的渐变色条，弹出对话框将“渐变类型”修改为“杂色”，位置如图 6.60 黑框选框，然后再单击“选项”下面的随机化按钮，图 6.60 中黑箭头所示之处，最后单击“确定”按钮退出对话框。

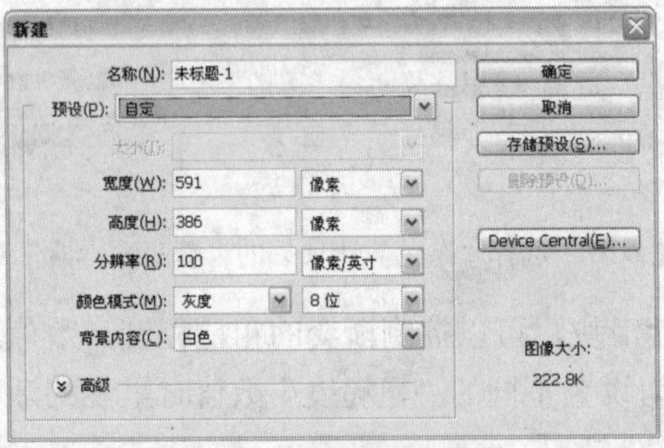

图 6.59 “新建”对话框

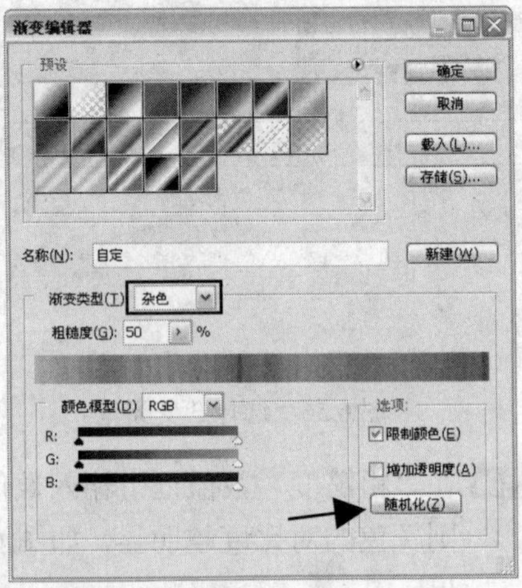

图 6.60 “渐变编辑器”对话框

步骤03 选择“背景”图层，使用渐变工具从画布底部垂直向上拖动到顶部，得到如图 6.61 所示的渐变效果。

步骤04 打开随书光盘:\d6z\6.3.4-素材.tif，如图 6.62 所示，使用移动工具将其拖到刚新建的文件当中，得到“图层 1”，再使用移动工具将其调整到画布的右边，如图 6.63 所示的状态。

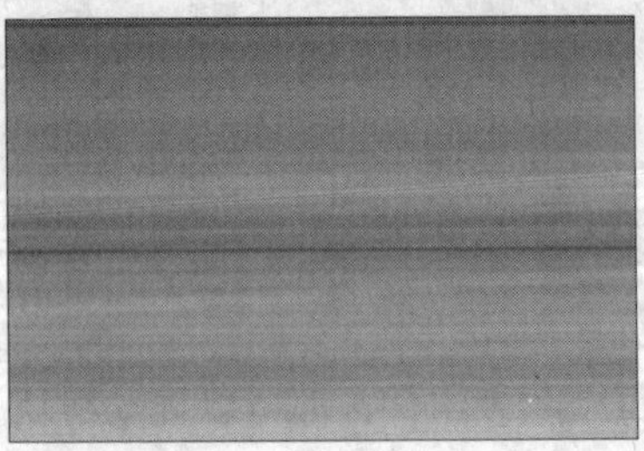

图 6.61 绘制的渐变效果

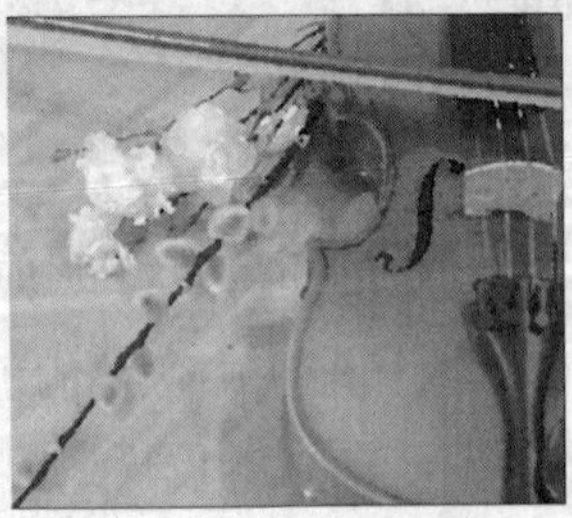

图 6.62 素材图像

图 6.63 调整素材的状态

步骤05 单击添加图层蒙版命令按钮，给“图层 1”添加蒙版，再选择线性渐变工具，在图像上右击弹出渐变类型选择框选择“黑色、白色”，然后从“图层 1”的图像左边缘向右拖动制作出如图 6.64 所示的效果，按 Alt 键单击蒙版缩览图，蒙版状态如图 6.65 所示。

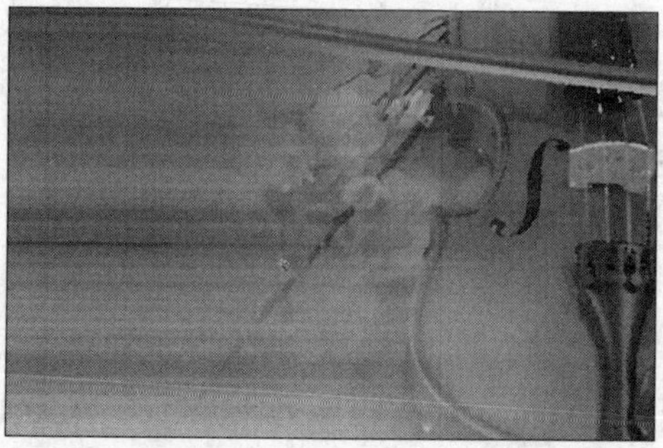

图 6.64　编辑蒙版的状态

图 6.65　添加的蒙版的状态

提示

操作至此对于杂色渐变制作的底图已制作完成，下面的操作将添一些文字元素来完善作品。

步骤 06 将前景色设置为白色，选择横排文字工具 T，设置工具选项条上的参数如图 6.66 所示，然后在画布内单击并输入文字得到效果如图 6.67 所示，在“图层”调板上设置“填充”为 25%，效果如图 6.68 所示。

图 6.66　工具选项条设置

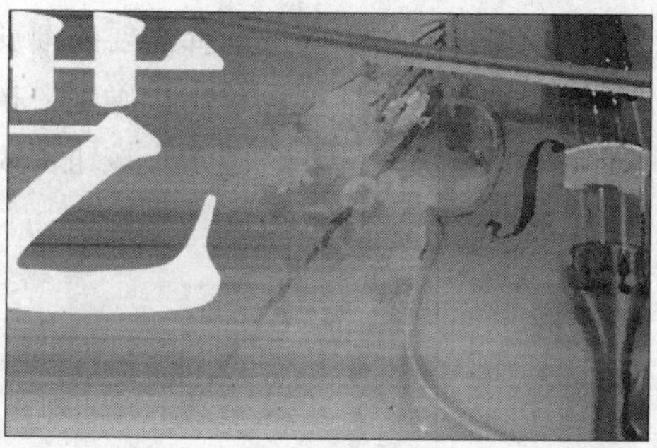

图 6.67　输入的文字状态

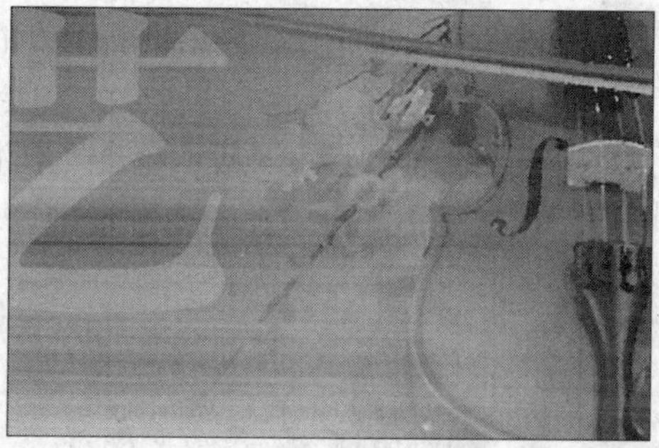

图 6.68　设置“填充”的状态

步骤 07 利用下述的方法再输入其他文字，效果如图 6.69 所示，完成作品。

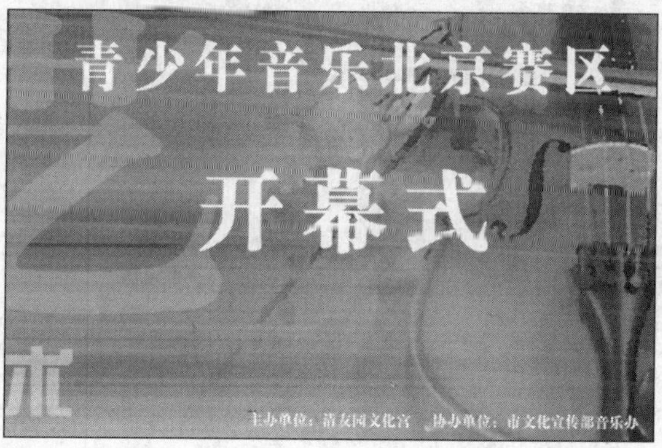

图 6.69　作品效果

6.3.5 存储渐变

将一组预设渐变存储为渐变库，可按如下步骤操作。

步骤01 单击“渐变编辑器”对话框右侧的“存储”按钮。

步骤02 在弹出的“存储”对话框中选择文件保存的路径并输入文件名称。

步骤03 设置完毕后，单击“保存”按钮即可。

> **提示**
> 可以将库存储在任何位置，但如果将库文件放置在 Photoshop 程序文件夹内的“\Adobe Photoshop CS3\预置\渐变”文件夹中，则重新启动 Photoshop 后，库名称将出现在调板菜单底部。

6.3.6 载入渐变

载入以文件形式保存的预设渐变库，可以执行下列操作之一：

- 单击“渐变编辑器”对话框右侧的“载入”按钮，在弹出的对话框中选择要载入的渐变，单击“载入”按钮即可。
- 单击“渐变编辑器”对话框右上方的三角按钮，在弹出的菜单中选择“替换渐变”命令，在弹出的对话框中选择要载入的渐变，并单击“载入”按钮即可。

> **提示**
> 选择“替换渐变”命令后，会弹出提示对话框，询问用户是否保存对当前渐变预设的修改。

- 单击“渐变编辑器”对话框右上方的三角按钮，在弹出的菜单底部选择需要的渐变预设，如图 6.70 所示，这时会弹出类似如图 6.71 所示的提示对话框。单击“确定”按钮则替换当前的渐变预设；单击“取消”按钮则放弃载入渐变；单击“追加”按钮可以将所选渐变追加至当前渐变预设中。

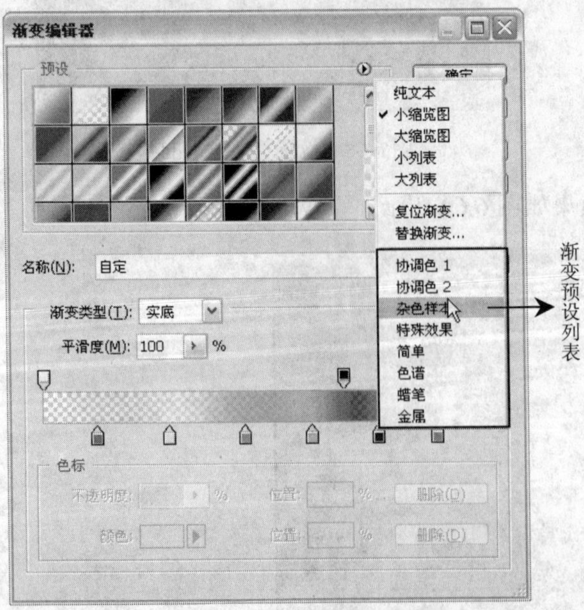

图 6.70 选择渐变预设

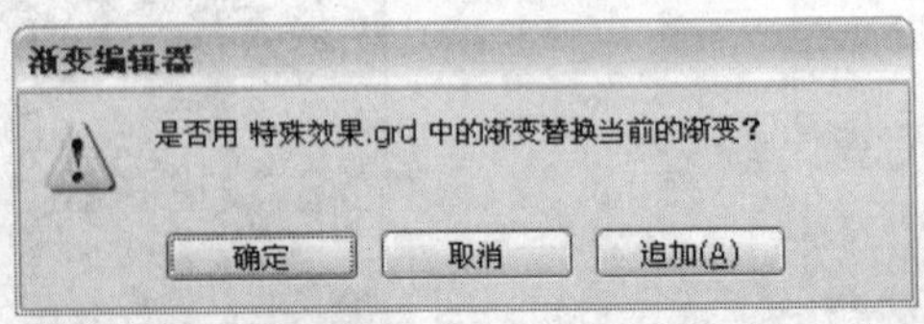

图 6.71 提示对话框

6.3.7　复位默认渐变

要将当前的渐变预设复位至默认的渐变，可以单击“渐变编辑器”右上方的三角按钮，在弹出的菜单中选择“复位渐变”命令，在弹出的提示对话框中单击“确定”按钮即可。

6.3.8　重命名渐变

重命名预设渐变，可执行下列操作之一：

- 在“小缩览图”和“大缩览图”视图下，可以双击要重命名的渐变图标，在弹出的如图 6.72 所示的对话框中输入新名称，单击“确定”按钮即可。

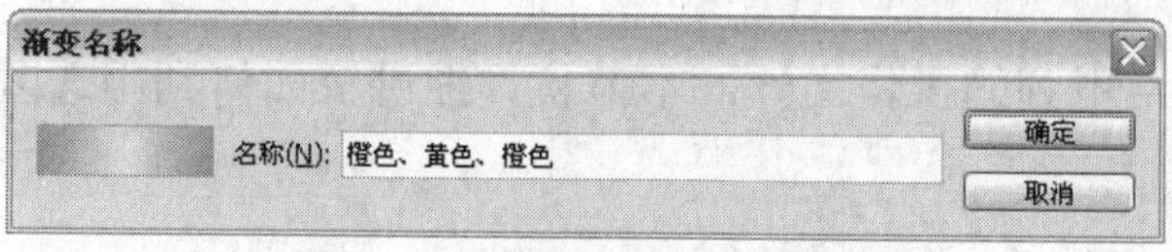

图 6.72　“渐变名称”对话框

- 在“纯文本”、“小列表”和“大列表”视图下，可以双击要重命名的渐变名称，使其变为可输入状态。输入新名称后使用鼠标左键在其他任意一处单击即可确认重命名操作。

Photoshop CS3

6.4 铅笔工具

与前两种工具不同，使用铅笔工具可以创建硬边线条。在铅笔工具被选中的情况下，工具选项条如图 6.73 所示。

图 6.73　铅笔工具选项条

铅笔工具选项条中的选项与画笔工具选项条中的选项相似，但“画笔”调板中所有笔刷均为硬边，如图 6.74 所示。

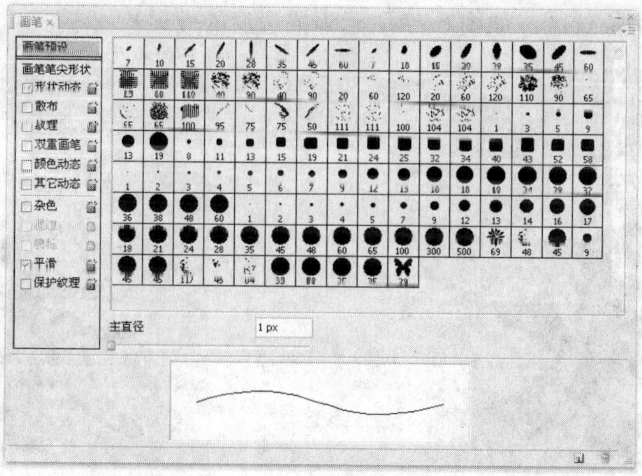

图 6.74　铅笔工具的“画笔”调板

铅笔工具选项条有一个较特殊的选项，即“自动擦除”选项，在此选项被选中的情况下，可以将铅笔工具作为橡皮擦来使用。

一般情况下，利用铅笔工具在页面中绘图是以前景色做图，在选中“自动擦除”选项的状态下，利用铅笔工具画图时，如果铅笔工具单击处存在以前使用该工具所绘制的图像，则此工具暂时转换为擦除工具，通过绘制操作可以擦除以前绘制的图像。

Photoshop CS3

6.5 描边与填充

描边与填充是经常用到的操作之一，本节将详细讲解如何利用选区和路径进行描边及填充操作。

6.5.1 使用“描边”命令

使用“编辑”|“描边”命令可以为选区和路径进行描边，制作出漂亮的线条画效果，也可以利用图层中的不透明像素进行描边。下面分别对各种状态下的描边方法进行讲解。

1．利用选区进行描边

在当前存在选区的情况下，选择“编辑”|“描边”命令，弹出如图 6.75 所示的对话框。

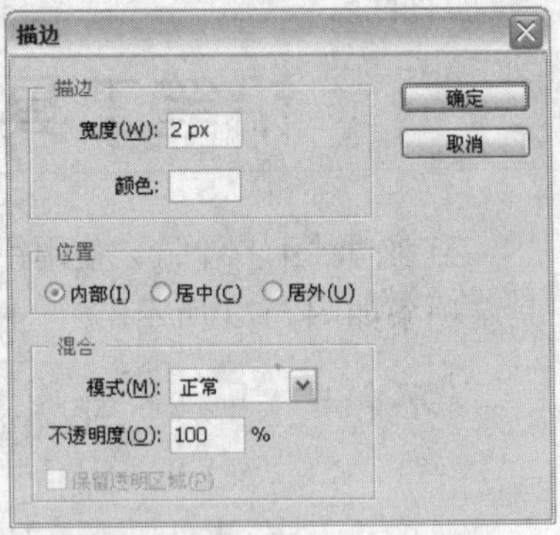

图 6.75 “描边”对话框

“描边”对话框中各参数的含义如下。

- 宽度：在该数值框中输入数值可确定描边线条的宽度，数值越大线条就越宽。
- 颜色：单击该颜色块，可在弹出的“拾色器”对话框中选择一种合适的颜色。
- 位置：选择其中的选项，可以设置描边线条相对于选区的位置。
- 保留透明区域：如果当前描边的选区范围内存在透明区域，则选择该选项后，将不对透明区域进行描边。

如图 6.76 所示为原选区，如图 6.77 所示为描边后的效果。

图 6.76 原选区

图 6.77 描边后的效果

2．利用路径进行描边

通过对路径做描边操作，可以得到白描或其他特殊效果的图像。

对路径做描边处理，可以按下述步骤操作。

步骤01 在“路径”调板中选择需要做描边的路径。

步骤02 在工具箱中设置描边所需的前景色。

步骤03 在工具箱中选择用来描边的工具。

步骤04 在工具选项条上设置用来描边的工具参数，选择合适的笔刷。

步骤05 在“路径”调板中单击用画笔描边路径按钮。

如果当前路径项中包含的路径不止一条，则需要选择要描边的路径。

同样按住 Alt 键单击按钮，或选择“路径”调板弹出菜单中的“描边路径”命令，将弹出“描边路径”对话框，在此对话框中可以选择用来描边的工具，如图 6.78 所示。

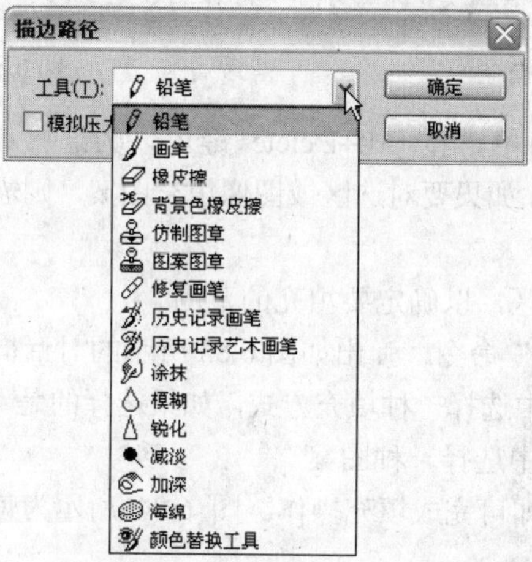

图 6.78 “描边路径”对话框

如图 6.79 所示为原路径，图 6.80 所示为应用圆形画笔进行描边后的效果。

图 6.79 原路径

图 6.80 描边后的效果

6.5.2 使用“填充”命令

1．利用选区进行填充

填充操作在工作过程中是一类使用很频繁的操作，例如，我们经常会需要为一个选区填充前景色、背景色、黑色、白色，或对整个图像进行操作以得到不同的图案背景效果，例如，图6.81 所示的圆洞背景就是利用图案填充，再利用图层样式进行调整得到的效果，而图 6.82 中间所示的方格图案也是利用“填充”命令，结合图层样式制作得到的。

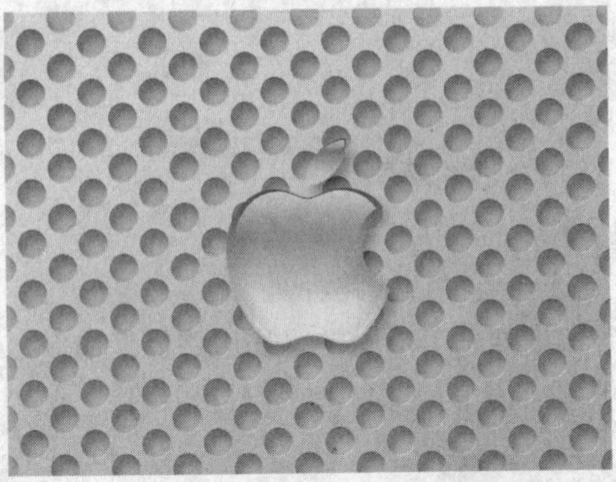

图 6.81　圆洞图案背景

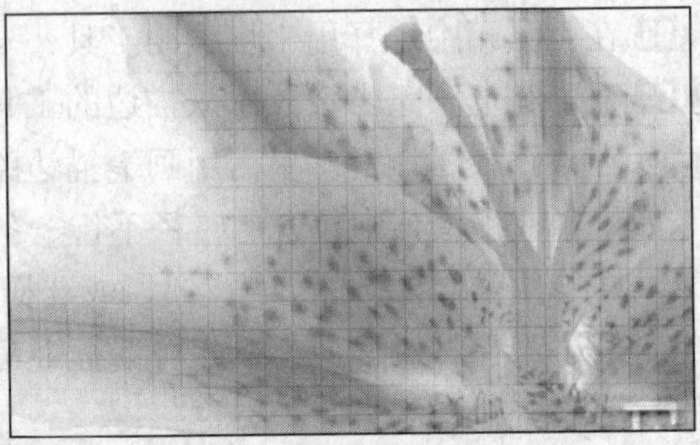

图 6.82　方格图案效果

填充实色的操作非常简单，按 Alt+Delete 键可以为选区或当前图层填充前景色，按 Ctrl+Delete 键用背景色填充。如果要对选区或图像填充图案，则需要选择“编辑”|“填充”命令，其操作步骤如下所述。

步骤01 在图像中创建一个选区，以确定要填充的范围。

步骤02 选择“编辑”|“填充”命令，弹出如图 6.83 所示的对话框。

步骤03 在“使用”下拉列表中选择一种填充方式，如果选择的是“图案”选项，则需要在“自定图案”下拉列表框中选择一种图案。

步骤04 单击“确定”按钮，即可完成填充操作。图 6.84 所示为使用豹皮图案填充椅子部分制作出的效果。

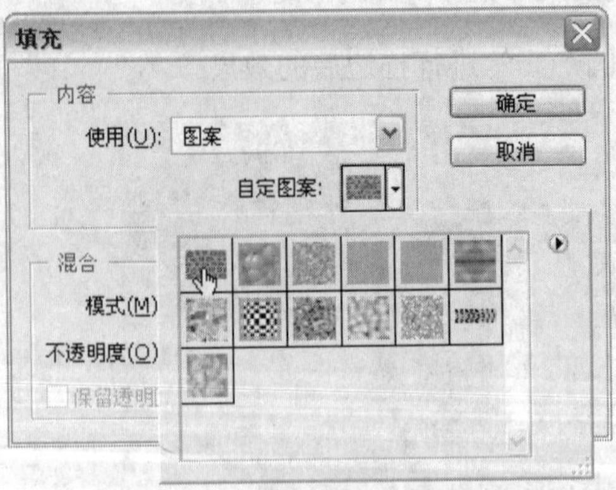

图 6.83　“编辑”|“填充”命令对话框

图 6.84　花纹图案填充效果

2．利用路径进行填充

通过填充路径操作无需将路径转换为选区，即可将颜色、图案填充至路径中，如图 6.85 所示为绘制的路径填充颜色前后的效果对比。

填充路径的操作非常简单，只需在“路径”调板中单击用前景色填充路径按钮 即可，如果当前路径项中包含的路径不止一条，则需要选择要填充的路径。

（a）填充颜色前　　（b）填充颜色后

图 6.85　路径填充颜色前后的对比

如图 6.86 所示为使用形状工具绘制的路径，图 6.87 为填充该路径后的效果。

图 6.86　使用形状工具绘制的路径

图 6.87　填充路径后的效果

提示

在默认情况下 Photoshop 以实色填充当前路径，如果要控制填充路径的参数选项，可以按住 Alt 键并单击 按钮或选择“路径”调板弹出菜单中的“填充路径”命令，设置弹出的“填充路径”对话框，如图 6.88 所示，从而得到更为丰富的填充效果。本实例最终效果文件为随书光盘:\d6z\6.5.2-效果.psd。

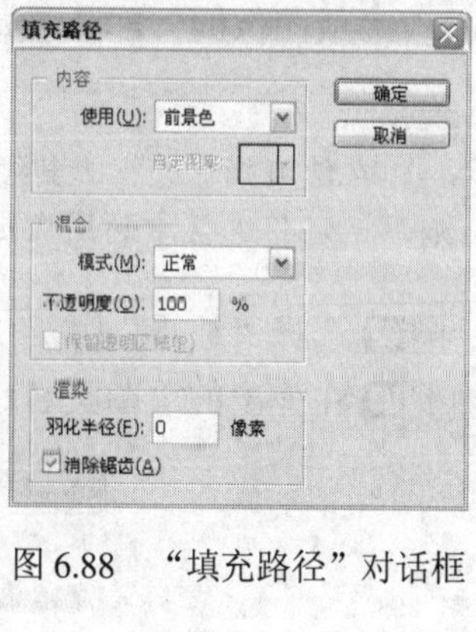

图 6.88　“填充路径”对话框

6.5.3　使用油漆桶工具填充颜色或图案

油漆桶工具的功能与“填充”命令较为类似，也可以用于填充颜色和图案等内容，不同的是，此工具可以像魔棒一样具有一定的“容差”值，并根据此数值确定填充颜色或图案的范围。其工具选项条如图 6.89 所示。

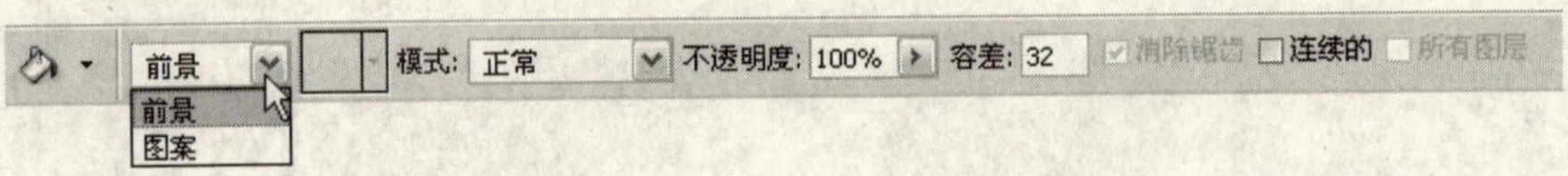

图 6.89　油漆桶工具选项条

使用油漆桶工具填充颜色或图案的操作步骤如下。

步骤01 首先选择油漆桶工具。

步骤02 在油漆桶工具选项条的最左侧设置要填充的内容类型，例如是“前景”或“图案”。

步骤03 在其工具选项条中指定填充时的混合模式和不透明度。

步骤04 在其工具选项条中指定填充的容差值。

> **提示**
>
> 容差值范围为 0 ~ 255，此数值越大填充后得到的填充范围就越大。

步骤05 选择“消除锯齿”选项以得到平滑的填充边缘。

步骤06 如果只要填充与单击像素邻近的像素，则选择“邻近”。

步骤07 要基于所有可见图层中的颜色进行填充，选择“所有图层”选项。

步骤08 在图像中单击要填充的图像，即可完成填充操作。

> **提示**
>
> 如果正在非背景图层上工作并且不想填充透明区域，则要在“图层”调板中单击按钮以锁定当前工作图层的透明度。

6.5.4　自定义规则图案

通常情况下，我们只需要选择使用矩形选框工具绘制选区，将要定义的图像选中，然后选择“编辑”|“定义图案”命令，即可将选区内的图像定义为图案，留作以后使用。

图 6.90　创建选区

要自定义图案可以按下述步骤操作。

步骤01 使用矩形选框工具选择要定义为图案的图像或图像的一部分，如图 6.90 所示。

> **提示**
>
> 在使用矩形选框工具绘制选区前，一定要确认其工具选项条中的“羽化”数值为 0 像素，否则，无法将选区中的图像定义为图案。

步骤02 选择“编辑”|“定义图案”命令。

步骤03 在弹出的“图案名称”对话框中，输入文字为新图案命名，如图 6.91 所示。

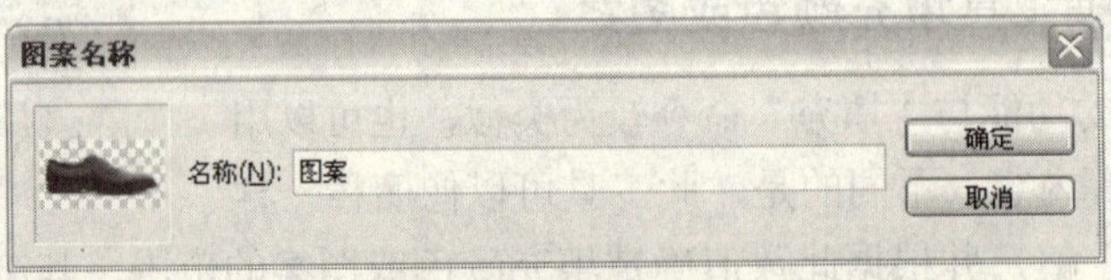

图 6.91　“图案名称”对话框

步骤04 单击“确定”按钮。使用此图案填充后的效果如图 6.92 所示，图 6.93 为应用效果。

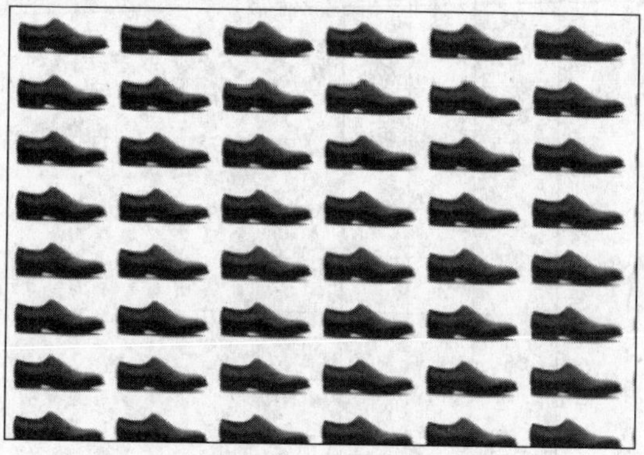

图 6.92　图案填充后的效果

图 6.93　应用效果

6.5.5　定义无缝拼贴图案

无缝拼贴图案是设计中非常常用的一种设计图案，使用这种图案进行填充得到的图像没有分隔感，如图 6.94 所示。

如果使用的是非无缝拼贴图案，则在填充后能够看出明显的分隔感，如图 6.95 所示。

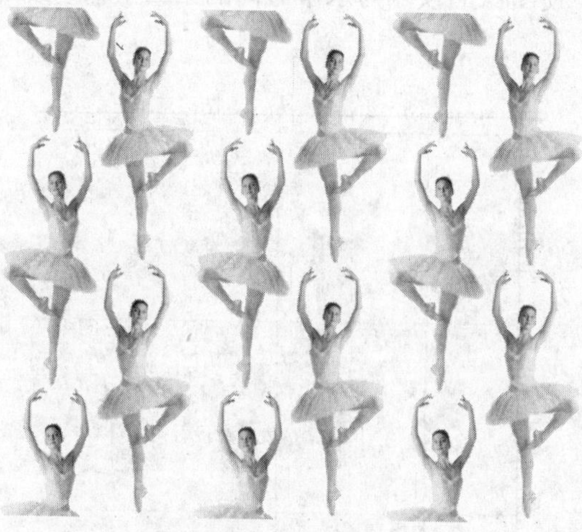

图 6.94　无缝拼贴图案的填充效果

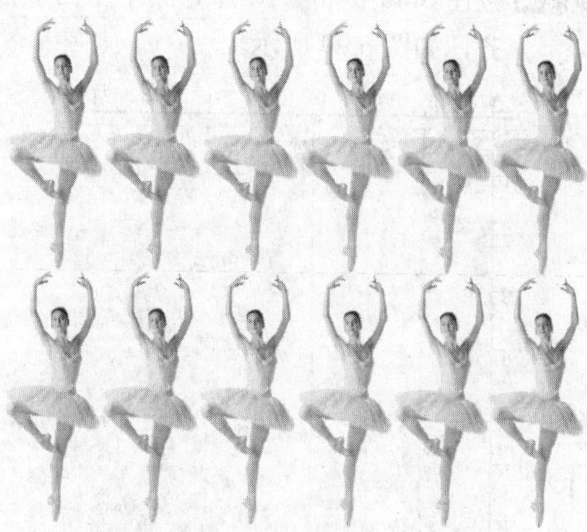

图 6.95　非无缝拼贴图案的填充效果

下面通过一个实例，讲解如何制作这种无缝拼贴的图案。

步骤01 打开随书光盘:\d6z\6.5.5-素材.psd，按 Ctrl+R 组合键显示标尺，从水平标尺中拖出两条辅助线分别放置在图案的上下边缘，然后再次拖出一条辅助线放置在两条水平辅助线的中间，如图 6.96 所示。

步骤02 从垂直标尺中拖出两条辅助线分别放置在图案的左右边缘，然后再次拖出一条辅助线放置在两条垂直辅助线的中间，如图 6.97 所示。

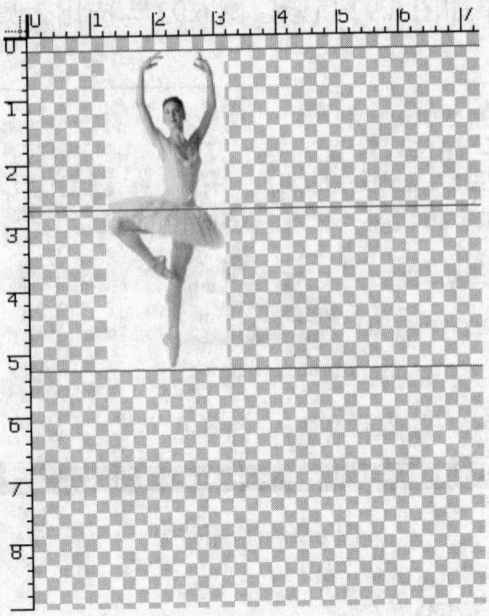

图 6.96　拖出水平辅助线

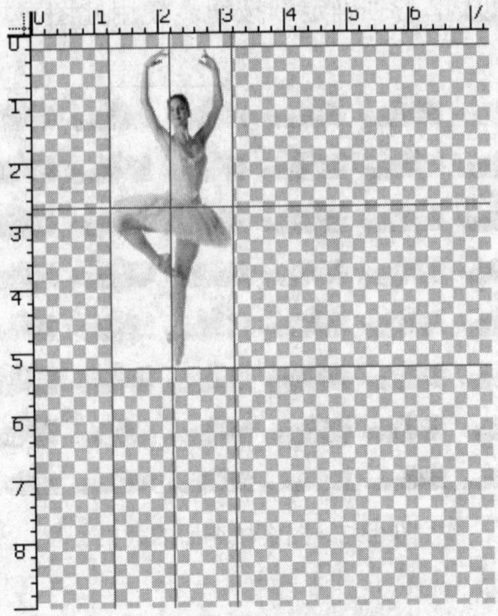

图 6.97　拖出垂直辅助线

步骤03 按住 Alt+Shift 组合键向右移动图像，复制得到“图层 1 副本”，使复制得到的图像左边线条与原图像的右边线条重合，选择“编辑”|“变换”|“水平翻转”命令，得到如图 6.98 所示的效果。

步骤04 按住 Shift 键将“图层 1 副本”向下移动，使图像的顶端与水平方向的第二条辅助线贴齐，如图 6.99 所示。

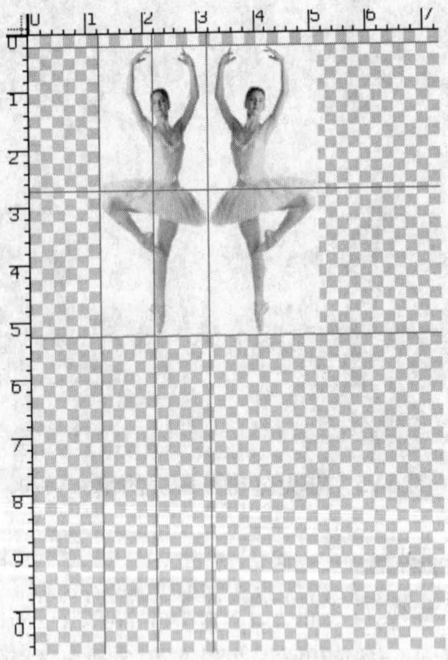

图 6.98　向右复制图像

图 6.99　向下移动图像

步骤05 选择“图层 1”，按住 Alt+Shift 组合键向下拖动“图层 1”中的图像，复制得到“图层 1 副本 2”，并使其顶端与水平方向的第三条辅助线贴齐，如图 6.100 所示。

步骤06 选择“图层 1 副本”，在水平标尺中拖出一条辅助线，放置在此图层底端并贴齐底端，在垂直标尺中拖出一条辅助线放在此图像的右侧并贴齐右侧，如图 6.101 所示。

图 6.100　向下复制图层

图 6.101　拖出辅助线

提示

在“视图”|“对齐”命令被选中的情况下，拖动辅助线，辅助线会自动寻找此图层中图像的边缘或中间位置，当移动至边缘或中间位置时，辅助线会自动贴齐边缘，这时会明显感觉到辅助线停滞了一下，这样就不必用户多费力气对齐图像了。

步骤 07 在工具箱中选择矩形选框工具，设置其工具选项条中的“羽化”值为 0 像素。贴齐辅助线绘制一个如图 6.102 所示的选择区域。

步骤 08 选择“编辑”|“定义图案”命令，设置弹出的对话框，如图 6.103 所示。

步骤 09 单击“确定”按钮退出对话框，即可完成无缝图案的定义操作。这样在执行填充操作时则可以应用此图案了，其应用效果如图 6.104 所示。

图 6.102　制作选择区域

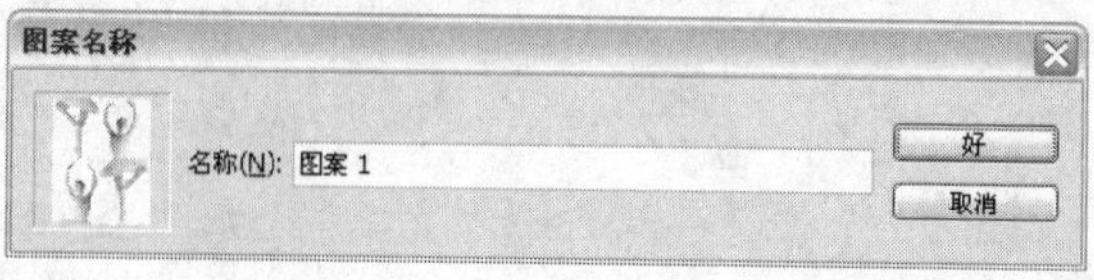

图 6.103　“图案名称”对话框

图 6.104　图案的应用效果

提示

本章所用到的素材文件为随书光盘:\d6z\中的文件，文件名对应着本章的小节号。

第 7 章

画龙点睛之文字

随着现代文明的发展，文字的作用已经不仅仅只限于传递信息了，设计师对文字的外形重新塑造也使文字带给人们新的视觉感受。

Photoshop 发展到 CS3 版本，文字的编辑与处理功能越来越强大，在 Photoshop 中用户可以改变文字的字体、字号等属性，也可以通过变形文字，将文字绕排于路径等的操作使文字具有特殊的效果。而且，用户还可以在一段文本中，查找与替换文字或检查文字的拼写。

本章将详细讲解有关文字的输入、编辑、修改、艺术化处理等多方面的知识与相关的操作技巧。

7.1 输入文字

要在 Photoshop 中创建文本，必须使用工具箱中的文本工具。在 Photoshop CS3 中可以从如图 7.1 所示的 4 种文字工具中选择其中的一种，创建符合需要的文字。

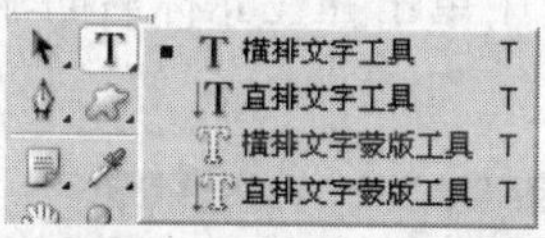

图 7.1 文字工具

7.1.1 输入横排文字

在文本的排列方式中，横排是最常用的一种方式。要在 Photoshop 中创建横排文本可以按下述步骤进行。

步骤 01 在工具箱中选择横排文字工具 T。

步骤 02 此时工具选项条如图 7.2 所示。

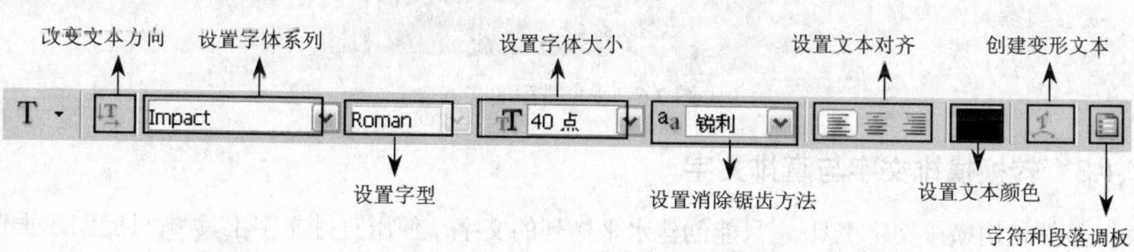

图 7.2 横排文字工具选项条

- 在“设置字体系列”下拉列表中选择合适的字体。
- 在“设置字体大小”下拉列表中选择合适字号。
- 单击“设置文本对齐”的三个按钮设置适当的对齐方式。
- 单击“设置文本颜色”图标，在弹出的“拾色器”对话框中选择文字颜色。

步骤03 利用横排文字工具T.在页面中单击插入一个文本光标（也可以用文字光标在页面中拖动），然后在光标后面输入文字，如图 7.3 所示。

步骤04 输入文字时，工具选项条的右侧会出现提交按钮✓与取消按钮⊘。单击✓按钮将提交当前所有编辑，确认输入的文字如图 7.4 所示，并创建一个文字层，文字图层的名称即为当前输入的文字，如图 7.5 所示。单击⊘按钮，则取消当前操作。

图 7.3　在光标后面输入文字

图 7.4　确认输入的文字

图 7.5　创建一个文字层

提示

关于图层的讲解请参阅本书第 13 章。

7.1.2　输入直排文字

创建直排文本的操作方法与创建横排文本相同。单击横排文字工具T.片刻，在隐藏工具中选择直排文字工具IT，然后在页面中单击并在光标后面输入文字，则文本呈竖向排列，如图 7.6 所示。

图 7.6　垂直排列的文本

7.1.3　转换横排文字与直排文字

虽然使用横排文字工具T.只能创建水平排列的文字，使用直排文字工具IT.只能创建垂直排列的文字，但在需要的情况下，用户可以相互转换这两种文本的显示方向。

改变文本的方向可按以下步骤操作。

步骤 01 利用横排文字工具T或直排文字工具IT输入文字。

步骤 02 在图像中选择要改变方向的文本。

步骤 03 执行下列操作中的任意一种，即可改变文字方向。

- 单击工具选项条中的更改文字方向按钮IT。
- 选择“图层”|“文字”|“垂直”或“图层”|“文字”|“水平”命令。

例如，单击更改文字方向按钮IT后，将横排文字转换为直排文字，如图 7.7 所示。

（a）横排文字　　（b）直排文字

图 7.7　将横排文字转换为直排文字

提示

Photoshop 无法转换一段文字中的某一行或某几行文字，同样也无法转换一行或一列文字中的某一个或某几个文字，只能对整段文字进行转换操作。

7.1.4　输入点文字

点文字是一类不会自动换行的文本，也是在 Photoshop 中使用最为广泛的一类文字。输入点文字可以按以下步骤操作。

步骤 01 选择横排文字工具T或直排文字工具IT。

步骤 02 用光标在图像页面中单击，为文字设置文本光标插入点。

步骤 03 在工具选项条、“字符”调板和“段落”调板中设置文字选项。

步骤 04 在光标后面输入所需要的文字，单击✓按钮确认。

7.1.5　输入段落文字

段落文字是一类以段落文字定界框来确定文字的位置与换行情况的文字，当用户改变段落文字定界框时，定界框中的文本会根据定界框的位置自动换行。输入段落文字可以按以下步骤操作。

步骤 01 选择横排文字工具T或直排文字工具IT。

步骤 02 在页面中拖动光标，创建一个段落文字定界框，如图 7.8 所示，释放鼠标左键后文字光标显示在文本定界框内，如图 7.9 所示。

步骤03 在工具选项条中设置文字选项。

步骤04 在文字光标后输入文字，单击✓按钮确认，得到如图 7.10 所示的段落文字。

图 7.8　创建定界框

图 7.9　文本定界框

图 7.10　段落文字效果

在输入过程中，用户可以尝试拖动段落定界框的控制句柄，以观察当其发生改变时，定界框中的文字发生的变化。

7.1.6　转换点文字与段落文字

可以相互转换点文字和段落文字，转换时选择“图层”|“文字”|“转换为段落文字”或选择“图层”|“文字”|“转换为点文字”命令即可。

7.1.7　输入文字选区

如果使用横排文字蒙版工具或直排文字蒙版工具在图像中单击输入文字，则可以得到文字形状的选区。

此选区与使用矩形选框工具等其他选择工具所创建的选区相同，因此可以将其作为普通选区一样对待，即可以在任意图层上利用此选区进行填色、描边等操作。

图 7.11 所示为输入的文字选区及对选区使用“选择”|“修改”|“平滑”命令平滑选区后对选区进行填充的效果，图 7.12 所示为此招贴的整体效果。

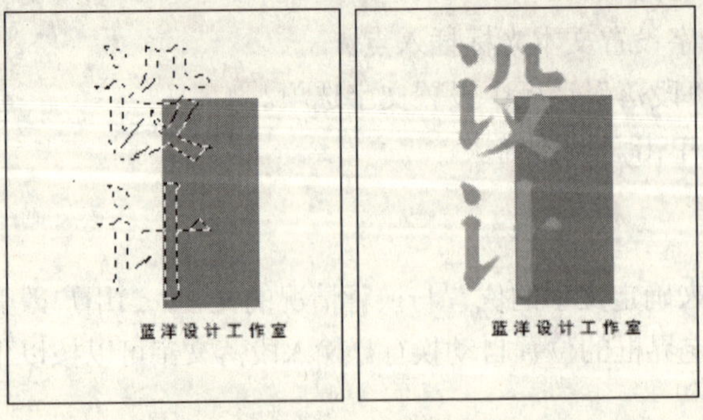

(a)　(b)

图 7.11　输入文字选区后平滑选区并填充选区

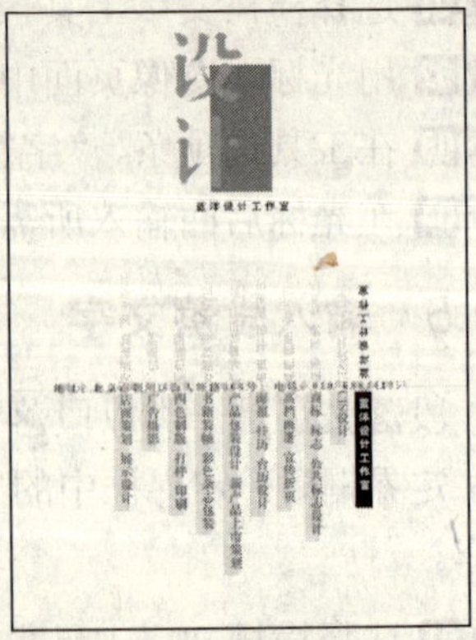

图 7.12　招贴最终效果

Photoshop CS3

7.2 编辑文字

7.2.1 设置文字属性

在一个设计作品中，文字的字体、字号运用是否得当，文字的段落排列是否整齐、美观会在很大程度上影响作品与观众间的信息交流。

因此每一个设计作品中的每一个或每一段文字都应该具有美丽的外观，图 7.13 所示的两幅设计作品中文字的外观属性及排列方式就是比较典型的范例。

（a）　　　　（b）

图 7.13　文字设计美观的作品

要做到文字运用得当就必须掌握本节所讲解的设置文字属性的操作及下一节将要讲解的设置段落属性的相关操作。

设置字符属性可以按以下步骤操作。

步骤 01 在“图层”调板中双击要设置字符的文字图层缩览图，或利用相应的文字工具在图像上的文字中双击，以选择当前文字图层的所有文字或要设置文字属性的部分文字。

步骤 02 单击工具选项条中的显示字符和段落调板按钮，弹出如图 7.14 所示的“字符”调板。

步骤 03 在调板中设置字体、字号、水平比例、字间距等属性后，单击工具选项条中的按钮确认。

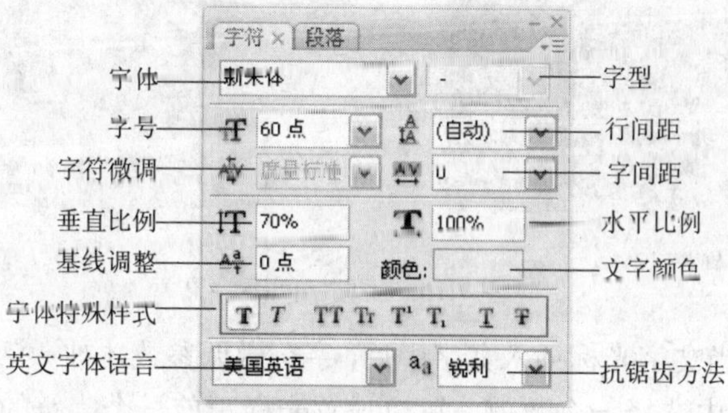

图 7.14　“字符”调板

“字符”调板中各参数的含义如下。

- 字体：单击此处，可在弹出的下拉列表中选择不同的字体。
- 字型：单击此处，有两个选项，可以设置字型为“正常”和“斜体”。
- 字号：在此数值框中输入数值或在下拉列表中选择一个数值，可以设置文字的大小。
- 行间距：在此数值框中输入数值，或在下拉列表中选择一个数值，可以设置两行文字之间的距离，数值越大行间距越大。图 7.15 所示为同一段文字应用不同行间距后的效果。

（a）　　　　（b）

图 7.15　为段落设置不同行间距的效果

- 垂直比例：在此数值框中输入百分比，可以调整字体垂直方向上的比例。
- 水平比例：在此数值框中输入百分比，可以调整字体水平方向上的比例。
- 比例间距：比例间距按指定的百分比值减少字符周围的空间。当向字符添加比例间距时，字符两侧的间距按相同的百分比减小。
- 字间距：只有选中文字时此参数才可用，此参数控制所有选中文字的间距，数值越大间距越大，图 7.16 所示为“美好生活”几个文字设置不同文字间距的效果。

（a）　　　　（b）

图 7.16　不同字间距效果

- 字符微调：仅当文字光标插入文字中后，字符微调参数才被激活。在数值框中输入数值，或在下拉列表中选择一个数值，可以设置光标距前一个字符的距离。
- 基线调整：此参数仅用于设置选中文字的基线值，正数向上移，负数向下移，图 7.17（a）所示为只设置文字大小而未设置基线的文字状态，（b）图为设置基线后的效果。

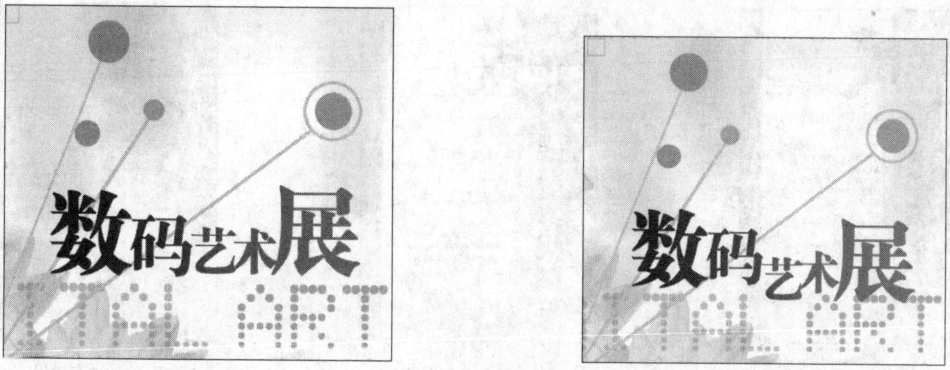

（a）　　　（b）

图 7.17　调整基线位置

- 文字颜色：单击此颜色块，在弹出的“拾色器”对话框中可以设置字体的颜色。
- 字体特殊样式：单击其中的按钮，可以将选中的字体改变为此种形式显示。其中的按钮依次代表粗体、斜体、全部大写、小型大写、上标、下标、下划线和删除线，其中“全部大写”、“小型大写”只对 Roman 字体有效。
- 抗锯齿方法：在此下拉列表中选择一种消除锯齿的方法，以设置文字的边缘光滑程度，通常情况下选择“平滑”。

7.2.2　设置段落属性

恰当地使用段落属性能够大大增强文字的可读性与美观度，本节将详细讲解在 Photoshop 中设置段落属性的方法。

设置段落属性需要使用“段落”调板，相应的操作步骤如下。

步骤01 选择文字工具，在要设置段落属性的文字中单击插入光标。如果要一次性设置多段文字的属性，用文字光标选中这些段落中的文字。

步骤02 单击“字符”调板右侧的“段落”标签，显示如图 7.18 所示“段落”调板。

步骤03 设置好属性后，单击工具选项条中的✓按钮确认。

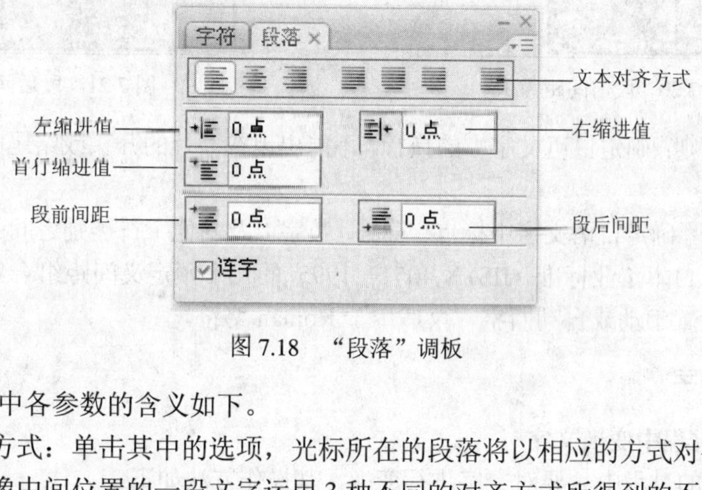

图 7.18　“段落”调板

“段落”调板中各参数的含义如下。

- 文本对齐方式：单击其中的选项，光标所在的段落将以相应的方式对齐，图 7.19 所示分别为图像中间位置的一段文字运用 3 种不同的对齐方式所得到的不同效果。

（a）左对齐效果　　（b）居中对齐效果　　（c）右对齐效果

图 7.19　“段落”调板

- 左缩进值：设置当前段落的左侧相对于左定界框的缩进值。
- 右缩进值：设置当前段落的右侧相对于右定界框的缩进值。
- 首行缩进值：设置选中段落的首行相对其他行的缩进值。
- 段前添加空格（即段前间距）：设置当前段落与上一段落之间的垂直间距，图 7.20 所示为将中间段落的段前间距设置为 5 时的效果。
- 段后添加空格（即段后间距）：设置当前段落与下一段落之间的垂直间距，图 7.21 所示为将中间段落的段前间距设置为 15 时的效果，如图所示为将中间段落的段后间距设置为 15 时的效果。

图 7.20　段前间距为 15

图 7.21　段后间距为 15

- 避头尾法则：确定日语文字中的换行。不能出现在一行的开头或结尾的字符称为避头尾字符。
- 间距组合：确定日语文字中标点、符号、数字以及其他字符类别之间的间距。Photoshop 包括基于日本工业标准 (JIS) X 4051—1995 的几个预定义间距组合集。
- 连字：设置手动或自动断字，仅适用于 Roman 字符。

7.2.3　变换文字

1．在输入过程中变换文字

在输入文字的过程中，要对文字进行变换，其操作方法如下。

- 在输入的过程中，按住 Ctrl 键，则文字周围会出现自由变换控制框，使用鼠标箭头拖动控制框上的节点，将控制框放大或缩小，则控制框中的文字也随着放大或缩小，将鼠标箭头移至控制框外后，鼠标箭头变为↶，此时可对文字进行旋转。

- 按住 Ctrl+Alt 键拖动控制框上的节点，控制框将以其中心点为中心向上下或左右对称放大或缩小。
- 按住 Ctrl 键后，选择控制框四角的其中一个控制点，再按住 Shift 键，然后拖动控制点，则控制框将以其中心点为中心等比例缩放。

2．变换已输入完成的文字

在 Photoshop CS3 中文字和图像一样能够被变换，要变换文字可以按以下步骤进行。

步骤01 在“图层”调板中选择需要变换的文字所在图层作为当前操作层。

步骤02 选择“编辑”|“自由变换”命令或按快捷键 Ctrl+T 调出变换控制框。

步骤03 通过拖动变形控制框的控制句柄即可对文字进行变换操作。

步骤04 变换操作完成后，按 Enter 键确认变换效果或在变换控制框中双击鼠标左键确认。

图 7.22 所示就是将水平排列的文字旋转排列的操作实例。

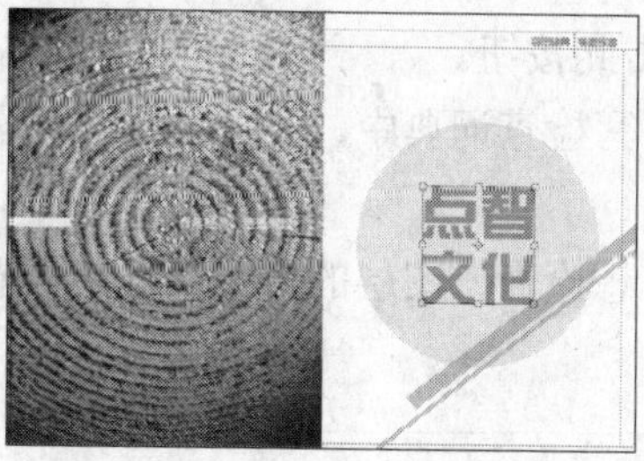

（a）

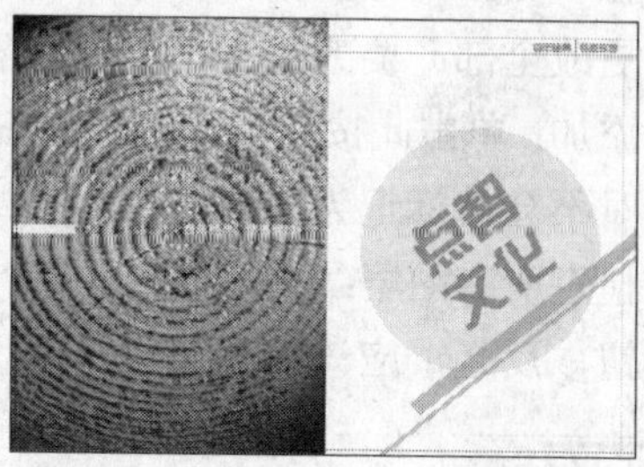

（b）

图 7.22　变换文字操作实例

7.3 拼写检查

如果在 Photoshop 中输入了大量文字，可以选用“编辑”|“拼写检查”命令进行文字的拼写检查操作，从而保证文字的拼写正确。

拼写检查操作非常简单，首先选择需要检查的文字所在图层，然后选择“编辑”|“拼写检查”命令，设置弹出的“拼写检查”对话框即可，如图 7.23 所示。

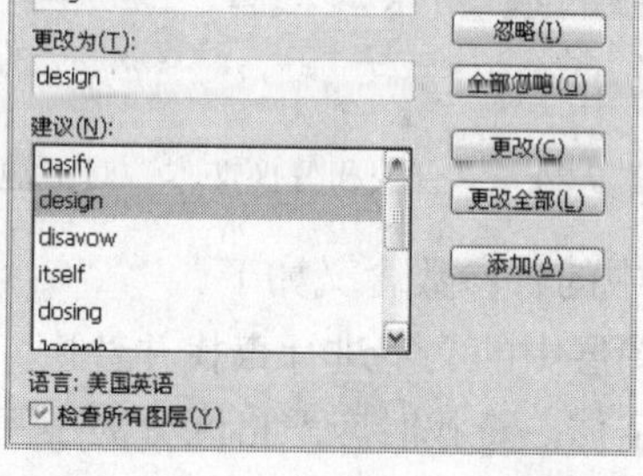

图 7.23　“拼写检查”对话框

此命令的具体使用步骤如下。

步骤01 执行此命令后，Photoshop 会在弹出的对话框的“不在词典中”文本框中显示找到可能存在拼写有误的词。

步骤02 “更改为”文本框中显示了 Photoshop 建议更换的词，如果要使用建议的词替换原有的词，单击“更改”按钮即可。

步骤03 如果认为“不在词典中”文本框中显示的词是正确的，则单击“忽略”按钮跳过这一词。

步骤04 如果要将“不在词典中”文本框中显示的词添加到当前 Photoshop 使用的拼写检查词典中，可单击“添加”按钮。

对话框中的各个按钮的含义如下。

- 忽略：单击此按钮以继续进行拼写检查而不更改文本。
- 全部忽略：单击此按钮对要进行拼写检查的其余部分忽略有疑问的词。
- 更改：要改正一个拼写错误，应确保“更改为”文本框中的词拼写正确，然后单击“更改”按钮。如果建议的词不是想要的词，则可在“建议”文本框中选择一个不同的词或在“更改为”文本框中输入新词。
- 更改全部：要改正文档中重复的拼写错误，单击此按钮。
- 添加：单击此按钮可以将无法识别的词存储在拼写检查词典中，以便后面出现这样的词时不会被标记为错误的拼写。
- 检查所有图层：如果选择了一个文字图层并且只想检查该图层的拼写，则取消选择此按钮，反之，应该将其选中。

Photoshop 7.4 查找与替换 CS3

对于在 Photoshop 中输入的大段文本，如果需要更改其中的一个文字，可以使用查找与替换功能，具体操作步骤如下。

步骤01 在“图层”调板中选择要编辑的文字层作为当前操作层。

步骤02 选择“编辑”|“查找和替换文本”命令，弹出如图 7.24 所示的对话框。

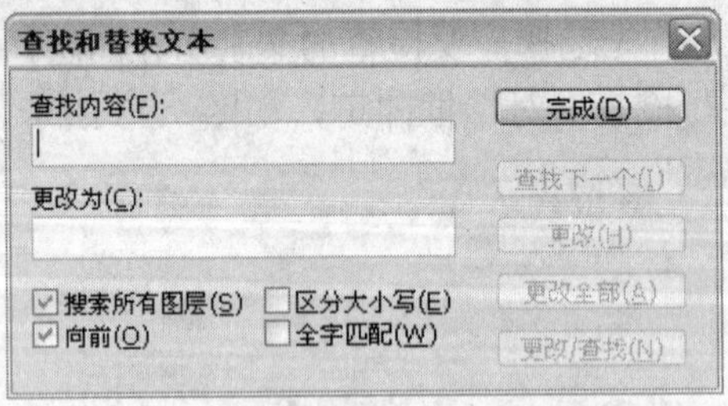

图 7.24 “查找和替换文本”对话框

“查找和替换文本”对话框中的各参数含义如下。

- 搜索所有图层：对所有图层中的文字进行查找并替换。
- 区分大小写：对于英文字体，查找时应严格区分大小写。
- 向前：只查找光标所在点的前面。

- 全字匹配：对于英文字体，忽略嵌入在大号字内的搜索文本。例如，如果以全字的方式搜索“any”，则将忽略“many”。

步骤 03 在“查找内容”文本框中输入要查找的文字。

步骤 04 在“更改为”文本框中输入更改后的文字，如图 7.25 所示。

步骤 05 单击“查找下一个”按钮，根据在对话框中所设置的限制条件搜寻“查找内容”文本框中的文字，如图 7.26 所示。

步骤 06 单击“更改”按钮，即将搜寻到的文字改为“更改为”文本框中的文字。单击“更改全部”按钮，将一次性改变符合条件的所有文字，如图 7.27 所示。

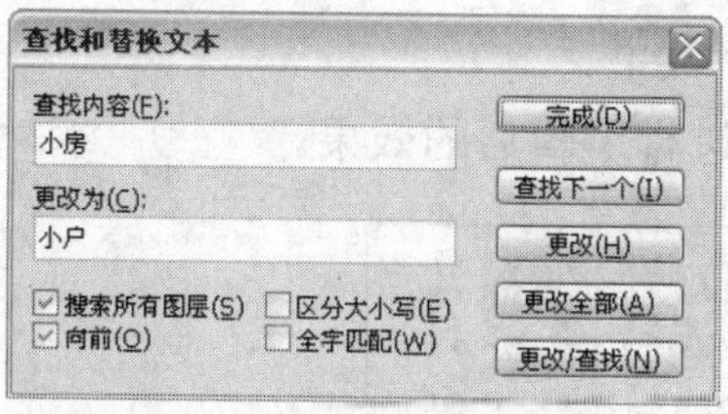

图 7.25　输入要查找和替换的文字

图 7.26　查找内容

图 7.27　替换所有查找到的文字

步骤 07 替换要更改的文字后，单击“完成”按钮确认。

7.5 文字的转换

7.5.1　将文字转换为路径

如果在设计一个作品的过程中需要使用文字型的路径进行描边或其他操作，可以选择“图层”|“文字”|“转换为路径”命令，直接由文字图层得到该文字图层的路径。

图 7.28 所示为原文字，图 7.29 所示为选择此命令后生成的文字路径。

图 7.28　原文字

图 7.29　文字路径

图 7.30 所示为使用此路径执行描边并设置了特殊混合模式后的效果，图 7.31 所示为此图像的局部效果。

图 7.30　描边路径后的效果

图 7.31　局部图像效果

除了对文字生成的路径进行描边等操作外，还可以利用路径选择工具及直接选择工具对路径的节点、路径线进行编辑，从而得到更为多样化的文字效果。

图 7.32 所示为原文字，图 7.33 所示为对文字生成的路径进行编辑后的效果。

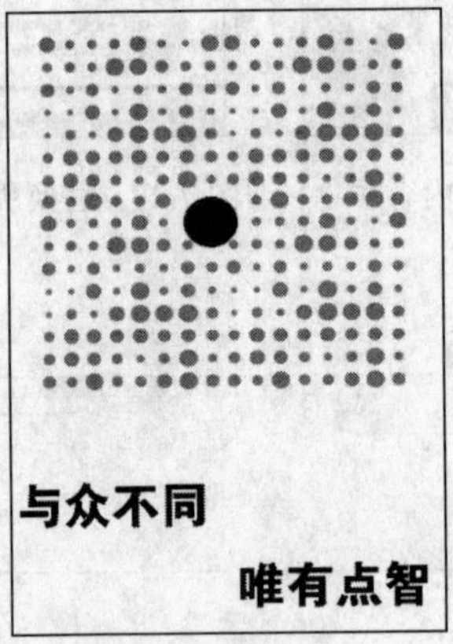

图 7.32　原文字

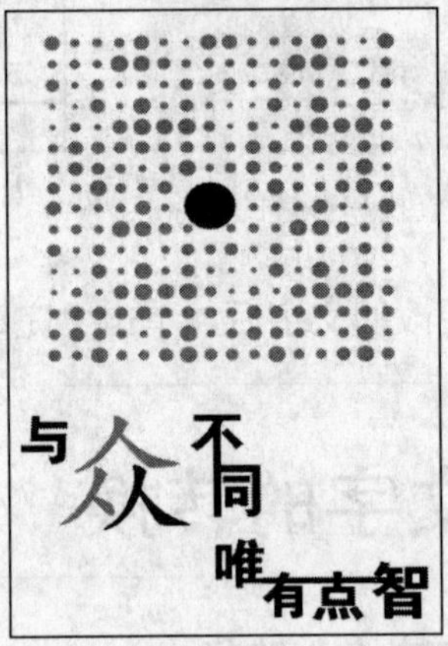

图 7.33　编辑路径后的效果

7.5.2　将文字转换为形状

选择“图层”|“文字”|“转换为形状”命令，可以将文字转换为与其轮廓相同的形状，如图 7.34 所示为转换为形状后的文字及其调板。

图 7.34　执行“转换为形状”后的文字及其调板

可以看出，与将文字转换为路径不同，使用此命令后文字图层不再存在，取而代之的是一个形状图层。编辑使用此命令得到的形状，可以获得外形较为特殊的文字效果。

图 7.35 所示为原文字，图 7.36 为将该文字转换为形状，并使用直接选择工具编辑形状节点后得到的效果。

图 7.35　原文字

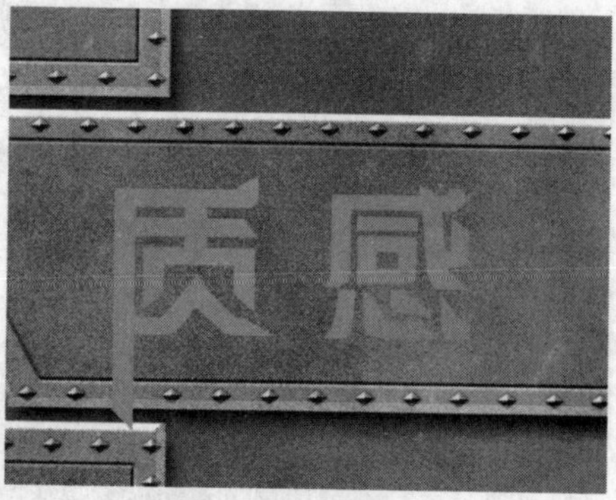

图 7.36　编辑形状的节点后效果

图 7.37 所示为加入其他文字及特效后的封面整体效果。

图 7.37　封面整体效果

提示

本实例最终效果文件为随书光盘:\d7z\7.5.2-2.psd。

7.5.3　将文字转换为图像

虽然 Photoshop 对文字的处理功能已经非常丰富，但由于对文字图层无法使用滤镜、色彩调节等命令，因此为了得到更精彩的文字效果，必须将文字图层转换为普通图层。

选择“图层”|“栅格化”|“文字”命令，可以将文字图层转换为普通图层。

转换后的图层不再具有文字图层的属性，即不能更改文字的字体、字号等属性，但可以应用滤镜效果。

图 7.38 所示为原文字及其“图层”调板，图 7.39 所示为将 3 个文字图层全部栅格化并合并为一个图层后，使用裂纹选区删除部分文字图像后的效果。

图 7.38　原文字及其“图层”调板

图 7.39　裂纹效果及“图层”调板

7.6 制作异型文字效果

7.6.1　扭曲文字

Photoshop 具有使文字变形扭曲的功能，利用这一功能用户可以在需要的情况下使文字的外形表现形式更加丰富。要制作扭曲变形文字可以按以下步骤操作。

步骤 01 在“图层”调板中选择要变形的文字层作为当前操作层，并选择文字工具或直接将文字光标插入到要变形的文字中。要变形的文字如图 7.40 所示。

步骤 02 单击工具选项条中的“创建变形文本”按钮，弹出“变形文字”对话框，单击“样式”按钮，弹出变形选项，如图 7.41 所示。

图 7.40　要变形的文字

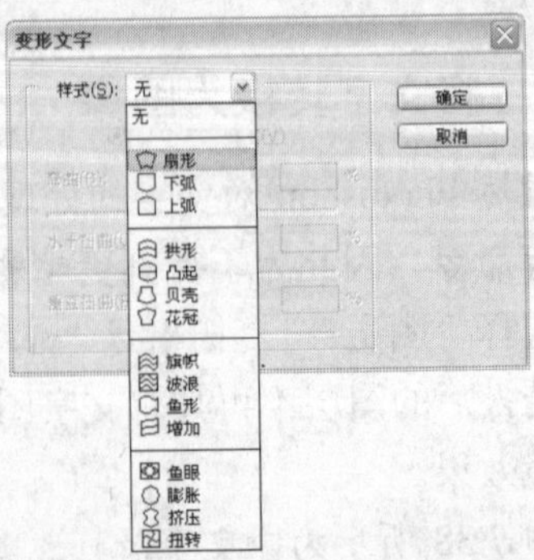

图 7.41　“变形文字”对话框

步骤 03 选择一种变形样式后，“变形文字”对话框中参数被激活，设置参数如图 7.42（a）所示，得到如图 7.42（b）所示的变形文字。

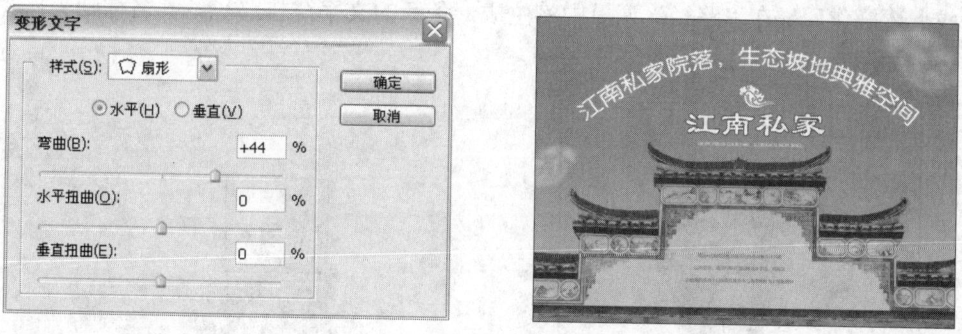

（a）　（b）

图 7.42　设置参数及变形文字后的效果

步骤 04 单击“确定”按钮，确认变形效果。

步骤 05 如果要取消文字变形效果，重新执行步骤 02 的操作，在“变形文字”对话框的“样式”下拉列表中选择“无”选项。

> **提示**
>
> 本实例最终效果文件为随书光盘:\d7z\7.6.1.psd。

7.6.2　沿路径绕排文字

在 Photshop CS3 中可以绘制一条需要的路径形状，然后沿着路径输入文字，则文字就会沿着路径的方向排列了。

根据需要还可以移动路径或更改路径的形状，使文字顺应新的路径位置或形状进行排列。

1．制作文字绕排路径效果

这里通过一个实例来讲解如何制作沿路径绕排的文字效果。

步骤 01 打开随书光盘:\d7z\7.6.2-素材.tif，如图 7.43 所示。

步骤 02 在工具箱中选择钢笔工具，沿灯泡的外形绘制一条路径，如图 7.44 所示。

图 7.43　原图像

图 7.44　绘制路径后的效果

步骤 03 在工具箱中选择横排文字工具 T，将此工具放于路径线上，直至光标变化为的形状。

步骤 04 在路径线上单击后即可发现路径线上显示了一个文本插入点。

步骤 05 直接在文本插入点的后面输入所需要的文字，得到如图 7.45 所示的效果。

步骤 06 单击工具选项条中的✓按钮即可完成输入操作。

完成上述操作后，在“路径”调板中将生成一条新的文字绕排路径，其名称则为路径上绕排的文字，如图 7.46 所示。

图 7.45　输入文字后的效果

图 7.46　生成新的文本绕排路径

当文字已经被绕排在路径上后，用户仍然可以通过各种方法修改文字的各种属性，其中包括字号、字体、水平或垂直排列方式及其他文字属性。

除此之外，用户还可以通过修改路径的曲率、角度、节点的位置来修改绕排于路径上的文字形状及文字相对于路径的位置。

2．修改文字的属性

修改绕排于路径上的文字的步骤如下。

步骤 01 在工具箱中选择横排文字工具T，将路径线上的文字选中。

步骤 02 在“字符”调板中修改其相应的参数。图 7.47 所示就是修改文字的字号与字体后的效果。

3．修改路径的形状

通过修改路径的形状可以改变文字的绕排形状，图 7.48 所示是通过修改节点的位置及路径线曲率后的文字绕排效果。可以看出，文字的绕排形状已经随着路径形状的改变而发生改变。

图 7.47　修改字体与字号后的效果

图 7.48　修改路径形状后的效果

4．修改文字相对路径的位置

通过修改文字相对于路径的位置，可以为文字找到更好的绕排形状并使绕排效果更加理想，要做到这一点可以按以下步骤操作。

步骤 01 在工具箱中选择横排文字工具T。

步骤 02 利用文字工具在文字中单击一下，以显示文本插入点。

步骤 03 按住 Ctrl 键，此时鼠标的光标将变化为形，拖动文本前面的文本位置点即可沿着路径移动文字如图 7.49 所示，其最终效果如图 7.50 所示。

如果在拖动的过程中将光标拖至路径线的另一侧，则可以使文字反向绕排于路径的另一侧，如图 7.51 所示。

图 7.49　文字光标

图 7.50　移动后的效果

图 7.51　反向绕排的效果

提示

本实例最终效果文件为随书光盘:\d7z\7.6.2.psd。

7.6.3　区域文字

除了可以使文字沿路径进行绕排外，在 Photoshop CS3 中用户还可以为文字创建一个不规则的边框，从而制作具有异形轮廓的文字效果，如图 7.52 所示。

1．制作异形轮廓文字效果

这里通过一个实例来讲解在 Photoshop CS3 中制作具有异形轮廓文字的具体步骤。

步骤 01 打开随书光盘:\d7z\7.6.3-素材.tif。

步骤 02 在工具箱中选择钢笔工具，绘制需要添加的异形轮廓，如图 7.53 所示。

步骤 03 在工具箱中选择横排文字工具T（根据需要也可以选择其他文字工具），将工具光标放于第 2 步所绘制的路径中间，直至光标转换成为形状，如图 7.54 所示。

图 7.52　具有异形轮廓的文字效果

图 7.53　绘制路径

图 7.54　变化的光标

提示

如果选择的是直排文字工具T，则光标应该是形状。

步骤04 在路径中单击一下（不要单击路径线），得到一个文本插入点。

步骤05 直接在插入点后面输入文字，即可得到所需要的效果，如图 7.55 所示。

执行上述步骤后，“路径”调板中将生成一条新的轮廓路径，其名称即为路径中的文字，如图 7.56 所示。

图 7.55 异形文字轮廓效果

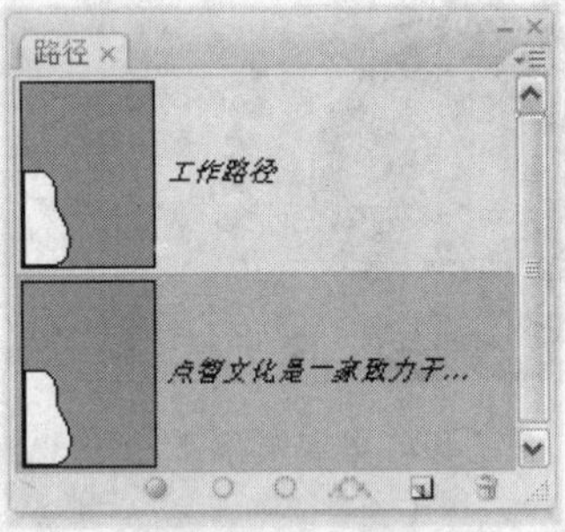

图 7.56 生成的新路径

2．修改异形轮廓文字效果

对于具有异形轮廓的文字，用户同样可以通过各种方法修改文字的各种属性，其中包括字号、字体、水平或垂直排列方式及其他文字属性。

除此之外，用户还可以通过修改路径的曲率、角度、节点的位置来修改被纳入到路径中文字的轮廓形状。

如果通过修改路径的节点位置及控制句柄的方向改变了路径的形状，则排列于路径中的文字外形也将随之发生变化，如图 7.57 所示。

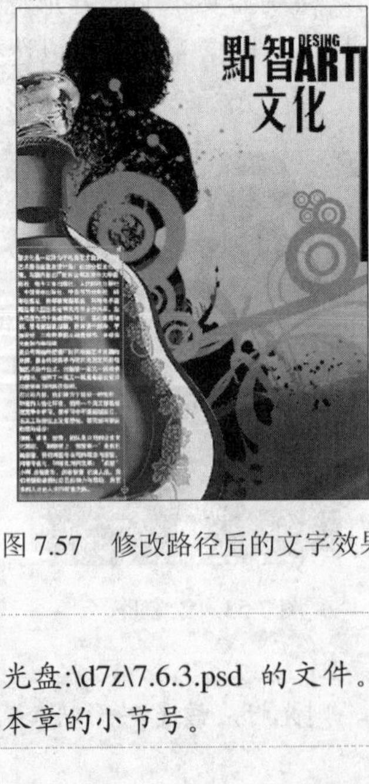

图 7.57 修改路径后的文字效果

> **提示**
>
> 本实例最终效果文件为随书光盘:\d7z\7.6.3.psd 的文件。本章所用到的素材文件为随书光盘:\d7z\中的文件，文件名对应着本章的小节号。

第 8 章

修饰图像

Photoshop 提供了多达十几种用于修饰图像的工具，例如，用于给图像增加高光的减淡工具、用于提高图像清晰度的锐化工具、用于擦除图像的橡皮擦工具组、用于去除皱纹的修补工具及用于去除人物红眼的颜色替换工具等，使用这些工具可快速完成对图像的修补、修复、润饰及擦除图像等操作。

本章将详细讲解各个图像修饰工具的使用方法及应用技巧。

8.1 图像修饰工具

8.1.1 使用减淡工具提亮图像

使用减淡工具在图像中拖动可使光标掠过处的图像变亮，因此此工具常用于提高图像的局部亮度和为图像添加炫目高光，其工具选项条如图 8.1 所示。

图 8.1 减淡工具选项条

减淡工具选项条的参数含义如下。

- 画笔：在其中可以选择一种画笔，以定义使用减淡工具操作时的笔刷大小，画笔越大，操作时提亮的区域也越大。
- 范围：在此下拉列表中选择选项，可以定义减淡工具应用的范围，其中有“阴影”、“中间调”及“高光”3 个选项，分别选择这些选项，可以处理图像中处于 3 个不同色调的区域。
- 曝光度：在该数值框中输入数值或拖动三角滑块，可以定义使用减淡工具操作时的淡化程度，数值越人，提亮的效果就越明显。

图 8.2 所示为原图像，图 8.3 所示为使用减淡工具对图像进行操作后的效果。

图 8.2 原图像

图 8.3 操作后的效果

图 8.4 所示为原图像，选择减淡工具并在其工具选项条上的“范围”下拉列表中选择“高光”选项，然后在图像中涂抹以增加其高光部分的亮度，最终图像效果如图 8.5 所示。

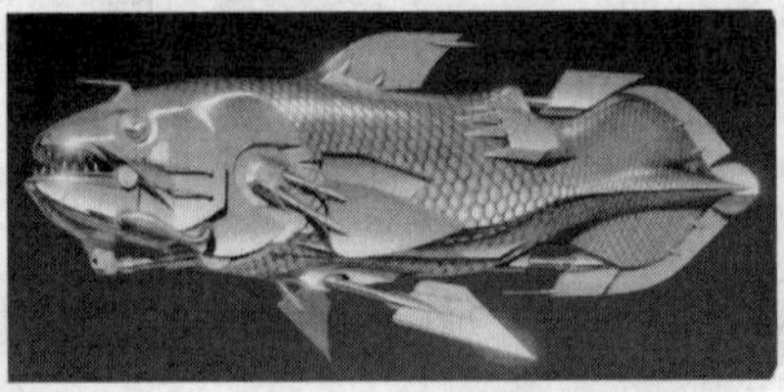

图 8.4　原图像

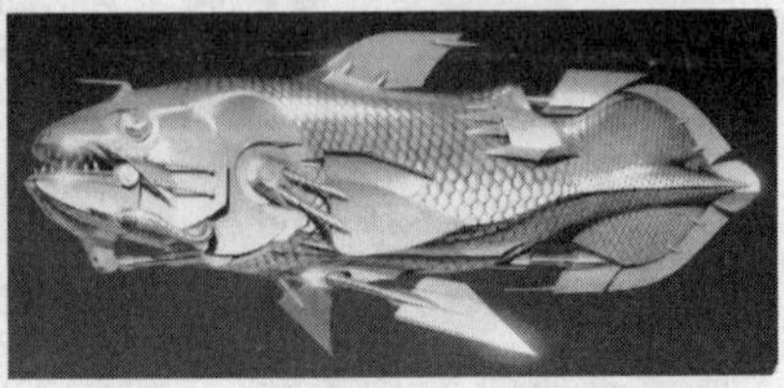

图 8.5　加亮图像高光部分后的效果

8.1.2　使用加深工具增加图像对比度

加深工具与减淡工具功能相反，可使图像中被操作的区域变暗，其工具选项条及操作方法与减淡工具相同，故不再重述。

加深工具常与减淡工具配合使用，为图像添加立体感。图 8.6 所示为原图像，图 8.7 所示为使用此工具进行操作后的效果。可以看出，经过此工具操作后，金属鱼的立体感更强了。

图 8.6　原图像

图 8.7　操作后的效果

图 8.8 所示为使用 Photoshop 绘制插画的一个流程图，在此过程中绘画师大量使用了加深工具与减淡工具。

图 8.8　插画绘制的流程图

8.1.3　使用海绵工具处理图像饱和度

使用海绵工具 可以精确地更改被操作区域的色彩饱和度，如果图像为灰度模式，则该工具可通过将灰阶远离或靠近中间灰色来增加或降低对比度，其工具选项条如图 8.9 所示。

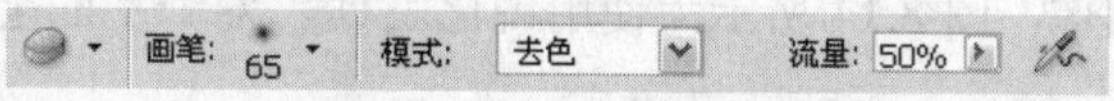

图 8.9　海绵工具选项条

海绵工具选项条的重要参数含义如下。

- 画笔：在此下拉菜单中可以选择一种画笔，以定义使用海绵工具操作时的笔刷大小。
- 模式：在此下拉列表中选择“加色”，可以增加操作区域图像的饱和度；选择“去色”，则可以去除操作区域图像的饱和度。
- 流量：在该数值框中输入数值或拖动三角滑块，可以定义使用海绵工具操作时的压力程度，数值越大，效果越明显。

8.1.4　使用模糊工具制作景深效果

利用模糊工具 在图像中涂抹，可以使图像变得模糊，以突出清晰的局部，其工具选项条如图 8.10 所示。

图 8.10　模糊工具选项条

模糊工具选项条中的参数含义如下。

- 画笔：在此下拉菜单中可以选择一个画笔，画笔越大，图像被模糊的区域也越大。
- 模式：在此下拉列表中可以选择操作时的混合模式，它的含义与图层混合模式相同。
- 强度：设置此数值框中的数值，可以控制模糊工具操作时笔划的压力值，数值越大，一次操作得到的模糊效果越明显。
- 用于所有图层：选择此选项，将使模糊工具的操作应用于图像的所有图层，否则，操作效果只作用于当前图层中。

图 8.11 所示为原图像，图 8.12 所示为使用此工具模糊图像并制作景深后的效果。

图 8.11　原图像

图 8.12　操作后的效果

8.1.5 使用锐化工具提高图像清晰度

锐化工具的作用与模糊工具的作用刚好相反，它用于锐化图像的部分像素，使这部分更清晰。锐化工具选项条与模糊工具选项条完全一样，其参数的含义也一样，故不再重述。

图 8.13 所示为原图像，图 8.14 所示为使用锐化工具对鹦鹉的全身图像进行涂抹，使其变得更为清晰后的效果。

图 8.13 原图像

图 8.14 操作后的效果

8.1.6 使用涂抹工具扭曲图像

涂抹工具能够通过推、拉、移等操作改变图像中像素的分布位置，从而得到手指涂抹作图的效果。涂抹工具选项条如图 8.15 所示。

图 8.15 涂抹工具选项条

涂抹工具选项条的重要参数含义如下。

- 对所有图层取样：选择该选项，则可对所有可见图层中的颜色数据进行涂抹；如果取消选择该选项，则涂抹工具只使用现用图层的颜色。
- 手指绘画：选择“手指绘画”可使用每个描边起点处的前景色进行涂抹；如果取消选择该选项，则涂抹工具会使用每个描边的起点处指针所指的颜色进行涂抹。

图 8.16 所示为原图像，图 8.17 所示为使用此工具对图像中的黑色形状进行涂抹，涂抹后的形状呈现出毛笔笔触的效果，图 8.18 所示为按照此方法绘制的竹子图像效果。

图 8.16 原图像

图 8.17 涂抹后的效果

图 8.18 整体图像效果

Photoshop CS3

8.2 擦除图像

Photoshop 提供了橡皮擦工具组来对图像进行多种方式的擦除操作，例如用于直接擦除图像的橡皮擦工具，依据图像边缘进行图像擦除的背景色橡皮擦工具，以及具有一定智能化的魔术橡皮擦工具。本节将分别对这些工具的功能进行详细讲解。

8.2.1 橡皮擦工具

橡皮擦工具和现实中所使用的橡皮擦的作用是相同的，用此工具在图像上涂抹时，被涂抹到的区域会被擦除掉。

如果在“背景”图层中或是在锁定了透明像素的图层中工作，被擦除的区域会填充背景色，橡皮擦工具选项条如图 8.19 所示。

图 8.19 橡皮擦工具选项条

橡皮擦工具选项条中的参数含义如下。

- 画笔：使用橡皮擦工具做擦除操作前，首先需要在“画笔”下拉菜单中选择笔刷，以确定在擦除时拖动一次所能擦除区域的大小，选择的笔刷越大，一次所能擦除的区域就越大。
- 模式：在“模式”下拉列表中，可以选择不同的橡皮擦工作方式以创建不同的擦除效果，在此可以选择“画笔”、“铅笔”和“块”3 个选项作为绘图模式。
- 不透明度：在数值框中输入数值或拖动滑块，可以设置橡皮擦的不透明度。
- 喷枪工具：单击工具选项条中的喷枪工具，将以喷枪工具的作图模式进行擦除。
- 抹到历史记录：在此选项被选中的情况下，使用橡皮擦工具在图像上擦除时，可以将擦除的图像恢复至某一擦除前的状态。

提示

按住 Alt 键进行擦除操作，可以暂时屏蔽“抹到历史记录”功能。

8.2.2 背景色橡皮擦工具

使用背景色橡皮擦工具，可在拖移时将图层上的像素擦为透明，并在擦除背景的同时在前景中保留对象的边缘，背景色橡皮擦工具选项条如图 8.20 所示。

图 8.20 背景色橡皮擦工具选项条

背景色橡皮擦工具选项条中的主要参数含义如下。

- 限制：此选项用于设置擦除颜色的限制方式。选择“不连续”选项，将擦除图层中任一位置的颜色；选择“连续”选项，将擦除取样点及与取样点相互连接的颜色；选择“查找边缘”选项，将擦除取样点和与取样点相连的颜色，但能较好地保留与擦除位置颜色反差较大的边缘轮廓。

- 容差：用于控制擦除颜色的区域，其数值越大，能擦除的颜色范围就越大；数值越小，能擦除的颜色范围就越小。
- 保护前景色：选中此选项可以保护图像中与前景色相同的颜色区域。
- 取样：此选项用于设置清除颜色的方式。选择连续按钮，表示随着鼠标的拖移，会在图像中连续地进行颜色取样，并根据取样进行擦除，所以，该选项可用来擦除连续区域中的不同颜色；选择一次按钮，则只擦除第一次单击取样的颜色；选择背景色板按钮，则只擦除包含背景颜色的区域。

图 8.21（a）所示为原图像，图 8.21（b）所示为在选择“查找边缘”选项的情况下，使用背景色橡皮擦工具擦除鲜花图像中背景色的效果。可以看出，被擦除的边缘仍能保证其完整性。

由于剩余图像已经无法利用背景色橡皮擦工具精确地进行擦除，所以笔者使用了橡皮擦工具将它们擦除，如图 8.22 所示。

(a)　　(b)

图 8.21　原图像及擦除图像后的效果

图 8.22　使用橡皮擦工具擦除后的效果

8.2.3　魔术橡皮擦工具

使用魔术橡皮擦工具可以一次性地完成使用魔术棒选择相同的颜色再将其擦去的操作，其工具选项条如图 8.23 所示。

图 8.23　魔术橡皮擦工具选项条

魔术橡皮擦工具选项条中的参数含义如下。

- 容差：其中的数值用于控制擦除颜色的区域，其数值越大擦除的颜色范围越大。
- 消除锯齿：选择该选项，可以擦除不同颜色区域边缘处的杂色，所以将操作后的图像放在另外一种颜色的背景上就不会出现杂色边缘效果了。
- 连续：未选择该选项，则能一次性地擦除颜色值在“容差”范围内的所有像素；选择该选项，则只能一次性擦除颜色值在“容差”范围内的相邻像素。
- 对所有图层取样：选择该选项后，在擦除图像时会将当前所有可见图层中的图像视为一幅图像进行擦除。
- 不透明度：该数值用于指定擦除的强度，数值为 100%则将完全抹除像素。

图 8.24 所示为原图像，图 8.25 所示为在选中“连续”选项时擦除天空图像后的效果，图

8.26 所示为未选中“连续”选项时擦除天空图像后的效果，图 8.27 所示为重新为图像添加天空背景后的效果。

图 8.24　原图像

图 8.25　选择“连续”选项时的擦除效果

图 8.26　未选择“连续”选项时的擦除效果

图 8.27　添加新背景后的效果

Photoshop CS3

8.3 修复或修补图像

8.3.1　使用仿制图章工具复制图像

使用仿制图章工具可以用作图的方式复制图像的局部，通常该工具用于复制原图像的部分细节以弥补图像在局部显示出的不足之处，或通过复制图像的局部使图像在整体视觉上更丰富。仿制图章工具选项条如图 8.28 所示。

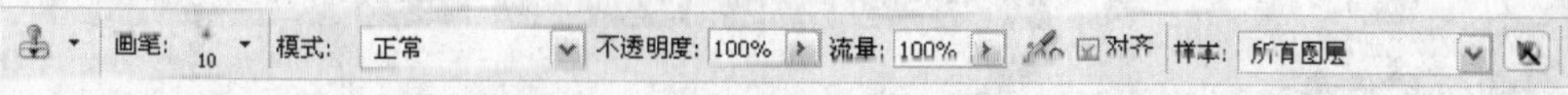

图 8.28　仿制图章工具选项条

仿制图章工具选项条的重要参数含义如下。

- 对齐：在此选项被选择的状态下，整个取样区域仅应用一次，即使操作由于某种原因而停止，再次使用仿制图章工具进行操作时，仍可从上次操作结束时的位置开始；如果未选择此选项，则每次停止操作后再继续绘画时，都将从初始参考点位置开始应用取样区域。
- 所有图层：选择该选项后，利用仿制图章工具操作时将从所有可见图层中进行取样；如果不选择该选项，则只从当前图层中取样。

使用仿制图章工具复制图像的操作步骤如下。

步骤01 打开随书光盘:\d8z\8.3.1-素材.tif，如图 8.29 所示。本实例将要用仿制图章工具将图像下方黑色的树枝清除。

图 8.29　素材图像

步骤02 在工具箱中选择仿制图章工具，设置其工具选项条如图 8.30 所示。

图 8.30　仿制图章工具选项条

提示

在此不要选择“对齐”选项，这样在复制过程中即可重复在取样点进行取样复制。选中“所有图层”选项，可以在下面操作的过程中将复制得到的图像置于一个新图层中。另外，笔者选择的是“正常”模式，各位读者也可以尝试选择不同的模式，以观察得到的不同效果。

步骤03 按住 Alt 键的同时使用仿制图章工具在海水的波浪上单击，如图 8.31 所示，以确定复制的取样点，然后释放 Alt 键，在距取点位置较近的树枝的位置进行涂抹。

步骤04 多次重复步骤 03 的操作，流程图如图 8.32 所示。

图 8.31　定义取样点

图 8.32　用仿制图章工具涂抹的流程

在使用仿制图章工具进行复制的过程中，图像参考点位置将显示一个十字准心，而在操作处将显示仿制图章工具图标或代表笔刷大小的空心圆，在“对齐”选项被选中的情况下，十字准心与操作处显示的图标或空心圆间的相对位置与角度不变。

8.3.2　图章工具

图章类工具能够通过复制图像或图案的一部分至同一个图像文件其他区域或另一个图像文件中。虽然同样是复制操作，但此工具不同于“拷贝”、“粘贴”命令之处在于，使用绘图工作方式进行复制具有非常大的灵活性，可以对图像的局部进行复制操作。

图章类工具包括两种，一种是仿制图章工具，另一种是图案图章工具。

选择仿制图章工具后，其工具选项条如图 8.33 所示。

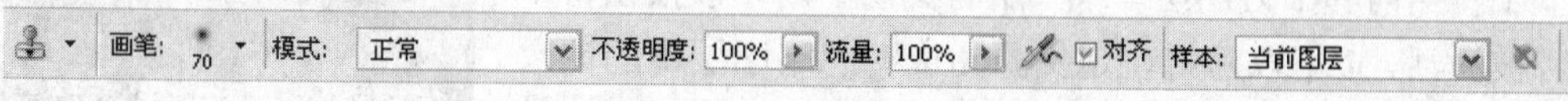

图 8.33　仿制图章工具选项条

下面讲解其中几个重要的选项。

- 对齐：在此复选框被选择的状态下，整个取样区域仅应用一次，即使操作由于某种原因而停止，再次继续使用仿制图案工具进行操作时，仍可从上次结束操作时的位置开始；反之，如果未选择此复选框，则每次停止操作再继续绘画时，都将从初始参考点位置开始应用取样区域，因此在操作过程中，参考点与操作点间的位置与角度关系处于变化之中，该选项对于在不同的图像上应用图像的同一部分的多个副本很有用。
- 样本：在此下拉列表中，我们可以选择定义源图像时所取的图层范围，其中包括了“当前图层”、“当前和下方图层”以及“所有图层”3 个选项，从其名称上便可以轻松理解在定义样式时所使用的图层范围。
- 忽略调整图层按钮：在“样本”下拉列表中选择了“当前和下方图层”或“所有图层”时，该按钮将被激活，按下以后将在定义源图像时忽略图层中的调整图层。

8.3.3　污点修复画笔工具

污点修复画笔工具是 Photoshop CS3 新增的工具，用于去除照片中的杂色或污斑，此工具与下面将要讲解到的修复画笔工具非常相似，但使用方法不同。

使用此工具时不需要进行采样操作，只需要用此工具在图像中有杂色或污斑的地方单击一下即可去除此处的的杂色或污斑，这是由于 Photoshop CS3 能够自动分析单击处图像的不透明度、颜色与质感从而进行自动采样，最终完美地去除杂色或污斑。

图 8.34（a）所示为原图像，图 8.34（b）所示为直接在照片中嘴唇上方的污点上单击后的效果。

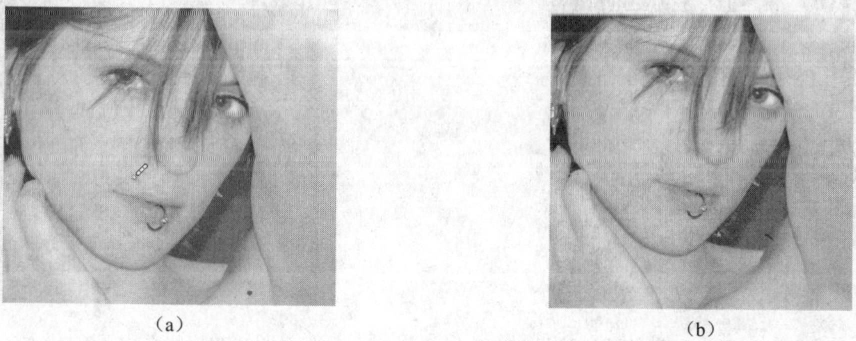

（a）　　（b）

图 8.34　原图像及使用污点修复画笔工具修复后的效果

8.3.4 修复画笔工具

修复画笔工具选项条中的重要参数讲解如下。

- 取样：用取样区域的图像修复需要改变的区域。
- 图案：用图案修复需要改变的区域。
- 样本：在此下拉列表中，可以选择定义源图像时所取的图层范围，其中包括了“当前图层”、“当前和下方图层”以及“所有图层”3 个选项。
- 忽略调整图层按钮：在“样本”下拉列表中选择了“当前和下方图层”或“所有图层”时，该按钮将被激活，按下以后将在定义源图像时忽略图层中的调整图层。

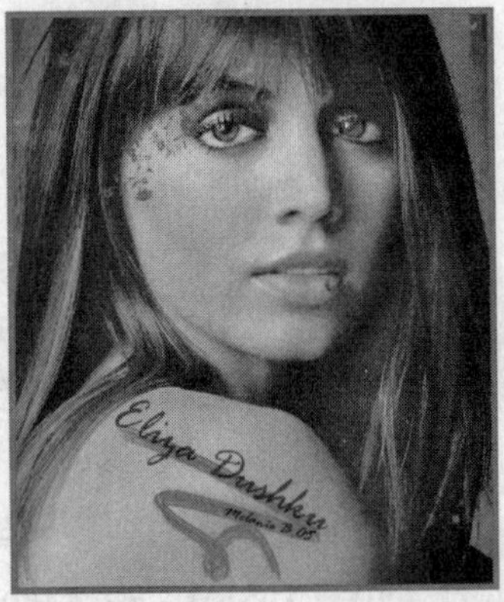

图 8.35 素材图像

要使用修复工具可以参阅下面所示的实例。

步骤 01 打开随书光盘:\d8z\8.3.4-素材.tif，如图 8.35 所示。

步骤 02 在工具箱中选择修复画笔工具，并在其工具选项条中进行如图 8.36 所示的设置。

步骤 03 按 Alt 键在肩膀的其他完好区域取样，在有颜色及文字的区域上涂抹，其效果如图 8.37 所示，操作过程如图 8.38 所示，按此方法去除其他地方的文字及颜色，得到如图 8.39 所示的效果。

提示

在使用修复画笔工具时，十字为取样点，小圆圈为当前涂抹的区域。

步骤 04 继续在肩膀处皮肤肌理较好的区域按 Alt 键进行取样，然后在需要加强皮肤质感的区域涂抹，即可得到如图 8.40 所示的最终效果。

图 8.36 修复画笔工具选项条

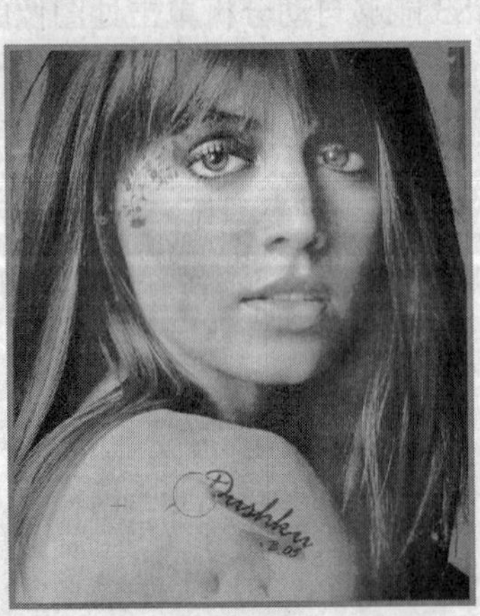

图 8.37 在有颜色及文字的区域涂抹

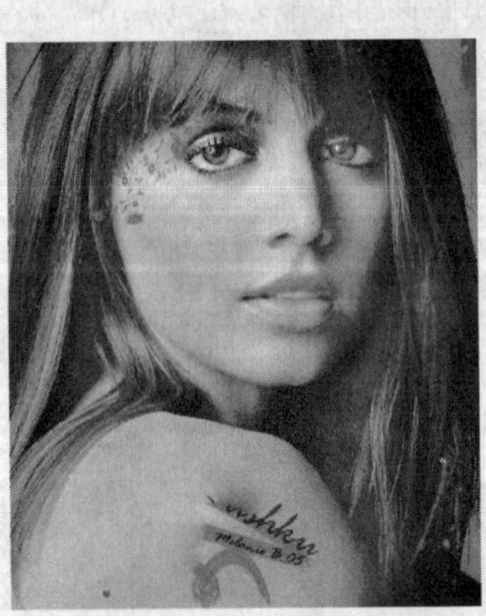

图 8.38 操作过程的状态

图 8.39　涂抹后的效果

图 8.40　添加肌理后的效果图

8.3.5　使用修补工具去除皱纹

修补工具能够按照区域的形式对图像进行修补。修补工具选项条如图 8.41 所示。

图 8.41　修补工具选项条

修补工具选项条中的参数含义如下。

- 源：选择“源”选项，则拖动选区并释放鼠标后，选区内的图像将被选区释放时所在的区域所代替。
- 目标：选择“目标”选项，则拖动选区并释放鼠标后，释放选区时的图像区域将被原选区的图像所代替。
- 透明：选择“透明”后，被修饰的图像区域内的图像效果呈半透明状态。
- 使用图案：在未选中“透明”选项的状态下，在修补工具选项条中选择一种图案，然后单击“使用图案”按钮，则选区内将被应用为所选图案。

修补工具的工作方式较为特殊，下面以在修补工具选项条选择“源”选项为例，来讲解该工具的使用方法，其操作步骤如下。

步骤 01 打开随书光盘:\d8z\8.3.5-素材.tif，如图 8.42 所示。观察图像中人物的额头和鼻翼可以看出，这两处都有较为明显的皱纹，下面就使用修补工具解决这个问题。

步骤 02 使用修补工具绘制一个选区，将人物额头的一条皱纹选中，如图 8.43 所示。

图 8.42　素材图像

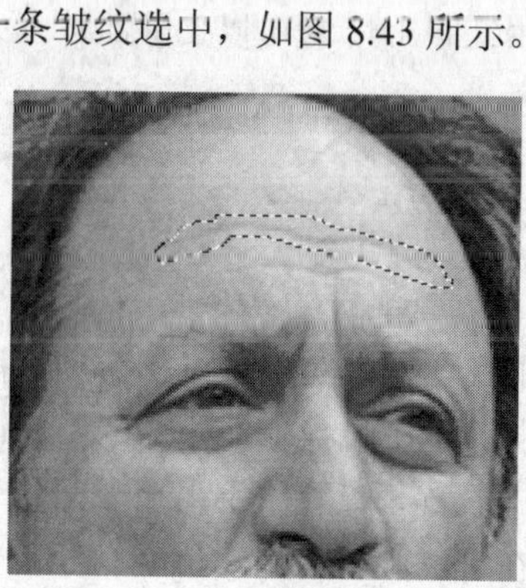

图 8.43　绘制选区

步骤03 将修补工具放于选区内，拖动选区至图像中的无瑕疵区域，如图 8.44 所示。

步骤04 释放鼠标左键，按 Ctrl+D 键取消选区，则皱纹被去除，如图 8.45 所示。

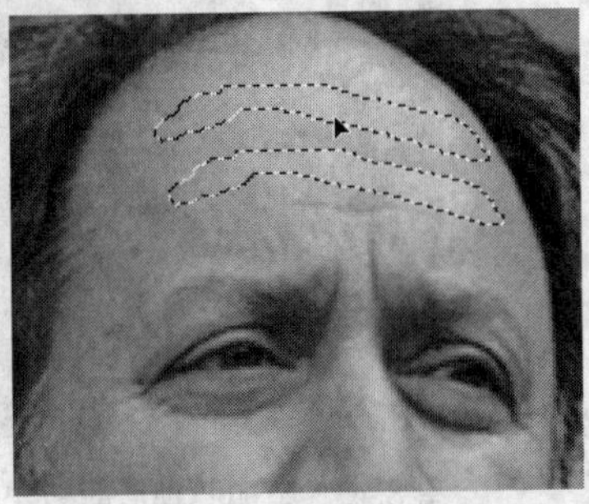

图 8.44　拖动选区至无瑕疵的区域

图 8.45　去除皱纹后的效果

图 8.46 所示为将人物额头和鼻翼处的皱纹去除前后的效果。

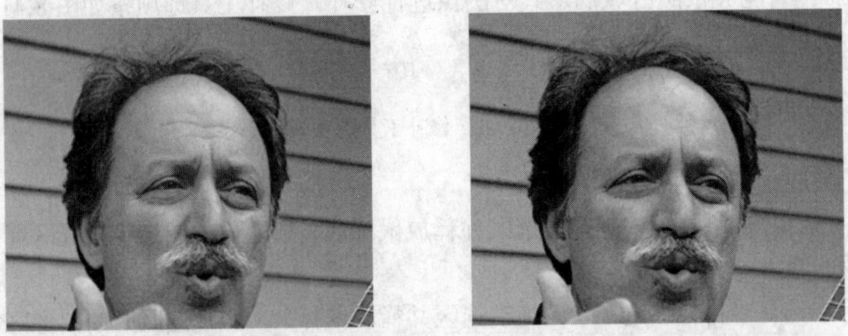

(a)　　(b)

图 8.46　去除皱纹前后的效果对比

提示

在使用修补工具进行操作前，也可以使用其他选择工具制作一个精确的选区，然后再选择此工具拖动选区中的图像至无瑕疵的图像区域。

8.3.6　红眼工具

利用红眼工具可以去除照片上人物的红眼，选择红眼工具后，其工具选项条如图 8.47 所示。

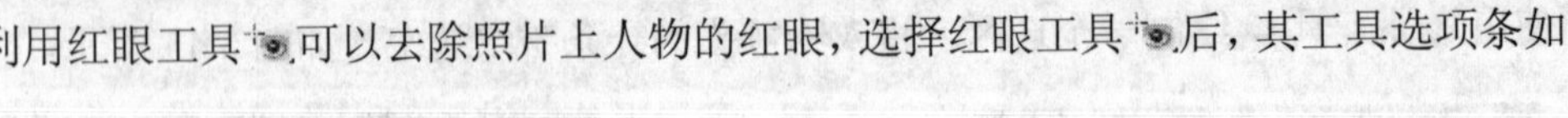

图 8.47　红眼工具选项条

下面用一个小实例来讲解其具体操作步骤。

步骤01 打开随书光盘:\d8z\8.3.6-素材.tif，如图 8.48 所示。选择红眼工具，并在其工具选项条中设置“瞳孔大小”、“变暗量”参数。

步骤02 在人物眼睛上拖动鼠标，绘制一个类似选区的选框以将眼睛选取，即可得到如图 8.49 所示的效果。

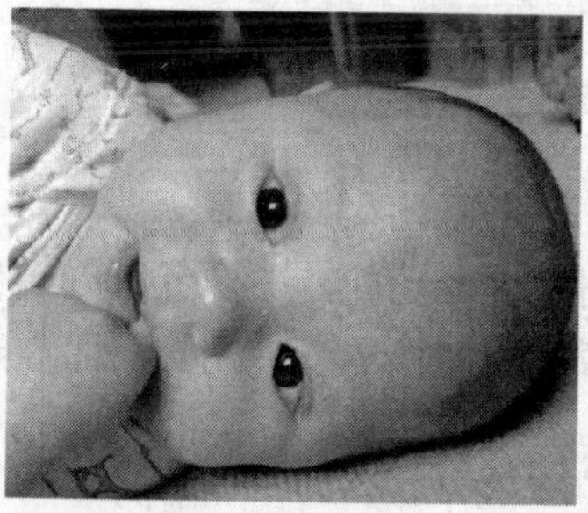

图 8.48　素材图像

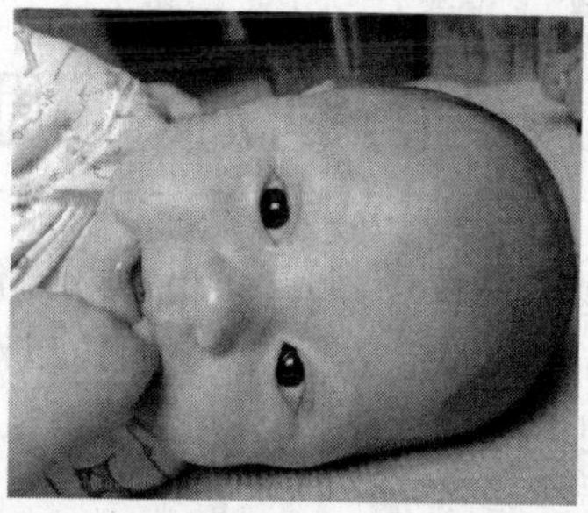

图 8.49　应用红眼工具后的效果

8.3.7　颜色替换工具

颜色替换工具能以前景色为依据替换图像颜色，例如有些作品或图像的某个部位的颜色自己不是特别满意，这时就可以利用颜色替换工具来为图像替换颜色，颜色替换工具选项条如图 8.50 所示。

图 8.50　颜色替换工具选项条

使用此工具去修改图像中的颜色，可以按以下步骤操作。

步骤 01 打开随书光盘:\d8z\8.3.7-素材.tif，根据图像的特质设置适当的前景色。

步骤 02 根据照片中不同位置的大小设置画笔的大小。

步骤 03 在颜色替换工具选项条中的“模式”下拉列表中选择“颜色”选项，并设置前景色为 ff0107。

步骤 04 用颜色替换工具在图片上进行涂抹，以达到自己想要的效果。

图 8.51 所示为原图像，图 8.52 所示为使用此工具设置颜色后，在宝石上涂抹修改了宝石颜色的效果。

图 8.51　原图像

图 8.52　用颜色替换工具涂抹后的效果

提示

本章所用到的素材文件为随书光盘:\d8z\中的文件，文件名对应着本章的小节号，实例具体效果可参见本书彩页。

Photoshop CS3

8.4 “仿制源”调板

“仿制源”调板是 Photoshop CS3 提供的新功能，利用这一功能，操作者可以在仿制前进行多达 5 个仿制源的定义操作，并且可以对定义的仿制源来回切换重复使用，下面通过几个小节来讲解此调板的具体使用方法。

8.4.1 了解“仿制源”调板

选择“窗口”|“仿制源”命令，即可显示如图 8.53 所示的“仿制源”调板。

可以看出，“仿制源”调板的结构非常清晰，最上面一排图标用于定义多个仿制源，第二排参数区中的参数用于定义进行仿制操作时，图像产生的位移、旋转角度、缩放比例等情况。第三排用于处理仿制动画，最下面的一栏用于定义进行仿制时显示的状态。

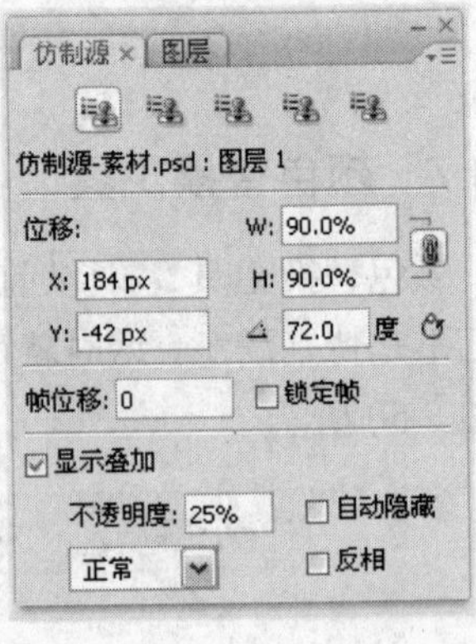

图 8.53 “仿制源”调板

8.4.2 自定义显示效果

使用最新的“仿制源”调板，可以定义在进行仿制操作时，图像的显示效果，以便于我们更清晰地预知仿制操作所得到的效果。

下面分别讲解“仿制源”调板中，用于定义仿制时显示效果的若干选项意义。

- 显示叠加：单击此复选框，可以在仿制操作中显示预览效果，图 8.54 所示为选中后未操作前的预览状态，图 8.55 所示为选中后操作后的操作效果。可以看出，在叠加预览图显示的情况下，能够更加准确地预见操作后的效果，从而避免错误操作。

图 8.54 操作前的状态

图 8.55 操作后的状态

- 不透明度：此参数用于制作叠加预览图的不透明度显示效果，数值越大，显示效果就越实在、清晰，图 8.56 所示为数值为 25%时的显示效果，图 8.57 所示为数值为 70%时的显示效果。

图 8.56 数值为 25%时的显示效果

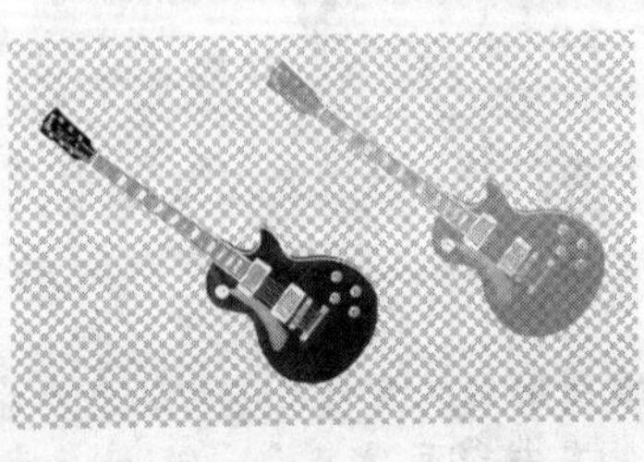

图 8.57 数值为 70%时的显示效果

- 自动隐藏：此复选项被选中的情况下，在按左键进行仿制操作时，叠加预览图像将暂时处于隐藏状态，不再显示。
- 模式列表：在此下拉列表中可以显示叠加预览图像与原始图像的叠加模式，其叠加模式如图 8.58 所示，读者可以尝试选择不同的模式时的显示状态。
- 反相：此复选项被选中的情况下，叠加预览图像呈反相显示状态，如图 8.59 所示。

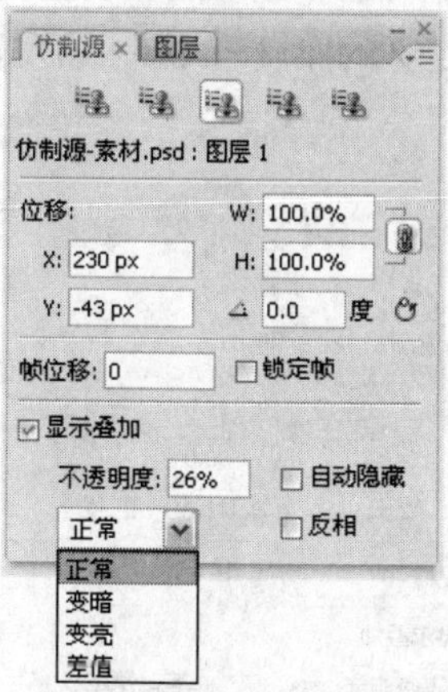

图 8.58　模式列表

图 8.59　反相显示状态

8.4.3　使用“仿制源”调板绘制图像效果

对于“仿制源”调板的操作基础前文已有讲解，下面将通过一个案例的制作来了解“仿制源”调板的其他参数设置。

步骤 01 打开随书光盘:\d8z\8.4.3-素材.psd，如图 8.60 所示。

步骤 02 在工具箱中选择图章工具，用图章工具移动到图像中吉它上如图 8.61 所示的地方，按住 Alt 键单击一下，以创建一个仿制源点。

图 8.60　素材图像

图 8.61　移动仿制图章工具的状态

提示

在使用“仿制源”时要注意仿制图章工具的大小，这样有助于制作更好的效果，图 8.62 所示为此例操作使用的工具选项条设置。其中在工具选项条上勾选了“对齐”选项，勾选此设置是针对定义仿制源后设置变换属性时，“仿制源”调板中“X”和“Y”值是将鼠标当前位置作为参照点；如果不勾选“对齐”选项，“仿制源”调板中“X”和“Y”值将是相对整个画布的位置进行定义的。

图 8.62　仿制源工具选项条

步骤 03 此时“仿制源”调板如图 8.63 所示，可以看出来在第 1 个仿制源图标的下方，有当前通过单击定义的仿制源的文件名称。

步骤 04 在“仿制源”调板上选择第 1 个仿制源点设置如图 8.64 所示参数（主要设置 W、H 及角度框中参数），此时在图像中光标处将能够预览到所定义的第 1 个仿制源所得到的状态，如图 8.65 所示。

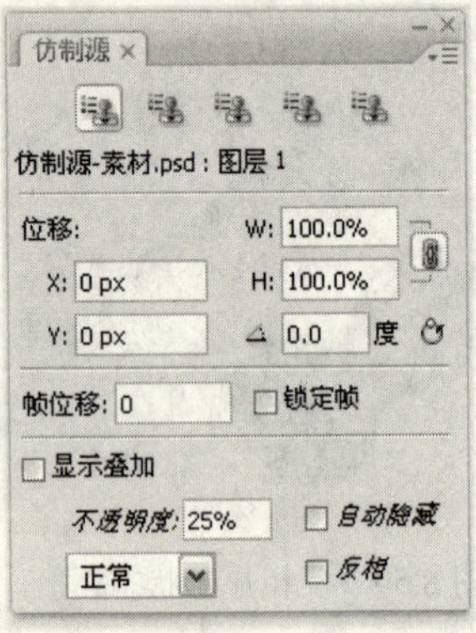

图 8.63　定义了第 1 个仿制源的调板

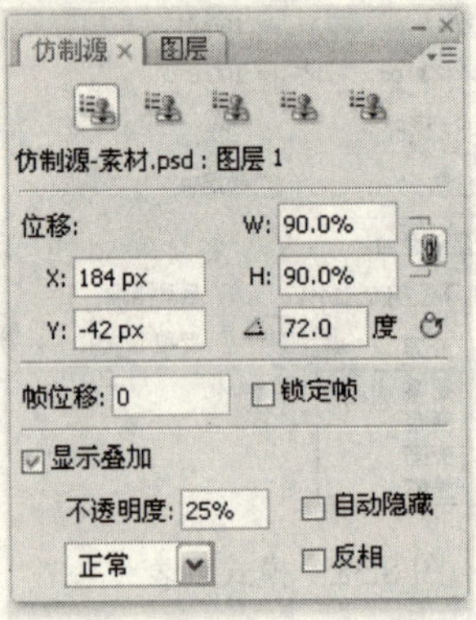

图 8.64　设置第 1 个仿制源的参数

> **提示**
>
> 上步调整“仿制源”参数意义：“X”和“Y”值是设置复制图像在位置上的移动，这可以让复制出的图像在定义源点的右上方。“W”和“H”值是设置图像缩放比例，这可以让复制出的图像缩小。72 度是角度设置，目的是让复制出的图像旋转 72 度。最下面的“显示叠加”是为了设置参数后可预览生成的效果。此时可以看出，叠加预览图像与被复制图像不仅呈现一定的夹角，而且还成比例被缩小，如图 8.65 所示。

步骤 05 使用仿制图章在显示出的吉它上涂抹以将其复制，得到的效果如图 8.66 所示。

图 8.65　设置“仿制源 1”的状态

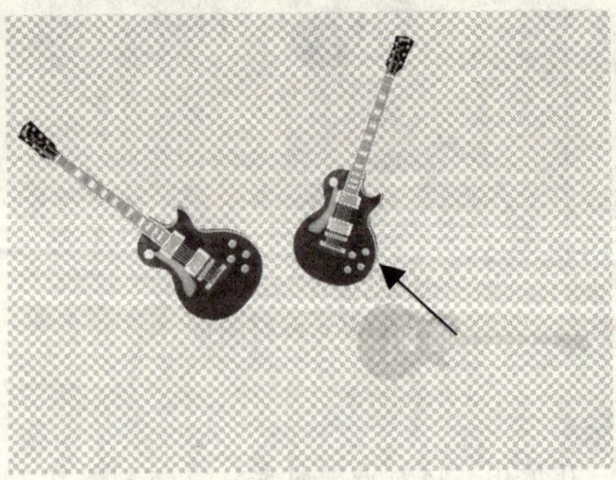

图 8.66　复制吉它图像的状态

> **提示**
>
> 下面将定义第 2 个仿制源，通过参数设置来制作另一个图像的效果。

步骤06 在“仿制源”调板中单击第 2 个仿制源图标，将光标放于此图标上，可以显示热敏菜单如图 8.67 所示，从菜单中可以看出，这是一个还没有使用的仿制源。将仿制图案移到如图 8.68 所示的位置，按 Alt 键进行单击来定义第 2 个仿制源点。

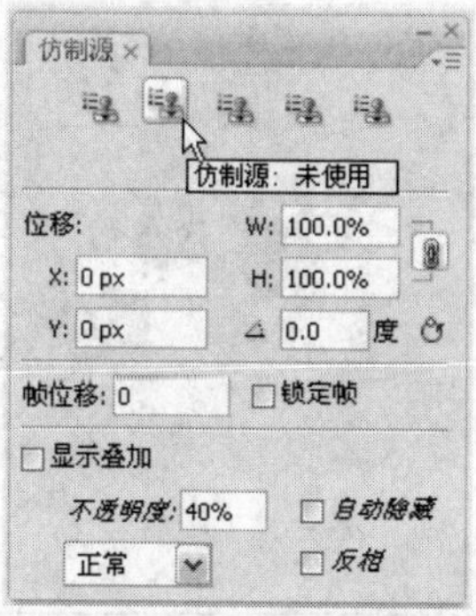

图 8.67　未定义仿制源的“仿制源”调板

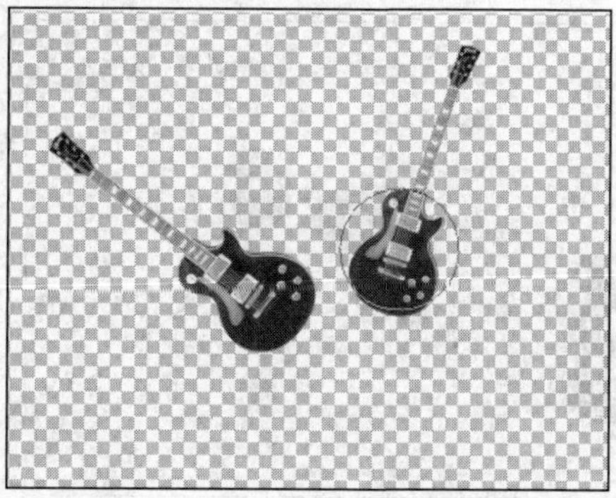

图 8.68　定义第 2 个仿制源的源点

步骤07 新建一个图层，得到“图层 2”，设置“仿制源”调板如图 8.69 所示，预览效果如图 8.70 所示，使用仿制图章工具在显示吉它的地方涂抹，得到如图 8.71 所示的效果。

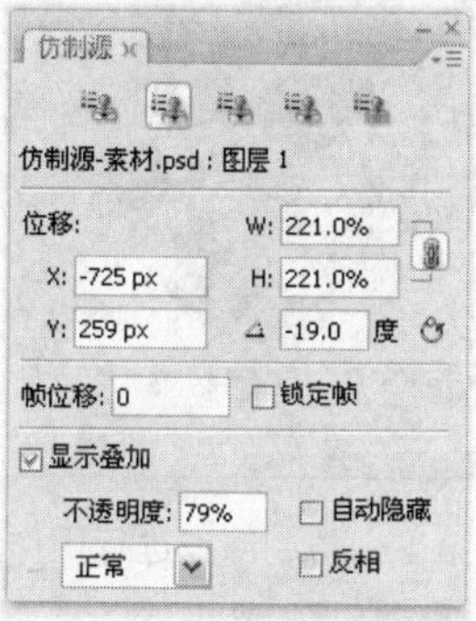

图 8.69　设置第 2 个仿制源

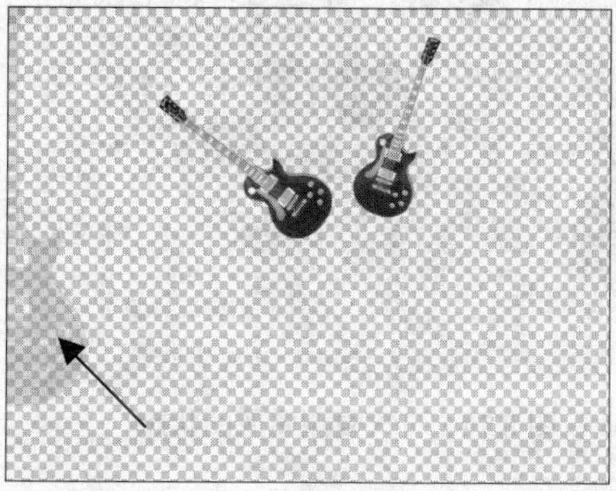

图 8.70　设置参数后预览的效果

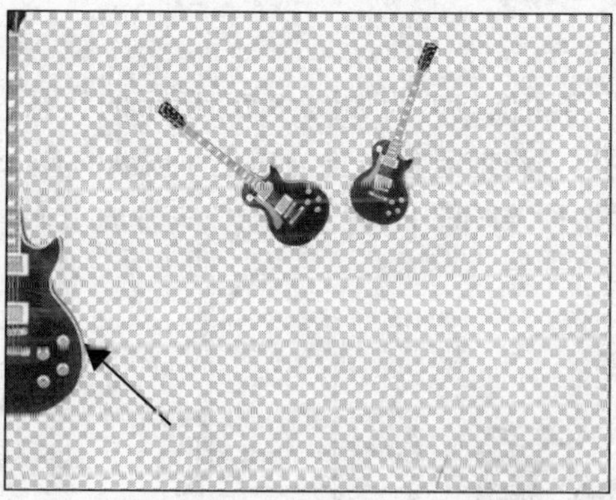

图 8.71　涂抹复制的垂直吉它

提示

“仿制源”参数设置意义：“X”和“Y”值是让复制出的图像在仿制定义点的左边。“W”和“H”值是为了将复制出的图像放大。下面的角度设置是为了让复制出的吉它图像垂直。

步骤08 为了体现仿制源可重复利用的特性，选择“图层 1”激活第1个仿制源，显示状态如图8.72所示，使用鼠标在显示吉它的地方涂抹，得到如图8.73所示的效果，继续涂抹其他位置，得到效果如图8.74和图8.75所示。

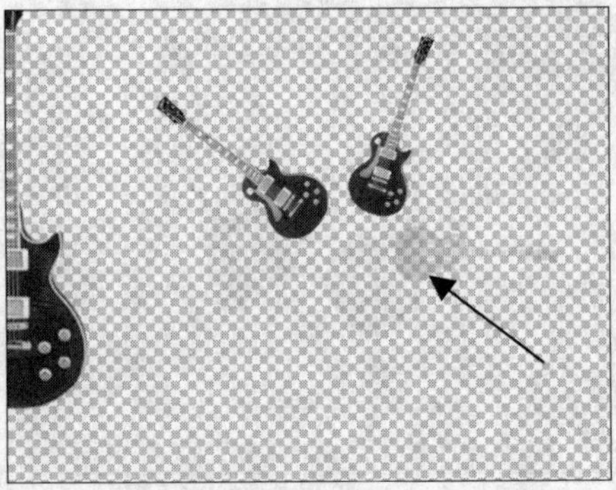

图8.72 选择第1个仿制源的状态

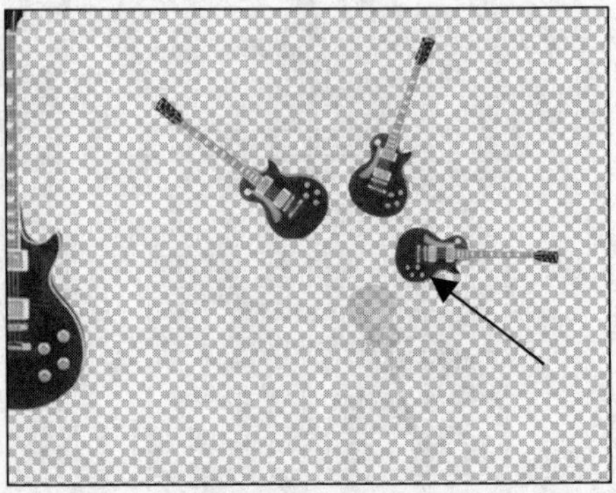

图8.73 复制图像的状态

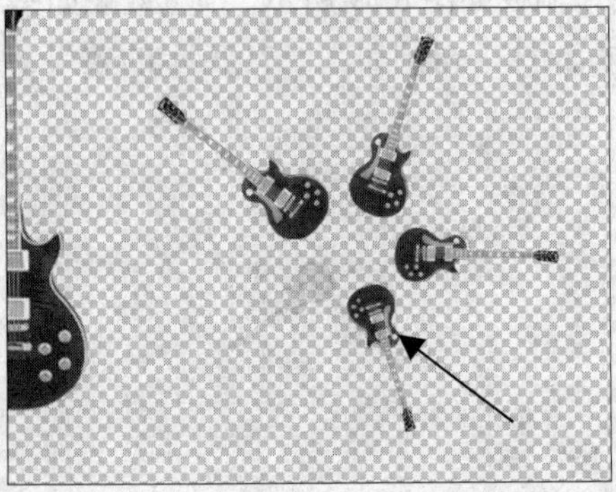

图8.74 再次复制图像的状态

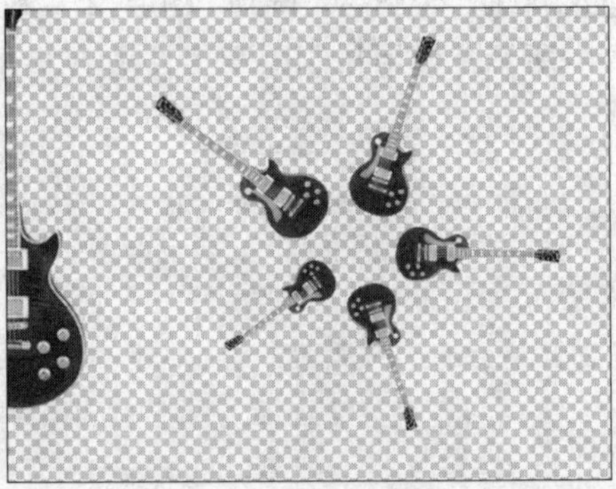

图8.75 使用第1个仿制源点进行操作后的效果

提示

到此，对于仿制源的使用已经讲完，下面的操作将给制作的仿制源添加一些元素，使其成为一个完整的作品。

步骤09 选择裁剪工具，将图像裁剪为如图8.76所示的状态，然后单击创建新的图层按钮，新建一个图层，将前景色设置为白色（按Alt+Delete键填充为白色），并调整到最底层应用“图层”|“新建”|“背景图层”命令将其转化为背景图层，状态如图8.77所示。

图8.76 裁剪后的状态

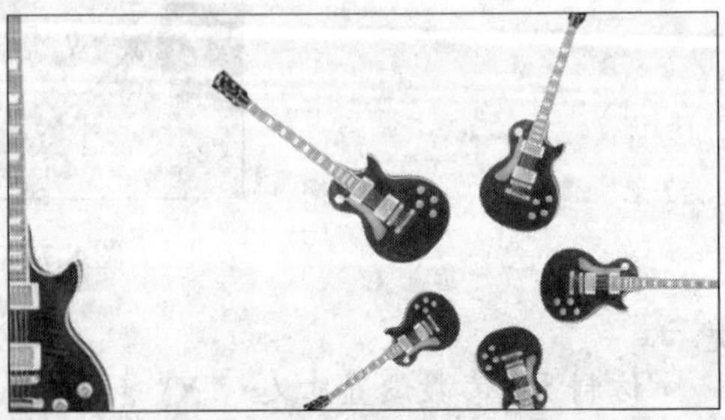

图8.77 添加白色背景的状态

步骤 10 单击创建新的图层按钮，新建一个图层，得到“图层 3”。将其拖到“背景”图层的上面，使用画笔工具绘制如图 8.78 所示图像，然后应用“滤镜”|“模糊”|“动感模糊”命令，在弹出的对话框中设置角度为“9 度”，距离为“538 像素”，确认后得到的效果如图 8.79 所示。

图 8.78　绘制形图像的状态

图 8.79　模糊后的状态

步骤 11 选择“图层 2”将其“不透明度”设置为 30%，得到的效果如图 8.80 所示，使用矩形工具绘制两条直线并添加图层蒙版，得到如图 8.81 所示的效果。

图 8.80　设置“不透明度”的状态

图 8.81　制作直线效果

步骤 12 选择自定义形状工具，将前景色设置为 2d9529，在图中绘制 3 个音乐符号的形状，如图 8.82 所示，得到图层“形状 2”、“形状 3”、“形状 4”。单击添加图层样式命令按钮 *fx*，在弹出菜单中选择“外发光”命令，在对话框中进行相应设置，如图 8.83 所示，确认后得到如图 8.84 所示的效果。

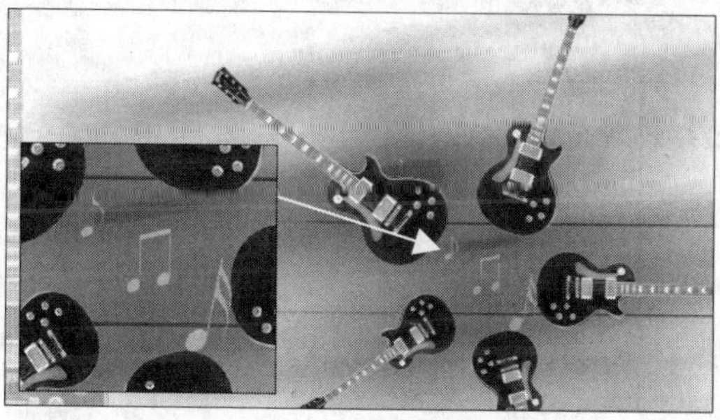

图 8.82　绘制音乐符号

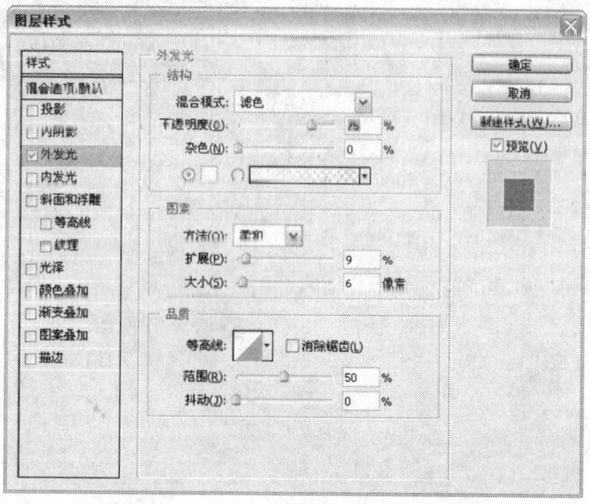

图 8.83　“图层样式”对话框

图 8.84　添加图层样式的状态

步骤 13 选择横排文字工具T，设置适当的字体字号及颜色，输入文字，得到的效果如图 8.85 所示，然后选择文字图层“muisc”添加图层样式，设置方法与上面音乐符号相同，得到的效果如图 8.86 所示。

图 8.85　输入文字的状态

图 8.86　最终效果

第9章

纠正操作失误

Photoshop

在使用 Photoshop 处理图像的过程中，用户会不可避免地出现一些错误操作，但不必担心，Photoshop 提供了许多纠正错误的命令和工具，用户可以非常方便地纠正或撤销错误操作，同时，利用一些纠错工具还可以制作出精美的图像效果。本章将讲解各种纠错命令和工具的作用及使用方法。

Photoshop CS3

9.1 基本的纠正命令

使用 Photoshop 绘图的一大好处就是很容易纠正操作中的错误，它提供了许多用于纠错的命令，其中包括“文件”|“恢复”命令、“编辑”|“还原”命令、“重做”、“前进一步”和“后退一步”命令等，下面将分别讲解这些命令的作用。

9.1.1 “恢复”命令

选择“文件”|“恢复”命令，可以返回到最近一次保存文件时图像的状态，但如果刚刚对文件进行保存则无法执行“恢复”操作。

需要注意的是，如果当前文件没有保存到磁盘，则“恢复”命令也是不可用的。

9.1.2 “还原”与“重做”命令

选择“编辑”|“还原”命令可以向后回退一步，选择“编辑”|“重做”命令，可以重做被执行了还原命令的操作。

两个命令交互显示在编辑菜单中，执行“还原”命令后，此处将显示为“重做”命令，反之亦然。

提示

由于两个命令被集成在一个命令显示区域中，故掌握两个命令的快捷键 Ctrl+Z 对于快速操作非常有好处。

9.1.3 “前进一步”和“后退一步”命令

选择“编辑”|“后退一步”命令，可以将对图像所做的操作向后返回一次，多次选择此命令可以一步一步取消已做的操作。

在已经执行了“编辑”|“后退一步”后，“编辑”|“前进一步”命令才会被激活，选择此命令，可以向前重做已执行过的操作。

9.2 “历史记录”调板

在所有能够纠正操作错误的功能中，“历史记录”调板无疑是最强大而且最有效的。使用“历史记录”调板，不仅能清楚地了解操作者对图像已执行的操作步骤，例如使用的工具、命令等，还可以有选择地回退至图像的某一历史状态。

9.2.1 历史记录

在当前没有新建或打开任何图像的情况下，“历史记录”调板显示为空白，新建或打开了图像后，该调板就会记录用户所做的每一步操作，显示方式为“图标+操作名称”，从而便于用户清楚地看出当前图像曾经执行的操作，如图 9.1 所示。

默认状态下，“历史记录”调板只记录最近 20 步的操作，要改变记录步骤，可以选择“编辑”|“首先项”|“性能”命令或按 Ctrl+K 组合键，在弹出的“预置”对话框中改变默认的参数值，如图 9.2 所示。

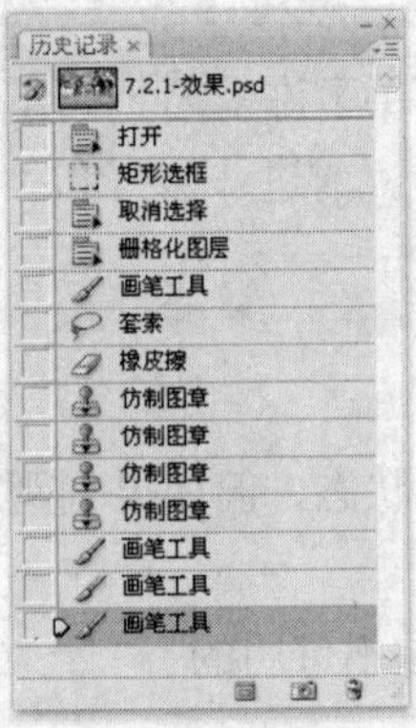

图 9.1 “历史记录”调板

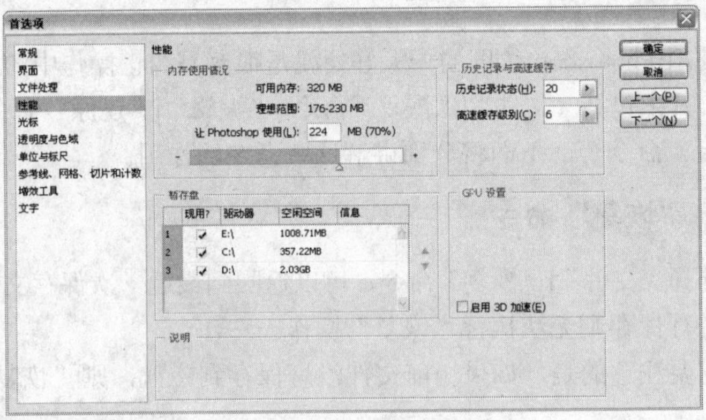

图 9.2 “预置”对话框

在进行一系列操作后，如果希望回退至某个历史状态，只需要使用鼠标左键单击该历史记录的名称即可，此时在所选历史记录后面的操作都将灰度显示，如图 9.3 所示。

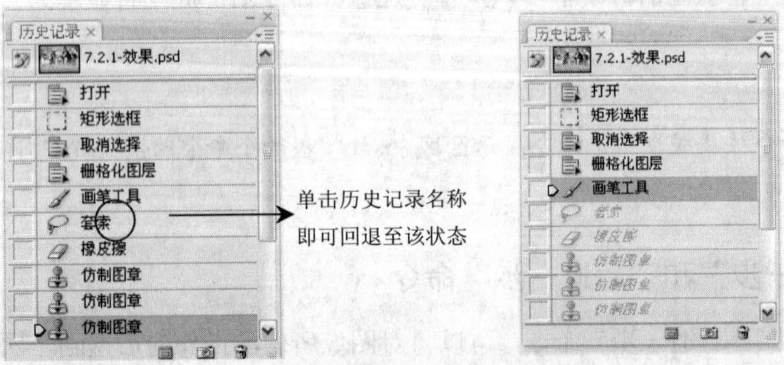

图 9.3 回退至某个历史记录状态实例

9.2.2　快照

除了直接利用“历史记录”调板的回退功能外，还可以利用另一项常用功能——快照功能。

使用快照功能可以让用户在编辑图像的过程中，将某一操作状态保存起来，以方便在需要时进行恢复，快照能够保存的当前状态包括选区、图层、通道、路径等各种信息。

1．建立快照

要建立快照，只需单击“历史记录”调板中创建新快照按钮，即可按照默认状态创建一个新的快照，或者按住 Alt 键单击创建新快照按钮，设置弹出的如图 9.4 所示的对话框后，单击“确定”按钮，即可创建一个新快照。

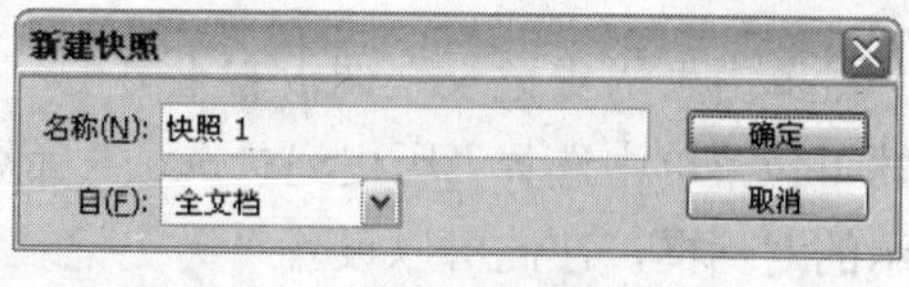

图 9.4　“新建快照”对话框

在“新快照”对话框的“自”下拉列表中的各选项的含义如下。

- 全文档：选择此选项则对整个文件的内容（包括所有图层、通道、路径）建立快照。
- 合并的图层：选择此选项则在建立快照的同时合并图像中除隐藏图层外的所有层。
- 当前图层：选择此选项则所建立的快照仅包括当前图层的状态。

提示

如果按住 Alt 键单击“历史记录”调板中创建新快照按钮，则按照默认参数创建一个快照。

使用快照不仅可以从当前操作状态恢复至保存时的操作状态，同时也可以更容易地对比不同操作状态下的图像差异。

用户只需要将图像的不同效果保存为不同的快照，并在这些快照之间相互切换，就可以查看不同操作状态下图像的差异了。

2．删除快照

要删除不需要的快照，可在选中快照后，单击“历史记录”调板中的删除按钮，然后在弹出的对话框中单击“确定”按钮。

3．重命名快照

若要更改快照名称，可在“历史记录”调板中双击要重命名的快照名称，快照名称处即显示为文本框，如图 9.5 所示。

在其中输入新名称后按 Enter 键或单击文本框以外的其他任意地方即可。

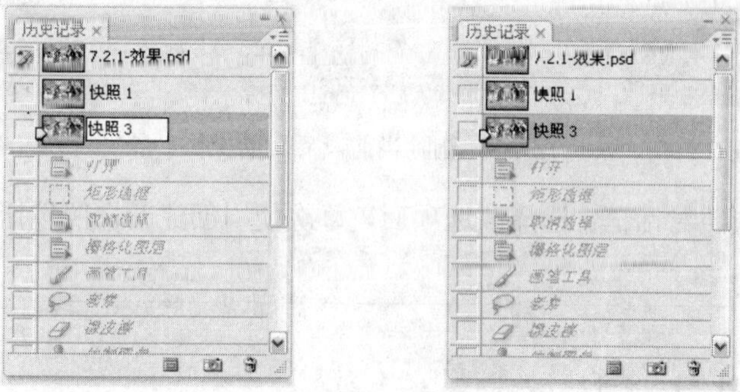

（a）　　（b）

图 9.5　重命名历史快照实例

9.2.3 从当前状态创建新文件

选择需要创建为新文件的快照，单击“历史记录”调板中的建立新文件按钮，或直接将快照拖至按钮上，即可得到一个与当前的所选快照状态相同的新图像。

此操作可作为在工作中常用的一种备份技巧，因此值得特别关注。

9.2.4 设置“历史记录”调板选项

单击“历史记录”调板右上方的三角按钮，在弹出的下拉菜单中选择“历史记录选项”命令，弹出如图 9.6 所示的对话框，在此可以设置“历史记录”调板的参数选项。

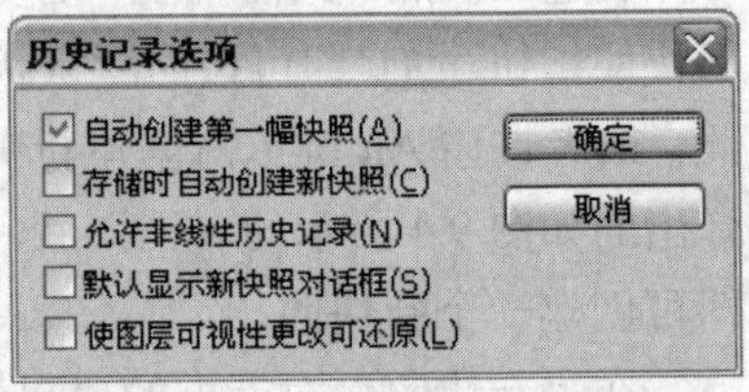

图 9.6 “历史记录选项”对话框

“历史记录选项”对话框中主要选项的含义如下。

- 自动创建第一幅快照：选择该选项后，在新建或打开一幅图像时，会自动在“历史记录”调板中创建一个历史快照。
- 存储时自动创建新快照：选择该选项后，在每次执行“保存”操作时，都会创建一个历史快照。
- 允许非线性历史记录：在通常情况下，如果将前面的历史操作删除后，其后面的操作也同时被删除，选择该选项后，用户可以删除任意一个历史操作，而不会影响它后面的操作。例如图 9.7 所示为原“历史记录”调板，图 9.8 所示为未选择该选项时删除历史操作后的状态，图 9.9 所示为选择该选项后删除历史操作后的状态，对比各个“历史记录”调板就可以看出该选项的作用。

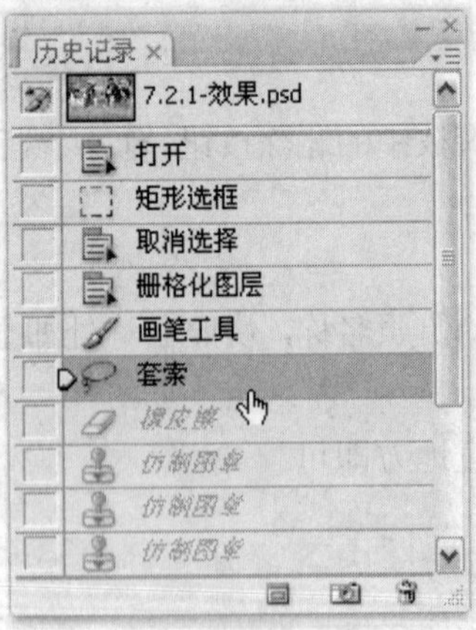

图 9.7 原调板

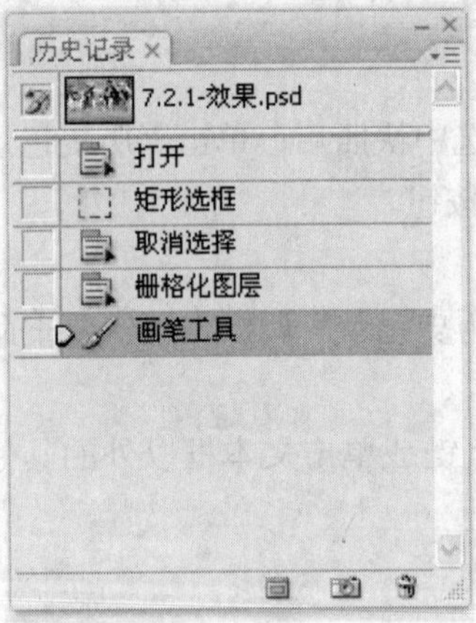

图 9.8 删除当前及后面的操作

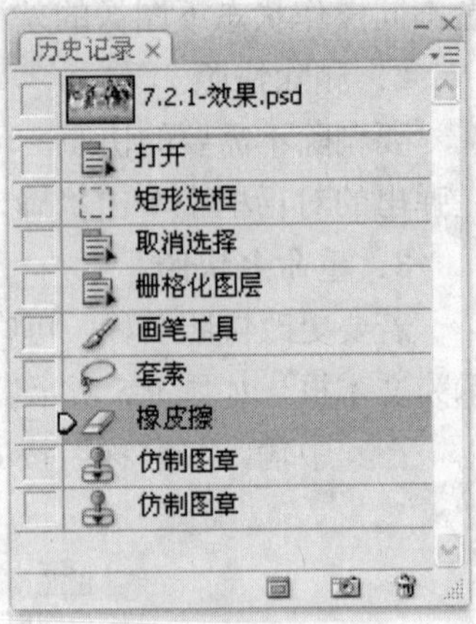

图 9.9 仅删除单一操作

- 默认显示新快照对话框：选择该选项后，每次使用创建新快照按钮都会弹出“新快照”对话框。

Photoshop CS3

9.3 纠错工具

Photoshop 还提供了两个用于纠正错误的工具，即历史记录画笔工具和历史记录艺术画笔工具，使用这两个工具进行纠错的优点在于，能够以绘画的形式自由地纠正发生在图像中的错误。

9.3.1　历史记录画笔工具

使用历史记录画笔工具进行操作，只需在“历史记录”调板中单击该操作记录左侧的小格，使其被标记为，如图 9.10 所示，然后使用历史记录画笔工具在图像需要恢复处涂抹即可。

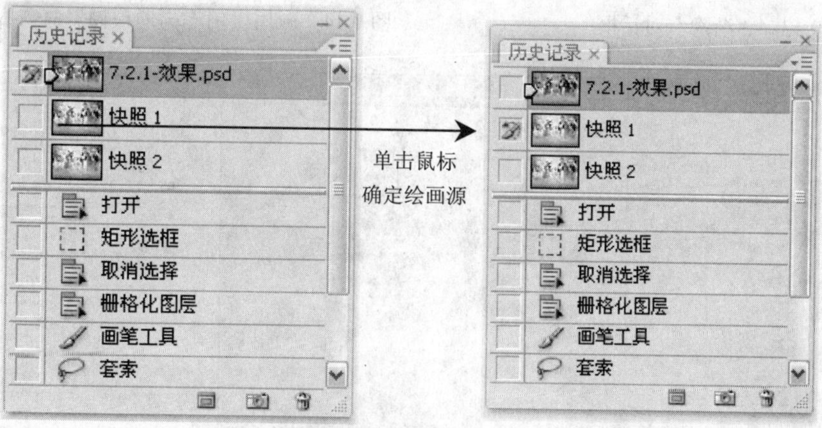

图 9.10　确定绘画源实例

提示

使用此工具进行工作时，可以尝试选择不同的作图模式及不透明度，会得到意想不到的效果。

下面以一个实例详细讲解历史记录画笔工具的使用方法，其操作步骤如下。

步骤 01 打开随书光盘:\d9z\9.3.1-素材.tif，如图 9.11 所示，选择“滤镜”|“模糊”|“高斯模糊”命令，在弹出的对话框中设置“半径”数值为 4，得到如图 9.12 所示的效果。

图 9.11　原图像

图 9.12　设置“半径”为 4 的效果

步骤 02 选择“编辑”|“消退高斯模糊”命令，设置弹出的对话框如图 9.13 所示，单击“确定”按钮退出对话框，得到如图 9.14 所示的效果。

步骤 03 选择“滤镜”|“扭曲”|“扩散光亮”命令，设置弹出的对话框如图 9.15 所示，单击“确定”按钮退出对话框。

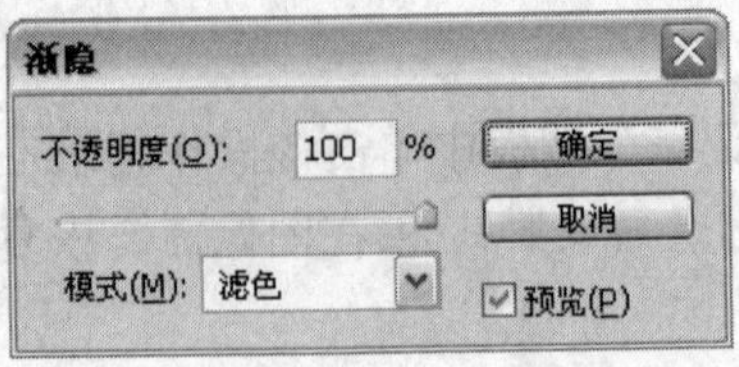

图 9.13 “渐隐”对话框

图 9.14 应用“消退高斯模糊”命令后的效果

图 9.15 “扩散亮光”对话框

步骤 04 选择“滤镜”|“渲染”|“光照效果”命令，设置弹出的对话框如图 9.16 所示，得到如图 9.17 所示的效果。

步骤 05 选择历史记录画笔工具，设置适当的画笔大小，显示“历史记录”调板，并将恢复状态设置为如图 9.18 所示的位置。

步骤 06 使用历史记录画笔工具在图像中间的小路及草坪进行涂抹，直至得到如图 9.19 所示的最终效果。

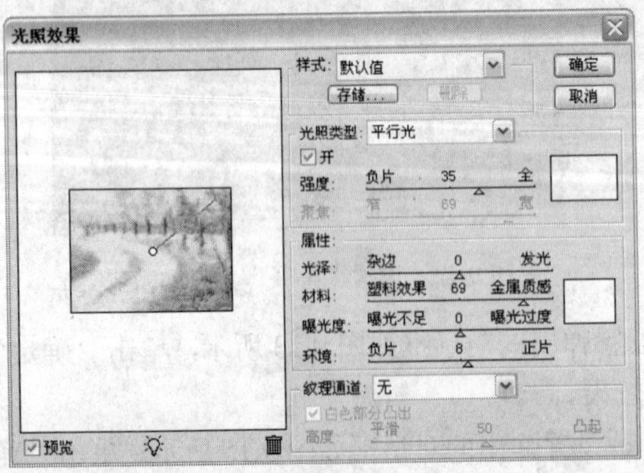

图 9.16 “光照效果”对话框

图 9.17 应用“光照效果”命令后的效果

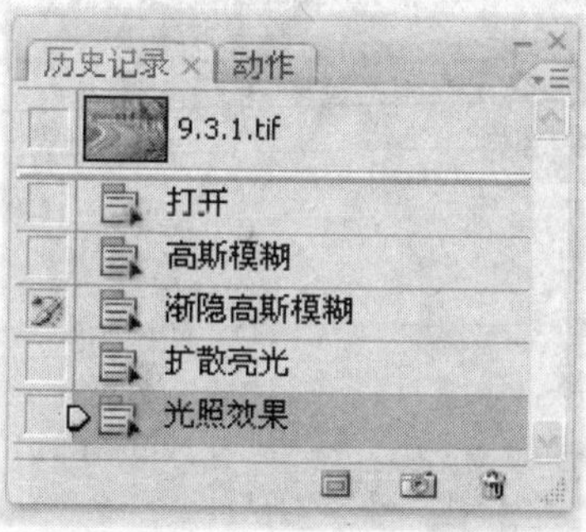

图 9.18　“历史记录”调板

图 9.19　最终效果

由上面的实例可以看出，历史记录画笔工具可以将涂抹过的图像恢复至某一目标状态，要设置目标状态，只需要单击历史记录名称左侧的图标并变为图标即可。

需要注意的是，使用历史记录画笔工具涂抹过的区域是无法恢复的，只有通过“撤销”操作来进行回退，所以用户在使用该工具恢复图像时，一定要特别注意这一点，尽量避免发生错误。

9.3.2　历史记录艺术画笔工具

历史记录艺术画笔工具与历史记录画笔工具的功能基本相同，区别在于使用此工具进行绘图时可选一种笔触画出颇具艺术风格的作品，此工具选项条如图 9.20 所示。

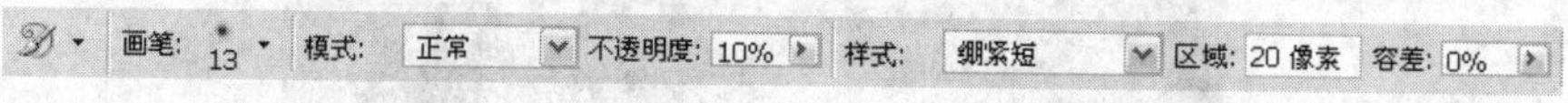

图 9.20　历史记录艺术画笔工具选项条

历史记录艺术画笔工具选项条中的参数含义如下。

- 模式：在该下拉列表中可选择作图的混合模式。
- 不透明度：该选项用于控制用艺术历史画笔作图时的不透明度。
- 样式：在该下拉列表中可以选择一种绘图样式，选择每一选项均可以得到不同的绘制效果，其下拉列表如图 9.21 所示。
- 区域：该选项用于设置绘制时所覆盖的像素范围，数值越大，历史记录艺术画笔所覆盖的范围就大，反之越小。
- 容差：用于设置作图的范围，若数值较小，则可以不受限制地在图像的任何区域绘制；若数值较大，绘制时操作将被限制在与历史记录状态或快照图像的色调相差较大的区域。

下面以一个实例来讲解历史记录艺术画笔工具的使用方法，其操作步骤如下。

步骤 01 打开随书光盘:\d9z\9.3.2-素材.tif，如图 9.22 所示。

步骤 02 选择“背景”图层，设置前景色为白色，按 Alt+Delete 组合键填充该图层。

步骤 03 选择历史记录艺术画笔工具，并设置其工具选项条如图 9.23 所示。

步骤 04 使用历史记录艺术画笔工具在图像中进行均匀涂抹，直至涂抹出整个图像为止，如图 9.24 所示。

步骤 05 重新设置历史记录艺术画笔工具选项条中的参数如图 9.25 所示，然后继续在图像中的白色图像上进行涂抹，直至得到满意的效果为止，如图 9.26 所示。

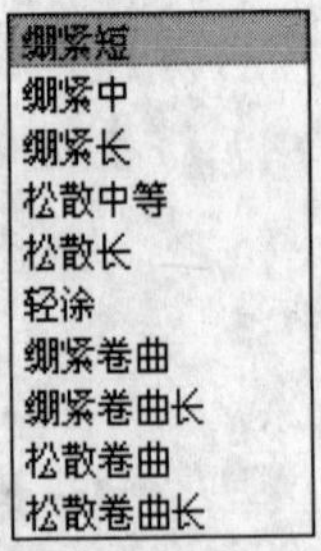

图 9.21　“样式”下拉列表

图 9.22　素材图像

图.9.23　历史记录艺术画笔工具选项条

图 9.24　应用历史记录艺术画笔工具涂沫后的效果

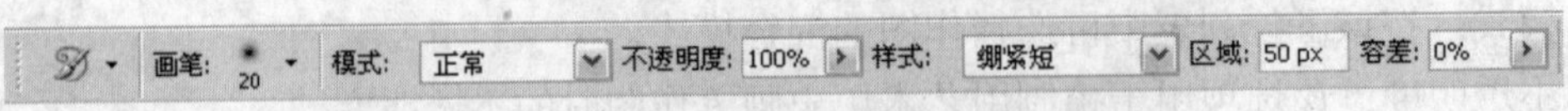

图 9.25　历史记录艺术画笔工具选项条

图 9.26　最终效果

提示

本章所用到的素材文件为随书光盘:\d9z\中的文件，文件名对应着本章的小节号。

第 10 章

Photoshop

快速调整与自动校正命令

Photoshop 包含了一些简单实用的快速调整与自动校正命令，应用这些命令可以快速对图像进行调整，或利用 Photoshop 内部设置的参数对图像进行自动校正，从而大大地降低了图像调整的难度，同时极大地提高了工作效率。

Photoshop 10.1 “直方图”调板 CS3

“直方图”以图形的形式表现出图像中像素的亮度分布，这样通过观察直方图就可以准确地分析出图像在暗调、中间调和高光部分是否拥有足够多的细节，以便进行调整和校正。

例如，图 10.1 所示为暗调部分较多的图像及对应的“直方图”调板，图 10.2 所示为高光部分较多的图像及对应的“直方图”调板，图 10.3 所示为色调分布较为均匀的图像及对应的“直方图”调板。

（a）

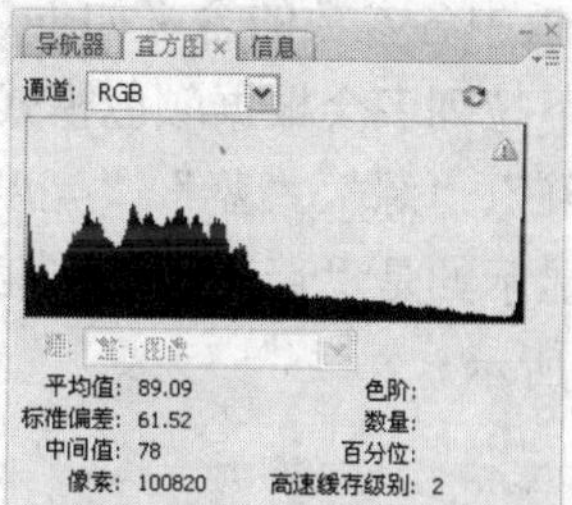

（b）

图 10.1　暗调较多的图像及对应的“直方图”调板

（a）

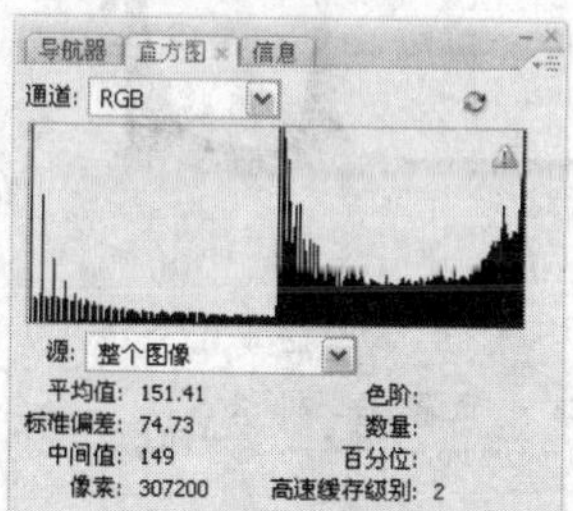

（b）

图 10.2　高光较多的图像及对应的“直方图”调板

(a)

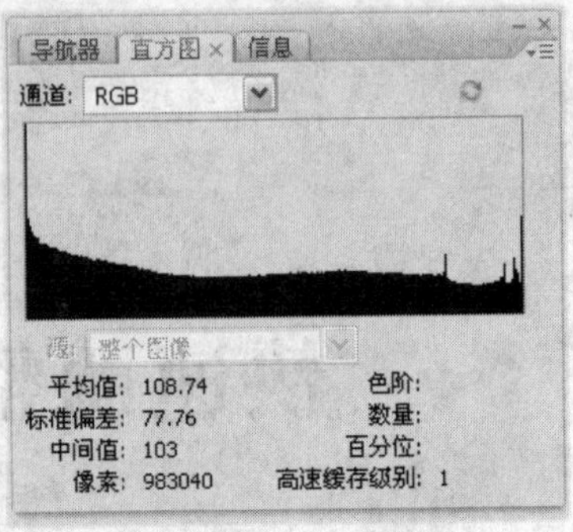

(b)

图 10.3　色调分布较为均匀的图像及对应的"直方图"调板

选择"窗口"|"直方图"命令，弹出如图 10.4 所示的"直方图"调板。

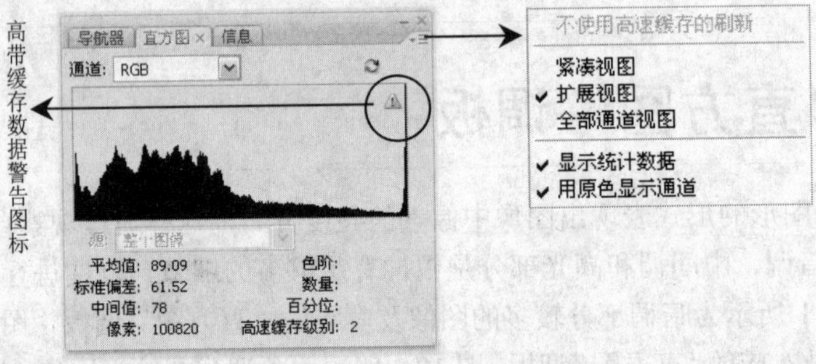

图 10.4　"直方图"调板

"直方图"调板中各参数的含义如下。

- 通道：该下拉列表会根据颜色模式的不同而显示不同的选项。例如，在 RGB 模式下显示的是"红"、"绿"、"蓝"、"亮度"和"颜色" 5 个选项；而在 CMYK 模式下，该下拉列表中显示的是"青色"、"洋红"、"黄色"、"黑色"、"亮度"和"颜色" 6 个选项，如图 10.5 所示。

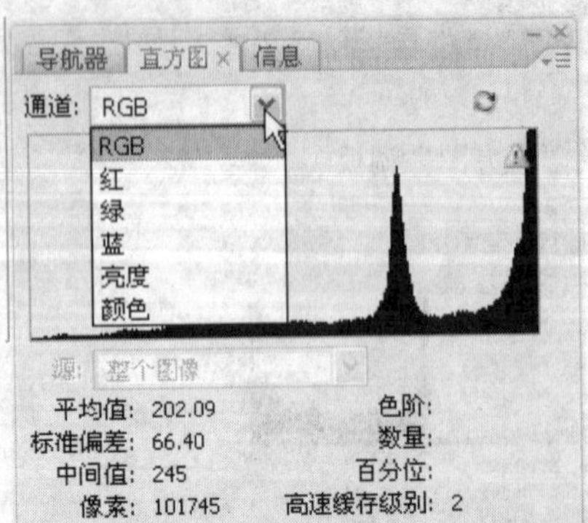

(a) RGB 模式下的"通道"下拉列表

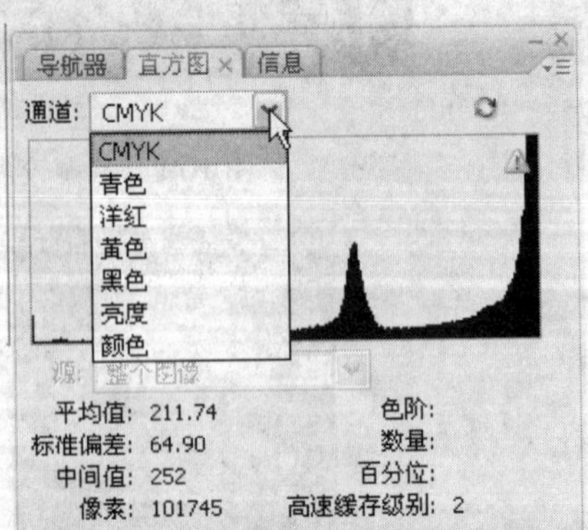

(b) CMYK 模式下的"通道"下拉列表

图 10.5　显示"通道"下拉列表

- 高带缓存数据警告图标⚠：单击该图标可以查看不带高带缓存时的直方图状态。
- 源：在该下拉列表中可以选择查看直方图的对象，选择“整个图像”选项，可以查看所有显示图层中的图像直方图；选择“选中的图层”选项，可以查看当前所选图层中的图像直方图；选择“复合图像调整”选项，可以查看在“图层”调板中选择的调整图层（包括调整图层下面的所有图层）的直方图。
- 平均值：该数值用于显示图像的平均亮度值。
- 标准偏差：该数值用于显示图像亮度值的变化范围。
- 中间值：该数值用于显示图像亮度值范围内的中间值。
- 像素：该数值用于计算直方图的像素总数。
- 色阶：该数值用于显示光标当前位置区域的亮度级别。
- 数量：该数值用于显示与当前光标所在位置亮度级别相同的像素总数。
- 百分位：该数值用于显示光标所在位置为图像中所有像素的百分比。
- 高速缓存级别：该数值用于显示图像高速缓存的级别设置。

利用直方图除了可以方便地分析出整体图像或所选区域的像素分布外，还有一个非常好的功能，就是直方图可以随着图像的改变而随时更新，而且在未退出对话框之前，还可以观看到原来的直方图状态，如图 10.6 所示。

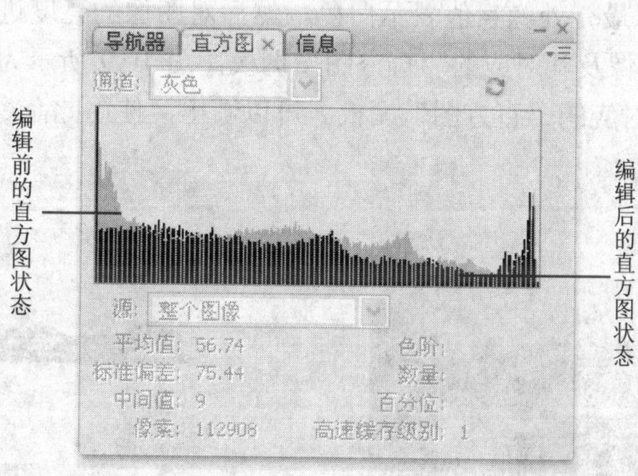

图 10.6　同时查看编辑前后的直方图状态

10.2 快速调整色彩命令

快速调整色彩的命令主要包括“反相”、“色调均化”、“阈值”、“色调分离”及“去色”等，本节将详细讲解各个命令的作用。

10.2.1　反相图像色彩

选择“图像”|“调整”|“反相”命令，可以对图像进行反相。将正片黑白图像变成负片或将扫描的黑白负片转换为正片是此命令最为典型的应用实例，对于一幅彩色图像也可以使用此命令得到反相后的效果，图 10.7 所示为原图像及对图像执行反相操作后的效果。

(a)

(b)

图 10.7 “反相”命令操作实例

10.2.2 平均图像色调

选择“图像”|“调整”|“色调均化”命令，Photoshop 将重新分布图像中像素的亮度值，以使其更均匀地分布在所有色调范围内。

使用该命令时，Photoshop 查找图像中最亮和最暗的像素，并以最暗处像素值表示黑色（或尽可能相近的颜色），以最亮处像素值表示白色，然后对图像的亮度进行色调均化。

图 10.8 所示为原图像及其对应的“直方图”调板，图 10.9 所示为使用“色调均化”命令调整图像后的效果及其对应的“直方图”调板。可以看出，使用此命令后像素分布更加均匀。

(a)

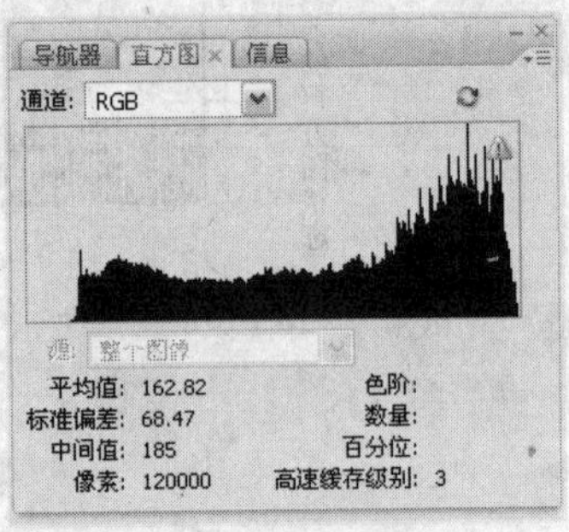

(b)

图 10.8 原图像及其对应的“直方图”调板

(a)

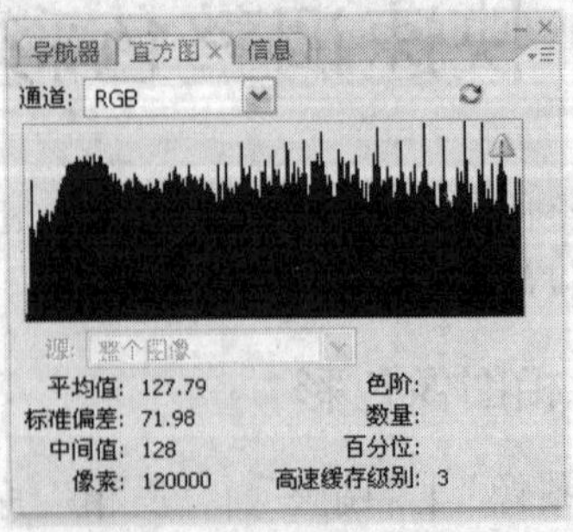

(b)

图 10.9 应用“色调均化”命令后的效果及其对应的“直方图”调板

10.2.3 制作纯黑白图像效果

“阈值”命令可以将一个灰度或彩色图像转换为高对比度的黑白图像，该命令允许用户将一个色阶值指定为“阈值”，调整后所有比该“阈值”亮的像素会被转换为白色，所有比该“阈值”暗的像素会被转换为黑色。

选择“图像”|“调整”|“阈值”命令，弹出如图 10.10 所示的对话框。

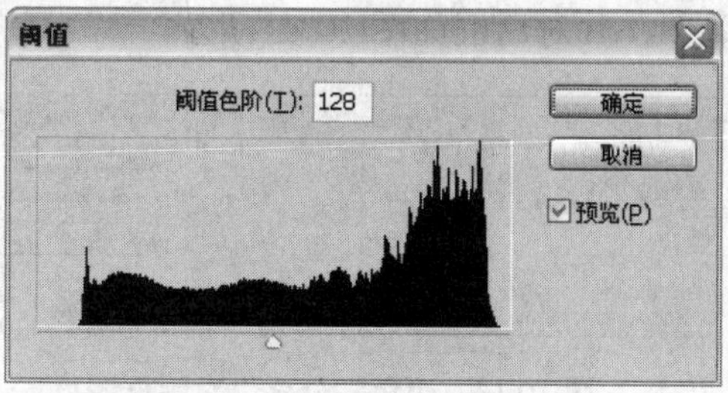

图 10.10 “阈值”对话框

图 10.11 所示为原图像及使用“阈值”命令得到的黑白图像效果。

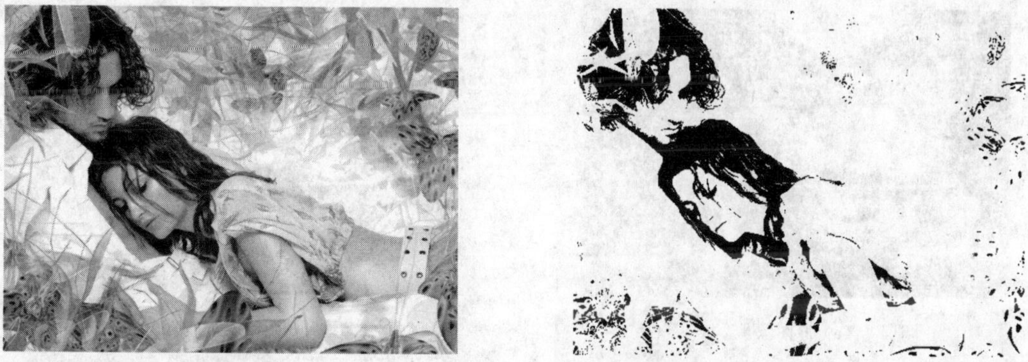

（a）原图像

（b）设置“阈值色阶”数值为 80 时的效果

图 10.11 “阈值”命令应用实例

图 10.12 所示为输入不同的“阈值色阶”数值得到的不同图像效果。

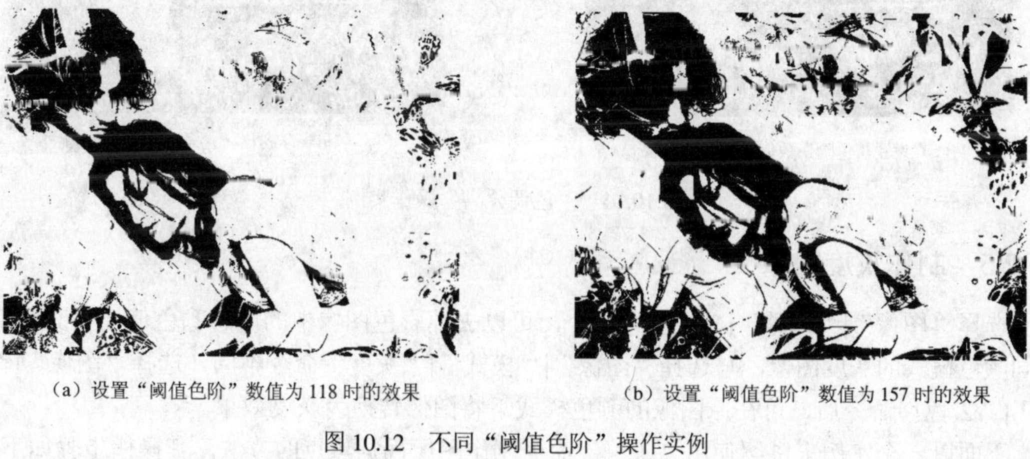

（a）设置“阈值色阶”数值为 118 时的效果

（b）设置“阈值色阶”数值为 157 时的效果

图 10.12 不同“阈值色阶”操作实例

值得一提的是，虽然将图像转换为“位图”模式也可以得到黑白图像的效果，但“阈值”命令在使用的过程中，可以动态地调整黑白比例，因此在制作黑白图像效果时，使用此命令得到的效果往往比直接将图像转换为“位图”模式具有更大的灵活性。

10.2.4 自定义色调的等级

选择“图像”|“调整”|“色调分离”命令，可以指定图像的色调级数，并按此级数将图像的像素映射为最接近的颜色，其对话框如图 10.13 所示。

图 10.13 “色调分离”对话框

“色阶”数值框中的数值确定了颜色的色调等级，数值越大，颜色过渡越细腻；数值越小，图像的色块效果显示越明显，如图 10.14 所示。

(a) 原图像

(b) 设置“色阶”数值为 2 时的效果

(c) 设置“色阶”数值为 4 时的效果

(d) 设置“色阶”数值为 8 时的效果

图 10.14 “色调分离”操作实例

10.2.5 制作灰度图像

选择“图像”|“调整”|“去色”命令，可以去掉彩色图像中的所有颜色值，将其转换为相同颜色模式的灰度图像，与选择“图像”|“模式”|“灰度”命令不同，选择“图像”|“调整”|“去色”命令后，可在原图像的颜色模式下将图像转换为灰度效果。

下面以一个实例来讲解使用“去色”命令制作图像视觉焦点的方法，其操作步骤如下。

步骤01 打开随书光盘:\d10z\10.2.5-素材.tif，如图 10.15 所示，在这幅图像中使用此命令将香水瓶制作为视觉焦点。

步骤02 使用套索工具沿着图像中香水瓶的边缘绘制选区，如图 10.16 所示。

图 10.15　原图效果

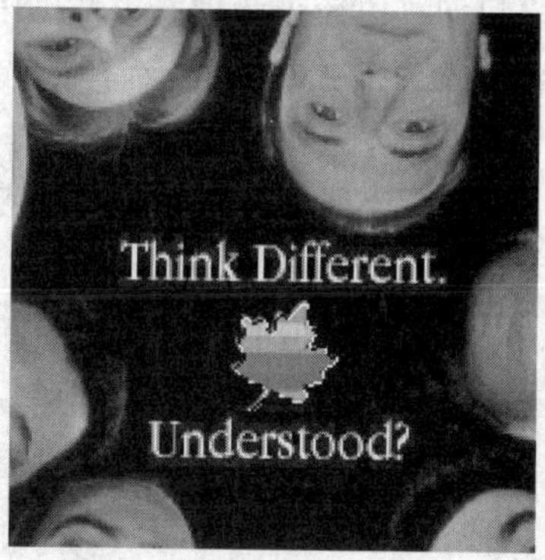

图 10.16　绘制选区

步骤03 按快捷键 Ctrl+Shift+I 执行“反选”操作。

步骤04 选择“图像”|“调整”|“去色”命令或按快捷键 Ctrl+Shift+U 执行“去色”操作。

步骤05 按快捷键 Ctrl+D 取消选区，得到如图 10.17 所示的效果。

图 10.17　最终效果

Photoshop 10.3 自动校正命令 CS3

使用“自动色阶”、“自动饱和度”和“自动颜色”等命令，无须设置大量复杂的参数就可以自动校正图像的效果，本节将详细讲解各个命令的作用。

10.3.1　设置自动更正选项

选择“图像”|“调整”|“色阶”或“曲线”命令，在弹出的“色阶”或“曲线”对话框

中（关于“色阶”和“曲线”命令请参见本书第 11 章中的相关内容）单击右侧的“选项”按钮，即可弹出“自动颜色校正选项”对话框，如图 10.18 所示。

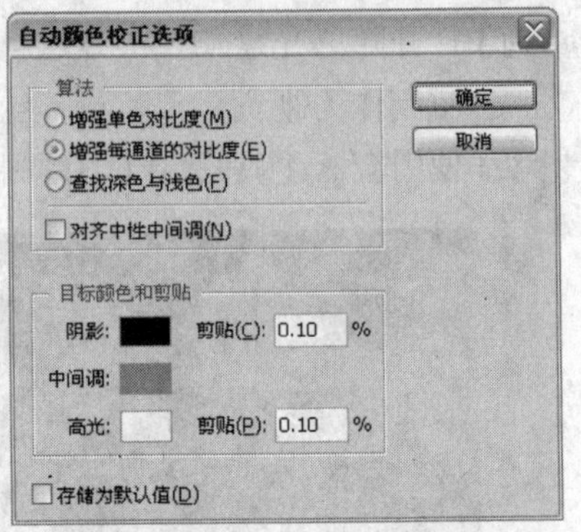

图 10.18 “自动颜色校正选项”对话框

“自动颜色校正选项”对话框中各参数的含义如下。

- 增强单色对比度：选择该选项后，可在不改变图像整体色调关系的情况下，增加图像的对比度。选择该选项与直接对图像应用“自动对比度”命令的效果相同。
- 增强每通道的对比度：选择该选项后，可以最大幅度地增加每个通道的色调范围、增强其对比度，但使用该选项容易使图像出现杂点或色痕。选择该选项与直接对图像应用“自动色阶”命令的效果相同。
- 查找深色与浅色：选择该选项后，将查找图像中平均最亮和最暗的像素。选择该选项并选中“对齐中性中间调”选项时，最终效果与直接对图像应用“自动颜色”命令的效果相同。
- 对齐中性中间调：选择该选项后，将查找图像中平均接近的中性色，再调整灰度系数值使颜色成为中性色。
- 阴影：单击该参数后的颜色块，在弹出的“拾色器”对话框中选择一个暗调的颜色。在后面的数值框中输入数值，可以设置输出时剪切黑色像素的比例，默认为 0.1%。
- 中间调：单击该参数后的颜色块，可在弹出的“拾色器”对话框中选择一个中间调的颜色。
- 高光：该选项中的参数与“阴影”选项中的参数相似，其含义也相似，故不再赘述。
- 存储为默认值：选择该选项后，单击“确定”按钮退出该对话框时，会存储当前所做的设置，下次再应用“自动”命令时即可按照该设置对图像进行调整。

10.3.2 自动调整图像的色阶

使用“自动色阶”命令可以让 Photoshop 自动调整图像的黑场和白场，即找到图像中的最暗点和最亮点，并将其分别映射为纯黑（最暗点）和纯白（最亮点），而两者之间的图像像素也会按照比例进行重新分布。

正因为如此，在使用该命令调整图像时可能会出现颜色的改变或色痕，如图 10.19 所示为原图像，图 10.20 所示为应用“自动色阶”命令调整后的效果，本例效果请参阅本书彩页。

图 10.19 原图像

图 10.20 应用“自动色阶”命令调整后的效果

10.3.3　自动调整图像的对比度

使用“自动对比度”命令可以自动调整图像的总体对比度，它与“自动色阶”命令最大的不同点就在于该命令不会改变图像的颜色，也就不会造成图像颜色的缺失，图 10.21 所示为原图像及应用“自动对比度”命令调整后的效果，图 10.22 所示为原图像及应用“自动色阶”命令调整后的效果。

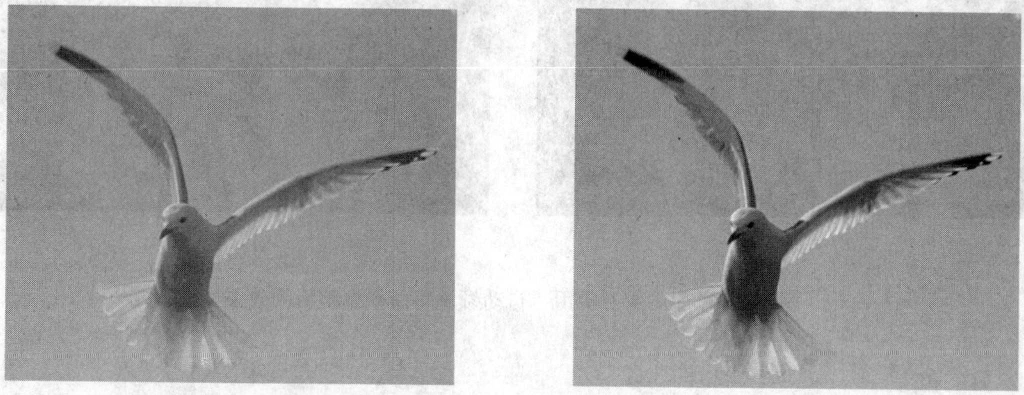

（a）　　（b）

图 10.21　原图像及应用“自动对比度”命令调整后的效果

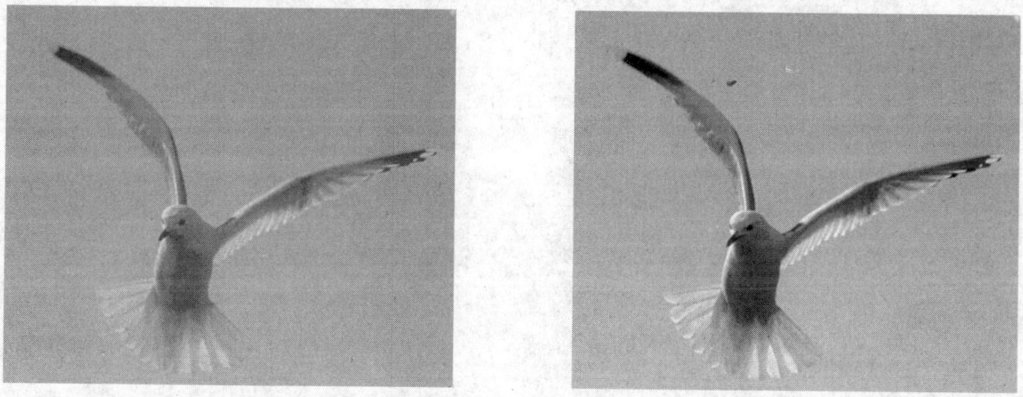

（a）　　（b）

图 10.22　原图像及应用“自动色阶”命令调整后的效果

对比前后两次调整的效果就可以看出，应用“自动对比度”命令调整后的图像，仍能保持原来的颜色，而应用“自动色阶”命令调整后的图像则发生了很大的颜色变化，本例效果请参阅本书彩页。

10.3.4　自动调整图像的颜色

使用“自动颜色”命令可以自动标识图像的实际暗调、中间调和高光，从而自动更正图像的颜色，例如，图 10.23（a）所示的图像整体偏红，图 10.23（b）所示为应用“自动颜色”命令调整后的效果，可以看出图像已经恢复了正常的颜色，本例效果请参阅本书彩页。

提示

本章所用到的素材文件为随书光盘:\d10z\中的文件，文件名对应着本章的小节号。

（a）　（b）

图 10.23　原图像及应用“自动颜色”命令调整后的效果

第 11 章

Photoshop

颜色调整命令

Photoshop 拥有一系列强大的颜色调整命令，可以很方便地改变图像的颜色、为图像叠加颜色、减少混合色中的某种颜色、制作灰度或双色图像、替换指定的颜色、平衡图像色彩、匹配颜色及统一图像色调等，下面将分别讲解这些调整命令的使用方法。

Photoshop 11.1 “色相/饱和度”命令 CS3

利用“色相/饱和度”命令不但可以调整整幅图像的色相及饱和度，还可以分别调整图像中不同颜色的色相及饱和度，或为图像着色，使图像成为一幅单色调图像。

选择“图像”|“调整”|“色相/饱和度”命令，弹出如图 11.1 所示的对话框。

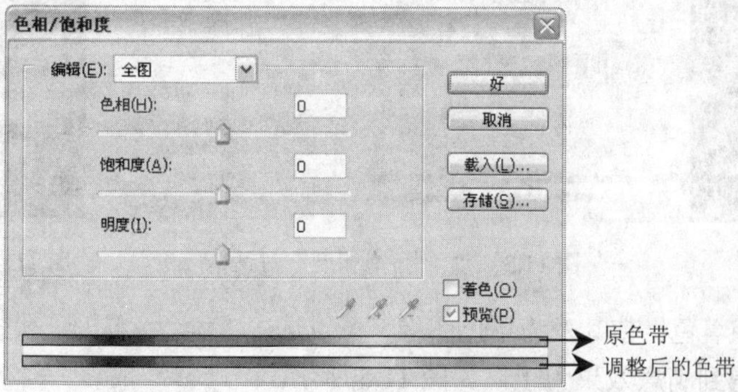

图 11.1 “色相/饱和度”对话框

“色相/饱和度”对话框中的参数含义如下。

- 编辑：此选项用于确定调整的目标，在该下拉列表中选择“全图”选项，则同时对图像中的所有颜色进行调整；如果选择“红色”、“黄色”、“绿色”、“青色”、“蓝色”或“紫色”选项中的某一个，则仅对图像中相对应的颜色进行调整。
- 色相：拖动该滑块或在数值框中输入数值，可以改变要调整的颜色的色相。
- 饱和度：拖动该滑块或在数值框中输入数值，可以调整颜色的饱和度。数值为正时，加大颜色的饱和度；数值为负时，降低颜色的饱和度。
- 明度：拖动该滑块或在数值框中输入数值，可以调整图像颜色的亮度。
- 着色：选择该选项，可以将图像调整为一种单色调效果。

- 吸管工具：在“编辑”下拉列表中选择除“全图”以外的任意一个选项，即可激活该工具，使用该工具可以在图像中吸取颜色，从而达到精确调节颜色的目的。
- 添加到取样工具：使用该工具可以在当前被调节颜色的基础上，增加被调节的颜色。
- 从取样中减去工具：使用该工具可以在当前被调节颜色基础上，减少被调节的颜色。
- 存储：单击该按钮，在弹出的对话框中可以将当前设置存储为一个*.ASV 格式的文件。
- 载入：单击该按钮，在弹出的对话框中可以载入一个以前存储的设置文件，从而提高工作效率。
- 色带：在“色相/饱和度”对话框底部显示了两条色带，位于上面的一条是原色带，它在调整颜色的过程中是不变的；而下面的一条是调整后的色带，它会随着颜色的变化而变化。

11.1.1 快速调整图像颜色

下面以一个实例来讲解使用“色相/饱和度”命令调整图像颜色的操作步骤。

步骤01 打开随书光盘:\d11z\11.1.1-素材.tif，如图 11.2 所示。在本例中，我们将把表框外的所有图像调整为紫色。

步骤02 按 Ctrl+U 组合键应用“色相/饱和度”命令，设置如图 11.3 所示，确认后得到如图 11.4 所示的效果。

图 11.2 素材图像

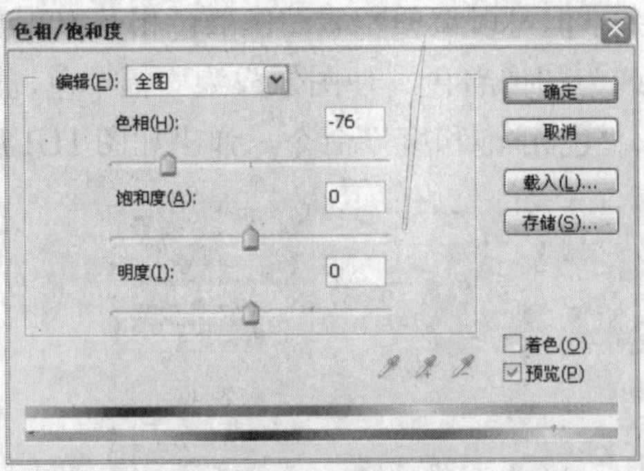

图 11.3 “色相/饱和度”对话框

图 11.4 设置颜色的状态

步骤03 如果要为图像着色，使其变为单色图像，可以选中“着色”选项，并分别拖动各个调整滑块，直至得到满意效果为止，如图 11.5 所示。

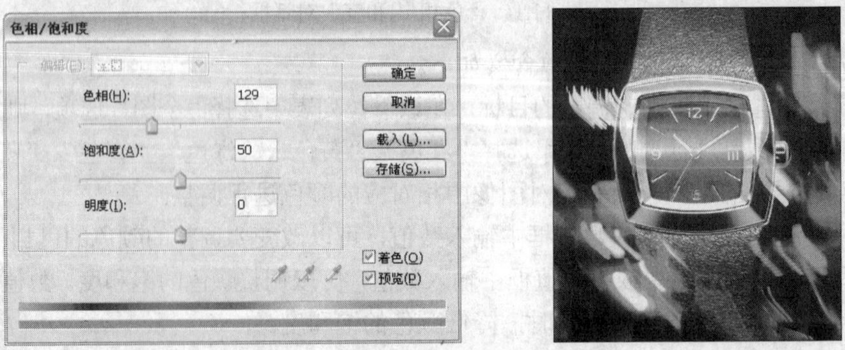

(a) (b)

图 11.5 为图像重新着色后的效果

步骤 04 设置完选项后单击“确定”按钮即可。

11.1.2 使用模糊控件调整图像颜色

当在“编辑”下拉列表中选择除“全图”选项以外的任意一种颜色时，颜色范围控件就会被激活，如图 11.6 所示。

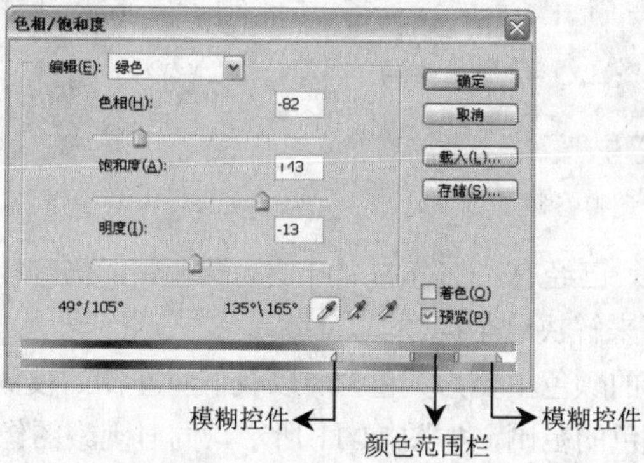

图 11.6 显示颜色范围控件时的“色相/饱和度”对话框

图 11.6 所示的“颜色范围栏”和“模糊控件”统称为颜色范围控件，下面分别讲解其含义。

- 颜色范围栏：拖动该栏可以控制要调节的主颜色范围。拖动颜色范围栏左右两侧的模糊条可以增大或减小颜色调整的范围。
- 模糊控件：拖动左右两侧模糊控件中的三角形，可以在不影响主颜色范围的情况下，增加或减少调整的颜色范围。

下面以一个实例来讲解模糊控件的使用方法，其操作步骤如下。

步骤 01 打开随书光盘:\d11z\11.1.2-素材.tif，如图 11.7 所示。本实例将把图像中夏天的绿叶颜色调整为秋天的黄色。

步骤 02 按 Ctrl+U 组合键应用“色相/饱和度”命令，在弹出对话框中的“编辑”下拉列表中选择被调整颜色的主色，观察图像可以看出绿叶的主色为绿色，所以在此选择“绿色”选项，如图 11.8 所示。

图 11.7 原图像

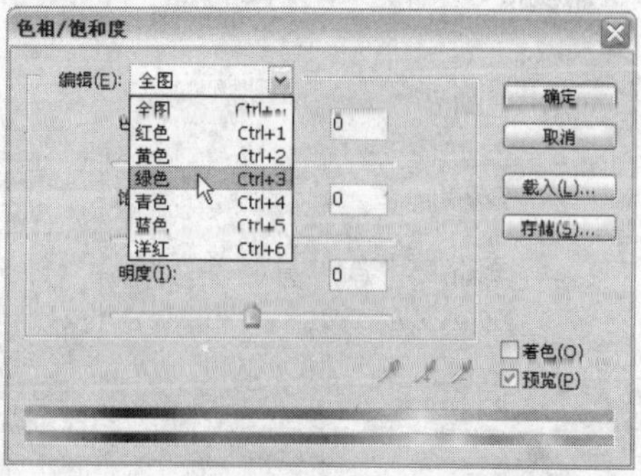

图 11.8 在“编辑”下拉列表中选择“绿色”选项

步骤 03 分别拖动“色相”和“饱和度”滑块至如图 11.9 所示的位置，以调整图像的颜色，在选中“预览”选项的情况下，可以看到如图 11.10 所示的效果。

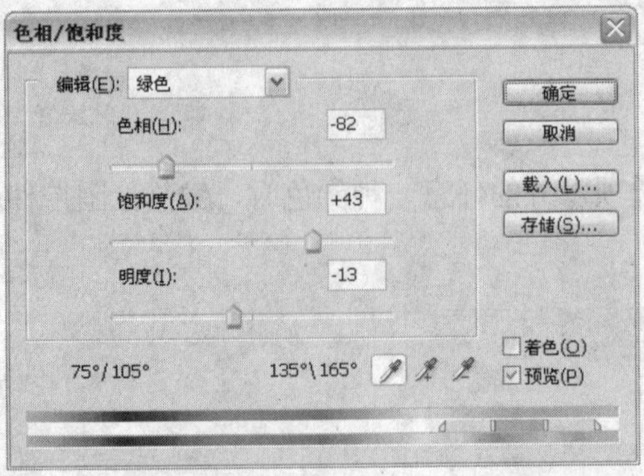

图 11.9　调整参数

图 11.10　预览效果

步骤 04 观察图像可以看出，已经有一部分的绿叶变为黄色，但仍有相当一部分并没有改变，下面就利用模糊控件来解决这个问题。

步骤 05 由于剩余没有改变的颜色主要为黄色，所以我们将左侧的模糊控件向黄色方向拖动，以增加此命令调整颜色的范围，如图 11.11 所示，同时观察图像中黄色树叶的变化，直至所有的绿叶都变为黄色为止，如图 11.12 所示。

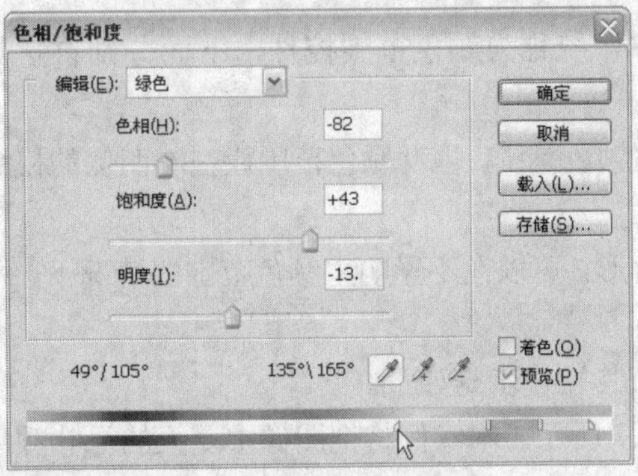

图 11.11　拖动模糊控件

图 11.12　将所有树叶调整为黄色后的效果

步骤 06 此时观察图像中左右两侧的木栏，以及远处的树叶图像，可以看出仍存在少量的青色未变成黄色，下面将通过调节“青色”选项对其进行调整，如图 11.13 所示。

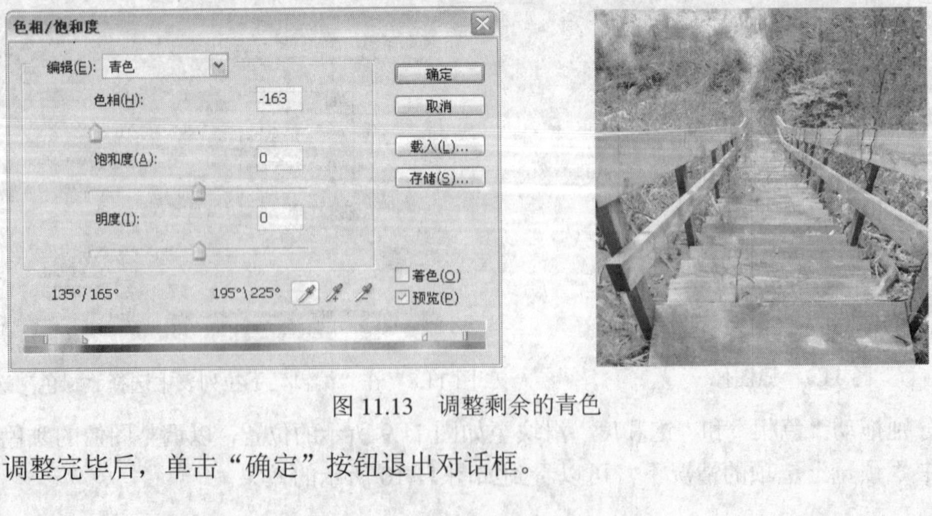

图 11.13　调整剩余的青色

步骤 07 调整完毕后，单击“确定”按钮退出对话框。

Photoshop CS3

11.2 “变化”命令

利用“变化”命令可以非常直观地调整图像的颜色、对比度和饱和度，选择“图像”|“调整”|“变化”命令，弹出如图 11.14 所示的对话框。

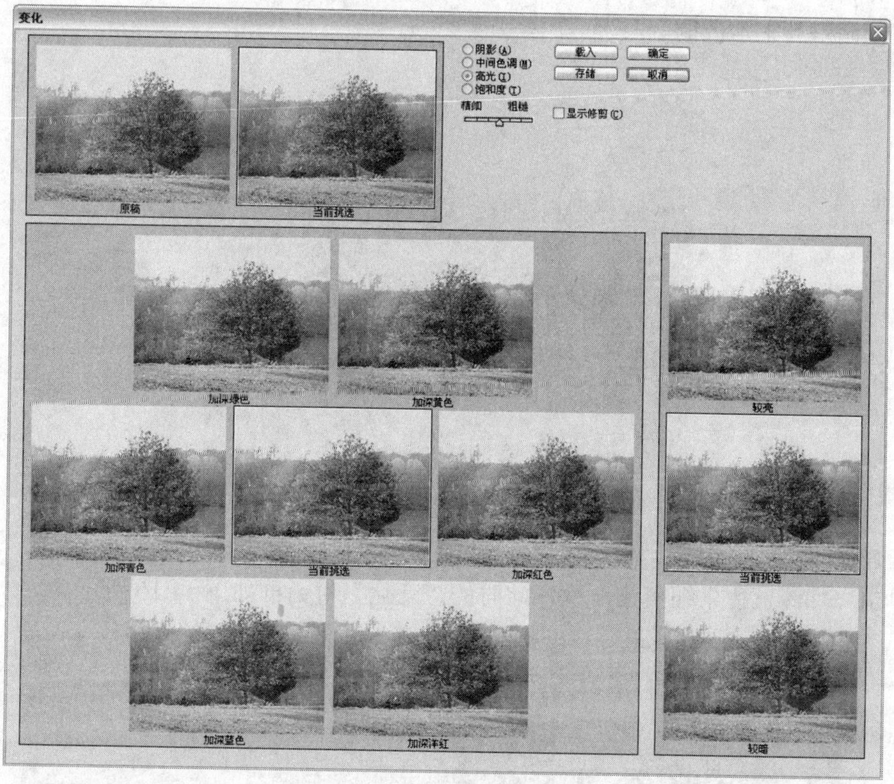

图 11.14　“变化”对话框 1

“变化”对话框中的参数含义如下。

- 原稿、当前挑选：对话框左上方的两个缩览图代表原图像和调整后的图像状态，单击“原稿”缩览图可以将图像恢复至调整前的状态。
- 阴影、中间色调、高光：选择对应的选项，可分别调整图像的暗调、中间色调、高光区域的色相、亮度。
- 饱和度：选择该选项后，仅在对话框左下方显示 3 个缩览图。单击“低饱和度”或“饱和度更高”，缩览图可以为图像降低或提高饱和度。
- 精细、粗糙：拖动该滑块可确定每次调整的幅度，每将滑块向右侧移动一格，可使调整幅度双倍增加。
- 显示修剪：在此选项被选中的情况下，如果在调整过程中图像过于饱和而发生溢色，则溢色部分将异相显示。
- 较亮、当前挑选、较暗：只有在选择了“阴影”、“中间色调”或“高光”3 个选项之一时，该区域才会被激活，分别单击“较亮”、“较暗”两个缩览图，可以增亮、加暗图像。

- 调整色相：对话框左下方区域内有 7 个缩览图，中间的“当前挑选”缩览图的作用与对话框左上角的“当前挑选”缩览图作用相同，另外 6 个缩览图分别可以用来改变图像的 RGB 和 CMYK 6 种颜色，单击其中任一缩览图，均可增加与该缩览图对应的颜色。例如，单击“加深黄色”缩览图可为图像整体增加黄色。

下面以一个实例来讲解利用“变化”命令改变图像色调的操作步骤。

步骤 01 打开随书光盘:\d11z\11.2-素材.tif，如图 11.15 所示。在本例中，我们将把原来偏红色的图像调整为正常色调。

图 11.15 要调整的图像

步骤 02 选择“图像”|“调整”|“变化”命令，在弹出的对话框中按 I 键选择“高光”选项，先单击“加深蓝色”缩览图 4 次，此时的“变化”对话框如图 11.16 所示。

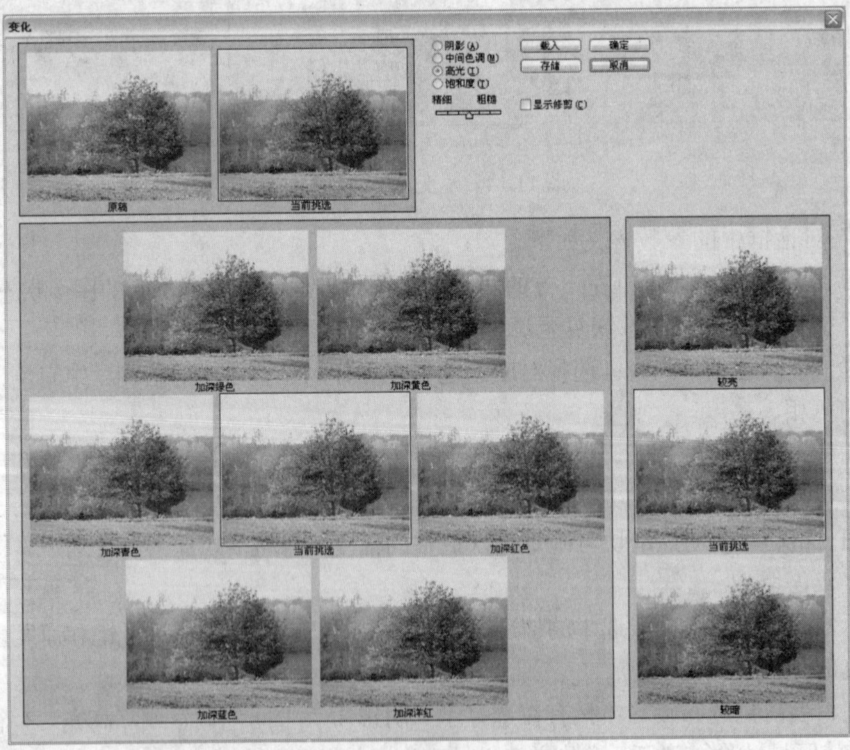

图 11.16 “变化”对话框 2

步骤 03 保持在“变化”对话框中，连续单击“加深青色”缩览图 3 次，再单击右侧的“加亮”缩览图 4 次，此时的“变化”对话框如图 11.17 所示。

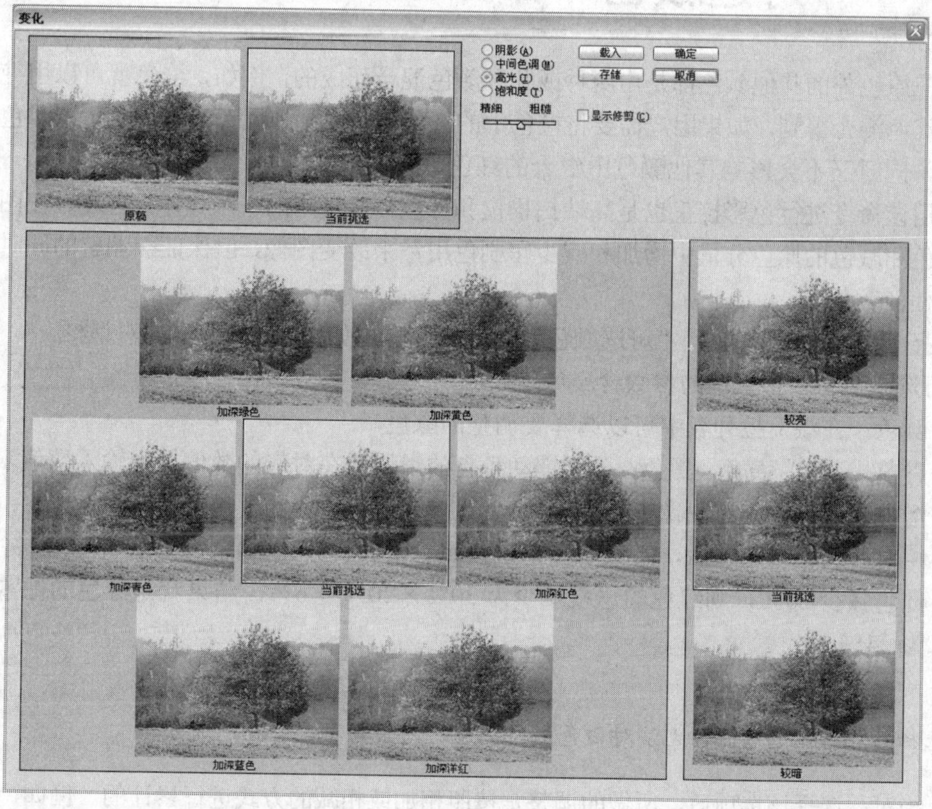

图 11.17　“变化”对话框 3

步骤 04 如果对当前图像的效果不满意，可以重复本实例步骤 02 和步骤 03 中的操作，直至效果满意为止。

步骤 05 设置参数完毕后，单击“确定”按钮退出该对话框。

图 11.18 所示为应用“变化”命令处理后的效果。

图 11.18　应用“变化”命令处理图像后的效果

11.3 “可选颜色”命令

除三原色外的其他颜色都是由两种或几种颜色混合而成的，例如，橙色就可以用纯黄色和少量的红色混合得到，如果用户需要将橙色中的红色完全去掉，就可以利用“可选颜色”命令来完成，同时又不会影响其他颜色中混合的红色。

利用该命令进行色彩校正也是高端扫描仪和分色程序使用的一项技术，它通过在图像中在每个加色和减色的原色分量中增加和减少印刷色用量来改变图像，但保证在调整的同时不会影响其他任何颜色。

选择“图像”|“调整”|“可选颜色”命令，则弹出如图 11.19 所示的对话框。

“可选颜色”对话框中的参数含义如下。

- 颜色：在该下拉列表中可以选择要调整的颜色。
- 青色、洋红、黄色、黑色：分别拖动各自的滑块或在对应的数值框中输入数值，就可以增加或减少它们在图像中的占有量。
- 相对：选择该选项后，所做的调整是按照总量的百分比来更改颜色。例如，将 30%的红色减少 20%，则红色的总量减少为 30%×20% =6%，结果就是红色的像素总量变为 24%。

提示

选择“相对”选项时，无法对白色进行调整，因为它不包含颜色成分。

- 绝对：选择该选项后，所做的调整是按照相加或相减的方式进行累计的。例如，将 30%的红色减少 20%，结果就是红色的像素总量变为 10%。
- 存储：单击该按钮，在弹出的对话框中可以将当前设置存储为一个*.ASV 格式的文件。
- 载入：单击该按钮，在弹出的对话框中可以载入一个以前存储的设置文件，从而提高工作效率。

下面就以一个实例来讲解如何利用“可选颜色”命令去除混合色中的一种颜色，其操作步骤如下。

步骤 01 打开随书光盘:\d11z\11.3-素材.tif，如图 11.20 所示。

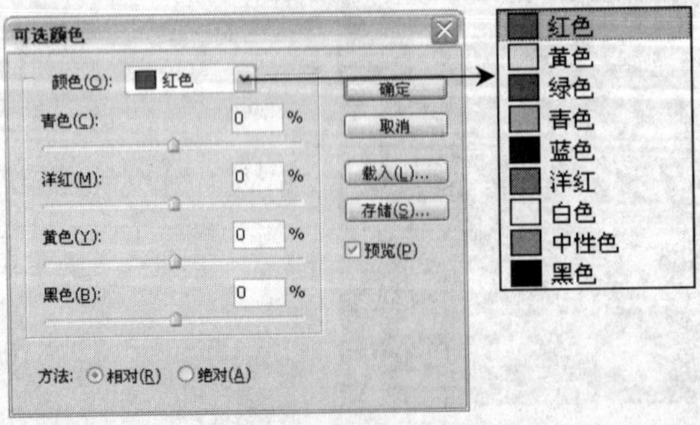

图 11.19 “可选颜色”对话框

图 11.20 素材图像

步骤 02 确定要调整的对象后，执行以下操作之一。

- 如果要调整的图像处于一个图层上，则可以选择“图像”|“调整”|“可选颜色”命令。
- 如果要调整的图像位于多个图层上，则可以利用调整图层来对这些图层中的图像进行统一调节，方法是选择“图层”|“新调整图层”|“可选颜色”命令，在弹出的“新图层”对话框中单击“确定”按钮。

提示

虽然添加“可选颜色”的调整图层和直接应用该命令得到的效果是相同的，但利用调整图层可以反复地进行修改，甚至在不需要时可以直接将其删除，所以笔者建议在操作的过程中使用调整图层。

步骤 03 在弹出的“可选颜色选项”对话框的“颜色”下拉列表中选择需要调整的颜色选项。在本实例中是要将黄色的长城图像变淡，所以选择“黄色”选项。

步骤 04 向左侧拖动“黑色”滑块，或在其后面的数值框中输入数值–80%，如图 11.21 所示，得到如图 11.22 所示的效果。

对比调整颜色前后的效果可以看出，原来图像由于被去除了黑色，所以颜色变浅了。

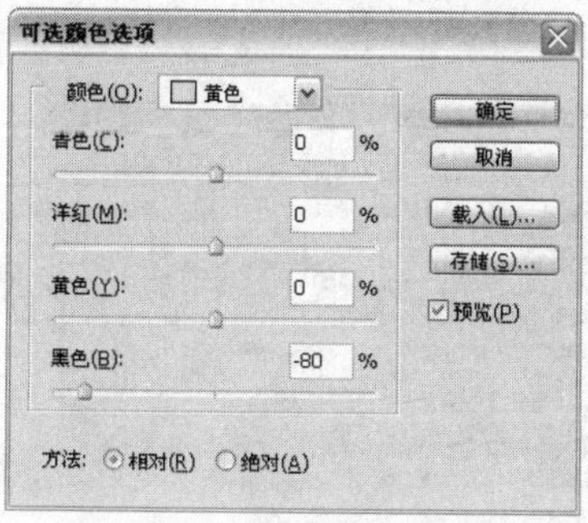

图 11.21 调整参数

图 11.22 应用“可选颜色”选项命令后的效果

Photoshop CS3

11.4 “通道混和器”命令

“通道混和器”命令可以分别调整每个颜色通道，从而制作出高品质的灰度图像，还可以制作出一些特殊的色彩效果，需要注意的是，该命令只能用于 RGB 和 CMYK 颜色模式的图像。选择“图像”|“调整”|“通道混和器”命令后，弹出如图 11.23 所示的对话框。

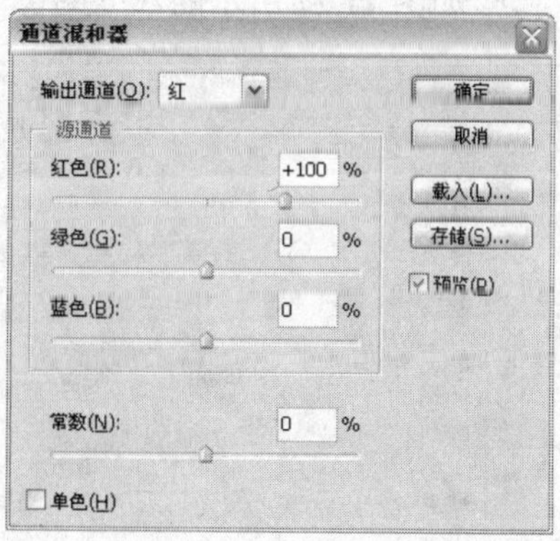

图 11.23 “通道混和器”对话框

“通道混和器”对话框中的各参数含义如下。

- 输出通道：在该下拉列表中会根据颜色模式的不同而显示不同的选项。例如，在 RGB 模式下显示的是“红”、“绿”、“蓝”3 个选项；而在 CMYK 模式下，该下拉列表中显示的是“青色”、“洋红”、“黄色”和“黑色”4 个选项。

- 源通道：该区域中的选项也会因图像颜色模式的不同而改变，拖动各个滑块或在后面的数值框中输入数值，即可改变当前所选的输出通道在图像中所占的像素量。
- 常数：拖动该滑块或在数值框中输入数值，可以调整图像输出通道的灰度值，数值越大则白色区域越大，数值越小则黑色区域越大。
- 单色：选中该选项后，在“输出通道”下拉列表中就只有一个“灰度”选项可选，并且取消该选项的选中状态后，仍会保持此前对图像进行灰度调整的状态，但可以再次选择各个输出通道，为图像着色。
- 存储：单击该按钮，在弹出的对话框中可以将当前设置存储为一个*.CHA 格式的文件。
- 载入：单击该按钮，在弹出的对话框中可以载入一个以前存储的设置文件，从而提高工作效率。

下面就以一幅 CMYK 模式的图像为例，讲解如何利用“通道混和器”命令制作高品质的灰度图像及双色图像，其操作步骤如下。

步骤 01 打开随书光盘:\d11z\11.4-素材.tif，如图 11.24 所示。

步骤 02 选择“图像”|“调整”|“通道混和器”命令。

步骤 03 在弹出的“通道混和器”对话框的左下角选择“单色”选项，此时在对话框顶部的“输出通道”下拉列表中只包含有“灰色”选项，如图 11.25 所示。

图 11.24 要调整的图

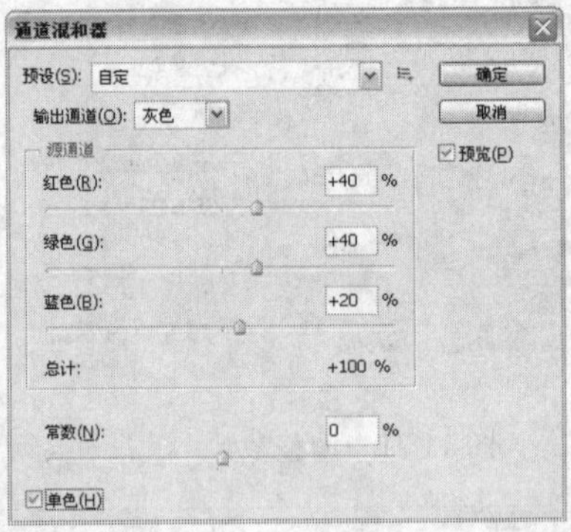

图 11.25 选择“单色”选项时的“通道混和器”对话框

步骤 04 在“源通道”区域中拖动各个滑块以调节图像的灰度效果，如图 11.26 所示，即可得到如图 11.27 所示的灰度图像效果。

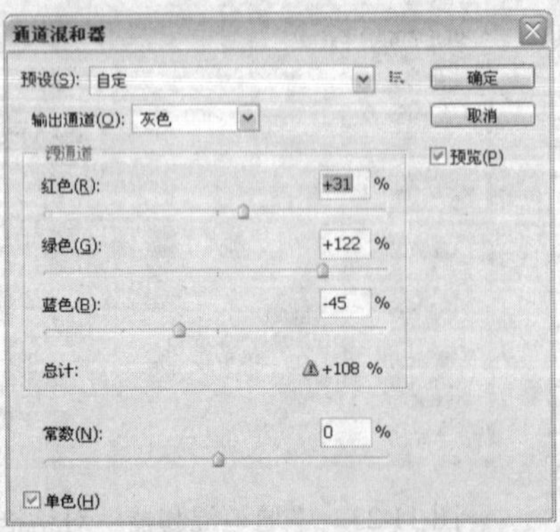

图 11.26 “通道混和器”对话框

图 11.27 灰度图像效果

按照上述步骤操作即可得到高品质的灰度图像效果，如果希望得到双色图像，就可以继续下面的步骤操作。

步骤 01 在“通道混和器”对话框中取消“单色”选项的选中状态。

步骤 02 此时对于一幅 CMYK 模式的图像而言，在“输出通道”下拉列表中包括“青色”、“洋红”、“黄色”、“黑色”4 个选项，如图 11.28 所示，而图像此时仍保持为灰色。

步骤 03 在“输出通道”下拉列表中选择一个通道，例如笔者选择的是“蓝色”，根据需要设置适当的参数，如图 11.29 所示，即可得到一幅双色的图像效果，如图 11.30 所示。

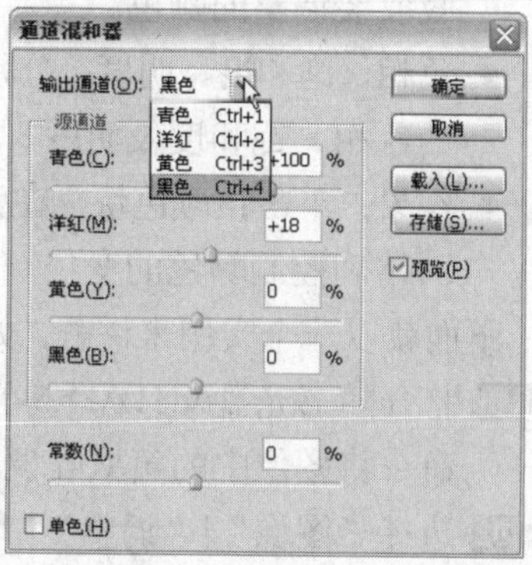

图 11.28　取消“单色”选项的选中状态

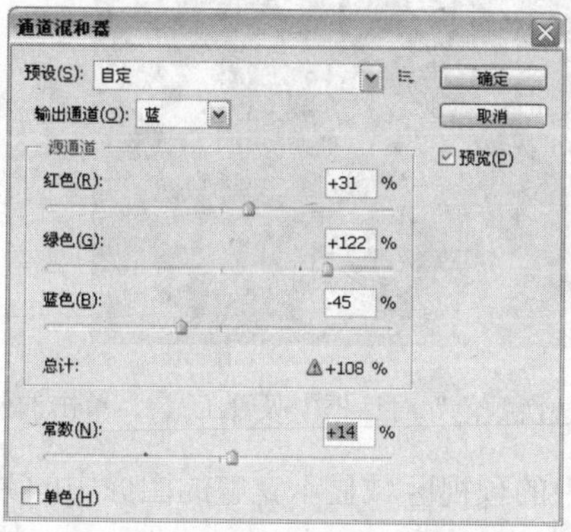

图 11.29　设置“洋红”通道参数

图 11.30　双色图像效果

11.5 “替换颜色”命令

使用“替换颜色”命令可以在图像中以指定的色相、明度与饱和度替换被选择的颜色的色相、明度与饱和度。

选择“图像”|“调整”|“替换颜色”命令，则弹出如图 11.31 所示的对话框。

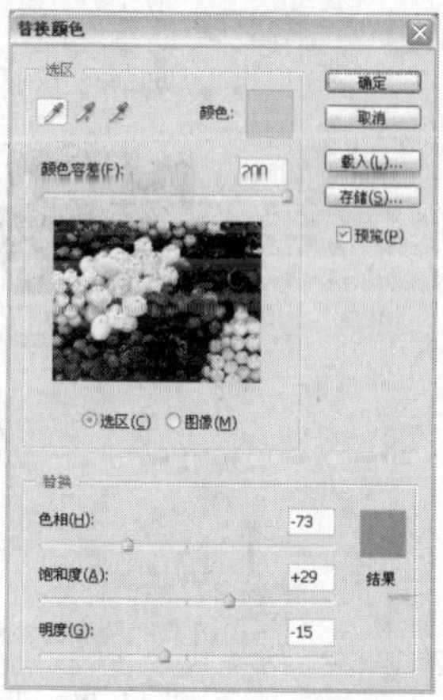

图 11.31　“替换颜色”对话框

“替换颜色”对话框中的各参数含义如下。

- 吸管工具、添加到取样工具、从取样中减去工具：这 3 个工具的用法请参见“色相/饱和度”命令的相关讲解。
- 颜色：单击该颜色块可以在弹出的“拾色器”对话框中设置一个颜色，以确定要调整的颜色。
- 选区：选择该选项，则在预览区域中显示黑白图像，以便于查看颜色调整的范围。其中白色的图像代表被选中的颜色调整范围，黑色图像则代表未选中的调整范围。

- 图像：选择该选项后，可以在预览区域中显示原图像状态，此时就可以方便地在图像中吸取要调整的颜色。
- 色相、饱和度、明度：分别拖动各个滑块或在对应的数值框中输入数值，即可调整图像的色相、饱和度及明度。详细讲解请参见“色相/饱和度”命令的相关内容。
- 结果：单击该颜色块，在弹出的“拾色器”对话框中可以选择一种颜色作为替换色，从而精确控制颜色的变化。

下面就以一个实例来讲解，如何利用“替换颜色”命令更改指定的颜色，其操作步骤如下。

步骤01 打开随书光盘:\d11z\11.5-素材.tif，如图 11.32 所示。在本例中，我们将使用“替换颜色”命令将图像中的黄枫叶调整为红枫叶。

步骤02 选择“图像” | “调整” | “替换颜色”命令。

步骤03 在“替换颜色”对话框中单击选择吸管工具，再单击图像中要更换的黄色，如图 11.33 所示。

图 11.32　原图像

图 11.33　“替换颜色”对话框中吸管工具单击的位置

步骤04 拖动对话框中的“颜色容差”滑块，直至对话框中的预视区域显示完整的图像中的黄色区域，如图 11.34 所示。

步骤05 在对话框下半部分的“替换”区域中分别拖动“色相”、“饱和度”和“明度”滑块，直至将绿色调整为满意的效果为止。在此笔者将绿色调整为红色，此时的对话框如图 11.35 所示。

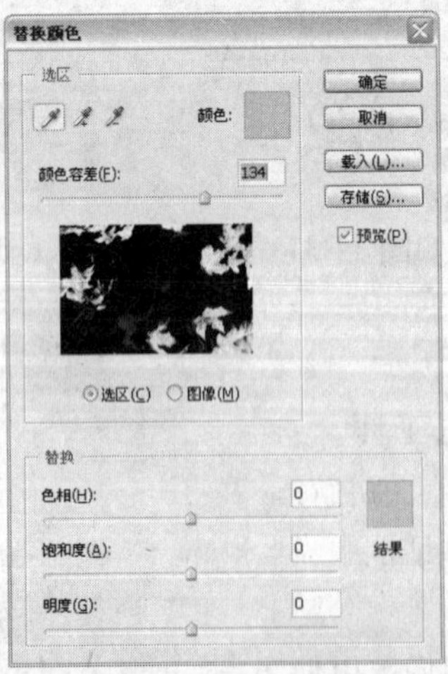

图 11.34　调整颜色范围

图 11.35　调整颜色

步骤06 设置参数完毕后，单击“确定”按钮退出对话框，得到如图 11.36 所示的效果。

图 11.36　替换颜色后的效果

Photoshop 11.6 “色彩平衡”命令 CS3

选择“色彩平衡”命令可以在图像原色彩的基础上根据需要添加其他的颜色，或通过增加多余颜色的补色，以减少该颜色的数量，从而改变图像的原色彩。

选择“图像”|“调整”|“色彩平衡”命令，则弹出如图 11.37 所示的对话框。

“色彩平衡”对话框中的各参数含义如下。

- 色彩平衡：在该区域中，分别显示了青色和红色、洋红和绿色、黄色和蓝色这 3 对互补的颜色。例如，要在图像中增加红色，则向右侧拖动滑块（即向“红色”方向拖动滑块），如果要减少红色则向左侧拖动滑块（即向“青色”方向拖动滑块）。
- 色调平衡：在该区域中可以分别对图像的“阴影”、“中间调”和“高光”部分进行调整。
- 保持亮度：选择该选项后，图像像素的亮度值不变，即只有颜色值发生变化。

下面就以一个实例来讲解如何利用“色彩平衡”命令平衡图像的色彩，其操作步骤如下。

步骤 01 打开随书光盘:\d11z\11.6-素材.tif，如图 11.38 所示。

步骤 02 选择“图像”|“调整”|“色彩平衡”命令，则弹出“色彩平衡”对话框。

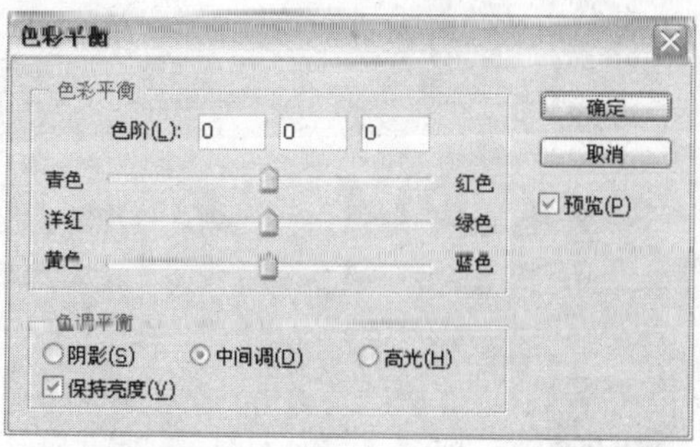

图 11.37　“色彩平衡”对话框

图 11.38　要调整“色彩平衡”的图像

步骤 03 在“色彩平衡”区域中选择要调整的图像范围，调整“色彩平衡”区域中的 3 组滑块，以增加或减少对应的颜色，其设置如图 11.39 所示，确定后得到如图 11.40 所示的效果。

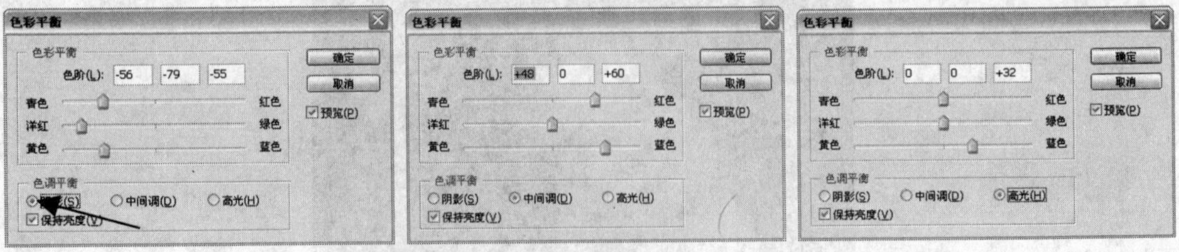

(a)　　　　(b)　　　　(c)

图 11.39　色彩平衡”对话框

图 11.40　更改图像色彩后的效果

11.7 “匹配颜色”命令

“匹配颜色”命令是一个智能化程度较高的命令，此命令可以在相同的或不同的图像之间进行颜色的匹配，也就是使一幅图像（目标图像）具有另外一幅图像（原图像）的色调。

选择“图像”|“调整”|“匹配颜色”命令后弹出如图 11.41 所示的对话框。

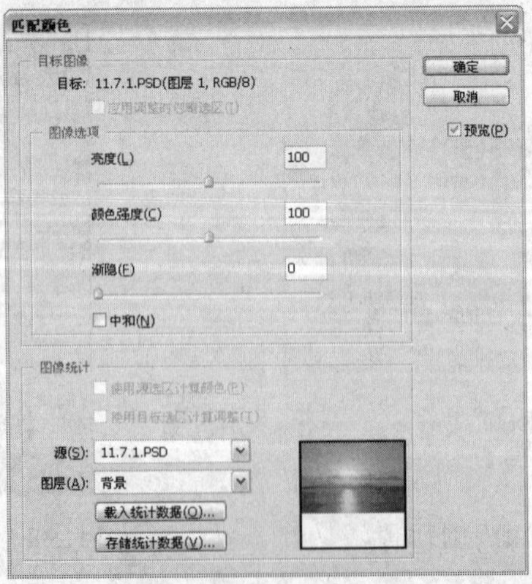

图 11.41　“匹配颜色”对话框

“匹配颜色”对话框中的各参数含义如下。

- 目标：在该项后面显示了当前操作的图像文件的名称、图层名称及颜色模式。
- 亮度：此参数可调整图像的亮度，数值越大，则图像的亮度也越高，反之则越低。
- 颜色强度：此参数为图像颜色的饱和度，数值越大，则图像所匹配的颜色的饱和度越大，反之则越低。
- 渐隐：此参数控制图像颜色与图像原色相近的程度，数值越大，调整的强度越小，反之越大。
- 中和：选择该选项可自动去除目标图像中的色痕。
- 图层：在此下拉列表中可以选择当前的图像的图层。
- 应用调整时忽略选区：如果目标图像中存在选区，则此选项将被激活，选择此选项可以忽略选区对操作的影响。
- 使用源选区计算颜色：选择此选项，在匹配颜色时仅计算源文件选区中的图像，选区外图像的颜色不计算入内。
- 使用目标选区计算调整：选择此选项，在匹配颜色时仅计算目标文件选区中的图像，选区外图像的颜色不计算入内。
- 源：在该下拉列表中可以选择原图像文件的名称。如果选择“无”选项，则目标图像与原图像相同。
- 图层：在该下拉列表中将显示原图像文件中所具有的图层。如果选择“合并的”选项，则将原图像文件中的所有图层合并起来，再进行颜色匹配。

11.7.1　融合图像

在同一图像文件中匹配颜色时，多数情况是为了将两幅图像融合在一起，本例也是以此为侧重点，讲解如何在同一图像文件中匹配两个图层中图像的颜色，其操作步骤如下。

步骤 01 打开随书光盘:\d11z\11.7.1-素材.psd，如图 11.42 所示。可以看出在“图层 1”中建筑图像的冷色调与“背景”图层中夕阳的暖色调对比较为明显。下面就在两这幅图像之间进行颜色匹配。

图 11.42　原图像及其“图层”调板

步骤 02 选择“图层 1”以确定操作的对象，然后继续下面的操作。

步骤 03 选择“图像”|“调整”|“匹配颜色”命令。在弹出的“匹配颜色”对话框的“源”下拉列表中选择原图像的文件名称。

步骤 04 此时“图层”的下拉列表被激活，在此可以选择原图像所在的图层，如图 11.43 所示。

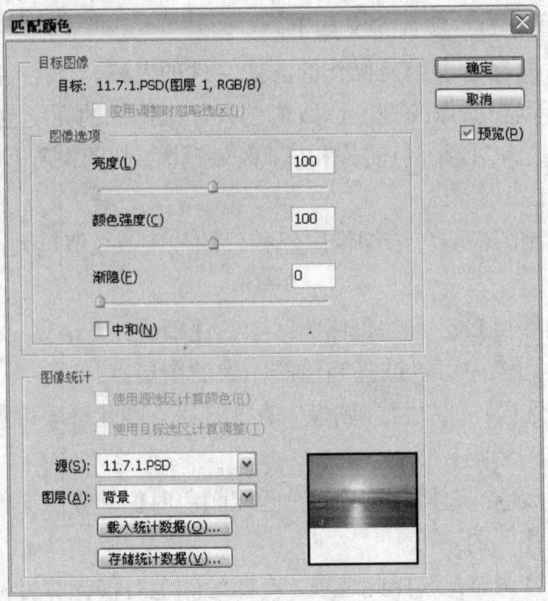

图 11.43 选择原图像

步骤05 分别拖动“图像选项”区域中“亮度”、“颜色强度”和“渐隐”滑块，或在对应的数值框中输入数值。

步骤06 参数设置完毕后的对话框如图 11.44 所示，单击“确定”按钮退出对话框，得到如图 11.45 所示的效果，可以看出建筑图像也变得和夕阳一样具有橙黄色的色调了。

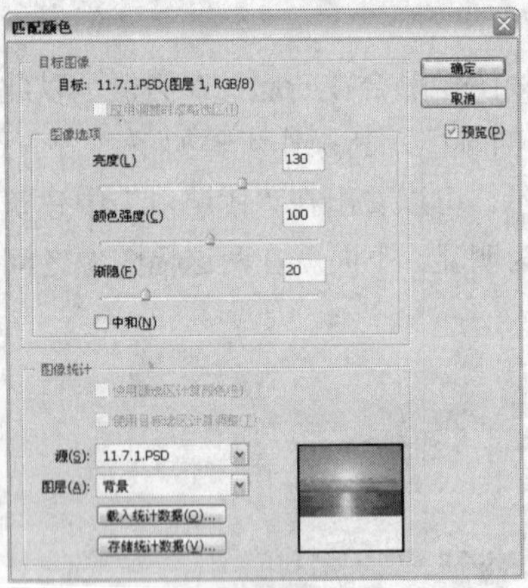

图 11.44 在“匹配颜色”对话框中设置参数

图 11.45 应用“匹配颜色”命令后的效果

11.7.2 改变图像色调

“匹配颜色”命令可以很方便地在两个图像文件之间进行颜色匹配，下面通过一个实例来展示如何使两幅图像具有相同的色调，其操作步骤如下。

步骤01 打开随书光盘:\d11z\11.7.2-素材 1.tif、11.7.2-素材 2.tif，如图 11.46 所示。可以看出图 11.46（b）中的图像具有较强的暖色调感觉，此时就可以利用图 11.46（a）中的图像为图 11.46（b）添加冷色调感觉。

(a)

(b)

图 11.46 原图像及目标图像

步骤 02 确定目标图像为当前操作的图像文件，选择“图像”|“调整”|“匹配颜色”命令，在弹出的对话框的“源”下拉列表中选择原图像的名称，此时的“匹配颜色”对话框如图 11.47 所示，预览的图像效果如图 11.48 所示。

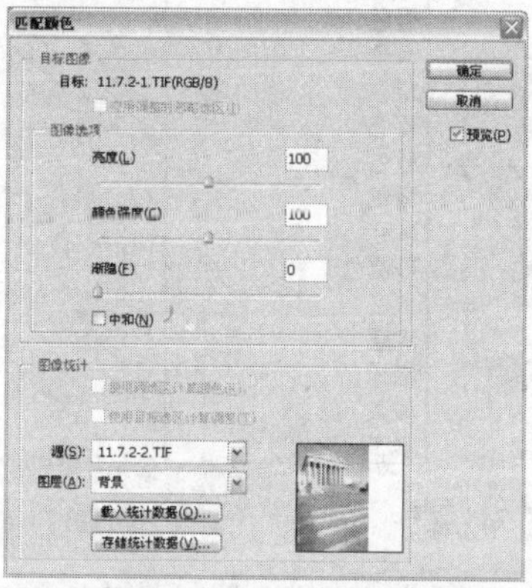

图 11.47 “匹配颜色”对话框

图 11.48 预览效果

步骤 03 在“匹配颜色”对话框中拖动各个参数的滑块，或在对应的数值框中输入数值，设置对话框如图 11.49 所示。

步骤 04 参数设置完毕后，单击“确定”按钮退出对话框，得到如图 11.50 所示的效果。可以看出，此时目标图像具有了较强的冷色调感觉。

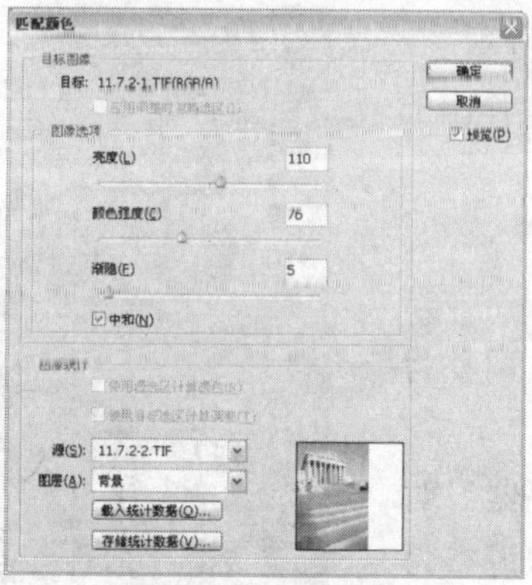

图 11.49 设置参数

图 11.50 匹配颜色后的效果

11.8 "照片滤镜"命令

"照片滤镜"命令是 Photoshop CS3 中又一强大的图像色调调整功能，它可以模拟传统的光学滤镜特效，调整图像的色调，使其具有暖色调或冷色调，也可以根据实际情况自定义为其他的色调。

选择"图像"|"调整"|"照片滤镜"命令，则弹出如图 11.51 所示的对话框。

"照片滤镜"对话框中的各参数含义如下。

- 滤镜：在该下拉列表中有多达 18 种预设选项，用户可以根据需要选择合适的选项，以对图像进行调节。

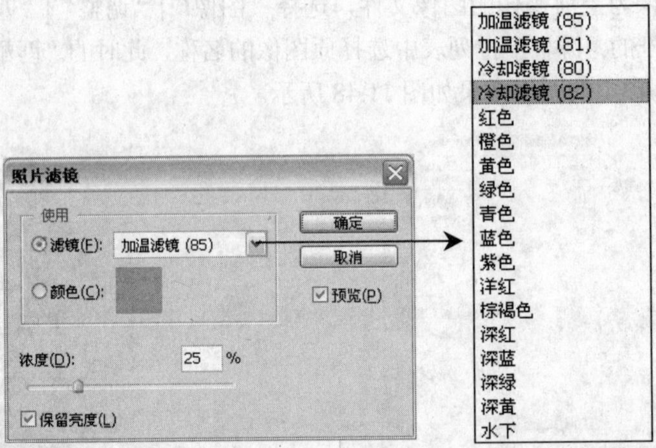

图 11.51 "照片滤镜"对话框

- 颜色：单击该色块，在弹出的"拾色器"对话框中，可以自定义一种颜色作为图像的色调。
- 浓度：拖动滑块条以便调整应用于图像的颜色数量，该数值越大，应用的颜色调整越大。
- 保留亮度：在调整颜色的同时保持原图像的亮度。

下面就以一个实例来讲解，如何利用"照片滤镜"命令来自定义图像的色调，其操作步骤如下。

步骤 01 打开随书光盘:\d11z\11.8-素材.tif，如图 11.52 所示。

步骤 02 选择"图像"|"调整"|"照片滤镜"命令，在弹出的"照片滤镜"对话框中执行下列操作之一。

- 选择"加温滤镜"可以将图像调整为暖色调。
- 选择"冷却滤镜"可以将图像调整为冷色调。
- 在"滤镜"下拉列表中选择选项，可以将图像调整为不同的色调。
- 单击"颜色"后面的颜色块，在弹出的"拾色器"对话框中可以选择一个需要的颜色，从而将图像调整为该色调。

图 11.52 原图像

步骤03 拖动“浓度”滑块或在该数值框中输入数值，以定义色调的浓度。

步骤04 参数设置完毕后，单击“确定”按钮退出对话框即可。

图 11.53 所示为经过调整后图像的色调偏暖的效果，图 11.54 所示为经过调整后图像的色调偏冷的效果。

图 11.53　偏暖色调的图像

图 11.54　偏冷色调的图像

11.9 “渐变映射”命令

“渐变映射”命令可将图像的灰度范围映射到指定的渐变填充色，例如，如果指定了一个双色渐变，则图像中的暗调映射到渐变填充的一个端点颜色，高光映射到另一个端点颜色，中间调映射到两个端点间的层次。

选择“图像”|“调整”|“渐变映射”命令，则弹出如图 11.55 所示的“渐变映射”对话框。

图 11.55　“渐变映射”对话框

“渐变映射”对话框中的各参数含义如下。

- 灰度映射所用的渐变：在该区域中单击渐变类型选择框即可弹出“渐变编辑器”对话框，用户可在此自定义要应用的渐变类型；也可以单击右侧的三角按钮，在弹出的下拉列表中选择一个预设的渐变。
- 仿色：选择该选项后，可添加随机杂色以平滑渐变填充的外观并减少宽带效果。
- 反向：选择该选项后，会按反方向映射渐变。

下面就以一个实例来讲解“渐变映射”命令的使用方法，其操作步骤如下。

步骤01 打开随书光盘:\d11z\11.9-素材.tif，如图 11.56 所示。

步骤02 选择“图像”|“调整”|“渐变映射”命令。

步骤03 在弹出的“渐变映射”对话框中执行以下操作之一。

- 单击对话框中的渐变类型选择框，在弹出的“渐变编辑器”对话框中自定义渐变的类型。
- 单击渐变类型选择框右侧的三角按钮，在弹出的下拉菜单中选择一个预设的渐变。

步骤04 根据需要选择“仿色”、“反向”选项后，单击“确定”按钮退出对话框。

图 11.57 所示为应用不同的“渐变映射”选项后的效果。

图 11.56 素材图像

图 11.57 应用“渐变映射”命令后的效果

提示

本章所用到的素材文件为随书光盘:\d11z\中的文件，文件名对应着本章的小节号。

Photoshop CS 3

11.10 “色调分离”命令

使用“色调分离”命令可以减少彩色或灰阶图像中色调等级的数目，其原理为按操作者在“色调分离”命令对话框中设定的色调数目，定义图像的显示颜色。

例如，如果将彩色图像的色调等级制定为 6 级，Photoshop 可以在图像中找出 6 种基本色，并将图像中所有颜色强制与这 6 种颜色匹配。

提示

在“色调分离”命令对话框中，可以使用上下方向键来快速试用不同的色调等级。

此命令适用于在照片中制作特殊效果，例如制作较大的单色调区域，其操作步骤如下所述。

步骤01 打开随书光盘:\d11z\11.10-素材.tif。

步骤02 选择“图像”|“调整”|“色调分离”命令，弹出如图 11.58 所示的“色调分离”命令对话框。

步骤03 通过在对话框中的“色阶”中输入数值或拖动其下方的滑块，同时预览被操作图像的变化，直至得到所需要的效果即可。

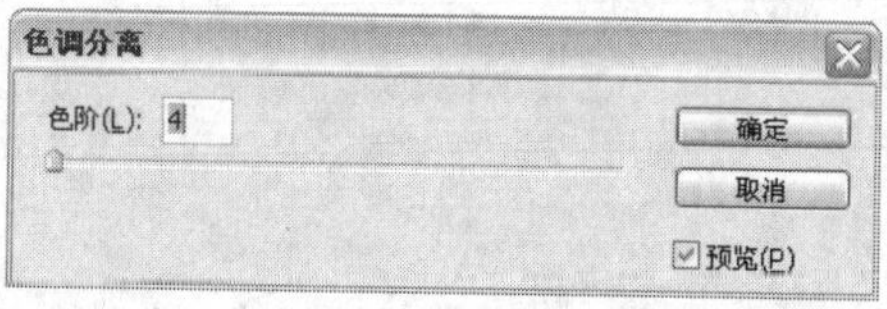

图 11.58　“色调分离”命令对话框

图 11.59 所示为原图像，图 11.60 所示为使用“色调分离”数值为 4 时所得到的效果，图 11.61 所示为使用“色调分离”数值为 7 时所得到的效果，图 11.62 所示为使用“色调分离”数值为 50 时所得的效果。

图 11.59　原图像

图 11.60　“色阶”数值为 4

图 11.61　“色阶”数值为 7

图 11.62　“色阶”数值为 50

如果上述 4 个图像都以 PSD 格式保存，原图像的大小为 976kb，使用“色调分离”数值为 30 时处理后的图像为 615kb，使用“色调分离”数值为 10 时处理后的图像为 353kb，使用“色调分离”数值为 2 时处理后的图像为 104kb。

提示

根据不同的需要使用不同“色调分离”值处理图像后，可以有效降低图像大小。

第 12 章

自定义图像的亮度

在处理图像的过程中，我们经常会遇到过亮或过暗的图像，这时就可以利用 Photoshop 强大的亮度调节功能对图像进行处理。通常情况下，我们可以使用“色阶”、“曲线”、“阴影/高光”以及 Photoshop CS3 新增的“曝光度”命令。本章对这些命令进行详细讲解。

12.1 “黑白”命令

“黑白”是 Photoshop CS3 中新增的一个图像调整命令，它可以将图像处理成为灰度图像效果，也可以选择一种颜色，将图像处理成为单一色彩的图像。

选择“图像”|“调整”|“黑白”命令，即可调出如图 12.1 所示的对话框。

在“黑白”对话框中，各参数的含义如下。

- 预设：在此下拉菜单中，可以选择 Photoshop 自带的多种图像处理方案，如图 12.2 所示，从而将图像处理成为不同程度的灰度效果。

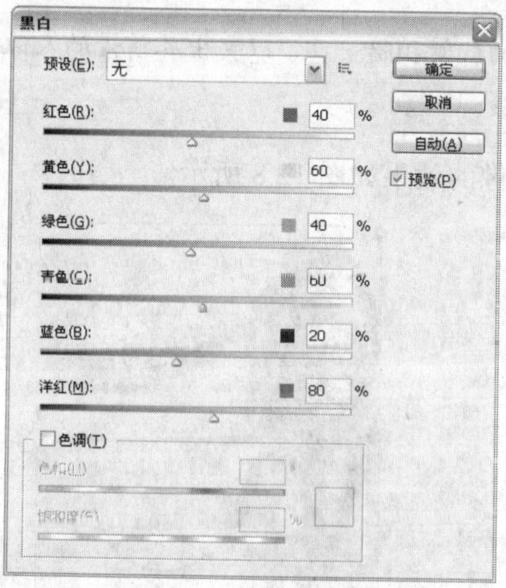

图 12.1 “黑白”对话框

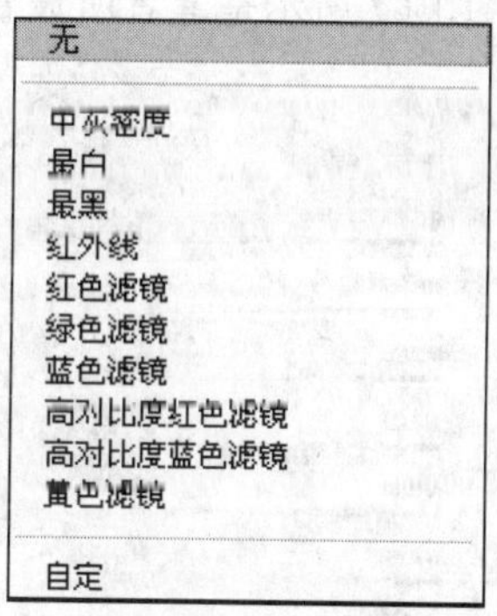

图 12.2 预设下拉菜单

- 颜色设置：在对话框中间的位置有 6 个滑块，分别拖动各个滑块，即可对原图像中对应色彩的图像进行灰度处理。

- 色调：选择该选项后，对话框底部的 2 个色条及右侧的色块将被激活，如图 12.3 所示。其中 2 个色条分别代表了“色相”与“饱和度”，在其中调整出一个要叠加到图像上的颜色，即可轻松地完成对图像的着色操作；另外，我们也可以直接单击右侧的颜色块，在弹出的“拾色器”对话框中选择一个需要的颜色即可。

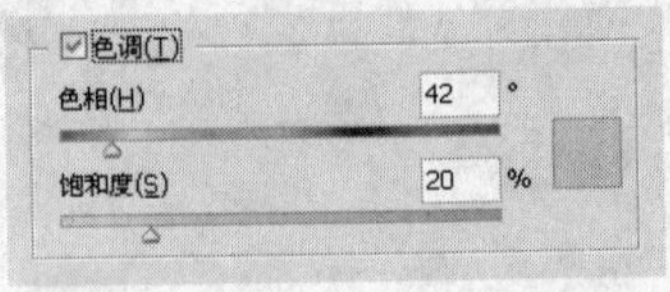

图 12.3　激活后的色彩调整区

下面将通过一个实例，来讲解如何使用“黑白”命令先制作灰度图像，再为图像叠加颜色，从而得到艺术化的摄影图像效果。

步骤 01 打开随书光盘:\d12z\12.1-素材.tif，如图 12.4 所示。

步骤 02 选择“图像”|“调整”|“黑白”命令，在弹出的对话框中，可以在“预设”下拉菜单中选择一种处理方案，或直接在中间的颜色设置区域中拖动各个滑块，以调整图像的效果。

步骤 03 在“预设”下拉菜单中选择“黄色滤镜”预设方案，如图 12.5 所示，此时图像的状态如图 12.6 所示。

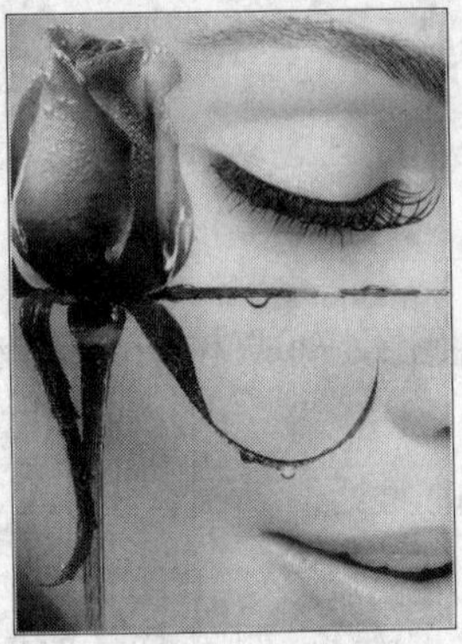

图 12.4　素材图像

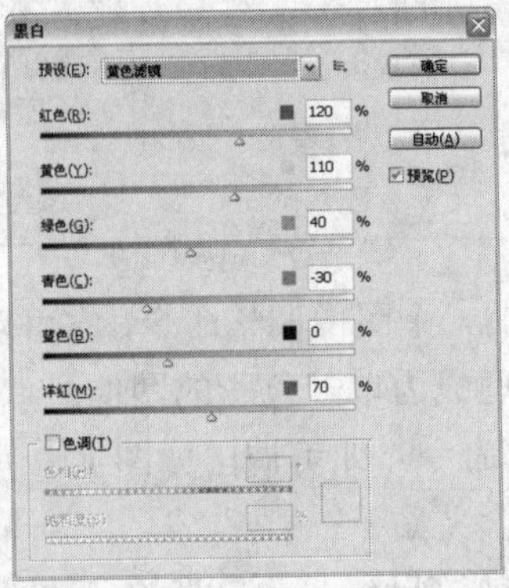

图 12.5　“黑白”对话框

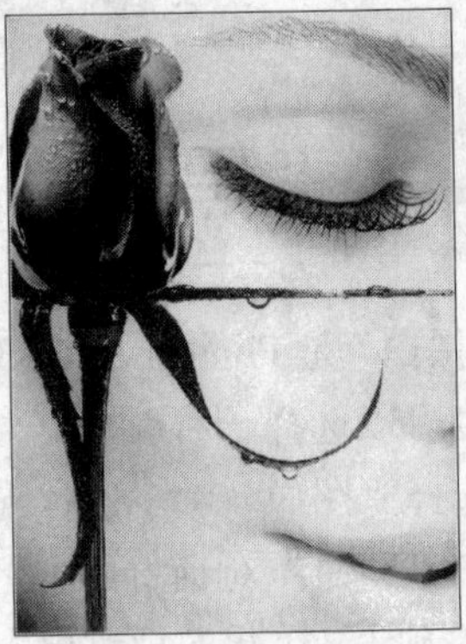

图 12.6　使用“预设”方案调整后的效果

提示

由于图像的背景为蓝色，而我们希望灰度图像的背景稍暗一些，以突出其前景的人像，因此下面调整“蓝色”滑块，将图像背景处理得稍黑些。

步骤 04 图 12.7 所示是笔者所设置的参数，此时图像的效果如图 12.8 所示。

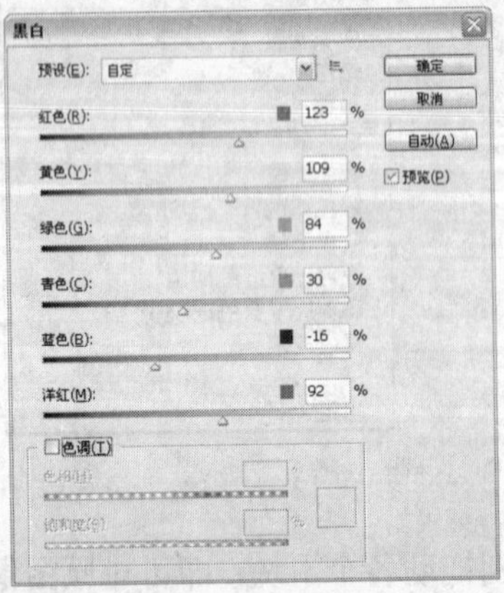

图 12.7　自定义调整图像

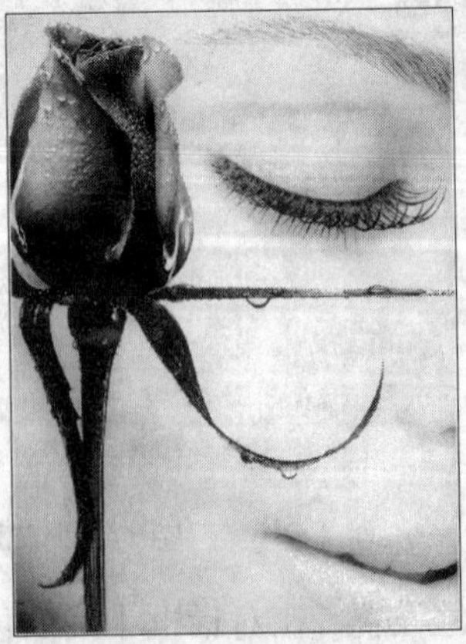

图 12.8　调色后的效果

提示

至此，我们已经将图像完全处理成为满意的灰度效果了，下面我们继续在此基础上，为图像叠加一种艺术化的色彩。

步骤05 选中对话框底部的“色调”选项，此时下面的颜色设置区域将被激活，分别拖动“色相”及“饱和度”滑块，同时预览图像的效果，直至满意为止。例如，图 12.9 所示是笔者所调整的颜色参数，图 12.10 是调色后的图像效果。

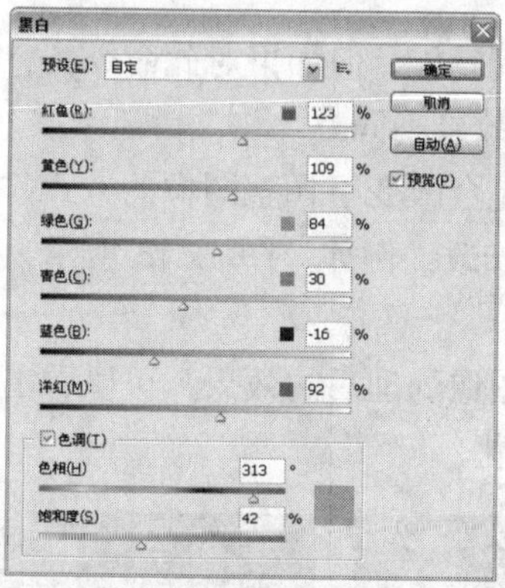

图 12.9　颜色参数设置

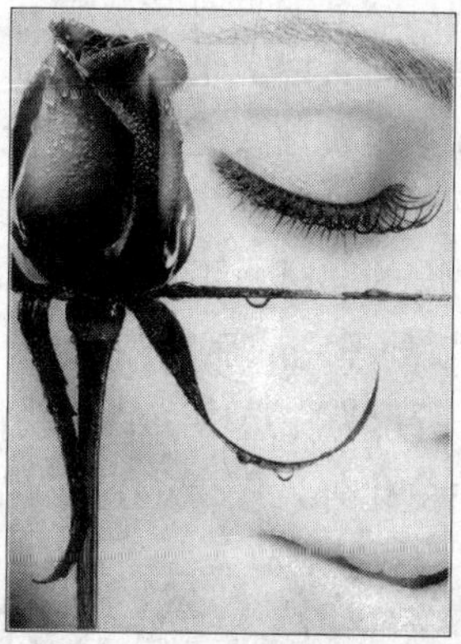

图 12.10　调色后的效果

除了上面讲解的为图像叠加橙红色以外，还可以调整其他不同的颜色，例如，图 12.11 就是笔者分别为图像叠加了青色和绿色后得到的不同效果。

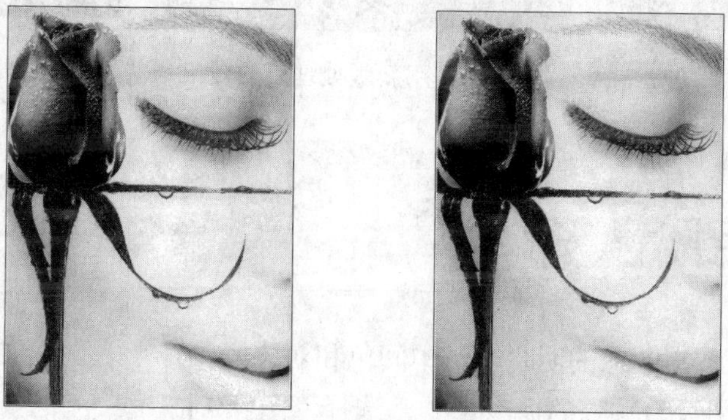

（a）　（b）

图 12.11　调整其他颜色后的效果

Photoshop CS3

12.2 “亮度 / 对比度” 命令

“亮度/对比度” 命令是一个非常简单易用的命令，使用它可以方便快捷地调整图像明暗度，其对话框如图 12.12 所示。

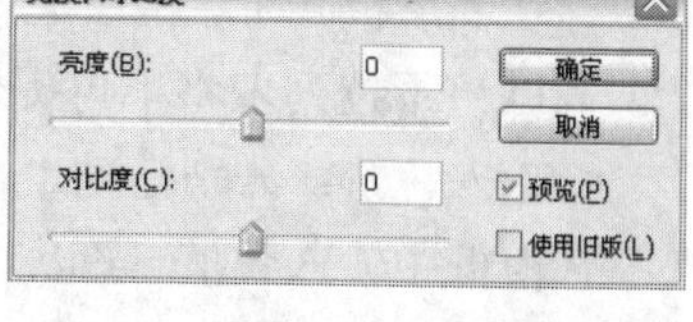

图 12.12　“亮度/对比度” 对话框

在“亮度/对比度”对话框中，各参数的含义如下所述。

- 亮度：用于调整图像的亮度。数值为正时，增加图像亮度；数值为负时，降低图像的亮度。

- 对比度：用于调整图像的对比度。数值为正时增加图像的对比度，数值为负时降低图像的对比度。
- 使用旧版：这是此命令在 Photoshop CS3 版本中新增的一个选项。我们可以通过选择此选项，来使用 CS3 版本以前的“亮度/对比度”命令来调整图像；而在默认情况下，则使用新版的功能进行调整。新版命令在调整图像时，将仅对图像的亮度进行调整，而色彩的对比度则保持不变。

单纯从命令的名称上来说，该命令不能算是一个新功能，但如果对此命令具有较为深入的了解，那么就不难发现，它与早期版本中处理图像的效果不同。

简单地说，在 CS3 版本中，“亮度/对比度”命令完全改变了调整图像的方式，即在调整图像亮度及对比度的同时，不再对图像的色彩进行大幅修改。例如，图 12.13 所示为原图像，图 12.14 是用新版处理完成后的效果。

图 12.15 所示为在选中了“使用旧版”选项后对图像处理后的效果，可以看出，除了亮度与对比度发生变化外，图像的色彩也发生了很大的变化。

图 12.13　原图像

图 12.14　用新版处理后的效果

图 12.15　旧版处理后的效果

12.3 “色阶”命令

“色阶”命令可以调整图像的明暗度、中间色和对比度，是图像调整过程中使用最为频繁的命令之一，选择“图像”|“调整”|“色阶”命令，弹出如图 12.16 所示的对话框。

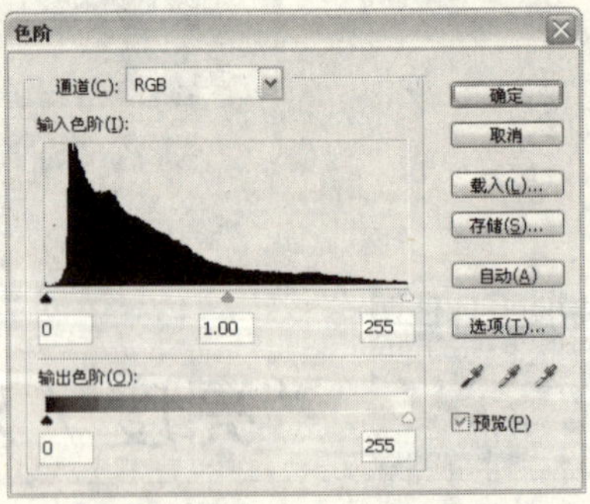

图 12.16　“色阶”对话框

“色阶”对话框中各参数的含义如下。

- 通道：在该下拉列表中可以选择要调整的通道，在调整不同颜色模式的图像时，该下拉列表中的选项也不尽相同。例如，在 RGB 模式的图像中，该下拉列表中显示“RGB”、“红”、“绿”和“蓝”4 个选项；而在灰度模式下，由于此时只有一个“灰色”通道，所以该下拉列表将不再提供任何选项。
- 输入色阶：分别拖动“输入色阶”直方图下面的黑、灰、白色滑块或在“输入色阶”数值框中输入数值，可以对应地改变照片的暗调、中间调或高光，从而增加图像的对比度。向左拖动白色滑块或灰色滑块，可以加亮图像；向右拖动黑色滑块或灰色滑块，可以使图像变暗。

- 输出色阶：拖动“输出色阶”下面的控制条上的滑块或在“输出色阶”数值框中输入数值，可以重新定义暗调和高光值，以降低图像的对比度。其中向右拖动黑色滑块，可以降低图像暗部对比度，从而使图像变亮；向左拖动白色滑块，可以降低图像亮部对比度从而使图像变暗。
- 存储及载入：单击“存储”按钮，在弹出的对话框中可以将当前对话框的设置保存为一个*.ALV 文件，在以后的工作中如果遇到需要做同样设置的工作，就可以单击“载入”按钮调出该设置文件。
- 自动：单击“自动”按钮，Photoshop 将自动调整图像，其实质是 Photoshop 以 0.5%的比例调整图像的亮度，将图像中最亮的像素变成白色，将最暗的像素变成黑色，使图像中的亮度分布更均匀，消除图像不正常的亮部与暗部像素。

12.3.1　快速调整图像的明暗度

使用“色阶”命令可以简单、快速地调整图像的明暗度，其操作步骤如下。

步骤 01 打开随书光盘:\d12z\12.3.1-素材.tif，如图 12.17 所示。

步骤 02 按 Ctrl+L 组合键应用“色阶”命令，如果要增加图像的明度，可以在“输入色阶”区域中向左侧拖动白色滑块，如图 12.18 所示，此时的预览效果如图 12.19 所示。

图 12.17　素材图像

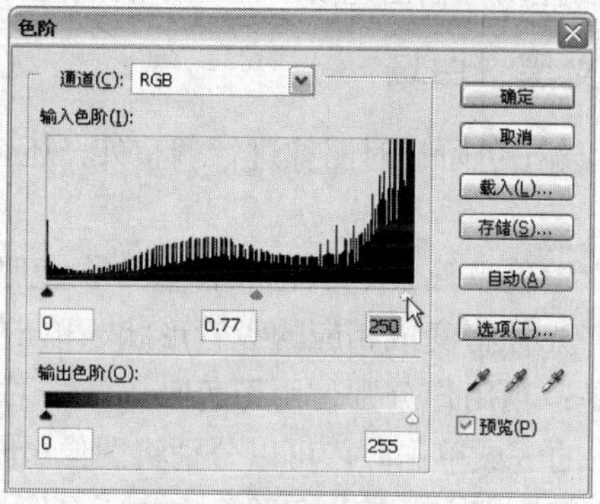

图 12.18　拖动白色滑块增加图像明度

图 12.19　调整后的效果

步骤 03 如果要增加图像的暗度，就可以向右侧拖动“输入色阶”区域中的黑色滑块，如图 12.20 所示，此时的预览效果如图 12.21 所示。

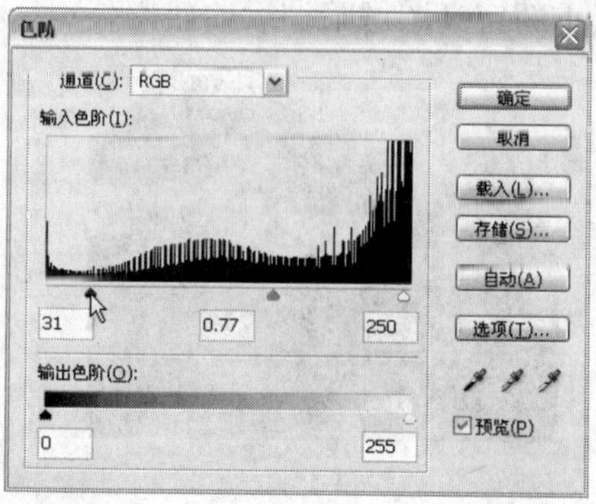

图 12.20　拖动黑色滑块增加图像暗度

图 12.21　调整后的效果

步骤 04 如果要降低图像的明度就可以向左侧拖动“输出色阶”区域的白色滑块，如图 12.22 所示。

步骤 05 如果要降低图像的暗度就可以向右侧拖动“输出色阶”区域的黑色滑块，如图 12.23 所示。

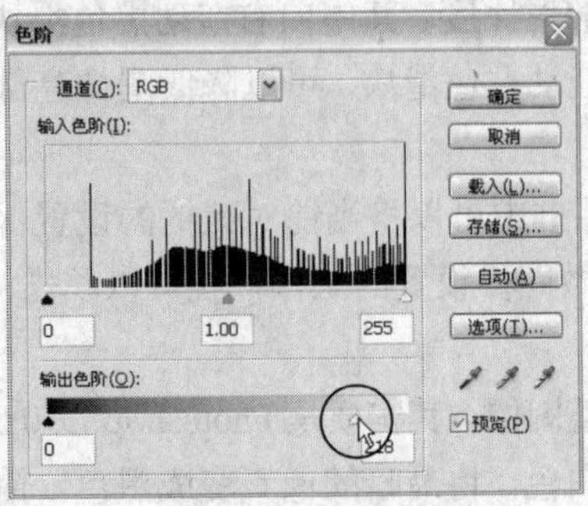

图 12.22　降低图像的明度

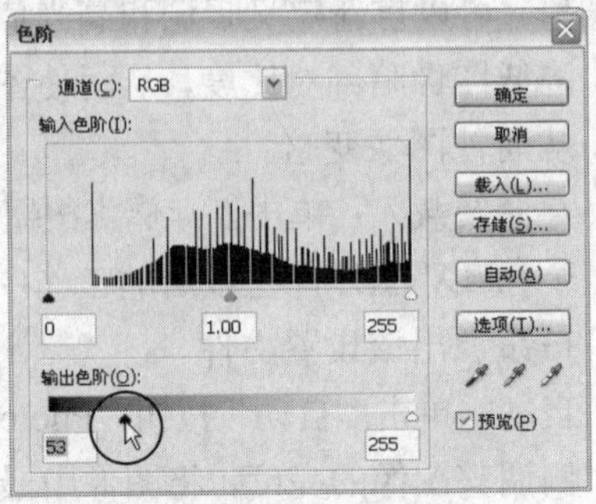

图 12.23　降低图像的暗度

步骤 06 调整完毕得到满意的效果后，单击“确定”按钮退出对话框。

由本实例可以看出：

- 要增加图像的明度可以拖动“输入色阶”区域中的白色滑块。
- 要降低图像的明度可以拖动“输出色阶”区域中的白色滑块。
- 要增加图像的暗度可以拖动“输入色阶”区域中的黑色滑块。
- 要降低图像的暗度可以拖动“输出色阶”区域中的黑色滑块。

12.3.2　用黑、白吸管定义黑、白场

除使用“输入色阶”与“输出色阶”对图像进行调整外，还可以使用对话框中的 3 个吸管工具对图像进行调整。

3 个吸管从左到右依次为黑色吸管、灰色吸管和白色吸管，单击其中任一吸管，然后将光标移到图像窗口中，光标将变成相应的吸管形状，单击即可完成色调调整。

黑、白吸管的工作原理是：当用户分别使用黑色吸管、白色吸管在图像的最暗与最亮（注意：不是黑色与白色）的区域单击时，可以分别将图像最暗与最亮处的像素映射为黑色与白色，并使 Photoshop 按改变的幅度重新分配图像中的所有像素，从而调整图像。下面分别讲解各个吸管工具的作用。

- 黑色吸管：用该吸管在图像中单击，Photoshop 将定义单击处的像素为黑点，并重新分布图像的像素值，从而使图像变暗，此操作类似于在输入色阶中向右侧拖动黑色滑块。图 12.24 所示为原图像及使用黑色吸管工具重新定义图像暗调后的效果。

（a）　（b）

图 12.24　原图像及使用黑色吸管单击后的效果

- 白色吸管：与黑色吸管相反，Photoshop 将定义白色吸管所单击处的像素为白点，并重新分布图像的像素值，从而使图像变亮，此操作类似于在输入色阶中向左侧拖动白色滑块，但此操作更直观、精确。图 12.25 所示为原图像及使用白色吸管单击图中白色圆圈内吸管工具所指的位置后得到的效果。

(a)

(b)

图 12.25　原图像及使用白色吸管单击后的效果

12.3.3　使用灰色吸管工具纠正图像偏色

在使用素材图像的过程中，不可避免地会遇到一些偏色的图像，而使用“色阶”对话框中的灰色吸管工具就可以轻松地解决这个问题了。

灰色吸管工具纠正偏色操作的方法很简单，只需要使用吸管单击图像中某种颜色，即可在图像中消除或减弱此种颜色，从而纠正图像中的偏色状态。

图 12.26 所示为一幅偏绿色的图像，使用灰色吸管单击黑色圆圈中心位置后，可以得到如图 12.27 所示的色调正常的图像效果。

图 12.26　原图像

图 12.27　使用灰色吸管工具单击后的效果

12.4　“曲线”命令

12.4.1　使用“曲线”命令

与“色阶”调整方法一样，使用“曲线”可以调整图像的色调与明暗度。与“色阶”命令不同的是，“曲线”命令可以精确调整高光、阴影和中间调区域中任意一点的色调与明暗。

选择“图像”|“调整”|“曲线”命令，将显示图 12.28 所示的“曲线”调整对话框。

在此对话框中最重要的工作是调节曲线，曲线的水平轴表示像素原来的色值，即输入色阶，垂直轴表示调整后的色值，即输出色阶。

在 Photoshop CS3 版中，“曲线”命令还新增了调用预设曲线调整方案的功能，也就是说，除了可用手工编辑曲线来调整图像外，还可以直接在“预设”下拉菜单中选择一个 Photoshop 自带的调整方案，如图 12.29 所示。

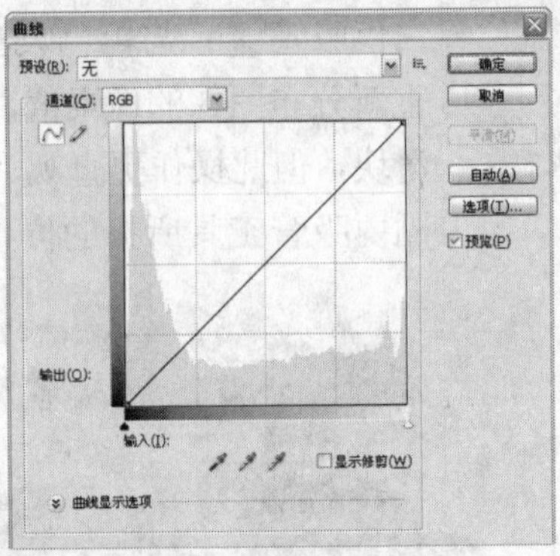

图 12.28 “曲线”命令对话框

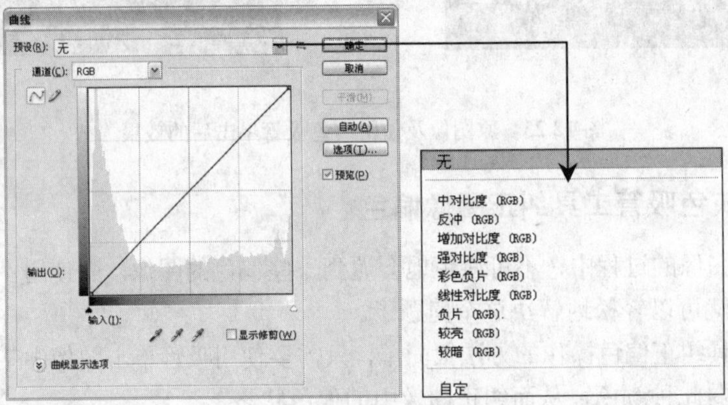

图 12.29 “曲线”对话框

例如，图 12.30 所示是素材图像，图 12.31～图 12.33 所示则是分别设“彩色负片”、“负片”和“较亮”以后的效果。

图 12.30 素材图像

图 12.31 “彩色负片”方案的效果

图 12.32 “负片”方案的效果

图 12.33 “较亮”方案的效果

另外，单击“曲线”对话框底部的 即可向下扩展出该命令的高级参数，如图 12.34 所示。扩展出来的参数含义如下。

- 显示数量：在此选择“光（0～255）”选项时，即按照加色的模式显示“输入”、“输出”明暗条及图像的直方图，该选项较为适合调整并美化图像；如果选择“颜料/油墨%”选项，则与“光（0～255）”选项刚好相反，即按照减色的模式来显示“输入”、“输出”明暗条及图像的直方图，该选项较适合调整要打印输出的图像。

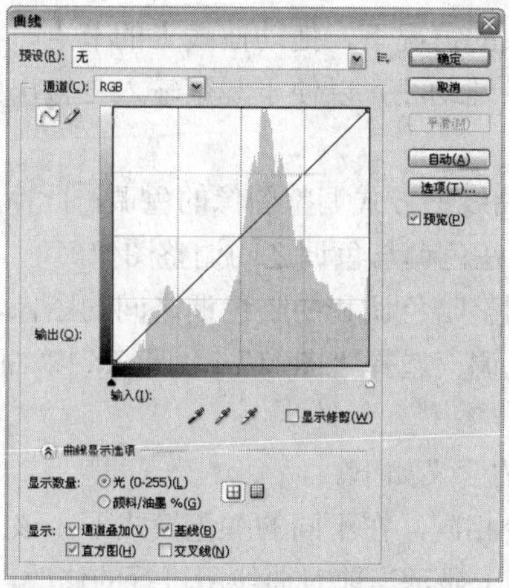

图 12.34　显示更多的对话框选项

- 网格状态：在“曲线”对话框的底部中间位置，包括了 2 个用于控制曲线调节区域背景的网格按钮。单击田按钮，则按照直方图的 1/4 高度及宽度创建网格，此按钮适用于较为粗略的图像调整；如果选择▦按钮，则按照直方图的 1/10 高度及宽度创建网格，以便于进行较为精确的曲线调整。
- 通道叠加：如果在对话框中编辑了其他颜色通道（例如红、绿、洋红等）的曲线，在返回复合通道时，则可以观察到对其他颜色通道所做的曲线调整，如图 12.35 所示。其中红色曲线就代表了“红”通道中的曲线调整状态，同理，蓝色和绿色曲线也代表了相应通道中的曲线调整状态。

提示

简单地说，所谓的复合通道，就是指某一模式的总通道，例如，RGB 模式的复合通道就是 RGB 通道，而 CMYK 模式的复合通道就是 CMYK 通道。

- 基线：在对话框的曲线调整区域中，包括了一条始终位于 45°角的灰色对角线，当改变调节曲线的位置时，该对角线就会显示出来，如图 12.36 所示。

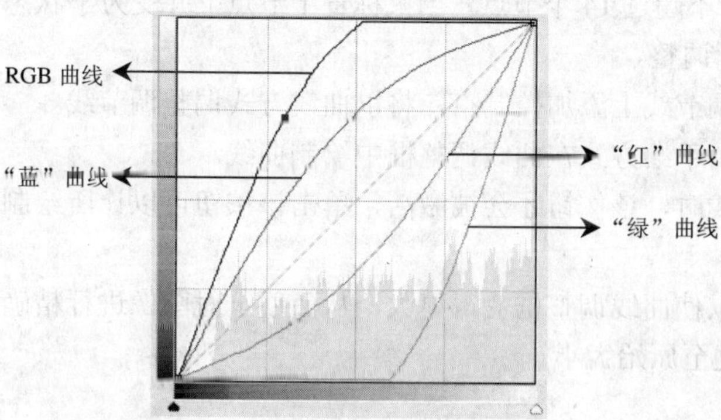

图 12.35　调整颜色通道中的曲线

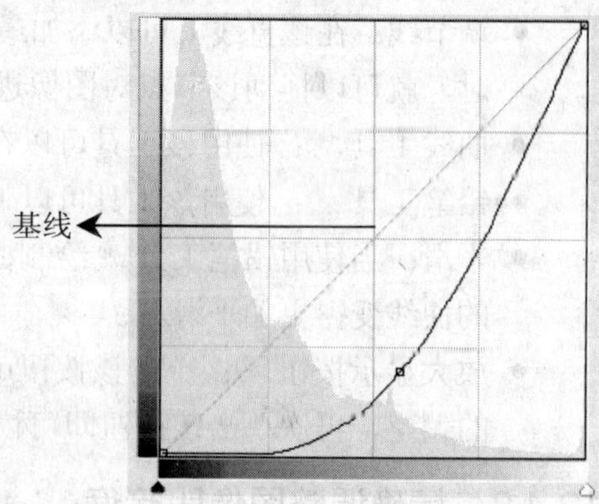

图 12.36　显示基线

- 直方图：在曲线调节区域的背景中，除了包括有网格以及基线外，还包括了根据当前图像明暗分布而生成的直方图，以便于对图像进行分析和调整。

- 交叉线：在选择此选项的情况下，拖动曲线上的节点，将以节点为中心，分别在水平和垂直方向上显示 2 条辅助线，以便于观察输入与输出色彩的对比，释放左键后辅助线消失。

"曲线"命令可以用调节曲线的方式调整图像的色调，此命令的优点在于能够精确调整图像中的每一个色调，而且可以在色调与色调之间调整图像。

例如，使用此命令可以调整暗色调和中暗色调之间的图像，或中间色调和高亮色调之间的图像，而不影响其他部分色调。选择"图像"|"调整"|"曲线"命令，弹出如图 12.37 所示的对话框。

"曲线"对话框中各参数的含义如下。

- 通道：与"色阶"命令相同，在不同的颜色模式下，该下拉列表将显示不同的选项。
- 曲线调整框：该区域用于显示当前对曲线所进行的修改，按住 Alt 键在该区域中单击可以增加网格的显示数量，从而便于对图像进行精确的调整。
- 切换显示条方向按钮：单击该按钮可以改变明暗度显示条的方向。
- 明暗度显示条：横向的显示条为图像在调整前的明暗度状态，纵向的显示条为图像在调整后的明暗度状态。图 12.38 所示为分别向上和向下拖动节点时，该点图像在调整前后的对应关系。

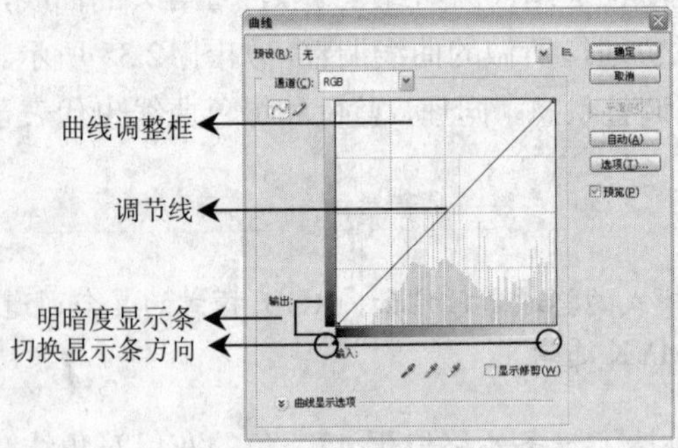

图 12.37 "曲线"对话框

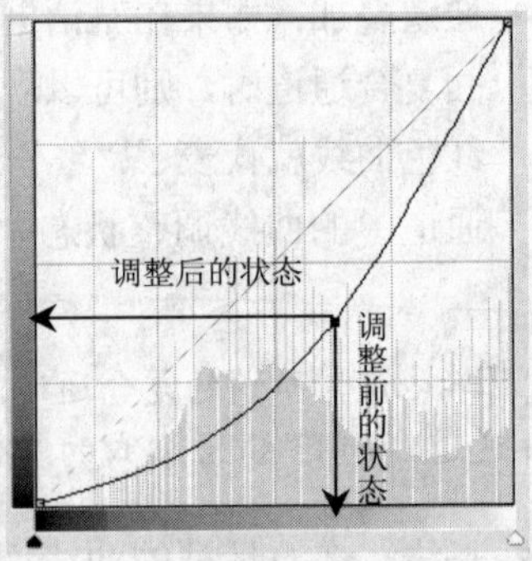

图 12.38 调整前后的对应关系

- 调节线：在该直线上可以添加最多不超过 14 个节点，当鼠标置于节点上并变为✥状态时，就可以拖动该节点对图像进行调整。
- 曲线工具：使用该工具可以在调节线上添加控制点，将以曲线方式调整调节线。
- 铅笔工具：使用该工具可以使用手绘方式在曲线调整框中绘制曲线。
- 平滑：当使用铅笔工具绘制曲线时，该按钮才会被激活，单击该按钮可以让所绘制的曲线变得更加平滑。
- 放大显示按钮：单击该按钮可以使曲线调整框变得更大，从而便于对图像进行精确的调整，再次单击该按钮即可恢复至原始大小。

12.4.2 精确调整图像明暗度

"曲线"命令提供了精确调整图像的功能和技巧，灵活地掌握和运用这些技巧，可以更深入地了解该命令的强大功能，从而在以后调整图像的过程中更加得心应手。

下面通过一个实例讲解使用"曲线"命令精确调整图像明暗度的方法，其操作步骤如下。

步骤 01 打开随书光盘:\d12z\12.4.2-素材.tif，如图 12.39 所示。

步骤 02 观察图像可以看出，图像中最亮和最暗的部分大致为图 12.40 中黑色圆圈内部所标示的位置。

图 12.39　原图像

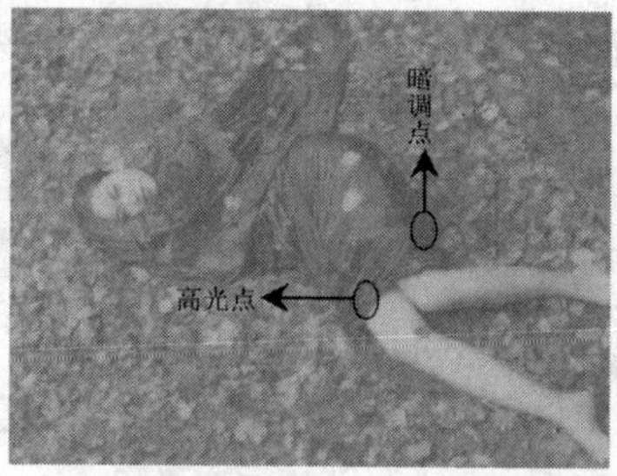

图 12.40　图像的最亮点与最暗点

步骤 03 选择“图像”|“调整”|“曲线”命令或按 Ctrl+M 组合键调出“曲线”对话框。

步骤 04 将光标移至“曲线”对话框外，置于图像的高光点处，按住鼠标左键不放，此时在曲线调整框中的调节线上会出现与之对应的标记，然后按住 Ctrl 键并单击鼠标左键，此时 Photoshop 会在调节线上自动添加一个控制节点。

步骤 05 按照上一步的方法在“曲线”对话框中的调节线上创建与暗调点相对应的控制节点，如图 12.41 所示。

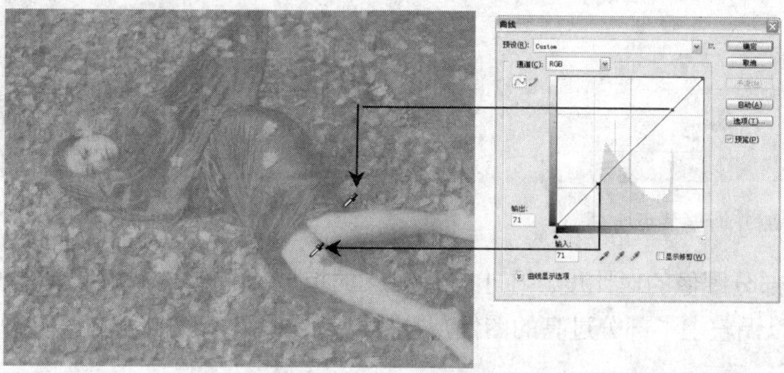

图 12.41　创建暗调控制节点

步骤 06 确定了最亮点与最暗点后，将调节线调整为 S 型即可，如图 12.42 所示。

（a）　　　（b）

图 12.42　利用 S 型曲线增加图像对比度后的效果

12.4.3 显示更多的细节图像

基于“曲线”命令所独有的精确调整图像的特性，用户可以方便地利用该命令来显示图像中的细节，并增加图像的对比度。下面就以一个实例来进行讲解，其操作步骤如下。

图 12.43 素材图像

步骤 01 打开随书光盘:\d12z\12.4.3-素材.tif，如图 12.43 所示。观察图像可以看出，图像底部的图像较暗，而上半部分图像则显得较为正常，下面就利用“曲线”命令来解决这个问题。

步骤 02 选择“图像”|“调整”|“曲线”命令或按 Ctrl+M 组合键调出“曲线”对话框。

步骤 03 首先在调节线的左下方添加一个控制点，并向上拖动至如图 12.44 所示的位置，此时的预览效果如图 12.45 所示。可以看出，此时底部较暗图像中的细节已经基本显示出来了。

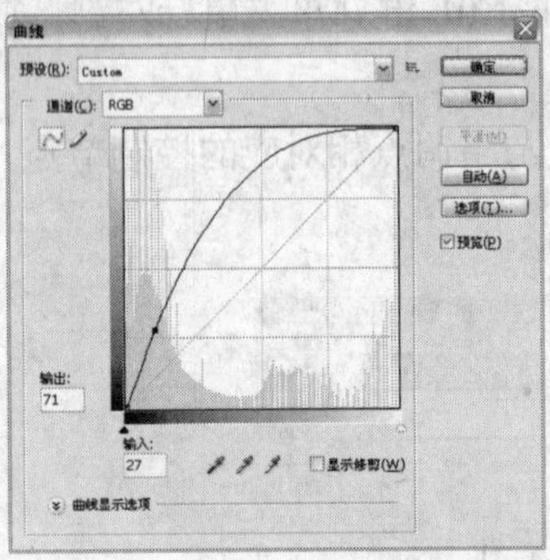

图 12.44 添加并调整节点 1

图 12.45 显示暗部的图像

步骤 04 调整中间部分图像的对比度。在上一步操作的控制点右上方添加一个新的控制点，并向下拖动，以调整上半部分过亮的图像，如图 12.46 所示，此时的预览效果如图 12.47 所示。

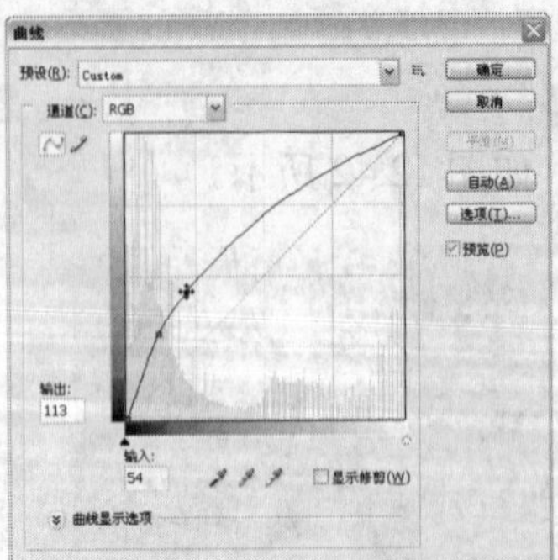

图 12.46 添加并调整节点 2

图 12.47 恢复被调整得过亮的图像

步骤 05 在上一步操作的控制点右上方连续添加两个控制点，并做适当的调整，如图 12.48 所示，从而提高中间部分图像的对比度，此时的图像预览效果如图 12.49 所示。

步骤 06 得到满意效果后，单击“确定”按钮退出对话框。

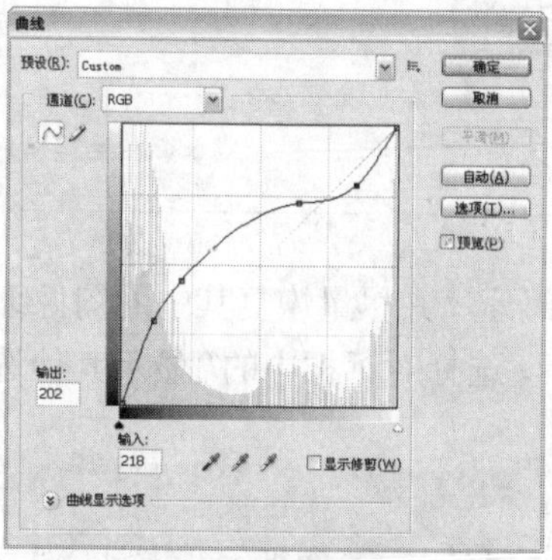

图 12.48　添加并调整节点 3

图 12.49　调整中间部分图像对比度后的效果

12.4.4　制作斑驳的金属图像效果

除了规则曲线外，如果在“曲线”对话框中将曲线调整为 N 型或 M 型，往往能得到光怪陆离、色彩斑驳的图像，而这种曲线也适用于制作金属光泽质感效果。可以按以下步骤操作。

步骤 01 打开随书光盘:\d12z\12.4.4-素材.tif，如图 12.50 所示。

步骤 02 选择“图像”|“调整”|“通道混和器”命令，在弹出对话框的左下角选择“单色”选项即可，然后单击“确定”按钮退出对话框，得到如图 12.51 所示的效果。

图 12.50　素材图像

图 12.51　应用“通道混和器”后的效果

步骤 03 按 Ctrl+Shift+U 组合键执行“去色”操作，将图像转换为灰度。

步骤 04 按 Ctrl+M 组合键应用“曲线”命令，在弹出的对话框中添加控制点并调整控制点的位置，如图 12.52 所示，单击“确定”按钮退出对话框，即可得到如图 12.53 所示的效果。

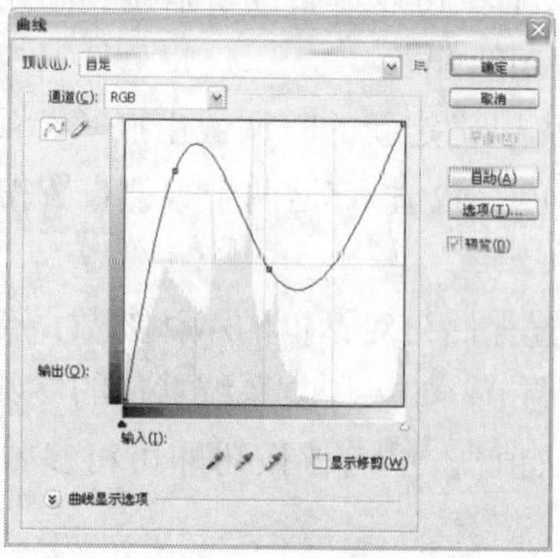

图 12.52　“曲线”对话框

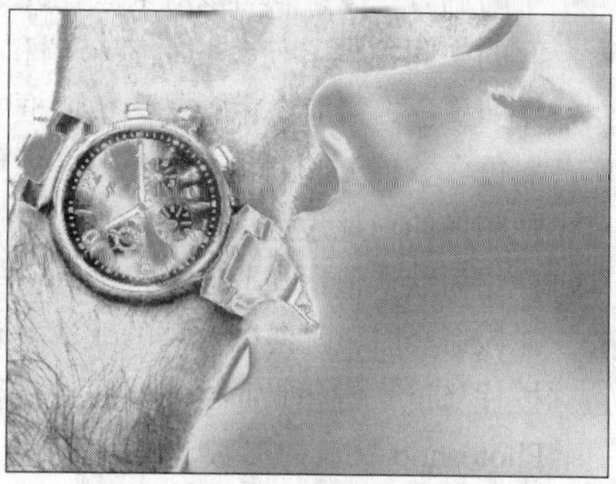

图 12.53　斑驳的金属图像效果

Photoshop 12.5 “阴影/高光”命令

利用“阴影/高光”命令可以处理图像中过暗或过亮的部分，并尽量恢复其中的图像细节，以保证图像的逼真和完整性。该命令的对话框如图12.54所示，选择对话框中的“显示其他选项”选项后，可以扩展为如图12.55所示的对话框。

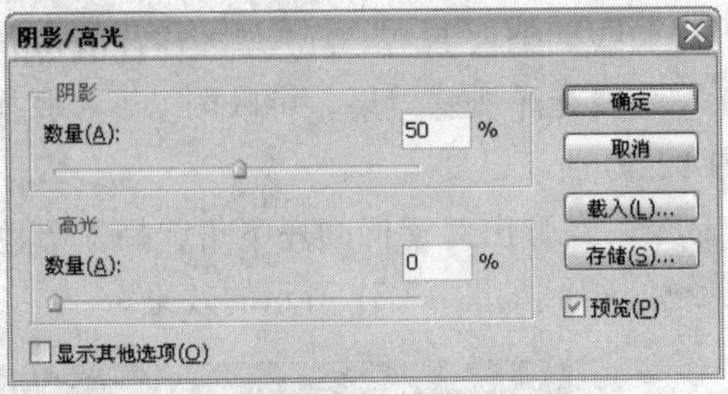

图 12.54 “阴影/高光”对话框 1

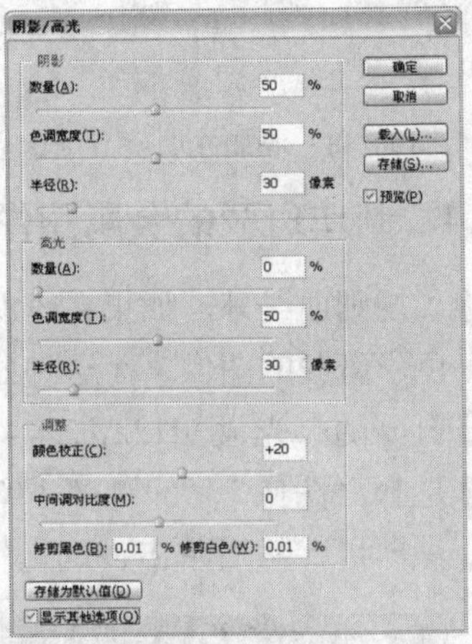

图 12.55 扩展后的对话框

可以看出，该对话框扩展后，除了包含原有的两个基本参数外，又扩展出了多个高级参数，下面分别讲解这些参数的含义。

- 数量：在“阴影”或“高光”区域中拖动该滑块，可以对图像暗调或高光区域进行调整，该数值越大则调整的幅度也越大。
- 色调宽度：在“阴影”或“高光”区域中拖动该滑块，可以控制对图像的暗调或高光部分的修改范围，该数值越大则调整的范围也越大。
- 半径：在“阴影”或“高光”区域中拖动该滑块，可以确定图像中哪些区域是暗调区域，哪些区域是高光区域，然后对已确定的区域进行调整。
- 色彩校正：拖动该滑块或在此数值框中输入数值，可以对图像的颜色进行微调，数值越大则图像的颜色饱和度越高，反之则图像颜色的饱和度越低。
- 中间调对比度：拖动该滑块或在此数值框中输入数值，可以调整位于暗调和高光部分之间的中间色调，使其与调整暗调和高光后的图像相匹配。
- 修剪黑色、修剪白色：在该数值框中输入数值，可以确定新的暗调截止点（设置“修剪黑色”数值）和新的高光截止点（设置“修剪白色”数值）。这两个数值设置得越大，则图像的对比度越强。
- 存储为默认值：单击该按钮可以将当前所做的设置存储为对话框的默认参数，当再次选择该命令时，就会以存储的默认参数对图像进行调节。如果恢复系统默认的参数，可以按住 Shift 键，此时该按钮会显示为“复位默认值”，单击该按钮即可将参数恢复为 Photoshop 默认的参数。

使用“阴影/高光”调整图像的亮部与暗部区域，可以按照以下步骤操作。

步骤01 打开随书光盘:\d12z\12.5-素材.tif，如图 12.56 所示。

步骤02 观察图像可以看出，图像的暗部和亮部区域都未完全显示出图像的细节，下面就来解决这个问题。

步骤03 选择“图像” | “调整” | “阴影/高光”命令。

步骤04 在弹出的对话框中向右侧拖动“阴影”区域中的“数量”滑块，直至让暗调区域（摩托车的部分)中的细节显示出满意的效果为止，如图 12.57 所示，此时的预览效果如图 12.58 所示。

图 12.56　素材图像

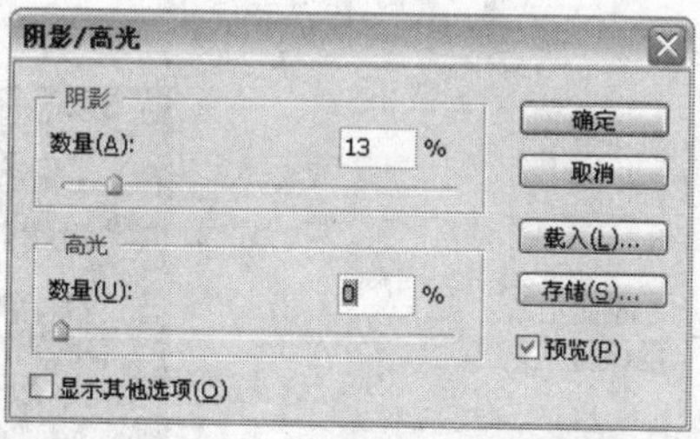

图 12.57　“阴影/高光”对话框 2

图 12.58　预览效果

步骤05 按照上一步中的方法拖动“高光”区域中的“数量”滑块，以显示出亮部区域（人物白色衣服的衣褶）中的细节，如图 12.59 所示，直至得到满意的效果为止，如图 12.60 所示。

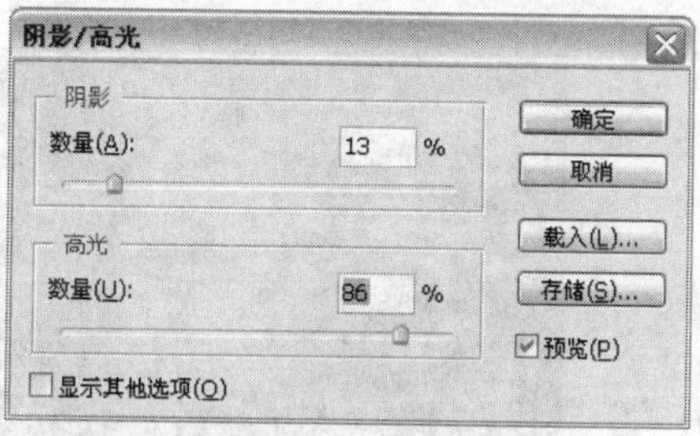

图 12.59　“阴影/高光”对话框 3

图 12.60　最终效果

步骤06 调整完毕后单击“确定”按钮退出对话框即可。

Photoshop CS3

12.6 “曝光度”命令

“曝光度”命令是 Photoshop CS3 中新增的一项功能，此命令主要用于对 HDR 文件的色调及曝光度等参数进行调整，同时也支持对于 8 位和 16 位图像的处理。

提示

HDR 文件是利用“文件” | “自动” | “合并到 HDR”命令制作得到的，由于本部分内容已经超出本书的讲解范围，因此想学习此部分内容的读者可以参阅其他书籍。

选择“图像” | “调整” | “曝光度”命令，弹出如图 12.61 所示的“曝光度”对话框。

“曝光度”对话框中的各参数含义如下。

- 曝光度：拖动“曝光度”中的滑块或在其数值框中输入数值，输入正值可以增加图像的曝光度，使图像倾向于白色；输入负值可以降低图像的曝光度，使图像倾向于黑色。
- 位移：拖动“位移”中的滑块或在其数值框中输入数值，输入正值可以增加图像的曝光度的范围；输入负值可以降低图像的曝光度的范围。
- 灰度系数：拖动“灰度系数”中的滑块或在其数值框中输入数值，输入正值可以减少图像的灰度；输入负值可以提高图像的灰度。

要使用“曝光度”命令调整 HDR 图像文件的色调及曝光度，可以按照下面的方法进行操作。

步骤01 打开随书光盘:\d12z\12.6-素材.hdr，如图 12.62 所示。此图像就是利用“合并到 HDR”功能制作得到的。

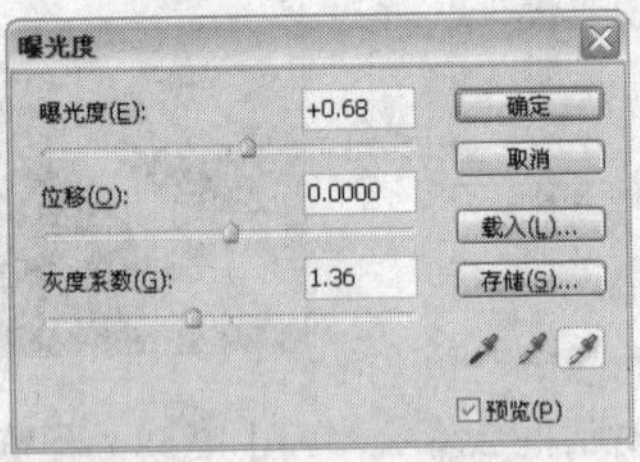

图 12.61 “曝光度”对话框

图 12.62 HDR 素材图像

步骤02 选择“图像”|“调整”|“曝光度”命令以调出其对话框，如图 12.63 所示。

步骤03 通过提高图像的曝光度可以提高屋内的的整体亮度，其对话框设置如图所示，此时图像的预览效果如图 12.64 所示。

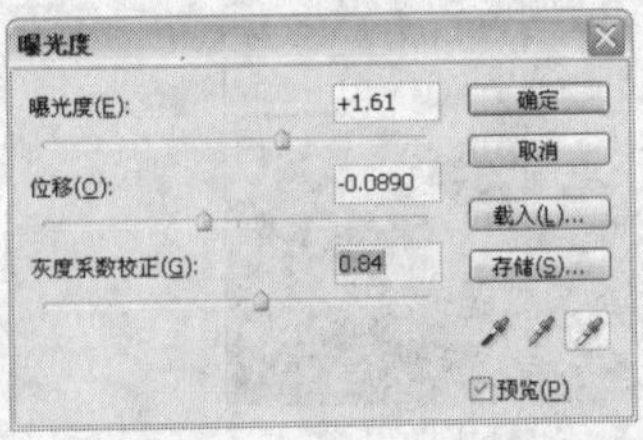

图 12.63 调整“曝光度”参数 1

图 12.64 调整后的图像效果 1

步骤04 由于曝光过度，外面的景物看不到，此时也可以将对话框中的参数调整为如图 12.65 所示，以观察窗户外的景物，最终的图像预览效果如图 12.66 所示。

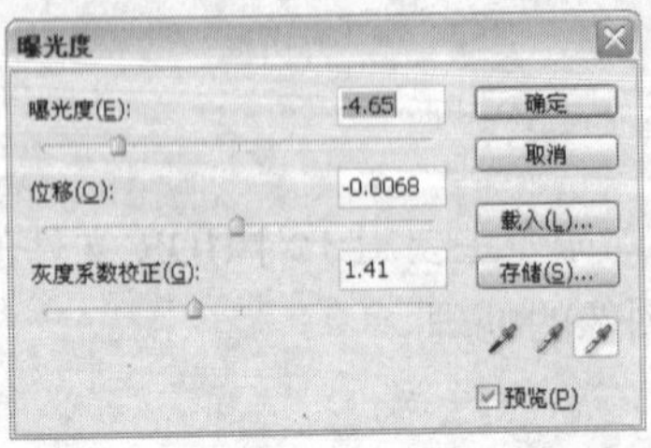

图 12.65 调整“曝光度”参数 2

图 12.66 调整后的图像效果 2

提示

在调整图像“灰度系数”时应适量，否则可能会出现图像对比度不足的情况。本章所用到的素材文件为随书光盘:\d12z\中的文件，文件名对应着本章的小节号。

第 13 章

图层的基本操作

Photoshop 中的任何操作与处理都是以图层为基础的，所有精美的图像作品的制作都离不开图层，它是 Photoshop 的基石与核心。本章将讲解图层的相关概念及基本操作。

13.1 关于图层

可以将图层想象成是一张张叠起来的透明硫酸纸，如果图层上没有图像，就可以一直看到底下的图层，反之则会遮盖住下面的图像。

图 13.1 所示为一个有多个图层的设计案例中每一个图层中的图像，将它们按照从上至下的顺序叠加在一起后，就可以得到图 13.2 所示的效果及对应的“图层”调板。

图 13.1　各个图层中的图像

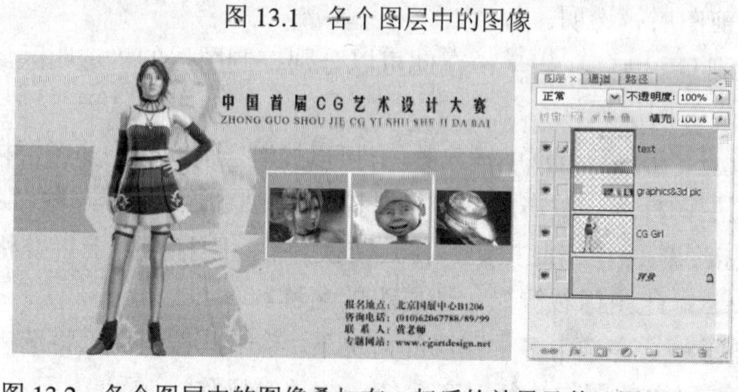

图 13.2　各个图层中的图像叠加在一起后的效果及其“图层”调板

对图层进行的各种操作基本都可以在“图层”调板中完成，例如，选择图层以进行分层编辑、创建新图层、删除图层、隐藏图层、锁定图层、合并图层等，因此掌握“图层”调板是掌握图层操作的先决条件。

13.2 “图层”调板

选择“窗口”|“图层”命令，显示如图 13.3 所示的“图层”调板。

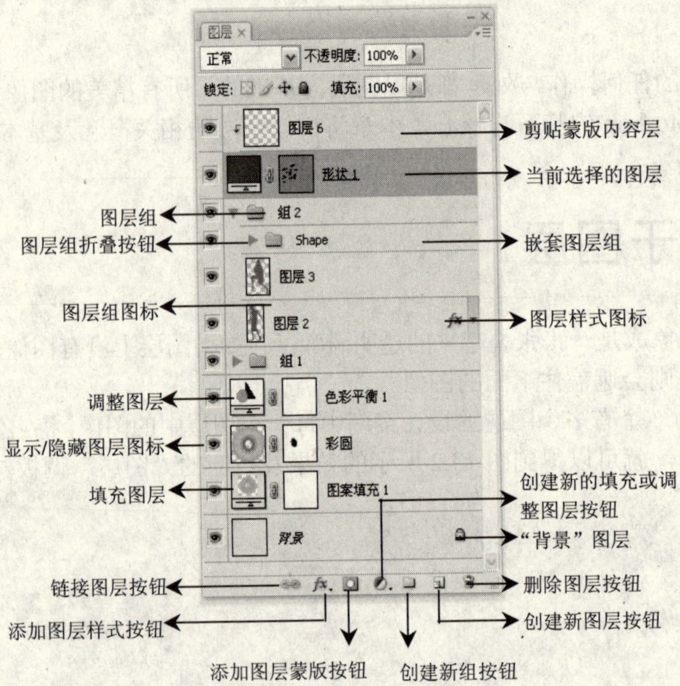

图 13.3 “图层”调板

在此先对“图层”调板中的各个按钮与控制选项做简单介绍，在以后的章节中将对各个按钮及控制选项的使用方法及技巧做详细介绍。

- 混合模式下拉列表 正常：在此下拉列表中可以设置当前图层的混合模式。
- 不透明度 不透明度: 100%：在此数值框中输入数值，可以控制当前图层的透明属性，数值越小则当前图层越透明。
- 锁定图层控制 锁定：在此可以分别控制图层的“透明区域可编辑性”、“编辑”、“移动”等图层属性。
- 填充 填充: 100%：在此数值框中输入数值，可以控制当前图层中非图层样式部分的透明度。
- 显示/隐藏图层图标：单击此图标可以控制当前图层的显示与隐藏状态。
- 图层组折叠按钮：单击此按钮，将其转换为，则打开处于折叠状态的图层组。
- 图层组图标：此图标右侧显示图层组的名称。
- 链接图层按钮：在选中多个图层的情况下，单击此按钮可以将选中的图层链接起来，这样可以对图层中的图像执行对齐、统一缩放等操作。

- 添加图层样式按钮 fx：单击该按钮可以在弹出的下拉菜单中选择“图层样式”命令，可以为当前图层添加“图层样式”。
- 添加图层蒙版按钮：单击该按钮，可以为当前图层添加图层蒙版。
- 创建新组按钮：单击该按钮，可以新建一个图层组。
- 创建新的填充或调整图层按钮：单击该按钮，可以在弹出的菜单中为当前图层创建新的填充或调整图层。
- 创建新图层按钮：单击该按钮，可以创建一个新图层。
- 删除图层按钮：单击该按钮，在弹出的提示对话框中单击“是”按钮，即可删除当前所选图层。

Photoshop CS3

13.3 图层的基本操作

处理任何图层都离不开对图层的操作，本节将讲解图层的一些基本操作。

13.3.1　新建图层

新建图层是 Photoshop 中极为常用的操作，其创建方法有很多种，具体归纳如下。

1．通过命令菜单创建图层

选择“图层”|“新建”|“图层”命令，即可弹出如图 13.4 所示的“新建图层”对话框。

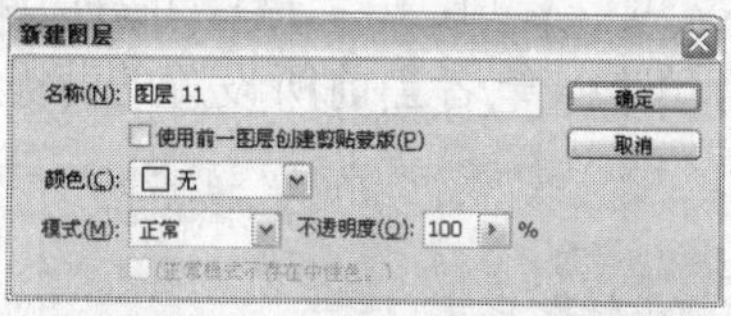

图 13.4　“新建图层”对话框

“新建图层”对话框中各参数的含义如下。

- 名称：在此文本框中可以输入新图层的名称。
- 使用前一图层创建剪贴蒙版：如果选择此选项，新图层将与当前选择图层形成剪贴蒙版组。
- 颜色：在该下拉列表中选择一种颜色名称，以定义新图层在“图层”调板中显示的颜色。
- 模式：在“模式”下拉列表中可以为新图层选择一种图层混合模式。
- 不透明度：在该数值框中可以输入新图层的不透明度。
- 填充中性色：如果在“模式”下拉列表中选择一种适当的模式，则此选项可被激活。选择该选项，可以创建一个以“模式”下拉列表中所选模式为图层模式并填充灰色的图层。

提示

此选项的模式将与在“模式”下拉列表中选择的模式相同，因此如果选择“变亮”模式，则此选项名为“填充变亮中性色(黑)”；而如果选择“柔光”模式，则选项为“填充柔光中性色(50%灰)”。

设置“新建图层”对话框中的选项后，单击“确定”按钮，即可创建一个新图层。

2．通过调板菜单创建图层

单击“图层”调板右上方的三角按钮，在弹出的菜单中选择“新图层”命令，就会弹出

“新建图层”对话框，然后按照第一种方法对该对话框进行设置即可。

3．使用按钮创建图层

单击“图层”调板下方的创建新图层按钮，可直接创建一个 Photoshop 默认值的新图层，这也是创建新图层最常用的方法。

> **提示**
>
> 按此方法创建新图层时，如果需要改变默认值，可以按住 Alt 键单击，然后在弹出的对话框中进行修改；按住 Ctrl 键的同时单击创建新图层按钮，则可在当前图层下方创建新图层。

4．通过拷贝和剪切创建图层

如果当前存在选区，还有两种方法可以从当前选区中创建新的图层，即选择“图层”|“新建”|“通过拷贝的图层”、“通过剪切的图层”命令新建图层。

- 在选区存在的情况下，选择“图层”|“新建”|“通过拷贝的图层”命令，可以将当前选区中的图像拷贝至一个新的图层中，该命令的快捷键为 Ctrl+J。
- 在没有任何选区的情况下，选择“图层”|“新建”|“通过拷贝的图层”命令，可以复制当前选中的图层。
- 在选区存在的情况下，选择“图层”|“新建”|“通过剪切的图层”命令，可以将当前选区中的图像拷贝至一个新的图层中，该命令的快捷键为 Ctrl+Shift+J。

例如，图 13.5 所示为原图像及其“图层”调板，在图像中绘制一个选区，并选择“通过拷贝的图层”命令，此时的“图层”调板将如图 13.6 所示。而如果选择“通过剪切的图层”命令，则“图层”调板将如图 13.7 所示。可以看到，由于执行了剪切操作，背景图层上的图像被删除，并使用当前所设置的背景色进行填充（笔者当前所设置的背景色为白色）。

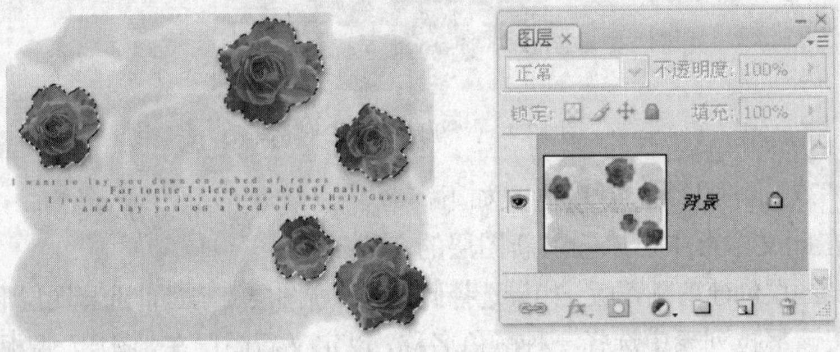

（a）　　（b）

图 13.5　原图像及其“图层”调板

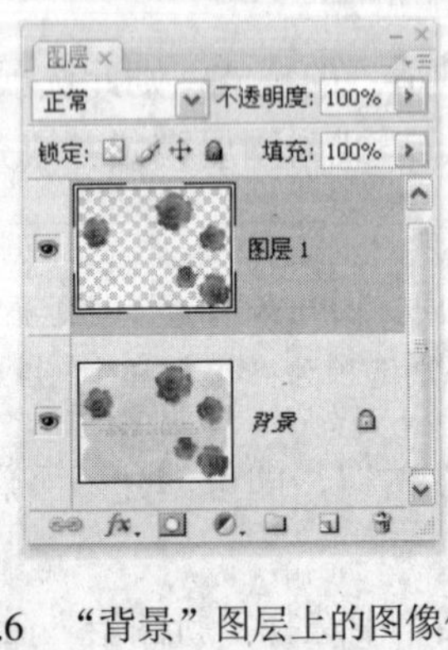

图 13.6　“背景”图层上的图像仍存在

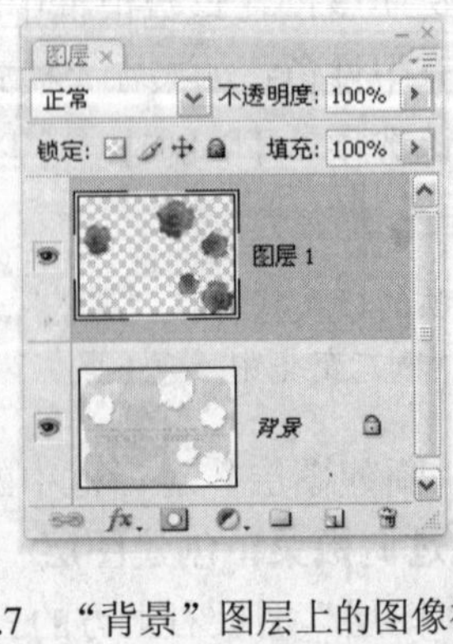

图 13.7　“背景”图层上的图像被删除

5．使用快捷键新建图层

使用快捷键新建图层，可以执行以下操作之一：

- 按 Ctrl+Shift+N 组合键，则弹出“新建图层”对话框，设置适当的参数，单击“确定”按钮即可在当前图层上新建一个图层。
- 按 Ctrl+Alt+Shift+N 组合键即可在不弹出“新建图层”对话框的情况下，在当前图层上方新建一个图层。

13.3.2　将“背景”图层转换为普通图层

在正常情况下，“背景”图层永远处于所有图层的下方，且无法对其进行添加图层样式、添加图层蒙版、设置不透明度、移动该图层中的图像等操作，只有将其转换为普通图层才可以进行编辑。

将“背景”图层转换为普通图层，可以执行以下操作之一：

- 选择“图层”|“新建”|“背景图层”命令，在弹出的“新建图层”对话框中单击“确定”按钮即可。
- 双击“背景”图层的缩览图，在弹出的“新图层”对话框中进行设置后，单击“确定”按钮即可。

提示

按住 Alt 键双击“背景”图层的缩览图，可以在不弹出“新图层”对话框的情况下将“背景”图层转换为普通图层。

13.3.3　选择图层

正确地选择图层是正确操作的前提条件，只有选择了正确的图层，所有基于此图层的操作才有意义。下面将详细讲解 Photoshop 中各种选择图层的操作方法。

1．选择一个图层

要选择某一图层，只需在“图层”调板中单击需要的图层即可，如图 13.8 所示。处于选择状态的图层与普通图层具有一定区别，被选择的图层以灰底显示。

2．选择所有图层

选择所有图层操作是 Photoshop CS3 中新增的功能，使用它可以快速选择除“背景”图层以外的所有图层，其操作方法是按 Ctrl+Alt+A 组合键或选择“选择”|“所有图层”命令。

3．选择连续图层

如果要选择连续的多个图层，在选择一个图层后，按住 Shift 键在“图层”调板中单击另一图层的图层名称，则两个图层间的所有图层都会被选中，如图 13.9 所示。

4．选择非连续图层

如果要选择不连续的多个图层，在选择一个图层后，按住 Ctrl 键在“图层”调板中单击另一图层的图层名称，如图 13.10 所示。

5．选择链接图层

当要选择的图层处于链接状态时，我们可以选择“图层”|“选择链接图层”命令，此时所有与当前图层存在链接关系的图层都会被选中，如图 13.11 所示。

6．选择同类图层

在新版的 Photoshop CS3 中可以利用“选择”|“相似图层”命令，将与当前所选图层类型相同的图层全部选中，例如文字图层、普通图层、形状图层以及调整图层等，图 13.12 所示为使用此命令选中所有文字图层后的效果。

图 13.8　选择单个图层

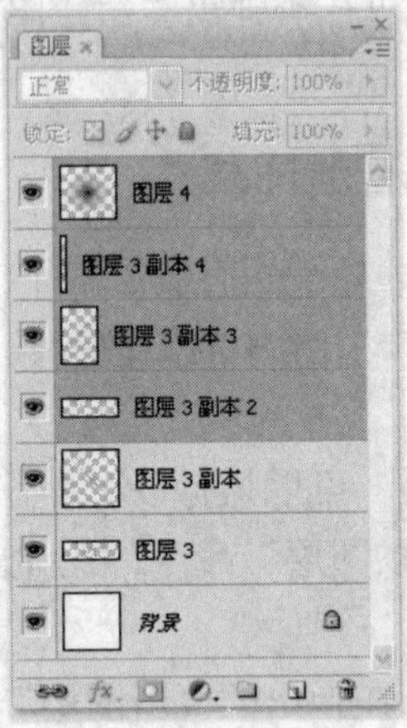

图 13.9　选择连续图层

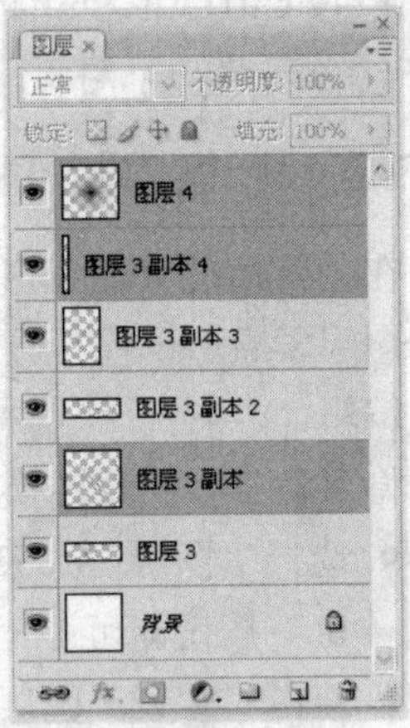

图 13.10　选择非连续图层

图 13.11　选择链接图层

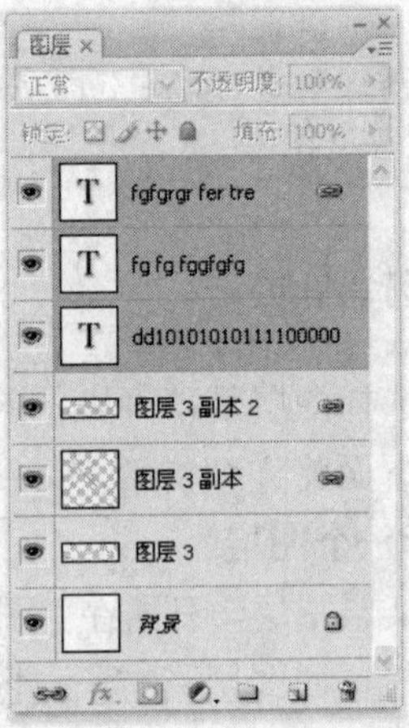

图 13.12　选择相似图层

7．利用图像选择图层

除了在“图层”调板中选择图层外，还可以直接在图像中使用移动工具来选择图层，其方法如下。

- 选择移动工具，直接在图像中按住 Ctrl 键单击要选择的图层中的图像，如果已经在此工具的选项条中选择“自动选择图层”选项，则不必按住 Ctrl 键。
- 如果要选择多个图层，可以按住 Shift 键直接在图像中单击要选择的其他图层的图像，则可以选择多个图层。

13.3.4　显示/隐藏图层、图层组或图层效果

显示/隐藏图层、图层组或图层效果操作是一类非常简单而且基础的操作。

在“图层”调板中单击图层、图层组或图层效果左侧的眼睛图标，使该处图标呈现为，即可隐藏该图层、图层组或图层效果，再次单击眼睛图标处可重新显示图层、图层组或图层效果。

提示

如果在眼睛图标中按住左键不放向下拖动，则可以显示或隐藏拖动过程中所有光标掠过的图层或图层组。按住 Alt 键单击图层左侧的眼睛图标，可以只显示该图层而隐藏其他图层；再次按住 Alt 键单击该图层左侧的眼睛图标，即可重新显示其他图层。

需要注意的是，只有可见图层才可以被打印，所以如果要打印当前图像，则必须保证图像所在的图层是处于显示状态的。

13.3.5　更改图层缩览图

通常情况下，“图层”调板中每一个图层都会显示一个小缩览图，由此小缩览图可以预览该图层中的图像。改变图层缩览图显示状态的步骤如下。

步骤 01 按 F7 键显示“图层”调板。

步骤 02 单击“图层”调板右上方的三角按钮，在弹出的下拉菜单中选择“调板选项”命令。

步骤 03 在弹出的如图 13.13 所示的“图层调板选项”对话框中，选择图层缩览图显示大小尺寸。图 13.14 所示为选择最大的图层缩览图时“图层”调板的显示状态，图 13.15 为无图层缩览图时“图层”调板的显示状态。

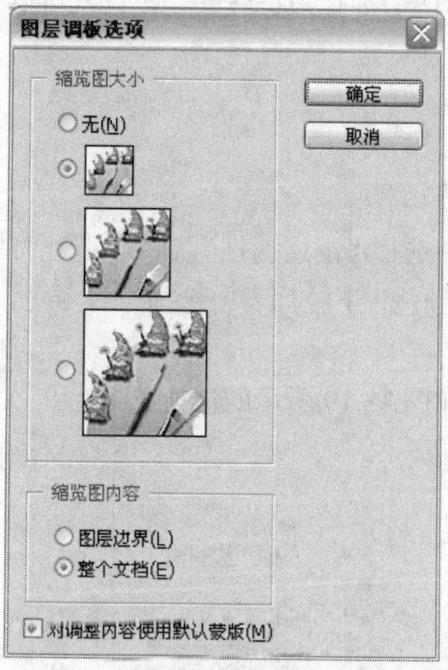

图 13.13　“图层调板选项”对话框

图 13.14　大图层缩览图

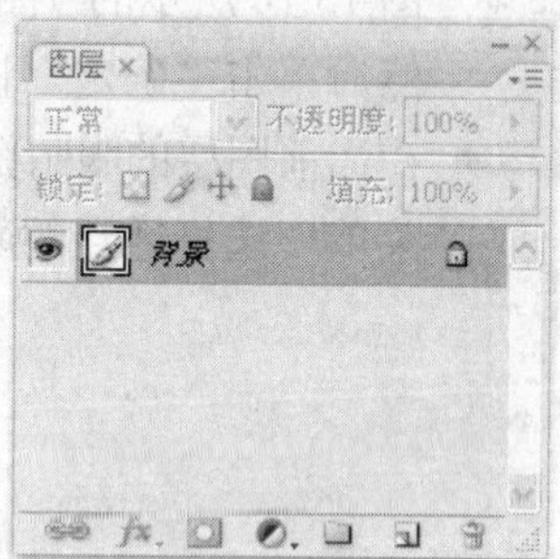

图 13.15　无图层缩览图

步骤 04 如果要设置图层缩览图中所显示的内容，可以在“缩览图内容”下面选择需要的选项。例如选择“图层边界”选项，则图层中的图像会忽略其他透明区域，而将图像填满整个图层缩览图，如图 13.16 所示；如果选择“整个文档”选项，则按照当前文档的尺寸比例来显示图层缩览图及图层中的图像，如图 13.17 所示。

步骤 05 设置参数完毕后，单击“确定”按钮退出对话框即可。

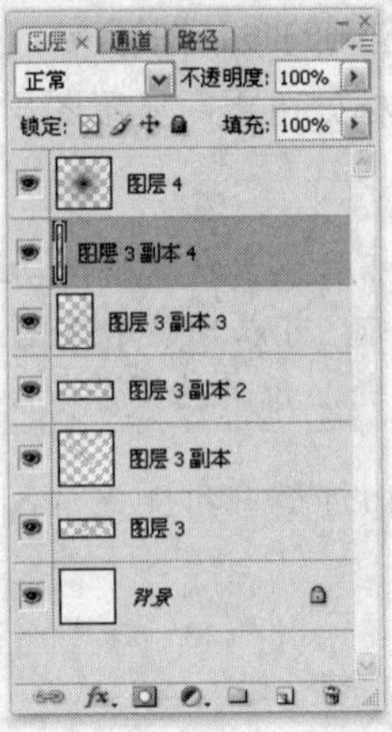

图 13.16　选择“图层边界”选项

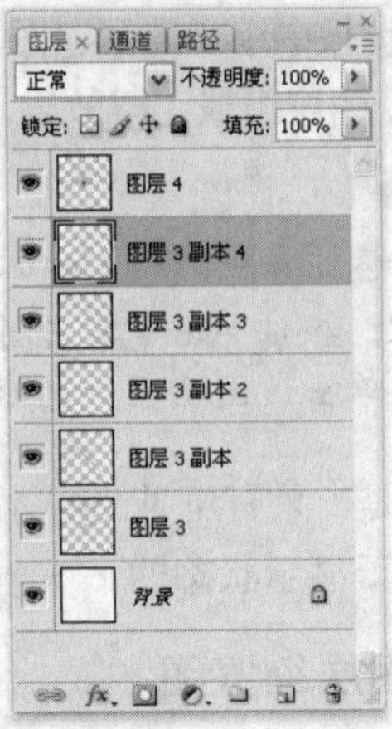

图 13.17　选择“整个文档”选项

提示

图层缩览图越大则耗费的内存也越多，所以在内存有限的情况下，不要使用大的图层缩览图。

13.3.6　为图层设置颜色以便于查看

一些大型的作品会使用到大量的图层，这时图层的查看与管理就变得非常繁琐，Photoshop 提供了利用颜色来辨别图层的功能，只要将某一类图层或特殊图层标记为特殊的颜色，就可以方便地查看和管理这些图层了。

为图层设置颜色可以按照以下步骤操作。

步骤 01 按 F7 键显示“图层”调板。

步骤 02 选择需要设置颜色的图层，然后执行下列操作之一：

- 在当前图层的缩览图上单击鼠标右键，在弹出的菜单中选择“图层属性”命令，弹出如图 13.18 所示的“图层属性”对话框，在该对话框的“颜色”下拉列表中选择一种颜色，然后单击“确定”按钮即可。
- 在当前图层的眼睛图标上单击鼠标右键，即可弹出如图 13.19 所示的快捷菜单，在该菜单中选择适当的颜色选项，即可为当前图层设置颜色。

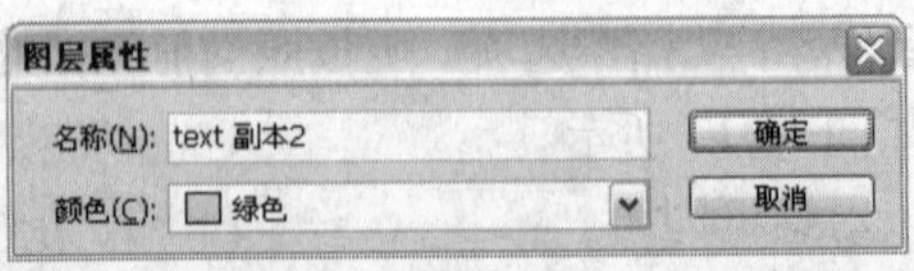

图 13.18　“图层属性”对话框

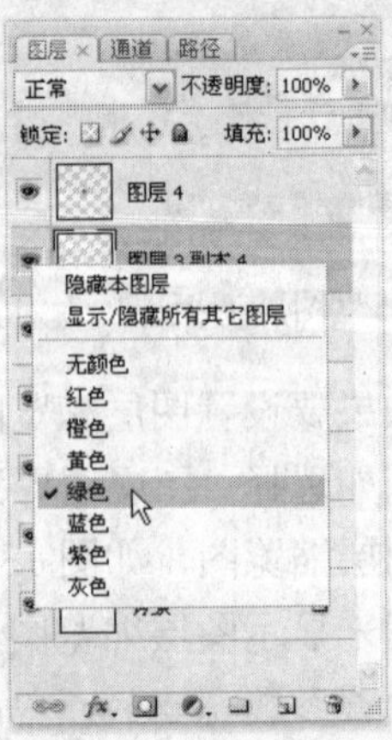

图 13.19　快捷菜单

13.3.7　复制图层

复制图层的操作包括在同一图像文件中复制图层和在不同图像文件中复制图层两种方式，下面就分别讲解各自的操作方法。

1．在同一图像文件中复制图层

通常情况下，可以直接在“图层”调板中将要复制的图层拖至创建新图层按钮上，如图 13.20 所示，即可完成复制图层操作，图 13.21 所示为复制“图层 1”得到“图层 1 副本”后的“图层”调板。

另外，在 Photoshop CS3 中又提供了一种更为方便的操作方法，即按住 Alt 键拖动要复制的图层，此时光标将变为状态，将此图层拖至目标位置，如图 13.22 所示，释放光标后即可完成复制图层操作。图 13.23 所示为复制“图层 1”得到“图层 1 副本”后的“图层”调板。

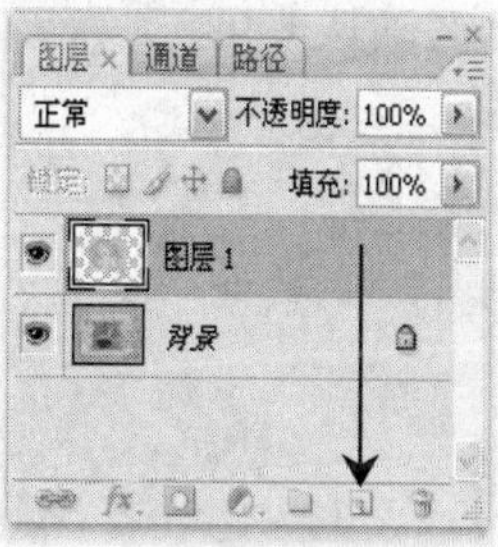

图 13.20　拖动图层至创建新图层按钮

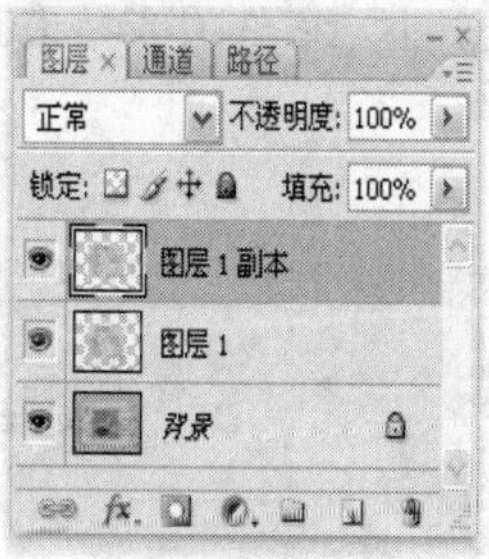

图 13.21　复制图层后的“图层”调板 1

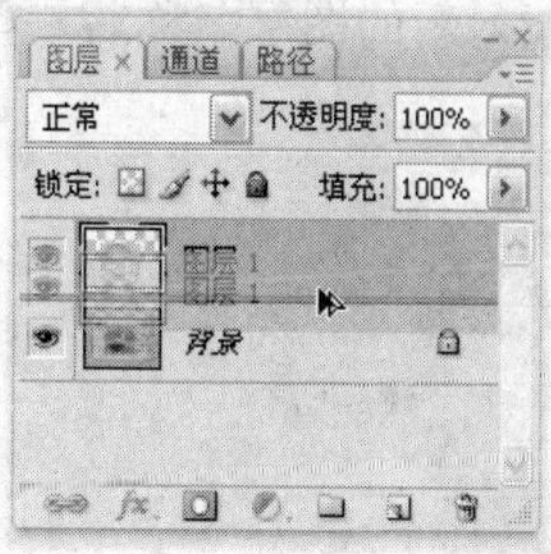

图 13.22　拖动图层

图 13.23　复制图层后的“图层”调板 2

2．在不同图像文件中复制图层

如果要在不同图像文件中复制图层，可以在 Photoshop 中并排显示两个图像，然后在一个图像文件中使用移动工具将需要复制的图层直接拖至目标图像文件中即可完成复制操作。

图 13.24 所示为在两幅图像中，通过拖动图像进行复制操作的过程实例，图 13.25 所示为完成操作后的效果。

图 13.24　拖动图像的过程

图 13.25　完成后的效果及“图层”调板状态

提示

使用此方法完成的复制操作，由于未经过剪贴板，因此不会影响剪贴板中的内容。

13.3.8 重命名图层

在 Photoshop 中新建一个图层，系统会默认为图层生成一个图层名，新建的图层被命名为"图层 1"、"图层 2"，以此类推。

改变图层的默认名称，可以执行下列操作之一。

- 在"图层"调板中选择要重新命名的图层，并在该图层的缩览图上单击鼠标右键，在弹出的菜单中选择"图层属性"命令，弹出"图层属性"对话框，在对话框中输入新的图层名称后，单击"确定"按钮退出对话框即可。
- 双击图层缩览图右侧的图层名称，如图 13.26 所示，此时该名称就变为可输入状态，如图 13.27 所示，输入新的图层名称后，单击图层缩览图或按 Enter 键确认即可。

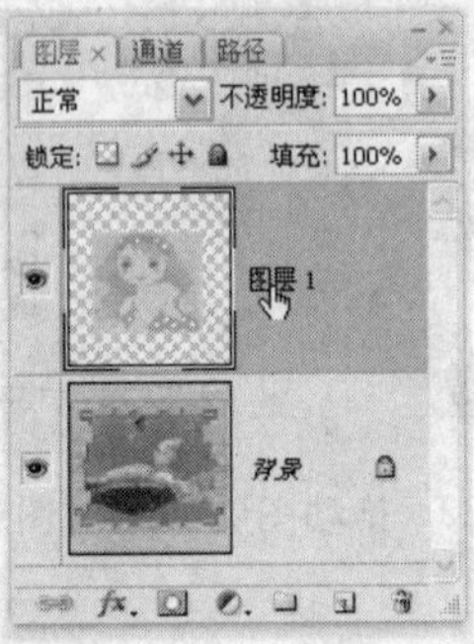

图 13.26 双击图层名称

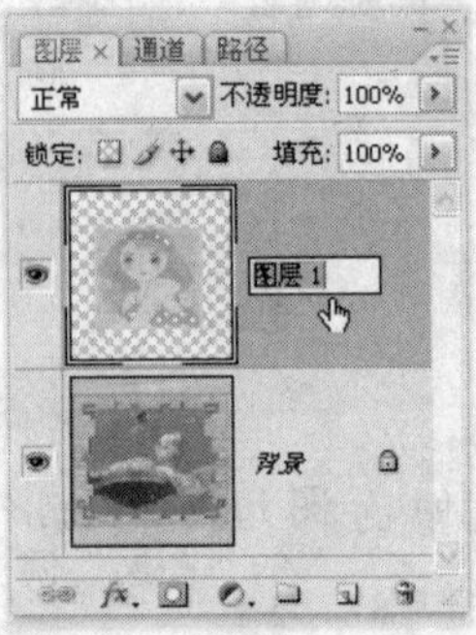

图 13.27 可输入状态

13.3.9 改变图层顺序

由于 Photoshop 中图层具有上层图像覆盖下层的特性，因此在某些情况下需要改变图层间的上下顺序，以取得不同的效果。

调整图层的顺序可以按照以下步骤操作。

步骤 01 打开随书光盘:\d13z\13.3.9-素材.psd，如图 13.28 所示，选择要调整的图层。

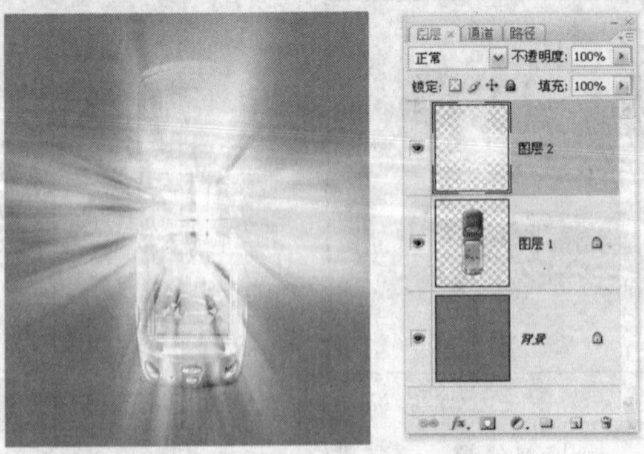

图 13.28 原图像及"图层"调板状态

步骤 02 单击并按住鼠标左键，将图层拖至目标位置。

步骤03 待高光显示线出现在目标位置时，如图 13.29 所示，释放鼠标左键即可。

图 13.30 所示为改变图层顺序后的效果及对应的“图层”调板。

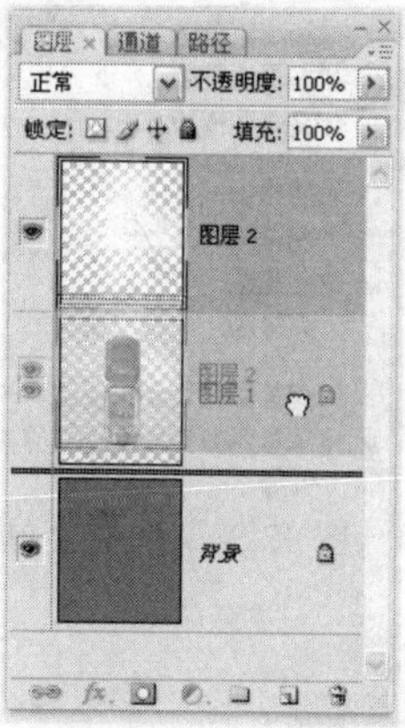

图 13.29　拖动图层

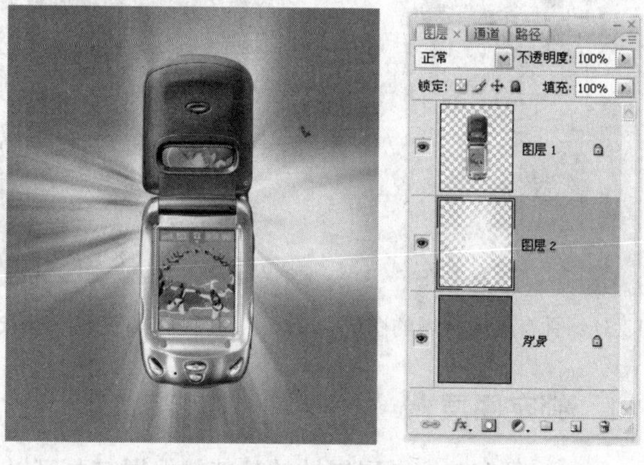

图 13.30　调整图层顺序后的效果及其“图层”调板

除了使用鼠标拖动图层来改变其顺序外，用户还可以利用“图层”|“排列”子菜单中的命令来执行改变图层顺序的操作，其中各个命令的含义如下。

- 选择“图层”|“排列”|“置为顶层”命令将图层置于最顶层。
- 选择“图层”|“排列”|“前移一层”命令将图层上移一层。
- 选择“图层”|“排列”|“后移一层”命令将图层下移一层。
- 选择“图层”|“排列”|“置为底层”命令将图层置于图像的最底层（“背景”图层除外）。

提示

在移动剪贴蒙版组时，应该选中下方图层（即基层）进行移动，如果选中上方图层进行移动，将解散该图层与剪贴蒙版的组合状态（关于图层剪贴蒙版请参见本书第 15 章中的相关内容）。

13.3.10　快速选择图层中的非透明区域

在除“背景”图层以外的图层中，可以选择该图层中图像轮廓的选区，即非透明区域的选区。其操作方法非常简单，只需要按住 Ctrl 键单击某图层（“背景”图层除外）的缩览图，即可选中该图层的非透明区域，从而得到非透明选区。

图 13.31 所示为按住 Ctrl 键将鼠标置于图层缩览图上时的状态，图 13.32 所示为按住 Ctrl 键单击该图层后所取得的非透明选区。

除此之外，还可以在图层缩览图上单击鼠标右键，在弹出的快捷菜单中选择“选择图层透明度”命令，即可得到非透明选区，如图 13.33 所示。

提示

如果要向现有的选区中添加某图层的非透明选区，也可以按住 Ctrl+Shift 组合键在“图层”调板中单击图层名称。如果要从现有的选区中减去某图层的非透明选区，可按住 Ctrl+Alt 组合键并在“图层”调板中单击图层名称。如果要得到当前选区与某图层非透明选区的重叠部分，则按住 Ctrl+Alt+Shift 组合键在“图层”调板中单击图层名称即可。

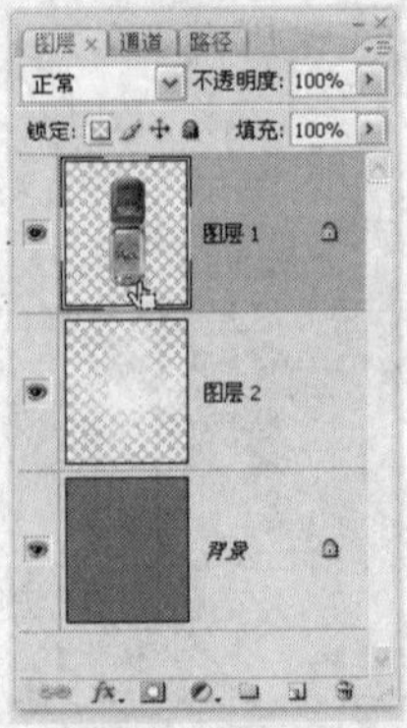

图 13.31　具有透明区域的图层

图 13.32　非透明选区

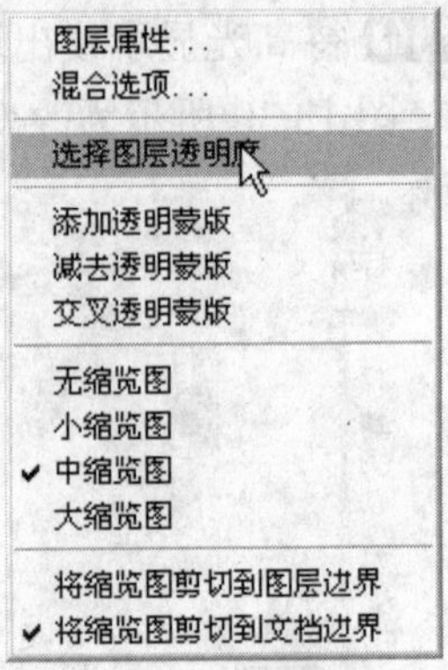

图 13.33　快捷菜单

13.3.11　锁定图层

Photoshop 具有锁定图层属性的功能，根据需要可以选择锁定图层的透明像素、可编辑性、位置等属性，从而保证被锁定的属性不被编辑。

在任一属性被锁定的情况下，图层名称的右边会出现一个锁形图标。如果该图层的所有属性被锁定，则图标为实心锁状态；如果图层的部分属性被锁定，则图标为空心锁状态。下面分别讲解各个锁定功能的作用。

1．锁定图层透明像素

锁定图层透明像素的目的在于使处理工作发生在有像素的地方而忽略透明区域。例如，如果要对如图 13.34 所示的“图层 1”中香水瓶图像的非透明区域应用渐变，则可以在此图层被选中的情况下选中选项，然后使用渐变工具进行操作，即可使渐变效果由于透明像素被锁定而仅应用于非透明区域，得到如图 13.35 所示的效果。

（a）　（b）

图 13.34　原图像及对应的“图层”调板

图 13.35　绘制渐变后的效果

观察应用渐变后的效果，可以看出在图层的非透明区域具有渐变效果，而透明区域无变化。

提示

文字图层、填充图层、调整图层、形状图层在创建时自动处于锁定状态，无需人为进行锁定操作。

2．锁定图层的图像像素

单击图标可锁定图层的可编辑性，以防止无意间更改或删除图层中的像素，但在此状态下仍然可以改变图层的混合模式、不透明度及图层样式。在图层的可编辑性被锁定的情况下，工具箱中所有绘图类工具及图像调整命令都会被禁止在该图层上使用。

3．锁定图层的位置

单击图标可锁定图层的位置属性，以防止图层中的图像位置被移动，在此状态下如果使用工具箱中的移动工具移动图像，则 Photoshop 将弹出如图 13.36 所示的警告对话框。

4．锁定图层所有属性

单击图标可锁定图层的所有属性，在此状态下，、、均处于被锁定的状态，而且不透明度、填充透明度及混合模式等数值框及选项也会同时被锁定。

5．锁定选中图层

如果要锁定多个图层的相同属性，可以先将要锁定的图层选中，再将其一起锁定，其操作步骤如下。

步骤 01 在“图层”调板中将要锁定的图层选中。

步骤 02 单击“图层”调板右上方的三角按钮，在弹出的菜单中选择“锁定图层”命令，弹出如图 13.37 所示的对话框。

图 13.36　警告对话框

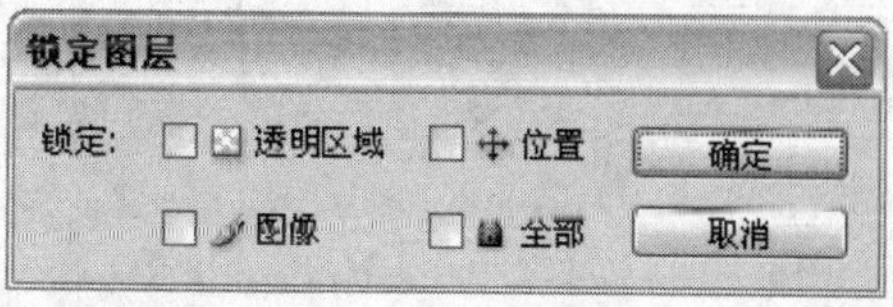

图 13.37　“锁定图层”对话框

步骤 03 在对话框中选择需要锁定的选项后，单击“确定”按钮退出对话框即可。

6．锁定组中的图层

当要锁定某图层组中的全部图层时，可以选中此图层组，然后单击“图层”调板右上方的三角按钮，在弹出的菜单中选择“锁定组内的所有图层”命令，在弹出的对话框中设置与“锁定图层”对话框完全相同的参数，然后单击“确定”按钮即可。

13.3.12　删除图层

在对图像进行操作的过程中，经常会产生一些无用的图层或临时图层，可以将这些多余的图层删除，以降低文件大小。

删除图层可以执行以下操作之一：

- 单击“图层”调板右侧三角按钮，在弹出的下拉列表中选择“删除图层”命令，就会弹出如图 13.38 所示的提示对话框，单击“是”按钮即可删除该图层。
- 选择一个或多个要删除的图层，单击删除图层按钮，在弹出的提示对话框中单击“是”按钮即可删除该图层。

图 13.38　删除图层提示对话框

- 在“图层”调板中选中需要删除的图层并将其拖至“图层”调板下方的删除图层按钮上即可。
- 如果要删除处于隐藏状态的图层，可以选择“图层”|“删除”|“隐藏图层”命令，在弹出的提示对话框中单击“是”按钮即可。
- 在当前没有选区且选择移动工具的情况下，按 Delete 键即可删除当前所选图层。

Photoshop　　CS3

13.4 图层组及嵌套图层组

使用图层组可以在很大程度上充分利用“图层”调板的空间，更重要的是可以对一个图层组中所有图层进行一致的控制，图 13.39 所示为图层组展开与折叠的状态。

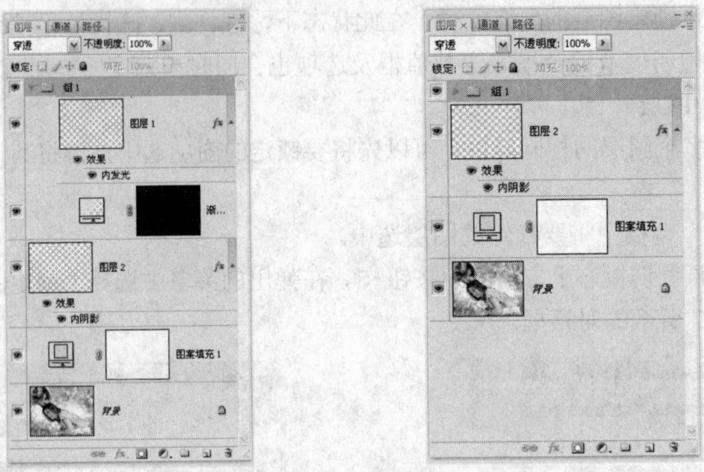

(a) 图层组展开状态　　(b) 图层组折叠状态

图 13.39　图层组展开和折叠的状态

和操作图层一样，可以对图层组进行复制、删除操作，从而实现对其中所有图层的复制、删除操作，并可通过控制图层组的透明、移动、编辑、锁定等属性，实现对图层组中所有图层相关属性的控制。

13.4.1　新建图层组

创建一个新的图层组，可以执行以下操作之一：

- 选择“图层”|“新建”|“组”命令或从“图层”调板下拉菜单中选择“新建组”命令，弹出如图 13.40 所示的对话框。在对话框中可以设置新图层组的“名称”、“颜色”、“模式”及“不透明度”等选项，设置完选项后单击“确定”按钮，即可创建新图层组。

图 13.40　“新建组”对话框

提示

“新建组”对话框中的参数与“新建图层”对话框中的参数含义相同，这里不再赘述。

- 如果单击“图层”调板下面的创建新组按钮，可以创建默认选项的图层组。
- 如果要将当前存在的图层合并至一个图层组，可以将这些图层选中，然后按 Ctrl+G 组合键或选择“图层”|“新建”|“从图层建立组”命令，在弹出的“新建组”对话框中单击“确定”按钮即可。

13.4.2　创建嵌套图层组

嵌套图层组的功能是指一个图层组中可以包含另外一个或多个图层组的功能，使用嵌套图层组可以更加高效地管理图层。图 13.41 所示为一个非常典型的多级嵌套图层组，在这些嵌套图层组中，可将嵌套于某一个图层组中的图层组称为“子图层组”。

根据不同的图像状态，可以使用不同的方法创建嵌套图层组。

- 如果一个图层组中已经有一个或若干个图层，直接单击“图层”调板中的创建新组按钮，即可创建一个子图层组。
- 如果将图层组拖至“图层”调板的创建新组按钮上，可以创建一个新图层组，同时将当前操作的图层组改变为新图层组的子图层组。
- 在创建一个图层组后，按 Ctrl 键单击创建新组按钮以创建一个子图层组。

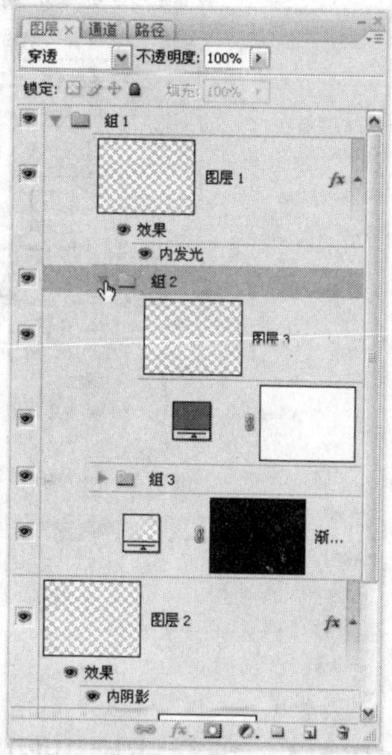

图 13.41　多级嵌套图层组

13.4.3　将图层移入、移出图层组

用户可以将普通图层拖至图层组中，从而将该图层加至图层组中。

如果目标图层组处于折叠状态，则将图层拖到图层组文件夹或图层组名称上，当图层组文件夹或名称高光显示时，释放鼠标左键，则图层被加于图层组的底部。

如果目标图层组处于展开状态，则将图层拖到图层组中所需的位置，当高光显示线出现在所需位置时，释放鼠标左键即可。图 13.42 所示为操作过程及操作结果。

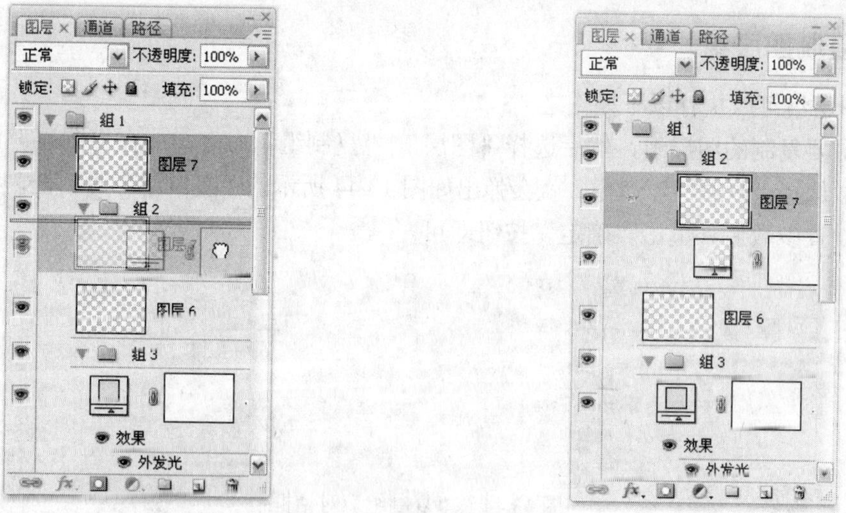

(a)　　(b)

图 13.42　将图层拖入图层组实例

将图层拖出图层组可以使该图层脱离图层组，操作时只需在“图层”调板中选中图层并将其拖至图层组以外的位置，当目标位置显示高光线时，释放鼠标左键即可，如图 13.43 所示。

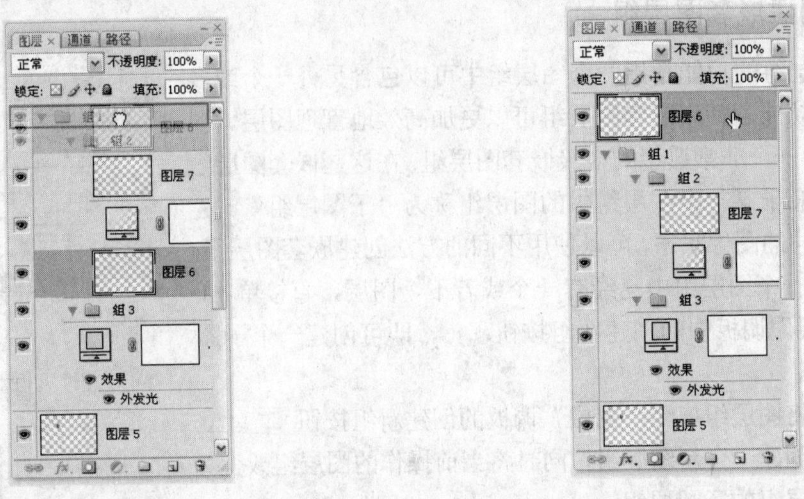

（a）　　　　　　　　（b）

图 13.43　将图层拖出图层组操作实例

13.4.4　折叠或展开图层组

将图层组折叠起来有利于多图层的显示，单击图层组名称前的三角形按钮▽使其转换为▷状态，即可折叠图层组。反之，在图层组处于折叠状态下，单击图层组名称前的三角形▷使其转换为▽形，即可展开图层组。

提示

如果要在折叠或展开图层组中展开或折叠图层组中图层所具有的图层效果，可以在单击三角形按钮展开或折叠图层组时按住 Alt 键。

13.4.5　复制图层组

复制图层组可以执行以下操作之一：

- 选中要复制的图层组，然后选择“图层”|“复制组”命令，或在“图层”调板弹出菜单中选择“复制组”命令，就会弹出如图 13.44 所示的“复制组”对话框，在该对话框中设置参数后，单击“确定”按钮即可。

图 13.44　“复制组”对话框

- 也可以将图层组拖至“图层”调板的创建新图层按钮上进行复制。

13.4.6　删除图层组

删除图层组可以执行以下操作之一：

- 将要删除的一个或多图层组选中，然后拖至“图层”调板的删除图层按钮 上。
- 将要删除的图层组隐藏，然后选择“图层”调板弹出菜单中的“删除隐藏图层”命令即可。

13.4.7　设置图层组的不透明度

在设置一个图层组的不透明度时，相当于将图层组中的所有图层看成一个图层，调整图层组的不透明度参数后，图层组中的所有图层将一起改变。

13.4.8　设置图层组的混合模式

默认情况下，图层组的混合模式是“穿过”，这表示图层组没有自己的混合属性。为图层组选择其他混合模式时，是将图层组的当前状态看作是由一个普通图层与其下方的图层进行的混合。

以“正常”模式为例，将图层组设置为此模式时，该图层中的图层及其图层样式等所具有的混合模式均被强制设置为“正常”。也就是说，如果为图层组选择的混合模式不是“穿过”，则图层组中各图层的混合模式将不会应用于图层组的外部图层。

13.4.9　锁定图层组

在锁定图层组时，无法像锁定图层那样，选择锁定透明区域或图像像素区域。也就是说，只能对图层组进行全部锁定，此时该图层组中的所有图层属性也被全部锁定，再想要对该图层组中的图层进行编辑时，一定要先解除图层组的锁定才可以。

Photoshop　CS3

13.5　对齐选中/链接图层

在 Photoshop 中对齐图层命令非常有用，而且操作方便，网上很多精美的网页元素的对齐分布，都是在 Photoshop 中完成的。

13.5.1　与图层对齐

选择“图层”|“对齐”命令下的子菜单命令，可以将所有链接图层的内容与当前操作图层的内容相互对齐。

- 选择“顶边”命令，可将选中/链接图层最顶端像素与当前图层的最顶端像素对齐，图 13.45 所示为未对齐前图层效果，图 13.46 所示为对应的“图层”调板，图 13.47 所示为对齐后效果。
- 选择“垂直居中”命令，可将选中/链接图层垂直方向的中心像素与当前图层垂直方向的中心像素对齐。
- 选择“底边”命令，可将选中/链接图层最底端的像素与当前图层最底端的像素对齐。
- 选择“左边”命令，可将选中/链接图层最左端的像素与当前图层最左端的像素对齐，如图 13.48 所示。
- 选择“水平居中”命令，可将选中/链接图层水平方向的中心像素与当前图层水平方向的中心像素对齐。
- 选择“右边”命令，可将选中/链接图层最右端的像素与当前图层最右端的像素对齐。

图 13.45　未对齐前图层效果

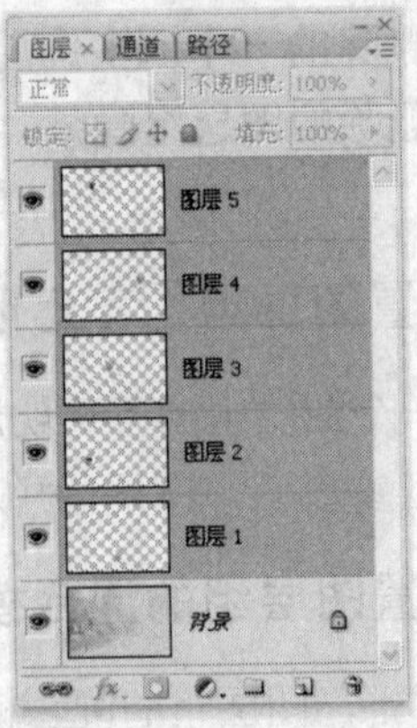

图 13.46　“图层”调板

图 13.47　按顶边对齐后的效果

图 13.48　左对齐后的效果

13.5.2　与选区对齐

如果在当前图像中存在选区，则“图层”|“对齐”命令将转换为“图层”|“将图层与选区对齐”命令，分别选择各子菜单命令即可使各选中/链接图层的内容与选区边框对齐。由于其操作与对齐选中/链接图层类似，故不再重述。

除了可以使用“图层”|“对齐”命令、“图层”|“将图层与选区对齐”命令下的各子菜单命令进行操作外，还可在选择工具箱中移动工具的情况下，利用如图 13.49 所示的工具选项条中的各个按钮进行操作。

图 13.49　对齐操作工具选项条

其中从左至右选择中的一个按钮，则分别可以实现“顶对齐”、“垂直中齐”、“底对齐”3 种对齐效果；从左至右选择中的一个按钮，则分别可以实现“左对齐”、“水平中齐”、“右对齐”3 种对齐效果。

13.6 分布选中/链接图层

只有在“图层”调板中选中或链接了 3 个及 3 个以上的图层时，“图层”|“分布”子菜单中的命令才可以被激活，选择其中的命令，可以将选中/链接图层中的对象以特定的条件进行分布。

13.6.1　根据图层进行分布

选择“图层”|“分布”命令下的子菜单命令，可以平均分布选中/链接图层，其子菜单命令如下所述：

- 选择“顶边”命令，则从每个图层的顶端像素开始，以平均间隔分布选中/链接的图层，图 13.50 所示为原图像及执行“顶边”分布操作后的效果。

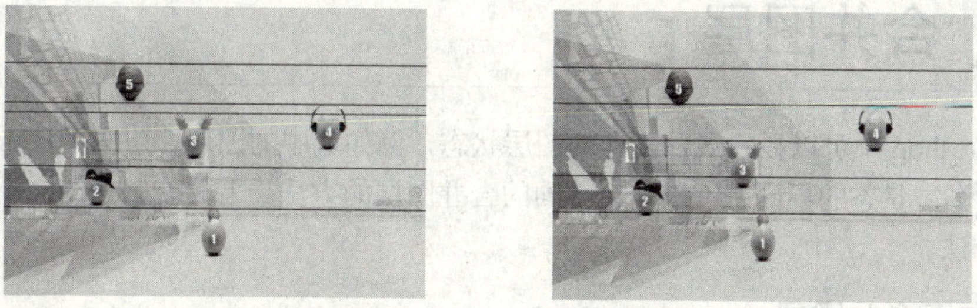

（a）　　（b）

图 13.50　原图像及执行“顶边”命令后的效果

- 选择“垂直居中”命令，则从图层的垂直居中像素开始，以平均间隔分布选中/链接图层。
- 选择“底边”命令，则从每个图层的底部像素开始，以平均间隔分布选中/链接的图层。
- 选择“左边”命令，则从每个图层的最左边像素开始，以平均间隔分布选中/链接的图层，图 13.51 所示为原图像及执行“左边”命令后的效果。
- 选择“水平居中”命令，则从每个图层的水平中心像素开始，以平均间隔分布选中/链接图层。
- 选择“右边”命令，则从每个图层最右边像素开始，以平均间隔分布选中/链接的图层。

同样，除了可以使用“图层”|“分布”命令下的子菜单命令进行操作外，还可在选择工具箱中移动工具的情况下，利用工具选项条进行操作。

其中从左至右选择中的一个按钮，则分别可以实现“依顶边分布”、“按水平中线分布”、“依底边分布”3 种分布效果；从左至右选择中的一个按钮，则分别可以实现“依左边分布”、“依垂直中线分布”、“依右边分布”3 种分布效果。

（a）　　（b）

图 13.51　原图像及执行“左边”命令后的效果

13.6.2　根据选区分布图层

对齐分布操作对存在于选区内的图像同样有效，当图像中存在一个选区，若要把与选区对齐分布的图层选中/链接起来，可选择移动工具，工具选项条中将会出现对齐分布按钮，此时便可选择各种对齐分布方式。

此时，对齐分布方式与图层之间的对齐分布方式相同，不同的是在有选区的情况下，所有被选中/链接的图层均以选区的位置为目标位置，而图层之间的对齐分布则可以以任何一个图层中的图像位置为目标位置。

13.7 合并图层

在 Photoshop 中可以显示多种多样的图层状态，例如选中的图层、可见图层、剪贴蒙版图层等，根据图层状态的不同，可以使用不同的合并图层的方法。下面就来介绍在不同状态下合并图层的方法。

13.7.1 向下合并图层

如果要将当前操作图层与其下方的图层合并，可以按 Ctrl+E 组合键或选择“图层”|“向下合并”命令，合并时应确保需要合并的两个图层可见而且相邻。

13.7.2 合并选中图层

当无法使用向下合并操作合并所需要的图层时，可以将需要合并的图层全部选中，然后按 Ctrl+E 组合键或选择“图层”|“合并图层”命令合并图层。

13.7.3 合并图层组

如果要合并图层组，在“图层”调板中选择该图层组，然后按 Ctrl+E 组合键或选择“图层”|“合并组”命令，合并时必须确保所有需要合并的图层可见，否则该图层将被删除。

执行合并操作后，得到的图层具有图层组的名称，并具有与其相同的不透明度与图层混合模式。

13.7.4 合并可见图层

如要一次性合并图像中的所有可见图层，需确保所有需要合并的图层可见，然后按 Ctrl+Shift+E 组合键或选择“图层”|“合并可见图层”命令即可。

13.7.5 合并剪贴蒙版

如果要合并剪贴蒙版中的全部图层，必须确保剪贴蒙版中的全部图层可见（剪贴蒙版中被隐藏的图层在合并时将被删除），在剪贴蒙版中的基底图层被选中的情况下，按 Ctrl+E 组合键或选择“图层”|“合并剪贴蒙版”命令即可。

提示

如果剪贴蒙版中的基底图层是文字图层或形状图层，则必须在将文字图层或形状图层转换为普通图层后，才可以合并剪贴蒙版。

13.7.6 拼合图层

选择“图层”|“拼合图像”命令或从“图层”调板弹出菜单中选择“拼合图像”命令，即

可合并所有图层。

如果当前图像中存在处于隐藏状态的图层，则选择“拼合图像”命令后将弹出如图 13.52 所示的提示框，询问用户是否删除隐藏图层。

图 13.52　删除隐藏图层提示框

单击“确定”按钮将删除隐藏图层，单击“取消”按钮则取消拼合操作。

Photoshop 13.8 图层复合

图层复合是用于记录当前图层状态的一项功能，例如显示与隐藏图层、显示与隐藏图层样式等。选择“窗口”|“图层复合”命令，可显示如图 13.53 所示的“图层复合”调板。

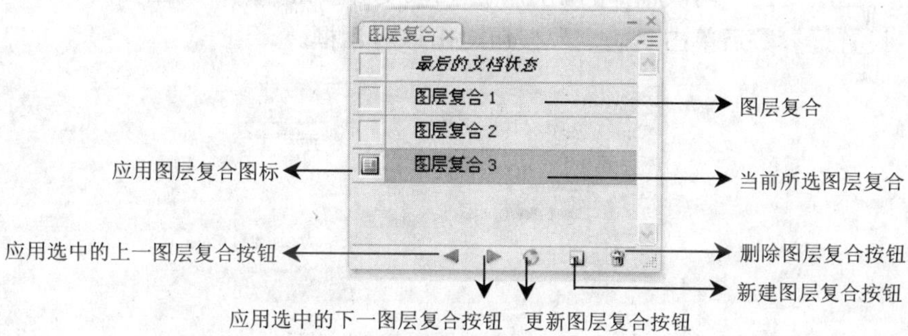

图 13.53　“图层复合”调板 1

“图层复合”调板中的各个按钮与控制选项的含义如下。

- 应用图层复合按钮、：单击和按钮，分别向上或向下选择应用已经创建的图层复合。
- 更新图层复合按钮：单击此按钮，可以更新当前选择的图层复合。
- 新建图层复合按钮：单击此按钮，可新建一个图层复合。
- 删除图层复合按钮：单击此按钮，可删除当前选择的图层复合。

13.8.1　创建图层复合

下面就以图 13.54（a）所示的图像为例，来讲解创建图层复合的方法，图 13.54（b）所示为该图像对应的“图层”调板。在该实例中，要为图 13.54（a）所示图像中的每个文字添加“斜面和浮雕”图层样式，使其具有立体效果，然后再在背景中添加一个倒三角形。下面就来讲解其具体制作步骤。

步骤 01 打开随书光盘:\d13z\13.8.1-素材.psd。

步骤02 选择“窗口”|“图层复合”命令，以显示“图层复合”调板。

(a)

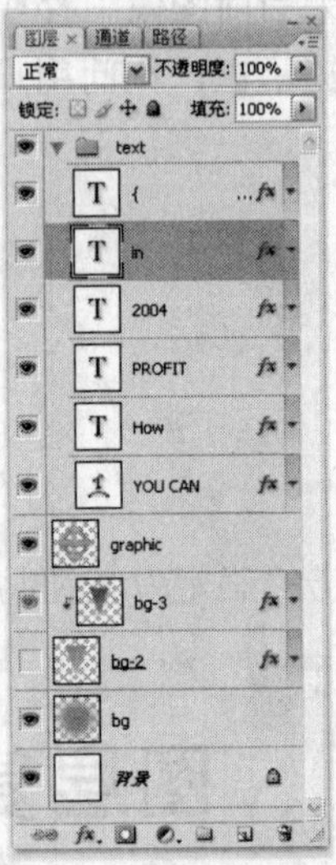

(b)

图 13.54　原图像及对应的“图层”调板

步骤03 单击“图层复合”调板底部的创建新的图层复合按钮，弹出如图 13.55 所示的对话框，设置好参数后单击“确定”按钮退出该对话框。

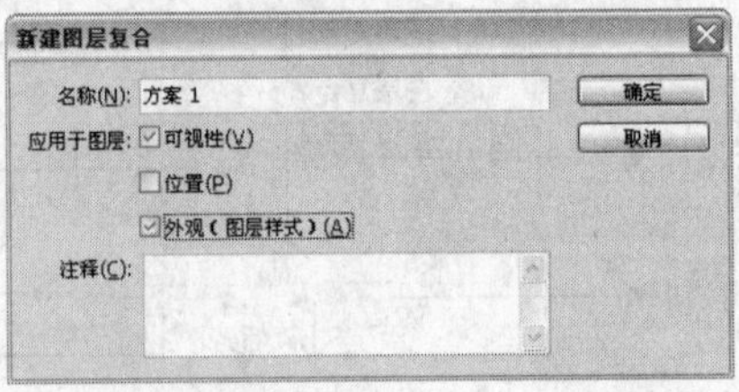

图 13.55　“新建图层复合”对话框

“新建图层复合”对话框中的参数含义如下。

- 可视性：是显示还是隐藏图层调板中的图层。
- 位置：在文档中的位置。
- 外观（图层样式）：是否将图层样式应用于图层。
- 注释：可在该文本框中输入当前图层复合的说明文字。

提示

在“新建图层复合”对话框中，一定要将“外观（图层样式）”选项选中，因为在后面的操作中会修改各个文字图层的图层样式，如果不选择该选项，该方案中的图层样式就会随着后面图层样式的改变而改变。

步骤04 下面开始制作方案 2，分别选择各个文字图层，并为它们添加“斜面和浮雕”图层样式，得到类似如图 13.56 所示的效果。

提示

关于“图层样式”的讲解请参见本书第 14 章。

步骤05 重复第 3 步中的操作，并将新方案命名为“方案 2”，此时的“图层复合”调板如图 13.57 所示。

(a)　　(b)

图 13.56 添加“斜面和浮雕”后的效果

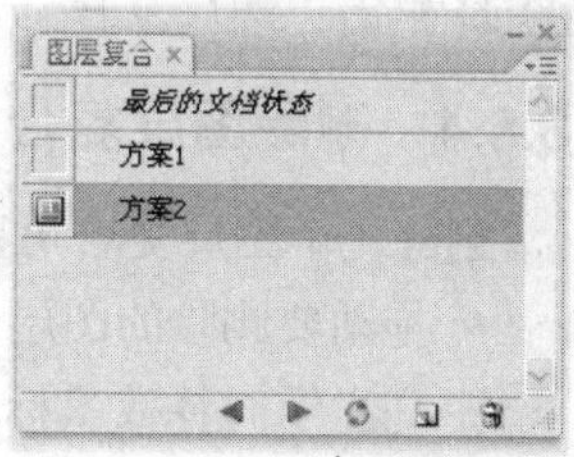

图 13.57 “图层复合”调板 2

步骤06 显示图层 bg-2 和 bg-3，此时图像及“图层”调板如图 13.58 所示。重复步骤 03 中的方法，并将新方案命名为“方案 3”，此时的“图层复合”调板如图 13.59 所示。

(a)　　(b)

图 13.58 图像及“图层”调板

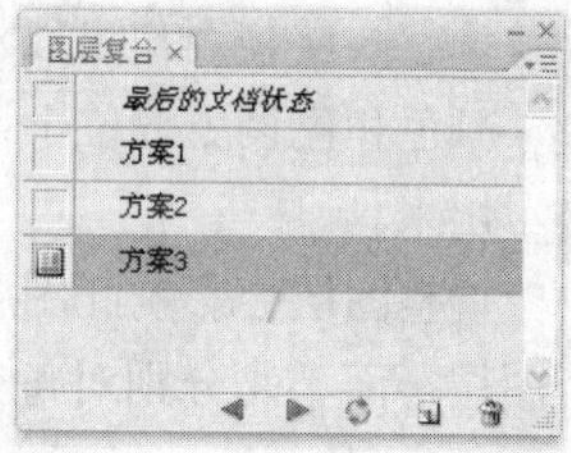

图 13.59 “图层复合”调板 3

3 个方案的图层复合均制作完成后，如果需要分别为客户展示这 3 个方案，则只需要显示“图层复合”调板，分别单击 3 个方案的名称即可。

13.8.2 应用图层复合

如果希望应用图层复合，以查看某一个图层复合记录的图像的显示状态，可以执行下列操作之一：

- 在“图层复合”调板中，单击选定复合旁边的应用图层复合图标▣。
- 从“图层复合”调板菜单中选择“应用图层复合”命令。
- 在要应用的图层复合上单击鼠标右键，在弹出的菜单中选择“应用图层复合”命令。

13.8.3 更新图层复合

当一个已经被"图层复合"调板记录了其状态的图层被删除时，则所有记录了该图层状态的图层复合都会显示出无法完全恢复图层复合的标志⚠，此时就需要更新图层复合以保证图层复合的准确性。

更新图层复合，可以按照以下步骤操作。

步骤01 选择"窗口"|"图层复合"命令，以显示"图层复合"调板。

步骤02 选择"图层复合"调板中需要更新的图层复合。

步骤03 单击"图层复合"调板底部的更新图层复合按钮 即可。

13.8.4 删除图层复合

删除一个图层复合可以执行以下操作之一：

- 拖动要删除的图层复合至"图层复合"调板底部的删除图层复合按钮 上，待按钮高亮显示时释放鼠标左键即可。
- 在"图层复合"调板中选择要删除的图层复合，单击"图层复合"调板底部的删除图层复合按钮 即可。

提示

在"图层复合"调板中选择要删除的图层复合，单击调板右上角的三角按钮，在弹出的菜单中选择"删除图层复合"命令即可。

Photoshop CS3

13.9 调整图层

调整图层使用户可以对图像试用颜色和色调调整，而不会永久地修改图像中的像素。

颜色和色调更改位于调整图层内，该图层像一层透明的膜一样，下层图像图层可以透过它显示出来。

调整图层会影响此图层下面的所有图层，这意味着用户可以通过单个地调整图层来校正多个图层，而不是分别对每个图层进行调整。

13.9.1 创建调整图层

下面以创建"亮度/对比度"调整为例，讲解创建调整图层的步骤：

步骤01 打开随书光盘:\d13z\13.9.1-素材.psd，在"图层"调板中选择最上方图层。

步骤02 执行以下操作之一添加调整图层：

- 选择"图层"|"新建调整图层"|"亮度/对比度"命令。
- 单击"图层"调板底部的创建新的填充或调整图层按钮 ，在弹出的菜单中选择"亮度/对比度"命令。

步骤03 在随后弹出的"亮度/对比度"对话框中，调整图像的亮度及对比度。

步骤04 参数设置完毕后，单击"确定"按钮退出对话框即可。

图 13.60 所示为原图像及对应的"图层"调板，图 13.61 所示为完成操作后的图像效果及对应的"图层"调板。

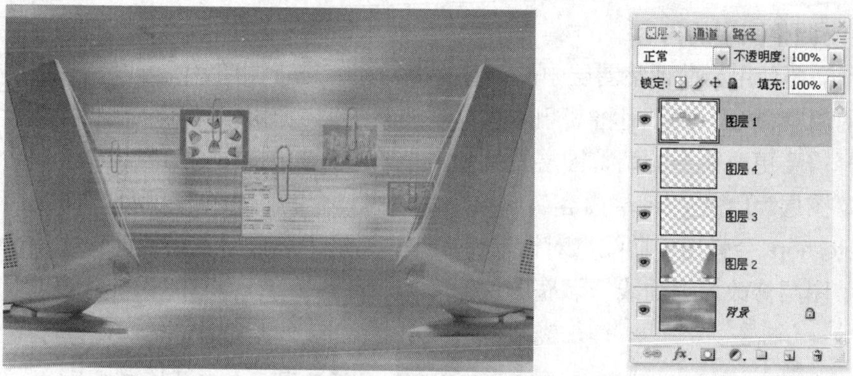

（a）　　　　　　　　　（b）

图 13.60　原图像及对应的“图层”调板

（a）　　　　　　　　　（b）

图 13.61　增加“亮度/对比度”后的图像及对应的“图层”调板

提示

由于调整图层仅影响其下方的所有可见图层，故在增加调整图层时，图层位置的选择非常重要，在默认情况下调整图层创建于当前选择的图层上方。

13.9.2　编辑调整图层

在创建了调整图层后，如果对当前的调整效果不满意，可以对其进行修改，直至满意为止，这也是调整图层的优点之一。

1．重新设置调整参数

重新设置调整图层中包含的命令参数，可以按照以下步骤操作。

步骤 01 选择要修改的调整图层。

步骤 02 执行以下操作之一：

- 选择“图层”|“图层内容选项”命令，即可弹出相应的对话框。
- 双击调整图层的缩览图，即可弹出相应的对话框。

步骤 03 重新设置参数完毕后，单击“确定”按钮退出对话框即可。

提示

如果用户添加的是“反相”调整图层，则无法对其进行调整，因为该命令没有任何参数。

2．更改调整图层的内容

如果不需要使用当前调整图层中的调整命令对图像进行调整，就可以直接将该命令转换为其他类别的调整命令，而不用将其删除后再添加新的调整图层，其操作步骤如下。

步骤01 选择需要更改命令的调整图层，例如“色阶”调整图层。

步骤02 在“图层”|“更改图层内容”子菜单中选择一个新的命令，例如“曲线”调整命令，Photoshop 会弹出“曲线”对话框，在此对话框中进行参数设置即可将原来的“色阶”调整图层修改为“曲线”调整图层。

> 提示
> 按此方法操作可以将调整图层更改为其他类型的调整图层或者是填充图层。

步骤03 设置“新建图层”对话框的参数后，单击“确定”按钮退出对话框即可；如果单击“取消”按钮，则不更改当前调整图层的内容。

3．改变调整图层的混合模式及不透明度

调整图层与普通图层一样也可以设置其混合模式及不透明度，图 13.62 所示是为图像添加了“阈值”调整图层后的效果及对应的“图层”调板，图 13.63 所示为将调整图层“阈值 1”的混合模式设置为“柔光”后的效果，图 13.64 所示为在此基础上将其不透明度设置为 50%后的效果。

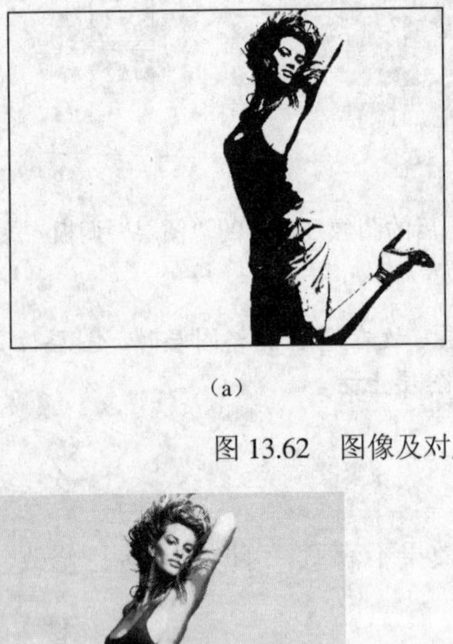

(a)

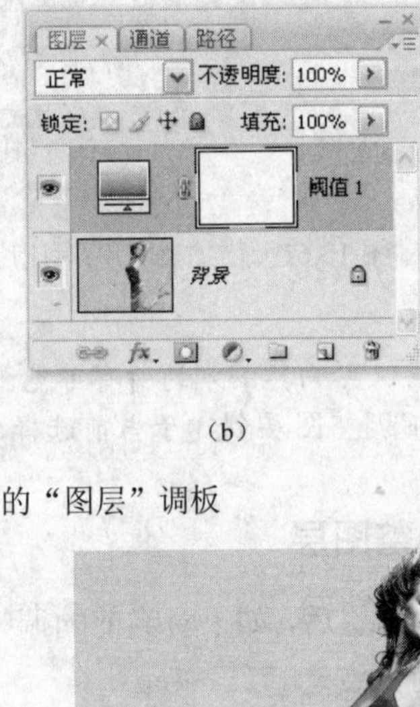

(b)

图 13.62　图像及对应的“图层”调板

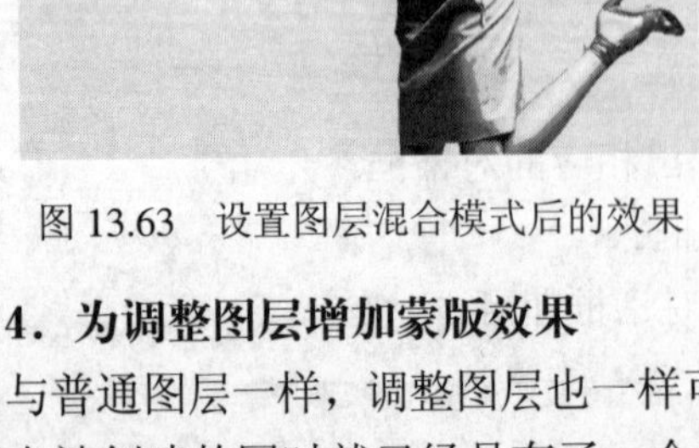

图 13.63　设置图层混合模式后的效果

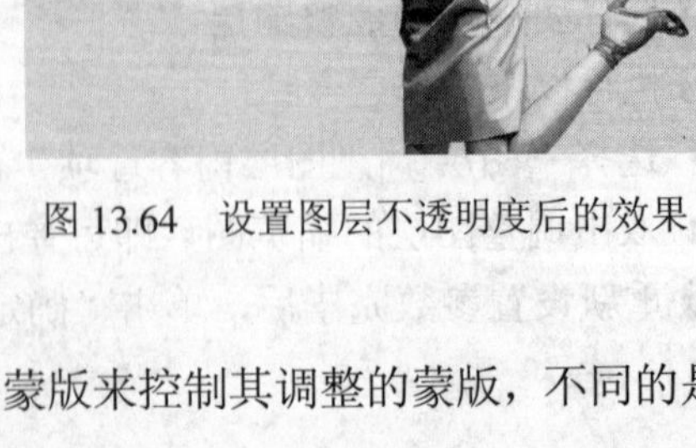

图 13.64　设置图层不透明度后的效果

4．为调整图层增加蒙版效果

与普通图层一样，调整图层也一样可以利用图层蒙版来控制其调整的蒙版，不同的是调整图层在被创建的同时就已经具有了一个图层蒙版。

下面仍以上面所用的图像为例，讲解通过选区来为调整图层添加蒙版的方法，其操作步骤如下。

步骤01 打开随书光盘:\d13z\13.9.2-素材.psd。

步骤02 切换至“通道”调板，按住 Ctrl 键单击通道 RGB 的缩览图，以调出其存储的选区，如图 13.65 所示。

步骤03 切换至“图层”调板，选择调整图层“阈值 1”图层蒙版的缩览图。

步骤04 设置前景色为黑色，按 Alt+Delete 组合键填充选区，按 Ctrl+D 组合键取消选区后，得到如图 13.66 所示的效果。

通过此操作可以看出，如果希望调整图层在图像的某一个区域不要发挥作用，只需要在调整图层的蒙版对应区域填充上黑色，反之则应该填充上白色。

图 13.65 载入选区

图 13.66 添加蒙版后的效果

提示

关于图层蒙版更详细的讲解与实例，请参阅本书第 15 章相关内容。

13.9.3 删除调整图层

删除调整图层的方法与删除普通图层的方法相同，这里不再赘述。

Photoshop CS3

13.10 填充图层

填充图层是一类非常简单的图层，使用此类图层可以创建填充有“实色”、“渐变”或“图案”的 3 类图层。

由于填充图层也是图层的一类，因此也可以通过改变图层的混合模式、不透明度，为图层增加蒙版或将其应用于剪贴蒙版等操作，以获得不同的图像效果。

单击“图层”调板底部的创建新的填充或调整图层按钮，在其下拉菜单中选择一种填充类型，设置弹出对话框，即可在目标图层之上创建一个填充图层。

13.10.1 创建实色填充图层

在单击创建新的填充或调整图层按钮后，在弹出的菜单中选择“纯色”命令，在弹出的颜色“拾色器”中选择一种填充颜色，即可创建实色填充图层。

13.10.2 创建渐变填充图层

单击创建新的填充或调整图层按钮 后，在弹出的菜单中选择“渐变”命令，将弹出如图 13.67 所示的“渐变填充”对话框，在此对话框中可以设置填充图层的渐变效果。

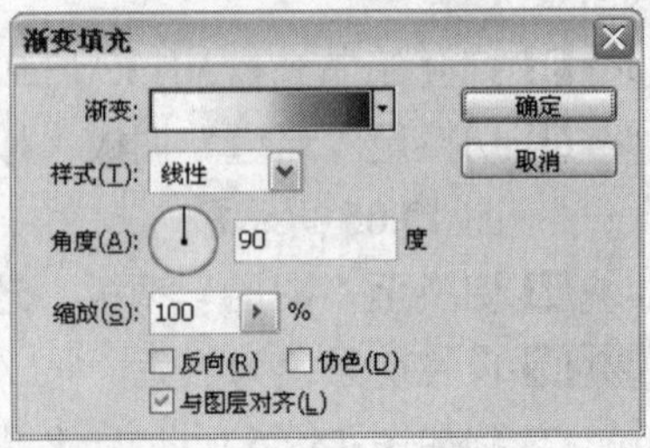

图 13.67 “渐变填充”对话框

“渐变填充”对话框中的参数含义如下。

- 渐变：单击后面的渐变类型选择框，会弹出“渐变编辑器”对话框，在此可以自定义一个需要填充的渐变类型；或单击渐变类型选择框右侧的三角按钮，在弹出的下拉列表中选择已有的渐变即可。
- 样式：在该下拉列表中可以选择渐变的样式，其中包括“线性”、“径向”、“角度”、“对称的”和“菱形”5 个选项。
- 角度：使用鼠标拖动控制盘中的指针或在后面的数值框中输入数值，可以控制当前渐变的角度。
- 缩放：在此数值框中输入数值可以控制当前渐变的影响范围。
- 与图层对齐：选择该选项后，将会根据当前渐变填充图层的影响范围进行填充，否则，按照整个图像画布的大小进行填充。

13.10.3 创建图案填充图层

单击创建新的填充或调整图层按钮 后，在弹出的菜单中选择“图案”命令，可创建图案填充图层，“图案填充”对话框如图 13.68 所示。

在对话框中选择图案并设置好参数后，单击“确定”按钮，即可在目标图层上方创建图案填充图层，图 13.69 所示为使用图案填充所创建的效果。

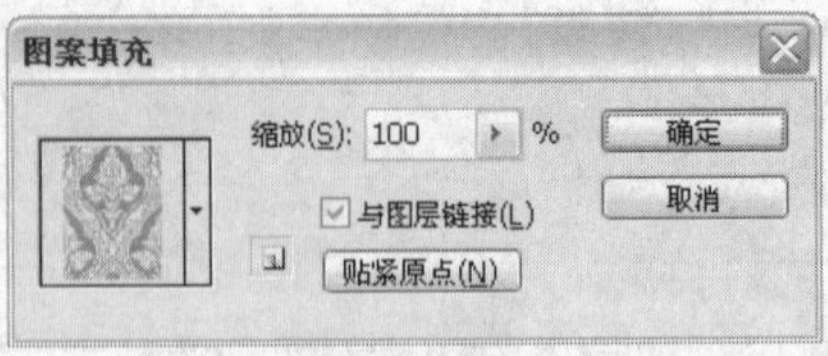

图 13.68 “图案填充”对话框

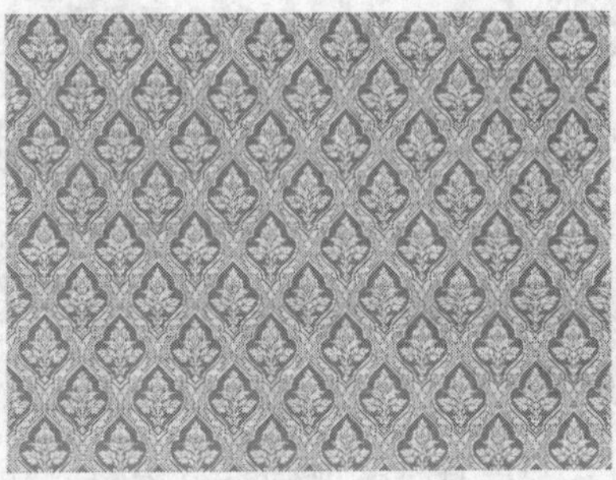

图 13.69 使用图案填充所创建的效果

Photoshop 13.11 形状图层 CS3

13.11.1 创建形状图层

通过在图像上方创建形状图层，可以在创建填充有前景色的几何形状，此类图层具有非常灵活的矢量特性。

创建形状图层可以按以下步骤操作。

步骤01 在工具箱中选择任意一种形状工具。

步骤02 单击工具选项条中的形状图层按钮□。

步骤03 设置“前景色”为希望得到的填充色。

步骤04 使用绘制形状工具在图像中绘制形状即可。

通过以上步骤即可得到一个新的形状图层，其效果如图 13.70 所示，此时“图层”调板如图 13.71 所示。

图 13.70　形状图层效果

图 13.71　“图层”调板状态

通过观察“图层”调板，可以看出：

- 形状图层自动以“形状 X”命名（此处的 X 代表形状图层的层数值）。
- 形状图层的实质是颜色填充图层与路径剪贴蒙版的结合体。
- 形状图层的填充颜色取决于“前景色”。
- 根据情况不同，创建多个形状图层的操作步骤也略有不同。
- 如果当前所选择的图层为非形状图层，按上述方法可直接创建新的形状图层。
- 如果当前选择的图层为形状图层，则需要先在工具选项条中单击✓按钮，然后再按上述方法创建新的形状图层。

13.11.2　绘图模式对形状图层效果的影响

如果在一个形状图层上绘制多个形状，则根据用户在工具选项条上选择的绘图模式的不同，得到的效果也各不相同。下面就分别讲解绘图模式对形状图层效果的影响。

- 叠加效果：如果在工具选项条上单击□按钮，则再次绘制的形状与原形状叠加，如图 13.72 所示。

(a)　(b)

图 13.72　单击叠加按钮后的效果与“图层”调板

- 减去效果：如果在工具选项条上单击按钮，则再次绘制的形状被从原形状中减去，如图 13.73 所示。

(a) (b)

图 13.73　单击减去按钮后的效果与“图层”调板

- 相交效果：如果在工具选项条上单击按钮，则再次绘制的形状与原形状相交的部分被保留而其他部分被去除，如图 13.74 所示。

(a) (b)

图 13.74　单击交集按钮后的效果与“图层”调板

- 排除效果：如果在工具选项条上单击按钮，则仅保留再次绘制的形状与原形状不重合的部分，如图 13.75 所示。

(a) (b)

图 13.75　单击排除按钮后的效果与“图层”调板

13.11.3　栅格化形状图层

由于形状图层具有矢量特性，因此在此图层中无法使用对像素进行处理的各种工具及命令，从而限制了对其进一步处理的可能性。

要去除形状图层的矢量特性以使其像素化，可以选择“图层”|“栅格化”|“形状”命令，将形状图层转换为普通图层。

提示

使用此命令后形状图层将不再具有矢量特性，因此无法使用路径选择工具、直接选择工具、添加锚点工具、删除锚点工具等工具对形状进行编辑。本章所用到的素材文件为随书光盘:\d13z\中的文件，文件名对应着本章的小节号。

13.12 变换对象

在 Photoshop 中，可以对图像、选区、选区中的图像及路径进行变换操作，虽然在选择不同对象的情况下，将使用不同的命令进行变换，但其变换本质是完全相同的。本节就以变换图像为例，讲解各种变换对象的操作方法。

首先对变换不同对象时需要选择的命令进行了解。

- 如果变换对象为图像，或处于被选区选中的状态，则按 Ctrl+T 组合键或选择“编辑”|“自由变换”命令，或直接选择“编辑”|“变换”子菜单中的各个变换命令。
- 如果变换对象为选区，则选择“选择”|“变换选区”命令。在调出选区变换控制框后，可在“编辑”|“变换”子菜单中选择“缩放”或“旋转”等其他变换命令。
- 如果变换对象为路径，则按 Ctrl+T 组合键或选择“编辑”|“自由变换路径”命令，或直接选择“编辑”|“变换路径”子菜单中的各个变换命令。

虽然操作的对象不同，但调出的变换控制框状态是完全相同的，图 13.76 所示是操作对象为图像的情况下调出的自由变换控制框。

图 13.76　调出变换控制框

变换控制框各组件的含义如下。

- 控制句柄：在变换控制框周围共包括了 8 个这样的控制句柄，当选择命令或搭配合适的快捷键时，拖动这些控制句柄即可制作多种变换及扭曲效果。
- 控制中心点：此中心点的位置决定了对象的缩放或旋转时的中轴。

13.12.1　缩放对象

要缩放图像可以按照如下步骤进行操作。

步骤01 打开随书光盘:\d13z\13.12.1-素材.psd，如图 13.77 所示。

步骤02 选择“图层 1”并按 Ctrl+T 组合键调出自由变换控制框。

步骤03 按住 Shift 键向右下角拖动控制框左上角的控制句柄以缩小图像，然后将其置于如图 13.78 所示的位置。

图 13.77 原图像

图 13.78 缩放图像

步骤04 确认缩放完毕后，按 Enter 键或在控制框内部双击以确认变换操作。

13.12.2 旋转图像

要旋转图像可以按照如下步骤进行操作。

步骤01 打开随书光盘:\d13z\13.12.2-素材.psd，如图 13.79 所示，其对应的“图层”调板如图 13.80 所示。

图 13.79 原图像

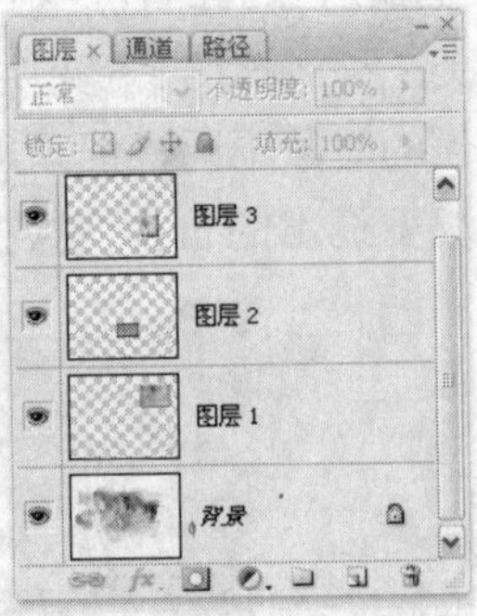

图 13.80 “图层”调板

步骤02 选择“图层 1”并按 Ctrl+T 组合键调出自由变换控制框。

步骤03 将光标置于控制框外围，当光标变为一个弯曲箭头↩时拖动鼠标，即可以中心点为基准旋转图像，如图 13.81 所示。按 Enter 键确认变换操作。

步骤04 按照上一步的方法分别对“图层 2”和“图层 3”中的图像进行旋转，直至得到类似如图 13.82 所示的效果。

提示

如果需要按 15° 的倍数旋转图像，可以在拖动鼠标的时候按住 Shift 键，得到需要的效果后，双击变换控制框即可。

- 如果要将图像旋转 180°，可以选择“编辑”|“变换”|“旋转 180 度”命令。
- 如果要将图像顺时针旋转 90°，可以选择“编辑”|“变换”|“顺时针 90 度”命令。

- 如果要将图像逆时针旋转 90°，可以选择“编辑”|“变换”|“逆时针 90 度”命令。

图 13.81　旋转图像

图 13.82　最终效果

13.12.3　斜切图像

要斜切图像可以按照如下步骤进行操作。

步骤 01 打开随书光盘:\d13z\13.12.3-素材.psd，如图 13.83 所示，图 13.84 所示为与之对应的“图层”调板。

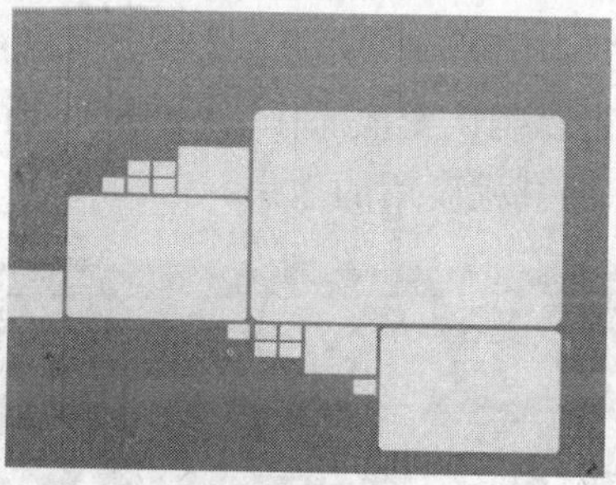

图 13.83　原图像

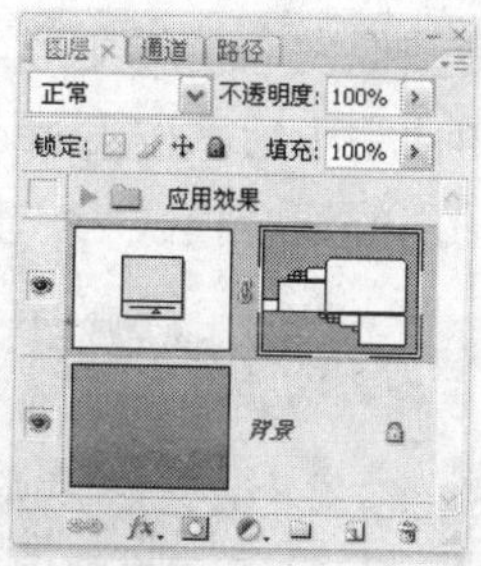

图 13.84　“图层”调板

步骤 02 选择图层“形状 1”，并按 Ctrl+T 组合键调出自由变换控制框。

步骤 03 按住 Ctrl+Shift 组合键将光标置于控制框顶部中间的控制句柄上，此时光标将变为状态，向右侧拖动鼠标，即可使图像在光标移动的方向上发生斜切变形，如图 13.85 所示。

步骤 04 确认斜切完毕后，按 Enter 键或在控制框内部双击以确认变换操作。图 13.86 所示为依据所变换的图像制作的效果。

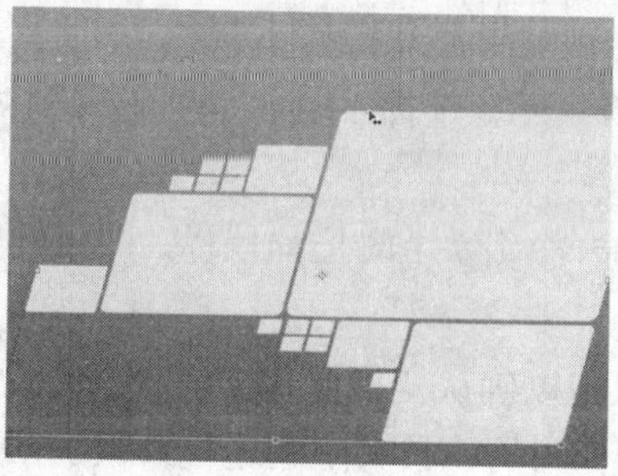

图 13.85　斜切图像

图 13.86　应用效果

13.12.4 扭曲图像

扭曲图像是应用非常频繁的一类变换操作，通过此类变换操作，可以使图像在任何一个控制句柄处发生变形，其操作方法如下所述。

步骤01 打开随书光盘:\d13z\13.12.4-素材 1.tif 和 13.12.4-素材 2.tif，如图 13.87 所示，并将右侧的绘画图像拖至画框图像中，得到“图层 1”。

(a)

(b)

图 13.87 图像效果

步骤02 按 Ctrl+T 键调出自由变换控制框，按住 Shift 键缩小图像以便于看到下面的画框边缘。

步骤03 按住 Ctrl 键并将光标置于四角任意一个控制句柄上，当光标变为一个箭头▶时拖动鼠标，即可使图像发生拉斜变形，如图 13.88 所示。

步骤04 确认扭曲完毕后，按 Enter 键或在控制框内部双击以确认变换操作。图 13.89 所示为设置此图层的混合模式为“正片叠底”以增加图像逼真程度后的效果。

图 13.88 图像发生拉斜变形

图 13.89 增加图像逼真程度后的效果

13.12.5 透视图像

通过对图像应用透视变换命令，可以使图像获得透视效果，其操作步骤如下所述：

步骤01 打开随书光盘:\d13z\13.12.5-素材.psd，如图 13.90 所示。选择“编辑”|“变换”|“透视”命令。

步骤02 将光标移至变换控制的控制句柄上，当光标变为一个箭头▶时拖动鼠标，即可使图像发生透视变形。

步骤03 确认变换完毕后，按 Enter 键或在控制框内部双击以确认变换操作。

图 13.91 所示效果为使用此命令并结合图层操作制作出的、具有空间透视效果的图像，图 13.92 所示为在变换时的自由变换控制框状态。

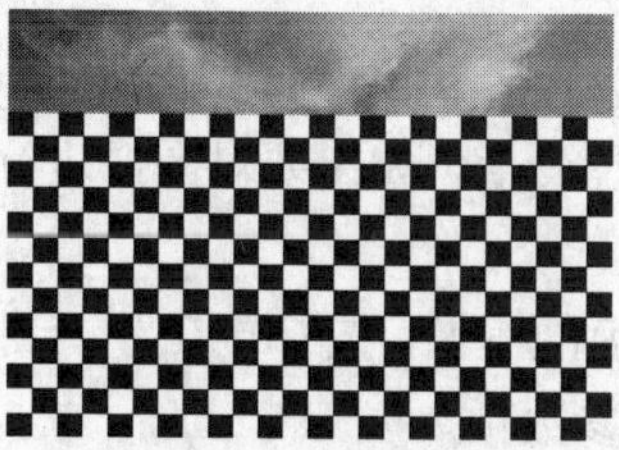

图 13.90　素材图像

图 13.91　制作的透视效果

图 13.92　自由变换控制框状态

提示

执行此操作时应该尽量缩小图像的观察比例，尽量多显示一些图像外围的灰色区域，以便拖动控制句柄。

13.12.6　翻转图像

翻转图像操作包括水平翻转和垂直翻转两种，操作如下所述：

- 如果要水平翻转图像，可以选择“编辑”|“变换”|“水平翻转”命令。
- 如果要垂直翻转图像，可以选择“编辑”|“变换”|“垂直翻转”命令。

图 13.93 所示为原图像及对应的“图层”调板，图 13.94 和图 13.95 所示为将图层中显示为“终结者”字样的文字图像分别进行水平和垂直翻转后的效果。

（a）　　（b）

图 13.93　原图像及对应的“图层”调板

图 13.94　水平翻转图像

图 13.95　垂直翻转图像

13.12.7 精确变换

通过以上所述的各种变换操作，可以对图像进行粗放型变换，如果要对图像进行精确变换操作，则需要使用变换工具选项条中的参数项。

要对图像进行精确变换操作，首先应选中要做精确变换的图像，按 Ctrl+T 组合键调出自由变换控制框，并在其工具选项条中设置如图 13.96 所示的参数项。

图 13.96 工具选项条参数设置

变换工具选项条各项参数含义如下所述。

- 使用参考点：在使用工具选项条对图像进行精确变换操作时，可以使用工具条中的确定操作参考点，在中可以确定 9 个参考点位置。例如，要以图像的左上角点为参考点，单击使其显示为形即可。
- 精确移动图像：要精确改变图像的水平位置，可分别在 X、Y 数值框中输入数值。
- 如果要定位图像的绝对水平位置，直接输入数值即可。如果要使填入的数值为相对于原图像所在位置移动的一个增量，应该单击按钮，使其处于被按下的状态。
- 精确缩放图像：要精确改变图像的宽度与高度，可以分别在 Width、Height 数值框中输入数值。
- 如果要保持图像的宽高比，应该单击按钮，使其处于被按下的状态。
- 精确旋转图像：要精确改变图像的角度，需要在数值框中输入角度数值。
- 精确斜切图像：要改变图像水平及垂直方向上的斜切变形，可以分别在、V:数值框中输入角度数值。在工具选项条中完成参数设置后，可以单击按钮确认，如果要取消操作就单击按钮。

13.12.8 再次变换

如果已进行过任何一种变换操作，可以选择“编辑”|“变换”|“再次”命令，以相同的参数值再次对当前图像进行变换操作，使用此命令可以确保前后两次变换操作效果相同。例如，如果上一次变换操作为将操作图像旋转 90°，选择此命令则可以对任意操作图像完成旋转 90°的操作。

如果在选择此命令的时候按住 Alt 键，则可以在对被操作图像进行变换操作的同时进行复制。如果要制作多个副本连续变换操作效果，此操作非常有效。下面通过一个添加背景效果的小示例讲解此操作。

步骤01 打开随书光盘:\d13z\13.12.8-素材.tif，如图 13.97 所示。将前景色设置为 a0c609，选择钢笔工具，激活工具选项条上的形状图层命令按钮，在图中绘制如图 13.98 所示的形状，得到图层“形状 1”。

步骤02 使用路径选择工具选择图层“形状 1”矢量蒙版的路径，按 Ctrl+Alt+T 组合键调出自由变换并复制控制框。

步骤03 使用鼠标将控制中心点调整到如图 13.99 所示的位置，然后顺时针调整形状至如图 13.100 所示的状态，按 Enter 键确认变换。

图 13.97　素材图像

图 13.98　绘制形状

图 13.99　调整中心点

图 13.100　旋转角度的状态

步骤 04 多次按 Ctrl+Alt+Shift+T 组合键执行“再制”命令，得到如图 13.101 所示的效果。

步骤 05 双击“背景”将图层变为“图层 0”，然后将其调整到图层最顶层，将图层混合模式设置为“正片叠底”，得到如图 13.102 所示的效果，完成背景的制作。

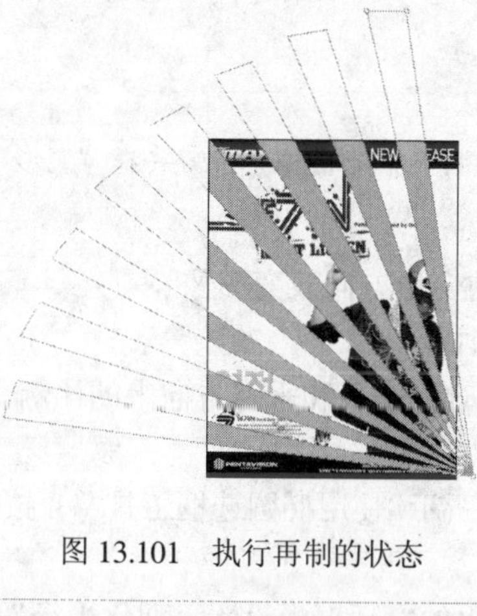

图 13.101　执行再制的状态

图 13.102　添加背景效果的状态

提示

图层的混合模式将在第 15 章讲到。

13.12.9　变形图像

变形是 Photoshop CS3 中新增的变换命令，使用它可以对图像进行更为灵活和细致的变形操作，例如制作页面折角及翻转胶片等效果。

选择“编辑”|“变换”|“变形”命令即可调出变形网格，同时工具选项条将变为如图 13.103 所示的状态。

图 13.103　工具选项条

在调出变形控制框后，可以采用两种方法对图像进行变形操作。

- 直接在图像内部、节点或控制句柄上拖动，直至将图像变形为所需的效果。
- 在工具选项条上的“变形”下拉菜单中选择适当的形状，如图 13.104 所示。

图 13.104　工具选项条中的下拉菜单

变形工具选项条上的各个参数含义如下。

- 变形：在该下拉菜单中可以选择 15 种预设的变形选项，如果选择自定选项则可以随意对图像进行变形操作。

提示

在选择了预设的变形选项后，则无法在随意的图形控制框中进行编辑，需要在“变形”下拉菜单中选择“自定”选项后才可以继续编辑。

- 更改变形方向按钮：单击该按钮可以在不同的变形方向改变图像。
- 弯曲：在此输入正数或负数，可以调整图像的扭曲程度。
- H、V 输入框：在此输入数值可以控制图像扭曲时在水平和垂直方向上的比例。

下面将以一个示例来讲解变形控制框的操作步骤。

步骤01 打开随书光盘:\d13z\13.12.9-素材.tif，如图 13.105 所示。使用椭圆选框工具，按住 Shift 键绘制选区，如图 13.106 所示。

步骤02 按 Ctrl+Alt+D 组合键应用“羽化”命令，在弹出的对话框中设置“羽化半径”数值为 15，单击“确定”按钮退出对话框。

步骤03 按住 Alt 键选择“编辑”|“变换”|“变形”命令，以调出变形控制框，如图 13.107 所示。

提示

按住 Alt 键调出变形控制框，是为了在变形的过程中可以复制选区中的图像，以避免在缩小图像后露出背景色。

图 13.105 素材图像

图 13.106 绘制选区

步骤04 在“变形”下拉菜单中选择“鱼眼”选项，并设置其“弯曲”数值为-50%，得到如图 13.108 所示的效果。

图 13.107 变形控制框

图 13.108 变形图像

步骤05 按 Enter 键确认变形操作，按 Ctrl+D 组合键取消选区，得到如图 13.109 所示的效果。

步骤06 按照上述方法对猫的左眼进行处理，直至得到如图 13.110 所示的效果。

图 13.109 变形后的效果

图 13.110 变形另一侧的眼睛

步骤07 使用套索工具绘制选区以将猫的鼻子选中，如图 13.111 所示。按 Ctrl+Alt+D 组合键应用“羽化”命令，在弹出的对话框中设置“羽化半径”数值为 15，单击“确定”按钮退出对话框。

步骤08 按住 Alt 键选择“编辑”|“变换”|“变形”命令，以调出变形控制框。在其工具选项条的“变形”下拉菜单中选择“扇形”选项，并保持默认参数不变，得到如图 13.112 所示的效果。

图 13.111 绘制选区

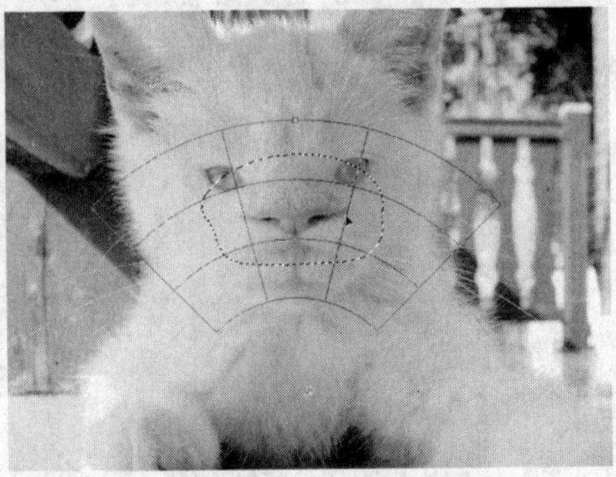

图 13.112 变形图像

步骤09 按住 Shift 键将图像向下拖动，直至恢复到原来的位置为止，如图 13.113 所示。再次在“变形”下拉菜单中选择“自定”选项以调出变形控制句柄，如图 13.114 所示。

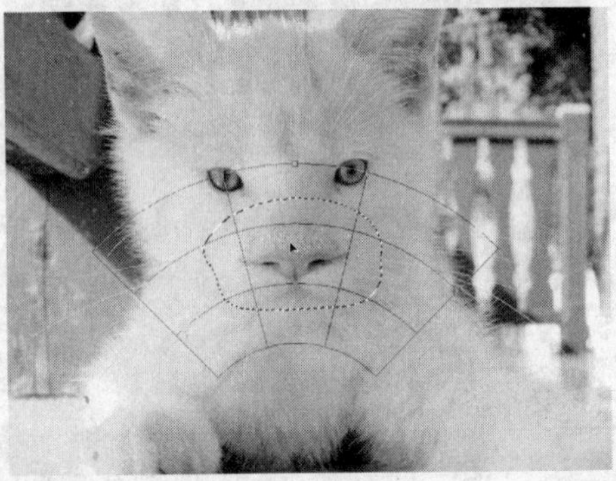

图 13.113 移动图像

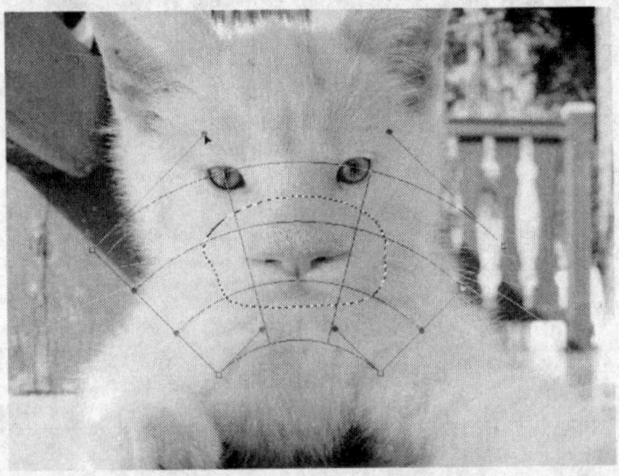

图 13.114 调出变形控制句柄

步骤10 拖动各个控制句柄以自定义变形图像，直至得到类似图 13.115 所示的效果。

步骤11 按 Enter 键确认变形操作，按 Ctrl+D 组合键取消选区，得到如图 13.116 所示的最终效果。

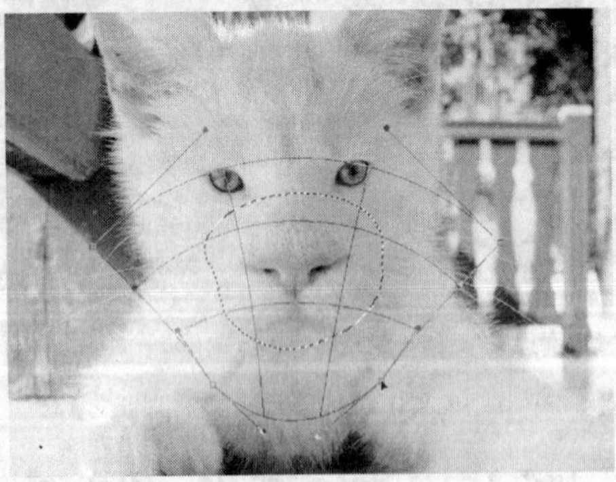

图 13.115 自定义变形图像

图 13.116 最终效果

提示

本实例最终效果文件为随书光盘:\d13z\13.12.9.psd。本章所用到的素材文件为随书光盘:\d13z\中的文件，文件名对应着本章的小节号。

第 14 章

Photoshop

图 层 样 式

图层样式是 Photoshop 中一个集成式的功能，通过它可以轻松实现“投影”、“斜面和浮雕”、“外发光”等多种效果，而将这些图层样式组合起来更是可以得到千变万化的效果，图 14.1 展示了为文字添加图层样式前后的效果对比。

(a)

(b)

图 14.1　原图像及应用图层样式后的效果

Photoshop CS3

14.1 图层样式详解

在“图层样式”对话框中，包含了 3 类共 10 个图层样式，本节将详细讲解图层样式的分类及各类图层样式的作用。

14.1.1　图层样式对话框

由于各类图层样式集成于一个对话框中，而且其参数结构基本相似，所以在此以“投影”图层样式为例讲解“图层样式”对话框。选择“图层”|“图层样式”|“投影”命令或单击“图层”调板底部的添加图层样式按钮 *fx*，在下拉菜单中选择“投影”命令，弹出如图 14.2 所示的“图层样式”对话框。

可以看出“图层样式”对话框在结构上分为 3 个区域：

- 图层样式列表区：在该区域中列出了所有的图层样式，如果要同时应用多个图层样式，只需选中图层样式名称左侧的选项即可；如果要对某个图层样式的参数进行编辑，直接单击该图层样式的名称，即可在对话框中间的参数控制区域显示出其参数。

● 参数控制区：在选择不同图层样式的情况下，该区域会即时显示出与之对应的参数选项。

● 预览区：在该区域中可以预览当前所设置的所有图层样式叠加在一起时的效果。

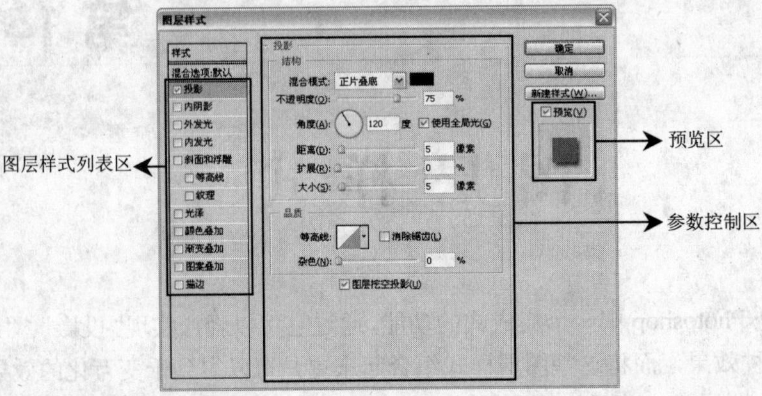

图 14.2 “投影”图层样式对话框

14.1.2 仅修改透明像素的图层样式

在所有的图层样式中，有一些图层样式只修改图像的透明像素，即添加这种图层样式不会对原图像像素进行任何修改。下面详细讲解此类图层样式的作用。

1. “投影”图层样式

“投影”图层样式可以为图像添加阴影效果，图 14.3 所示为原图像及添加该图层样式后的效果。

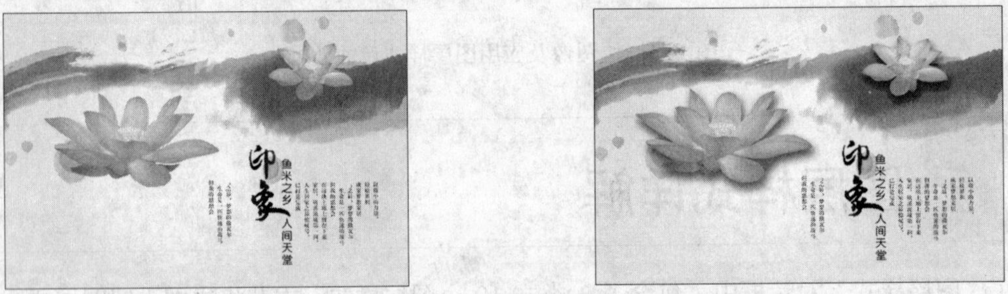

(a) (b)

图 14.3 原图像及设置不同参数时的投影效果

“投影”图层样式对话框中各参数含义如下。

● 混合模式：在此下拉列表中，可以为阴影选择不同的“混合模式”，从而得到不同的效果。单击其左侧颜色块并在弹出的“拾色器”对话框中选择颜色，可以将此颜色指定为投影颜色。

● 不透明度：在此输入数值可以定义投射阴影的不透明度，数值越大则阴影效果越浓，反之越淡。

● 角度：在此拨动角度轮盘的指针或输入数值，可以定义阴影的投射方向。

● 使用全局光：选中该选项的情况下，如果改变任意一种图层样式的“角度”数值，将会同时改变所有图层样式的角度；如果需要为不同的图层样式设置不同的“角度”数值，就应该取消此选项。

- 距离：在此拨动滑块条上的滑块或输入数值，可以定义“投影”的投射距离，数值越大则“投影”在视觉上距投射阴影的对象越远，其三维空间的效果就越好，反之则“投影”越贴近投射阴影的对象。
- 扩展：在此拨动滑块条上的滑块或输入数值，可以增加“投影”的投射强度，数值越大则“投影”的强度越大，颜色的堆积感觉越强烈。图 14.4 所示为在其他参数值不变的情况下，“扩展”值分别为 5 与 50 时的“投影”效果。

（a）“扩展”值为 5 的投影效果　　（b）“扩展”值为 50 的投影效果

图 14.4　“扩展”值不同的投影效果

- 大小：此参数控制“投影”的柔化程度大小，数值越大则“投影”的柔化效果越明显，反之则越清晰，图 14.5 所示为在其他参数值不变的情况下，“大小”值分别为 4 与 40 两种数值的情况下的“投影”效果。

（a）“人小”值为 4 的投影效果　　（b）“大小”值为 40 的投影效果

图 14.5　“大小”值不同的阴影效果

- 等高线：使用等高线可以定义图层样式效果的外观，单击此下拉列表按钮，将弹出如图 14.6 所示的“等高线”列表，可在该列表中选择等高线的类型，在默认情况下 Photoshop 自动选择线性等高线。

  图 14.7 所示为在其他参数与选项不变的情况下，选择 2 种不同的等高线得到的效果。
- 消除锯齿：选择此选项，可以使应用等高线后的“投影”效果更细腻。
- 杂色：选择此选项，可以为“投影”增加杂色，效果如图 14.8 所示。

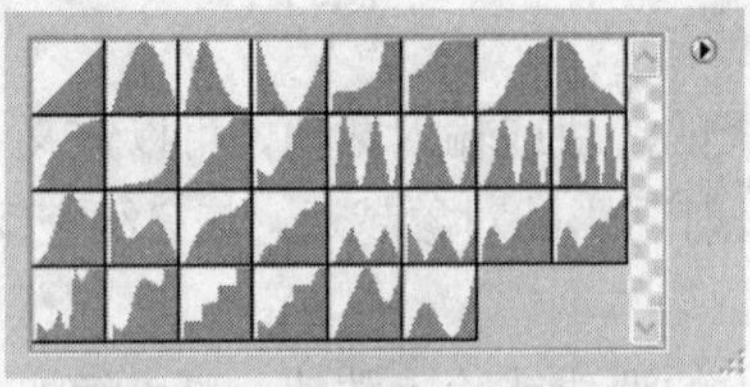

图 14.6　“等高线”列表

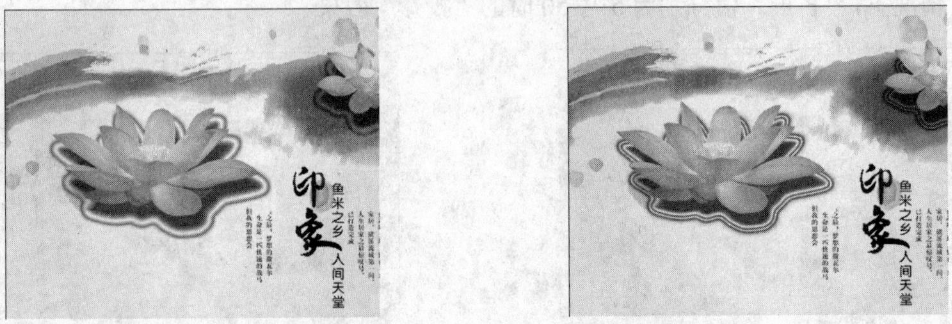

（a）　　　　（b）

图 14.7　2 种不同的等高线效果

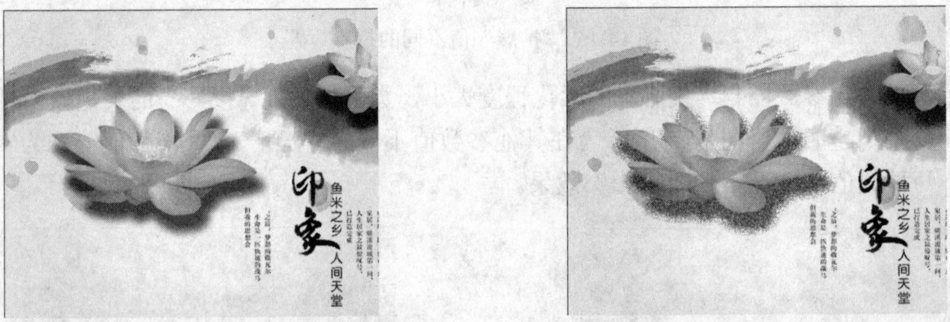

（a）　　　　（b）

图 14.8　增加杂色前后对比效果

> **提示**
>
> 由于下面提到的各图层样式所弹出的对话框与“投影”对话框中的参数类似，故对于其他图层样式对话框中相同的选项不再重复讲解。

2．“外发光”图层样式

使用“外发光”图层样式，可为图层增加发光效果，其对话框如图 14.9 所示。在此对话框中可以通过设置得到两种不同的发光方式，即纯色光、渐变光。

值得一提的是，虽然该图层样式的名称为“外发光”，但并不代表它只能向外发出白色或亮色的光。在适当的参数设置下，利用该图层样式一样可以使图像发出黑色的光。例如，图 14.10 所示为原图像，图 14.11 所示为将“混合模式”设置为“正片叠底”，然后将发光颜色设置为黑色后的效果。

如果要得到渐变式发光效果，需要在对话框中单击渐变类型的下拉列表，并在弹出的渐变类型调板中选择一种渐变，即可得到如图 14.12 所示的渐变式发光效果。

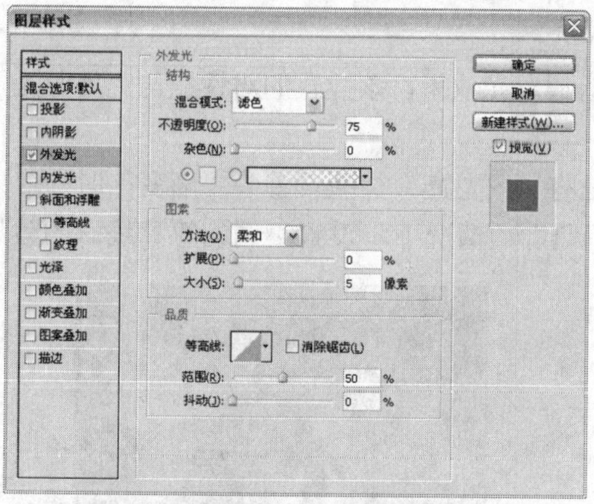

图 14.9 “外发光”图层样式对话框

图 14.10 原图像

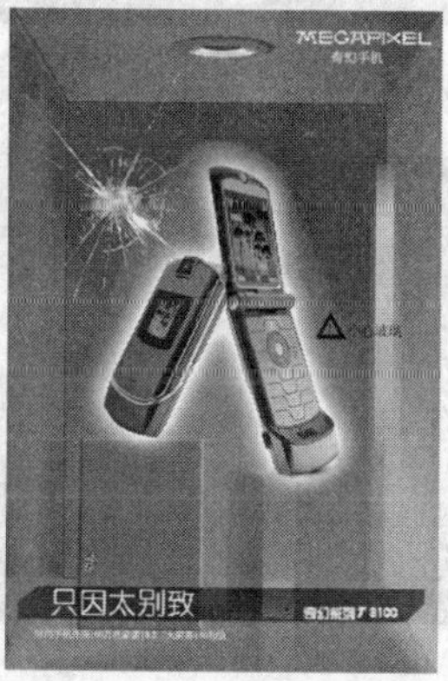

图 14.11 纯色外发光效果

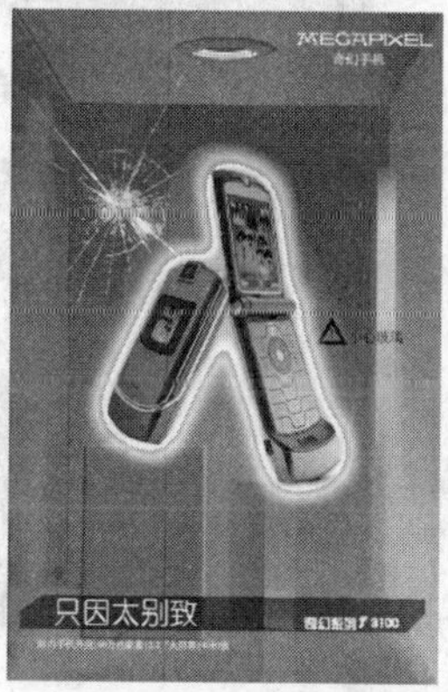

图 14.12 渐变式外发光效果

14.1.3 仅修改图像像素的图层样式

与上面所讲的修改透明像素的图层样式刚好相反，下面讲解的图层样式都是仅对图像像素区域发生作用的，下面分别讲解各个图层样式的功能。

1. “内阴影”图层样式

使用“内阴影”图层样式，可以为图像添加内阴影效果，使图像具有凹陷的效果，如图 14.13 所示。

(a) (b)

图 14.13 原图像及添加“内阴影”图层样式后的效果

2．“内发光”图层样式

使用“内发光”图层样式，可以为图层增加发光效果，该样式的对话框与“外发光”样式相同，故不再重述。

图 14.14 所示为原图像，图 14.15 所示是将“内发光”类型设置为“渐变”时的效果，图 14.16 所示为在将“内发光”类型设置为“单色”的情况下，设置不同的等高线时的效果。

图 14.14　原图像

图 14.15　设置渐变发光时的效果

（a）

（b）

图 14.16　设置单色发光时的不同效果

3．“光泽”图层样式

“光泽”图层样式通常用于创建光滑的磨光或金属效果。图 14.17 所示为原图像及对应的“图层”调板，图 14.18 所示为应用“光泽”效果后的效果。

图 14.17　原图像

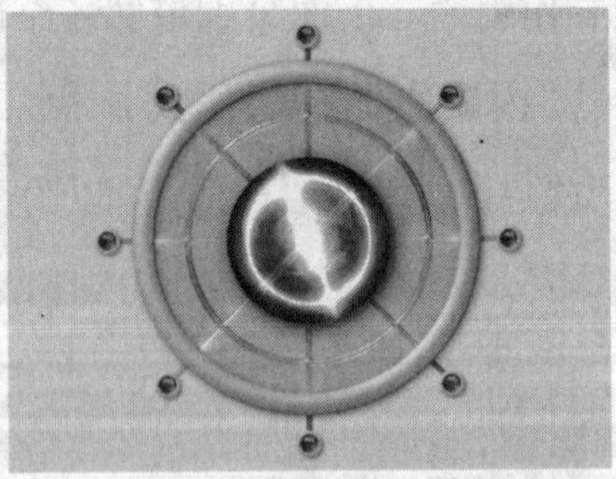

图 14.18　添加“光泽”后的效果

4．“颜色叠加”图层样式

选择“颜色叠加”样式可以为图层叠加某种颜色。在对话框中只需单击“混合模式”右侧的色块，在弹出的“拾色器”对话框中选择一种颜色，并设置所需的混合模式及不透明度即可。

5．“渐变叠加”图层样式

使用“渐变叠加”图层样式可以为图层叠加渐变效果，其对话框如图 14.19 所示。

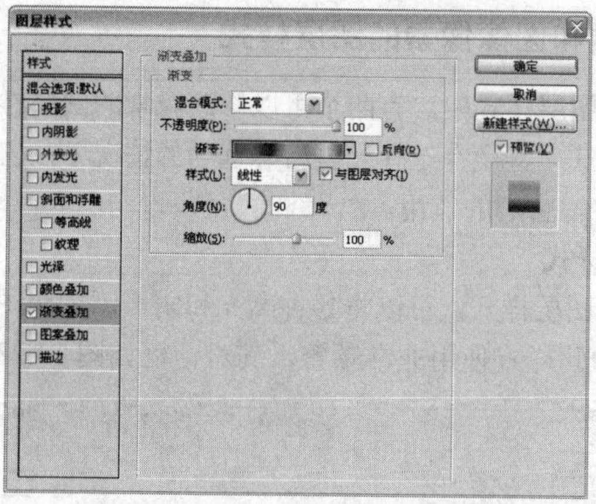

图 14.19 “渐变叠加”图层样式对话框

- 样式：此下拉列表中包括“线性”、“径向”、“角度”、“对称的”、“菱形”5 种渐变类型。
- 与图层对齐：在此选项被选中的情况下，如果从上到下绘制渐变，渐变由图层中最上面的像素应用至最下面的像素。

图 14.20 所示为原图像，图 14.21 所示为添加“渐变叠加”图层样式后突出视觉的效果。

图 14.20 原图像

图 14.21 添加“渐变叠加”图层样式后的效果

6．“图案叠加”图层样式

使用“图案叠加”图层样式可以在图层上叠加图案，其对话框及操作方法与“颜色叠加”样式相似，所创建的效果如图 14.22 所示。

(a) (b) (c)

图 14.22 原图像及添加“图层叠加”图层样式后的效果

14.1.4 修改透明像素和图像像素的图层样式

在 Photoshop 所有的图层样式中，有两个可以修改像素的图层样式，即“斜面和浮雕”图层样式和“描边”图层样式，甚至在选择一些特殊选项的情况下，它们还可以同时影响透明和图像像素，下面就分别讲解它们的作用。

1．斜面和浮雕图层样式

使用“斜面和浮雕”图层样式，可以将各种高光和阴影添加至图层中，从而创建具有立体感的图像，在实际工作中此样式使用非常频繁，其对话框如图 14.23 所示。

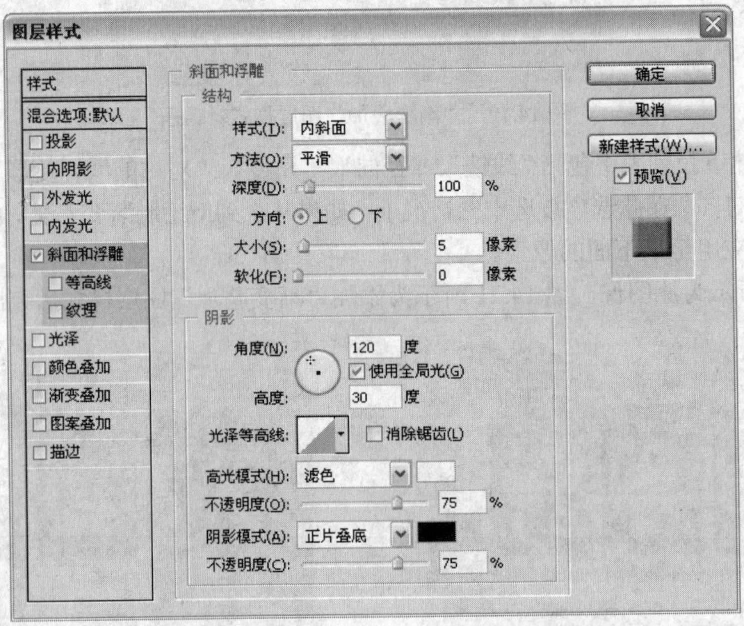

图 14.23　“斜面和浮雕”图层样式对话框

- 样式：选择“样式”中各选项，可以设置效果的样式。在此分别可以选择“外斜面”、“内斜面”、“浮雕效果”、“枕状浮雕”、“描边浮雕”5 个选项，选择各选项所得效果如图 14.24 所示。

提示

在选择“描边浮雕”选项时，必须选中“描边”图层样式才可以产生效果。

从图 14.24 中可以看出，“斜面和浮雕”图层样式对话框在选择“外斜面”选项时仅修改透明像素；在选择“内斜面”选项时仅修改图像像素；选择“浮雕效果”和“枕状浮雕”选项时就会同时修改透明和图像像素；选择“描边浮雕”选项会根据“描边”图层样式对话框中所设置的不同参数而影响不同的图像区域。

- 方法：在此下拉列表中可以选择“平滑”、“雕刻清晰”、“雕刻柔和”3 种创建“斜面和浮雕”效果的方式，其效果如图 14.25 所示。
- 方向：在此可以选择“斜面和浮雕”效果的视觉方向。选择“上”选项，在视觉上“斜面和浮雕”效果呈现凸起效果，其效果如图 14.26 所示；选择“下”选项，在视觉上“斜面和浮雕”效果呈现凹陷效果，其效果如图 14.27 所示。

(a) 原图像

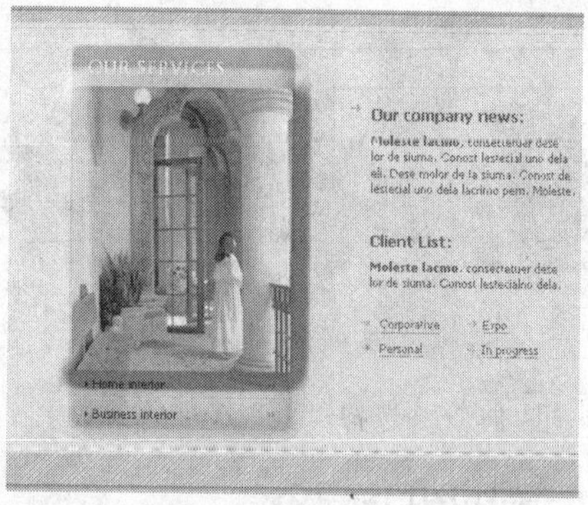

(b) “外斜面”效果

(c) “内斜面”效果

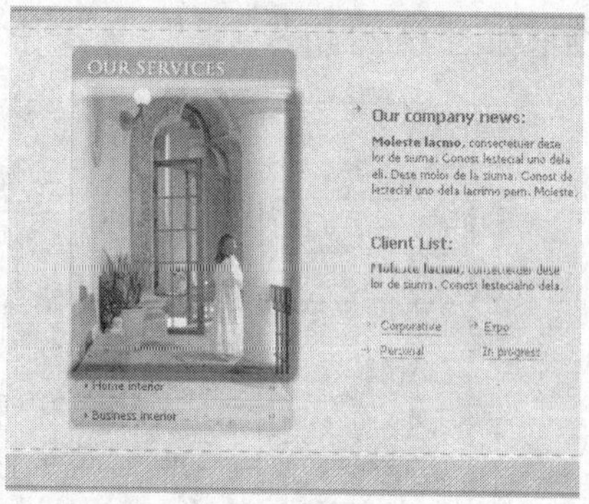

(d) “浮雕”效果

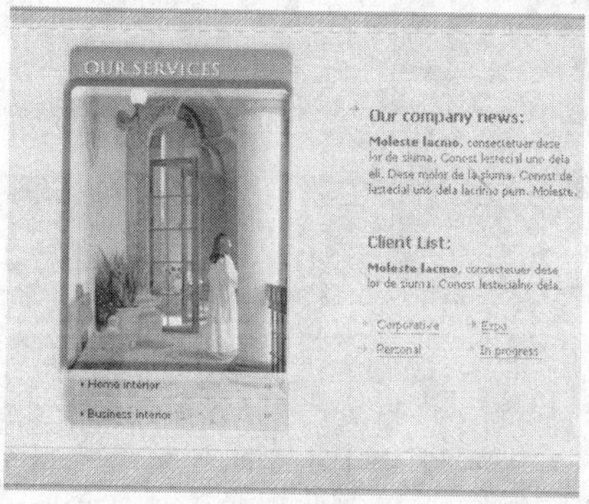

(e) “枕状浮雕”效果

(f) “描边浮雕”效果

图 14.24 5 种不同效果

(a) “平滑”效果

(b) “雕刻清晰”效果

(c) “雕刻柔和”效果

图 14.25 3 种创建“斜面和浮雕”效果的方法

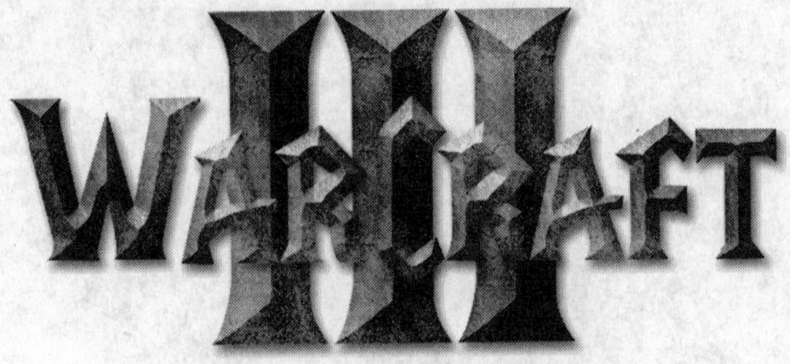

图 14.26　选择“上”选项所得效果

图 14.27　选择“下”选项所得效果

2．描边图层样式

使用“描边”图层可以用颜色、渐变或图案 3 种方式为当前图层中的不透明像素描画轮廓，其对话框如图 14.28 所示。

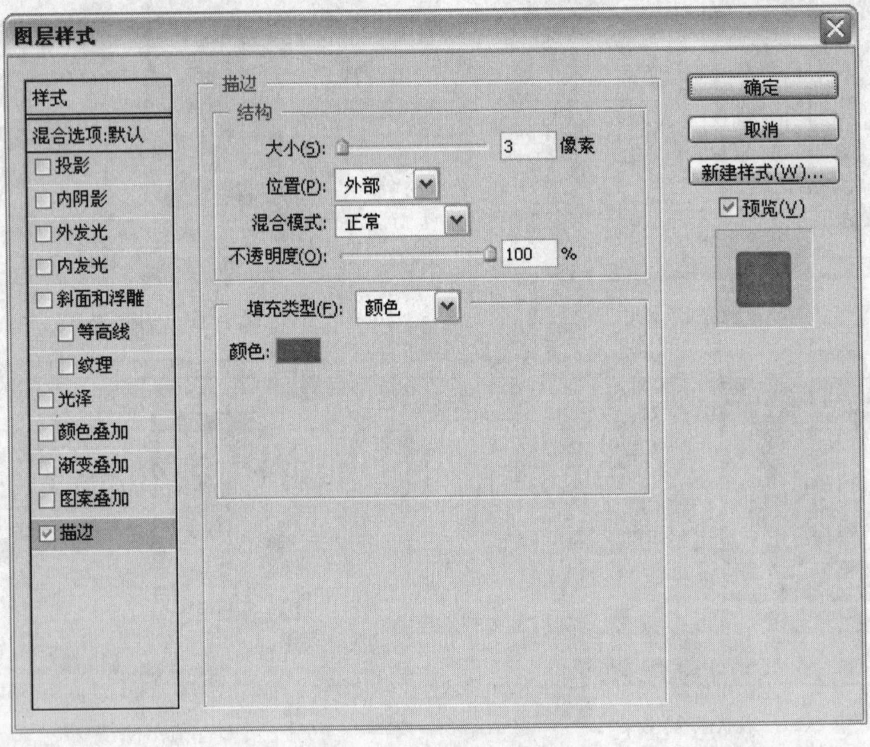

图 14.28　“描边”图层样式对话框

- 大小：此参数用于控制“描边”的宽度，数值越大则生成的描边宽度越大。
- 位置：在此下拉列表中，可以选择“外部”、“内部”、“居中”3 种位置。如果选择“外部”选项，用于描边的线条完全处于图像的外部；选择“内部”选项，用于描边的线条完全处于图像的内部；选择“居中”选项，用于描边的线条一半处于图像的外部，一半处于图像内部，此时该图层样式同时修改透明和图像像素。
- 填充类型：在此下拉表框中可设置“描边”类型，其中包括“颜色”、“渐变”及“图案”3 个选项。

图 14.29 所示为原图像及设置不同的填充类型时得到的描边效果。

（a）原图像

（b）单色描边效果

（c）渐变描边效果

（d）图案描边效果

图 14.29　“描边”图层样式实例

Photoshop CS3

14.2 图层样式的相关操作

正确地对图层样式进行操作，可以使用户在工作过程中方便地查看和管理图层样式，本节将详细讲解与图层样式相关的操作。

14.2.1　显示或隐藏图层样式

显示或隐藏图层样式可以执行以下操作之一：

- 在“图层”调板中单击图层样式名称左侧的眼睛图标，可在显示或隐藏图层样式状态间进行切换。
- 在任意一个图层样式名称上单击鼠标右键，在弹出的菜单中选择“隐藏所有效果”即可隐藏当前图层样式效果；再次单击鼠标右键，在弹出的菜单中选择“显示所有效果”命令即可显示图层样式效果。
- 在“图层”调板中单击所有图层样式上方“效果”左侧的眼睛图标，即可隐藏所有的图层样式效果，再次单击该位置即可重新显示所有的图层样式效果。
- 按住 Alt 键单击某个图层样式效果左侧的眼睛图标，则只显示当前的图层样式，同时隐藏其他所有的图层样式，再次执行该操作可以重新显示其他图层样式。

14.2.2　复制、粘贴图层样式

通过复制与粘贴图层样式操作，可以减少重复性操作，其操作方法包括以下两种：

- 选择包含要复制的图层样式的源图层，在该图层的图层名称上单击鼠标右键，在弹出的菜单中选择“拷贝图层样式”命令，如图 14.30 所示。切换至目标图层，并在其图层名称上单击鼠标右键，在弹出的菜单中选择“粘贴图层样式”命令，如图 14.31 所示。

图 14.30　选择“拷贝图层样式”

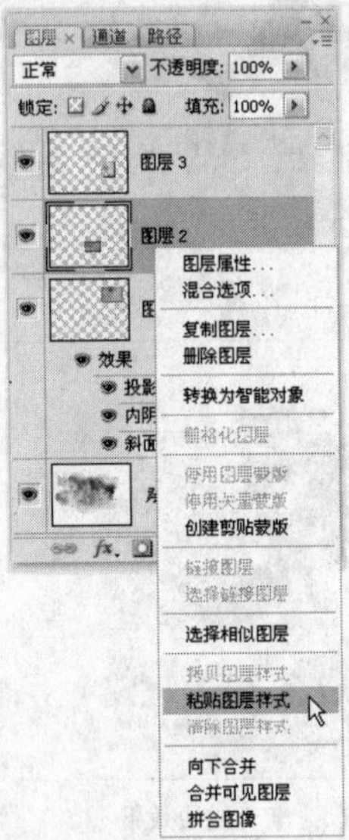

图 14.31　选择“粘贴图层样式”

> **提示**
>
> 若要分别将图层样式粘贴至多个图层，可以先链接目标图层，然后选择所有链接图层中的一个，再选择“图层”|“图层样式”|“将图层样式粘贴到链接的图层”命令即可。

- 如果只需要复制源图层中的某个图层样式，可以在按住 Alt 键的同时，使用鼠标拖动这个图层样式至目标图层中，待目标图层底部出现高光线时释放鼠标即可，如图 14.32 所示。

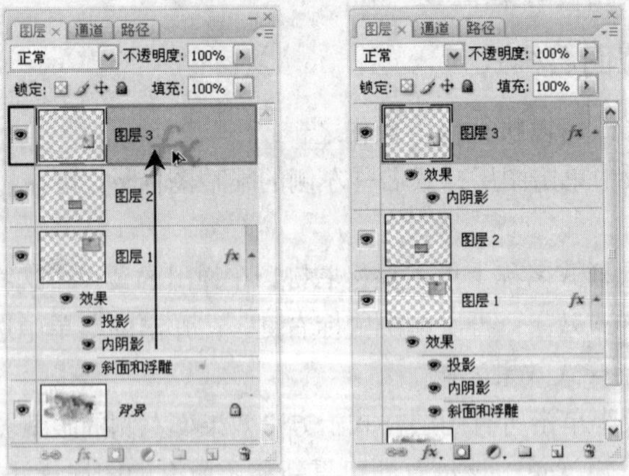

(a)　　　　　　　　(b)

图 14.32　拖动复制图层样式实例

> **提示**
>
> 如果需要在不同的图像文件间拷贝与粘贴图层样式，同样可以按照上述方法操作，不同的是目标操作对象变为另一个图像的目标图层。

14.2.3　缩放图层样式

选择“图层”|“图层样式”|“缩放效果”命令，弹出如图 14.33 所示的对话框，在“缩放”数值框中输入数值或拖移滑块，可设置图层样式缩放的比例。

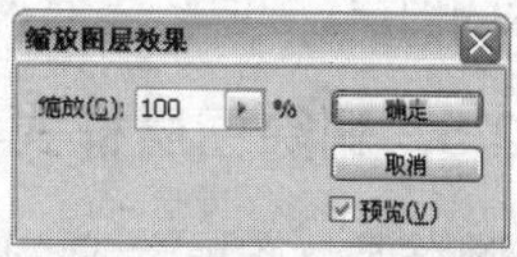

图 14.33　“缩放图层效果”对话框

在操作过程中可以选中“预览”选项，在调节参数的同时观看图像的预览效果，满意后单击“确定”按钮退出对话框即可。

图 14.34 所示为直接为图像应用某个样式后的效果，图 14.35 所示为使用“缩放效果”命令对样式进行缩放后的效果。可以看出，经过对图层样式进行缩放，图像的整体效果精致了许多。

图 14.34　原图层样式效果

图 14.35　经过缩放后的图层样式

14.2.4　将图层样式转换为图层

虽然使用各图层样式命令可以非常轻松地得到各图层效果样式，但除使用对话框中各参数外，用户无法对各图层样式效果做更细致的控制。

通过将图层样式转换为图层，可以对各图层样式效果做细致的控制，从而通过绘制、编辑应用滤镜来自定义或调整图层的外观。

要将图层样式转换为图层，只需在“图层”调板中选择该图层，然后选择“图层”|“图层样式”|“创建图层”命令即可。

如果某些效果无法转换成图层，选择该命令后则弹出如图 14.36 所示的提示对话框。

图 14.37 所示为转换前的“图层”调板，图 14.38 所示为转换后的“图层”调板。

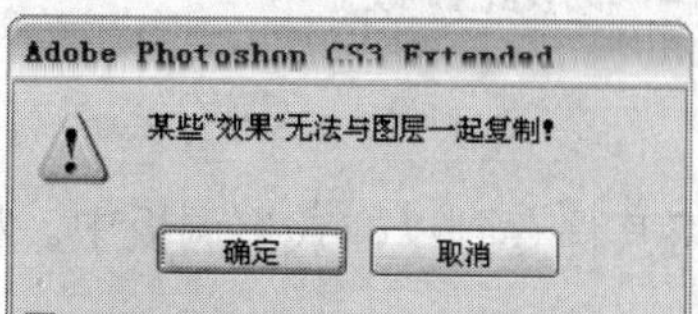

图 14.36　提示对话框

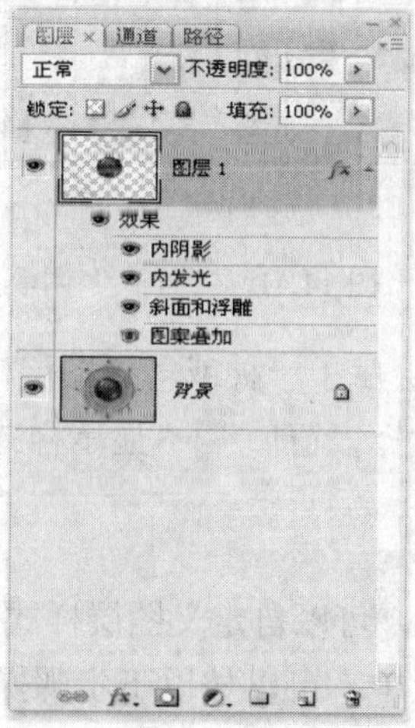

图 14.37　转换前的“图层”调板

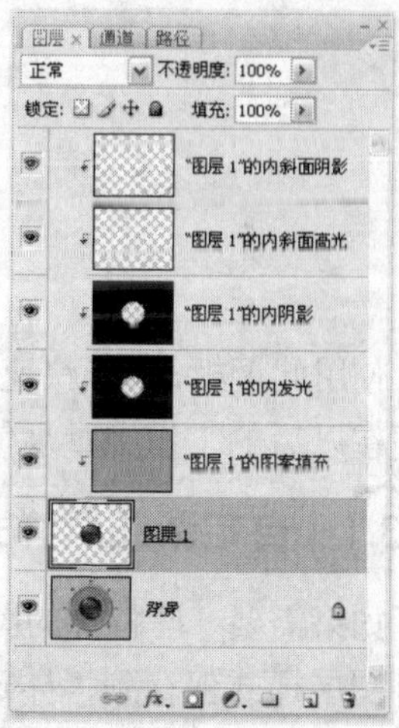

图 14.38　转换后的“图层”调板

观察转换后的“图层”调板可以看出，凡应用于图层操作的图层样式均被转换为具有对应名称的图层。

14.2.5 删除图层样式

删除某一图层样式，只需在“图层”调板中将其选中，然后拖至“图层”调板删除图层按钮上即可，如图 14.39 所示。

如果要一次性删除应用于图层的所有图层样式，可以在“图层”调板中选中图层名称下的“效果”，然后将其拖移到删除图层按钮上即可，如图 14.40 所示。

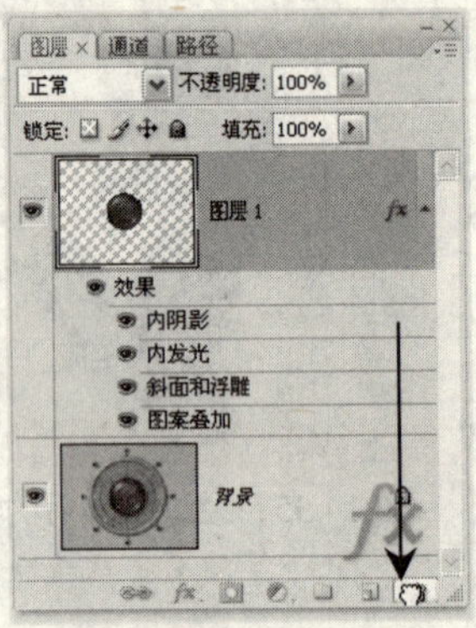

图 14.39 删除单个图层样式

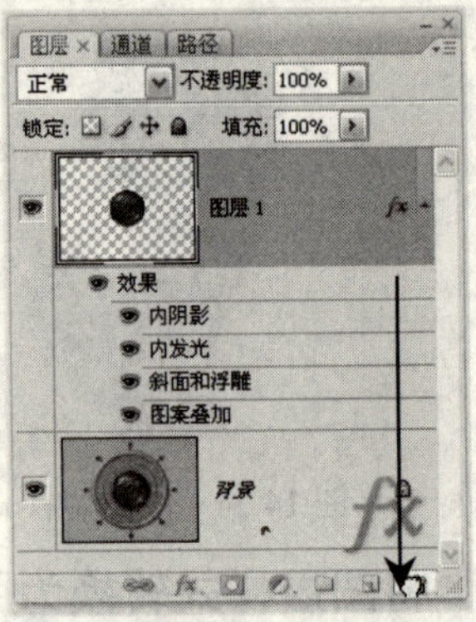

图 14.40 删除所有图层样式

14.3 “样式”调板

与图层样式命令紧密联合使用的是“样式”调板，如图 14.41 所示。

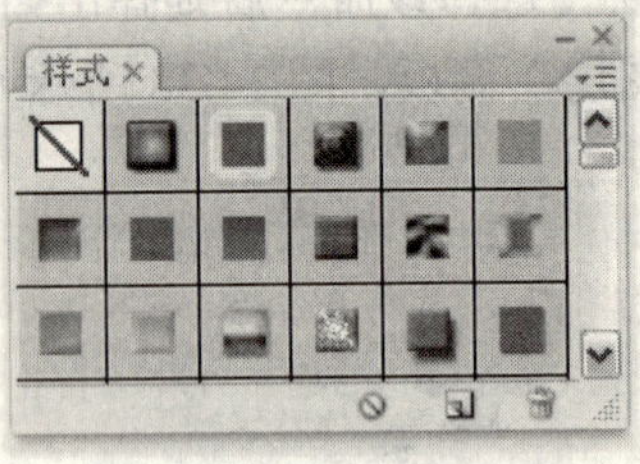

图 14.41 “样式”调板

使用此调板，可以快速地为图层赋予一种或多种图层样式，并可保存精心设置的图层样式，以便在以后的工作中重复使用，选择“窗口”|“显示样式”即可显示此调板。

14.3.1 自定新图层样式

如果需要一些特殊的图层样式，可以自定义图层样式，并将其保存到“样式”调板中。将某种图层样式保存到“样式”调板中，可以按以下步骤操作。

步骤01 在“图层”调板中选择具有需要保存的图层样式的图层。

步骤02 显示“样式”调板，并单击调板中新建样式按钮，或将光标放于调板空白处，待光标变为状态时单击鼠标左键。

步骤 03 设置弹出的如图 14.42 所示的对话框。

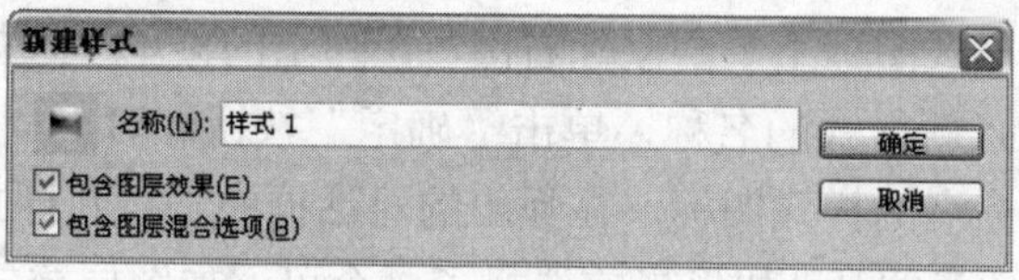

图 14.42　“新建样式”对话框

调板中各参数的含义如下。

- 名称：在该文本框中可以输入新样式的名称。
- 包含图层效果：选择该选项后，新样式会记录当前图层中所有的图层样式及其参数设置。
- 包含图层混合选项：选择该选项后，新样式会将图层的高级混合参数也记录下来，如“填充”值、图层“混合模式”等。

要为某图层应用某个自定义的样式，只需要在此图层被选中的情况下，在“样式”调板中单击需要应用的样式即可。

14.3.2　载入图层样式

载入已有的图层样式，可以执行以下操作之一：

- 如果要载入 Photoshop 内置的样式，可以单击调板右上方的三角按钮，在弹出的如图 14.43 所示的菜单中选择需要载入的样式名称，在接下来弹出的对话框中单击“追加”按钮即可。

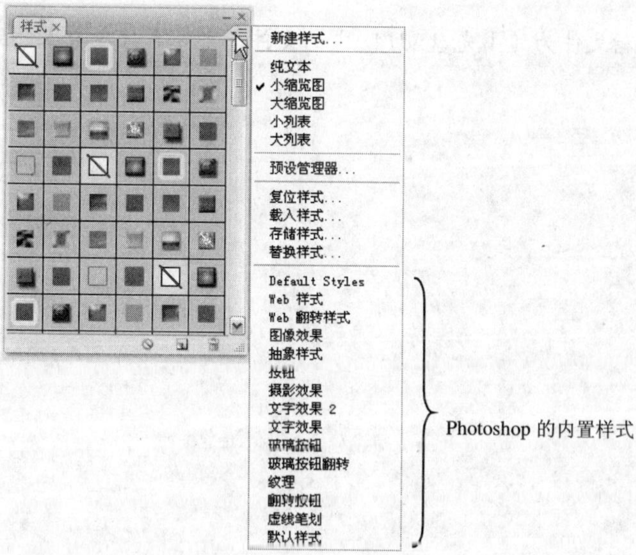

图 14.43　“样式”调板下拉列表

- 如果要载入外部的图层样式，可以单击调板右上方的三角按钮，在弹出的菜单中选择“载入样式”命令，在弹出的“载入”对话框中选择需要载入的样式，单击“载入”按钮即可。

14.3.3 重命名图层样式

在“样式”调板中重命名样式，可以执行以下操作之一：

- 在需要重命名的样式图标上单击鼠标右键，在弹出的菜单中选择“重命名”命令，在弹出的对话框中输入新样式的名称，单击“确定”按钮即可。
- 双击当前需要重命名的样式图标，在弹出的对话框中输入新样式的名称，单击“确定”按钮即可。需要注意的是，如果当前选择了一个可添加图层样式的图层，在双击该图层的同时，该样式会被应用于所选图层。

14.3.4 删除图层样式

在“样式”调板中删除样式，可以执行以下操作之一：

- 在需要删除的样式图标上单击鼠标右键，在弹出的菜单中选择“删除样式”命令即可。
- 将需要删除的样式直接拖至删除样式按钮 即可，如图 14.44 所示。

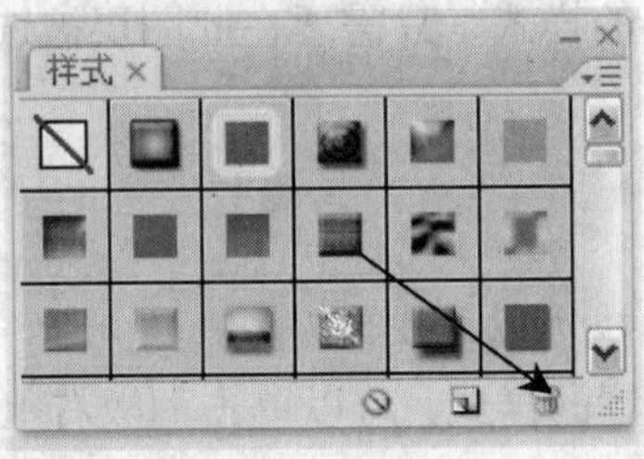

图 14.44　删除样式操作实例

> **提示**
> 本章所用到的素材文件为随书光盘:\d14z\中的文件，文件名对应着本章的小节号。

第 15 章

图层的高级应用

通过本书第 13 章和第 14 章的介绍，读者应该已经掌握了图层的一些基本操作，例如，创建图层和图层组的方法、调整图层以及填充图层的使用方法、应用并保存图层样式的方法等，本章就来继续讲解图层的高级应用技术。

15.1 剪贴蒙版

剪贴蒙版被用于创建以一个图层控制另一图层显示形状及透明度的效果，它是一组图层的总称，通常将起控制作用的图层称为基层，它位于一个剪贴蒙版的最底部，而起填充作用的图层则称为内容层。

图 15.1 所示为原图像及对应的“图层”调板，图 15.2 所示为将两个图层组成为剪贴蒙版后的效果及对应的“图层”调板。

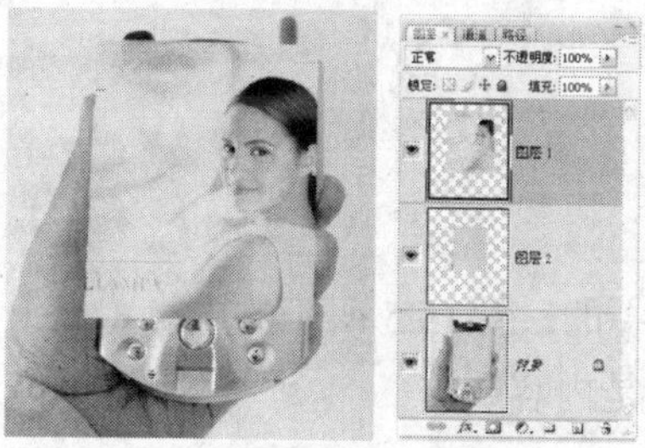

图 15.1　操作前图像及对应的“图层”调板

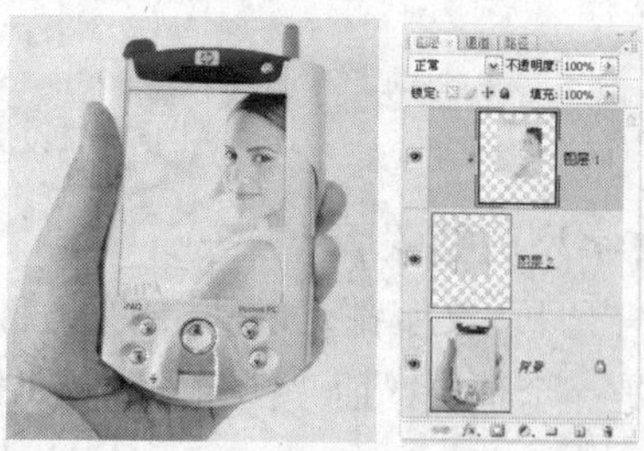

图 15.2　组成为剪贴蒙版后的图像效果及对应的“图层”调板

可以看出，上方图层（即“图层 1”）可显示的区域，取决于处于其下方的图层（即“图层 2”）所具有的形状。

值得一提的是，在一个剪贴蒙版中，基层只能有一个，而内容层则可以有无限多个，而且它还可以是调整图层、填充图层及文字图层等多种类型的图层。

> 提示
>
> 用于创建剪贴蒙版的图层必须相邻。

15.1.1　剪贴蒙版的类型

1．图像型剪贴蒙版

图像是剪贴蒙版中内容层经常用到的元素，有时候图像也会作为基层出现，例如，在图 15.3

所示的剪贴蒙版中，可以看出其内容层和基层都是图像。

（a）　　（b）

图 15.3　图像型剪贴蒙版实例

图 15.4 所示为将“图层 2”的“混合模式”设置为“线性减淡”后得到的效果。

（a）　　（b）

图 15.4　设置图层混合模式后的效果

2．文字型剪贴蒙版

通常情况下，文字都是以基层的形式出现在剪贴蒙版中的。图 15.5 所示的电影海报中，文字图层就是一个基层，而“图层 1”及“图层 1 副本”则是内容层。

（a）　　（b）

图 15.5　文字型剪贴蒙版

3．调整图层型剪贴蒙版

调整图层通常都是作为内容层出现于剪贴蒙版中的，但与上面所述的图像型或文字型剪贴蒙版不同，调整图层并不是用于填充下面的基层图像，而是仅对基层中的图像进行调整。

图 15.6 所示为原图像及其“图层”调板，图 15.7 所示为添加“曲线”调整图层并创建剪贴蒙版后的效果。

（a）　　　　（b）

图 15.6　原图像及其“图层”调板

（a）　　　　（b）

图 15.7　添加调整图层并创建剪贴蒙版后的效果及对应的“图层”调板

4．矢量蒙版图层型剪贴蒙版

由于矢量蒙版图层可以结合钢笔及形状等工具进行绘制和编辑，并能保证矢量蒙版图层中矢量路径外形的光滑度，所以它经常作为基层用于确定剪贴蒙版的外形，如图 15.8 所示。这样做的好处在于可以随时根据需要通过调整矢量蒙版图层的矢量路径来调整最终效果。

（a）　　　　（b）

图 15.8　以矢量蒙版图层作为基层创建剪贴蒙版

15.1.2 创建剪贴蒙版

创建剪贴蒙版的方法非常简单，只需要确定基层与内容层后，将内容层置于基层的上方，选择“图层”|“创建剪贴蒙版”命令或按 Ctrl+Alt+G 组合键即可。

15.1.3 取消剪贴蒙版

如果要取消剪贴蒙版，可在剪贴蒙版中选择基层，然后选择“图层”|“释放剪贴蒙版”命令或按 Ctrl+Shift+G 组合键。

Photoshop CS3

15.2 图层蒙版

15.2.1 关于图层蒙版

图层蒙版是由辅助图层实现其显示与隐藏状态的一类蒙版，其最大的优点是在显示或隐藏图像时，所有操作均在蒙版中进行，不会影响图层中的像素，图 15.9 所示为使用图层蒙版进行图层创意的效果及对应的“图层”调板。

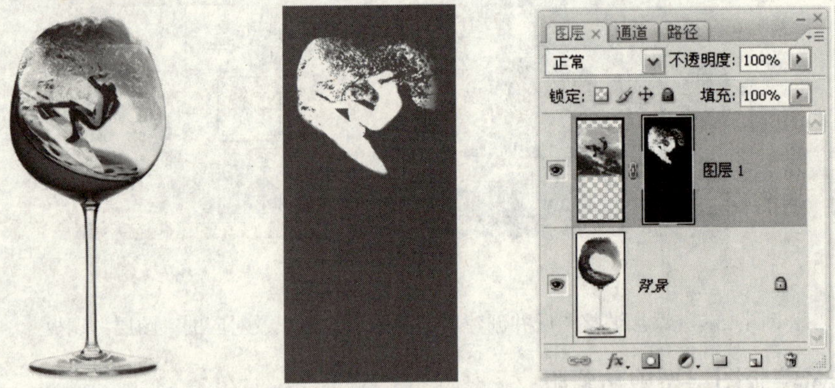

（a）特殊效果　　（b）蒙版中的状态　　（c）“图层”调板

图 15.9　图层蒙版实例

用户可以通过改变图层蒙版不同区域的黑白程度，控制图像对应区域的显示或隐藏状态，为图层增加许多特殊效果，因此对比“图层”调板与图层所显示的实际效果可以看出：

- 图层蒙版中黑色区域部分可以使图像对应的区域被隐藏，显示底层图像。
- 图层蒙版中白色区域部分可使图像对应的区域显示。
- 如果有灰色部分，则会使图像对应的区域半隐半显。

15.2.2 创建图层蒙版的途径

在 Photoshop 中有很多种创建图层蒙版的方法，用户可以根据不同的情况来决定使用哪种方法最为简单、合适，下面就分别讲解各种操作方法。

1．直接添加图层蒙版

要直接添加图层蒙版，可以按以下步骤操作。

步骤01 按 Ctrl+D 键取消选区以保证图像中没有任何选区存在。

步骤02 在“图层”调板中选择要添加蒙版的图层。

步骤03 单击“图层”调板底部的添加图层蒙版按钮，或选择“图层”|“图层蒙版”|“显示全部”命令，在此情况下创建的蒙版呈现白色显示，当前的“图层”调板如图 15.10 所示。

步骤04 如果按住 Alt 键单击“图层”调板底部的添加图层蒙版按钮，或选择“图层”|“图层蒙版”|“隐藏全部”命令，则创建的蒙版以黑色显示，当前的“图层”调板如图 15.11 所示。

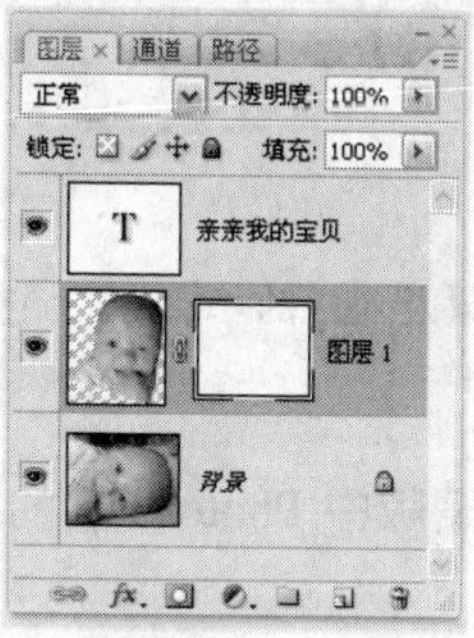

图 15.10 “显示全部”命令创建蒙版

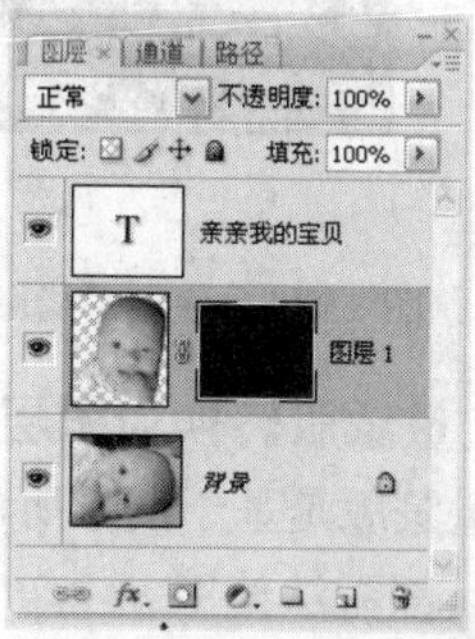

图 15.11 “隐藏全部”命令创建蒙版

2．依据选区添加蒙版

也可以依据选区来创建图层蒙版。在选区存在的情况下单击添加图层蒙版按钮，或选择“图层”|“图层蒙版”|“显示选区”命令，可得到显示当前选区的蒙版效果，图 15.12 所示为原图像及对应的“图层”调板，图 15.13 所示为按上述方法创建蒙版后的效果及对应的“图层”调板。

(a) (b)

图 15.12 原图像及对应的“图层”调板

(a) (b)

图 15.13 使用“显示选区”命令所创建的蒙版效果及对应的“图层”调板

同样，如果按住 Alt 键并单击“图层”调板底部的添加图层蒙版按钮，或选择“图层”|“图层蒙版”|“隐藏选区”命令，则创建的蒙版以黑色显示，可得到隐藏当前选区的图层蒙版，图 15.14 所示为操作后的效果及“图层”调板。

(a)

(b)

图 15.14　使用“隐藏选区”命令所创建的蒙版效果及对应的“图层”调板

3．将矢量蒙版转换为图层蒙版

由于矢量蒙版是基于图形所创建的蒙版，因此在矢量蒙版中 Photoshop 的大部分基于图像的命令与工具都无法使用。

要使用这些基于图像的命令与工具，必须使用“图层”|“栅格化”|“矢量蒙版”命令，将矢量蒙版转换为图层蒙版。

提示

如果在当前图层中已经有了一个图层蒙版，在栅格化矢量蒙版时该矢量蒙版中的白色区域将与图层蒙版中的白色区域相交，得到一个新的蒙版状态。图 15.15 所示为原图像及对应的“图层”调板，图 15.16 所示为将矢量蒙版栅格化后的效果及对应的“图层”调板。可以看出，在栅格化矢量蒙版前后，图像效果并没有变化，但图层蒙版发生了变化。

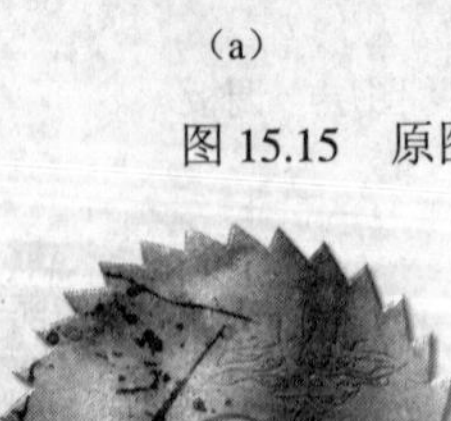
(a)

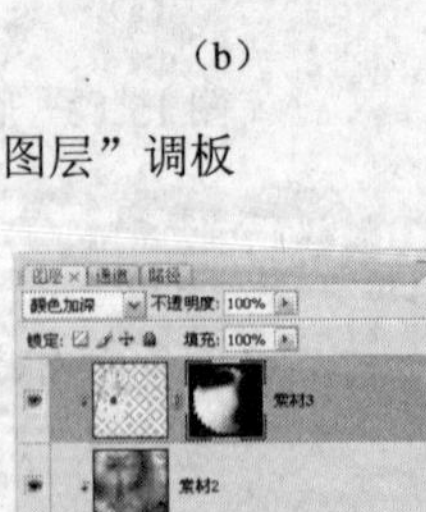
(b)

图 15.15　原图像及对应的“图层”调板

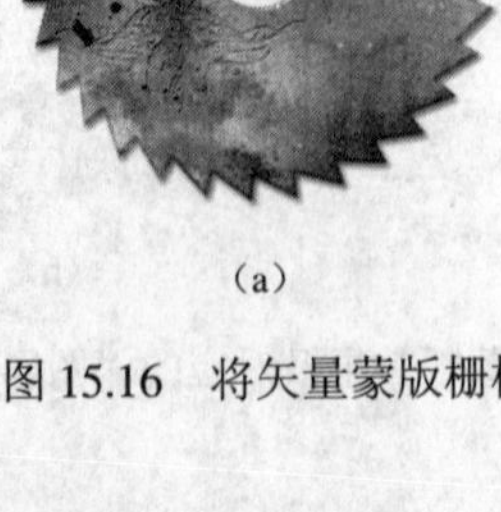
(a)

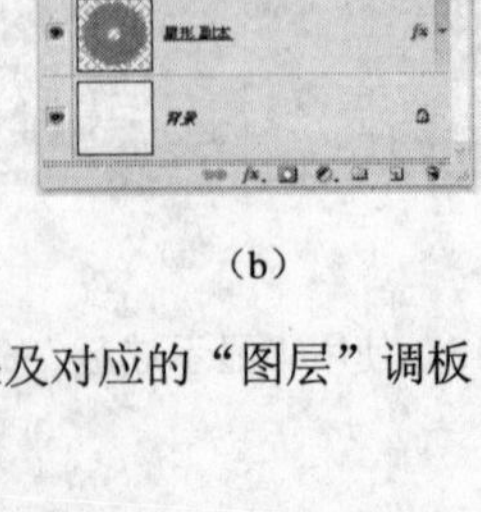
(b)

图 15.16　将矢量蒙版栅格化后的效果及对应的“图层”调板

15.2.3　应用与删除图层蒙版

1．应用图层蒙版

由于使用图层蒙版将增加文件大小，因此如果某些图层蒙版效果已无需再进行改动，可以应用图层蒙版效果以减小图像文件。

要应用图层蒙版效果，只需要在目标图层被选中的情况下，选择“图层”|“移去图层蒙版”|“应用”命令，或选中图层蒙版将其拖至“图层”调板中的删除图层按钮上，然后在弹出的提示对话框中单击“应用”按钮即可。

应用图层蒙版效果后，图层蒙版中白色区域对应的图层图像被保留，而图层蒙版中黑色区域对应的图层图像被删除，灰色过渡区域所对应的图层图像部分像素被删除。

图 15.17 所示为原图像及应用图层蒙版前后“图层”调板显示状态的对比。

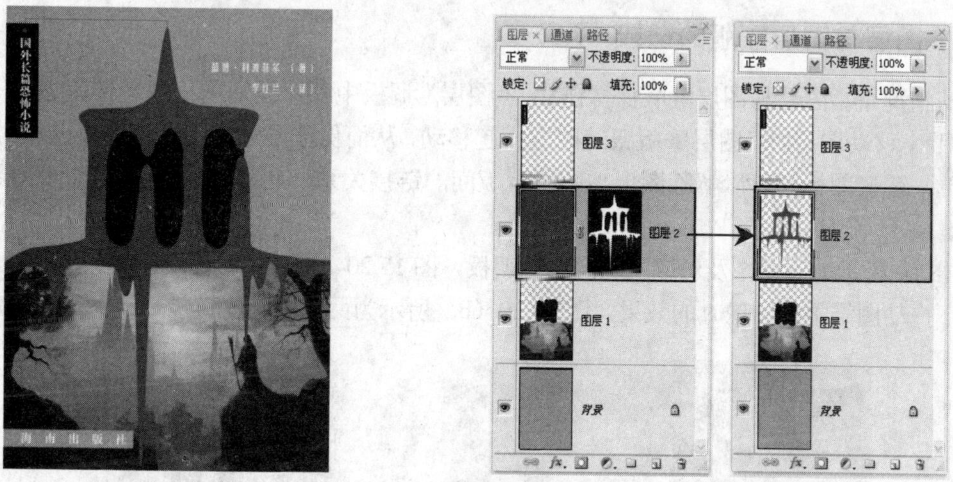

（a）　　　　（b）

图 15.17　原图像及应用图层蒙版前后其相对应的“图层”调板显示状态

2．删除图层蒙版

要删除图层蒙版，可在蒙版图层被选中的情况下，选择“图层”|“移去图层蒙版”|“扔掉”命令，或选中图层蒙版将其拖至“图层”调板中的删除图层按钮上，在弹出的如图 15.18 所示的提示对话框中单击“应用”按钮。

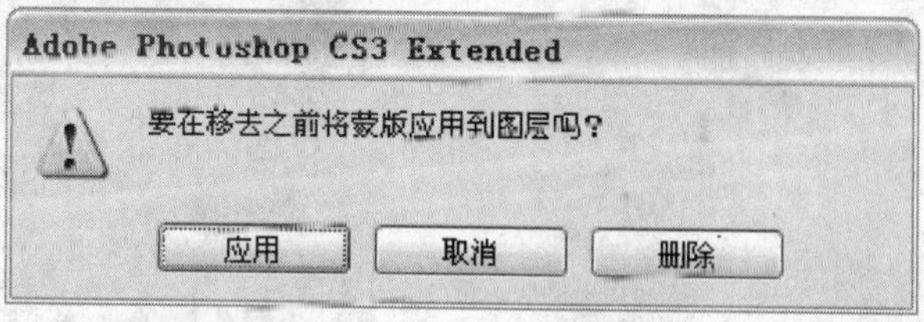

图 15.18　删除图层对话框

15.2.4　编辑图层蒙版

图层蒙版具有非常灵活的特性，其中之一就是可编辑性，通过编辑蒙版可以创建许多使用其他方法无法得到的效果。

要编辑图层蒙版首先必须单击蒙版缩览图并将其选中，在图层蒙版被选中的情况下，眼睛图标右侧的位置显示图层蒙版图标。

提示

应该养成在对蒙版进行编辑前检查是否显示蒙版图标的好习惯，以避免在图层中产生误操作。

选择一种编辑或绘画工具编辑图层蒙版。由于图层蒙版实际上是一个灰度 Alpha 通道，所以在编辑蒙版时，“前景色”和“背景色”默认为“灰度”模式，编辑图层蒙版具有以下规则：

- 如果要隐藏图像，可以使用黑色在图层蒙版中绘制。
- 如果要显示图像，可以使用白色在图层蒙版中绘制。
- 如果要使图像部分可见，可以使用灰色在图层蒙版中作图。

15.2.5 图层与图层蒙版的链接

默认情况下，图层与图层蒙版保持链接，“图层”调板中缩览图之间出现链接图标。使用移动工具移动图层时，图层蒙版跟随图层一起移动，从而保证了蒙版与图层图像的相对位置不变。单击链接图标则可以解除图层与图层蒙版间的链接关系，从而可以独立地移动图层或图层蒙版。

图 15.19 所示为原图像及对应的“图层”调板，图 15.20（a）所示为图层与图层蒙版处于链接状态下拖动图层中的图像时的效果，图 15.20（b）所示为两者未处于链接状态下的移动效果。

（a）

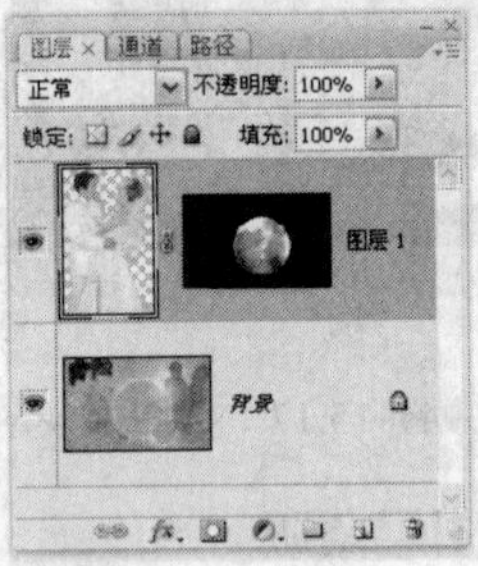

（b）

图 15.19　原图像及对应的“图层”调板

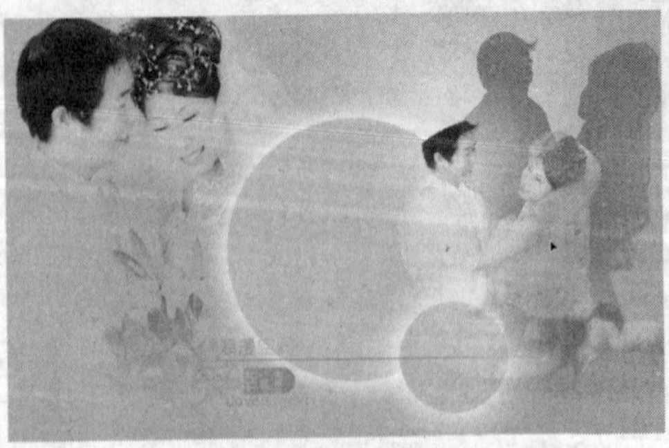

（a）链接状态下的移动效果

（b）未链接状态下的移动效果

图 15.20　链接状态与未链接状态下的移动效果

可以看出当图层与图层蒙版处于链接状态下，对图层执行移动（或其他类型的变换操作），

Photoshop 将保持两者相对大小、位置等关系不变，反之则无法保持上述关系。

如果要重新在图层与图层蒙版间建立链接，可以单击图层和图层蒙版之间的区域，以使此位置出现链接图标。

提示

在默认情况下，使用“编辑”|“贴入”命令得到的蒙版与图像间无链接关系。如果要为图层蒙版应用图层样式，必须确保图层蒙版与图层处于链接状态，否则为蒙版所应用的图层样式无效。

另外，使用一部分滤镜对图像或图层蒙版进行处理时，图层缩览图与图层蒙版是否链接在一起，也会影响到图像处理的效果。

例如，在选择了图层缩览图的情况下，使用“滤镜”|“模糊”|“高斯模糊”命令处理图像，在两者处于链接状态时，将对图像和图层蒙版同时进行处理，其效果如图 15.21 所示；当二者无链接关系时，则仅对所选中的图层缩览图中的图像进行处理，如图 15.22 所示。

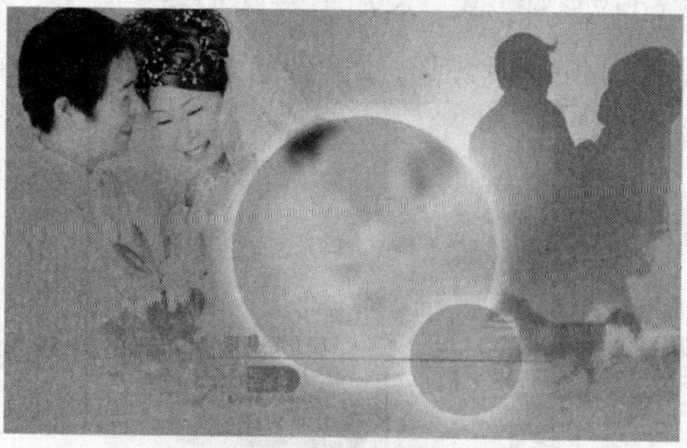

图 15.21　链接状态下的模糊效果

图 15.22　未链接状态下的模糊效果

15.2.6　查看与屏蔽图层蒙版

1．查看图层蒙版

默认情况下，图层蒙版不会显示在图像中，如图 15.23 所示，但如果按住 Alt 键单击图层蒙版缩览图，则可以在图像中显示蒙版，如图 15.24 所示，在此状态下可以更加直观地对蒙版进行编辑操作。

（a）　（b）

图 15.23　原图像及对应的“图层”调板

图 15.24　显示蒙版

如果要恢复图像显示状态，再次按住 Alt 键单击图层蒙版缩览图即可。

2．屏蔽图层蒙版

在蒙版存在的状态下，只能观察到未被蒙版隐藏的部分图像，不利于对图像进行编辑。在此情况下可以按住 Shift 键单击图层蒙版缩览图，暂时屏蔽蒙版效果，如图 15.25 所示，再次按住 Shift 键单击蒙版缩览图即可重新显示蒙版效果。

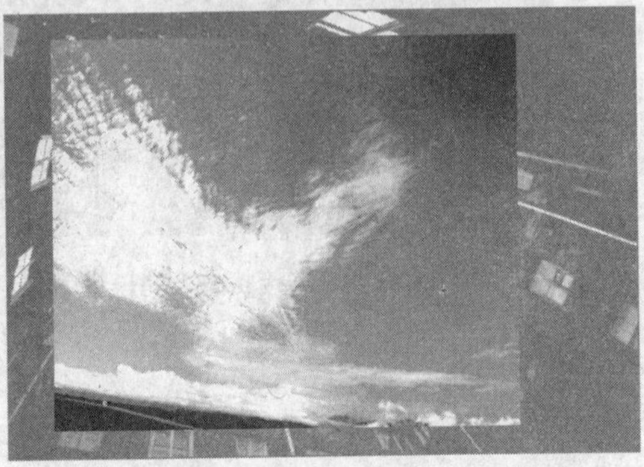

（a）

（b）

图 15.25　屏蔽蒙版后的图层效果及对应的“图层”调板

> **提示**
> 按住 Alt+Shift 组合键单击图层蒙版缩览图，可以在显示图像的情况下以红色（默认颜色）显示图层中蒙版状态，再次按住 Alt +Shift 组合键单击缩览图，可切换至正常显示状态。

选择“图层”|“停用图层蒙版”或“启用图层蒙版”命令，也可以暂时屏蔽或显示图层蒙版效果。

15.3 矢量蒙版

15.3.1　关于矢量蒙版

图层矢量蒙版是另一种控制显示或隐藏图层中图像的方法，使用图层矢量蒙版可以创建具有锐利边缘的蒙版。

值得一提的是，图层矢量蒙版是通过钢笔或形状工具所创建的矢量图形，因此在输出时矢量蒙版的光滑程度与分辨率无关，能够以任意一种分辨率进行输出。图 15.26 所示为增加图层矢量蒙版后的图像效果及对应的“图层”调板。

（a）　　　　（b）

图 15.26　矢量蒙版效果及对应的“图层”调板

提示

由于图层矢量蒙版在本质上仍然是一种蒙版，具有与图层蒙版相同的特点，因此上面章节中讲述到的关于图层蒙版的操作方法对于图层矢量蒙版同样有效。

15.3.2　添加矢量蒙版

添加图层矢量蒙版的方法包括显示全部、隐藏全部及使用当前路径创建矢量蒙版 3 种方法，其具体操作方法如下：

- 要添加显示全部的图层矢量蒙版，可在“图层”调板中选中要添加图层矢量蒙版的图层，再选择“图层”|“矢量蒙版”|“显示全部”命令。图 15.27 所示为应用此命令添加矢量蒙版后的“图层”调板。
- 要添加隐藏全部的图层矢量蒙版，可在“图层”调板中选中要添加图层矢量蒙版的图层，再选择“图层”|“矢量蒙版”|“隐藏全部”命令。图 15.28 所示为应用此命令添加矢量蒙版后的“图层”调板。

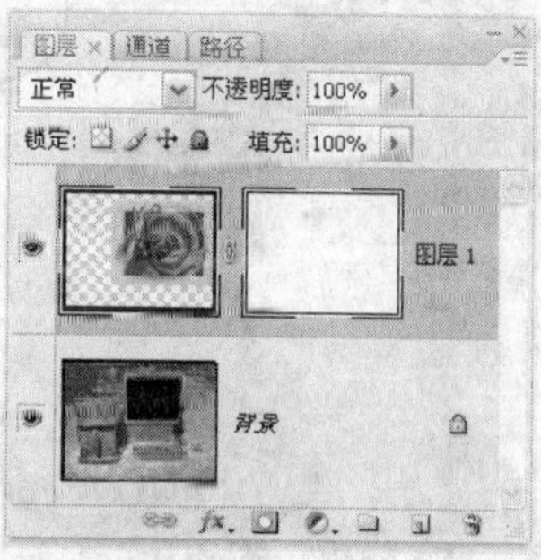

图 15.27　显示全部时的矢量蒙版

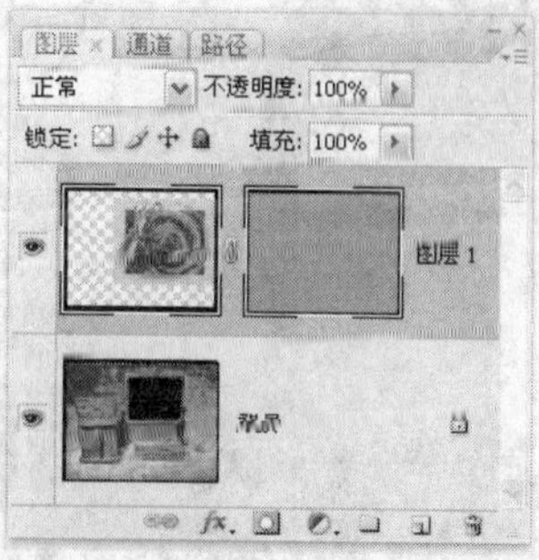

图 15.28　隐藏全部时的矢量蒙版

- 要以当前路径创建矢量蒙版，可先在“路径”调板中选择用于创建矢量蒙版的路径，然后在“图层”调板中选中要创建矢量蒙版的图层，选择“图层”|“矢量蒙版”|“当前

路径”命令即可，图 15.29 所示为原图像及对应的“图层”调板，图 15.30 所示为利用当前路径创建矢量蒙版后的效果及对应的“图层”调板。

（a） （b）

图 15.29 原图像及对应的“图层”调板

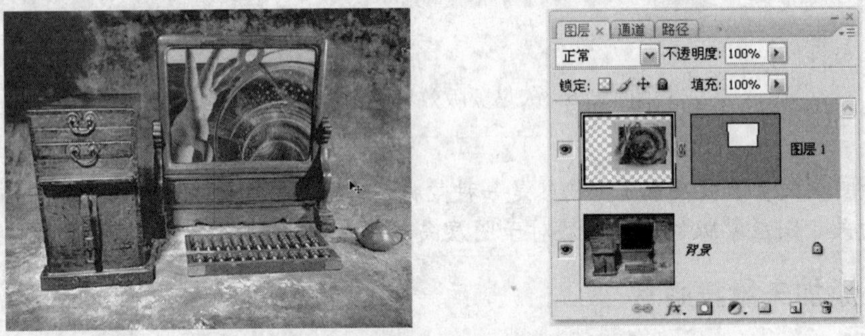

（a） （b）

图 15.30 创建矢量蒙版后的效果及对应的“图层”调板

15.3.3 编辑矢量蒙版

由于使用绘制形状工具在图层矢量蒙版中所绘制的图形实际上也是路径，因此根据需要可以使用直接选择工具、转换点工具等路径编辑工具，对图层矢量蒙版中的路径或形状的节点进行编辑，如图 15.31 所示。

（a） （b）

图 15.31 原图像及编辑矢量蒙版后的效果

提示

在图层矢量蒙版中路径处于显示状态时，按 Ctrl+T 键只会调出路径自由变换控制框，此时无法对图像进行变换操作。

15.3.4　删除矢量蒙版

删除图层矢量蒙版，可以选择“图层”|“删除矢量蒙版”命令，或在“图层”调板中单击图层矢量蒙版并拖至删除图层按钮上。

如果要删除图层矢量蒙版中的某一条或某几条路径，可以使用工具箱中路径选择工具将路径选中，然后按 Delete 键删除。

Photoshop CS3

15.4 快速蒙版

15.4.1　关于快速蒙版

在所选图像的背景较为复杂的情况下，通常无法使用创建选区的工具及命令直接得到所需选区，此时就可以借助快速蒙版完成选区的制作，这也是一种常用的选区制作方法，其原理与使用 Alpha 通道制作选择区域基本相同。

快速蒙版的特色就在于它与绘图工具的结合。以最常用的画笔工具为例，在进入快速蒙版状态后，当使用黑色进行作图时，将在图像中得到红色的区域，也就是退出快速蒙版编辑状态后的非选区区域；反之，当使用白色进行作图时，可以去除红色的区域，而这一部分使用白色绘制的区域，就是退出快速蒙版编辑状态后生成的选区；而如果用灰色进行作图，生成的选区就会带有一定的羽化效果。

提示

用黑色作图时的颜色是可以自定义的，读者可以参见本节的相关讲解。

例如，图 15.32 所示为原图像，图 15.33 所示为在快速蒙版编辑状态下使用画笔工具对两只企鹅以外的图像进行涂抹后的效果，图 15.34 所示为退出快速蒙版编辑状态后得到的选区。

图 15.32　原图像

图 15.33　在快速蒙版中绘图

图 15.34　得到的选区

15.4.2　创建并编辑快速蒙版

下面通过一个实例来详细讲解创建并编辑快速蒙版的操作步骤。

步骤01 打开随书光盘:\d15z\15.4.2-素材.psd，如图 15.35 所示，可以看出狼腹部的边缘与背景的对比不是很明显，此时使用魔棒工具或磁性套索工具只能将狼的大致轮廓选出来。

步骤02 选择磁性套索工具沿狼的身体边缘绘制选区轮廓，如图 15.36 所示。

图 15.35　原图像

图 15.36　绘制大致的选区轮廓

步骤03 单击工具箱底部的以快速蒙版模式编辑按钮，或按 Q 键进入快速蒙版编辑状态，如图 15.37 所示，此时在“通道”调板中自动创建通道“快速蒙版”，如图 15.38 所示。

图 15.37　进入快速蒙版状态

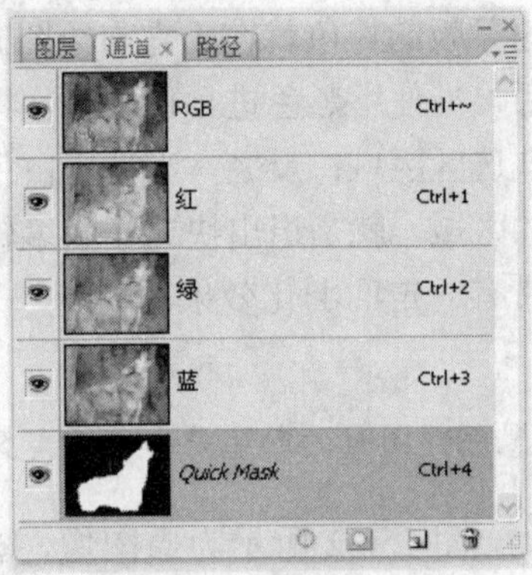

图 15.38　“通道”调板

步骤04 将前景色设置为白色，选择画笔工具，在工具选项条中选择大小不同的画笔，仔细在图像中涂抹，将图像中狼未被选区选中的部分显示出来，如图 15.39 所示。如果在操作时出现失误，可以将前景色设置为黑色，使用画笔工具进行涂抹。

提示

由于在“快速蒙版模式编辑”状态下，红色代表未选择区域，而未覆盖红色的区域代表选择区域，因此在去除头部覆盖的红色时，应该尽量保证仔细与精确，从而避免出现选择多余的区域或应该选中的区域未被选中的情况。

步骤05 图 15.40 所示为涂抹完毕后，在“通道”调板中对应的临时通道状态下，单击工具箱中的以标准模式编辑按钮，切换至正常编辑状态，则图像中的非红色区域被转换为选择区域，如图 15.41 所示。图 15.42 所示为将选中的狼应用于图像作品后的效果。

图 15.39　在快速蒙版中涂抹

图 15.40　临时通道中的状态

图 15.41　最后得到的选区

图 15.42　应用效果

Photoshop CS3

15.5 图层混合模式

在 Photoshop 中混合模式的应用非常广泛，画笔、铅笔、渐变、图章等工具中均有使用，但其意义基本相同，因此如果掌握了图层的混合模式，则不难掌握其他位置所出现的混合模式选项。

图层的混合模式用于控制上下图层中图像的混合效果，在设置混合模式的同时通常还需要调节图层的不透明度，以使其效果更加理想。

在使用 Photoshop 进行图像合成时，图层混合模式是使用最为频繁的一种技术，例如，图 15.43 所示的两幅图像都大量地使用了不同的图层混合模式。

图层混合模式的使用方法非常简单，只需要将不同的图层按一定的顺序排列好，选择要设置混合模式的图层，单击图层调板“正常”右侧的下拉菜单按钮，在弹出的有 23 种混合模式的下拉列表中选择合适的混合模式即可。

(a)

(b)

图 15.43　使用混合模式进行合成的图像

混合模式下拉列表中的选项的具体含义如下。

- 正常：选择该选项，上方图层完全遮盖下方图层。
- 溶解：如果上方图像具有柔和的半透明边缘，则选择该选项可创建像素点状效果。
- 变暗：选择此选项，将以上方图层中较暗像素代替下方图层中与之相对应的较亮像素，且以下方图层中的较暗区域代替上方图层中的较亮区域，因此叠加后整体图像呈暗色调。
- 正片叠底：选择此选项，则整体效果显示为由上方图层及下方图层中较暗的像素合成的图像效果。
- 颜色加深：此选项通常用于创建非常暗的阴影效果。
- 线性加深：此选项察看每一个颜色通道的颜色信息，加暗所有通道的基色，并通过提高其他颜色的亮度来反映混合颜色，此模式对于白色无效。
- 深色：选择此模式，可以依据图像的饱和度，用当前图层中的颜色，直接覆盖下方图层中的暗调区域颜色。
- 变亮：此模式与变暗模式相反，Photoshop 以上方图层中较亮像素代替下方图层中与之相对应的较暗像素，且以下方图层中的较亮区域代替上方图层中的较暗区域，因此叠加后整体图像呈亮色调。
- 滤色：此选项与正片叠底相反，在整体效果上显示的由上方图层及下方图层中较亮的像素合成的图像效果，通常能够得到一种漂白图像中的颜色效果。
- 颜色减淡：选择此选项可以生成非常亮的合成效果，其原理为上方图层的像素值与下方图层的像素值采取一定的算法相加，此选项通常被用来创建光源中心点极亮的效果。
- 线性减淡：此选项可以察看每一个颜色通道的颜色信息，加亮所有通道的基色，并通过降低其他颜色的亮度来反映混合颜色，此模式对于黑色无效。
- 浅色：与“深色”模式刚好相反，选择此模式，可以依据图像的饱和度，用当前图层中的颜色，直接覆盖下方图层中的高光区域颜色。
- 叠加：选择此选项，图像最终的效果取决于下方图层。但上方图层的明暗对比效果也将直接影响到整体效果，叠加后下方图层的亮度区与阴影区仍被保留。
- 柔光：使颜色变亮或变暗，具体取决于混合色。如果上方图层的像素比 50% 灰色亮，则图像变亮；反之，则图像变暗。

- 强光：选择此选项所产生的叠加效果与柔光类似，但其加亮与变暗的程度较柔光模式大很多。
- 亮光：如果混合色比 50%灰度亮，则图像通过降低对比度来加亮图像，反之通过提高对比度来使图像变暗。
- 线性光：如果混合色比 50%灰度亮，则图像通过提高对比度来加亮图像，反之通过降低对比度来使图像变暗。
- 点光：选择此选项可通过置换颜色像素来混合图像。如果混合色比 50%灰度亮，比源图像暗的像素会被置换，而比源图像亮的像素无变化；反之，比源图像亮的像素会被置换，而比源图像暗的像素无变化。
- 差值：选择此选项可从上方图层中减去下方图层相应处像素的颜色值，此模式通常使图像变暗并取得反相效果。
- 实色混合：选择此选项可创建一种具有较硬的边缘的图像效果，类似于多块实色相混合。
- 排除：选择此选项可创建一种与差值模式相似但对比度较低的效果。
- 色相：选择此选项，则最终图像的像素值由下方图层亮度与饱和度值及上方图层的色相值构成。
- 饱和度：选择此选项，则最终图像的像素值由下方图层亮度和色相值及上方图层的饱和度值构成。
- 颜色：选择此选项，则最终图像的像素值由下方图层的亮度及上方图层的色相和饱和度值构成。
- 亮度：选择此选项，则最终图像的像素值由下方图层的色相和饱和度值及上方图层的亮度构成。

以图 15.44 所示的素材图像为例，当两幅图像分别以上述混合模式相互叠加后，将得到不同的效果，各种效果的实例请参见本书彩页 8。

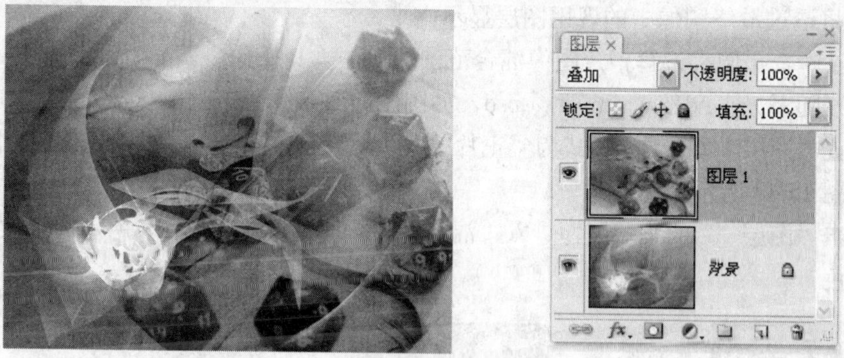

(a)　　(b)

图 15.44　混合模式实例

Photoshop CS3

15.6 指定混合范围

通过指定图像的混合范围可以深入到图像的像素层面对图像进行混合，最终取得非常细腻、逼真、自然的混合效果。该功能的控制参数位于“混合选项”对话框的底部，如图 15.45 所示。

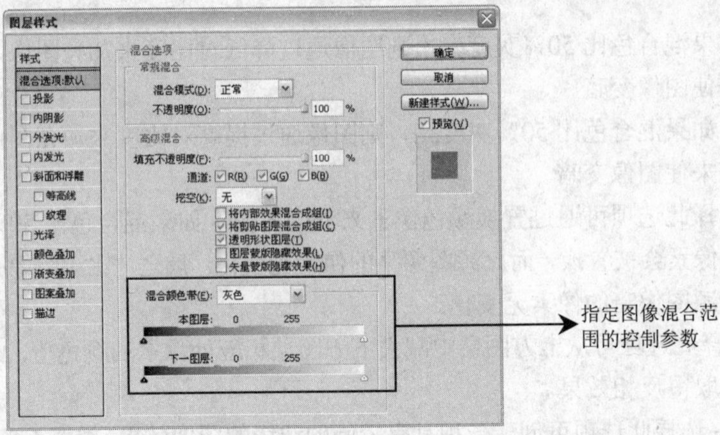

图 15.45 “混合选项”对话框

关于指定混合范围的参数含义如下。

- 混合颜色带：在此下拉列表中可以选择需要控制混合效果的通道，如果选择“灰色”则按全色阶及通道混合整幅图像。
- 本图层：此渐变条用于控制当前图层从最暗的色调的像素至最亮的色调的像素的显示情况。向右侧拖动黑色滑块可以隐藏暗调像素，向左侧拖动白色滑块可以隐藏亮调像素。例如，如果将白色滑块拖到 235，则亮度值大于 235 的像素保持不混合，并且排除在最终图像之外。
- 下一图层：此渐变条用于控制下方图层的像素显示情况，与“本图层”渐变条不同，向右侧拖动黑色滑块可以显示该图层的暗调像素，而向左侧拖动白色滑块可以显示该图层的亮调像素。例如，如果将黑色滑块拖移到 19，则亮度值低于 19 的像素保持不混合，并将透过最终图像中的现用图层显示出来。

下面以一个实例来讲解指定图像混合范围的方法，其操作步骤如下。

步骤 01 打开随书光盘:\d15z\15.6-素材.psd，如图 15.46 所示。

步骤 02 设置“图层 1”的混合模式为“正片叠底”，使裂纹图像与人物图像初步地混合在一起，如图 15.47 所示。

步骤 03 双击“图层 1”的缩览图，进入“混合选项”对话框，图 15.48 所示为未改变前的混合颜色带。

图 15.46 原图像

图 15.47 未改变混合颜色带前的效果

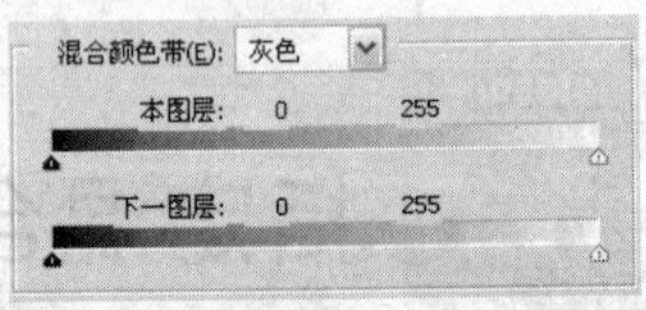

图 15.48 未改变前的混合颜色带

步骤 04 按住 Alt 键单击“本图层”中的白色滑块，从而将其拆分为两个半三角形，然后向左侧拖动左半三角形滑块，如图 15.49 所示，此时图像的预览效果如图 15.50 所示。

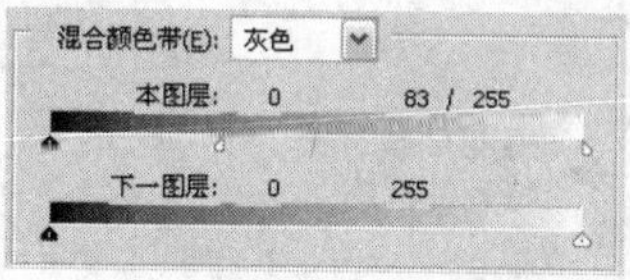

图 15.49　调整后的效果

图 15.50　混合颜色带

提示

仔细对比观察调整前后的效果可以看出，原来较深的混合效果变淡了，这是由于原裂纹图像以外的泥土图像与人物图像也发生了混合，导致人物图像变暗，而刚才通过设置混合颜色带的参数，已经将该部分的图像过滤掉了。

步骤 05 按照上一步的方法，继续向左侧拖动右半三角形滑块，如图 15.51 所示，得到如图 15.52 所示的最终效果。

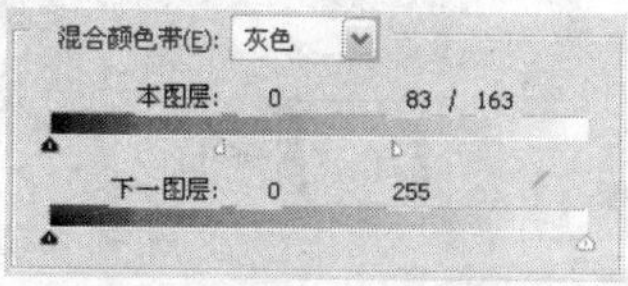

图 15.51　调整混合颜色带

图 15.52　最终效果

除了本例讲解的功能外，混合颜色带还非常适用于混合具有柔和的、不规则边缘的云、雾或烟、火等图像。

15.7 智能对象

简单地说，智能对象就是将一个图像文件 A 嵌入到另外一个图像文件 B 之中，同时也可以对图像 A 进行常规的编辑操作，例如，复制、缩放、旋转以及扭曲等，也可以为其添加图层蒙版以及图层样式。而特殊的是，当复制了多个图像 A（智能对象）后，只需要对其中任意一个图像 A（智能对象）进行编辑，则所有的图像 A 都会发生相同的变化。

值得一提的是，智能对象所能包括的内容不仅仅是位图图像，同时也可以包含矢量图形，这样就可以避免在将其置入到 Photoshop 中时，必须先进行栅格化才能使用，也可以让用户无限制地对其进行缩放及旋转等编辑操作，而不会出现图像质量下降的情况。

在 Photoshop 中智能对象表现为一个图层，类似于文字图层、调整图层或填充图层，如图 15.53 所示，在图层缩览图的右下方有明显的标志。

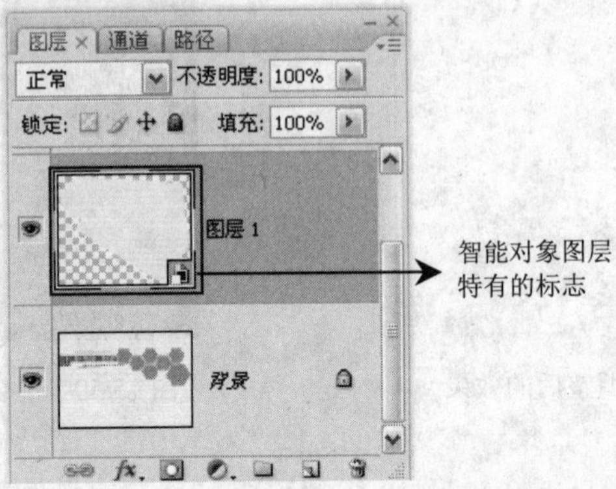

图 15.53　智能对象图层

下面通过一个具体的示例来认识智能对象，图 15.54 所示使用了智能对象的图像，图 15.55 所示为此图像的“图层”调板，在此智能对象即“图层 4”及“图层 4 副本”。

图 15.54　智能对象图层

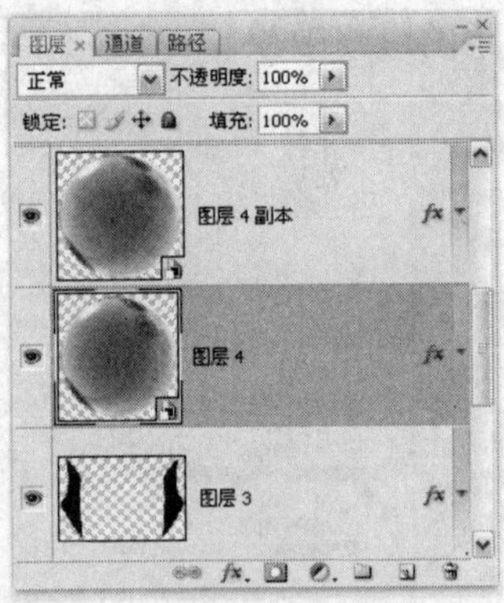

图 15.55　对应的“图层”调板

双击“图层 4”，弹出如图 15.56 所示的提示对话框。

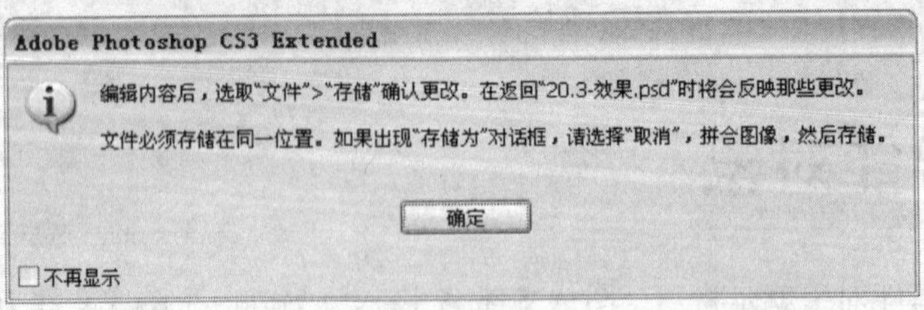

图 15.56　提示对话框

单击“确定”按钮后 Photoshop 将打开一个新文件，此文件就是嵌入到智能对象“图层 4”中的子文件，可以看出该智能对象由 1 个普通图层加 2 个调整图层构成，“图层”调板如图 15.57 所示，其效果如图 15.58 所示。

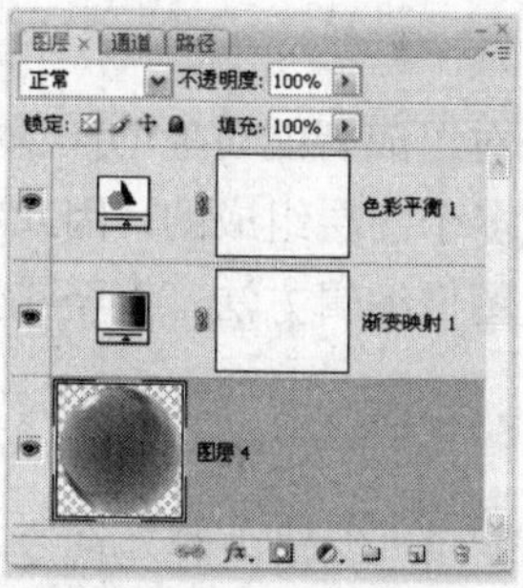

图 15.57　智能对象对应的“图层”调板

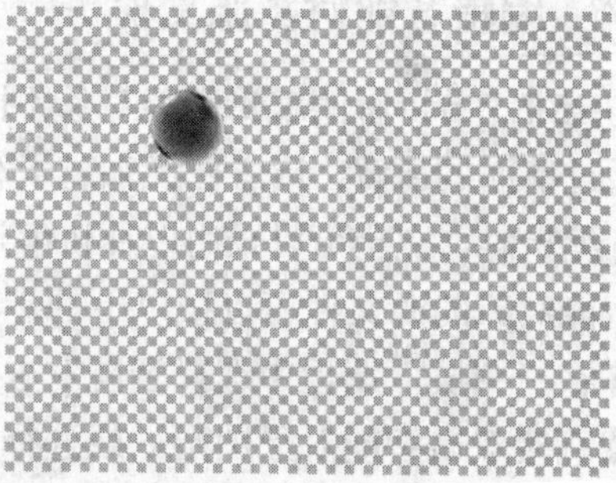

图 15.58　智能对象效果

15.7.1　创建智能对象

创建智能对象可以有多种操作方法，可以根据实际工作情况选择最适合的方法。

- 选择一个或多个图层后，在“图层”调板菜单中选择“编组到新建智能对象图层中”命令，或选择“图层”|“智能对象”|“编组中新建智能对象图层中”命令。
- 选择“文件”|“置入”命令，在弹出的对话框中选择一个矢量格式、PSD 格式或其他格式的图像文件。
- 直接将一个 PDF 文件或 AI 软件中的图层拖入 Photoshop 文件中。
- 在矢量软件中对矢量对象执行拷贝操作，到 Photoshop 中执行粘贴操作。

智能对象图层可以像图层组那样支持多级嵌套功能，即一个智能对象中可以包含另一个智能对象，要创建多级嵌套的智能对象，可以按下面的方法操作：

- 选择智能对象图层及另一个或多个图层，在“图层”调板中选择“编组中新建智能对象图层中”或选择菜单命令“图层”|“智能对象”|“编组中新建智能对象图层中”。
- 选择智能对象图层及另一个智能对象图层，按上述方法进行操作。

15.7.2　复制智能对象

在 Photoshop 中可以任意复制智能对象图层，操作方法与复制图层完全相同，其优点是，无论复制了多少图层，只要对其中任意一个智能对象进行了编辑，其他所有相关的智能对象的状态都会发生相应的变化。

15.7.3　编辑智能对象

智能对象图层也和文字图层类似，属于较为特殊的图层，无法使用绘图工具在智能对象图层中绘制图像，也无法对其使用任何的滤镜命令。

通常情况下可以对智能对象执行以下几种操作。

- 变换：可以像编辑普通图像一样对智能对象进行缩放、旋转等变换操作，但无法完成如扭曲及透视等操作。
- 设置图层属性：对于一个智能对象，可以像对待普通图层一样来设置其图层属性，例如，混合模式、不透明度、填充不透明度以及添加图层样式等。
- 调色：无法直接使用一个图像调整命令对智能对象进行调整，但可以利用部分调整图层对智能对象进行调色等操作。

15.7.4 编辑智能对象源文件

与 15.7.3 节讲解的编辑智能对象不同，本节讲解的则是对组成智能对象的图像进行编辑。

通过前面的讲解，读者已经知道了智能对象是由一个或多个图层组成的，因此在对其源文件进行编辑时，完全可以采用以往讲解过的任意一种图层及图像编辑方法，直至满意为止。要编辑智能对象的源文件可以按以下的步骤操作。

步骤01 在“图层”调板中选择智能对象图层。

步骤02 直接双击智能对象图层，或选择“图层”|“智能对象”|“编辑内容”命令，也可以直接在“图层”调板的菜单中选择“编辑内容”命令。

步骤03 默认情况下，无论是使用上面的哪一种方法，都会弹出如图 15.59 所示的对话框，以提示操作者。

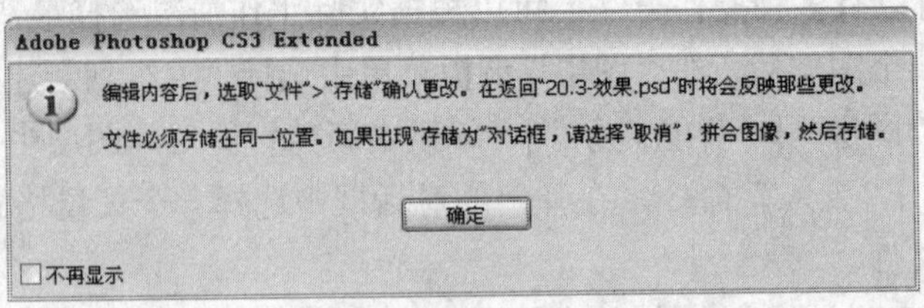

图 15.59 提示对话框

步骤04 直接单击“确定”按钮，则进入智能对象的源文件中。

步骤05 在源文件中进行修改操作，然后选择“文件”|“存储”命令，并关闭此文件。

步骤06 执行上面的操作后，修改后源文件的变化会反映在智能对象中。

如果希望取消对智能对象的修改，可以按 Ctrl+Z 组合键，此操作不仅能够取消在当前 Photoshop 文件中智能对象的修改效果，而且还能够使被修改的源文件也回退至未修改前的状态。

15.7.5 导出智能对象

通过导出智能对象的操作，可得到一个包含所有嵌入到智能对象中的位图或矢量信息的文件。要导出智能对象，只需要选择要导出的智能对象图层，然后选择“图层”|“智能对象”|“导出内容”命令，在弹出的“存储”对话框中为文件选择保存位置并对其进行命名。

15.7.6 栅格化智能对象

在前面的讲解中已经提到，由于智能对象图层属于一类特殊属性的图层，所以很多图像编辑操作无法实现，唯一的解决方法就是将智能对象图层栅格化。其操作方法就是选择“图层”|“智能对象”|“转换到图层”命令即可将智能对象转换成为图层。

需要注意的是，将智能对象图层栅格化后，即将其转换为普通图层，此时将无法再继续编辑其中的图像。

Photoshop CS3

15.8 数据驱动

数据驱动功能与图层复合功能有些类似，但仍然存在本质上的区别，例如，使用图层复合必须借助于“图层”调板中各个图层的显示与隐藏来生成各个版本的设计作品，而数据驱动功能则可以直接调用硬盘上的其他图片文件来生成新的设计作品。

数据驱动的原理就是将作品中的某一个图层指定为变量，然后为此变量赋值，在此所指的数据就是用于替换指定为变量的图层的图像，而赋值的结果则是得到了不同的设计效果。

下面将对数据驱动的使用方法及相关操作进行详细讲解。

15.8.1　定义数据驱动

下面通过一个实例讲解如何定义和应用数据驱动。

步骤 01 打开随书光盘:\d15z\15.8.1-素材 1.psd，如图 15.60 所示。

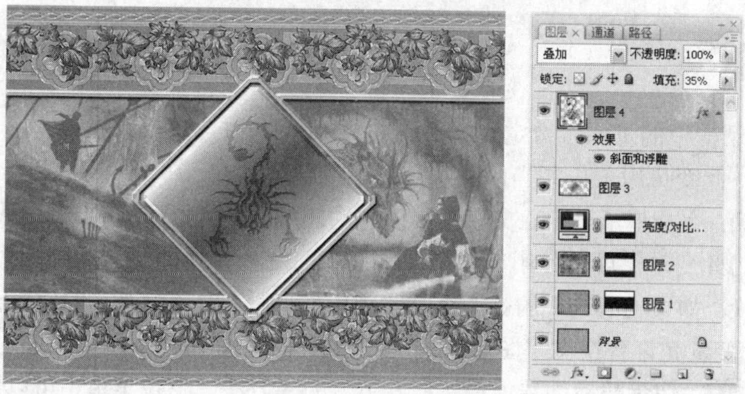

图 15.60　原图像及对应的“图层”调板

> **提示**
> 在本例中将使用图 15.61 所示的 3 幅图像，替换掉原图像中间的天蝎图像。

(a)　(b)　(c)

图 15.61　3 幅素材图像

> **提示**
> 图 15.61 所示的 3 幅素材图像见随书所附光盘：\d15z\15.8.1-素材 2.psd、15.8.1-素材 3.psd 和 15.8.1-素材 4.psd。

步骤 02 选择要定义变量的图层，在本例中将会把中间菱形内部的图形进行替换，所以选择当前图形所在的图层，即“图层 4”。

步骤 03 选择“图像”|“变量”|“定义”命令，弹出如图 15.62 所示的对话框。

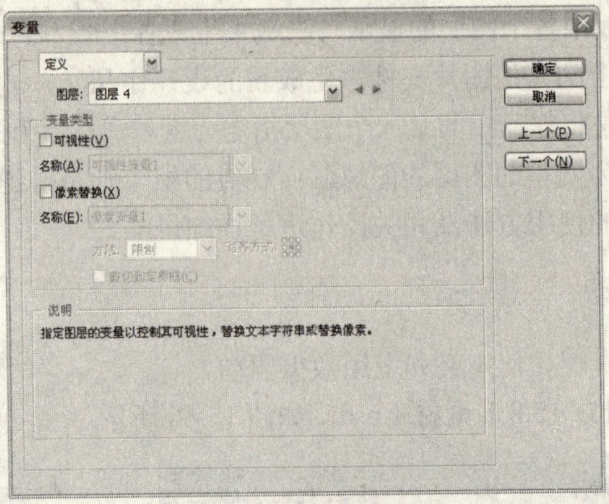

图 15.62　“变量”对话框

“变量”对话框中的重要参数定义如下。

- 可视性：此变量用于控制当前图层的显示或隐藏状态。
- 像素替换：在选择了一个除文字图层以外的图层后，将出现此选项。选择此选项会将图层设置为此变量，可以使用其他图像文件中的图像替换此图层中的图像。
- 文本替换：如果当前选择的是一个文字图层，则原“像素替换”的位置会变为“文本替换”，此变量允许替换文字图层中的文本字符串。

另外，在选择“像素替换”选项后，在其下方的“方法”下拉菜单中可以设置如下参数。

- 限制：此选项能够可以保留图像比例并将其限制在定界框内。
- 填充：此选项将缩放图像以使其完全填充定界框。
- 保持原样：选择此选项不缩放图像。
- 一致：选择此选项可以不按比例缩放图像以使其完全填充定界框。
- 对齐方式：单击对齐图标上的手柄，选择在定界框内放置图像的对齐方式。

提示

在此提到的“定界框”是指由原图层中图像的高度与宽度所定义的边框。

步骤 04 在当前对话框中设置适当的参数，如图 15.63 所示。

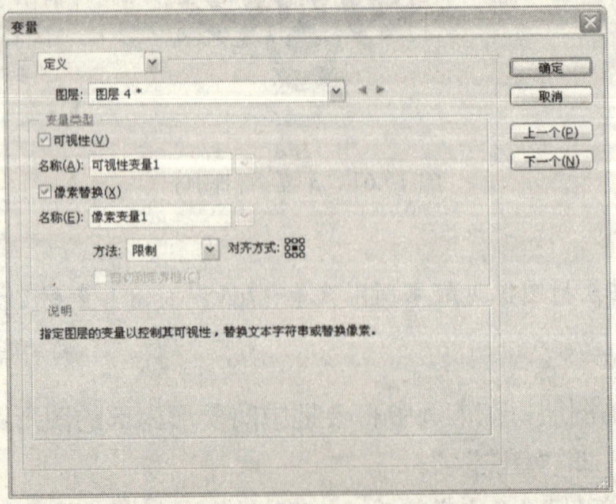

图 15.63　设置“变量”对话框中的参数

步骤 05 继续定义数据组。单击对话框右侧的“下一个”按钮，或在对话框顶部的下拉菜单中选择“数据组”命令，其对话框如图 15.64 所示。

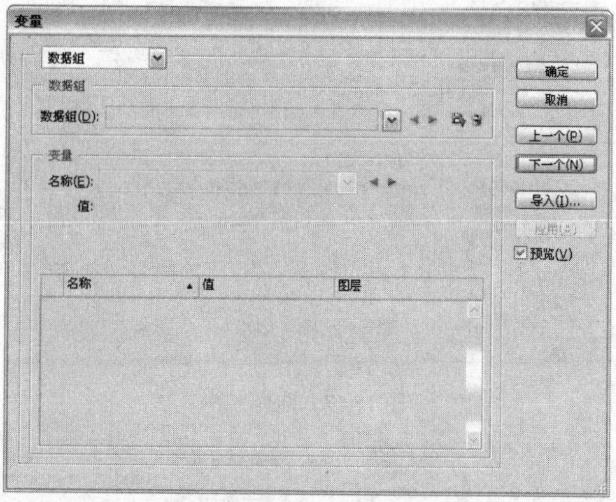

图 15.64 选择“数据组”选项

步骤 06 基于当前数据组，单击创建新数据组按钮，对话框如图 15.65 所示，此时 Photoshop 创建一个以默认名称命名的数据组，而且可以对它重新命名，例如，将其重命名为“图形 1”，如图 15.66 所示。

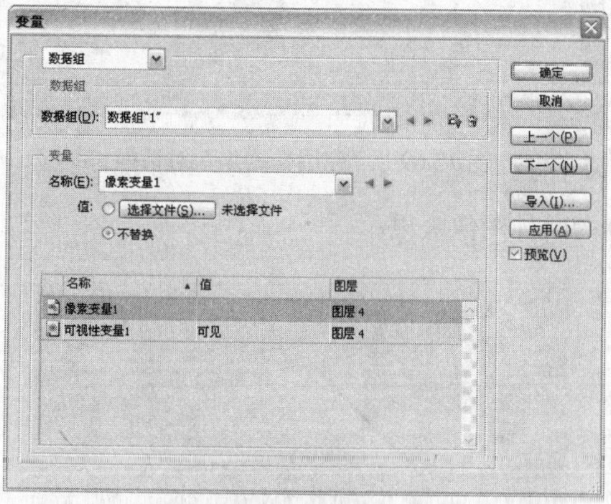

图 15.65 创建新的数据组

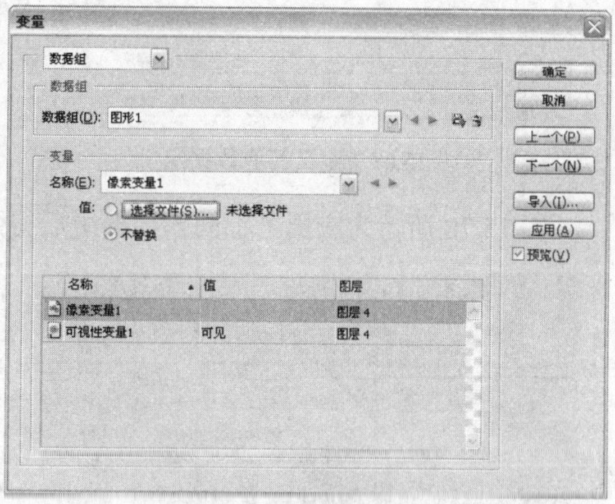

图 15.66 重命名数据组

步骤 07 设置数据组的变量。在本例中需要将“图层 4”中的图像替换为其他硬盘上的图像文件，所以在“变量”区域中选择“选择文件”选项，在弹出的对话框中选择用于替换“图层 4”中的图像的图像文件，如图 15.67 所示。

步骤 08 按照以上步骤 07 和步骤 08 的方法再新建 2 个数据组，并为其指定变量（即用于替换的图像文件），此时在“数据组”下拉菜单中将出现共 3 个数据组，如图 15.68 所示。

步骤 09 变量已经定义完毕，单击“确定”按钮退出对话框即可。

步骤 10 要应用数据驱动可以选择“图像”|“应用数据组”命令，在弹出的对话框中选择各个数据组即可预览图像效果，如图 15.69 所示。完毕后单击“应用”按钮即可。

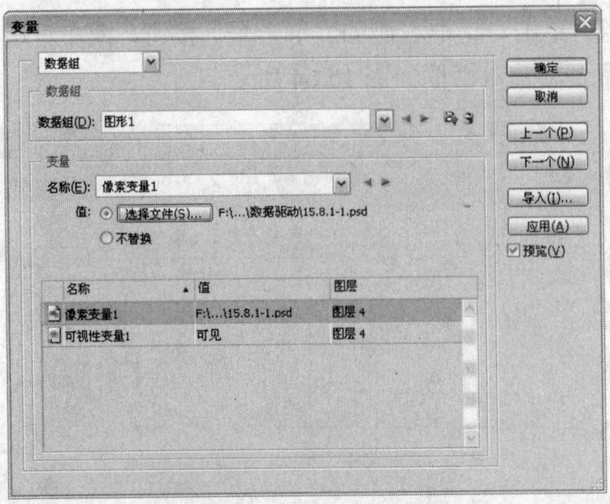

图 15.67 选择文件

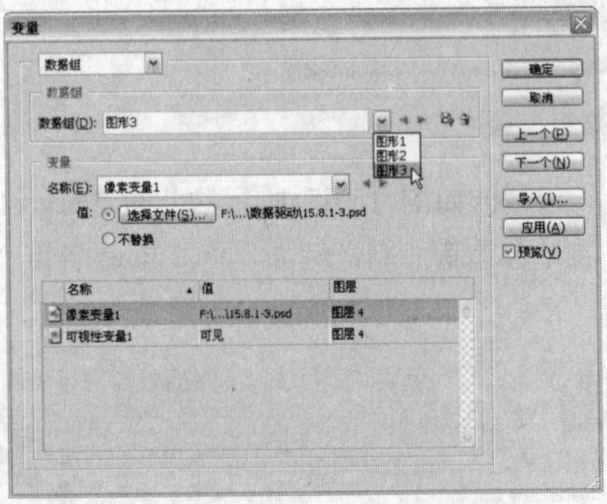

图 15.68 定义其他数据组

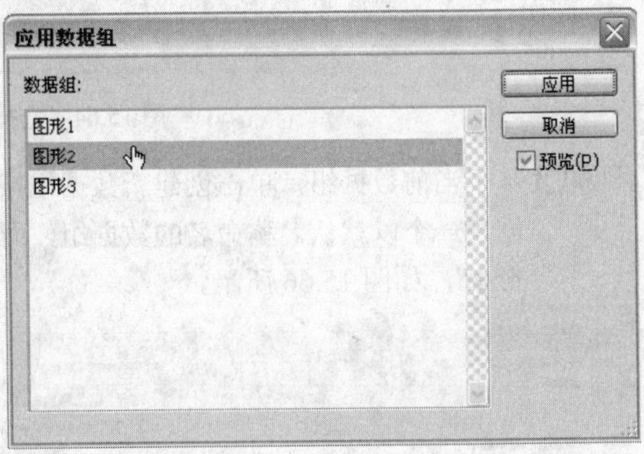

图 15.69 "应用数据组"对话框

图 15.70 所示为应用了不同的数据组后得到的两种图像效果。

(a)

(b)

图 15.70 应用了不同的数据组后得到的两种图像效果

提示

Photoshop 无法保存数据组，因此也无法保存数据组的变量值，当文件被关闭时所有数据组数据都会丢失。

15.8.2　编辑数据驱动

对于数据驱动中创建完毕的变量和数据组，一样可以根据需要对其进行编辑，下面将对常用且重要的编辑操作进行讲解。

1．重命名变量

在任何情况下，都可以通过对变量进行形象的命名，以便于掌握各变量的特性，要重命名变量，可以参考以下步骤。

步骤01 选择要修改变量的图层。

步骤02 选择“图像”|“变量”|“定义”命令。

步骤03 在“名称”文本框中输入一个新的名称。

步骤04 选择其他要修改变量名称的图层，重复步骤 02 和步骤 03 的操作。

步骤05 确认修改完毕后，单击“确定”按钮退出对话框即可。

2．删除变量

删除变量的操作方法非常简单，只需要取消选择相关的选项即可，其操作步骤如下。

步骤01 选择要修改或取消变量的图层。

步骤02 选择“图像”|“变量”|“定义”命令。

步骤03 在弹出的对话框中选择其他变量左侧的复选框以修改变量的类型，或取消所有变量左侧的复选框的选定状态，以彻底删除为此图层设置的变量。

步骤04 在“图层”下拉列表菜单中选择要操作的其他图层，重复步骤 02 和步骤 03 的操作，然后单击“确定”按钮。

3．删除数据组

删除数据组操作将删除所有此数据组包括的变量值，其操作步骤如下。

步骤01 选择“图像”|“变量”|“数据组”命令，弹出“变量”对话框，从对话框顶部的弹出式菜单中选择“数据组”，或者单击对话框右侧的“下一个”按钮。

步骤02 在“数据组”下拉列表菜单中选择要删除的数据组。

步骤03 单击删除此数据组按钮。

Photoshop 15.9 导出数据组 CS3

由于 Photoshop 无法保存所设置的数据组信息，因此在设置完毕并确认无误后，就可以将其输出成单独的图像文件，其操作步骤如下。

步骤01 选择要导出数据组的图像文件作为当前操作的图像。

步骤02 选择“文件”|“导出”|“数据组作为文件”命令，弹出如图 15.71 所示的对话框。

步骤03 单击“选择文件夹”按钮，为导出的文件选择一个目标目录。

步骤04 在“数据组”下拉列表框中选择要导出的数据组。

步骤05 设置“文件命名”区域的参数，为要生成的文件制定命名规则。

步骤06 单击“确定”按钮退出对话框即可。

> **提示**
> 本章所用到的素材文件为随书光盘:\d15z\中的文件，文件名对应着本章的小节号。

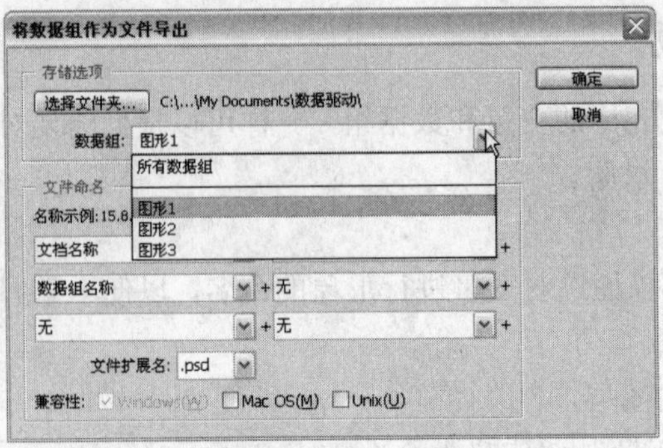

图 15.71 “将数据组作为文件导出”对话框

Photoshop CS3

15.10 3D 图层

3D 图层功能是 CS3 新增的一项引人瞩目的功能，使用这一功能将能够很轻松地将三维立体模型引入到当前操作的 Photoshop 图像中，从而为平面图像增加三维元素。

15.10.1 导入三维模型

在 Photoshop 中可以通过以下两种方法将三维模型引入至当前操作的 Photoshop 图像中。

步骤 01 选择“文件”|“打开”命令，直接打开格式为三维模型文件，Photoshop 支持三维模型文件的格式有“*.3ds”、“*.obj”及“*.u3d”。

步骤 02 在“打开”对话框中选择一个三维文件后，单击“打开”按钮，将弹出一个如图 15.72 所示的对话框，在此对话框中可以设置该文件打开后新建的图像文件大小。

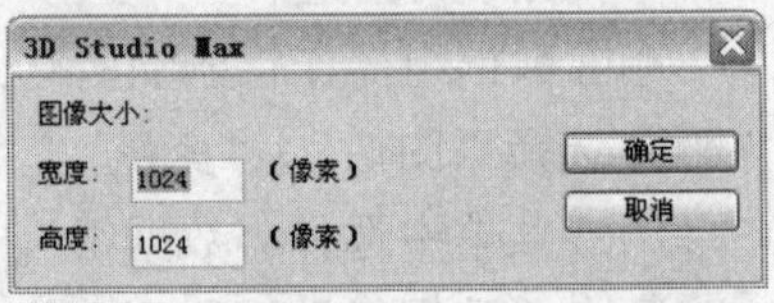

图 15.72 设置文件大小对话框

图 15.73 所示为打开随书所附光盘中的“d15z\15.10.1-素材 1.3ds”后的状态，“图层”调板如图 15.74 所示，可以看到此时图像只有一个 3D 图层，生成的图层按 Photoshop 默认的“图层 X”的形式进行命名。

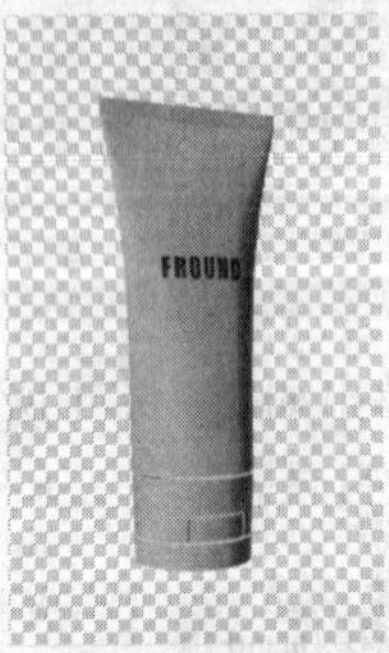

图 15.73 打开后的三维模型的状态

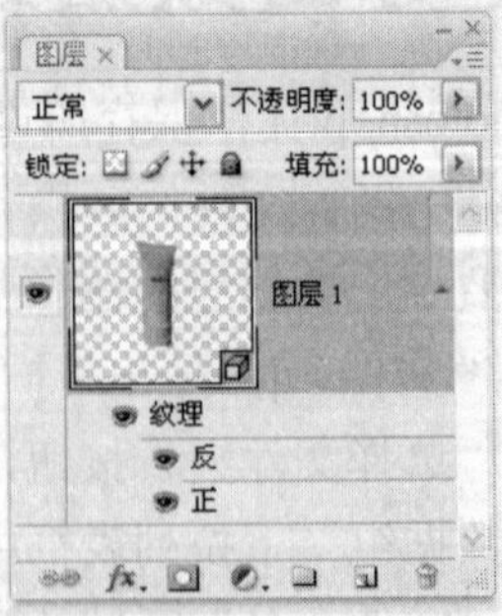

图 15.74 “图层”调板

另一种方法是如果希望在一个已经打开的文件中导入三维模型，可以选择“图层”|“3D 图层”|“从 3D 文件新建图层”命令，使用此命令也可以直接打开格式三维模型文件，打开后

的三维模型成为当前操作的 Photoshop 文件的一个图层。

图 15.75 所示为使用此文件打开三维模型后，“图层”调板的状态，此时 3D 对象将作为一个新的图层出现在当前图像中，如图 15.76 所示。

图 15.75　打开三维模型后的状态

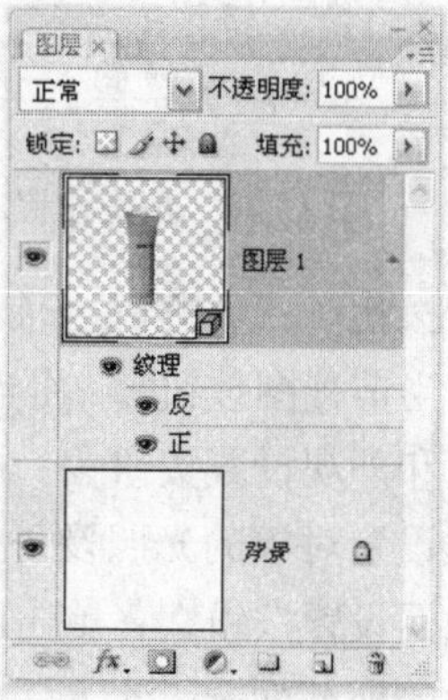

图 15.76　“图层”调板

15.10.2　调整三维模型

在 Photoshop 中不能对三维模型进行修改，但可以对模型进行旋转、缩放、改变光照效果等调整，下面讲解具体操作。

打开三维文件后工具选项条显示如图 15.77 所示的状态，其中重要参数含义如下。

图 15.77　三维模型修改状态工具选项条

提示

如果使用的是“从 3D 文件新建图层”命令，则需要双击三维图层缩览图，才可以进入三维编辑状态，将工具选项条变为调整模型的状态。

- 编辑 3D 对象按钮：激活此按钮，在后面的编辑工具操作中将对对象进行编辑。
- 返回到初始对象位置按钮：对于编辑过的对象，若要返回到初始状态，单击此按钮即可。
- 旋转 3D 对象工具：选择此工具可以将对象拖动来进行旋转。
- 滚动 3D 对象工具：是以对象中心点为参考点进行旋转。
- 拖动 3D 对象工具：使用此工具可以将对象拖动来修改对象的位置。
- 滑动 3D 对象工具：使用此工具可将对象向前或向后拖动，从而放大或缩小对象。
- 缩放 3D 对象按钮：单击此按钮可以弹出如图 15.78 所示的对话框，可以通过设置精确的参数来控制对象。
- 视图：单击下拉按钮可以弹出如图 15.79 所示的视图选项，可以通过选择不同的选项快捷地观看效果。

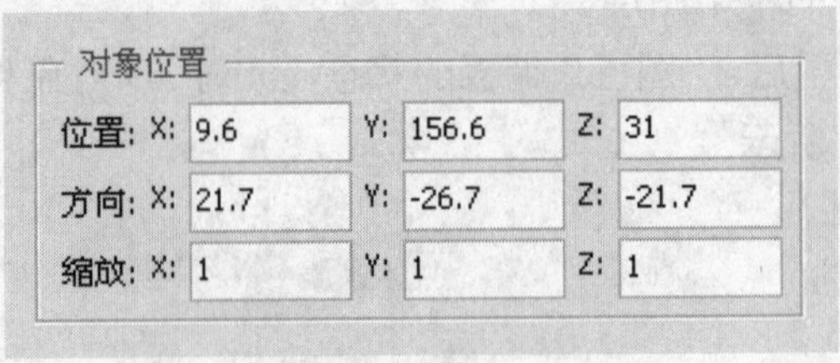

图 15.78　精确设置对象的属性

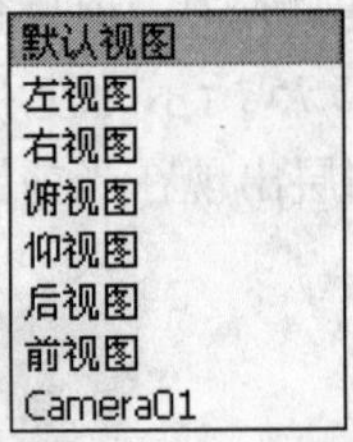

图 15.79　“视图选择”下拉菜单

- 删除按钮：将删除当前的视图选项，注意系统提供的视图不能被删除。
- 存储当前视图按钮：将当前视图进行存储并方便先后使用，此按钮针对 3D 相机设置。
- 光照和外观设置按钮：单击此按钮可以弹出如图 15.80 所示的对话框，可以通过此对话框设置对象的光照及外观的效果。
- 横截面设置按钮：单击此按钮弹出如图 15.81 所示的对话框，可以通过此对话框设置对象的横截面。

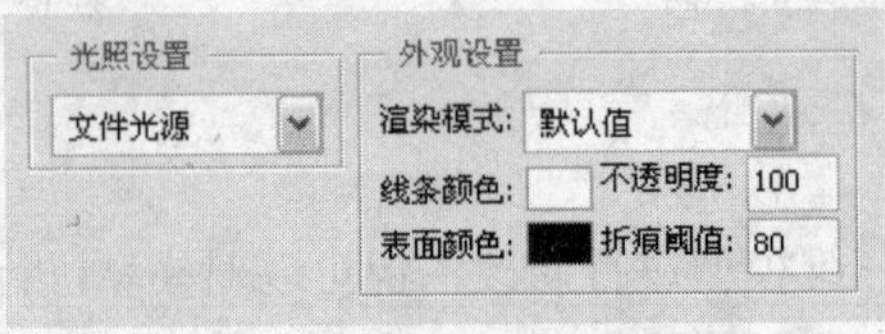

图 15.80　光照和外观设置

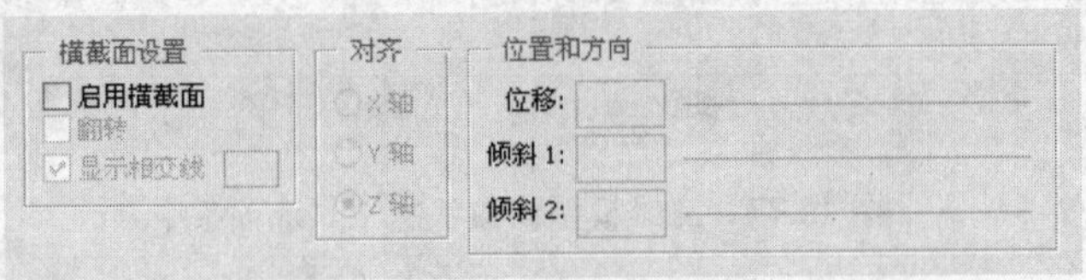

图 15.81　横截面设置

图 15.82 所示为使用不同工具对三维模型操作时的不同状态。

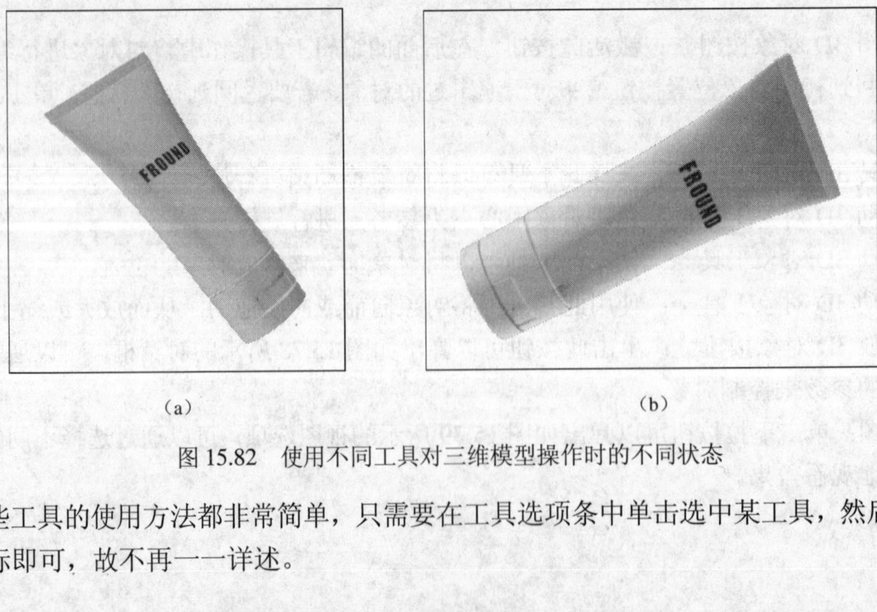

（a）　（b）

图 15.82　使用不同工具对三维模型操作时的不同状态

这些工具的使用方法都非常简单，只需要在工具选项条中单击选中某工具，然后于视图中拖动光标即可，故不再一一详述。

15.10.3 调整三维视角

单击工具选项条上的编辑 3D 相机命令按钮，其状态如图 15.83 所示，然后可以使用该工具选项条上的工具调整模型的视角，调整状态如图 15.84 所示。

图 15.83 工具选项条的状态

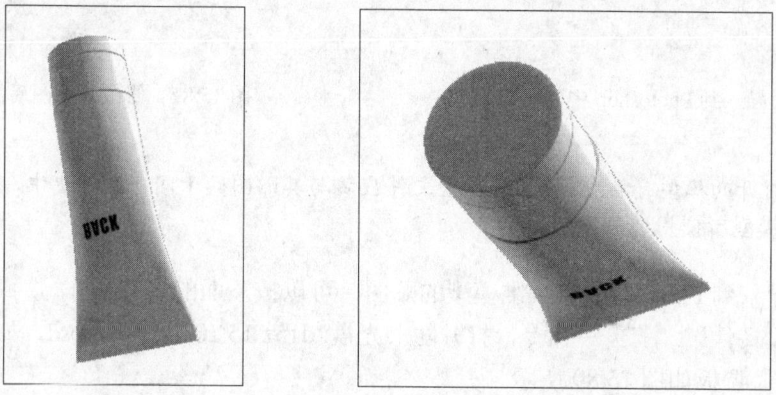

(a) (b)

图 15.84 设置模型的视角效果

15.10.4 改变模型光照

Photoshop 提供了若干种光照设置，用于改变三维模型的光照效果，在工具选项条中单击按钮，在显示的“光照和外观设置”面板中的“光照设置”下拉列表里选择不同的选项，即可获得不同的光照效果。图 15.85 所示为分别使用不同的光照设置得到的不同效果。

(a) 文件光源 (b) CAD 优化光源

图 15.85 两种不同光照效果

15.10.5 修改模型贴图

如果导入到 Photoshop 中的三维模型带有贴图，则能够在 Photoshop 中编辑修改三维模型的贴图，这也是 Photoshop 三维功能最吸引人的地方。

图 15.86 所示为导入到 Photoshop 中的三维模型效果，图 15.87 所示为修改贴图后的效果。

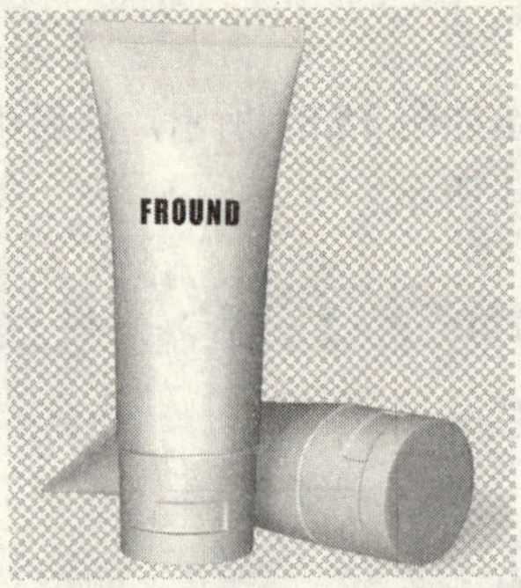

图 15.86 导入到 Photoshop 中的三维模型

图 15.87 修改其贴图后的效果

提示

如果所打开的模型有贴图，则三维模型文件应该与其贴图处于同一文件夹中，否则 Photoshop 无法显示该模型所使用的贴图。

要修改导入到 Photoshop 中三维模型的贴图，可以按下面的步骤操作。

步骤 01 选择“文件”|“打开”命令，打开随书光盘:\d15z\15.10.5-素材 1.psd，如图 15.88 所示，“图层”调板如图 15.89 所示。

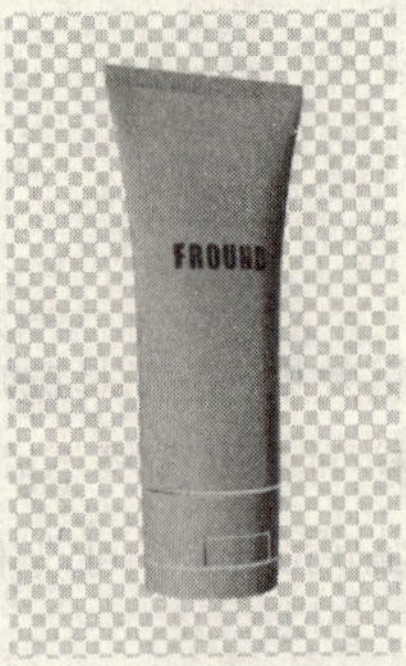

图 15.88 打开素材的状态

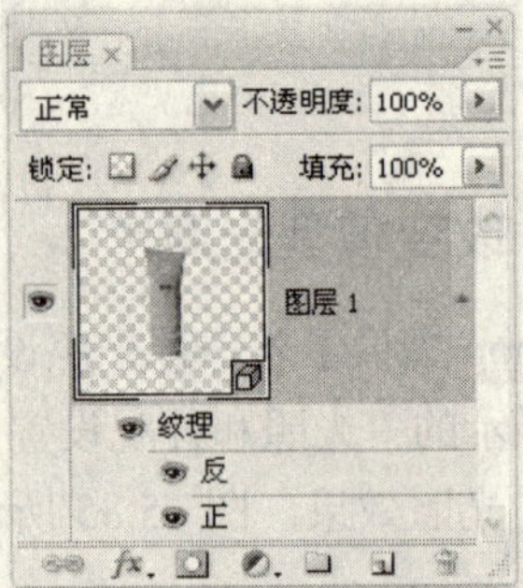

图 15.89 “图层”调板的状态

步骤 02 打开随书光盘:\d15z\3d\素材 1\护手霜.3DS，如图 15.90 所示，将用此图来替换三维模型的正面，双击“图层”调板的通道贴图名称“正”，弹出一个格式为 PSB 的文档，如图 15.91 所示。

图 15.90 素材图像的状态

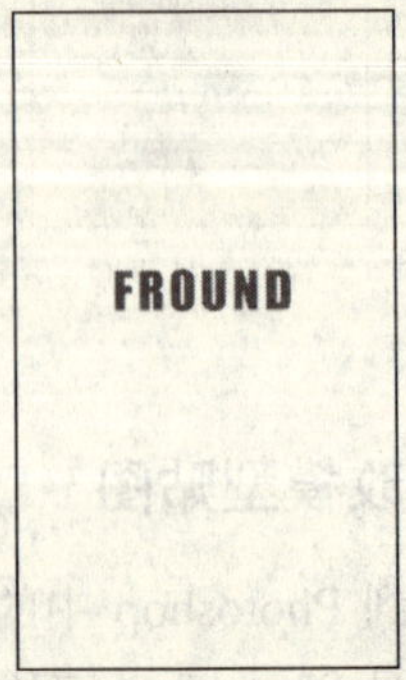

图 15.91 文档“正”的状态

步骤 03 使用移动工具将打开的素材拖到弹出的 PSB 文档中并调整占满整个画布，按 Ctrl+S 组合键保存图像，再按 Ctrl+W 组合键关闭文档，此时三维模型的状态如图 15.92 所示。

步骤 04 打开随书光盘:\d15z\15.10.5-素材 3.tif，如图 15.93 所示，将用此图来替换三维模型的反面，双击“图层”调板的通道贴图名称“反”，弹出一个格式为 PSB 的文档，如图 15.94 所示。

图 15.92　修改贴图后的状态

图 15.93　素材图像的状态

图 15.94　文档“反”的状态

步骤 05 使用移动工具将打开的素材拖到弹出的 PSB 文档中应用“编辑”|“变换”|“水平翻转”命令，然后调整占满整个画布，按 Ctrl+S 组合键保存图像，再按 Ctrl+W 组合键关闭文档。

提示

在上步操作中对图像进行翻转操作，目的是让做出的效果为正常的显示效果，也可不设置翻转来观看一下在三维模型生成的反转效果，这里的属性是中建立模型时贴图所设置的属性决定的。此时三维模型的“反”面正好被前面挡住，现在来将三维模型调整角度以观看反面换图的效果。

步骤 06 双击“图层 1”的图层缩览图以激活三维模型，选择工具选项条上的旋转三维模型工具在图像中心将图像向左拖动来旋转模型，直到如图 15.95 所示的状态显示为三维模型的反面状态。

提示

调整三维模型不易控制，可以多试几次，也可以单击缩放对象右边的下拉按钮，在弹出的对话框设置如图 15.96 所示，确认后也可以达到观看反面的效果。

图 15.95　调整角度的状态

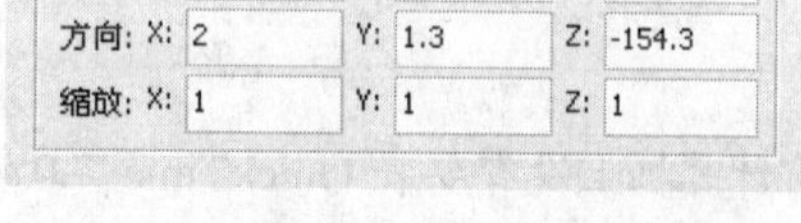

图 15.96　对像位置设置

提示

做到此步对于模型贴图的修改已经完成，以上各图是应用不同贴图并制作成作品的效果，应用效果图 15.97 中横放的对象设置，可以参考如图 15.98 所示的参数。

图 15.97　应用效果

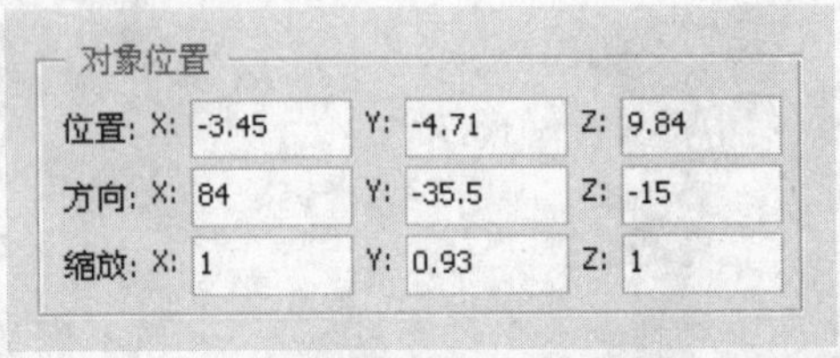

图 15.98　对象位置参考参数

15.10.6　栅格化三维模型

3D 图层是一类特殊的图层，在此类图层中无法进行绘画等编辑操作，因此如果要进行此类操作，必须将图层栅格化。

选择“图层”|“栅格化”|“3D”命令，或直接在此类图层中单击右键，在弹出的快捷菜单中选择“栅格化”命令，均可将图层栅格化。

15.11 视频图层

视频图层与 3D 图层一样，同属于 CS3 版本的一大亮点功能，使用此功能能够在 Photoshop 中为动态视频文件增加字幕，或使用此功能调整视频的颜色，最后将修改的视频导出成为一个全新的视频文件。

与导入 3D 模型一样，在 Photoshop 中同样能够使用两种方法将视频文件引入至当前操作的 Photoshop 图像中。

1．直接打开视频文件

如果希望基于一个视频文件开始新的工作，可以直接选择“文件”|“打开”命令，以直接打开视频格式文件，Photoshop 支持最常见的*.mov、*.avi、*.mpg 及*.mpeg4 种格式的视频文件。

选择“文件”|“打开”命令，并在对话框中选择一个视频文件，则该视频文件就能够在 Photoshop 中直接被打开。

在 Photoshop 中，视频功能是与“动画（时间轴）”调板相互配合使用的，即使是简单地播放视频文件内容，也必须使用此调板进行。

选择“窗口”|“动画”命令，调出“动画（时间轴）”调板，在此调板中单击播放按钮 ▶，即可查看打开的视频文件的状态，图 15.99 所示为打开的视频文件及其处于播放状态的效果。

提示

如果当前计算机上没有安装 QuickTime 7.0 以上版本的软件，则无法将 MOV 视频文件导入到当前图像文件。

图 15.99　打开并处于播放状态的视频文件

2．以新建图层形式打开

如果希望在一个已经打开的文件中导入视频文件，可以选择“图层”|“视频图层”|“从文件新建视频图层”命令。

无论使用哪一种方法打开视频文件，该文件都会成为一个图层，出现在当前操作的 Photoshop 文件中，图 15.100 所示为打开视频文件后“图层”调板的显示状态，可以看出，视频图层的右下角显示了一个▤形小图标。

图 15.100　“图层”调板

提示

视频文件使用 Photoshop 打开后，由于视频文件本身不会被入置到 Photoshop 中，而只是创建了链接，因此如果将视频文件删掉，Photoshop 将无法播放视频，所以操作中一定要注意对视频文件的链接，不可以删除或修改视频文件名。

Photoshop CS3

15.12 掌握“动画（时间轴）”调板

由于在 Photoshop 中要控制动画必须依靠“动画（时间轴）”调板，因此如果要很好地掌握、使用视频图层的功能，就必须要掌握“动画（时间轴）”调板，除了前面所提及的播放视频动画外，使用此调板还可以重新定义视频的时间、帧频、起止时间点。

15.12.1　认识“动画（时间轴）”调板

选择“窗口”|“动画”命令，调出“动画（时间轴）”调板，如果当前工作的图像文件中存在视频图层，则“动画（时间轴）”调板会显示一个时间轴，如图 15.101 所示。

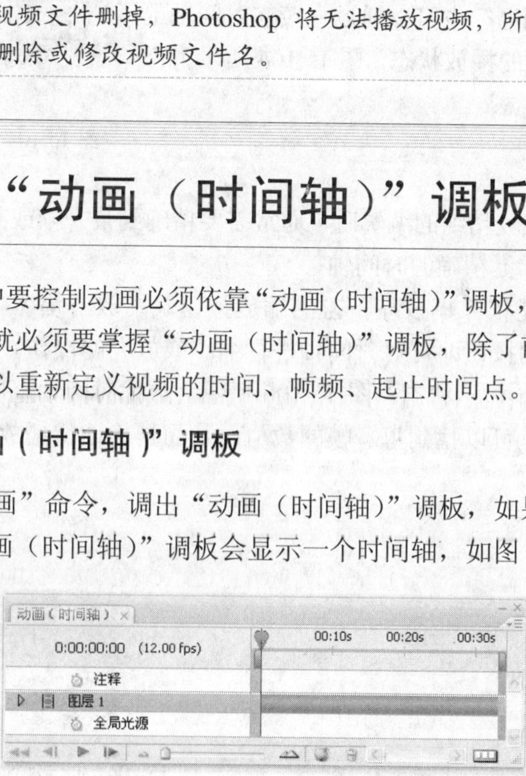

图 15.101　“动画（时间轴）”调板

15.12.2 改变调板显示状态

单击调板右上角位置的弹出菜单按钮，在弹出的菜单中选择“动画调板选项”命令，弹出图 15.102 所示的对话框，通过在此对话框中进行选项设置，可以改变“动画（时间轴）”调板的显示状态。上图所示为时间码+无缩览图的状态，图 15.103 所示为帧数显示方式+大缩览图的显示状态。

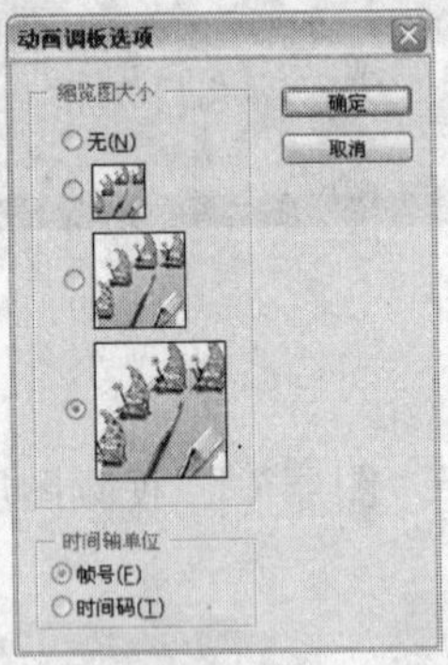

图 15.102 “动画调板选项”命令对话框

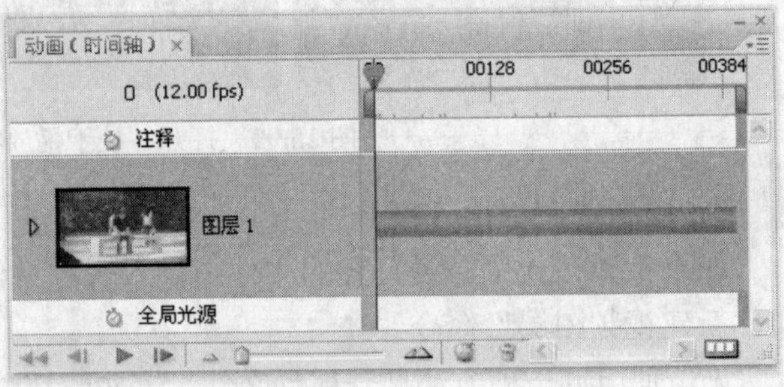

图 15.103 帧数+大缩览图显示状态

15.12.3 视频播放

使用“动画（时间轴）”调板播放视频的操作非常简单，可以通过调板左下方的播放控制按钮来进行播放、暂停、快进、回退，也可以通过直接在时间轴上拖动播放头来控制视频的播放状态，图 15.104 所示为当前播放至第 150 帧时的状态。

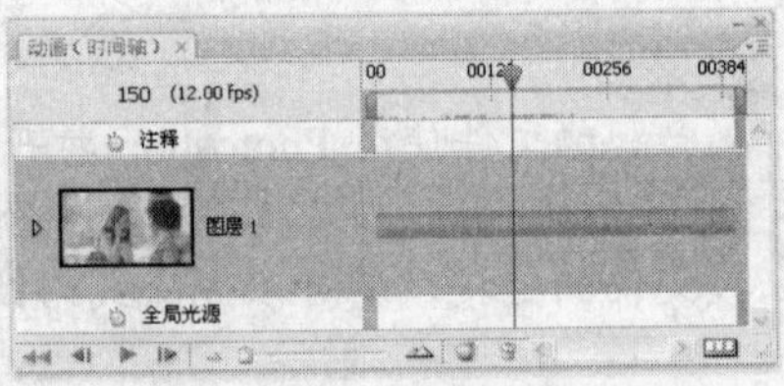

图 15.104 播放至第 150 帧时的状态

15.12.4 缩放时间轴

如果要对视频进行比较精细的编辑时，通常需要精确到某一帧或某一毫秒，此时可以通过缩放时间轴的操作来显示更精确的时间轴。

缩放时间轴的操作是依靠调板左下方的缩放按钮及缩放滑块来进行的，单击滑块两侧的按钮即可对时间轴进行缩小或放大的操作。

图 15.105 所示为原始显示状态，图 15.106 所示为放大时间轴至单帧时的状态，可以看出在此状态下，在时间轴上可以找到每一帧的数值，从而精确地将播放头定位在该帧上。

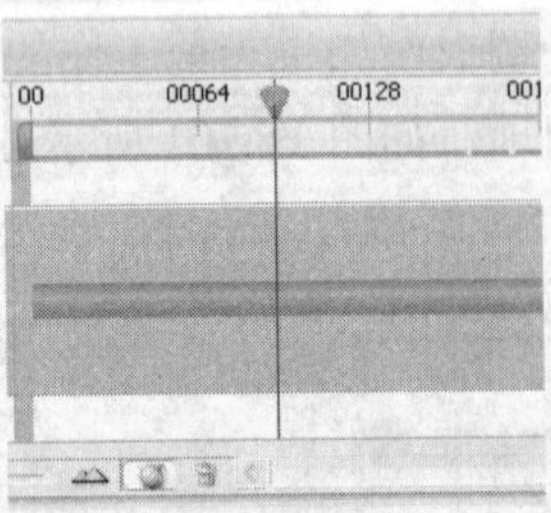

图 15.105 原始显示状态

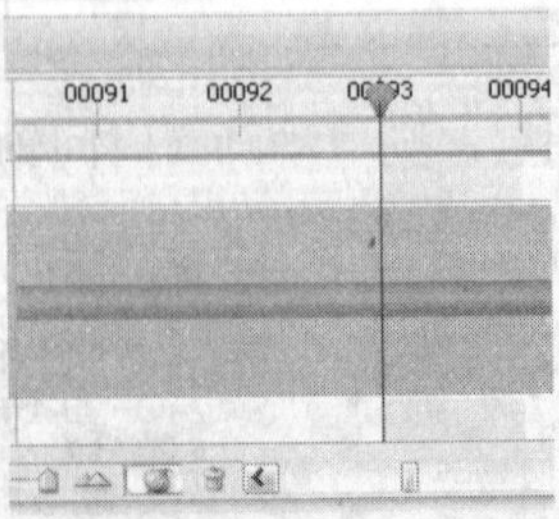

图 15.106 能够精确显示每一帧的显示状态

15.12.5　在时间轴上移动视频

在时间轴上可以通过直接拖动代表视频内容的实体水平圆柱条来移动视频，从而改变其播放的时间。

以执行抽出工作区后得到的新视频图层“图层 1 副本”为例，在时间轴上直接单击选中“图层 1 副本”的实体水平圆柱条并向左侧拖动，即可完成移动操作，如图 15.107 所示。

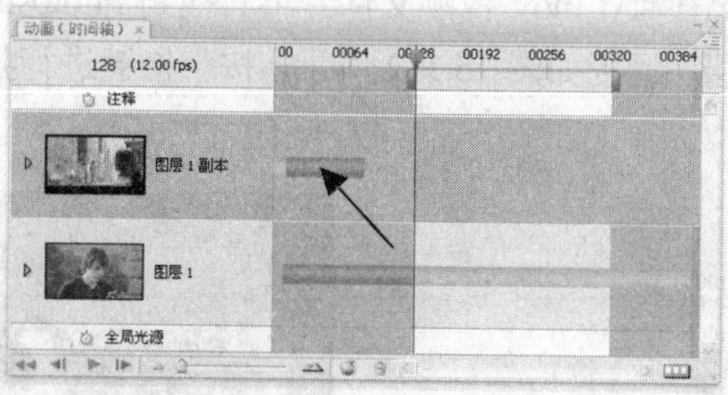

图 15.107　移动视频

执行此操作后，原本应该在第 320 帧播放的视频内容将在第 0 帧与“图层 1”中同时播放。

为了进一步说明两个视频图层同时播放的叠加效应，笔者将视频图层“图层 1 副本”的不透明度设置为 60%，从而使其具有一定的透明度，显示出其下方的视频图层内容。

图 15.108 所示为播放至 1 帧时的效果，图 15.109 所示为播放至 75 帧时的效果。

图 15.108　播放至 1 帧时的效果

图 15.109　播放至 75 帧时的效果

图 15.110 所示为隐藏视频图层“图层 1 副本”后，播放至 1 帧时的效果，图 15.111 所示为播放至 75 帧时的效果。

图 15.110　隐藏图层后播放至 1 帧时的效果

图 15.111　隐藏图层后播放至 75 帧时的效果

15.12.6　栅格化视频图层

与 3D 图层一样，视频图层也是一类特殊的图层，在此类图层中无法直接进行绘画等编辑操作，因此如果要进行此类操作，必须将图层栅格化。

提示

选择“图层”|“栅格化”|“3D”命令，或直接在此类图层中单击右键，在弹出的快捷菜单中选择“栅格化”命令，均可将此类图层栅格化。

15.12.7 制作动画视频

下面通过一个制作视频广告的案例，展示如何使用 Photoshop 的视频功能。

步骤01 选择随书光盘:\d15z\视频\1.mov 视频文件并将其拖到 Photoshop 软件的界面中以导入视频，导入后的“图层”调板如图 15.112 所示，按空格键进行播放，部分截图如图 15.113 所示。

图 15.112 “图层”调板

图 15.113 播放的状态

步骤02 选择“窗口”|“动画”命令，弹出“动画”调板，单击“动画”调板右边的小三角按钮，弹出菜单选择调板选项命令，并弹出设置对话框，如图 15.114 所示，此时“动画”调板状态如图 15.115 所示。

图 15.114 “动画调板选项”对话框

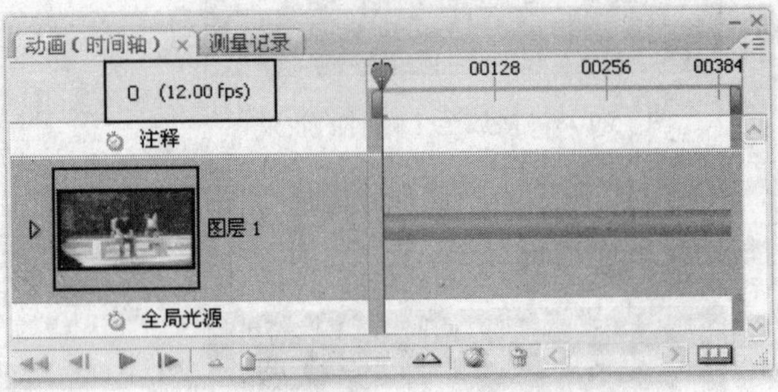

图 15.115 设置“动画”调板的状态

提示

从第 1 步播放的剧情来看，视频可以分为四个部分，主角的三次通话以及最后相聚的情景。下面将通过文字来完善整个视频广告。

步骤03 选择横排文字工具 T，设置适当的字体字号及颜色，输入主题文字，此时“图层”调板如图 15.116 所示，为方便操作先将所有的文字图层隐藏。

步骤04 将播放头移到第 12 帧显示文字图层“需求...”，使用移动工具将其调整到如图 15.117 所示的状态。

图 15.116　“图层”调板

图 15.117　调整文字的状态

步骤 05 单击“动画”调板右上角的小三角，在弹出菜单中选择“将图层开头裁切为当前时间”命令，然后再将播放头移动至第 26 帧的位置，单击“动画”调板右上角的小三角，在弹出菜单中选择“将图层结尾裁切为当前时间”命令，这样文字只在第 12 帧到第 26 帧之间出现，此时“动画”调板如图 15.118 所示。

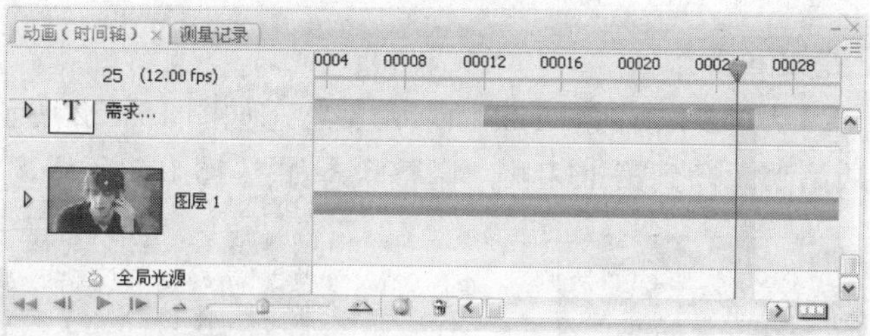

图 15.118　“动画”调板的状态

步骤 06 将播放头移到第 57 帧显示文字图层“更快捷地帮助...”，使用移动工具将其调整到如图 15.119 所示的状态。

步骤 07 单击“动画”调板右上角的小三角，在弹出菜单中选择“将图层开头裁切为当前时间”命令，然后再将播放头移动至第 83 帧的位置，单击“动画”调板右上角的小三角，在弹出菜单中选择“将图层结尾裁切为当前时间”命令，这样文字只在第 57 帧到第 83 帧之间出现，此时“动画”调板如图 15.120 所示。

图 15.119　调整文字的状态

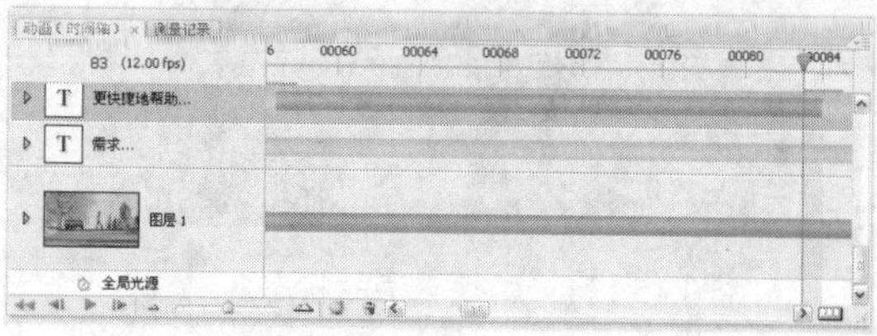

图 15.120　“动画”调板的状态

步骤 08 利用同样的方法将其他的文字分别设置，具体设置详见下面的“文字显示设置”或者原文件，此时“动画”调板如图 15.121 所示。

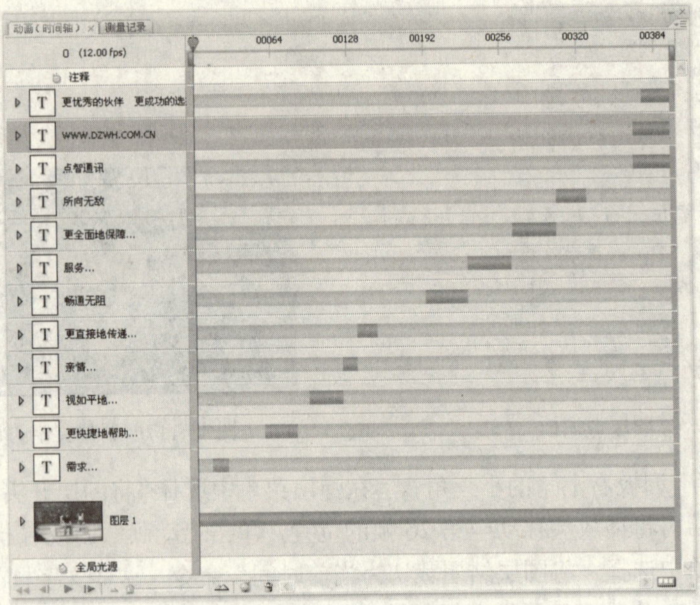

图 15.121　“动画”调板的状态

对于文字显示设置如下。

- “视如平地...”：从第 94 帧到第 122 帧，调整状态如图 15.122 所示。
- “亲情...”：从第 123 帧到第 134 帧，调整状态如图 15.123 所示。

图 15.122　调整文字的状态 1

图 15.123　调整文字的状态 2

- “更直接地传递...”：从第 135 帧到第 151 帧，调整状态如图 15.124 所示。
- “畅通无阻”：从第 193 帧到第 227 帧，调整状态如图 15.125 所示。

图 15.124　调整文字的状态 3

图 15.125　调整文字的状态 4

- “服务...”：从第 228 帧到第 264 帧，调整状态如图 15.126 所示。

- “更全面地保障...”：从第 266 帧到第 302 帧，调整状态如图 15.127 所示。

图 15.126　调整文字的状态 5

图 15.127　调整文字的状态 6

- “所向无敌”：从第 303 帧到第 327 帧，调整状态如图 15.128 所示。
- “点智通讯”和“WWW.DZWH.COM.CN”：从第 367 帧到结尾，调整状态如图 15.129 所示。

图 15.128　调整文字的状态 7

图 15.129　调整文字的状态 8

- “更优秀的伙伴更成功的选择”：从第 374 帧到结尾，调整状态如图 15.130 所示。

图 15.130　调整文字的状态 9

提示

其中到结尾的文字图层只需应用“将图层开头裁切为当前时间”命令即可。从图中可以看出，文字“更快捷地帮助...”、“所向无敌”和“点智通讯”显示与周围环镜对比不明显，下面将添加图层样式来突出文字。

步骤 09 将播放头移到第 57 帧，选择文字图层“更快捷地帮助...”，单击添加图层样式命令按钮 *fx*，在弹出菜单中选择“描边”命令，设置弹出的对话框如图 15.131 所示，确认后得到的效果如图 15.132 所示。

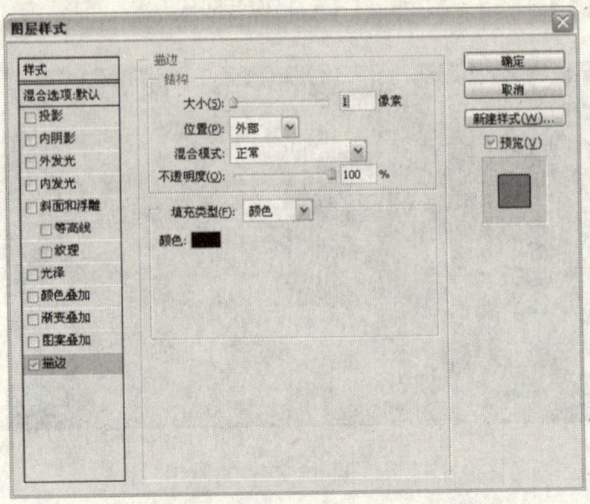

图 15.131 “图层样式”对话框 1

图 15.132 添加图层样式的状态 1

步骤 10 利用同样的方法给文字图层“所向无敌”添加图层样式，设置如图 15.133 所示，得到效果如图 15.134 所示；给文字图层“点智通讯”添加图层样式，设置如图 15.135 所示，得到效果如图 15.136 所示。

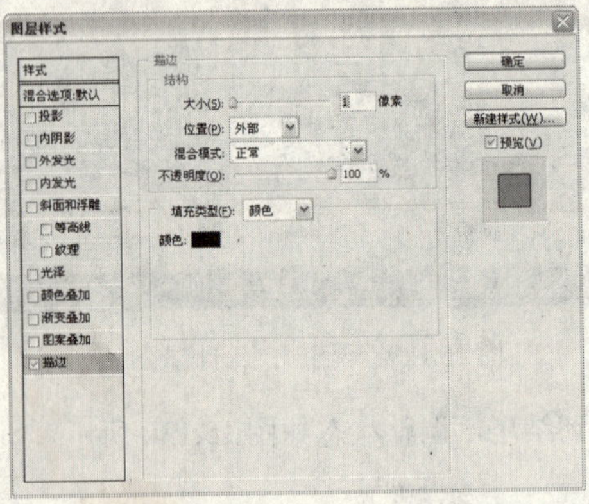

图 15.133 “图层样式”对话框 2

图 15.134 添加图层样式的状态 2

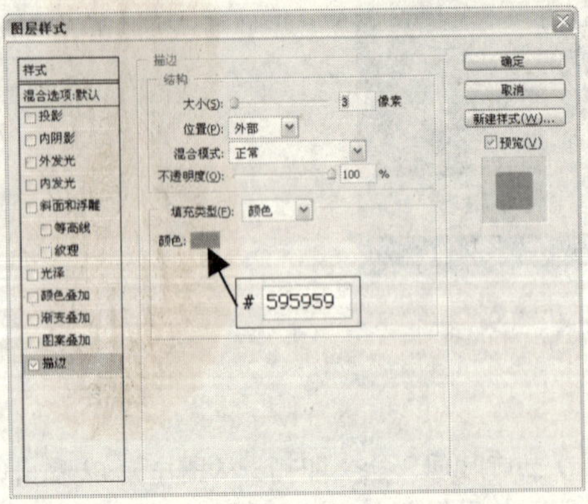

图 15.135 “图层样式”对话框 3

图 15.136 添加图层样式的状态 3

提示

做到此步，对于添加文字已经制作完毕，下面将部分文字加上动态效果以让画面效果更生动一些。

步骤 11 将播放头移到第 107 帧，选择“动画”调板上文字图层“视如平地...”并单击图层前面的小三角按钮，使其属性展开，状态如图 15.137 所示。

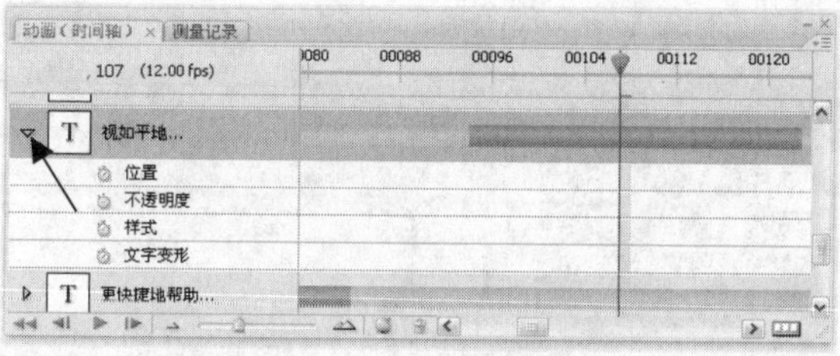

图 15.137 “动画”调板的状态

步骤 12 单击“位置”后面的小钟按钮（图中黑色圆圈所圈的按钮），创建一个关键帧（图中黑色箭头所指的位置），状态如图 15.138 所示；将播放头移到第 94 帧的位置，单击“位置”后面的两个小三角中间的按钮，创建关键帧（图中黑色圆圈所圈的按钮），状态如图 15.139 所示（图中黑色箭头所指的位置）。

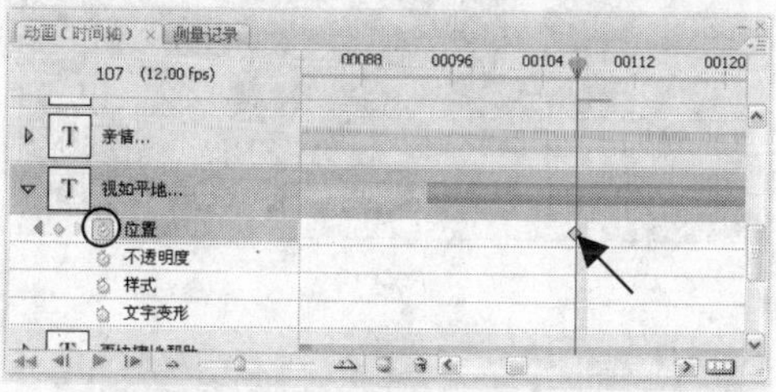

图 15.138　创建第 1 个关键帧

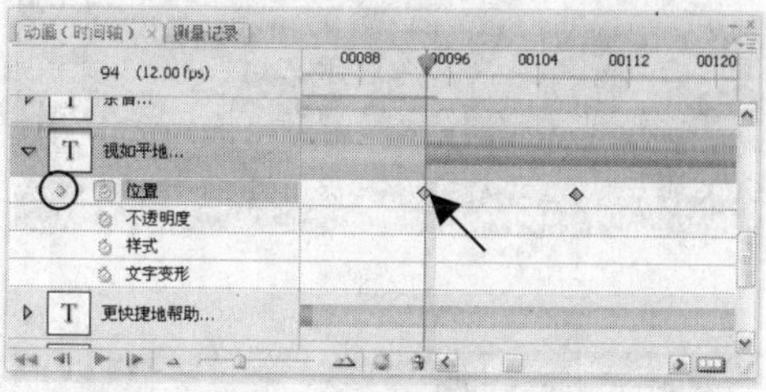

图 15.139　创建第 2 个关键帧

提示

创建第 1 个关键帧时单击小钟按钮，创建第 2 个关键帧时需单击两个小三角中间的按钮，如果是单击小钟的话，将删除所有关键帧。

步骤 13 使用移动工具，将文字垂直向上移动出画面。播放时状态如图 15.140 所示。

(a)

(b)

(c)

(d)

图 15.140　视频播放时的状态

步骤 14 将播放头移到第 204 帧的位置，选择文字图层“畅通无阻”，利用上述方法再创建两个关键帧，状态如图 15.141 所示。使用移动工具将文字垂直向下移动出画布。播放时状态如图 15.142 所示。

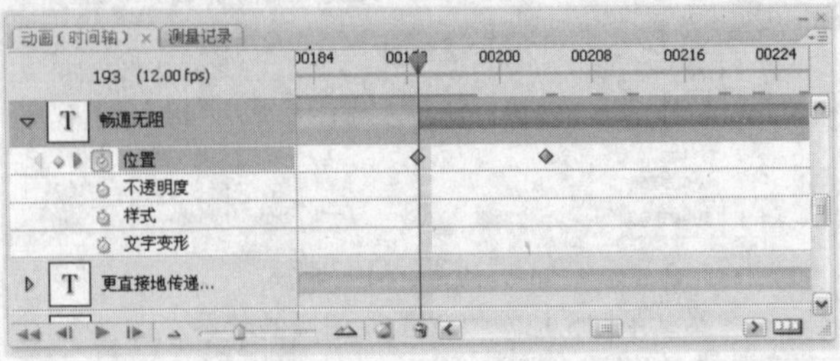

图 15.141　创建关键帧的状态

(a)　(b)

(c)　(d)

图 15.142　动画播放的状态

步骤 15 将播放头移到第 312 帧的位置，选择文字图层“所向无敌”，利用上述方法再创建两个关键帧，状态如图 15.143 所示。使用移动工具将文字水平向左移动出画布。播放时状态如图 15.144 所示。

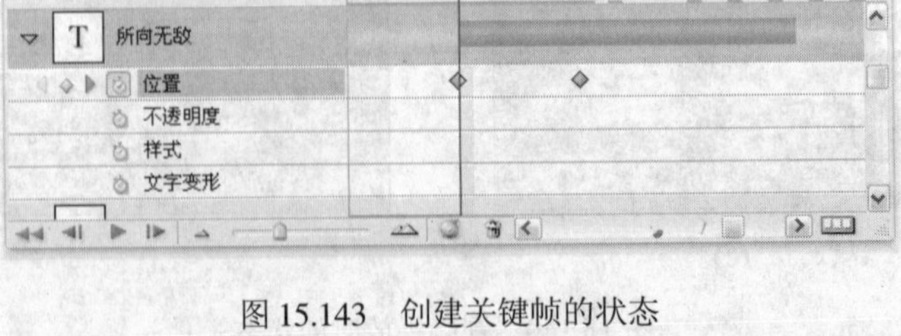

图 15.143　创建关键帧的状态

（a）　（b）　（c）　（d）

图 15.144　动画播放的状态

提示

将播放头移到第 374 帧，此时可以看到动画结尾部分，但美中不足之处是下面的白色文字与背景相近，不够明显，如图 15.145 所示，下面将添加元素来调整画面。

步骤 16 将前景色设置为 9a9a9a，选择文字图层“WWW.DZWH.COM.CN”，使用矩形工具，激活工具选项条上的形状图层命令按钮，在文字“更优秀的伙伴更成功的选择”上绘制矩形，状态如图 15.146 所示，设置“不透明度”为 75%，得到如图 15.147 所示的效果。

图 15.145　文字的显示状态

图 15.146　绘制的矩形

图 15.147　设置“不透明度”的状态

提示

作品做到此步结束，完整播放时的状态如图 15.148 所示。

图 15.148　视频播放的状态

第 16 章

通　道

在 Photoshop 中通道具有与图层相同的重要性，这不仅是因为使用通道能够对图像进行非常细致的调节，更在于通道是 Photoshop 保存颜色信息的基本场所。

本章将详细介绍通道的使用方法、通道与选区的关系、专色通道等多方面的知识。

16.1 通道及“通道”调板

16.1.1 关于通道

一个图像文件可能包含 3 种通道，即颜色通道、专色通道和 Alpha 通道。

颜色通道的数目由图像颜色模式所决定，“RGB 颜色”模式的图像有 4 个颜色通道，如图 16.1 所示，而 CMYK 模式的图像则有 5 个颜色通道，如图 16.2 所示。

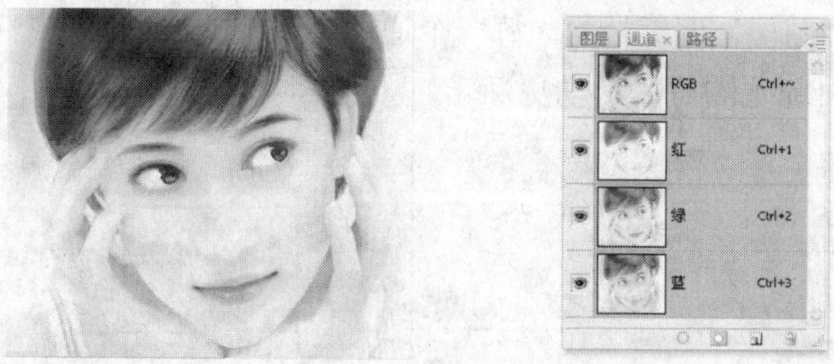

（a）　　（b）

图 16.1　有 4 个颜色通道的 RGB 模式图像

（a）　　（b）

图 16.2　有 5 个颜色通道的 CMYK 模式图像

专色通道、Alpha 通道都是需要用户自行创建的通道，其中专色通道用于在照排发片时生成第 5 块色版，即专色版，在进行专色印刷或进行 UV、烫金、烫银等特殊印刷工艺时将用到此类通道。Alpha 通道的主要功能则是制作与保存选区，一些在图层中不易得到的选区，可以通过灵活使用 Alpha 通道得到。图 16.3 所示为原图像，图 16.4 所示为经过灵活操作得到的 Alpha 通道，图 16.5 所示为使用此 Alpha 通道得到的选择区域。

图 16.3 原图像

图 16.4 Alpha 通道

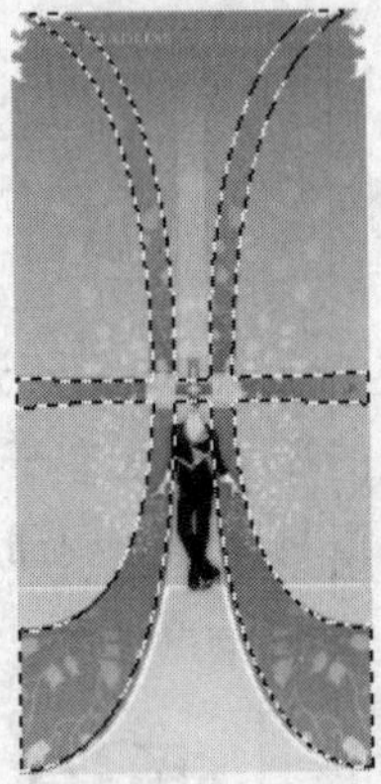

图 16.5 选择区域

16.1.2 "通道"调板

使用"通道"调板可以创建、管理上述所有类型的通道，并可直观地查看通道的编辑效果。"通道"调板是通道的管理中枢，其重要意义不言而喻。

选择"窗口"|"通道"命令，弹出如图 16.6 所示的"通道"调板，在此调板中列出了图像所有的通道。与"图层"调板相同，每一个通道中对应的通道内容缩览图显示于通道名称的左侧，在编辑通道时缩览图可以自动更新。

(a)

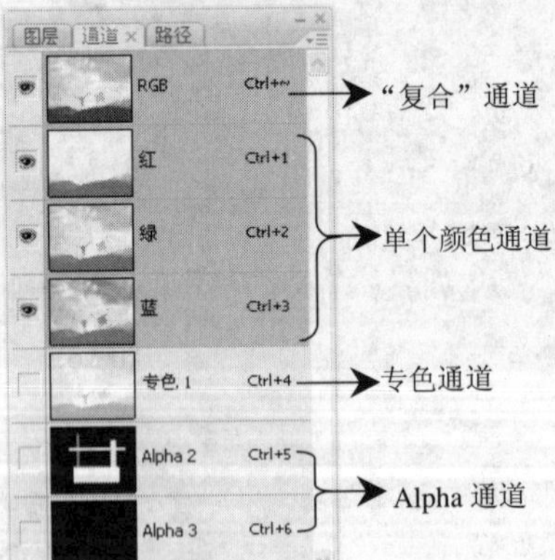

(b)

图 16.6 图像及其"通道"调板

"通道"调板中各个按钮的含义如下。

- 单击将通道作为选区载入按钮 ，可以调出当前通道所保存的选区。
- 在当前图像存在选区的状态下，单击将选区存储为通道按钮 ，可以将当前选区保存为 Alpha 通道。

- 单击创建新通道按钮，创建一个新的 Alpha 通道。
- 单击删除当前通道按钮，删除当前选择的通道。

16.2 颜色通道

颜色通道包括一个复合通道（即所有颜色复合在一起的通道）和单个的颜色通道，用于保存图像的颜色信息。每一个颜色通道对应图像的一种颜色，例如，CMYK 图像中的“绿”通道保存图像的青色信息。

默认状态下“通道”调板中显示所有的颜色通道，如果只单击其中一个颜色通道，则仅显示此通道的颜色，如图 16.7 所示。

（a）　　（b）

图 16.7　只显示“绿”通道的状态

单击颜色通道左侧的眼睛图标，可以隐藏此颜色通道或复合通道，再次单击可恢复显示。因此如果需在查看两种颜色合成效果时，可以显示这两种颜色通道，如图 16.8 所示。

（a）　　（b）

图 16.8　隐藏蓝色通道的状态

默认情况下，“通道”调板中颜色通道中的缩览图显示为灰色，如果要将其显示为彩色，可以选择“编辑”|“首选项”|“界面”命令，在弹出的如图 16.9 所示的“首选项”对话框中选择“用彩色显示通道”选项即可。

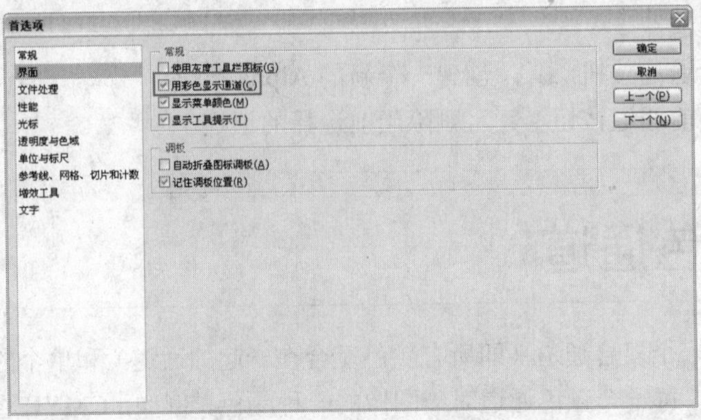

图 16.9 “首选项”对话框

在颜色通道中，白色表示当前通道所保存的颜色较多；反之，如果某一个“颜色”中有大块黑色，则表示整体图像在相应的区域相应的颜色较少。

下面通过一个实例来解释这个概念。

步骤 01 打开随书光盘:\d16z\16.2-素材.tif，如图 16.10 所示。显示“通道”调板，在该调板中单击“蓝”，此通道的显示效果如图 16.11 所示。

图 16.10 素材图像

图 16.11 在调板中单击“蓝”后的图像

步骤 02 设置前景色为白色，按 Alt+Delete 组合键填充通道“蓝”。

步骤 03 切换至 RGB 合成通道，图像显示如图 16.12 所示。

（a） （b）

图 16.12 图像效果

对比调整后的图像与调整前的原图像，可以看出整体图像的蓝色调大大增强了，使整幅图像都偏蓝。

这个实例很好地证明了当“颜色”通道表现为白色时，该通道所保存的颜色更多。

Photoshop 16.3 Alpha 通道 CS3

Alpha 通道是用户经常用到的一种通道类型，通过它可以将选区以灰度图像的方式记录，其优点不仅在于用户可以将选区保存起来，而且可以通过对其进行进一步的编辑和调整，从而得到特殊形状的选区。

Photoshop 允许使用多种方式创建与编辑 Alpha 通道，用户可以根据实际情况，选择一种最方便的方法创建或编辑所需要的 Alpha 通道，下面将详细介绍各种创建与编辑 Alpha 通道的方法。

16.3.1 创建空白 Alpha 通道

单击“通道”调板底部的创建新通道按钮，可以按照默认状态新建一个空白 Alpha 通道。

如果要对创建新的 Alpha 通道的参数进行设置，可以按住 Alt 键单击创建“通道”调板的新通道按钮，或选择“通道”调板弹出菜单中的“新通道”命令，设置弹出的如图 16.13 所示的对话框即可。

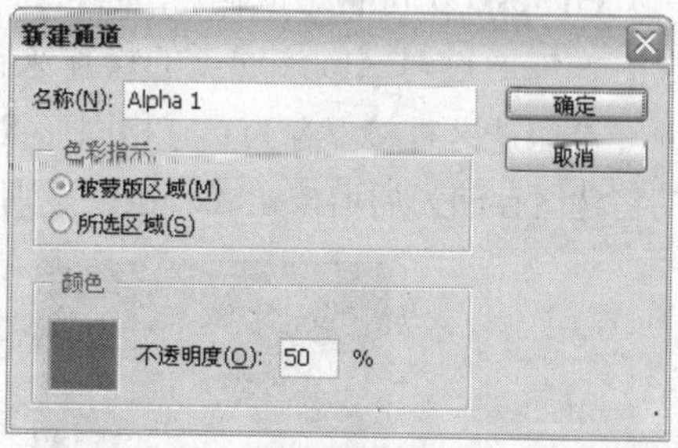

图 16.13 “新建通道”对话框

“新建通道”对话框中的参数含义如下。

- 名称：在此文本框中可输入新通道的名称。
- 被蒙版区域：选择此选项，新建的 Alpha 通道显示为黑色，如图 16.14 所示，Alpha 通道中的白色区域代表选区。

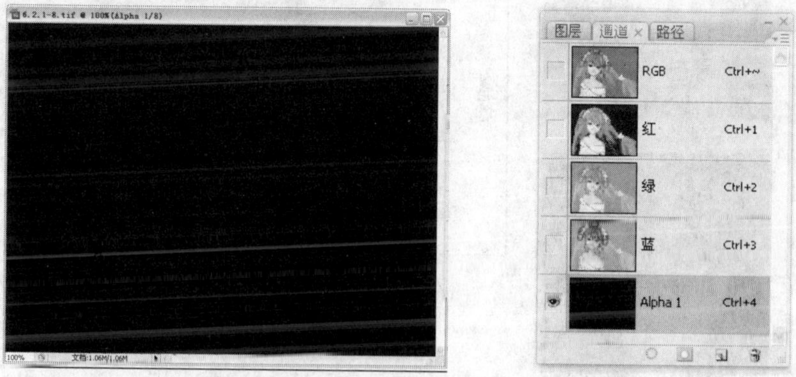

（a） （b）

图 16.14 Alpha 通道显示为黑色

- 所选区域：选择此选项后，新建通道中显示白色，如图 16.15 所示，Alpha 通道中的黑色代表对应的选区。
- 颜色：单击该颜色块，在弹出的“拾色器”对话框中指定快速蒙版的颜色。
- 不透明度：在此指定快速蒙版的不透明度显示。

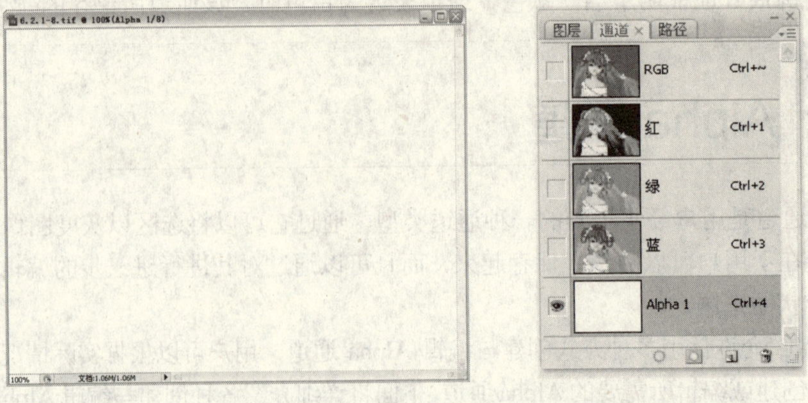

（a）　　　　　　　　　　　　（b）

图 16.15　Alpha 通道显示为白色

16.3.2　从选区创建同形状的 Alpha 通道

Photoshop 可将选区储存为 Alpha 通道，以方便在今后的操作中调用 Alpha 通道所保存的选区，或通过对 Alpha 通道的操作来得到新的选区。

要将选区直接保存为具有相同形状的 Alpha 通道，可以在选区存在的情况下，单击调板下面的将选区存储为通道按钮 ◘ 按钮，则该选择区域自动保存为新的 Alpha 通道，如图 16.16 所示。

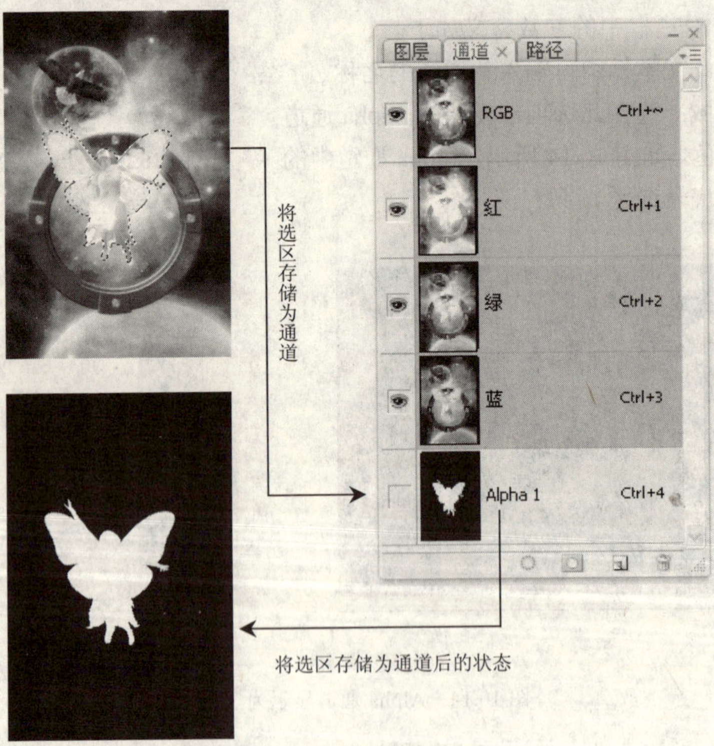

图 16.16　将选区存储为通道

仔细观察 Alpha 通道可以看出，通道中白色的部分对应的正是用户创建的选择区域的位置与大小，其形状完全相同，而黑色则对应于非选择区域。

如果在通道中除了黑色与白色外，还出现了灰色柔和边缘，则表明是具有“羽化”值的选择区域保存成了相对应的通道。在此状态下，Alpha 通道中的灰色区域代表部分选择，换言之即具有羽化值的选择区域。

16.3.3 保存选区为 Alpha 通道并同时运算

选择“选择”|“存储选区”命令也可以将选区保存为 Alpha 通道，不同的是，选择此命令将弹出支持选区与 Alpha 通道间进行运算的“存储选区”对话框，如图 16.17 所示，设置此对话框中的选区，可以通过使选区与 Alpha 通道间进行运算，得到形状更为复杂的 Alpha 通道。

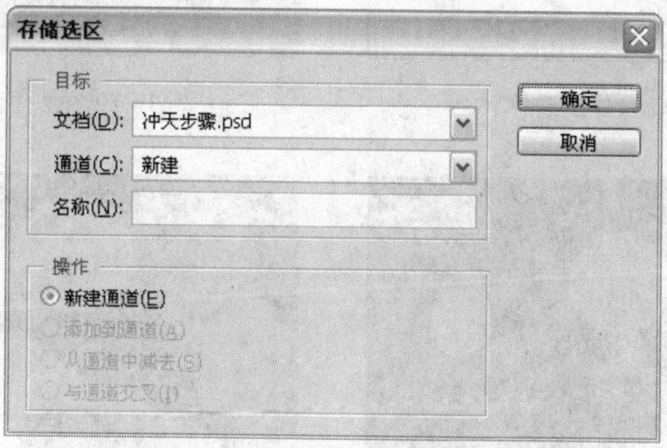

图 16.17 “存储选区”对话框

“存储选区”对话框中各参数的含义如下。

- 文档：此下拉列表框显示了已打开的、尺寸大小与当前操作图像文件相同的图像文件的名称，选择这些文件名称可以将选区保存在该图像文件中。如果在下拉列表框中选择“新建”命令，则可以将选区保存在一个新文件中。
- 通道：此下拉列表列出了当前文件已存在的 Alpha 通道的名称及新建选项。如果选择已存在的 Alpha 通道，则可以替换该 Alpha 通道所保存的选区；选择“新建”可以创建一个新 Alpha 通道。
- 名称：在此输入文字可命名新通道。
- 新建通道：选择该项，当前选区被保存为一个新通道。如果在“通道”下拉列表框中选择一个已存在的 Alpha 通道，新通道选项将转换为“替换通道”选项，选择此选项可以用当前选区生成的新 Alpha 通道替换所选择的 Alpha 通道。
- 添加到通道：当在“通道”下拉列表框中选择一个已存在的 Alpha 通道时，此选项可被激活。选择此项可以在原 Alpha 通道中添加当前选区所定义的 Alpha 通道。
- 从通道中减去：在“通道”下拉列表框中选择一个已存在的 Alpha 通道时，此选项可被激活。选择此项可以在原 Alpha 通道的基础上减去当前选区所创建的 Alpha 通道，即在原通道中以黑色填充当前选区所确定的区域。
- 与通道交叉：在“通道”下拉列表框中选择一个已存在的 Alpha 通道时，此选项可被激活。选择该项可以得到原 Alpha 通道与当前选区所创建的 Alpha 通道的重叠区域。

下面通过一个实例来示范对话框“操作”区域的 4 个选项。

图 16.18 所示为当前存在选区，图 16.19 所示为已存在的一个 Alpha 通道。选择“选择”|“存储选区”命令，在弹出的对话框中分别选择“替换通道”、“添加到通道”、“从通道中减去”、“与通道交叉”选项，可以分别得到图 16.20 所示的各种效果。

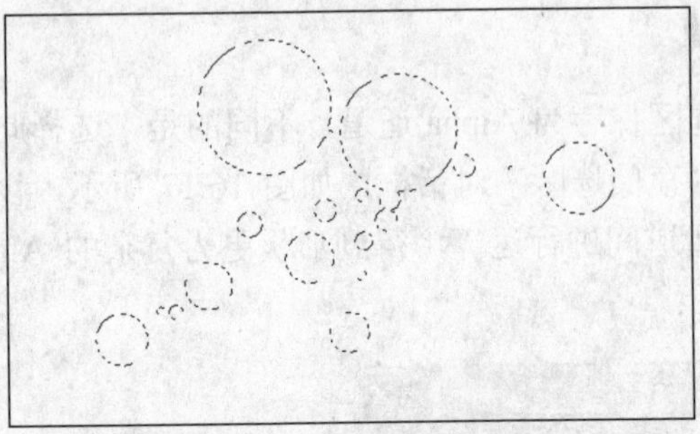

图 16.18 当前操作的选区

图 16.19 已存在的 Alpha 通道

（a）替换通道

（b）添加到通道

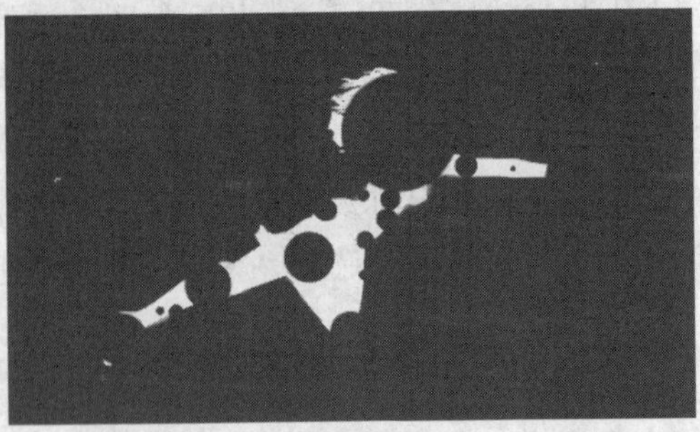

（c）从通道中减去

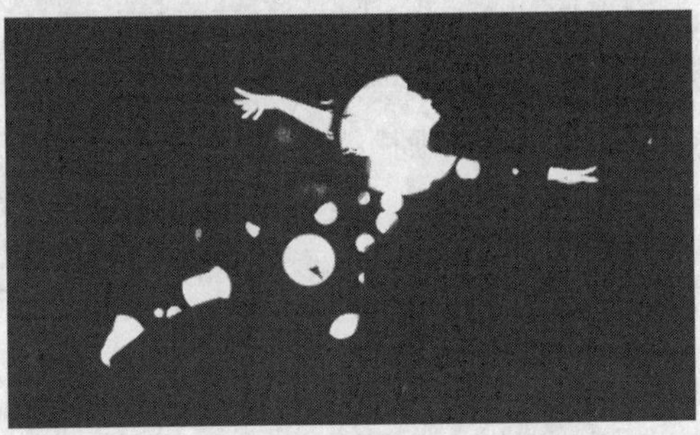

（d）与通道交叉

图 16.20 通道运算效果

16.3.4 从快速蒙版创建 Alpha 通道

当按 Q 键切换到快速蒙版工作状态时，“通道”调板中将存放一个名称为“快速蒙版”的暂存通道，该通道的名称为斜体显示，如图 16.21 所示。

提示

退出快速蒙版工作状态后，该暂存通道将会隐藏。

将此暂存通道拖至创建新通道按钮 上，可以将其保存为 Alpha 通道，如图 16.22 所示。

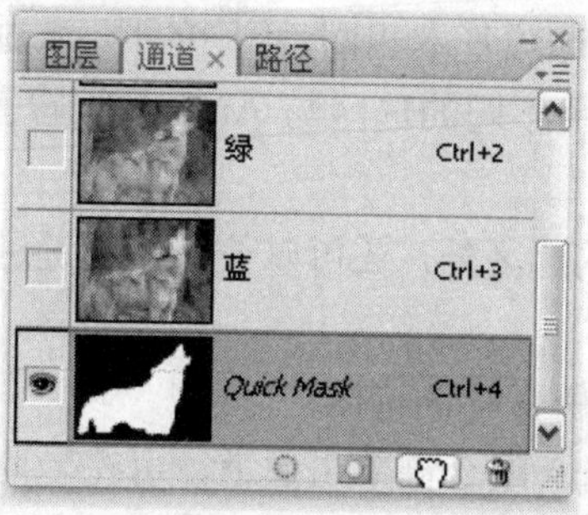

图 16.21 暂存的“快速蒙版”

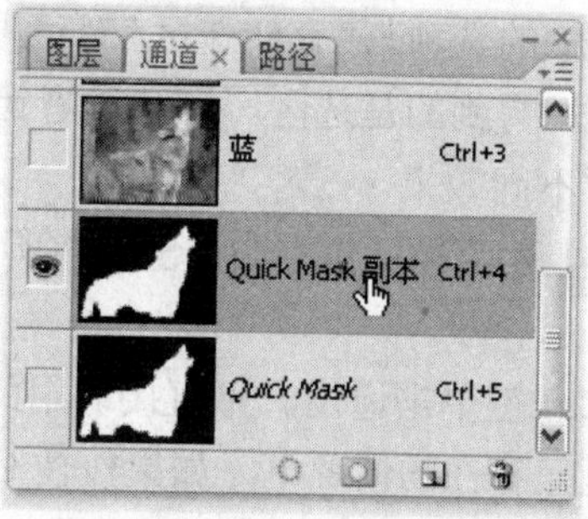

图 16.22 保存为 Alpha 通道的效果

16.3.5 从图层蒙版创建通道

如果当前选择的图层有图层蒙版，则当切换至“通道”调板时，同样会看到“通道”调板中暂存一个名字为“图层 X 蒙版”的通道，该通道的名称为斜体显示，如图 16.23 所示。

提示

切换至其他无图层蒙版的图层后，该暂存通道将会隐藏。

将此暂存通道拖至创建新通道按钮 上则可以将其保存为 Alpha 通道，如图 16.24 所示。

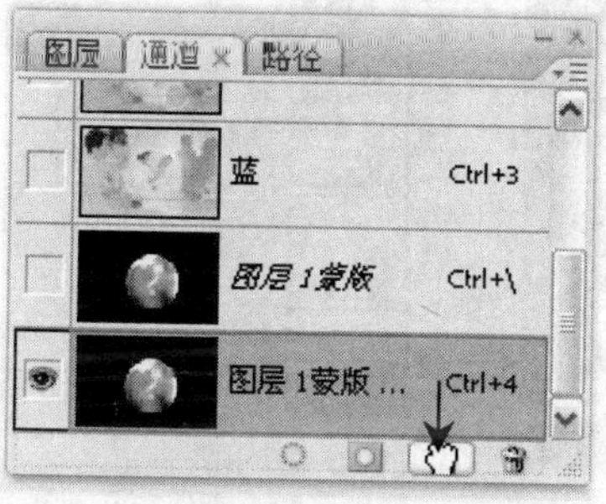

图 16.23 图层蒙版的暂存通道

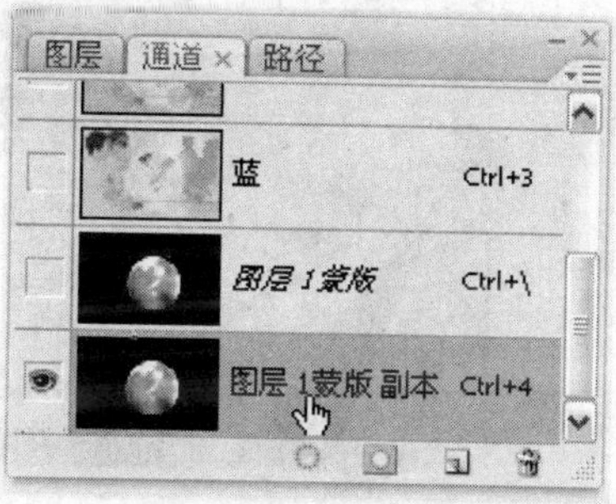

图 16.24 保存为 Alpha 通道后的效果

16.3.6 将通道作为选区载入

在“通道”调板中选择任一个 Alpha 通道，单击调板下面的将通道作为选区载入按钮 ，即可将此 Alpha 通道所保存的选区调出；也可以选择“选择”|“载入选区”命令，设置弹出的如图 16.25 所示的对话框，调用通道所保存的选区。

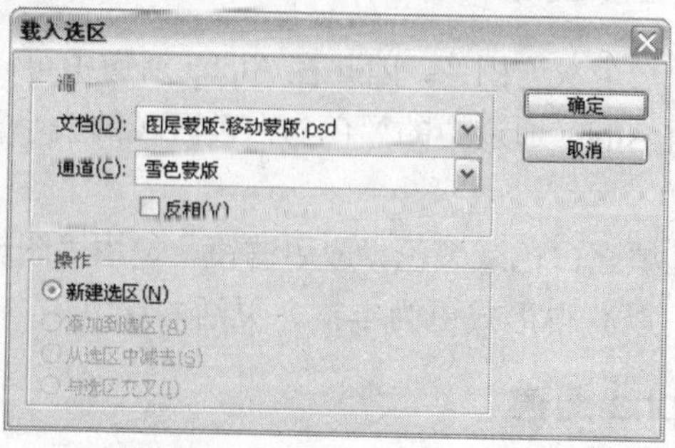

图 16.25 “载入选区”对话框

此对话框中的选项与“存储选区”对话框中的选项基本相同，不同的是，通过选区与 Alpha 通道间的运算，得到的是选区。在此读者可以使用不同的选区与 Alpha 通道，尝试使用不同的选项得到的不同效果。

除了使用上述两种操作方法调出通道所保存的选区外，还可以使用快捷键进行操作，具体方法如下：

- 按住 Ctrl 键单击通道，可直接调用此通道所保存的选区。
- 在选区已存在的情况下，如果按住 Ctrl+Shift 组合键单击通道，可在当前选区中增加该通道所保存的选区。
- 如果按住 Alt+Ctrl 组合键并单击通道，可在当前选区中减去该通道所保存的选区。
- 如果按住 Alt+Ctrl+Shift 组合键并单击通道，可得到当前选区与该通道所保存的选区重叠的选区。

提示

如果在按住 Ctrl 键的同时单击颜色通道，则同样能够将此类通道保存的选区调出，如图 16.26 所示。

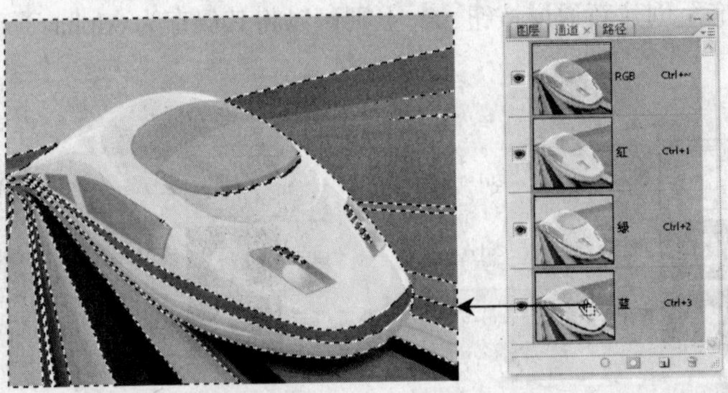

图 16.26　将通道作为选区载入

创建 Alpha 通道后，按住 Ctrl 键单击通道，或单击“通道”调板下方的将通道作为选区载入按钮，即可调出 Alpha 通道保存的选区。

16.4 编辑 Alpha 通道

由于 Alpha 通道类似于一个灰度图像，因此在 Alpha 通道中可以用画笔工具、渐变工具、形状工具等操作，编辑 Alpha 通道中的黑色与白色区域的大小与位置，以创建相对应的合适的选区。

除此之外，还可以通过填充白色或黑色、应用滤镜、使用“图像”|“调整”子菜单中的命令等手段编辑 Alpha 通道，以获得形式更为丰富、灵活的选区。

16.4.1 用滤镜编辑 Alpha 通道

将选区保存为 Alpha 通道后，可以使用滤镜编辑 Alpha 通道，从而得到使用其他方法无法得到的 Alpha 通道，最终得到所需的选区。

下面通过一个实例来讲解在 Alpha 通道中如何通过应用滤镜创建所需要的散点状选区。

步骤 01 打开随书光盘:\d16z\16.4.1-素材.tif，如图 16.27 所示，使用磁性套索工具沿着卡通人物的身体边缘绘制选区，如图 16.28 所示。

图 16.27　素材图像

图 16.28　绘制选区

步骤 02 选择“选择”|“修改”|“扩展”命令，在弹出的对话框中设置“扩展量”数值为 8，单击“确定”按钮退出对话框。

步骤 03 切换至“通道”调板，单击将选区存储为通道按钮，得到通道“Alpha 1”，如图 16.29 所示，按 Ctrl+D 组合键取消选择区域。

步骤 04 选择“滤镜”|“模糊”|“高斯模糊”命令，在弹出的对话框中设置“半径”参数为 30，得到如图 16.30 所示的效果。

图 16.29　保存选区后的状态

图 16.30　模糊后的效果

步骤 05 按 Ctrl+I 组合键做反相操作，选择“滤镜”|“像素化”|“彩色半调”命令，设置弹出的对话框，如图 16.31 所示，单击“确定”按钮退出对话框，得到如图 16.32 所示的效果。

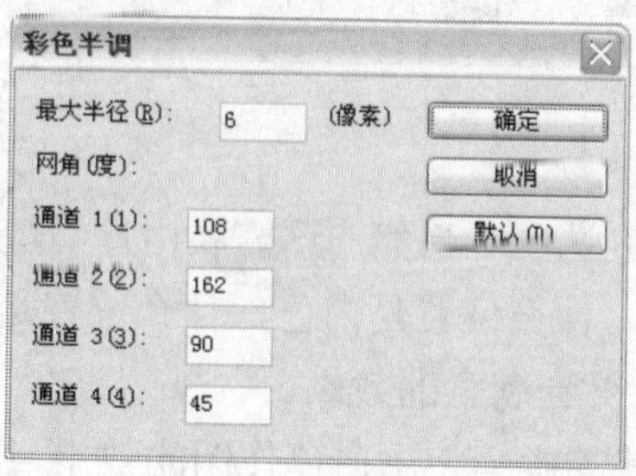

图 16.31　“彩色半调”对话框

图 16.32　得到点状效果

步骤 06 按 Ctrl+I 组合键做反相操作，按住 Ctrl 键单击“Alpha 1”的缩览图以调出其存储的选区。

步骤 07 切换至“图层”调板，选择“图层 1”新建一个图层得到“图层 2”，设置前景色为白色，按 Alt+Delete 组合键填充选区，按 Ctrl+D 组合键取消选区，得到如图 16.33 所示的最终效果，此时的“图层”调板如图 16.34 所示。

图 16.33　最终效果

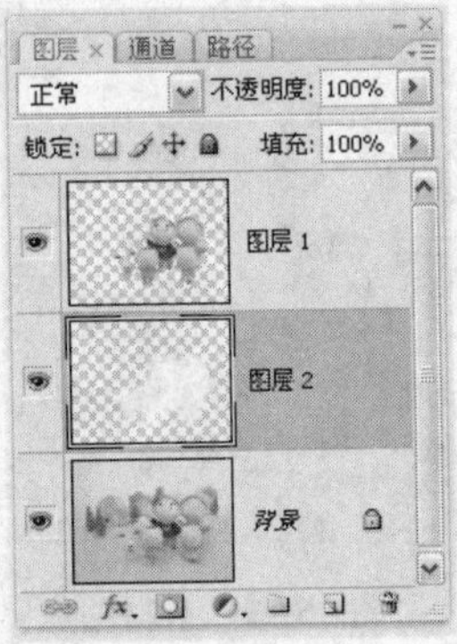

图 16.34　“图层”调板

> **提示**
>
> 本例所示范的技术是当前非常流行的网状边缘的操作方法，许多平面设计作品都应用到这种技术，如图 16.35 所示。本实例最终效果文件为随书光盘:\d16z\16.4.1.psd。

Photoshop 提供了许多种滤镜，用户可以通过组合运用这些滤镜得到状态不同的 Alpha 通道。

（a）　　（b）

图 16.35　应用散点化技术的平面设计作品

16.4.2　通过绘画编辑通道

通过在空白的 Alpha 通道中作图的方法，也可以得到选区。当然，这需要用户清楚地知道要得到什么样的选区，这样的选区对应在 Alpha 通道中，什么位置是白色，什么位置是黑色，什么位置是灰色，应该使用什么样的工具进行作图，以得到满意的效果。

图 16.36 所示为笔者在 Alpha 通道中以设置为散点状的画笔使用白色作图的效果，图 16.37 所示为使用此 Alpha 通道得到的选区。

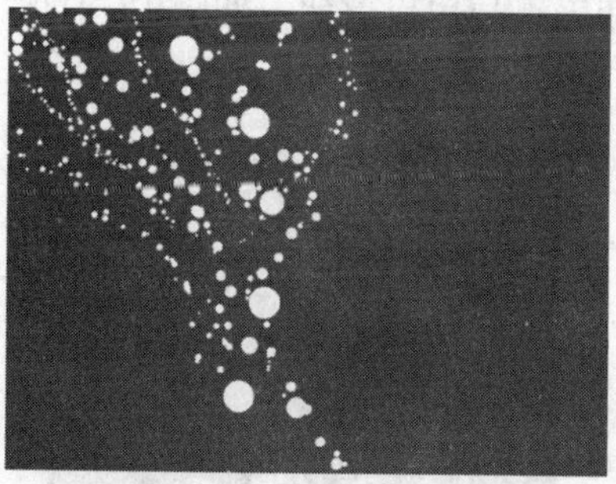

图 16.36 Alpha 通道应用散点状画笔的效果

图 16.37 从 Alpha 通道中得到的选区

16.4.3 使用颜色调整命令编辑 Alpha 通道

用户还可以通过使用颜色调整命令得到选区，例如，在图 16.38（a）中，要取得文字外形的选区，如图 16.38（b）所示，就可以使用颜色调整命令以得到选区，其步骤如下。

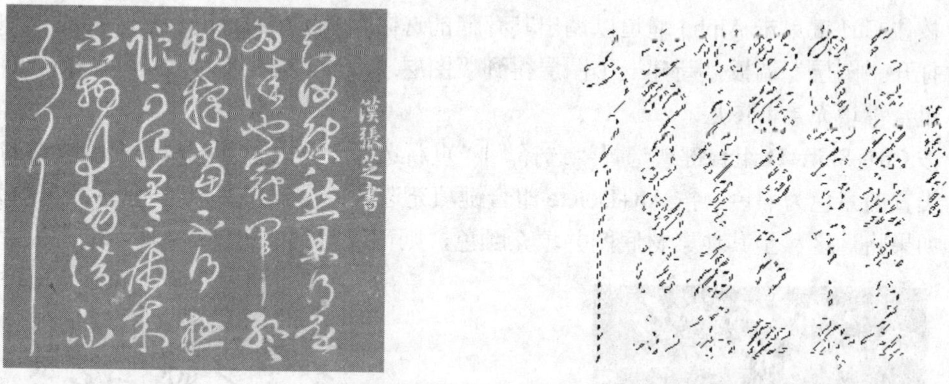

（a） （b）

图 16.38 原图像及要得到的选区

步骤 01 打开随书光盘:\d16z\16.4.3-素材.tif，打开“通道”调板。

步骤 02 复制一个对比度较好的颜色通道，在此笔者复制的是“蓝”通道，如图 16.39 所示。

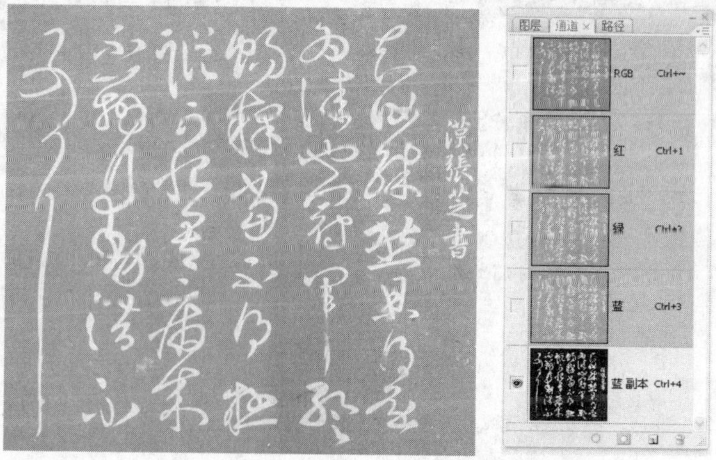

图 16.39 复制“蓝”通道

步骤03 按 Ctrl+L 组合键调出“色阶”对话框，分别拖动黑色与白色滑块，如图 16.40 所示，使 Alpha 通道黑白分明，如图 16.41 所示。

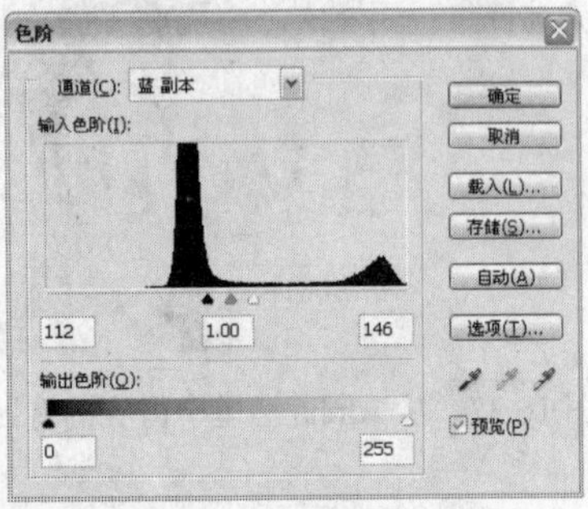

图 16.40 “色阶”对话框

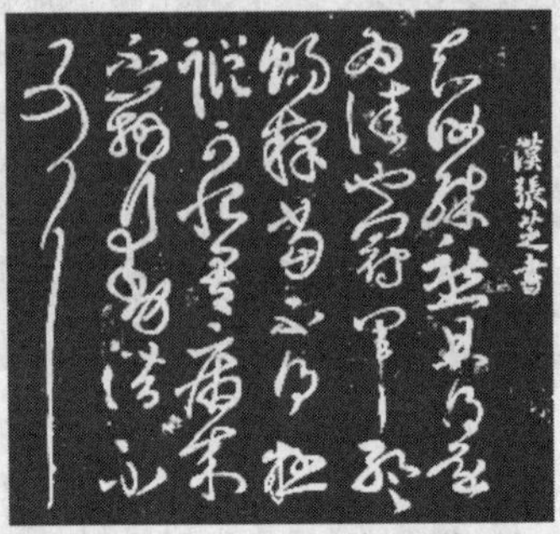

图 16.41 使用“色阶”命令后的效果

步骤04 将前景色设置为黑色，使用画笔在白色文字外围进行涂抹操作，以去除白色的杂块，如图 16.42 所示。

步骤05 按住 Ctrl 键单击 Alpha 通道以调出其存储的选区，按 Ctrl+D 组合键取消选区。

步骤06 打开“图层”调板，新建一个图层得到“图层 1”，设置前景色为白色，按 Alt+Delete 组合键填充当前图层。

步骤07 按 Ctrl+Shift+D 组合键或选择“选择” | “重新选择”命令重新调出第 5 步取消的选区，设置前景色为黑色，按 Alt+Delete 组合键填充选区，得到如图 16.43 所示的最终效果；如果将选区移至其他素材底图并填充颜色，则可以得到如图 16.44 所示的效果。

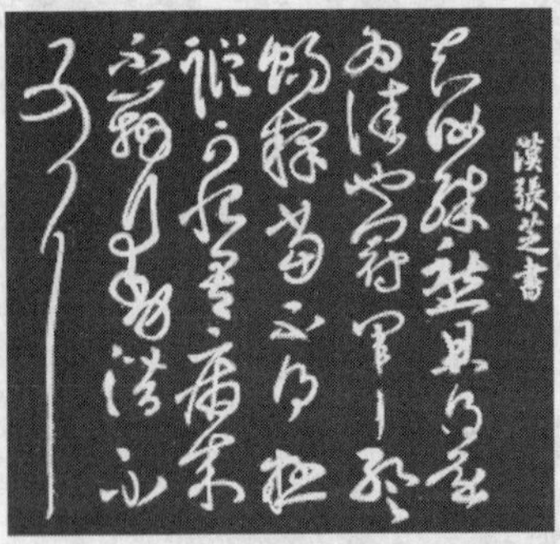

图 16.42 去除杂点后的效果

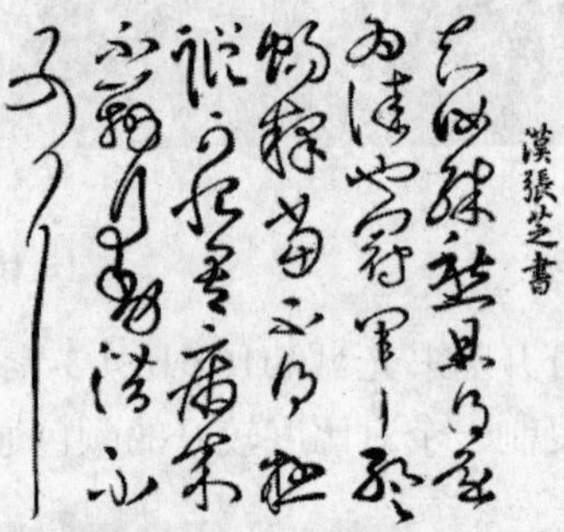

图 16.43 最终效果

图 16.44 更换底图后的效果

提示

本例所示范的技术是常用的从素材图抠出毛笔书法文字的技术。本实例最终效果文件为随书光盘:\d16z\16.4.3-1.psd、16.4.3-2.psd。

Photoshop CS3

16.5 专色通道

16.5.1 关于专色通道

印刷中所存在的技术上的限制，使通过印刷得到的图像效果比显示在屏幕上的图像视觉效果差。为了弥补这种缺陷，产生了各种各样的技术，而专色即其中之一。

简单地说，专色就是一种特殊的预混油墨，用于替代或补充印刷色（CMYK）油墨，以产生更好的印刷效果。

如果要印刷带有专色的图像，则需要创建存储这些颜色的专色通道，为了输出专色通道，文件需要以 DCS2.0 格式或 PDF 格式存储。

16.5.2 创建专色通道

增加专色通道的方法有两种，一种是创建新的专色通道，另一种是将现有 Alpha 通道转换为专色通道。

创建新的专色通道，可以按以下步骤操作。

步骤 01 为需要覆盖专色的区域制作选区。

步骤 02 在“通道”调板中单击“通道”调板右上方三角按钮▾≡，在弹出的下拉菜单中选择“新专色通道”命令或按住 Ctrl 键单击“通道”调板下方的新通道按钮[新通道按钮]。

步骤 03 设置弹出的如图 16.45 所示的对话框后，单击“确定”按钮，退出对话框。

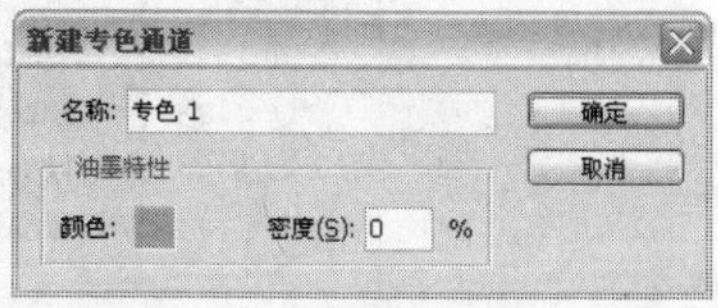

图 16.45 “新建专色通道”对话框

“新建专色通道”对话框中的参数含义如下。

- 名称：在该文本框中可以为专色命名，以便其他读取该文件的应用程序能够识别它们，否则可能无法打印该文件。
- 颜色：单击“油墨特性”选项区域下的颜色色块，在弹出的“拾色器”对话框中指定一种颜色为专色。如果在当前文件中有选区，则该区域由在此设置的颜色填充。
- 密度：在该数值框中输入一个数值，以在屏幕上模拟打印专色的密度，数值范围为 0～100%。数值为 100%则模拟完全覆盖下层油墨，数值为 0 则模拟完全显示下层油墨的透明油墨。

16.5.3 合并专色通道

在“通道”调板中激活专色通道，在此调板的弹出菜单中选择“合并专色通道”命令，可以将专色通道合并至“颜色”通道中。

提示

专色通道合并后的效果通常不会重现与原专色通道相同的颜色，因为 CMYK 油墨无法呈现专色油墨的色彩范围。

16.5.4 更改专色通道的选项

双击“通道”调板中的专色通道缩览图，弹出“专色通道选项”对话框，在此对话框中可以为专色通道更改名称、颜色及密度等参数。

Photoshop CS3

16.6 通道操作

对通道进行复制、删除、重命名等各类操作是常见的通道操作类型，下面将分别讲解这些操作的使用方法。

16.6.1 复制通道

复制通道的方法有两种，第一种是直接将要复制的通道拖至“通道”调板的新建通道按钮上；第二种是在“通道”调板中先选择单个颜色通道或 Alpha 通道，然后选择“复制通道”命令，设置弹出的如图 16.46 所示的对话框。

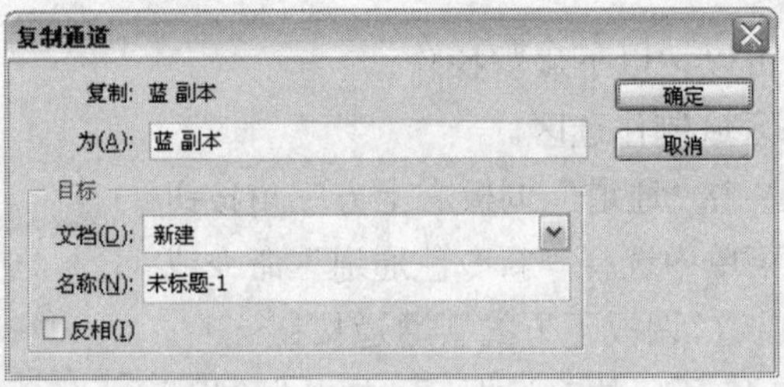

图 16.46 “复制通道”对话框

- 复制：其右侧显示所复制的通道名称。
- 为：在此文本框中输入复制得到的通道名称，默认为“当前通道名称 副本”。
- 文档：在此下拉列表框中选择复制通道的存放位置。如果选择“新建”选项，会由复制的通道生成一个“多通道”模式新文件。

16.6.2 删除通道

单击“通道”调板右上方的三角按钮，在弹出的菜单中选择“删除通道”命令，可以将当前选择的通道删除，也可以直接将要删除的通道拖至删除通道按钮上。

提示

如果将某一种颜色通道拖至“通道”调板中的删除通道按钮上，则混合通道及该颜色通道都将被删除，而图像将自动转换为多通道模式，图 16.47 所示为原图像，图 16.48 所示为删除“红”通道后的效果及对应的“通道”调板。

图 16.47 原图像

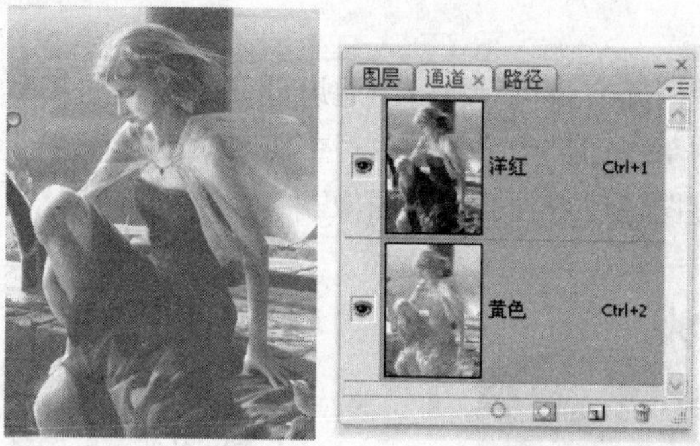

（a） （b）

图 16.48 删除“红”通道后的效果及对应的“通道”调板

16.6.3 调整通道排列顺序

在“通道”调板中可以很方便地改变 Alpha 通道的排列顺序，其操作也非常简单，只需要拖动此通道上下移动，当在需要的位置上出现黑色线条时，释放鼠标左键，即可将拖动的 Alpha 通道移至此处，如图 16.49 所示。

16.6.4 重命名通道

要为 Alpha 通道重命名，可在“通道”调板中双击此通道名称，待名称转变为文本框状态时，如图 16.50 所示，输入新通道的名称，按 Enter 键确认该操作即可。

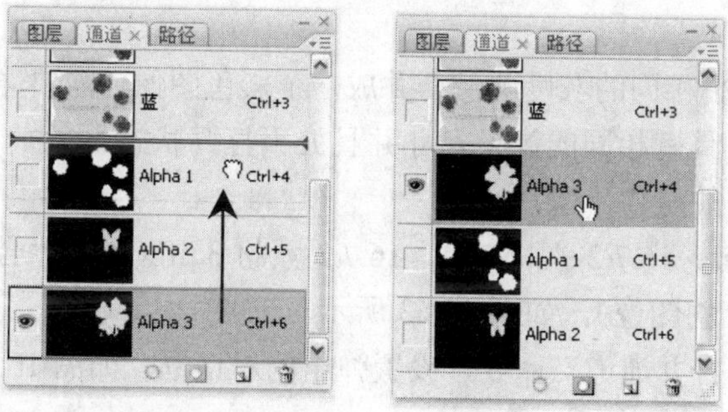

（a） （b）

图 16.49 调整通道顺序实例

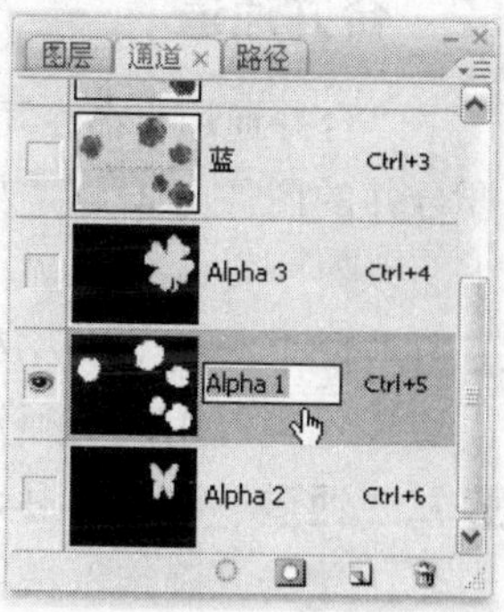

图 16.50 重命名通道

Photoshop CS3

16.7 分离与合并通道

通过分离通道操作可以将拼合图像的通道分离为单独的图像，当需要在不能保留通道的文件格式中保留单个通道信息时，分离通道非常有用；而合并通道则可以将单独扫描的图像合成为一个彩色图像。

16.7.1 分离通道

当前图像只有一个“背景”图层时，“通道”调板弹出菜单中“分离通道”命令才可以被激活。

使用此命令可以将每个通道分离为独立的灰度文件，并关闭原文件。

图 16.51 所示为原图像，图 16.52 所示为选择此命令将该 RGB 模式图像的通道分离成为 3 个灰度图像后得到的 3 幅图像。

图 16.51　原图像

(a)　(b)　(c)

图 16.52　分离通道后生成的 3 个灰度文件

如果当前操作的是 CMYK 模式的图像，则经过此操作得到的是 4 个灰度图像。

提示

如果当前操作的图像有专色通道或 Alpha 通道，则经过此操作后这些专色通道或 Alpha 通道也将被分离成为一个单独的灰度图像。

16.7.2　合并通道

使用"合并通道"命令可以将多个大小相同的灰度图像合并成一个彩色图像。需要注意的是，要合并的图像必须是"灰度"模式，具有相同的像素尺寸并且处于打开状态。

下面以一个实例来讲解"合并通道"的操作步骤：

步骤 01 打开随书光盘:\d16z\16.7.2-素材 1.tif、16.7.2-素材 2.tif、16.7.2-素材 3.tif（为使"合并通道"选项可用，必须打开一个以上的图像），如图 16.53 所示。

步骤 02 从"通道"调板弹出菜单中选择"合并通道"命令，设置弹出的对话框，如图 16.54 所示，单击"确定"按钮。

图 16.53　打开多个灰度图像

图 16.54　"合并通道"对话框

“合并通道”对话框中的参数含义如下。

- 模式：在此下拉列表中选择要创建的颜色模式，如果某图像模式不可用，则该模式将变暗。
- 通道：在“模式”下拉列表中选择一种颜色模式后，适合此模式的通道数量出现在“通道”文本框中。

步骤 03 在弹出的“合并 RGB 通道”对话框中为每一个通道指定相应的文件，如图 16.55 所示。

步骤 04 单击“确定”按钮，则指定的 3 个“灰度”模式的图像被合并为一个 RGB 模式的彩色图像，如图 16.56 所示。

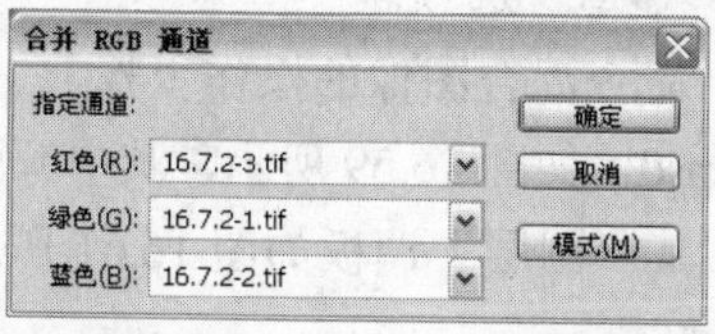

图 16.55　“合并 RGB 通道”对话框

图 16.56　合并的彩色图像

如果在执行步骤 03 操作时使用不同的方案，则合并后得到的图像也不尽相同，图 16.57 所示为使用不同方案得到的不同效果。

（a）　　（b）

图 16.57　使用不同方案得到的不同效果

Photoshop CS3

16.8 “应用图像”命令

“应用图像”命令的本质是得到图像与图像间的混合效果，但此命令最大的优点在于可以将源图像的图层和通道与目标图像的图层和通道混合，同时还可以根据需要为合成的图像添加蒙版，从而在一个对话框中尝试使用一对多的混合方案。

选择“图像”|“应用图像”命令，弹出如图 16.58 所示的对话框。

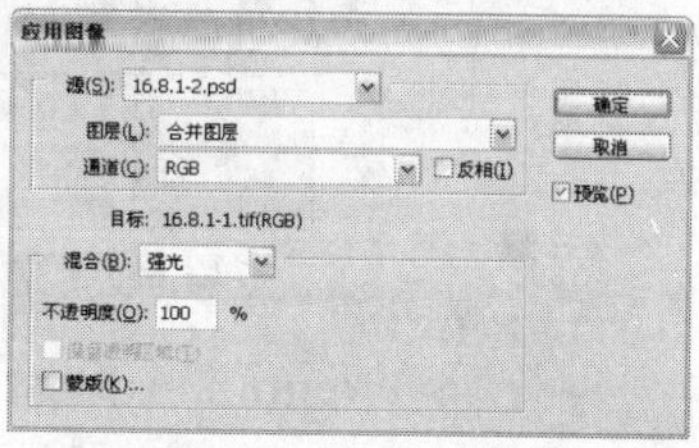

图 16.58　“应用图像”对话框

“应用图像”对话框中的参数含义如下。

- 源：在该下拉列表中选择要与当前图像进行混合的源图像名称。
- 图层：在该下拉列表中选择要与当前图像混合的图层名称。
- 通道：在该下拉列表中选择要与当前图像混合的通道。
- 反相：选择此选项，将在“通道”下拉列表中选中的通道反相后，再进行混合。
- 混合：在该下拉列表中选择两幅图像混合时的混合模式。
- 不透明度：在此输入数值可以设置混合时源图像的不透明度。
- 保留透明区域：此选项仅在当前选择的目标图层不是背景图层时才可用，选择此选项可以使该图层中的透明区域不受此命令的影响。
- 蒙版：如果要使用蒙版限定混合效果发生的区域，可以选择此复选项，并在扩展的对话框中选择包含蒙版的“图像名称”、“图层”和“通道”选项。

下面以混合两幅图像为例，讲解使用“应用图像”命令混合图像的操作步骤。

步骤01 打开随书光盘:\d16z\16.8-素材 1.tif、16.8-素材 2.psd，如图 16.59 所示，其中源图像（如图 16.60 所示）为一个有 2 个图层的图像文件，其“图层”调板如图 16.61 所示。

提示

进行混合的两幅图像必须具有相同的尺寸（宽度、高度、分辨率），且其颜色模式应该为 RGB、CMYK、Lab 或灰度 4 种颜色模式中的一种。

步骤02 选择图像文件“16.8.1-素材 1.tif”，选择“图像”|“应用图像”命令，以调出其对话框，如图 16.62 所示。

图 16.59 目标图像

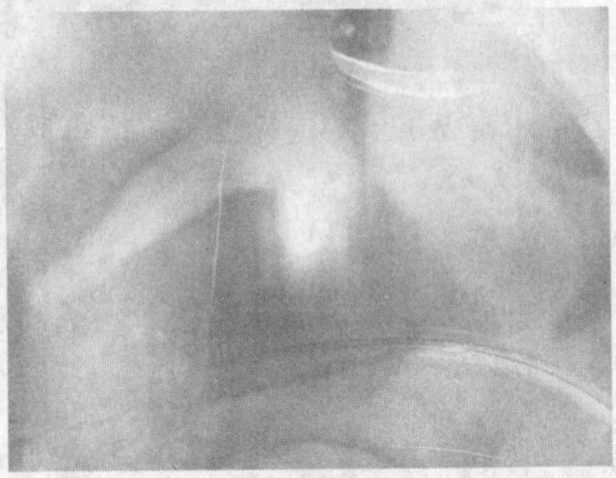

图 16.60 源图像

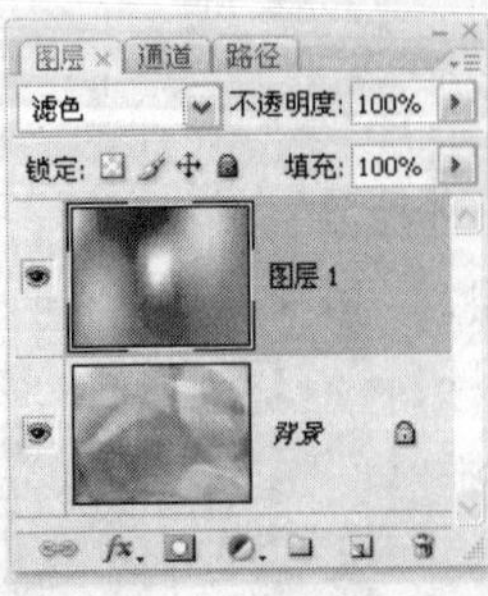

图 16.61 “图层”调板

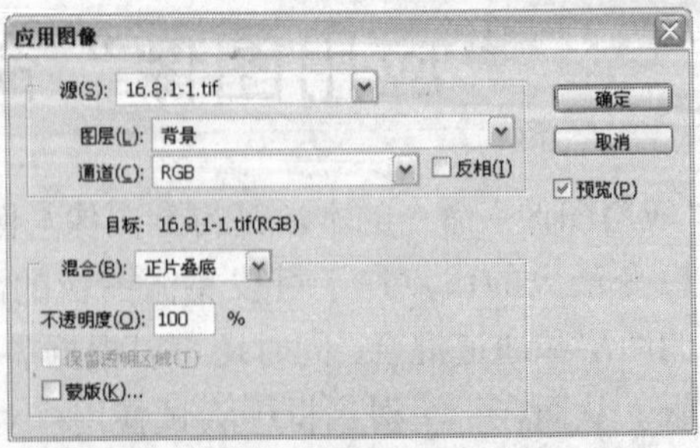

图 16.62 “应用图像”对话框

步骤03 在“源”下拉列表中选择与“目标”图像混合的源图像名称，这里选择 16.8.1-2.psd。

步骤 04 在“图层”下拉列表中选择与“目标”图像混合的源图像的图层名称，如果要使用“源”图像中的所有图层，在此下拉列表中选择“合并图层”选项。

提示

通过在“图层”与“通道”下拉列表菜单中选择不同的选项，可以尝试当前图像与多个合成对象以不同的模式进行混合，这也正是此命令的优势所在。例如，图 16.63 所示为已设置了一组参数后的对话框及图像效果，图 16.64 所示为另外一组参数及对应的图像效果。

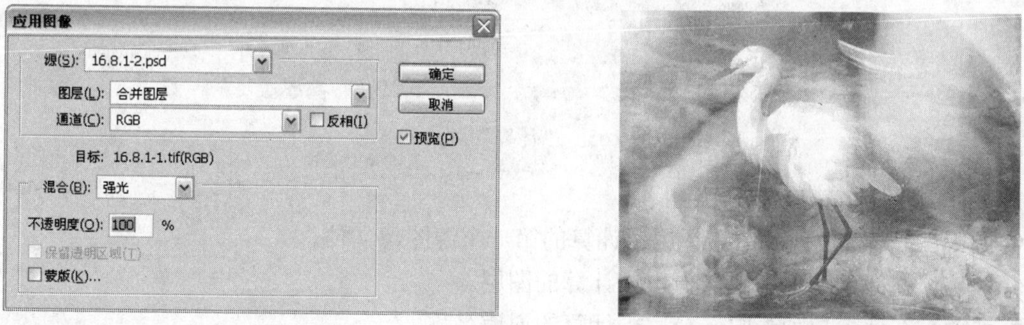

(a) (b)

图 16.63 “应用图像”对话框及其图像效果（一）

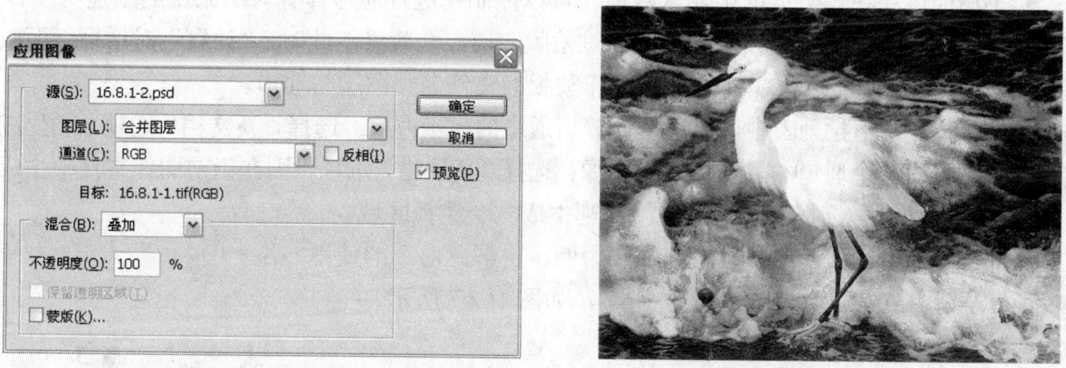

(a) (b)

图 16.64 “应用图像”对话框及其图像效果（二）

提示

本实例最终效果文件为随书光盘:\d16z\16.8.1-1.psd、16.8.1-2.psd。

Photoshop CS3

16.9 通道“计算”命令

“计算”命令可以混合两个来自一个或两个源图像的单个通道，然后将结果应用到新图像、新通道或现用图像的选区，此命令为用户创建多样化、复杂的通道提供了便利。

选择“图像”|“计算”命令，弹出如图 16.65 所示的对话框。

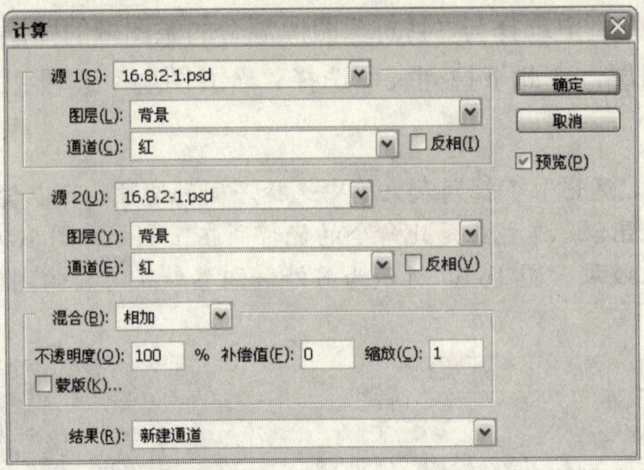

图 16.65 “计算”对话框

“计算”对话框中的参数含义如下。

- 源 1：在该下拉列表中选择用于计算的第一个源图像文件。
- 图层：在此下拉列表中选择用于计算的图层。
- 通道：在此下拉列表中选择用于计算的通道名称。
- 源 2 ：在此选择需要进行计算的第二个图像。
- 混合：在此下拉列表中选择两个通道进行计算时运用的混合模式。
- 不透明度：在该数值框中输入数值，可以控制在进行通道计算时所采用的不透明度。
- 蒙版：如果选择此选项，则可以通过蒙版应用混合效果。此时，“计算”对话框下面改变如图 16.66 所示，在其中选择用作蒙版的文件名、图层与通道。
- 结果：在此下拉列表中可以选择计算后通道的显示方式。选择“新文档”选项，则生成一个仅有一个通道的多通道模式图像；选择“新通道”选项，则在当前图像文件中生成一个新通道；选择“选区”选项，则生成一个选择区域。

下面以使用“计算”命令抠出毛笔字为例，讲解此命令的使用方法。

步骤 01 打开随书光盘:\d16z\16.9-素材 1.psd，如图 16.67 所示。

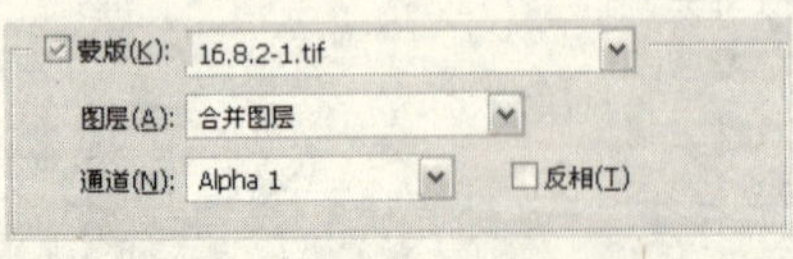

图 16.66 选择“蒙版”选项后增加的参数

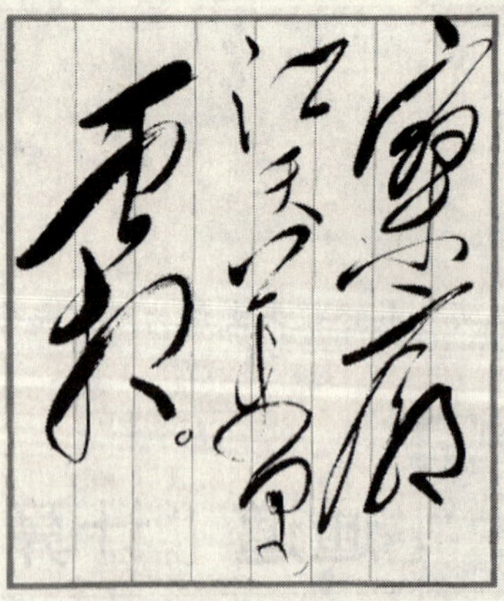

图 16.67 素材图像

步骤 02 切换至“通道”调板，分别观察 3 个如图 16.68 所示的原色通道，从中选中边框线最不明显的一个，这里选择“红”通道。

（a）“红”通道 （b）“绿”通道 （c）“蓝”通道

图 16.68 3 个原色通道

步骤03 选择“图像”|“计算”命令，设置弹出的如图 16.69 所示的对话框，得到如图 16.70 所示的新通道 Alpha 1。

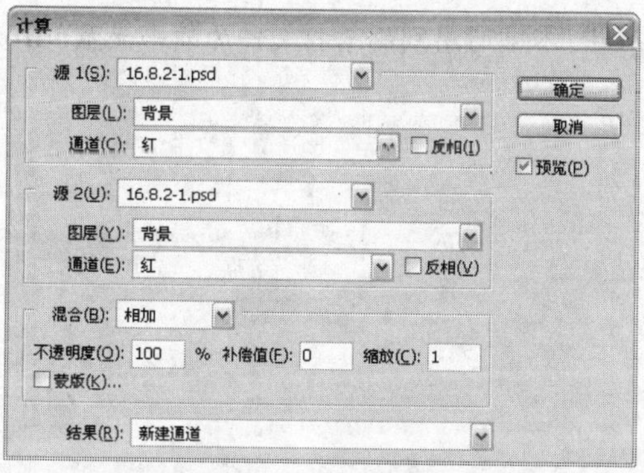

图 16.69 “计算”对话框

图 16.70 计算后得到的新通道

步骤04 设置前景色为白色，选择画笔工具并设置适当的画笔大小，在图像中非文字以外的黑色杂线处进行涂抹，直至完全去除为止，如图 16.71 所示。

步骤05 按 Ctrl+I 组合键做反相操作，此时通道中的效果如图 16.72 所示。按住 Ctrl 键单击 Alpha 通道以调出其存储的选区。

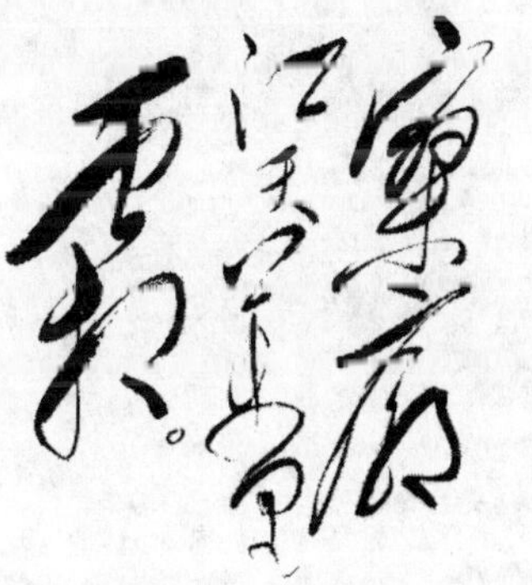

图 16.71 应用“色阶”命令后的效果

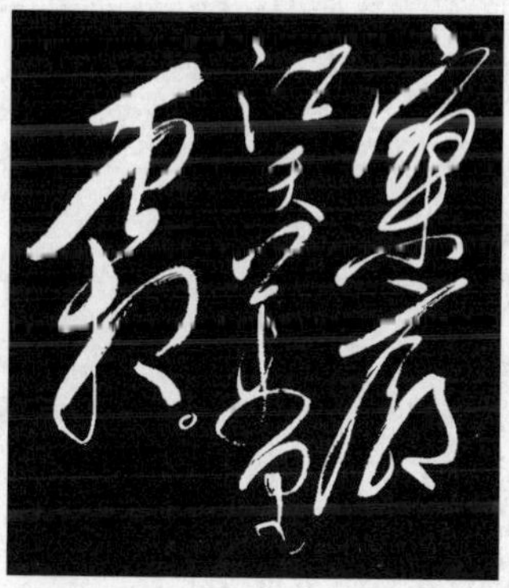

图 16.72 去除杂点的效果

步骤06 打开随书光盘:\d16z\16.9-素材 2.tif，将步骤 05 的操作调出的选区移至当前图像中。

步骤07 设置前景色为黑色，按 Alt+Delete 组合键填充选区，得到如图 16.73 所示的最终效果。

图 16.73 最终的效果

提示

本实例最终效果文件为随书光盘:\d16z\16.9.psd。本章所用到的素材文件为随书光盘:\d16z\中的文件，文件名对应着本章的小节号。

第 17 章

滤　　镜

Photoshop

Photoshop 自带的滤镜数目多达 100 多种，应用每种滤镜都可以得到不同的效果，而它们与 Photoshop 的其他强大功能相结合，更能制作出各种各样令人眼花缭乱的效果。

本章主要介绍 Photoshop 自带滤镜。需要指出的是，由于这些滤镜的数目较多，且绝大部分滤镜较为简单，故在此仅对部分特色滤镜进行详细讲解，其他滤镜相对而言比较简单，读者可以根据本章对每一个滤镜的注释自行练习并掌握。

Photoshop CS3

17.1 滤镜的分类

根据 Photoshop 对滤镜的划分，滤镜可以被分为以下几类。

- 内置滤镜：此类滤镜是 Photoshop 自带的滤镜，被广泛应用于纹理制作、图像效果的修整、文字效果制作、图像处理等各个方面。
- 特殊滤镜：此类滤镜包括“抽出”、“图案生成器”、“液化”3 个命令。由于此类滤镜的使用方法有别于内置滤镜，且每个滤镜都有自己的专一用途，因此常被称为特殊滤镜。
- 外挂滤镜：此类滤镜与前两类滤镜的不同之处在于，此类滤镜需要用户单独购买。较为著名的外挂滤镜是 MetaCreation 公司出品的 Kpt 系列滤镜及 AlianSkin 公司出品的 BlackBox 及 AlianSkin 系列滤镜。使用这些滤镜，可以得到使用其他滤镜无法得到的天空、土地、镜射、分形火焰、火焰、烟雾、融化、水滴、编织等效果，因此使用也较为广泛，图 17.1 所示为使用外挂滤镜所得到的效果。由于这些滤镜是独立的软件，因此需要单独安装。如果希望在 Photoshop 的“滤镜”菜单中列出这些滤镜，在安装时就应该将安装目录指定在“\Adobe Photoshop CS3\Plug-Ins\”目录下。

图 17.1　外挂滤镜效果

Photoshop CS3

17.2 滤镜库

要使用滤镜库功能可以选择“滤镜” | “滤镜库”命令，此命令弹出的对话框如图 17.2 所示。

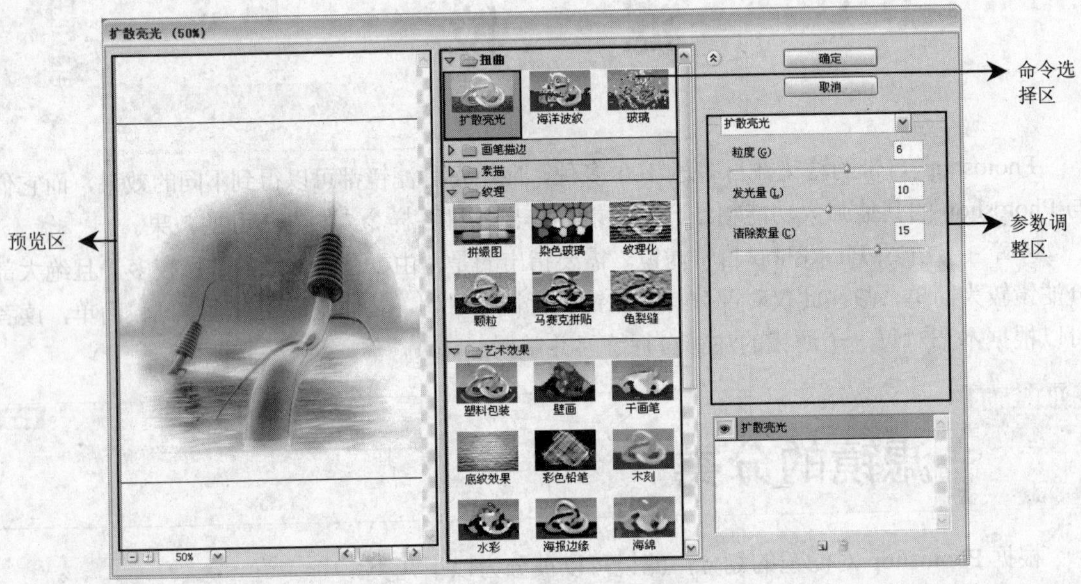

图 17.2 “滤镜库”对话框

从“滤镜库”对话框中可以看出，实际上此对话框是许多滤镜的集成式对话框，对话框共分为 3 个部分：左侧为预览区，用于预览由当前滤镜处理得到的效果；中间部分为命令选择区，用于选择处理图像的滤镜；右侧是参数调整区，在此可以设置所选滤镜的参数。

简单地说，“滤镜库”的特点是可以在一个对话框中应用多个相同或不同的滤镜，而且还可以根据需要调整这些滤镜应用到图像中的顺序与参数，这样不仅使用户在使用多个滤镜对图像进行处理时提高了灵活性与机动性，而且大大地提高了工作效率，在下面的章节中将详细对此功能进行讲解。

提示

并非所有滤镜命令都被集成在此对话框中。

17.2.1 添加滤镜层

滤镜库的最大特点在于提出了一个滤镜效果图层的概念，即在“滤镜库”对话框中可以对当前操作的图像应用多个滤镜命令，每一个滤镜命令可以被认为是一个滤镜效果图层。

与操作普通的图层一样，用户可以在“滤镜库”对话框中复制、删除或隐藏这些滤镜效果图层，从而将这些滤镜命令得到的效果叠加起来，得到更加丰富的效果。例如，图 17.3 所示为应用了两个滤镜效果图层的对话框。

图 17.3　应用了两个滤镜效果图层的效果

17.2.2　滤镜层的相关操作

滤镜效果图层的操作也跟图层一样灵活，其中包括添加、删除、修改参数、改变滤镜效果图层的顺序等操作。

1．添加滤镜效果图层

要添加滤镜效果图层可以在参数调整区的下方，单击新建滤镜效果图层按钮，此时所添加的新滤镜效果图层将延续上一个滤镜效果图层的命令及参数，如图 17.4 所示。

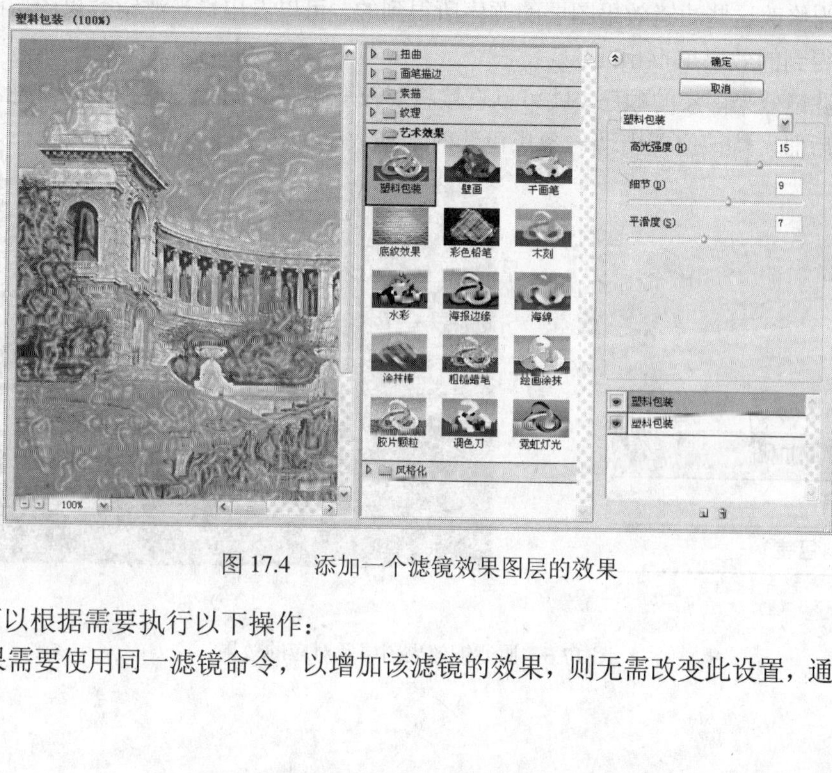

图 17.4　添加一个滤镜效果图层的效果

此时可以根据需要执行以下操作：

- 如果需要使用同一滤镜命令，以增加该滤镜的效果，则无需改变此设置，通过调整新滤镜效果图层上的参数，即可得到满意的效果。

- 如果需要叠加不同的滤镜命令，可以在命令选择区域中选择一款新的滤镜命令，此时参数调整区域中的参数将同时发生变化，调整这些参数，即可得到满意的效果，此时对话框如图 17.5 所示。

图 17.5　修改滤镜效果图层命令后的效果

2．改变滤镜效果图层的顺序

滤镜效果图层的优点不仅在于能够叠加滤镜效果，而且还可以通过修改滤镜效果图层的顺序修改应用这些滤镜所得到的效果。

图 17.6（b）所示的效果为按图 17.6（a）所示的顺序叠加 3 个滤镜命令所得到的，图 17.7 所示的效果为修改这些滤镜效果图层的顺序所得到的。可以看出，当滤镜效果图层的顺序发生变化时，所得到的效果也不相同。

要修改滤镜效果图层的顺序，就可以直接将要改变顺序的滤镜图层拖放到其他滤镜效果图层的前面或后面，待该位置出现一条黑色线时，释放鼠标左键即可。

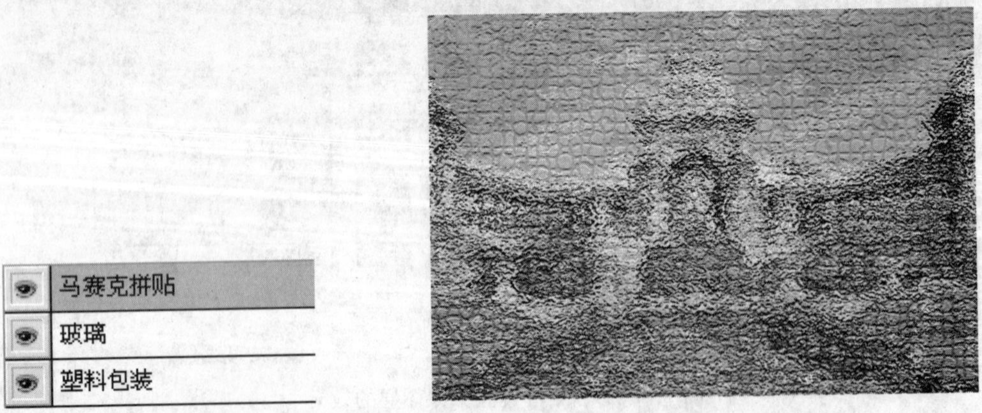

（a）　　（b）

图 17.6　原滤镜效果图层及对应的效果

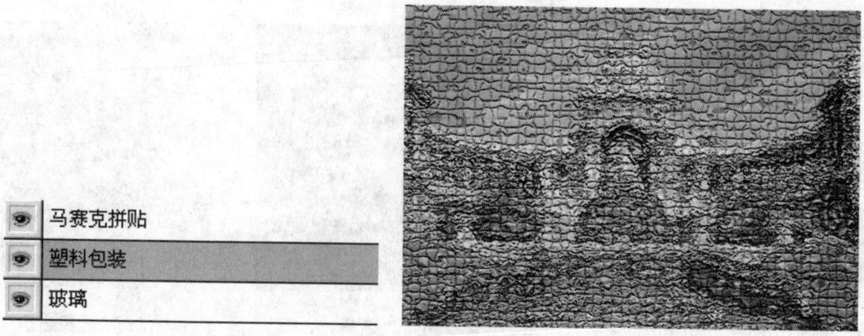

图 17.7　修改后的滤镜效果图层顺序及对应的效果

3．隐藏及删除滤镜效果图层

如果希望查看在某一个或某几个滤镜效果图层添加前的效果，可以单击该滤镜效果图层左侧的眼睛图标，将其隐藏起来。图 17.8 所示为隐藏两个滤镜效果图层时对应的图像效果。

图 17.8　隐藏两个滤镜效果图层时对应的图像效果

对于不再需要的滤镜效果图层，可以将其删除，要删除这些图层可以先单击将其选中，然后单击删除按钮即可。

Photoshop CS3

17.3 内置滤镜

17.3.1　风格化

“滤镜”|“风格化”子菜单下的命令可以通过置换像素、查找及增加图像对比度的方法，对图像的操作区域进行个性化处理以得到绘画或印象派效果，下面将给出常用滤镜的效果展示图，如图 17.9 所示。

(a) 原图　　(b)“凸出”效果　　(c)“扩散”效果

(d)“拼贴”效果

(e)“曝光过度”效果

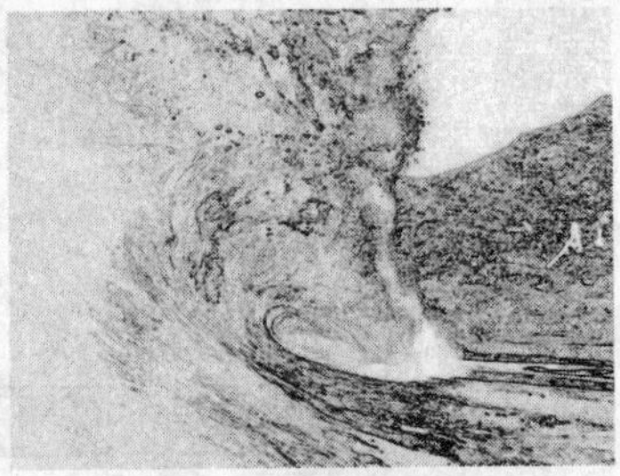
(f)“查找边缘”效果

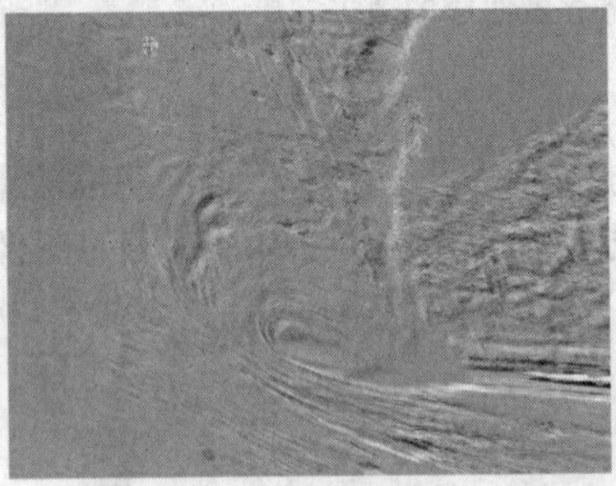
(g)“浮雕效果”效果

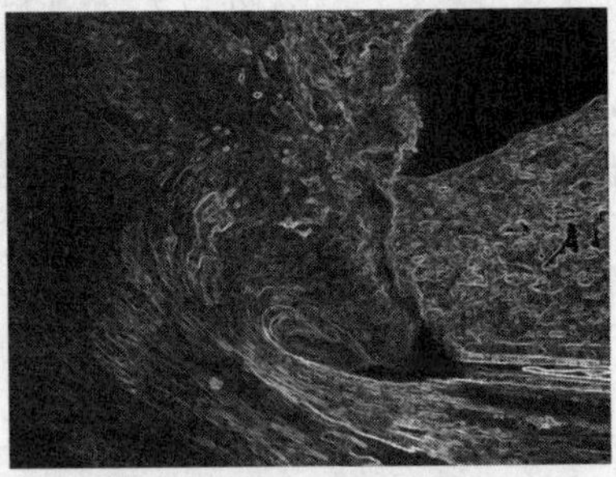
(h)“照亮边缘”效果

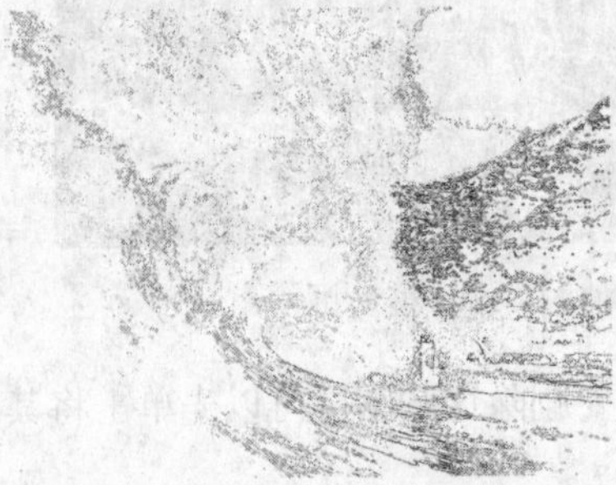
(i)“照亮边缘”效果

(j)“风”效果

图 17.9　应用“风格化”子菜单下命令得到的效果

17.3.2　画笔描边

“滤镜”|“画笔描边”子菜单下的命令可通过使用不同的画笔和油墨描边效果创造出具有绘画效果的图像，下面给出常用滤镜的效果展示图，如图 17.10 所示。

(a) 原图

(b)“喷溅”效果

(c)“墨水轮廓”效果

(d)“强化的边缘”效果

(e)“成角的线条”效果

(f)“深色线条”效果

(g)“烟灰墨”效果

(h)“阴影线”效果

图 17.10　应用“画笔描边”子菜单下的命令后的效果

17.3.3　模糊

“滤镜”|“模糊”子菜单中的命令可以柔化选择区域或图像，使其变得模糊，下面给出常用滤镜的效果展示图，如图 17.11 所示。

(a)原图

(b)“动感模糊”效果

(c)“形状模糊”效果

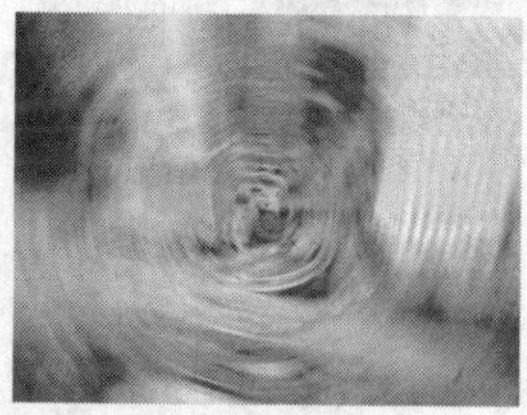

(d)“径向模糊”效果

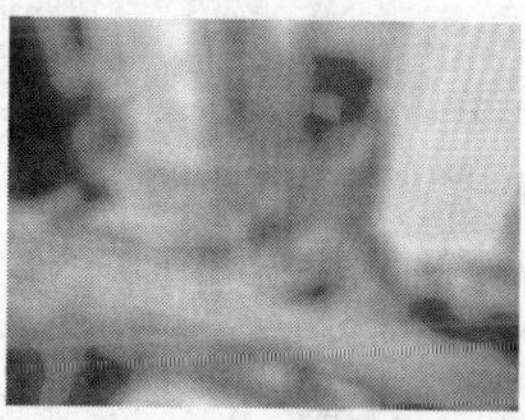

(e)“方框模糊”效果

(f)“模糊”效果

(g)“表面模糊”效果

(h)“高斯模糊”效果

图 17.11　应用“模糊”子菜单下命令后的效果

17.3.4　扭曲

“滤镜”|“扭曲”子菜单下的命令可以将图像进行几何扭曲，以创建波纹、球面化、波浪等三维或整形效果，适用于制作水面波纹或破坏图像形状，下面将给出常用滤镜的效果展示图，如图 17.12 所示。

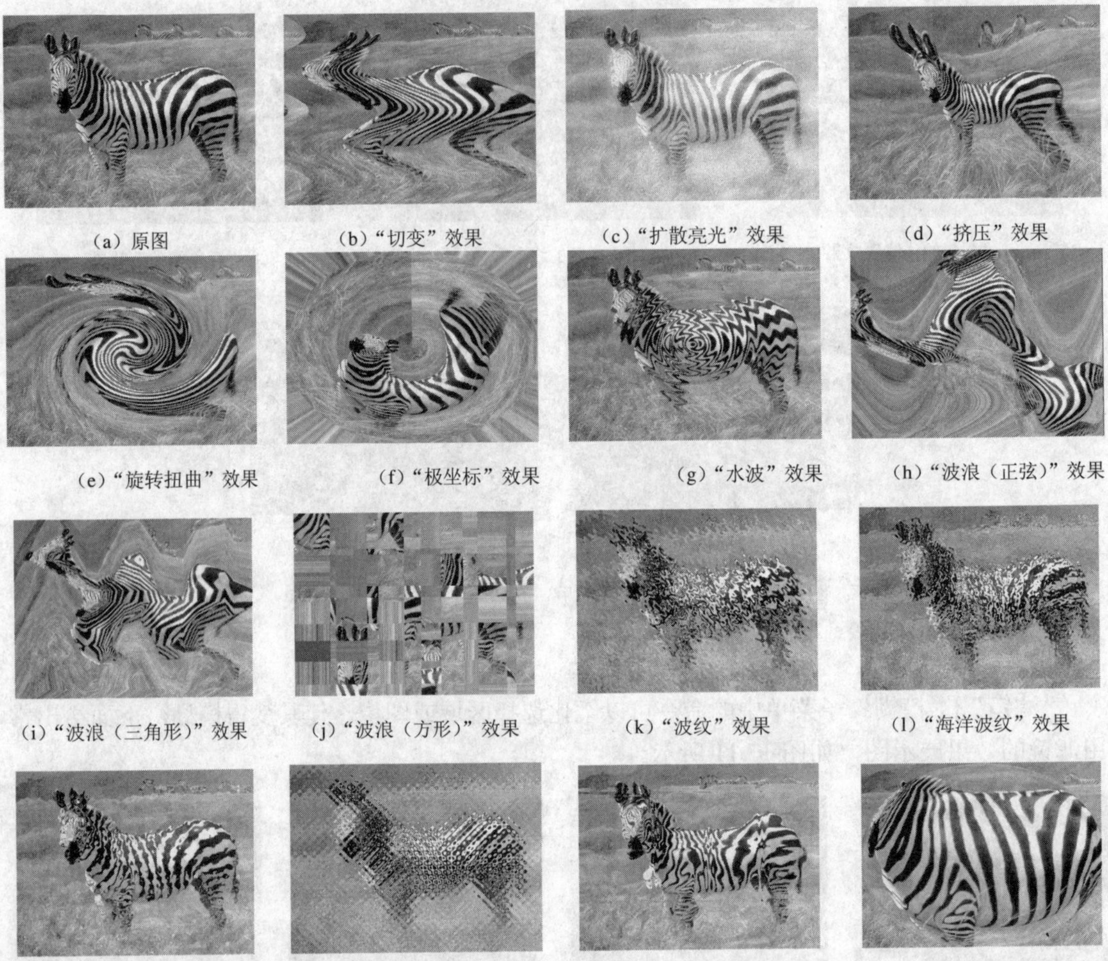

（a）原图　（b）“切变”效果　（c）“扩散亮光”效果　（d）“挤压”效果

（e）“旋转扭曲”效果　（f）“极坐标”效果　（g）“水波”效果　（h）“波浪（正弦）”效果

（i）“波浪（三角形）”效果　（j）“波浪（方形）”效果　（k）“波纹”效果　（l）“海洋波纹”效果

（m）“玻璃（磨砂）”效果　（n）“玻璃（小镜头）”效果　（o）“玻璃（块状）”效果　（p）“球面化”效果

图 17.12　应用“扭曲”子菜单下命令后的效果

17.3.5　锐化

“滤镜”|“锐化”子菜单下的命令可以通过增加相邻像素的对比度聚焦模糊的图像，从而起到一定程度的清晰化作用。适用于扫描图像、不清晰图像的清晰化操作，下面将给出常用滤镜的效果展示图，如图 17.13 所示。

（a）原图　（b）“USM 锐化”效果　（c）“智能锐化”效果　（d）“锐化边缘”效果

图 17.13　应用“锐化”子菜单下命令后的效果

17.3.6　素描

"滤镜"|"素描"子菜单下的命令可以通过为图像增加纹理或使用其他方式重绘图像，最终获得手绘图像的效果，下面给出常用滤镜的效果展示图，如图 17.14 所示。

（a）原图

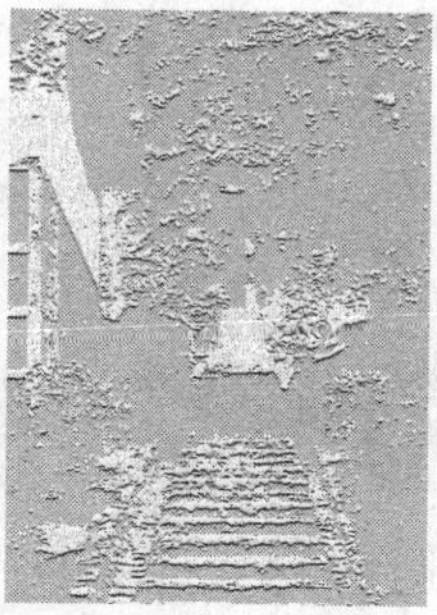

（b）"便纸条"效果

（c）"半调图案"效果

（d）"基底凸现"效果

（e）"塑料效果"效果

（f）"影印"效果

（g）"斯边"效果

（h）"水彩画纸"效果

（i）"碳笔"效果

（j）"碳精笔"效果

（k）"粉笔和碳笔"效果

（l）"绘画笔"效果

（m）"网状"效果

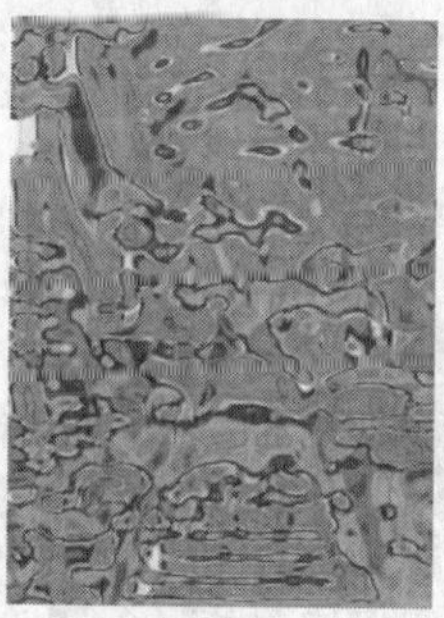

（n）"铭黄"效果

图 17.14　应用"模糊"子菜单下命令后的效果

17.3.7 纹理

“滤镜”|“纹理”子菜单下的命令可以赋予图像表面一种深度感，使图像纹理化，非常适合于制作图像背景，下面给出了常用滤镜的效果展示图，如图 17.15 所示。

（a）原图

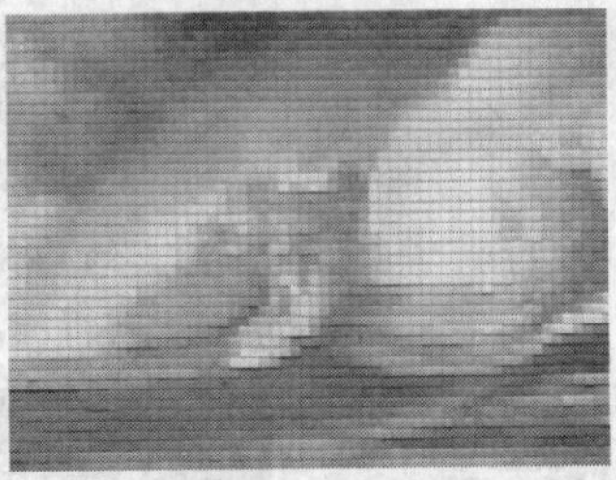

（b）“拼缀图”效果

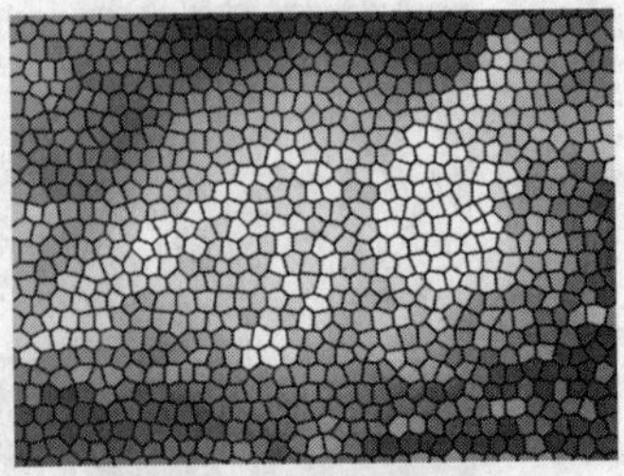

（c）“染色玻璃”效果

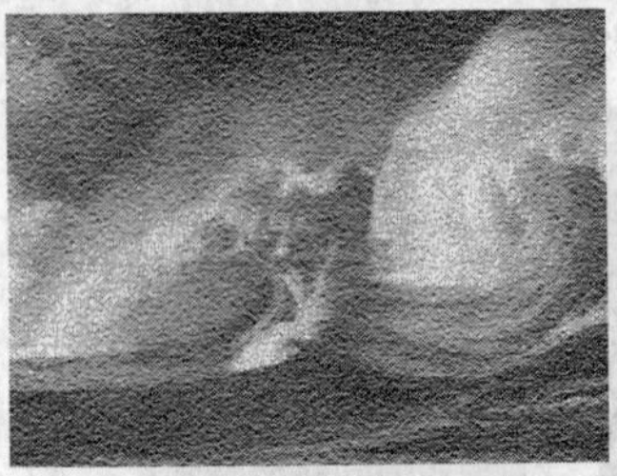

（d）“纹理化（砂岩）”效果

（e）“粗麻布”效果

（f）“砖形”效果

（g）“马赛克拼贴”效果

（h）“龟裂缝”效果

图 17.15 应用“纹理”子菜单下命令后的效果

17.3.8 像素化

“滤镜”|“像素化”子菜单中的命令通过以纯色代替图像中颜色值相近的像素的方法，使图像显示为不同的块状，下面将给出常用滤镜的效果展示图，如图 17.16 所示。

（a）原图

（b）“彩块化”效果

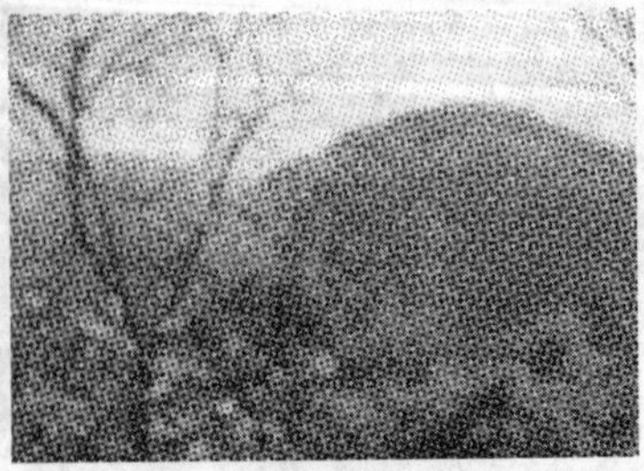

（c）“彩色半调”效果

（d）“晶格化”效果

（e）“点状化”效果

（f）“碎片”效果

（g）“铜板雕刻”效果

（h）“马赛克”效果

图 17.16 应用“像素化”子菜单下命令后的效果

17.3.9 渲染

使用“滤镜”|“渲染”子菜单下的命令，可以制作云彩效果和光照效果，下面将给出常用滤镜的效果展示图，如图 17.17 所示。

（a）“云彩”效果

（b）原图

（c）“光照”效果（照亮图像）

（d）“光照”效果（浮雕图像）

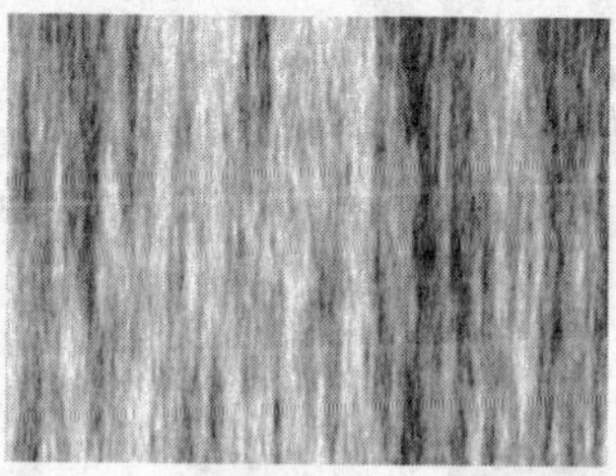

（e）“纤维”效果

（f）“镜头光晕”效果

图 17.17 应用“渲染”子菜单下命令后的效果

17.3.10 艺术效果

“滤镜”|“艺术效果”子菜单中的滤镜可以模仿自然或传统介质效果，使图像呈现不同于通常状态的效果，下面将给出常用滤镜的效果展示图，如图 17.18 所示。

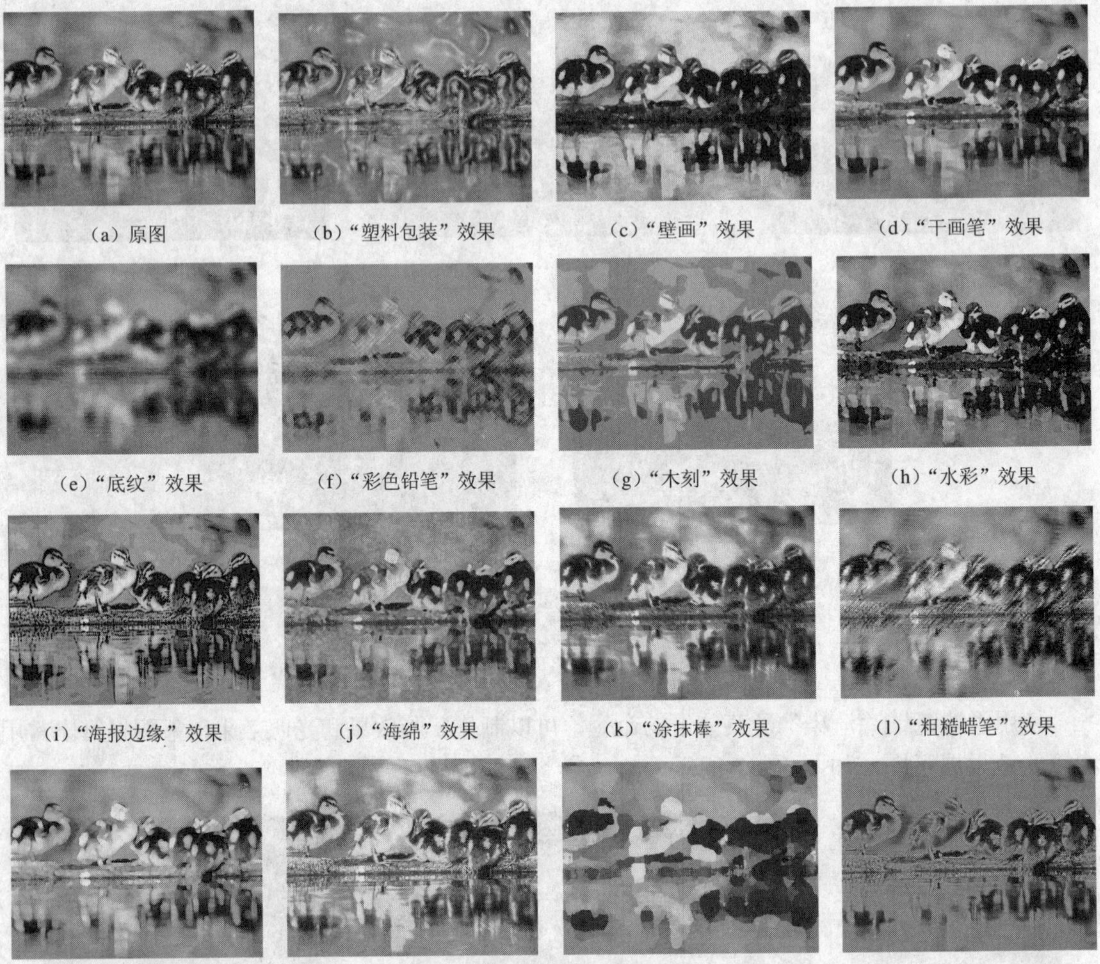

（a）原图　（b）“塑料包装”效果　（c）“壁画”效果　（d）“干画笔”效果

（e）“底纹”效果　（f）“彩色铅笔”效果　（g）“木刻”效果　（h）“水彩”效果

（i）“海报边缘”效果　（j）“海绵”效果　（k）“涂抹棒”效果　（l）“粗糙蜡笔”效果

（m）“绘画涂抹”效果　（n）“胶片颗粒”效果　（o）“调色刀”效果　（p）“霓虹灯光”效果

图 17.18　应用“艺术效果”子菜单下命令后的效果

17.3.11　杂色

“滤镜”|“杂色”子菜单下的命令可以添加或移去图像中的杂色及带有随机分布色阶的像素，适用于去除图像中的杂点和划痕等操作，下面将给出常用滤镜的效果展示图，如图 17.19 所示。

（a）原图　（b）“中间值”效果　（c）“减少杂色”效果

（d）“去斑”效果　　（e）“添加杂色”效果　　（f）“蒙尘与划痕”效果

图 17.19 应用“添加杂色”子菜单下命令后的效果

17.4 智能滤镜

智能滤镜是 Photoshop CS3 版本中新增的一个强大功能。在使用 CS3 之前的 Photoshop 版本时，如果要对智能对象图层中的图像应用滤镜，就必须将该智能对象图层栅格化，然后才可以应用智能滤镜，但如果要再修改智能对象中的内容时，则还需要重新应用滤镜，这样就在无形中增加了操作的复杂程度。

CS3 版本中的智能滤镜功能就是为了解决这一难题而产生的，同时，使用智能滤镜，还可以对所添加的滤镜进行反复修改。下面讲解智能滤镜的使用方法。

17.4.1 添加智能滤镜

要添加智能滤镜可以按照下面的方法操作：

步骤 01 选中要应用智能滤镜的智能对象图层。在“滤镜”菜单中选择要应用的滤镜命令，并设置适当的参数。

步骤 02 设置完毕后，单击“确定”按钮退出对话框，即可生成一个对应的智能滤镜图层。

步骤 03 如果要继续添加多个智能滤镜，就可以重复步骤 02 和步骤 03 的操作方法，直至得到满意的效果为止。

提示

如果选择的是没有参数的滤镜（例如查找边缘、云彩等），则直接对智能对象图层中的图像进行处理，并创建对应的智能滤镜。

例如图 17.20 所示的原图像及对应的“图层”调板，图 17.21 所示是利用“滤镜”|“扭曲”|“玻璃”滤镜对图像进行处理后的效果，以及对应的“图层”调板，此时可以看到，在原智能对象图层的下方多了一个智能滤镜图层。

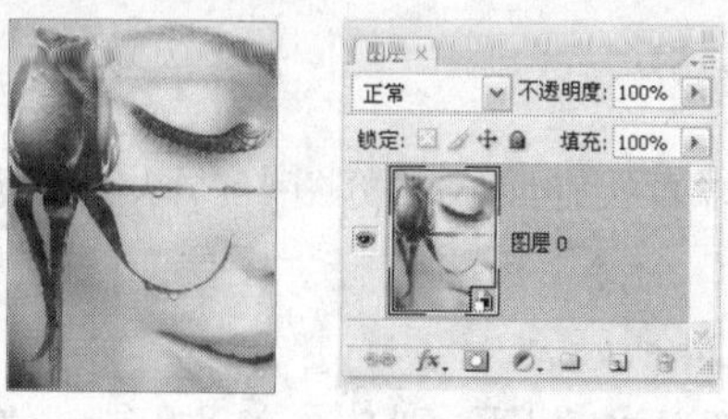

图 17.20 素材图像及对应的“图层”调板

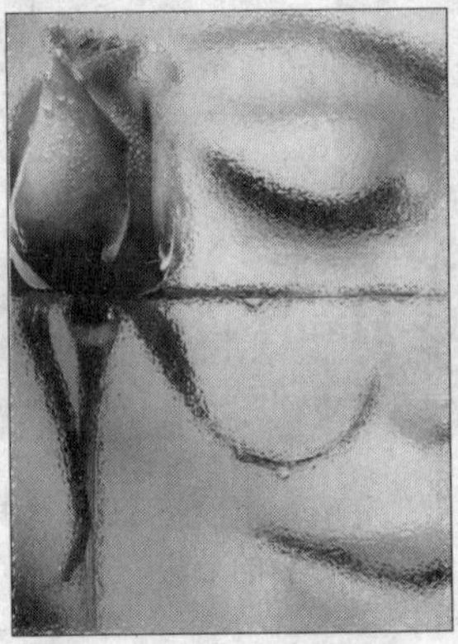

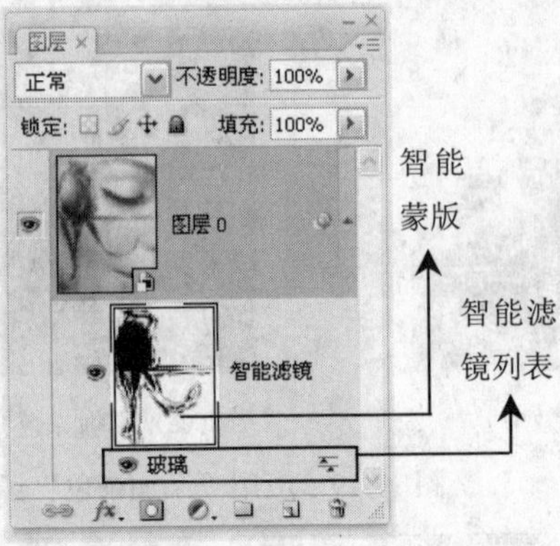

图 17.21　应用“玻璃”滤镜处理后的效果及对应的“图层”调板

可以看出，一个智能对象图层主要是由智能蒙版以及智能滤镜列表构成，其中智能蒙版主要是用于隐藏智能滤镜对图像的处理效果，而智能滤镜列表则显示了当前智能滤镜图层中所应用的滤镜名称。

17.4.2　编辑智能蒙版

使用智能蒙版，可以隐藏滤镜处理图像后的图像效果，其操作原理与图层蒙版的原理是完全相同的，即使用黑色来隐藏图像，白色显示图像，而灰色则产生一定的透明效果。

要编辑智能蒙版，可以按照下面的方法进行操作。

步骤01 选中要编辑的智能蒙版。

步骤02 选择绘图工具，例如画笔工具、渐变工具等。

步骤03 根据需要设置适当的颜色，然后在蒙版中涂抹即可。

图 17.22 所示为直接在智能对象图层“花”图层上使用“玻璃”滤镜后的效果，图 17.23 所示为智能蒙版中绘制黑白渐变后得到的图像效果，以及对应的“图层”调板。可以看出，左上方的黑色导致了该智能滤镜效果的完全隐藏，并一直过渡到对应的白色区域。

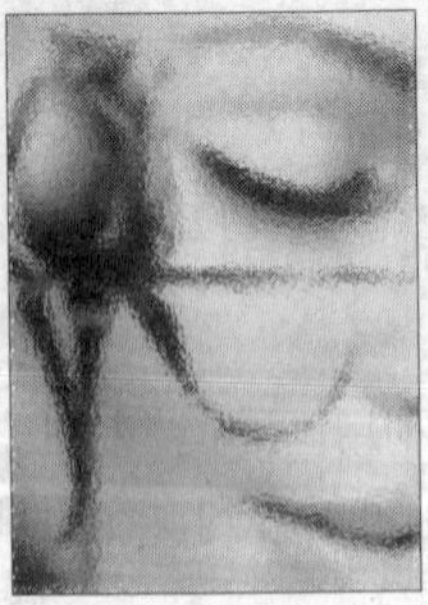

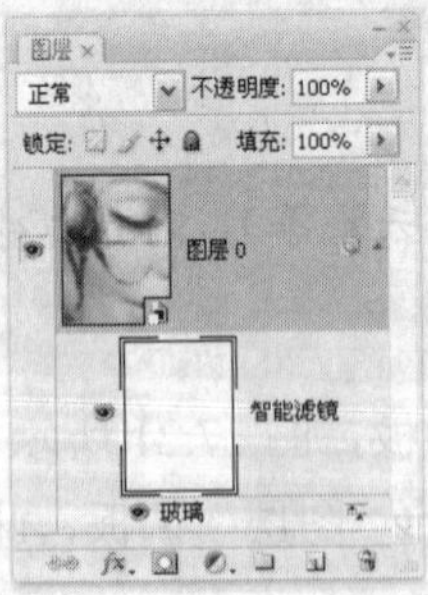

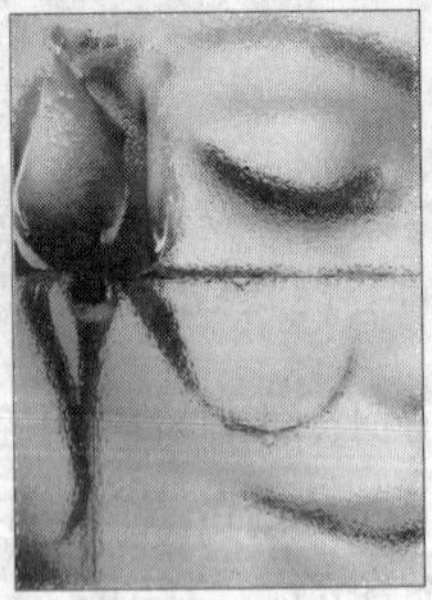

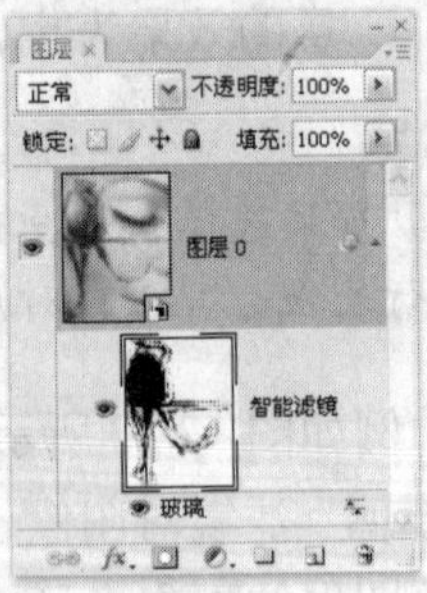

（a）　（b）　（a）　（b）

图 17.22　使用“玻璃”滤镜后的效果

图 17.23　编辑智能蒙版后的效果

如果要删除智能蒙版，可以直接在蒙版缩览图中“智能滤镜”的名称上单击右键，在弹出的菜单中选择“删除滤镜蒙版”命令，或者选择“图层”|“智能滤镜”|“删除滤镜蒙版”命令即可，“图层”调板如图 17.24 所示。

在删除蒙版后，如果要重新添加蒙版，则必须在“智能滤镜”的名称上单击右键，在弹出

的菜单中选择“添加滤镜蒙版”命令，如图 17.25 所示，或选择“图层”|“智能滤镜”|“添加滤镜蒙版”命令即可。

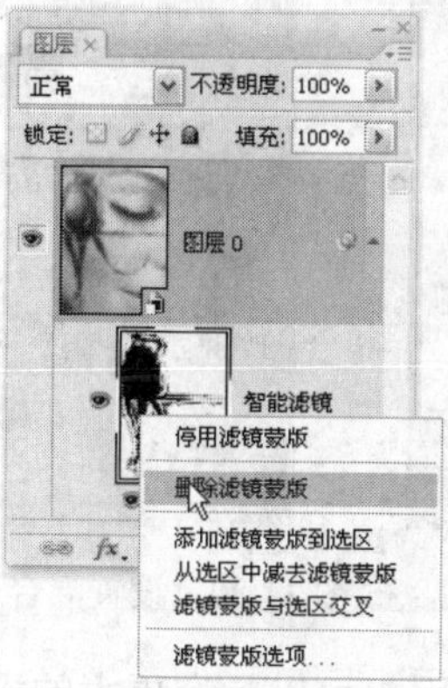

图 17.24 删除滤镜蒙版

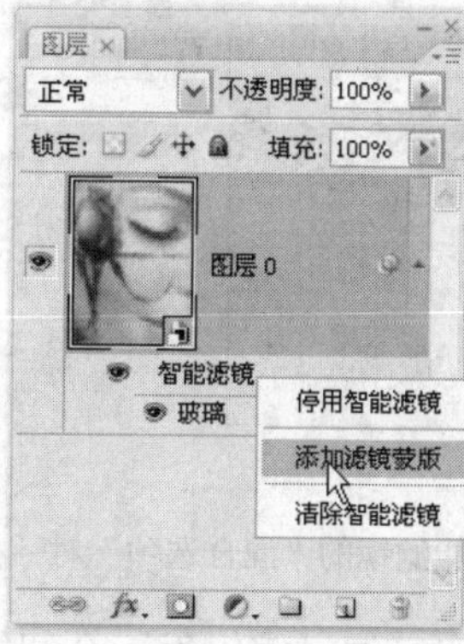

图 17.25 添加滤镜蒙版

17.4.3 编辑智能滤镜

如前所述，智能滤镜的优点之一就是可以反复编辑所应用的滤镜的参数，其操作方法非常简单，直接在“图层”调板中双击要修改参数的滤镜名称即可。例如，图 17.26 所示是笔者修改了“玻璃”滤镜参数后的图像效果。

需要注意的是，在添加了多个智能滤镜的情况下，如果编辑了先添加的智能滤镜，那么将会弹出类似如图 17.27 所示的提示框，此时，就需要在修改参数以后才能看到这些滤镜叠加在一起应用的效果。

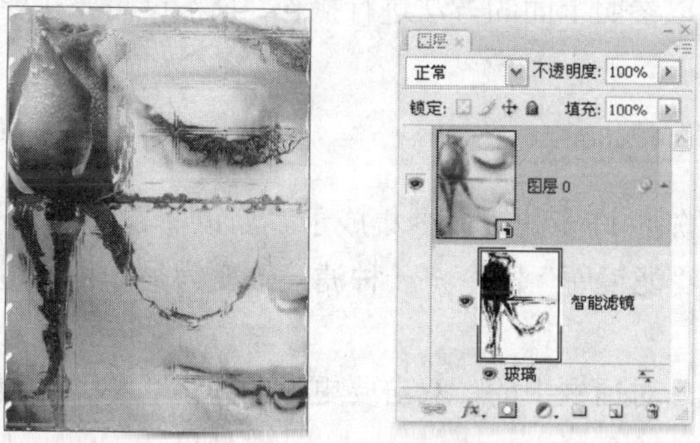

（a） （b）

图 17.26 修改智能滤镜参数后的效果

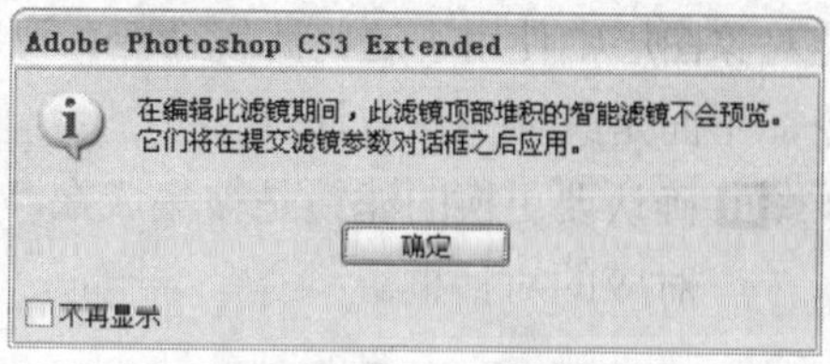

图 17.27 提示框

17.4.4 编辑智能滤镜混合选项

通过编辑智能滤镜的混合选项，可以让滤镜所生成的效果与原图像进行混合。

要编辑智能滤镜的混合选项，可以双击智能滤镜名称后面的图标，调出类似如图 17.28 所示的对话框。

例如，图 17.29 所示为应用了“玻璃”智能滤镜后的效果，图 17.30 所示为按上面的方法操作后，将该智能滤镜的混合模式设置成为“柔光”后得到的效果。

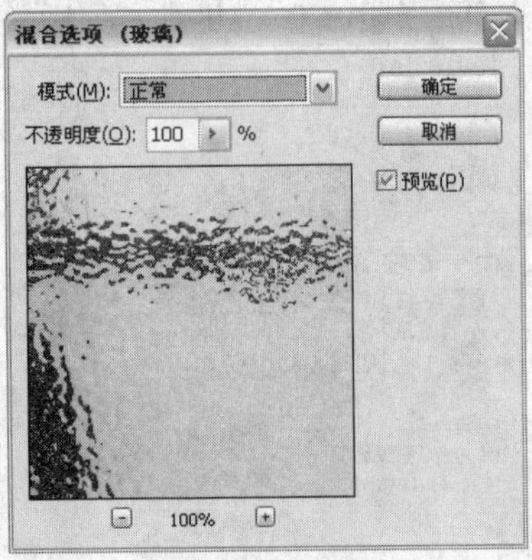

图 17.28 智能滤镜的“混合选项”对话框

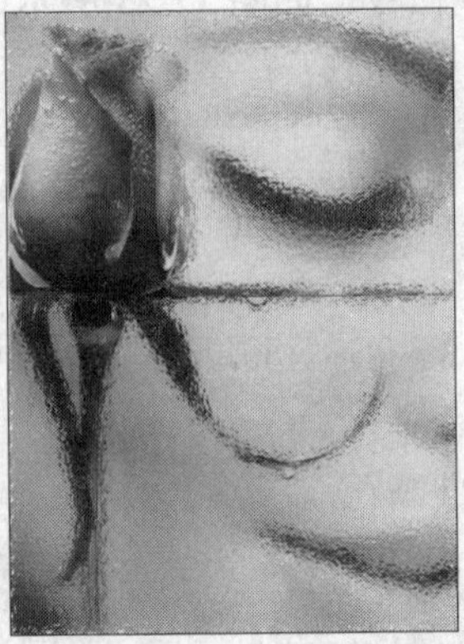

图 17.29 原图像效果

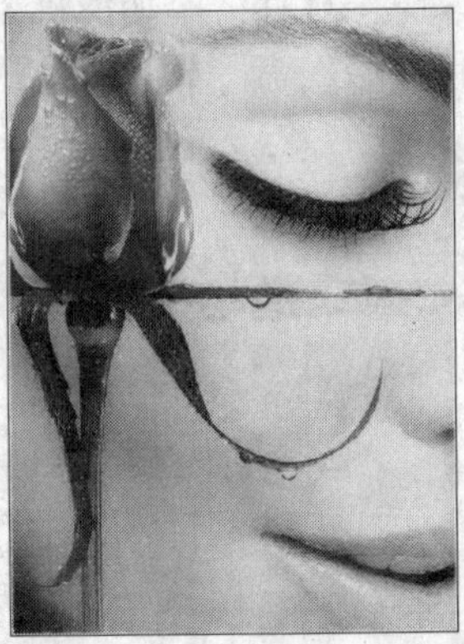

图 17.30 设置混合选项后的效果

可以看出，通过编辑每一个智能滤镜命令的混合选项，用户可以具有更大的操作灵活性。

17.4.5 停用/启用智能滤镜

停用/启用智能滤镜可分为两种操作，即对所有的智滤镜操作和对单独某个智能滤镜操作。

要停用所有智能滤镜，可以在所属的智能对象图层最右侧的图标上单击右键，在弹出的菜单中选择“停用智能滤镜”命令，即可隐藏所有智能滤镜生成的图像效果；再次在该位置单击右键，在弹出的菜单中可以选择“启用智能滤镜”命令。

更为便捷的操作是直接单击智能蒙版前面的眼睛图标，同样可以显示或隐藏全部的智能滤镜。

如果要停用/启用单个智能滤镜，也同样可以参照上面的方法进行操作，只不过需要在要停用/启用的智能滤镜名称上进行操作。

17.4.6 更换智能滤镜

通过学习前面所讲述的“滤镜库”命令可知，许多滤镜命令集成于“滤镜库”，如果在智能对象图层中使用了这些滤镜命令，可以通过“滤镜库”命令将一种滤镜改变为另一种滤镜命令，下面是具体操作方法。

步骤01 确认要更换的滤镜是被集成在“滤镜库”对话框中的，双击要更换的滤镜名称，以调出对应的对话框。

提示

要查看一个滤镜命令是否集成于“滤镜库”对话框中，可以直接选择此命令，也可以选择“滤镜”|“滤镜库”命令，在其对话框中进行查看。

步骤02 在“滤镜库”对话框中间的滤镜选择框中，选择一个新的滤镜命令。

步骤03 设置适当的参数后，单击“确定”按钮退出对话框，即完成更换智能滤镜的操作。

例如，图 17.31 所示就是笔者按照上面的操作方法，将“玻璃”滤镜更换为“粗糙蜡笔”滤镜后的效果及对应的图层调板。

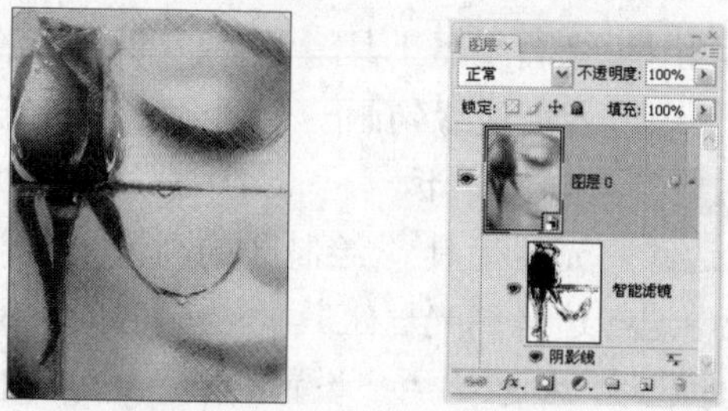

（a） （b）

图 17.31 更换滤镜后的效果图及对应的图层调板

17.4.7 删除智能滤镜

如果要删除一个智能滤镜，可直接在该滤镜名称上单击右键，在弹出的菜单中选择“删除智能滤镜”命令，或者直接将要删除的滤镜拖至“图层”调板底部的删除图层命令按钮 上。

> **提示**
>
> 如果要清除所有的智能滤镜，则可以在智能滤镜上（即智能蒙版后的名称）单击右键，在弹出的菜单中选择“清除智能滤镜”，或直接选择“图层”|“智能滤镜”|“清除智能滤镜”命令即可。

Photoshop CS3

17.5 特殊滤镜

17.5.1 抽出

利用“抽出”命令可以进行精确的选取操作，即使对于在边缘处细微而且复杂的图像，也无需太多的操作即可将其与背景分离。

下面以一幅小狗图像为例，讲解使用该命令抽出图像的方法，其操作步骤如下：

步骤 01 打开随书光盘:\d17z\17.51-素材.tif，选择“滤镜”|“抽出”命令，弹出如图 17.32 所示的对话框。

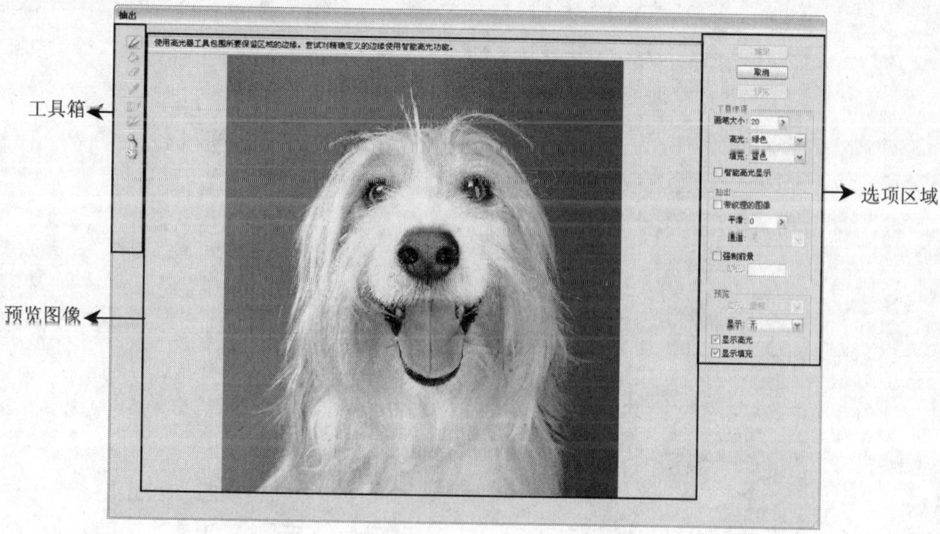

图 17.32 “抽出”对话框

步骤02 在“抽出”对话框中利用边缘高光器工具，沿需要选择的图像的轮廓勾画一个闭合的边缘高光线，在本例中笔者沿边缘勾画一个闭合边缘高光线。

“工具选项”区域中的主要参数含义如下。

- 画笔大小：在此设置边缘高光器工具绘制时的画笔大小。
- 高光：在此下拉列表中选择边缘高光器工具绘制时的画笔颜色。
- 智能高光显示：选择此选项，将忽略用户设置的画笔大小，自动应用刚好覆盖住边缘的画笔大小绘制高光，并且在用户描绘对象边缘时，能够自动捕捉至对比最鲜明的边缘。

步骤03 仔细观察第 2 步所绘制的线条是否正确勾画出需要选择的图像的轮廓，如果不正确可使用橡皮擦工具删除边缘的高亮色，再重新绘制，如图 17.33 所示。

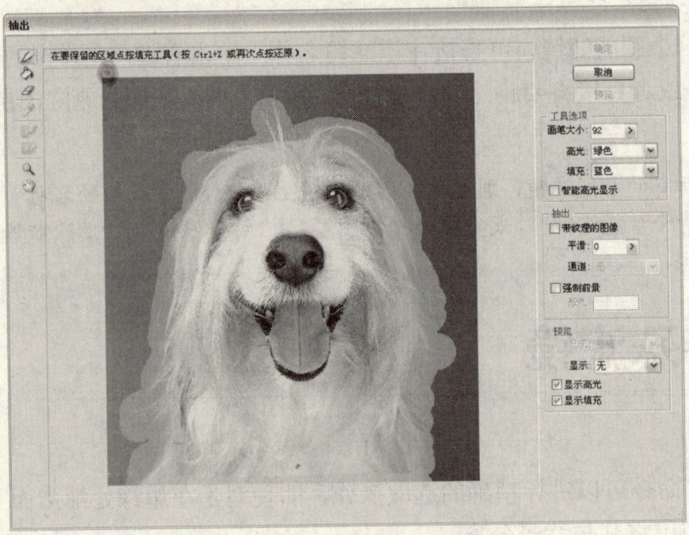

图 17.33　勾画轮廓

步骤04 使用填充工具在边缘高光器工具勾画出的封闭线条中单击以填充实色，如图 17.34 所示，从而定义出需要抽出的图像区域。

图 17.34　定义抽出区域

步骤05 在“抽出”对话框右侧的“抽出”区域设置其参数。

- 平滑：此选项用于指定抽出对象的平滑处理程度。
- 通道：如果图像存在通道，在此选择通道的名称。
- 强制前景：如果对象特别复杂或内部不清晰，则确保高光覆盖整个对象，然后选择“强制前景”。
- 颜色：单击其色标，在弹出的“拾色器”对话框中选择前景色。

步骤06 在“抽出”对话框右侧的“预览”区域设置操作时的预览效果。

- 显示：在此下拉列表中选择图像抽出时的显示状态。如果要显示透明背景，在此选择“无”选项。
- 显示高光：操作时显示对象的高光。
- 显示填充：操作时显示对象的填充。

步骤07 单击“预览”按钮查看抽出的效果，如图 17.35 所示。

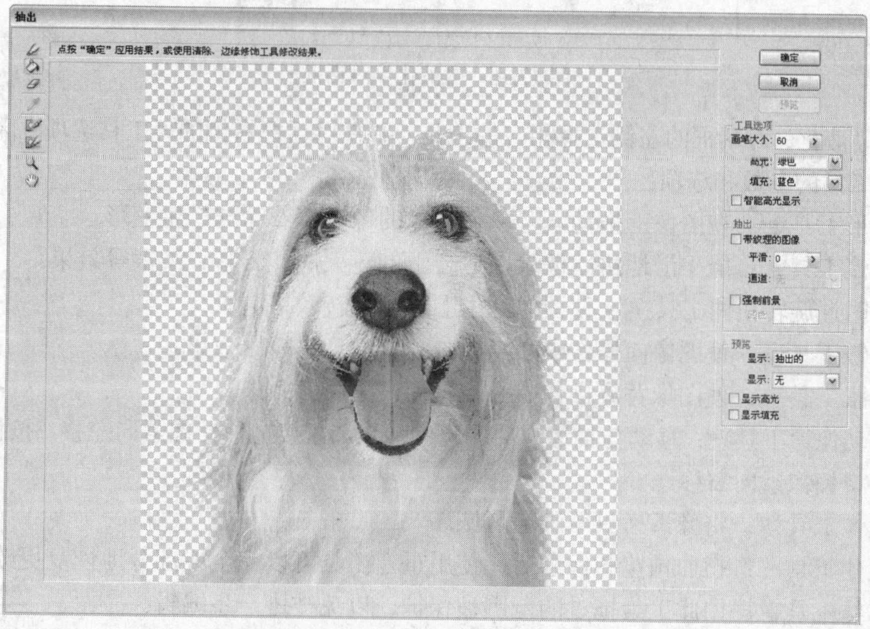

图 17.35　预览“抽出”效果

步骤08 用缩放工具在预览图像中单击放大某个区域以仔细观察预览区（如果需要缩小图像，则按住 Alt 键并单击）。

步骤09 用抓手工具拖动图像以观察超过预览窗的部分。

步骤10 操作完成后单击“确定”按钮即可。

17.5.2　液化

利用“液化”命令，用户可以通过交互方式推、拉、旋转、反射、折叠和膨胀图像的任意区域，使图像变换成所需要的艺术效果。

对图像进行“液化”操作的步骤如下。

步骤01 打开需要操作的图像，选择“滤镜”|“液化”命令，弹出如图 17.36 所示的对话框。

图 17.36 “液化”对话框

步骤02 在“液化”对话框的左侧选择相应的工具，并在对话框右侧的“工具选项”区域设置操作工具的参数和选项。

- 变形工具：在图像上拖动，可以使图像的像素随着涂抹产生变形。
- 湍流工具：能平滑地拼凑像素，适合于创建火焰、云彩、波浪等效果。
- 顺时针旋转扭曲工具：使图像产生顺时针旋转效果。
- 褶皱工具：使图像向操作中心点处收缩从而产生挤压效果。
- 膨胀工具：使图像背离操作中心点从而产生膨胀效果。
- 移动像素工具：移动与描边方向垂直的像素。直接拖移使像素向左移，按住 Alt 键拖移将使像素向右移。
- 镜像工具：将像素拷贝至画笔区域。
- 重建工具：扭曲预览图像之后，使用重建工具可以完全或部分地恢复更改。
- 冻结工具：用此工具拖过的范围被保护，以免被进一步编辑。
- 解冻工具：解除使用冻结工具所冻结的区域，使其还原为可编辑状态。
- 缩放工具：在预览图像中点按或拖移，可以放大预览图；按住 Alt 键在预览图像中点按或拖移，将缩小预览图。
- 抓手工具：通过拖动可以显示出未在预览窗口中显示出来的图像。
- 画笔大小：设置使用上述各工具操作时，图像受影响区域的大小。
- 画笔压力：设置使用上述各工具操作时，一次操作影响图像的程度大小。
- 湍流抖动：控制湍流工具拼凑像素的紧密程度。
- 光笔压力：使用光笔绘图板中的压力读数。

步骤03 在“液化”对话框的右侧的“重新选项”区域设置“液化”图像的参数。

- 模式：在此下拉列表中选择一种重建模式。
- 重建：要将所有未冻结区域改回其在打开“液化”对话框时的状态，可从“重新构建”区域的“模式”菜单中选择“恢复”选项，并点按“重建”按钮。

- 恢复：要将整个预览图像改回打开对话框时的状态，在对话框的“重新构建”区域单击“恢复”按钮。

步骤 04 在“液化”对话框的右侧的“蒙版选项”区域设置不允许操作的区域。

步骤 05 在“液化”对话框的右侧的“视图选项”区域设置操作时图像的显示状态。

- 显示网格：选择此选项，在对话框预览窗口中显示辅助操作的网格。
- 显示图像：选择此选项，在对话框预览窗口中显示当前操作的图像。
- 网格大小：在此定义网格的大小。
- 网格颜色：在此定义网格的颜色。
- 蒙版颜色：在此定义图像冻结区域显示的颜色。
- 显示背景：在此定义背景的显示方式。
- 不透明度：在此定义背景的不透明度显示。

步骤 06 利用“液化”对话框中的工具操作图像后，单击“确定”按钮，即可使图像发生改变。

图 17.37 所示为原图像及经过“液化”命令变形后得到的人物微笑的效果。

（a）　（b）

图 17.37　原图像及应用“液化”命令后的效果

提示

“液化”命令只适用于 RGB 颜色模式、CMYK 颜色模式、Lab 颜色模式和灰度模式的 8 位图像。

17.5.3　图案生成器

“图案生成器”命令是 Photoshop 7.0 版本中增加的新功能，并延续到现在的 Photoshop CS3 版本中，使用此命令时只需选择图像的某一个区域，然后通过简单的按钮操作，即可创建现实或抽象的图案，因此可以非常方便地创建具有平铺效果的背景。

应用“图案生成器”命令的操作步骤如下：

步骤 01 打开随书光盘:\d17z\17.5.3.tif，选择“滤镜”|“图案生成器”命令，弹出如图 17.38 所示的对话框。

步骤 02 在“图案生成器”对话框中，利用左侧的矩形选框工具[ ]在图像中拖动，可得到一个矩形选择区域，此区域中的图像将被定义为样本图像。

步骤 03 在对话框右侧的“工具选项”区域设置操作工具的参数和选项。

图 17.38 “图案生成器”对话框

- 使用剪贴板作为样本：选择此选项，可以用存在于系统剪贴板中的图像或文字内容作为样本，生成图案。
- 宽度：在此数值框中输入数值，设置形成最终图案的拼贴块宽度。
- 高度：在此数值框中输入数值，设置形成最终图案的拼贴块高度。
- 位移：在此数值框中输入数值，设置形成最终图案的拼贴块间错位的方向。
- 数量：在此数值框中输入数值，设置形成最终图案的拼贴块间的位移量。
- 平滑度：在此数值框中输入数值，设置拼贴块的平滑程度。
- 样本细节：在此数值框中输入数值，设置拼贴块的细腻程度。

步骤 04 在“图案生成器”对话框中单击“生成”按钮，生成一个拼贴图案。此时“拼贴历史记录”区域的预览框中将显示由此图案拼贴生成的图像。如果在对话框右侧的“显示”下拉列表中选择“原稿”选项，预览窗口显示原图像，如图 17.39 所示。

图 17.39 “图案生成器”对话框

步骤05 单击“再次生成”按钮生成下一个图案，观察生成的图案，如果效果满意，单击对话框右下方的存储预设图案按钮，在弹出的对话框中为图案命名，单击“确定”按钮即可将其定义为图案。

步骤06 如果对图案不满意，就单击对话框右下方的删除拼贴按钮。

步骤07 由于在单击“再次生成”按钮时，“拼贴历史记录”区域的预览框始终显示最近一次图案的效果，因此如果要观察以前的图案效果，可单击◀显示前一个图案；单击|◀图标跳至第一个图案；单击▶观察后一个图案；单击▶|观察最后一个图案。

步骤08 单击“确定”按钮退出对话框，将得到使用最后一次生成的图案拼贴生成的图像。

将选区中的图像拼贴成图案后的效果如图 17.40 所示，图 17.41 所示为将生成的图案用作背景的效果。

图 17.40 生成的图案

图 17.41 将生成的图案作为背景

提示

本章所用到的素材文件为随书光盘:\d17z\中的文件，文件名对应着本章的小节号。

第 18 章

动　作

简单地说，“动作”是一些命令的集合体，利用“动作”可以方便地将用户执行过的操作及应用过的命令等记录下来。当需要再次执行同样或类似的操作时，只需要应用所录制的“动作”就可以了。在工作中应用动作能够大大地提高工作效率。

本章将详细讲解有关动作的录制及编辑等操作。

18.1 “动作”调板

有关于动作的各类操作都集中在“动作”调板中，因此要掌握并灵活地运用动作，首先要掌握“动作”调板。选择“窗口”|“动作”命令，将弹出如图 18.1 所示的“动作”调板。

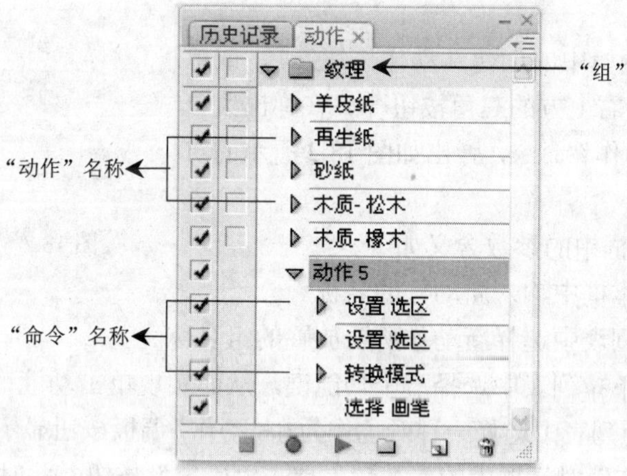

图 18.1　“动作”调板

“动作”调板中各个按钮的含义如下：

- 单击 按钮，可以创建一个新动作。
- 单击 按钮，在弹出的对话框中单击“确定”按钮，即可删除当前选择的动作。
- 单击 按钮，可以创建一个新动作组。
- 单击 按钮，应用当前选择的动作。
- 单击 按钮，开始录制动作。
- 单击 按钮，停止录制动作。

- 在“动作”调板中单击“组”、“动作”或“命令”左侧的三角形▶，可以展开或折叠它们；按住 Alt 键并单击该三角形按钮▶，可展开或折叠一个“组”中的全部“动作”或一个“动作”中的全部“命令”。
- 在“动作”调板中单击“动作名称”即选择了此动作。按住 Shift 键并单击“动作名称”将选择多个连续的动作；按住 Ctrl 键并单击“动作名称”则选择多个不连续的动作。

从图 18.1 可以看出，在录制动作时，不仅应用的命令被录制在动作中，如果该命令具有参数，则其参数也同样会被录制在动作中，这样在应用动作时就可以得到非常精确的结果。

“动作”调板中的“组”在使用意义上与“图层”调板中的图层组相同，如果录制的动作较多，可将同类动作如“文字类”、“纹理类”保存在一个动作组中以便查看，从而提高此调板的使用效率。

Photoshop CS3

18.2 录制新动作

大多数情况下用户需要创建自定义的动作，以满足不同的工作需求。

创建新动作的步骤如下：

步骤 01 单击“动作”调板下方的创建新组按钮，在弹出的“新建组”对话框中输入组名称后单击“确定”按钮。

> **提示**
> 创建新组这一操作并非必要，用户可根据实际情况确定是否需要创建一个放置新动作的组。

步骤 02 单击“动作”调板中的创建新动作按钮，或单击“动作”调板右上方的三角按钮，在弹出菜单中选择“新建动作”命令，弹出如图 18.2 所示的对话框。

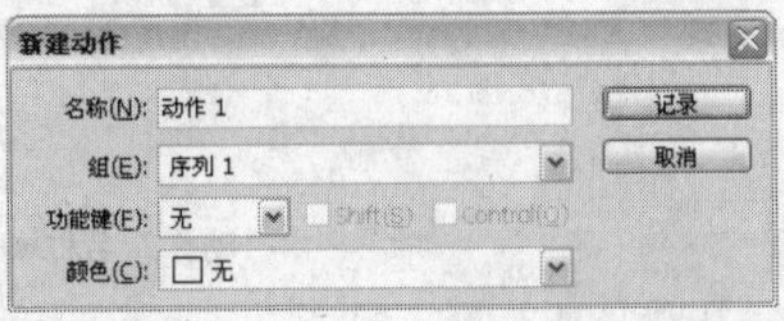

图 18.2 “新建动作”对话框

“新建动作”对话框中的参数含义如下。

- 名称：在此文本框中输入新动作的名称。
- 组：在此下拉列表中选择新动作所要放置的组名称。
- 功能键：在此下拉列表中选择一个功能键，从而实现单击功能键即应用动作的功能。
- 颜色：在此下拉列表中选择一种颜色作为在“动作”调板按钮显示模式下新动作的颜色。

步骤 03 设置“新建动作”对话框中的参数后，单击“确定”按钮，此时，开始记录按钮自动被激活显示为红色，表示进入动作的录制阶段。

步骤 04 选择需要录制在当前动作中的若干命令，如果这些命令有参数，就需要按情况设置其参数。

步骤 05 执行所有需要的操作后，单击停止记录按钮。此时，“动作”调板中将显示录制的新动作。

> **提示**
> 动作中无法记录撤销操作及使用绘图工具所进行的绘制类操作。

18.3 应用已有动作

要应用已经存在的动作，可在“动作”调板中单击选中该动作，然后单击应用按钮▶，或在“动作”调板弹出菜单中选择“应用”命令。

图 18.3 所示为原图像，图 18.4 所示为利用“图像处理”动作组中的“动作”制作的暴风雪效果及对应的“动作”调板。

图 18.3 原图像

图 18.4 利用动作制作的暴风雪效果及对应的“动作”调板

提示

有些动作需要特定的执行条件，例如当前图像文件必须是 RGB 颜色模式或必须具有一个选择区域等。如果应用时不能满足动作运行的条件，将无法继续执行动作，并弹出类似于图 18.5 所示的提示对话框。

图 18.5 提示对话框

Photoshop 已经提供了若干常用的动作，使用这些动作可以完成如处理图像、生成纹理、制作画框、制作特效文字等类型的操作。

图 18.6 展示了这些预置的动作生成的各类效果。

（a）细雨效果

（b）油彩蜡笔效果

（c）画框效果

（d）颜色匹配效果

图 18.6 利用动作制作图形效果

18.3.1 跳过命令播放

如果要应用的动作中包含了一些不需要的命令，则无需重新录制动作或删除这些命令，只需单击此命令最左侧的标志使其显示为，即可以在动作播放的过程中跳过此命令，如图 18.7 所示。

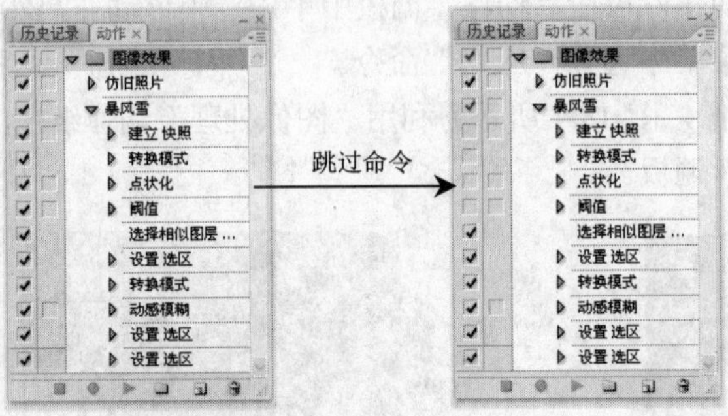

图 18.7 跳过命令

18.3.2 在播放动作过程中设置命令参数

如果要重新设置某些动作的命令参数，只需要单击此命令左侧的标志使其显示为，如图 18.8 所示，即可使 Photoshop 在应用此命令时显示相应的对话框，此时用户可根据不同的情况为对话框设置不同的参数，从而使一个动作能够适用于多种情况。

图 18.8 显示对话框

Photoshop CS3

18.4 调整和编辑动作

用户可以通过调整与编辑动作，使同一个动作能够应用于不同的相似工作任务中，避免录制新的动作，从而进一步提高工作效率。

18.4.1 修改动作中命令的参数

要修改动作中某个命令的参数，可以在“动作”调板中双击需要改变参数的命令，在弹出的对话框中进行重新设置，设置完毕后单击“确定”按钮即可。

提示

在改变命令参数时，调板中的记录按钮与应用按钮都会被激活。

18.4.2　重新排列命令顺序

在“动作”调板中单击并拖移命令至一个新位置，可以改变动作中命令顺序，图 18.9 所示为改变命令顺序的操作实例。

图 18.9　改变命令顺序的操作实例

提示

某些命令有必然的先后顺序，即只有执行其他一个命令后才可以执行当前命令，因此在移动前应该充分考虑此因素。

18.4.3　插入菜单项目

通过插入菜单项目，用户可以在录制动作的过程中将任意一个菜单命令记录在动作中。

单击“动作”调板右上方的三角按钮▾≡，在弹出的菜单中选择“插入菜单项目”命令，弹出如图 18.10 所示的对话框。

显示该对话框后，不要单击“确定”按钮退出，而应该选择需要录制的命令，例如选择“视图”|“显示额外内容”命令，此时的对话框将变为如图 18.11 所示的状态。

图 18.10　“插入菜单项目”对话框

图 18.11　插入菜单项目后的状态

在未单击“确定”按钮退出“插入菜单项目”对话框以前，当前插入的菜单项目是可以随时更改的，此时只需重新选择需要的命令即可。

18.4.4　插入停止

由于动作无法记录用户在 Photoshop 中执行的所有操作（例如绘制类操作就无法被记录在

动作中），因此如果在录制动作的过程中，某些操作无法被录制但又必须执行，可以在录制过程中插入一个“停止”提示对话框，以提示操作者手动执行这些操作。

在动作中插入停止可以按照以下步骤操作。

步骤01 按 F9 键显示“动作”调板。

步骤02 在“动作”调板中选择要插入停止处的上一个命令。

步骤03 单击“动作”调板右上方的三角按钮▾≡，在弹出的菜单中选择“插入停止”命令，弹出如图 18.12 所示的对话框。

步骤04 在“记录停止”对话框的“信息”区域中输入提示文字，如图 18.13 所示的文字。

图 18.12　“记录停止”对话框

图 18.13　在“记录停止”对话框中输入文字

“记录停止”对话框中参数的含义如下。

- 信息：在该区域中可以输入文字，当前动作播放至该命令时自动停止，并弹出所输入的文字信息。
- 允许继续：选择该选项可以在播放至该命令时，除了弹出对话框外，还允许用户单击“继续”按钮继续应用当前动作，如图 18.14 所示；如果没有选择该选项，在弹出的提示对话框中就只有一个“停止”按钮，如图 18.15 所示。

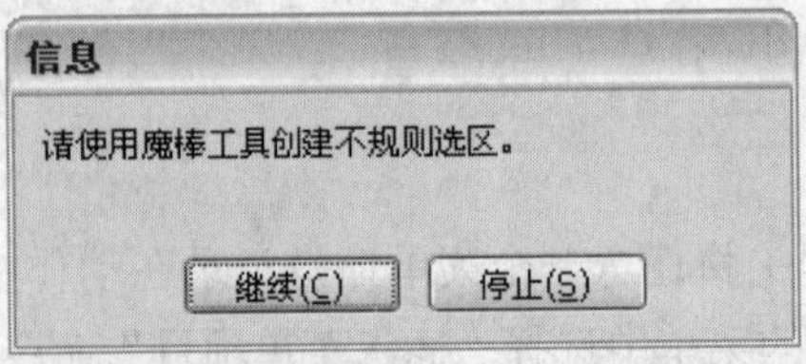

图 18.14　选择“允许继续”选项时的提示框

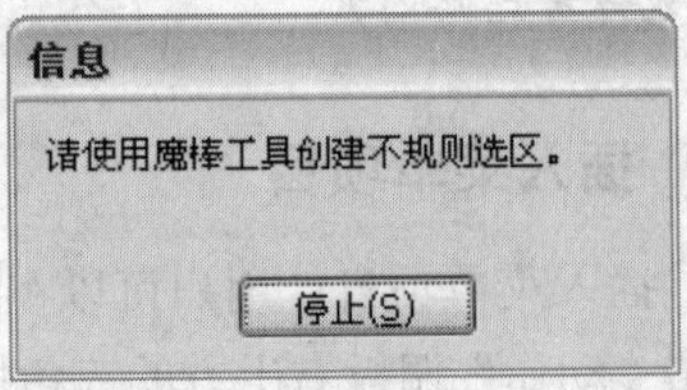

图 18.15　未选择“允许继续”选项时的提示框

步骤05 输入信息完毕后，单击“确定”按钮。

18.4.5　继续录制动作

单击“停止记录”按钮可以结束一个动作记录，但用户仍然可以根据需要在动作中继续记录其他命令，其操作步骤如下。

步骤01 在“动作”调板中选择一个命令。

步骤02 单击“动作”调板底部的开始记录按钮●。

步骤03 执行需要记录的操作。

步骤04 继续录制动作完毕后，单击停止记录按钮■即可。

Photoshop 18.5 复制与删除命令、动作或动作组 CS3

18.5.1　复制命令、动作或动作组

复制命令、动作或动作组，是用户在“动作”调板中进行的较为频繁的一类操作，其操作方法非常简单。以复制动作为例，只需按住鼠标左键将要复制的动作拖至“动作”调板底部的创建新动作按钮上即可，如图 18.16 所示。释放鼠标左键后，复制得到的新动作将位于源动作的下面，如图 18.17 所示。

图 18.16　复制动作

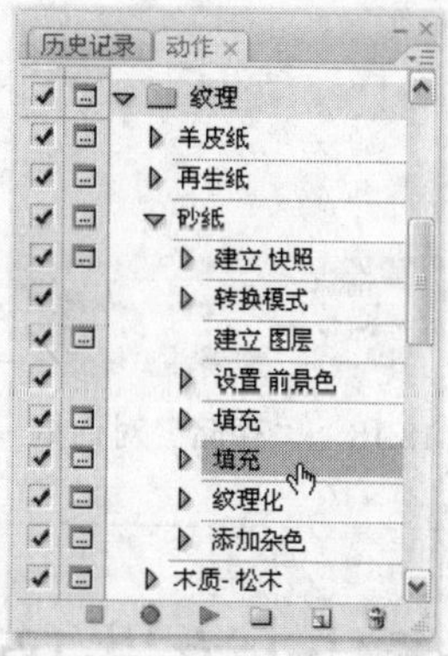

图 18.17　复制得到的动作位于源动作的下面

上面所讲述的是一种快捷方便的操作方法，用户也可以在选择了复制对象（如动作序列、动作或命令）的情况下，单击“动作”调板右上方的三角按钮，在弹出的菜单中选择“复制”命令，即可得到一个当前动作组（动作或命令）的副本。

18.5.2　删除命令、动作或动作组

删除命令、动作或动作组，可以在“动作”调板中将其选中并拖动至删除按钮上或选择调板弹出菜单中的“删除”命令。

Photoshop 18.6 存储和载入动作 CS3

当在一个组中保存有许多动作后，可以将其存储为一个文件以便于用户间的交流、共享或备份保存。存储组的具体操作步骤如下。

步骤 01 在“动作”调板中将要保存的动作拖动至一个组中，此操作类似于将图层拖至图层组中，以将动作存放于组中，并在调板中选择要存储的组。

步骤 02 单击“动作”调板右上方的三角按钮，在弹出的菜单中选择“存储动作”命令，弹出如图 18.18 所示的对话框。

步骤 03 在“存储”对话框中选择文字存储的路径并输入文件名称。

步骤04 单击“保存”按钮，则所选组中的动作序列被保存为一个文件。

要将存储的动作载入到“动作”调板中，可从“动作”调板弹出菜单中选择“载入动作”命令，在弹出的“载入”对话框中选择一个动作组，单击对话框中的“载入”按钮。

提示

在“动作”调板弹出菜单的下部分显示了 Photoshop 预设的“组”名称，如图 18.19 所示，选择这些命令可以载入相应的动作组。

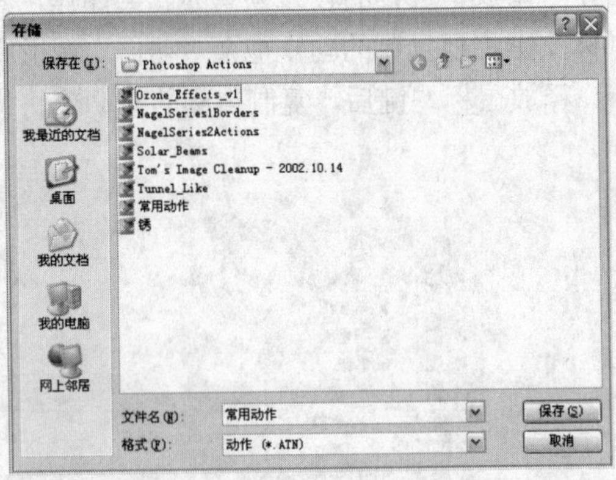

图 18.18 “存储”对话框

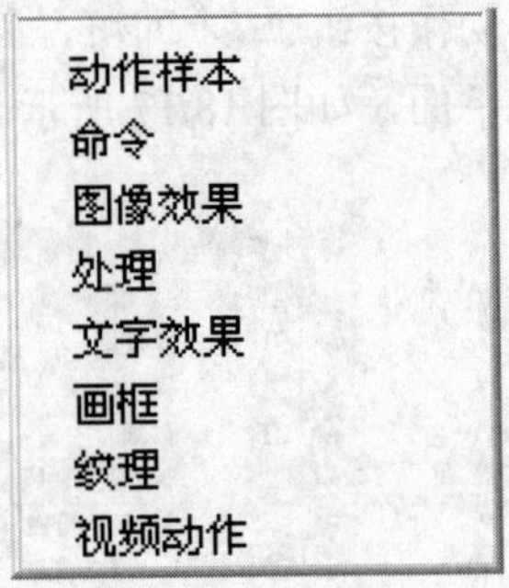

图 18.19 Photoshop 预设动作

18.7 设置回放选项

通常在应用动作时 Photoshop 将停止刷新显示图像，换言之，用户无法看见在操作每一条命令后图像的效果改变，这样的速度在大幅度提高工作效率的同时，也使用户无法检查动作的命令。如果希望设定动作的执行速度，以便于查看动作中每一条命令执行情况，可以选择“动作”调板弹出菜单中的“回放选项”命令，设置弹出的如图 18.20 所示的对话框。

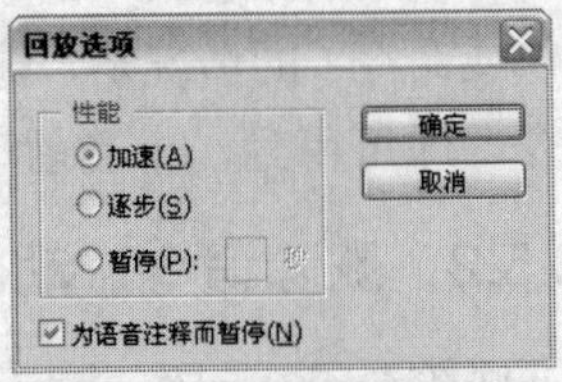

图 18.20 “回放选项”对话框

“回放选项”对话框中各参数的含义如下。

- 加速：选择此选项，则以没有间断的速度直接应用动作，此选项为默认设置。
- 逐步：选择此选项，则完成每个命令并重绘图像，然后再进行当前动作中的下一个命令。
- 暂停：选择此选项，可在其后的数值框中输入每个动作间运行的暂停时间。
- 为语音注释而暂停：选择该选项，则确保动作中的每个语音注释应用完后，再开始动作中的下一步。

提示

如果在应用动作后无法得到正确的结果，可以在此选择“逐步”选项，以便于分析是动作中的哪一步操作出现了问题。本章所用到的素材文件为随书光盘:\d18z\中的文件，文件名对应着本章的小节号。

第 19 章

Photoshop

自 动 化

通过学习第 18 章的内容，我们已经知道“动作”能够记录用户所执行的操作，以便于在以后的工作中重复使用，从而提高工作效率。而本章将要讲述到的“自动化命令”则更胜一筹，它能够实现更加快捷的处理。

比如，我们利用“动作”将“色相/饱和度”命令录制下来，当对另一幅图像也应用相同的调整时，就可以应用所录制的“动作”了，但如果要对成千上万张图进行相同的调整，再按照这样的方法操作就显得非常的繁琐，那么此时就可以利用自动化命令中的“批处理”命令方便地对这些图像进行处理，从而大幅度地提高工作效率。

除了“批处理”命令以外，自动化命令中还包括“PDF 演示文稿”、“快捷批处理”、“Web 照片画廊”、“裁切并修齐照片”、“多页面 PDF 到 PSD”、“联系表”、“条件模式更改”、“图片包”、“限制图像”及 Photomerge 等命令，下面就分别进行详细的讲解。

Photoshop CS3

19.1 批处理

“批处理”命令能够对指定文件夹中的所有图像文件执行指定的动作。例如，如果希望将某一个文件夹中的图像文件转存成为 TIFF 格式的文件，只需要录制一个相应的动作并在“批处理”命令中为要处理的图像指定这个动作即可快速完成这个任务。

应用“批处理”命令进行批处理的具体操作步骤如下。

步骤 01 录制要完成指定任务的动作，选择“文件”|“自动”|“批处理”命令，弹出如图 19.1 所示的对话框。

步骤 02 从“应用”区域的“组合”和“动作”下拉列表中选择需要应用动作所在的“组”及此动作的名称。

步骤 03 从“源”下拉列表中选择要应用“批处理”的文件，此下拉列表中各个选项的含义如下。

- 文件夹：此选项为默认选项，可以将批处理的运

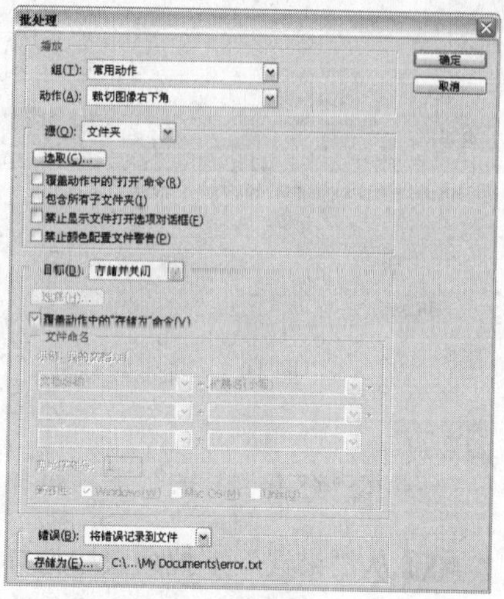

图 19.1　“批处理”对话框

行范围指定为文件夹，选择此选项必须单击“选取”按钮，在弹出的“浏览文件中”对话框中选择要执行批处理的文件夹。

- 输入：此选项用于对来自数码相机或扫描仪的图像应用动作。
- 打开的文件：如果要对所有已打开的文件执行批处理，应该选中此选项。
- 文件浏览器：此选项用于对显示于“文件浏览器”中的文件应用在此对话框中指定的动作。

步骤04 选择“覆盖动作‘打开’命令”选项，动作中的“打开”命令将引用“批处理”的文件而不是动作中指定的文件名，选择此选项将弹出如图 19.2 所示的提示对话框。

步骤05 选择“包含所有子文件夹”选项，可以使动作同时处理指定文件夹中所有子文件夹包含的可用文件。

步骤06 选择“禁止颜色配置文件警告”选项，将关闭颜色方案信息的显示。

步骤07 从“目的”下拉列表中选择执行“批处理”命令后的文件所放置的位置，其中各个选项的含义如下。

- 无：选择此选项，使批处理的文件保持打开而不存储更改（除非动作包括“存储”命令）。
- 存储并关闭：选择此选项，将文件存储至当前位置，如果两幅图像的格式相同，则自动覆盖源文件，并不会弹出任何提示对话框。
- 文件夹：选择此选项，将处理后的文件存储到另一位置。此时可以单击其下方的“选取”按钮，在弹出的“浏览文件中”对话框中指定目标文件夹。

步骤08 选择“覆盖动作‘存储为’命令”选项，动作中的“存储为”命令将引用批处理的文件，而不是动作中指定的文件名和位置。

步骤09 如果在“目的”下拉列表中选择“文件夹”选项，则可以指定文件命名规范并选择处理文件的文件兼容性选项。

步骤10 如果在处理指定的文件后，希望对新的文件进行统一命名，可以在“文件命名”区域设置需要设定的选项。例如，如果按照图 19.3 所示的参数执行批处理后，以 JPGE 图像为例，则存储后的第一个新文件名为 designjpg001.jpg，第二个新文件名为 designjpg002.jpg，以此类推。

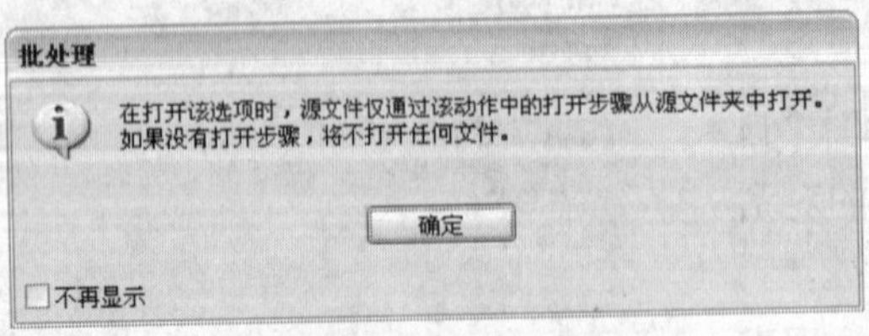

图 19.2　提示对话框

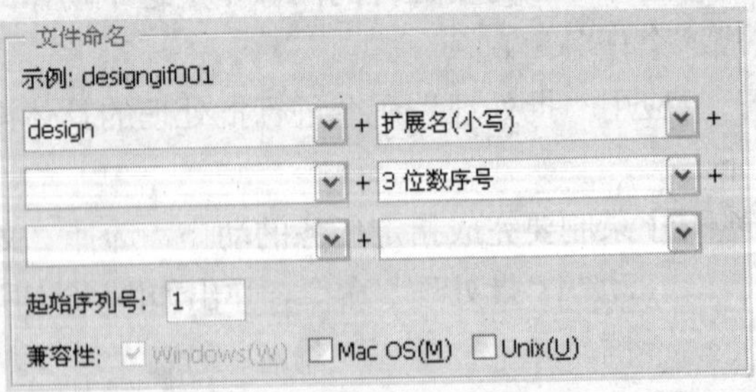

图 19.3　设置执行批处理后文件的名称

> **提示**
> 此选项仅在“目的”下拉列表中的“文件夹”选项被选中的情况下才会被激活。

步骤11 从“错误”下拉列表中选择处理错误的选项，该下拉列表中各个选项的含义如下。

- 由于错误而停止：选择此选项，在动作执行过程中如果遇到错误将中止批处理，建议不选择此选项。

- 将错误记录到文件：选择此选项，并单击下面的“存储为”按钮，在弹出的“存储”对话框输入文件名，可以将批处理运行过程中所遇到的每个错误记录并保存在一个文本文件中。

步骤 12 设置所有选项后单击“确定”按钮，则 Photoshop 开始自动执行指定的动作。

在掌握了此命令的基本操作后，可以针对不同的情况使用不同的动作完成指定的任务。例如，如果希望将 D:\image\文件夹中的所有图像转换为 RGB 模式，并另存为 JPGE 格式的文件，存储的目标位置为 D:\image-2\文件夹中，而且要保持每个文件的名称不变，可以按照图 19.4 所示的对话框进行设置。

提示

在进行“批处理”过程中，按 Esc 键可以中止运行批处理，在弹出的如图 19.5 所示的对话框中，单击“继续”按钮可以继续执行批处理，单击“停止”按钮则取消批处理。

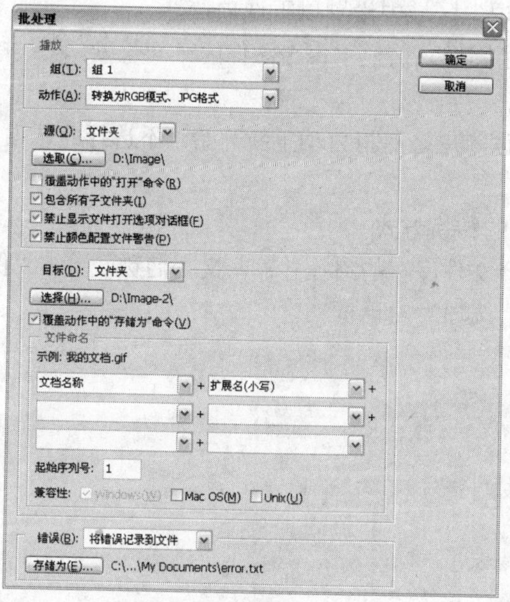

图 19.4 “批处理”对话框

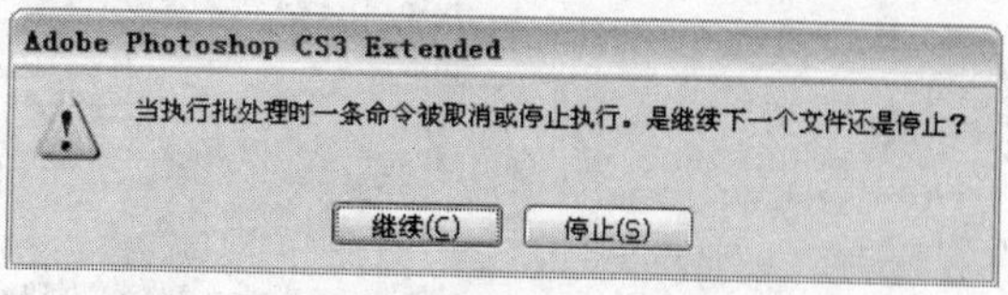

图 19.5 提示对话框

19.2 PDF 演示文稿

使用“PDF 演示文稿”命令，可以将多幅图像创建为多页面的 PDF 文档或具有自动演示效果的幻灯片文稿，如果希望为客户演示某一个设计项目的不同的设计效果，此命令是一个较好的选择。

提示

PDF（便携文档格式）是一种通用文件格式，这种格式既可以表现矢量数据，也可以表现位图数据，而且还可以包含电子文档搜索和导航功能。

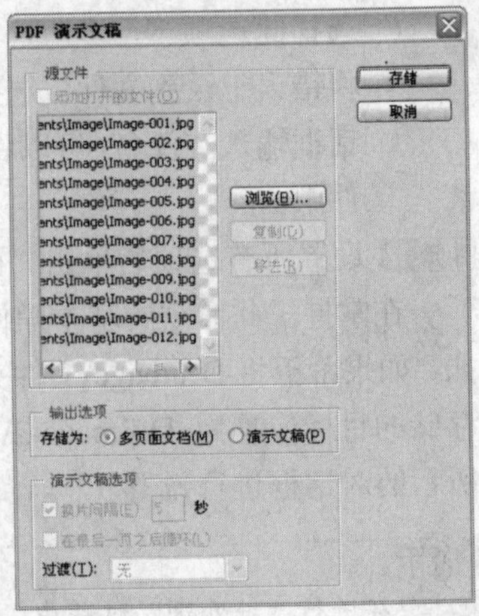

图 19.6 “PDF 演示文稿”对话框

选择“文件”|“自动”|“PDF 演示文稿”命令，弹出如图 19.6 所示的对话框，创建 PDF 演示文稿的具体操作步骤如下。

步骤 01 在“PDF 演示文稿”对话框中单击“浏览”按钮，在弹出的对话框中选择要构成演示文档的图像。如果希望使用的是已经打开的图像，可以选择“添加打开的文件”选项。

提示

读者可以使用随书所附光盘:\19.2 文件夹中的图像文件进行操作。

步骤 02 选中“存储后查看 PDF”选项，以在创建 PDF 之后使用 Adobe Acrobat 或 Adobe Reader 打开 PDF 文件。

步骤 03 选中“演示文稿”选项，在“演示文稿选项”区域中设置以下选项：

- 换片间隔__秒：指定演示文稿前进到下一个图像之前显示每个图像的时间长度。默认持续时间是 5 秒。
- 在最后一页之后循环：指定演示文稿在到达末尾之后将自动重新开始。不选择此选项，在显示了最后一幅图像后将停止演示文稿。
- 换片效果：指定从一个图像到下一个图像的转换方式。

步骤 04 单击“存储”按钮，在弹出的对话框中选择文件保存的路径并输入文字名称，单击“保存”按钮后，弹出如图 19.7 所示的“PDF 选项”对话框。

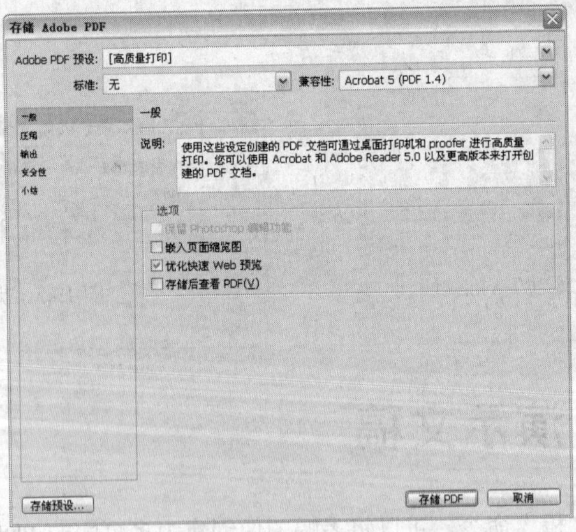

图 19.7 “PDF 选项”对话框

步骤 05 单击“确定”按钮关闭此对话框，并开始创建 PDF 演示文稿。

图 19.8 所示为将 12 幅风景图像转换为演示文稿所设置的“PDF 演示文稿”对话框，及生成演示文稿后在 Adobe Reader 软件中观看该 PDF 文件。图 19.9 中所示为在全屏观看幻灯片时图像间的切换效果。

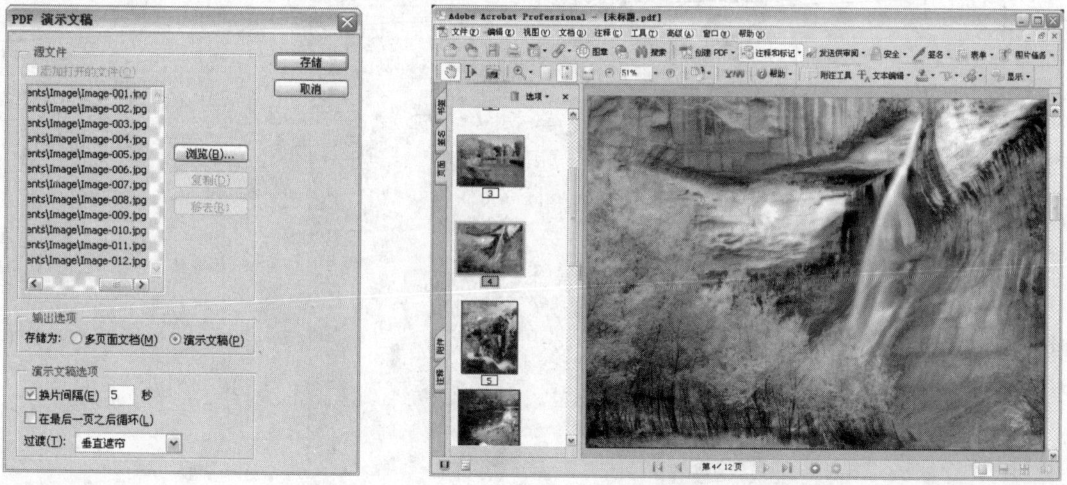

（a）（b）

图 19.8 “PDF 演示文稿”对话框及应用该命令后得到的 PDF 文件

（a）（b）

图 19.9 演示图像的切换效果

如果要创建的是多页面的 PDF 文档，选中“多页面文档”选项，并单击“存储”按钮，在弹出的对话框中选择文件保存的路径并输入文件名称，单击“保存”按钮后，设置弹出的“PDF 选项”对话框，单击“确定”按钮即可开始创建多页面 PDF 文档。

Photoshop 19.3 快捷批处理 CS3

使用“创建快捷批处理”命令可以创建一个基于动作的可执行程序（后缀名为 exe）。

在 Photoshop 未启动的情况下，可以通过将需要处理的图像拖至使用此功能创建的小程序图标上，以运行 Photoshop 并使用创建快捷批处理时指定的动作对此图像进行处理。

选择“文件”|“自动”|“创建快捷批处理”命令，弹出如图 19.10 所示的对话框。

在对话框中，除“将快捷批处理存储于”选项外，其他选项与“批处理”对话框完全相同，故在此不再赘述。

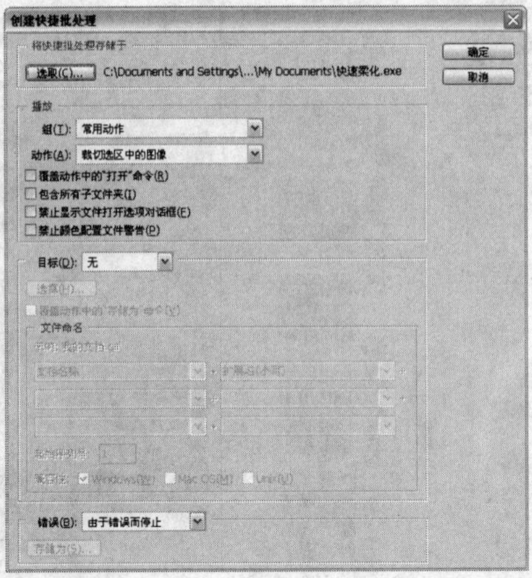

图 19.10 “创建快捷批处理”对话框

在对话框中单击“选取”按钮，在弹出的对话框中可以设置该快捷批处理保存的位置，定义存储快捷批处理的位置及其他参数后，单击“确定”按钮即可在该位置显示一个快捷批处理的图标。

如果要使用快捷批处理，只需要将文件或文件夹拖至快捷批处理图标上即可。

Photoshop 19.4 Web 照片画廊 CS3

使用“文件”|“自动”|“Web 照片画廊”命令，可以从一组图像中生成一个用于展示图片的小型网站。

下面举例讲解使用“Web 照片画廊”命令创建 Web 照片画廊的操作步骤。

步骤 01 在“资源管理器”中将要创建为 Web 照片画廊的图像复制到某一个文件夹中，在此笔者将图像复制到了“舞蹈”文件夹中。

步骤 02 选择“文件”|“自动”|“Web 照片画廊”命令，弹出如图 19.11 所示的对话框。

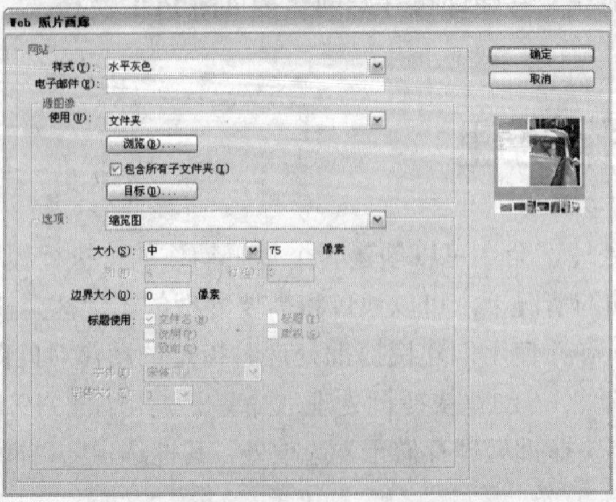

图 19.11 “Web 照片画廊”对话框

步骤03 在“样式”下拉列表中选择 Photoshop 预设的网站样式。

步骤04 单击“浏览”按钮，在弹出的“浏览文件夹”对话框中选择第 1 步所设置的文件夹，单击“确定”按钮。

步骤05 选择“包含所有子目录”选项，以使 Web 照片画廊中包含所选文件夹中的子文件夹中的图像。

步骤06 单击“目标”按钮，在弹出的“目标文件夹”对话框中选择一个用于保存生成的小型网站的文件夹。

提示

“目标文件夹”必须不同于“浏览文件夹”。

步骤07 在“选项”下拉列表中选择对生成的“Web 照片画廊”的属性设置，其中比较重要的是“横幅”与“缩览图”选项，如图 19.12 所示。

步骤08 设置所有参数后，单击“确定”按钮，Photoshop 自动执行操作，并在生成网页后打开“Web 照片画廊”的“主页”文件，如图 19.13 所示。单击页面底部的各个缩微图，则可以在窗口中浏览照片的大图。

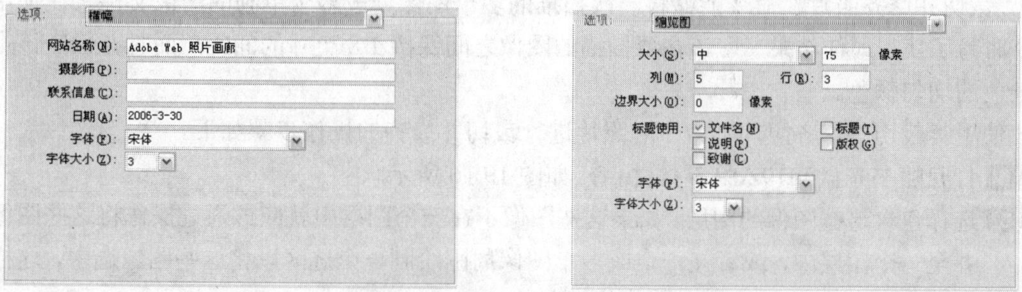

(a) (b)

图 19.12 “横幅”和“缩览图”设置

图 19.13 浏览大图像

图 19.14 和图 19.15 展示了使用此命令得到的 8 种网页效果。

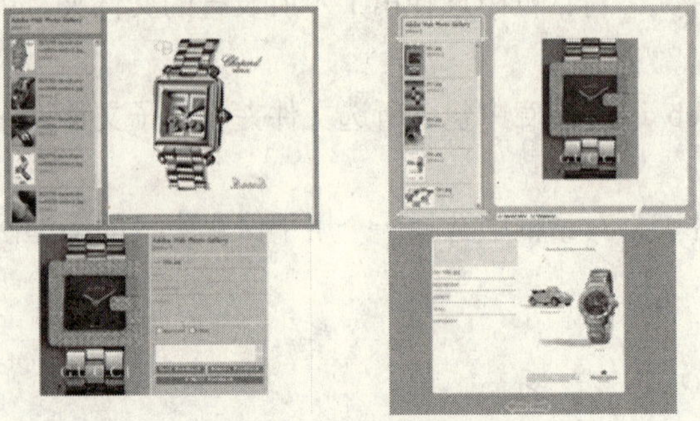

图 19.14　其他网页效果 1

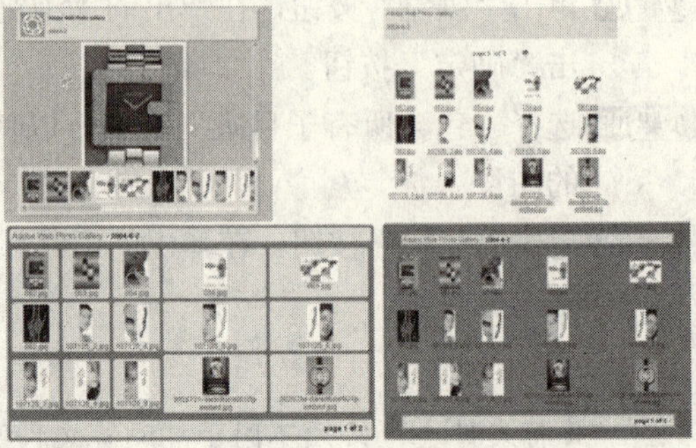

图 19.15　其他网页效果 2

19.5 裁切并修齐照片

“裁切并修齐照片”命令能够将一次扫描的多个图像分成多个单独的图像文件。在使用此命令时为了获得最佳结果，应该在要扫描的图像之间保持 1/8 英寸的间距，而且背景应该是没有杂色的均匀颜色。

使用“裁切并修齐照片”命令对照片进行裁切并修齐的操作步骤如下。

步骤 01 打开随书光盘:\d19z\19.5-素材.tif，如图 19.16 所示。

步骤 02 选择包含这些图像的图层。如果这些图像不在一个图层中就应该通过操作将这些图像合并至一个图层中，或者在一个或多个图像周围绘制一个选区以将这些图像选中，这样可以将这些图像生成为单独的图像文件。

步骤 03 选择“文件”|“自动”|“裁切并修齐照片”命令，Photoshop 将对扫描后的图像进行处理，然后在其各自的窗口中打开每个图像，得到如图 19.17 所示的一系列裁切并修齐的图片。

图 19.16　要处理的扫描图像

图 19.17　处理后生成的单个图像

Photoshop　CS3

19.6 使用“联系表”制作图像索引图

使用“联系表”可以在一个图像文件中显示某一指定文件夹中的所有图像的缩览图，以便于预览图像或将图像编为目录。图 19.18 所示为一个文件夹中的图像，图 19.19 所示为由此文件夹中的图像生成的不同格式的联系表。

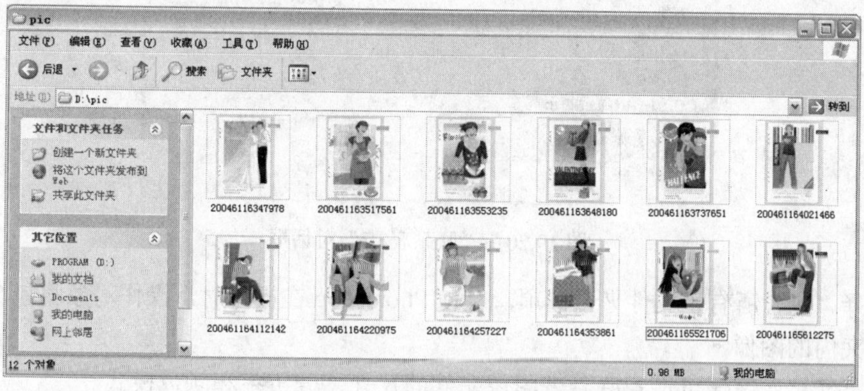

图 19.18　文件夹中的图像

（a）　（b）

图 19.19　不同格式的联系表

创建联系表的具体操作步骤如下：

步骤 01 选择“文件”|“自动”|“联系表”命令，弹出如图 19.20 所示的对话框。

步骤 02 单击“浏览”按钮，在弹出的“浏览文件夹”中选择要创建成联系表的文件夹。

提示

读者可以使用随书所附光盘:\19.6 文件夹中的图像文件进行操作。

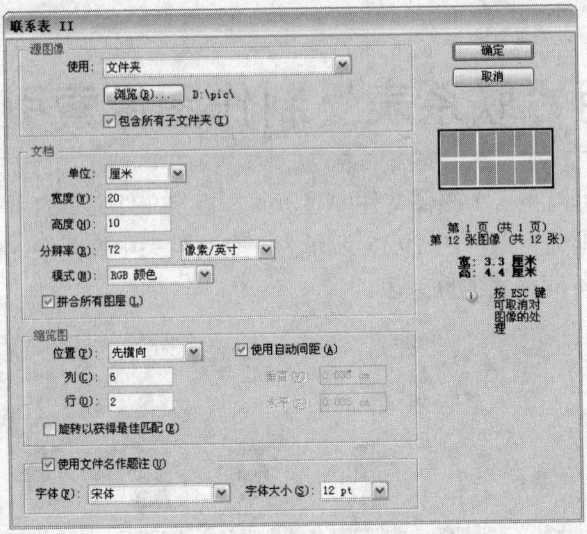

图 19.20 “联系表 II”对话框

步骤03 选择“包含所有子文件夹”选项，以使 Photoshop 在操作时，操作对象将包含所有子文件夹内的图像。

步骤04 在“文档”区域可设置联系表图像文件的尺寸、分辨率和颜色模式。

提示

如果联系表图像文件用于屏幕显示可以将“分辨率”设置为 72，“颜色模式”设置为 RGB；如果用于印刷则需要将“分辨率”设置为 300，“颜色模式”设置为 CMYK。

步骤05 选择“拼合所有图层”选项，可将所有图像和文本都位于一个图层上创建联系表。如果不选择此选项，联系表的每个图像都位于一个不同独立的图层上，每个题注文字也都位于一个不同独立的文本层上。所以，如果对两个有题注的图像进行拼合，则联系表文件将生成两个文字图层、两个图像图层和一个背景图层。

步骤06 在“缩览图”选项区域可指定联系表中的缩微图的排列方式及个数。

提示

如果在“行”、“列”数值框中输入的数值之积小于指定文件夹中的图像个数，则 Photoshop 会生成多个联系表图像文件，并在对话框的右侧显示将生成的页数，如图 19.21 所示。

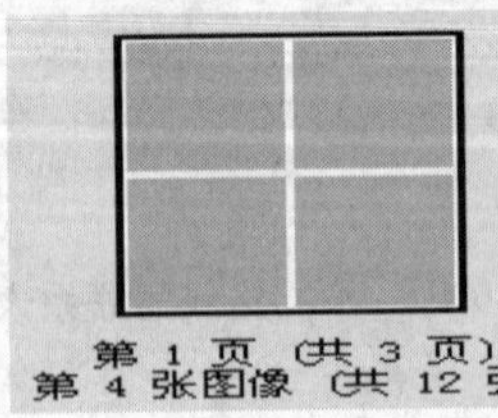

图 19.21 共生成 3 个联系表图像文件

步骤07 选择“使用文件名作题注”选项，将用图像原来的文件名标注缩览图，并可以设置题注的“字体”和“字体大小”。

步骤08 设置选项完毕后单击“确定”按钮，Photoshop 将开始创建联系表。

Photoshop CS3

19.7 条件模式更改

“条件模式更改”命令能够将图像的颜色模式更改为指定的模式，通常将此命令记录在动作中，以确保图像使用正确的颜色模式并避免出错，其操作步骤如下：

步骤 01 创建一个新的动作，并开始记录动作。

步骤 02 选择“文件”|“自动”|“条件模式更改”命令，弹出如图 19.22 所示的对话框。

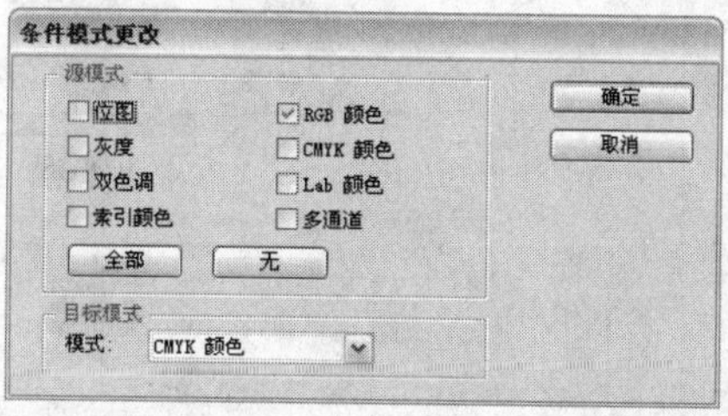

图 19.22　“条件模式更改”对话框

步骤 03 在“条件模式更改”对话框中为源模式选择一个或多个模式，还可以使用“全部”按钮来选择所有可能的模式，或者使用“无”按钮不选择任何模式。

步骤 04 从“模式”下拉列表中选择要转换的目标颜色模式。

步骤 05 单击“确定”按钮，则此命令将作为一个操作步骤记录在“动作”调板中。

Photoshop CS3

19.8 图片包

使用“图片包”命令可将源图像的多个拷贝放置在一个单独的图像页面上，这与影楼传统上出售的套装相册相似，如图 19.23 所示。

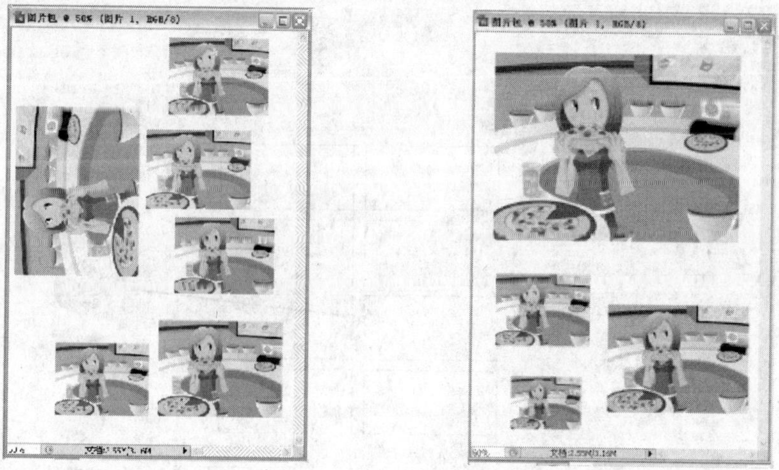

(a)　　(b)

图 19.23　“图片包”效果

使用“图片包”命令创建图片包的具体操作步骤如下。

步骤 01 选择“文件”|“自动”|“图片包”命令，弹出如图 19.24 所示的对话框。如果已经打开了多个文档，则“图片包”命令使用最前面（即最后打开）的文档。

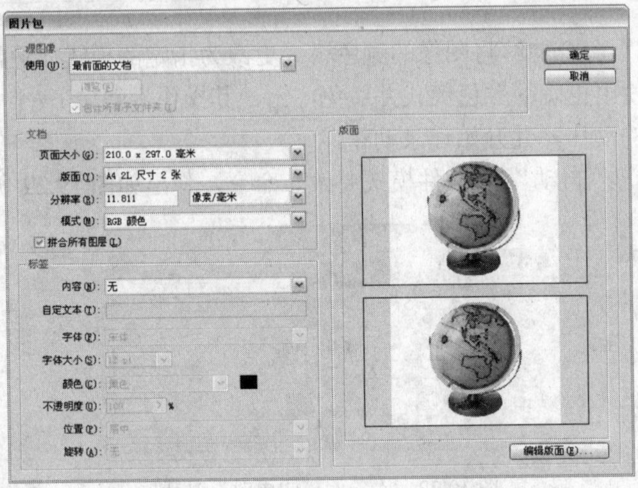

图 19.24 “图片包”对话框

提示

读者可以使用随书所附光盘:\19.8 文件夹中的图像文件进行操作。

步骤 02 要向版面中添加一个或多个图像，可以使用以下 3 种方法中的一种。

- 在“图片包”对话框的“源图像”区域中，从“使用”下拉列表中选择“文件”或“文件夹”，然后单击“浏览”，当选择“文件夹”时，可以选择“包含所有子文件夹”选项，以包含所有子文件夹内的图像。
- 单击预览版面中的一个占位符，并通过弹出的对话框来选择一个图像。
- 直接将“资源管理器”中的图像拖至“图片包”对话框的占位符中，如图 19.25 所示。

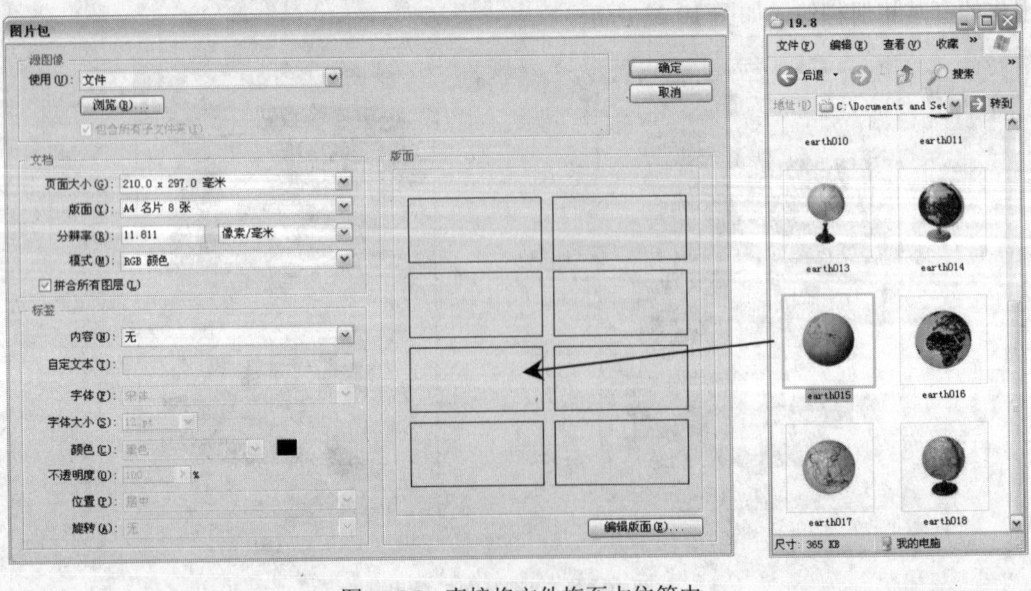

图 19.25 直接将文件拖至占位符中

步骤03 在“图片包”对话框的“文档”区域中，设置图片包的页面大小、分辨率和颜色模式，并在“版面”下拉列表中选择图片包的版面，所选的版面效果会显示在对话框的右侧。

步骤04 选择“拼合所有图层”选项，可创建所有图像和标签文本都位于一个图层上的图片包；取消选择“拼合所有图层”选项，则最后生成的图像文件中每个图像都位于一个独立的图层上，并且每个标签文本也都位于一个独立的文本图层上。

步骤05 在“标签”区域中，从“内容”下拉列表中选择标签文本的来源或者选择“无”。如果选择“自定文本”，则在“自定文本”字段中输入标签的文本，并指定标签的字体、字体大小、颜色、不透明度、位置和旋转。

步骤06 单击“确定”按钮，则可以得到所需要的图片包效果。

Photoshop　CS3

19.9 限制图像

选择“文件”|“自动”|“限制图像”命令，弹出如图 19.26 所示的对话框。

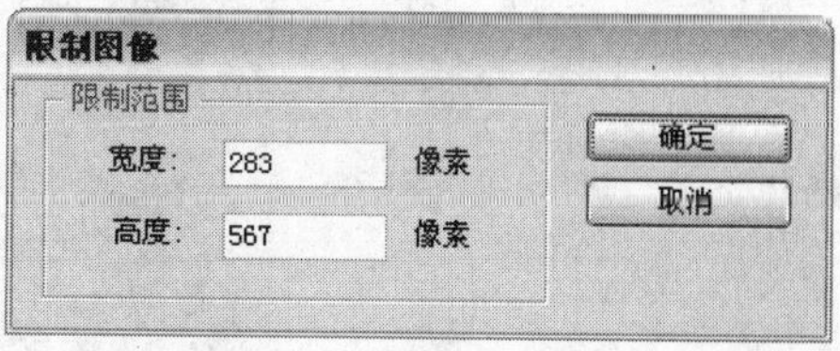

图 19.26　“限制图像”对话框

用户可在“宽度”或“高度”数值框中输入数值，则“限制图像”命令会将当前图像限制为指定的宽度和高度，但不改变长宽比。例如，要将图像的大小限制在 800×600 像素这个范围内，就可以分别在“宽度”和“高度”数值框中输入 800 和 600，单击“确定”按钮，该命令会自动检查当前图像的大小，如果该图像的宽度或高度大于所设置的数值，则按照比例将图像进行缩小；如果图像的尺寸都没有超过限制范围，则不改变图像的大小。

Photoshop　CS3

19.10 制作全景图像

Photomerge 命令能够将多个图拼合成一个连续全景图像，例如，图 19.27 所示为源图像，图 19.28 所示为使用 Photomerge 命令拼合后的全景图，其原理是软件自动寻找相近的像素，然后再将其对齐。

（a）　（b）　（c）

图 19.27　素材图

图 19.28　组成后的全景图

选择“文件”|“自动”|“Photomerge”命令，弹出如图 19.29 所示的对话框，要合成图像可以按照如下步骤进行操作。

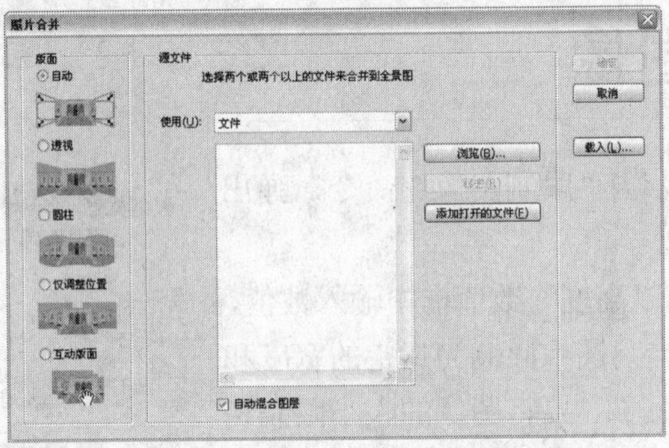

图 19.29 “照片合并”对话框

步骤01 选择“文件”|“自动”|“Photomerge”命令，在“照片合并”命令对话框中，从“使用”下拉列表菜单中选择一个选项。如果希望使用已经打开的文件，点击“添加打开的文件”按钮。

- 文件：可使用单个文件生成 Photomerge 合成图像。
- 文件夹：使用存储在一个文件夹中的所有图像来创建 Photomerge 合成图像。该文件夹中的文件会出现在此对话框中。

步骤02 在对话框的左侧选择一种图片拼接类型，在此笔者选择了“自动”选项。

步骤03 单击“确定”按钮退出此对话框，即可得到 Photoshop 按图片拼接类型生成的全景图像，如图 19.30 所示。

图 19.30　合成的效果

步骤04 使用裁切工具 对图像进行裁切直至得到满意效果，图 19.31 所示为裁切后的效果。

19.31 裁切后的效果

图 19.32～图 19.34 所示为使用其他几种版面类型所得到的拼合全景效果。

图 19.32 选择“透视”选项效果

图 19.33 选择“圆柱”选项效果

图 19.34 选择“仅调整位置”选项效果

如果在 19.29 所示的对话框中选中“互动版面”选项，则弹出的对话框如图 19.35 所示，在对话框中可以手动进行图片拼合。

下面以此对话框为例，讲解各项工具及参数选项的意义。

- 灯箱：此区域用于排列将用于合成全景图像的源素材图像。将图像从灯箱拖移到工作区域，可将其添加到合成图像中。将图像从工作区域拖移到灯箱，可将其从合成图像中移去。单击灯箱中的图像两次，可将其添加到合成图像中。
- 选择图像工具：用于在“灯箱”区或“工作区域”选择要操作的图像。
- 旋转图像工具：此工具用于旋转图像。

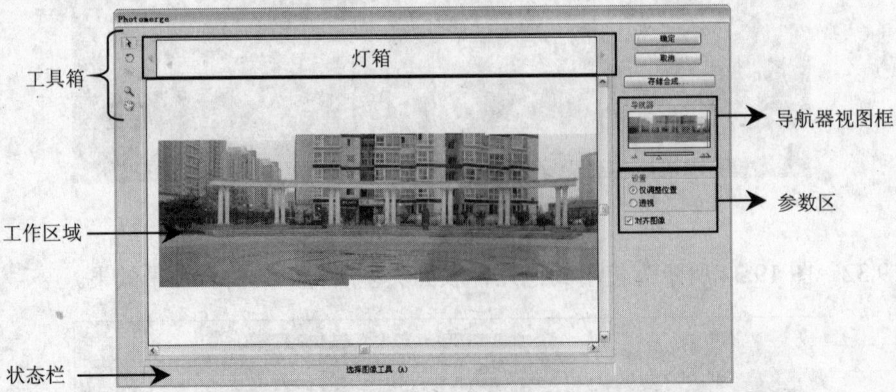

图 19.35　选中“互动版面”选项时的对话框

- 设置消失点工具：此工具用于工作区域通过单击设置拼合图像的视觉消失点。
- 仅调整位置：选择此选项可以使 Photoshop 仅调整合成图片的位置，不对其透视角度进行调整。
- 透视：以具有透视角度的方式拼合图像，此时可以使用设置消失点工具来设置图像的灭点。
- 对齐图像：选择此选项，可以在检测到共同之处时自动将重叠图像固定到位。

19.11 自动对齐与自动混合

自动对齐与自动混合是 Photoshop CS3 版本提供的新功能，同样用于拼合图像，两个命令联合起来应用时，功能与前面所讲述的“文件”|“自动”|“Photomerge”命令相同，但操作方面却显得更加简单，下面通过实例进行讲解。

步骤 01 打开随书光盘:\d19z\19.11-素材 1.psd，“图层”调板如图 19.36 所示。

步骤 02 将 3 个图层选中，选择“编辑”|“自动对齐图层”命令，设置弹出的对话框如图 19.37 所示，确认后将得到如图 19.38 所示的效果。

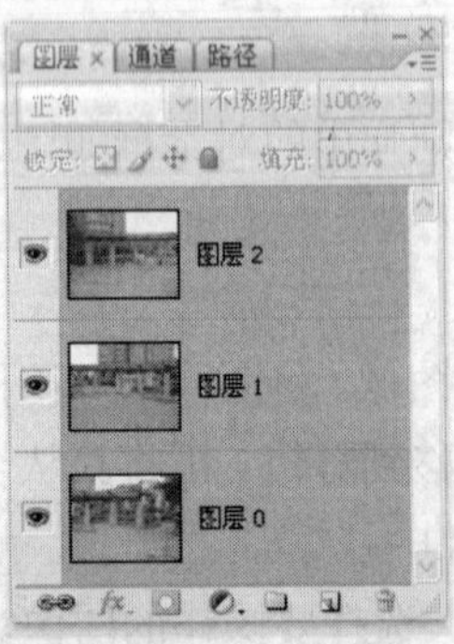

图 19.36　素材“图层”调板

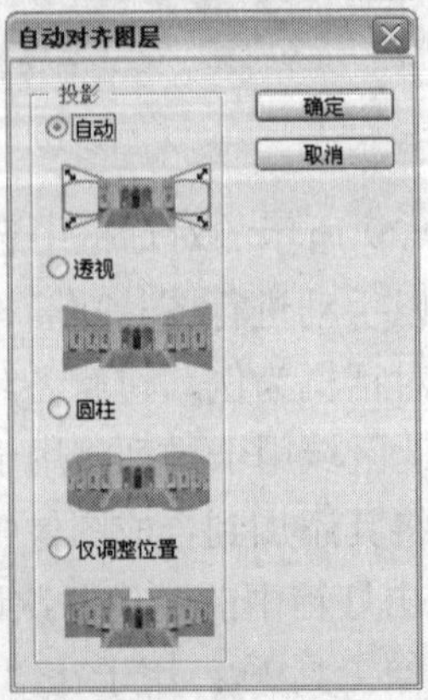

图 19.37　“自动对齐图层”对话框

图 19.38　应用“自动对齐图层”命令的状态

提示

此处“自动对齐图层”对话框中的“版面设置”同前面“照版拼合”中讲的“版面”的设置及意义相同。

使用此命令时应该保证选择两个以上的图层，只有这样软件才在处理时自动寻找图层中具有相同特性的像素，然后将其进行变换来达到图像拼合的目的。

选择“编辑”|“自动混合图层”命令，此时 Photoshop 会自动通过分析图层重叠区域的像素，并为不同的图层添加图层蒙版，以达到混合的目的，处理后的效果如图 19.39 所示，图 19.40 为自动混合前后的“图层”调板状态，图 19.41 为裁剪后的效果。

图 19.39　应用“自动混合图层”的状态

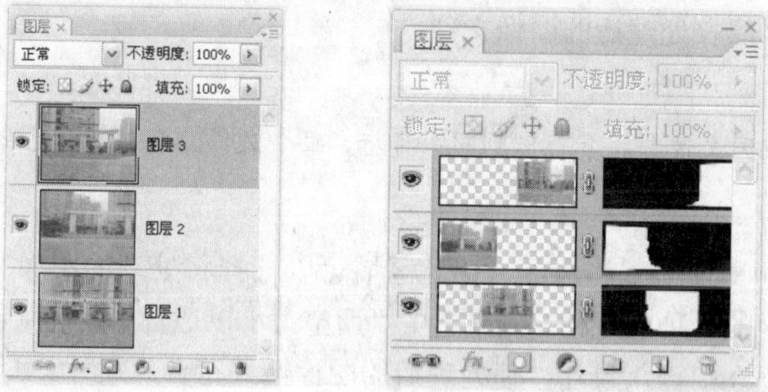

(a)　(b)

图 19.40　“图层”调板的状态

图 19.41　裁剪后的效果

Photoshop CS3

19.12 图像处理器

图像处理器是 Photoshop CS3 中新增的脚本命令，虽然它并不是属于“文件”|“自动”子菜单中的命令，但由于其功能特殊，我们仍把它当作是一个提高工作效率的命令来讲解。

首先来了解一个“图像处理器”命令可以完成的工作。此命令的强大之处就在于除了提供重命名图像文件的功能外，还允许用户将其转换为 JPEG、PSD 或 TIFF 格式之一，或者将文件同时转换为以上 3 种格式，也可以使用相同选项来处理一组相机原始数据文件，以及调整图像大小，使其适应指定的大小。

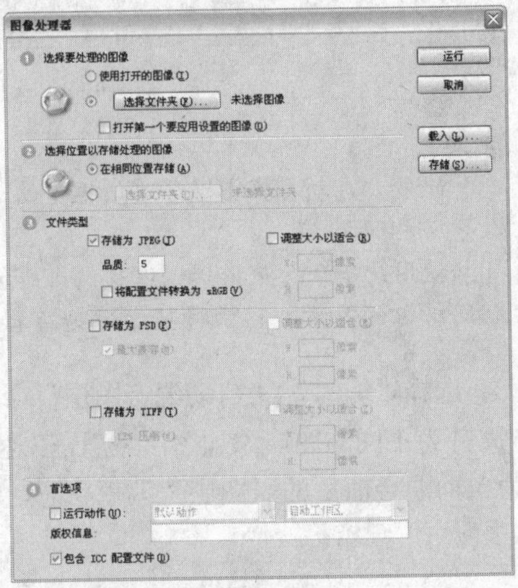

图 19.42 “图像处理器”对话框

下面将对“图像处理器”的使用方法进行讲解。

步骤01 选择“文件”|“脚本”|“图像处理器”，弹出如图 19.42 所示的对话框。

步骤02 选择要处理的图像文件，可以通过选中“使用打开的图像”复选项以处理任何打开的文件，也可以通过单击“选择文件夹”按钮，在弹出的对话框中选择处理一个文件夹中的文件。

步骤03 选择处理后的图像文件保存的位置，可以通过选中“在相同位置存储”复选项，在相同的文件夹中保存文件，也可以通过单击“选择文件夹”按钮，在弹出的对话框中选择一个文件夹用于保存处理后的图像文件。

提示

如果多次处理相同文件并将其存储到同一目标，每个文件都将以其自己的文件名存储，而不进行覆盖。

步骤04 选择要存储的文件类型和选项，在此区域可以选择将处理的图像文件保存为 JPEG、PSD、TIFF 中的一种或几种。如果选中“调整大小以适合”复选项，则可以分别在“宽度”和“高度”中输入尺寸，使处理后的图像恰好符合此尺寸。

步骤05 设置其他处理选项，如果还需要对处理的图像运行动作中定义的命令，选择“运行动作”复选项，并在其右侧选择要运行的动作。选择“包含 ICC 配置文件”，可以在存储的文件中嵌入颜色配置文件。

步骤06 设置完所有选项后，单击“运行”按钮即可。

提示

本章所用到的素材文件为随书光盘:\d19z\中的文件，文件名对应着本章的小节号，实例具体效果可参见本书彩页。

第 20 章

综合案例

Photoshop

CS3

20.1 韵居花园

步骤01 打开随书光盘:\d20z\20.1-素材 1.tif，如图 20.1 所示，此图像的中心部分较亮边缘较暗，可依照其特点制作一幅房地产广告。

步骤02 打开随书光盘:\d20z\20.1-素材 2.tif，如图 20.2 所示，使用移动工具将其拖到第 1 步打开的文件中，得到"图层 1"，按 Ctrl+T 组合键调出自由变换控制框，按 Shift 键进行变换，按 Enter 键确认变换，得到状态如图 20.3 所示的状态。

步骤03 单击添加图层蒙版按钮为"图层 1"添加蒙版，设置前景色为黑色，选择画笔工具，在其工具选项条中设置适当的画笔大小及不透明度，在图层蒙版中进行涂抹，以将图像边缘隐藏起来，直至得到如图 20.4 所示的效果。

图 20.1　素材的状态 1

图 20.2　素材的状态 2

图 20.3　调整素材的状态

图 20.4　添加蒙版的状态

步骤04 打开随书光盘:\d20z\20.1-素材 3.psd，如图 20.5 所示，将其拖到作品文件中，得到"图层 2"，配合自由变换控制调整到如图 20.6 所示的状态，单击添加图层蒙版按钮为

“图层 2”添加蒙版，设置前景色为黑色，选择画笔工具，在其工具选项条中设置适当的画笔大小及不透明度，在图层蒙版中进行涂抹，以将边缘隐藏起来，直至得到如图20.7所示的效果。

步骤05 将“图层 2”复制一份得到“图层 2 副本”，按Ctrl+T组合键调出自由变换控制框，在框内右击弹出菜单，选择“水平翻转”命令，然后向下移动调整到如图 20.8 所示的状态，按Enter键确认变换。

图 20.5　素材图像

图 20.6　添加素材的状态 1

图 20.7　添加蒙版的状态 1

图 20.8　调整素材的状态 1

步骤06 打开随书光盘:\d20z\20.1-素材 4.psd，如图 20.9 所示，将其拖到作品文件中，得到“图层 3”，配合自由变换控制调整到如图 20.10 所示的状态，单击添加图层蒙版按钮为“图层 3”添加蒙版，设置前景色为黑色，选择画笔工具，在图层蒙版中进行涂抹，以将树的下边隐藏，直至得到如图 20.11 所示的效果。

图 20.9　素材状态

图 20.10　调整素材的状态 2

图 20.11　添加蒙版的状态 2

步骤07 此时作品效果如图 20.12 所示，选择“背景”图层新建一个图层，得到“图层 4”，将前景色设置为 066241，按Alt+Delete组合键进行填充，然后选择“图层 4”以上的所有图层，按 Ctrl+G 组合键创建组将其放在一个组内，并设置组的混合模式为“正片叠底”，得到效果如图 20.13 所示，图 20.14 为“图层”调板的状态。

图 20.12　作品效果

图 20.13　设置混合模式的状态

图 20.14　“图层”调板

步骤 08 打开随书光盘:\d20z\20.1-素材 5.psd，如图 20.15 所示，将其拖到作品文件中，得到“图层 5”，将其拖到“组 1”的上面，配合自由变换控制调整到如图 20.16 所示的状态，单击添加图层样式按钮 fx.，在弹出的菜单中选择“投影”命令，设置弹出的对话框如图 20.17 所示，确认后得到的效果如图 20.18 所示。

图 20.15　素材图像的状态

图 20.16　添加素材的状态 2

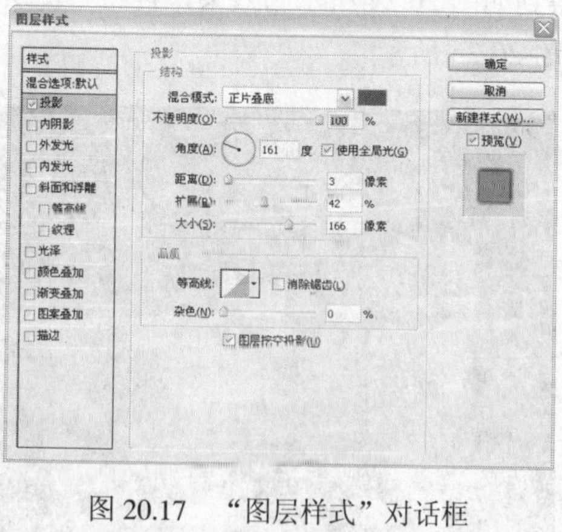

图 20.17　“图层样式”对话框

图 20.18　添加图层样式的状态

步骤 09 选择“图层 5”，将其混合模式设置为“变暗”得到效果如图 20.19 所示；选择“组 1”，单击添加图层蒙版按钮 为“组 1”添加蒙版，设置前景色为黑色；选择画笔工具，在其工具选项条中设置适当的画笔大小及不透明度，在图层蒙版中进行涂抹，直至得到如图 20.20 所示的效果。

图 20.19　设置混合模式的状态

图 20.20　添加蒙版的状态 3

步骤 10 打开随书光盘:\d20z\20.1-素材 6.psd 和\d20z\20.1-素材 7.psd，如图 20.21 和图 20.22 所示，分别将其拖到作品文件中，得到“图层 6”及“图层 7”，配合自由变换框调整到如图 20.23 所示的状态。

图 20.21　素材图像 1

图 20.22　素材图像 2

图 20.23　添加素材图像的状态

步骤 11 选择“图层 6”，单击添加图层蒙版按钮 为“图层 6”添加蒙版，设置前景色为黑色，选择画笔工具，在其工具选项条中设置适当的画笔大小及不透明度，在图层蒙版中进行涂抹，以将图像亮度减弱，直至得到如图 20.24 所示的效果，再将“图层 7”的“不透明度”设置为 70%，得到效果如图 20.25 所示。

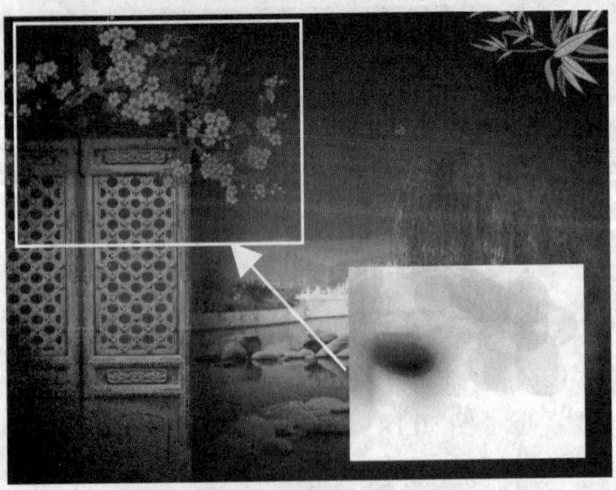

图 20.24　添加蒙版的状态 4

图 20.25　设置“不透明度”的状态

步骤 12 打开随书光盘:\d20z\20.1-素材 8.psd，如图 20.26 所示，将其拖到作品文件中，得到“图层 8”，配合自由变换控制框调整到如图 20.27 所示的状态，再打开随书光盘:\d20z\20.1-

素材 9.psd 和 20.1-素材 10.psd 及 20.1-素材 11.psd 文件，将其拖到作品文件中，并配合自由变换控制框调整到如图 20.28 所示的状态，得到“图层 9”、“图层 10”、“图层 11”。

图 20.26　素材图像的状态

图 20.27　添加素材的状态 3

图 20.28　添加其他素材的状态

步骤 13 选择“图层 11”即小鱼的图层，将图层“不透明度”设置为 60%，效果如同从水面看到水内的鱼，状态如图 20.29 所示。设置前景色的颜色值为白色，选择矩形工具，在工具选项条上选择形状图层按钮，然后在图中绘制一条直线，状态如图 20.30 所示，得到图层“形状 1”。

图 20.29　设置“不透明度”的状态

图 20.30　绘制直线的状态

步骤 14 选择横排文字工具 T，设置适当的字体、字号，输入文字状态如图 20.31 所示，再选择直排文字工具 T，在直线的右边输入文字，状态如图 20.32 所示。

步骤 15 下面将制作一个印章效果，选择横排文字工具 T，输入“韵”和“居”，设置一种古典的字体，状态如图 20.33 所示，得到两个文字图层“韵”和“居”，分别在两个图层名称上右击，在弹出菜单中选择“转化为形状”命令，将两个图层转化为形状。

图 20.31　输入文字的状态

图 20.32　输入直排文字的状态

图 20.33　输入古典文字

步骤16 设置前景色为 7e1e1a，选择钢笔工具，在工具选项条上选择形状图层按钮，在文字的周围绘制形状，得到图层“形状 2”（在绘制沿文字外缘形状时，可以在文字下面绘制形状，状态如图 20.34 所示。）

步骤17 选择路径选择工具，选择形状图层“韵”矢量蒙版中的路径，按 Ctrl+X 组合键剪切路径，选择图层“形状 2”的矢量蒙版，按 Ctrl+V 组合键粘贴路径，再选择形状图层“居”，按同样的方法将路径拷贝到“形状 2”，然后将图层“韵”和“居”删掉。

步骤18 使用路径选择工具，选择“形状 2”矢量蒙版上的所有路径，单击工具选项条上的重叠形状区域除外命令按钮，得到如图 20.35 所示的效果，然后将“形状 2”拖到“形状 1”的下面，配合自由变换控制框，调整到如图 20.36 所示的状态。

图 20.34 绘制形状

图 20.35 路径运算后的状态

图 20.36 调整印章状态

步骤19 设置前景色的颜色值为 787979，选择矩形工具，在工具选项条上选择形状图层按钮，然后在画布的底部绘制如图 20.37 所示形状，得到图层“形状 3”，再将前景色设置为白色，使用矩形工具在灰色矩形上绘制一条白色的直线，如图 20.38 所示，得到图层“形状 4”。

图 20.37 绘制灰色矩形

图 20.38 绘制白色直线

步骤20 选择横排文字工具，设置前景色的颜色值为白色，并在其工具选项条上设置适当的字体和字号，在灰色的矩形上输入文字，得到如图 20.39 所示的效果，此时图层调板如图 20.40 所示，完成作品。

图 20.39　最终效果

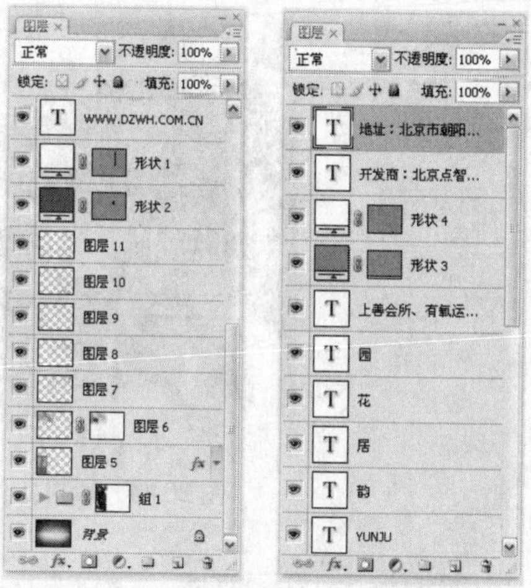

（a）　（b）

图 20.40　“图层”调板

20.2 中国戏曲

步骤 01 按 Ctrl+N 组合键新建一个文件，设置弹出的对话框如图 20.41 所示，单击“确定”按钮退出对话框，以创建一个新的空白文件，新建一个图层得到“图层 1”，设置前景色的颜色值为 f53523，按 Alt+Delete 组合键填充前景色，按 Ctrl+D 组合键取消选区。

步骤 02 单击添加图层蒙版按钮 为“图层 1”添加蒙版，选择线性渐变工具 设置渐变类型为“黑色、白色”，在蒙版上拖动，得到如图 20.42 所示的效果，将“图层 1”复制得到“图层 1 副本”，应用“编辑”|“变换”|“垂直翻转”命令，得到如图 20.43 所示的效果。

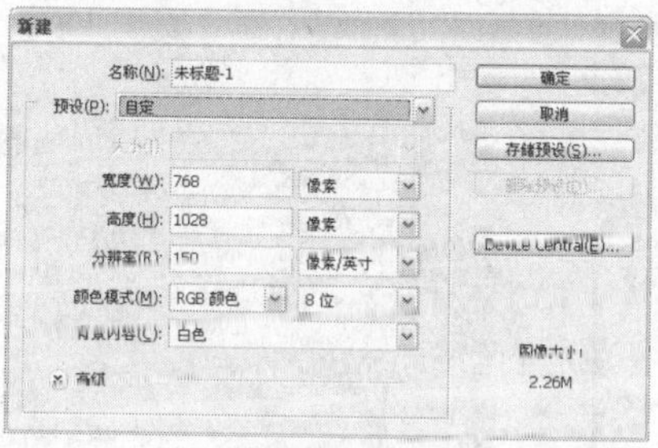

图 20.41　“新建”对话框

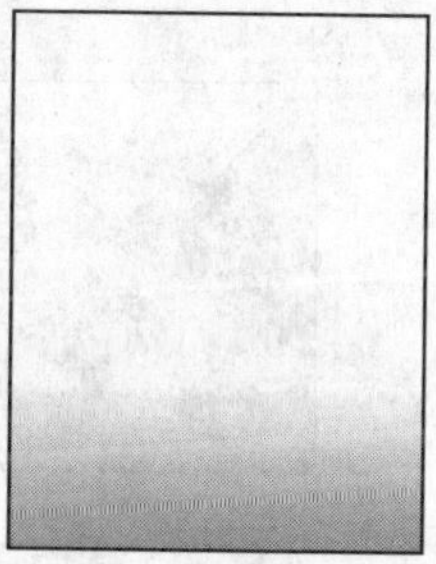

图 20.42　制作的渐变效果

图 20.43　复制调整的状态

步骤 03 打开随书光盘:\d20z\20.2-素材 1.tif，如图 20.44 所示，使用移动工具 将其拖到第 1 步新建的文件中，得到“图层 2”，并配合自由变换控制框调整位置大小，确认后得到的效果如图 20.45 所示。

步骤 04 单击添加图层蒙版按钮 为“图层 2”添加蒙版，设置前景色为黑色，选择画笔工具 ，设置“画笔”调板如图 20.46 所示，在图层蒙版中进行涂抹，以将图像边缘过渡柔和，直至得到如图 20.47 所示的效果，图 20.48 为蒙版状态。

图 20.44　素材图像 1

图 20.45　调整素材的状态

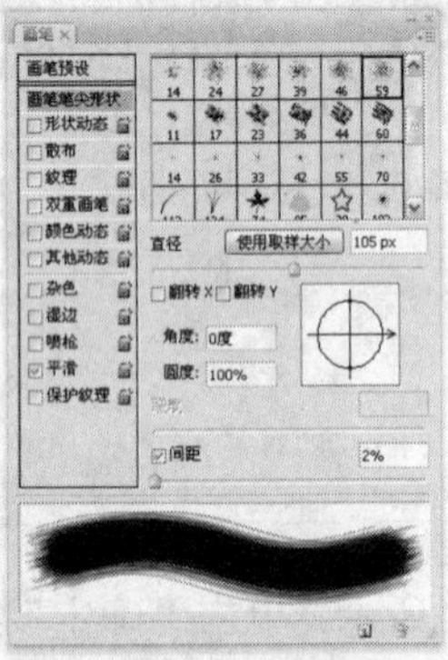

图 20.46　“画笔”调板的状态

图 20.47　添加蒙版的状态

图 20.48　蒙版的状态

步骤 05 选择“图层 2”，设置图层“不透明度”为 30%，得到效果如图 20.49 所示，将“图层 2”复制图层，得到“图层 2 副本”，将其调整到“图层 2”的下面，选择图层缩览图，应用“滤镜”|“模糊”|“动感模糊”命令，设置弹出的对话框如图 20.50 所示，确认后使用移动工具将其向右上角拖动，得到如图 20.51 所示的效果。

图 20.49　设置“不透明度”的状态

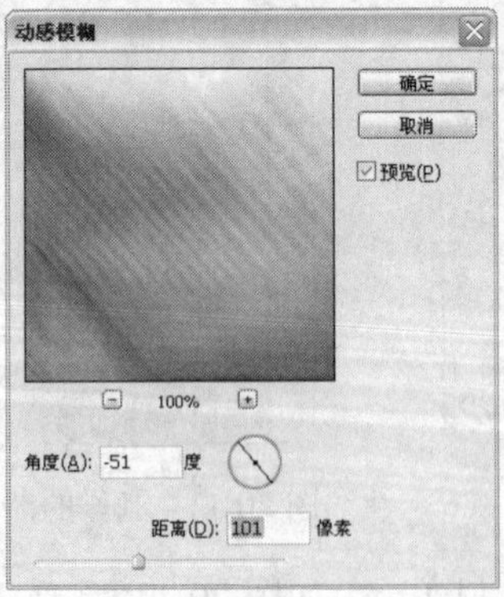

图 20.50　“动感模糊”对话框

图 20.51　调整位置的状态

步骤 06 新建一个图层，得到“图层 3”，将其拖到“图层 1 副本”的上面，将前景色设置为黑色，选择画笔工具，保持上一次使用画笔的设置，在图中绘制如图 20.52 所示的图像，应用“滤镜”|“模糊”|“动感模糊”命令，设置弹出的对话框如图 20.53 所示，确认后得到的效果如图 20.54 所示。

图 20.52　绘制图像

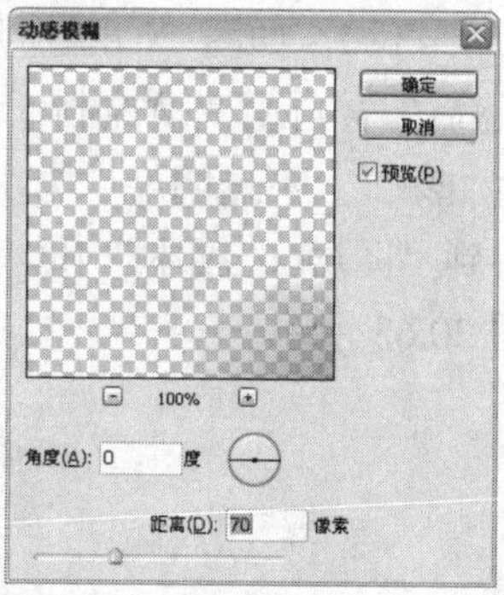

图 20.53　“动感模糊”对话框

图 20.54　应用滤镜的状态

步骤 07 打开随书光盘:\d20z\20.2-素材 2.psd，如图 20.55 所示，使用移动工具将其拖到作品文件中，得到“图层 4”，并将其拖到图层最上层，然后配合自由变换控制框调整到如图 20.56 所示的状态。

步骤 08 打开随书光盘:\d20z\20.2-素材 3.psd，如图 20.57 所示，单击“图层”调板上锁定透明像素命令按钮，将前景色设置为 da1e1e 并填充图像，然后使用移动工具将其拖到作品文件中，得到“图层 5”，配合自由变换框调整到如图 20.58 的所示的状态。

步骤 09 将“图层 5”复制一份得到“图层 5 副本”，使用移动工具将其向右水平移动，得到如图 20.59 所示的效果。

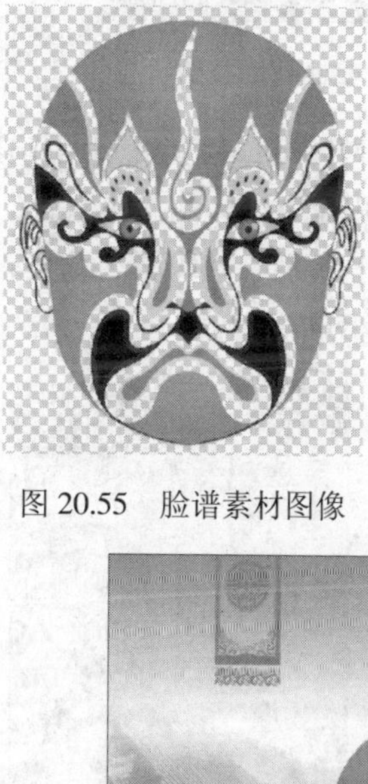

图 20.55　脸谱素材图像

图 20.56　调整素材的状态

图 20.57　花纹素材图像

图 20.58　添加素材的状态

图 20.59　复制并调整的状态

步骤10 打开随书光盘:\d20z\20.2-素材 4.psd，如图 20.60 所示，使用移动工具将其拖到作品文件中，得到“图层 6”，然后配合自由变换控制框调整到如图 20.61 所示的状态，并设置图层混合模式为“线性加深”，“不透明度”为 18%，得到的效果如图 20.62 所示。

步骤11 将“图层 6”复制两份，得到“图层 6 副本”和“图层 6 副本 2”，并分别调整到左边和右边，得到的效果如图 20.63 所示。

图 20.60 素材图像 2

图 20.61 调整素材的状态

图 20.62 设置图层属性的状态

图 20.63 复制并调整的状态

步骤12 打开随书光盘:\d20z\20.2-素材 5.psd，如图 20.64 所示，使用移动工具将其拖到作品文件中，得到“图层 7”，然后配合自由变换控制框调整到如图 20.65 所示的状态，复制“图层 7”得到“图层 7 副本”。应用“编辑”|“变换”|“旋转 180 度”命令，再使用移动工具将其调整到右上角，得到的效果如图 20.66 所示。

图 20.64 素材图像 3

图 20.65 添加素材的状态

图 20.66 复制调整的状态

步骤13 复制“图层 7 副本”得到“图层 7 副本 2”，应用“编辑”|“变换”|“垂直翻转”命令，再配合自由变换控制框调整到如图 20.67 所示的状态。

步骤14 复制“图层 7 副本 2”得到“图层 7 副本 3”，应用“编辑”|“变换”|“旋转 180 度”命令，再使用移动工具将其调整到左上角，得到的效果如图 20.68 所示。

图 20.67　调整自由控制框的状态

图 20.68　往左上角复制的状态

步骤 15 选择横排文字工具 T，设置适当的字体、字号及颜色，输入文字“中国曲”，得到相应的文字图层，状态如图 20.69 所示，单击添加图层样式按钮 fx，在弹出的菜单中选择“投影”命令，设置弹出的对话框如图 20.70 所示，确认后得到如图 20.71 所示的效果。

步骤 16 打开随书光盘:\d20z\20.2-素材 6.psd，如图 20.72 所示，单击“图层”调板上锁定透明像素命令按钮，将前景色设置为 da1e1e 并填充图像，然后使用移动工具将其拖到作品文件中，得到“图层 8”，配合自由变换控制框调整到如图 20.73 的所示的状态。

图 20.69　输入文字的状态

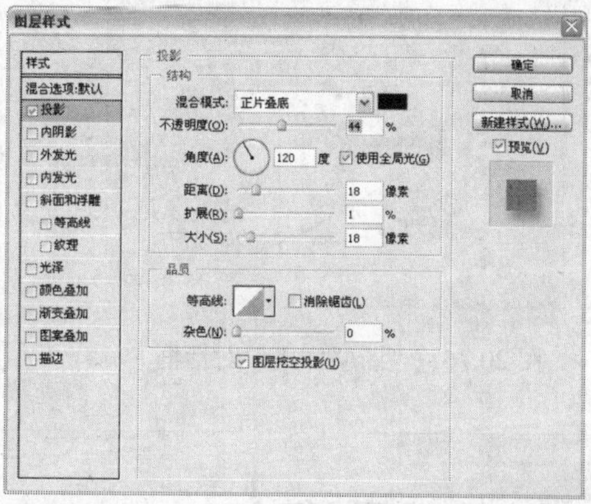

图 20.70　“图层样式”对话框

图 20.71　添加图层样式的状态

图 20.72　素材的状态 1

图 20.73　添加素材的状态

步骤 17 打开随书光盘:\d20z\20.2-素材 7.psd，如图 20.74 所示，使用移动工具将其拖到作品文件中，得到“图层 9”，配合自由变换控制框调整到如图 20.75 的所示的状态。

图 20.74　素材的状态 2

图 20.75　添加素材的状态

步骤 18 单击添加图层样式按钮 fx.，在弹出的菜单中选择"投影"命令，设置弹出的对话框如图 20.76 所示，确认后得到如图 20.77 所示的效果，完成作品，图 20.78 为"图层"调板的状态。

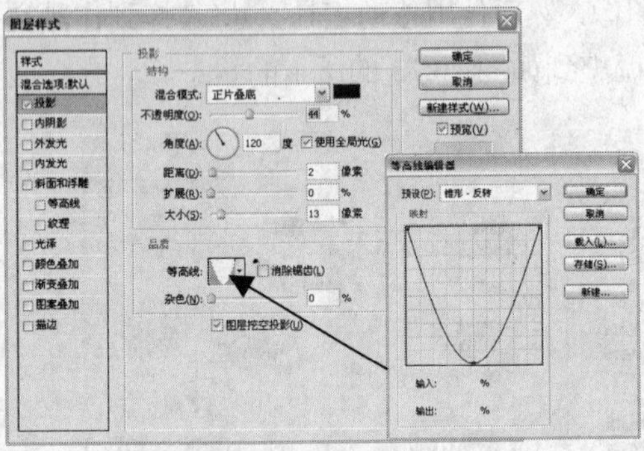

图 20.76　"图层样式"对话框

图 20.77　最终效果

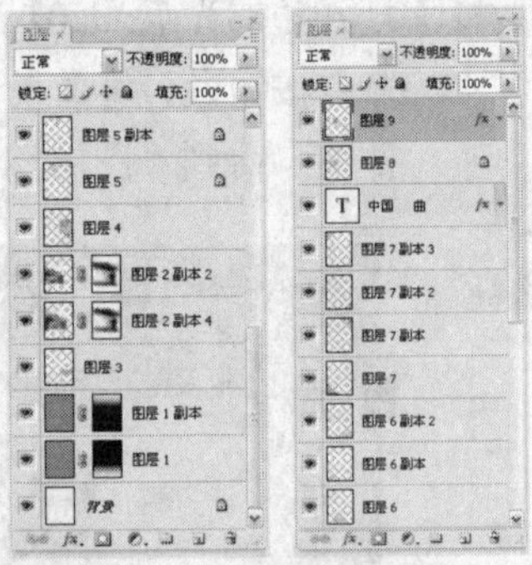

（a）　（b）

图 20.78　"图层"调板

20.3 可乐瓶

步骤 01 按 Ctrl+N 组合键新建一个文件，设置弹出的对话框如图 20.79 所示，确认后新建一个文件，单击创建新的填充或调整图层按钮，在弹出的菜单中选择"渐变"命令，设置弹出的对话框如图 20.80 所示，单击对话框中渐变色条，设置弹出的对话框如图 20.81 所示，确认后得到如图 20.82 所示的效果，得到图层"渐变填充 1"。

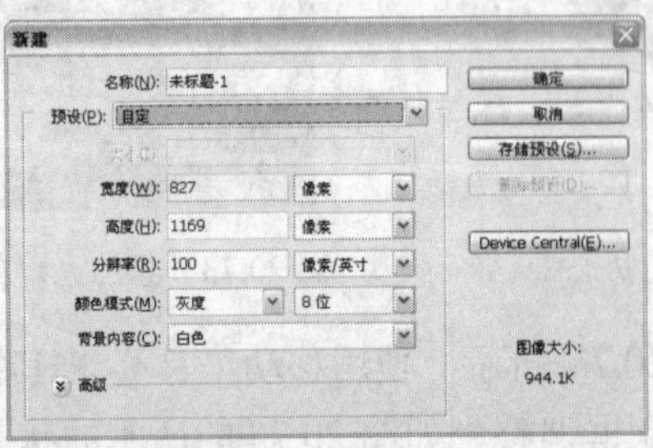

图 20.79　"新建"对话框

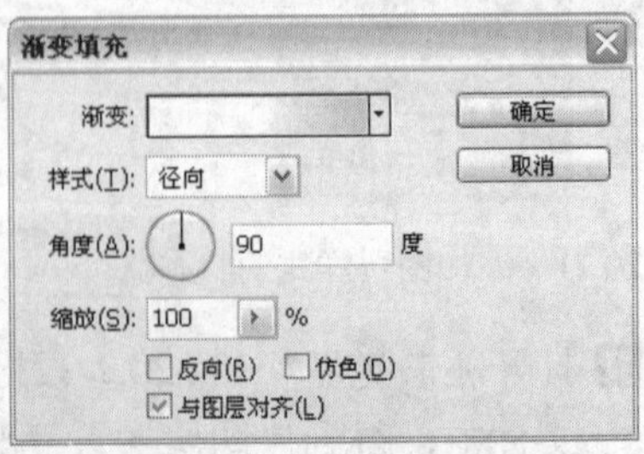

图 20.80　"渐变填充"对话框 1

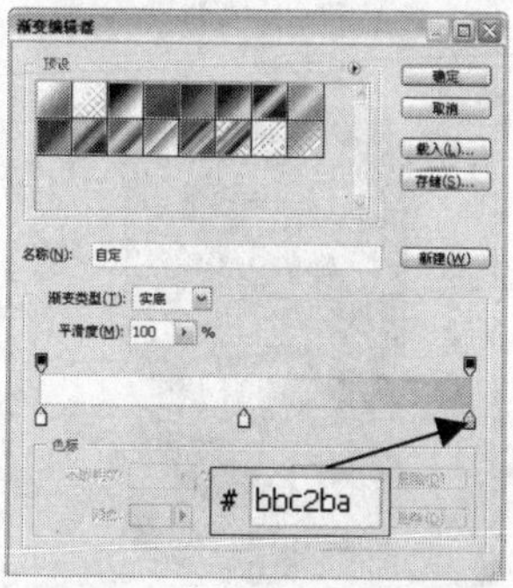

图 20.81 “渐变编辑器”对话框 1

图 20.82 填充渐变的效果

步骤 02 选择钢笔工具，在工具选项条上选择路径按钮，然后在画布内绘制一个如图 20.83 所示的瓶体，单击创建新的填充或调整图层按钮，在弹出的菜单中选择“渐变”命令，设置弹出的对话框如图 20.84 所示，单击对话框中渐变色条，设置弹出的对话框如图 20.85 所示，确认后得到如图 20.86 所示的效果，得到图层“渐变填充 2”。

图 20.83 绘制路径

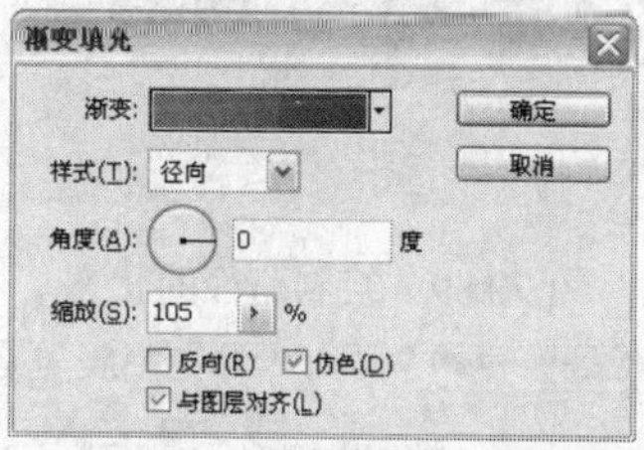

图 20.84 “渐变填充”对话框 2

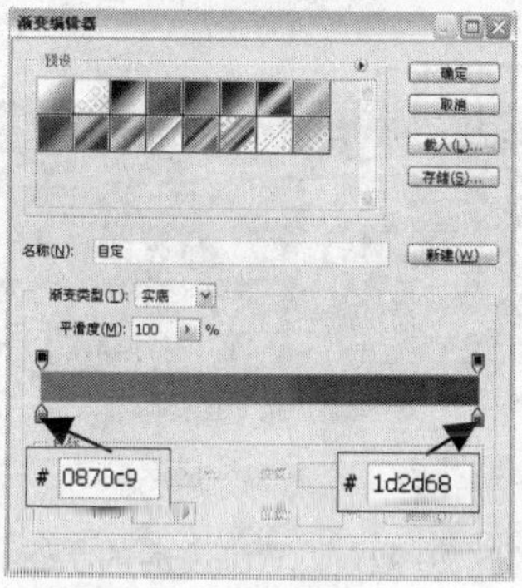

图 20.85 “渐变编辑器”对话框 2

图 20.86 设置渐变的效果

步骤 03 单击添加图层样式按钮，在弹出的菜单中选择“投影”命令，设置弹出的对话框如图 20.87 所示，得到如图 20.88 所示的效果。

步骤 04 选择椭圆工具，在工具选项条上选择路径按钮，在瓶体的底部绘制如图 20.89 所示的椭圆，单击创建新的填充或调整图层按钮，在弹出的菜单中选择“渐变”命令，设置弹出的对话框如图 20.90 所示，单击对话框中渐变色条，设置弹出的对话框如图 20.91 所示，确认后得到图层“渐变填充 3”，并将其调整到图层“渐变填充 2”的下面，得到如图 20.92 所示的效果。

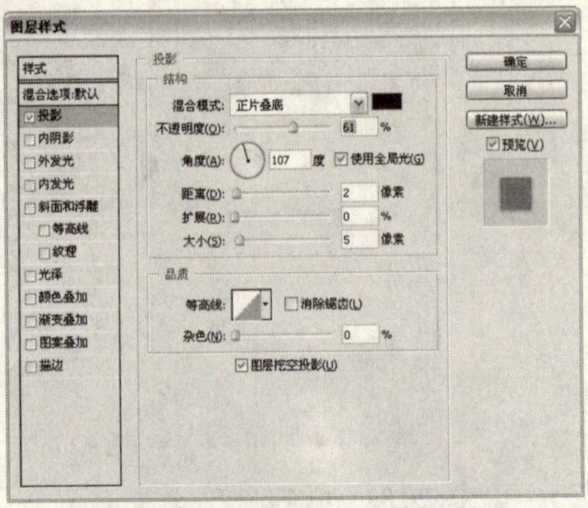

图 20.87 “图层样式”对话框 1

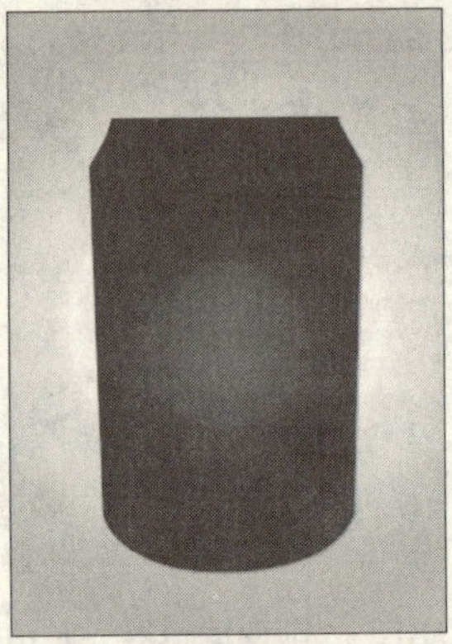

图 20.88 添加图层样式的状态

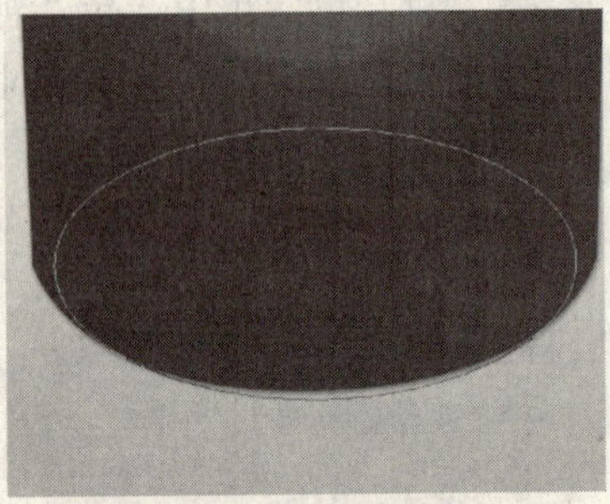

图 20.89 绘制路径的状态

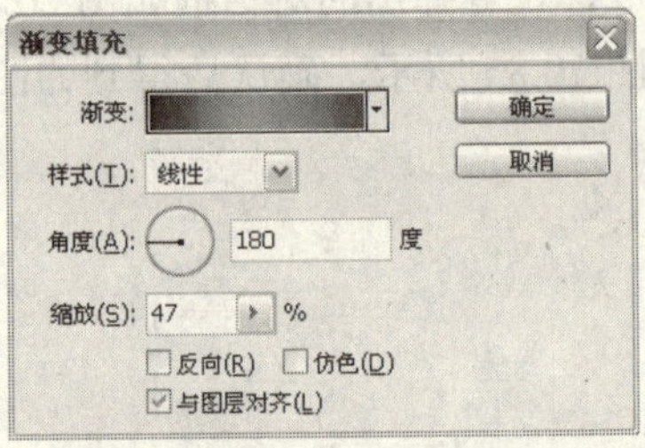

图 20.90 “渐变填充”对话框 3

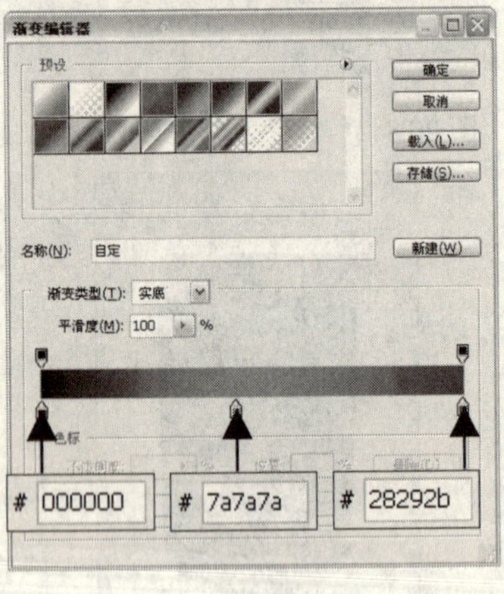

图 20.91 “渐变编辑器”对话框 3

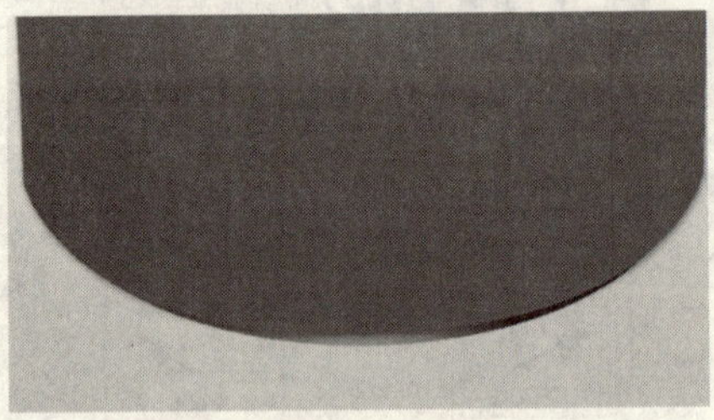

图 20.92 设置渐变后的状态

步骤 05 单击添加图层样式按钮 fx，在弹出的菜单中选择“投影”命令，设置弹出的对话框如图 20.93 所示，确认后得到如图 20.94 所示的效果，选择图层“渐变填充 3”，按 Ctrl+J 组合键复制一份，得到图层“渐变填充 3 副本”，选择图层“渐变填充 3”，将其向下移动少许，效果如图 20.95 所示。

步骤 06 选择图层“渐变填充 2”，按 Ctrl+J 组合键复制一份，得到图层“渐变填充 2 副本”，将图层样式图标移到删除按钮 上删除效果，然后双击图层缩览图，设置弹出的对话框如图 20.96 所示，单击对话框中渐变色条，设置弹出的对话框如图 20.97 所示，确认后将图层混合模式设置为“叠加”，得到如图 20.98 所示的效果。

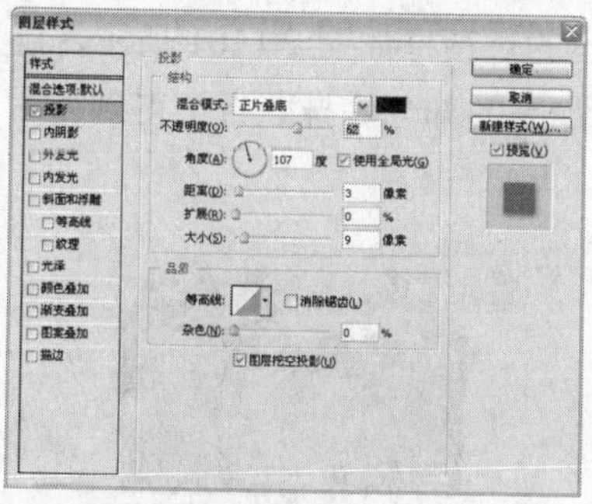

图 20.93　“图层样式”对话框 2

图 20.94　添加图层样式的状态

图 20.95　复制并调整的状态

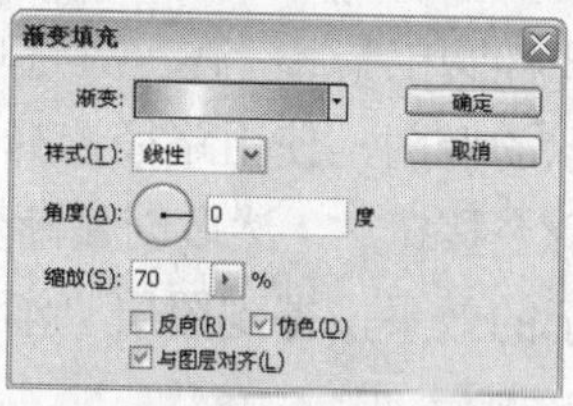

图 20.96　“渐变填充”对话框 4

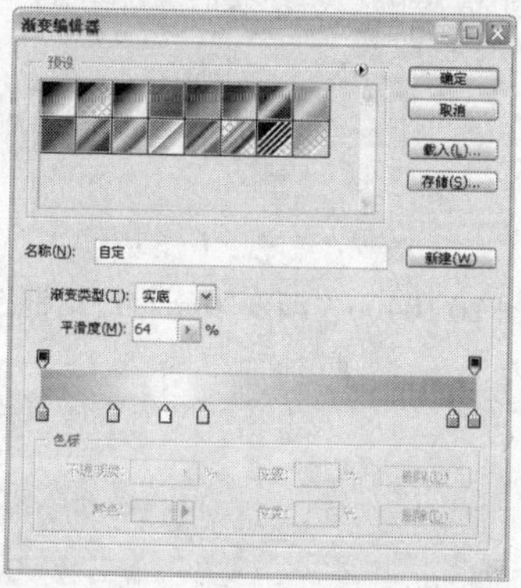

图 20.97　“渐变编辑器”对话框 4

图 20.98　设置混合模式的状态

提示

“渐变编辑器”对话框中渐变设置从左到右依次为 969696、e0e0e0、ffffff、eeeeee、8f8f8f、909090。

步骤 07 将前景色设置为 a70b06，选择钢笔工具，在工具选项条上选择形状图层按钮，在图中绘制如图 20.99 所示的形状，得到图层“形状 1”，新建一个图层得到“图层 1”，使用画笔工具，用白色在瓶子的高光处绘制高光并创建剪贴蒙版，得到的效果如图 20.100 所示。

图 20.99　绘制的红色形状

图 20.100　绘制亮光的效果

步骤 08 应用“图层”|“新建”|“图层”命令，设置弹出的对话框如图 20.101 所示，确认后得到一个图层“图层 2”，选择减淡工具在需要加亮的部分涂抹，直至得到如图 20.102 所示的状态。

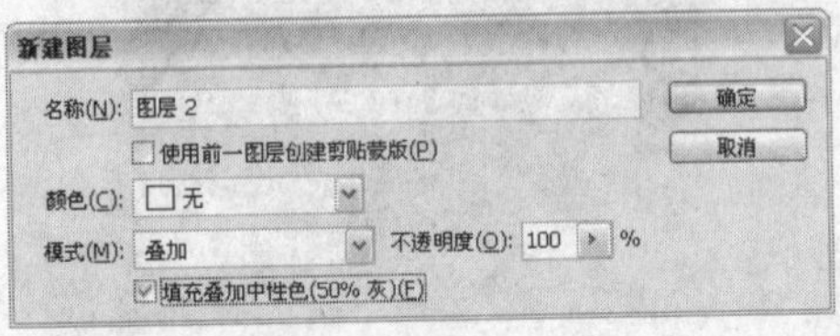

图 20.101 “新建图层”对话框

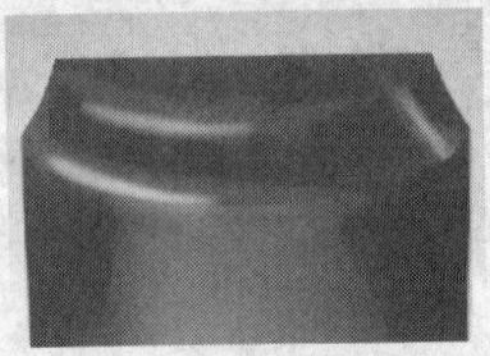

图 20.102 涂抹后的状态

步骤 09 选择椭圆工具，在工具选项条上选择路径按钮，在红色色块上绘制两个如图 20.103 所示的椭圆，使用路径选择工具选择里边的圆，单击工具选项条上的从形状区域减去命令按钮，然后创建渐变填充，设置如图 20.104 和图 20.105 所示，得到如图 20.106 所示的效果，得到图层“渐变填充 4”。

图 20.103 绘制路径的状态

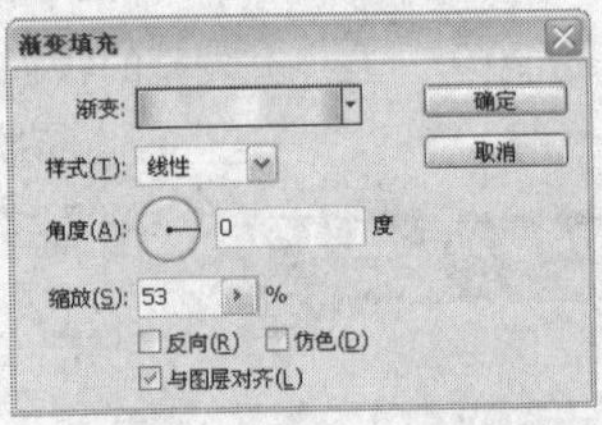

图 20.104 “渐变填充”对话框 5

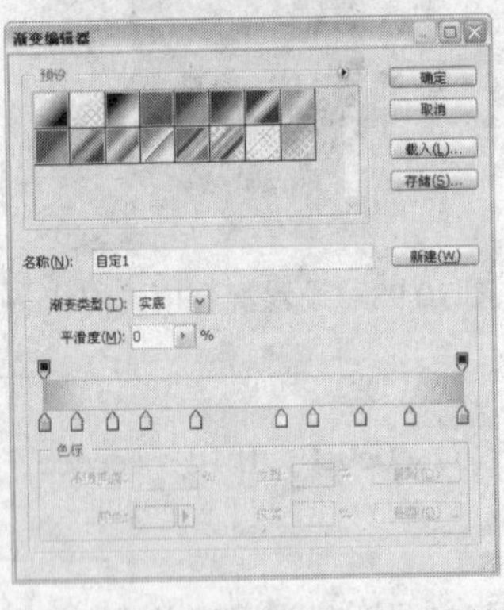

图 20.105 “渐变编辑器”对话框 5

图 20.106 填充渐变的状态

> **提示**
>
> “渐变编辑器”对话框中渐变设置从左到右依次为 7ea2c6、d1eaff、eff7fa、d0ebfe、eff8f7、ffffff、eff8f7、d0ebfe、eff8f3、89a1c5。

步骤 10 单击添加图层样式按钮 *fx*，在弹出的菜单中选择“投影”命令，设置弹出的对话框如图 20.107 所示，确认后得到如图 20.108 所示的效果。

步骤 11 选择椭圆工具，继续绘制两个如图 20.109 所示的路径，使用路径选择工具选择下面的圆，单击工具选项条上的从形状区域减去命令按钮，然后创建渐变填充，设置如图 20.110 和图 20.111 所示，确认后得到的效果如图 20.112 所示，得到图层“渐变填充 5”。

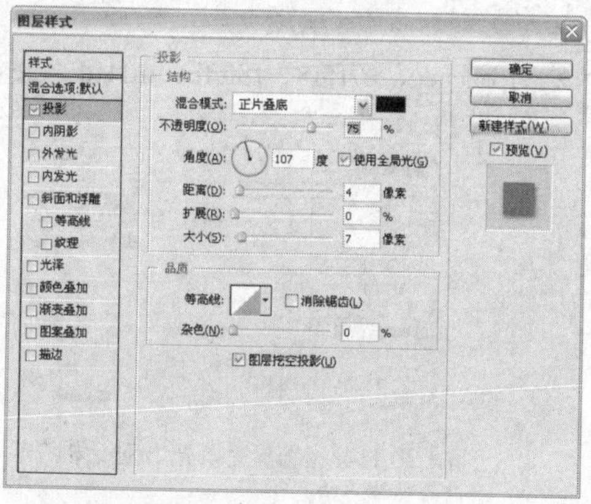

图 20.107　“图层样式”对话框 3

图 20.108　添加图层样式的状态

图 20.109　绘制路径的状态

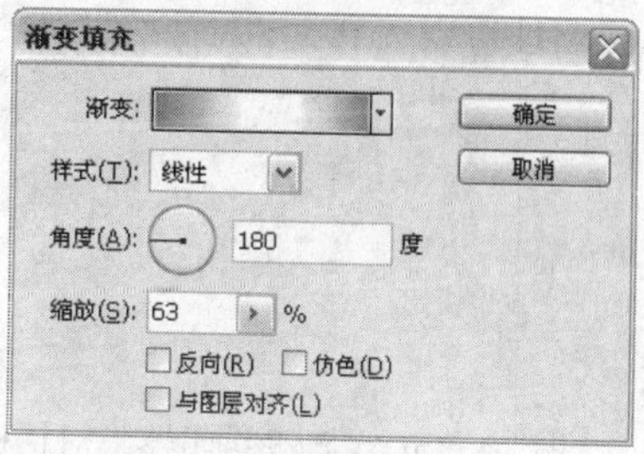

图 20.110　“渐变填充”对话框 6

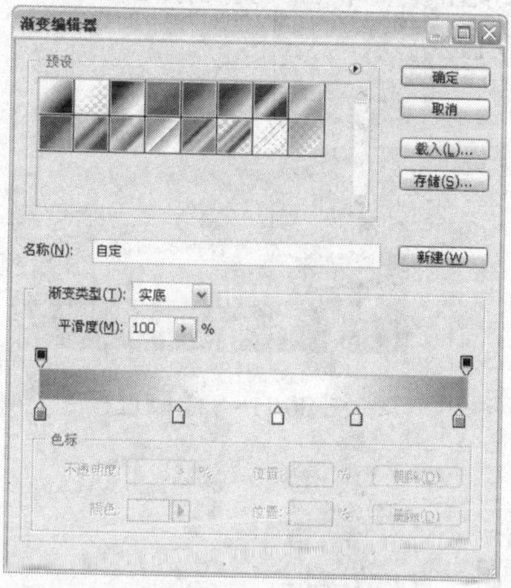

图 20.111　“渐变编辑器”对话框 6

图 20.112　添加渐变后的状态

提示

“渐变编辑器”对话框中渐变设置从左到右依次为 3c669b、e3f5ff、ffffff、dff1fd、457aba。

步骤 12 选择“图层 2”，使用椭圆工具，继续绘制两个如图 20.113 所示的路径，使用路径选择工具选择下面的圆，单击工具选项条上的交叉形状区域按钮，然后创建渐变填充，设置如图 20.114 和图 20.115 所示，确认后得到的效果如图 20.116 所示，得到图层“渐变填充 6”。

提示

“渐变编辑器”对话框中渐变设置从左到右依次为 b2caec、e7f5f8、f8fcfb、dff1fd、cfeaf1。

图 20.113　绘制路径的状态

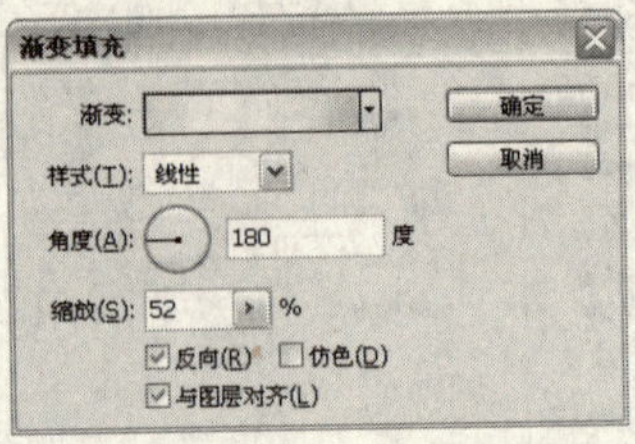

图 20.114　“渐变填充”对话框 7

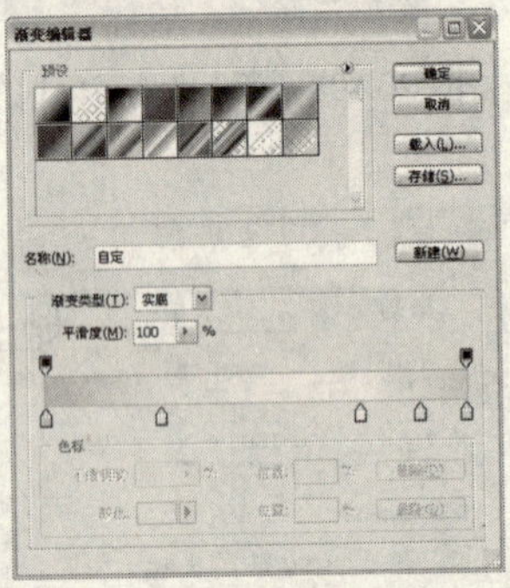

图 20.115　“渐变编辑器”对话框 7

图 20.116　填充渐变后的状态

步骤13 选择钢笔工具，在工具选项条上选择路径按钮，在图中绘制如图 20.117 所示的开启拉柄，绘制过程及设置如图 20.118～图 20.122 所示。

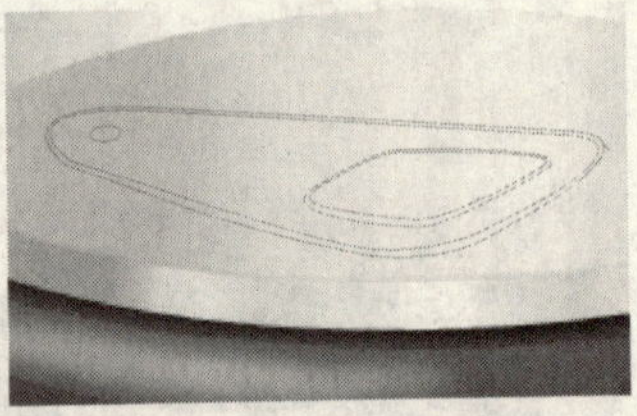

图 20.117　绘制的开启拉柄路径状态

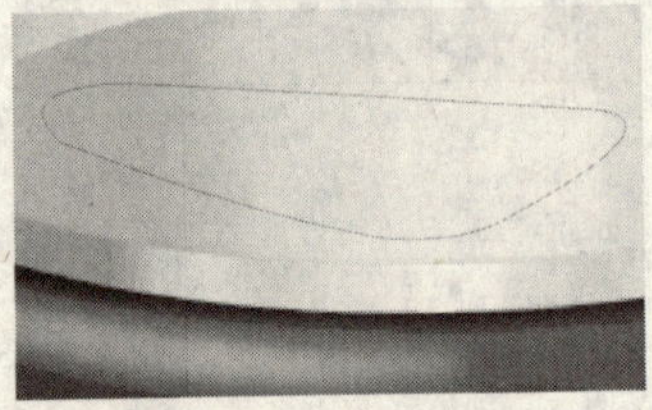

图 20.118　绘制过程 1

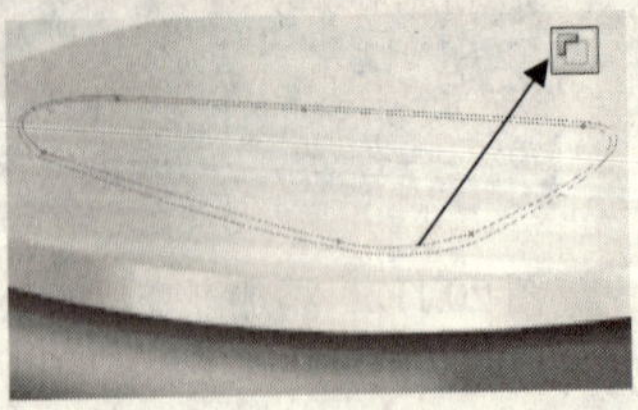

图 20.119　绘制过程 2

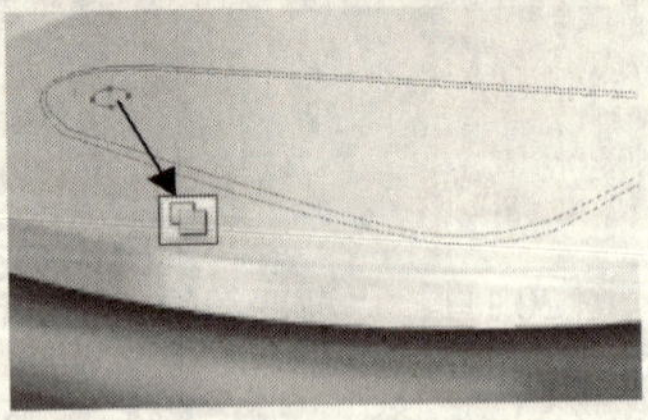

图 20.120　绘制过程 3

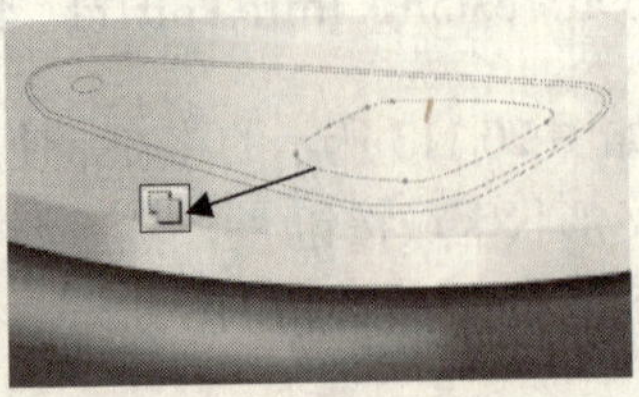

图 20.121　绘制过程 4

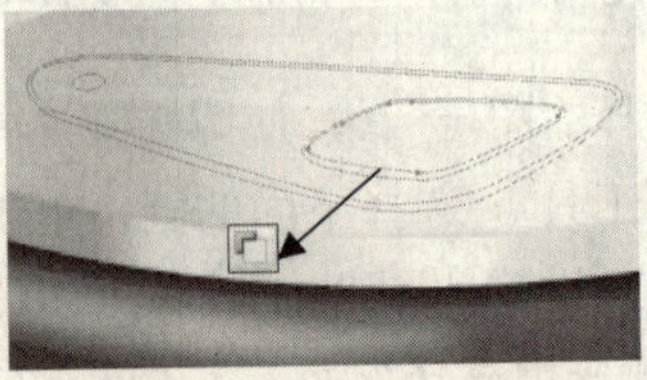

图 20.122　绘制过程 5

步骤 14 单击创建新的填充或调整图层按钮，在弹出的菜单中选择“实色”命令，然后在弹出的“拾色器”对话框设置任意颜色，确认后添加图层样式设置如图 20.123 和图 20.124 所示，确认后得到的效果如图 20.125 所示。

步骤 15 新建一个图层，得到“图层 3”，将其调整到“颜色填充 1”的下面，使用画笔工具在开启拉柄下绘制如图 20.126 所示的阴影，然后添加图层蒙版，再使用画笔工具在蒙版上涂抹隐藏多余的部分，得到的效果如图 20.127 所示，蒙版状态如图 20.128 所示。

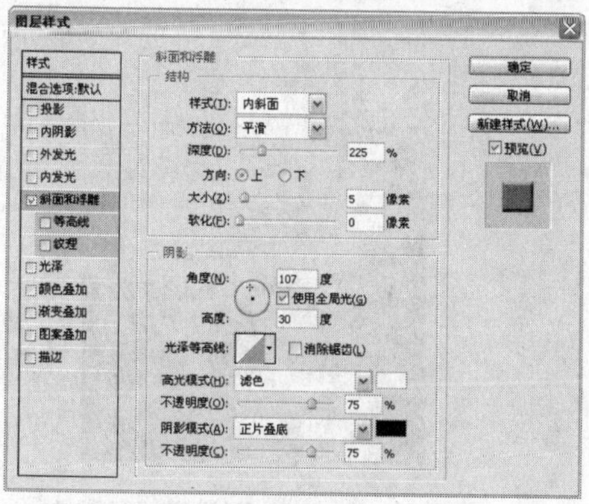

图 20.123　“图层样式”设置 1

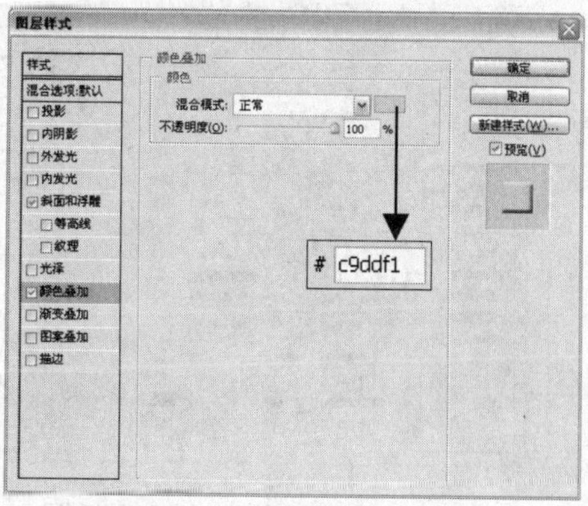

图 20.124　“图层样式”设置 2

图 20.125　添加图层样式后的状态

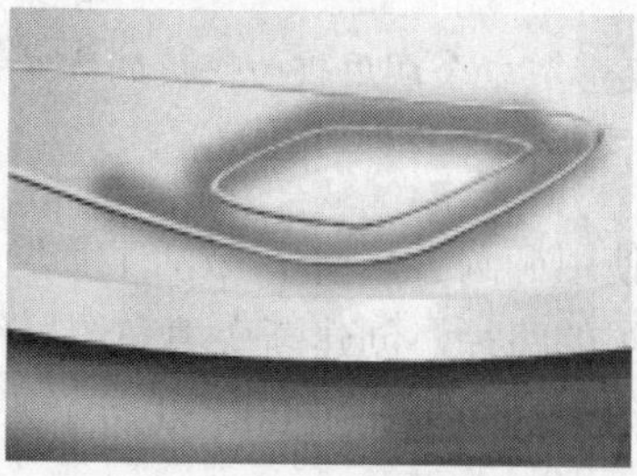

图 20.126　绘制阴影的状态

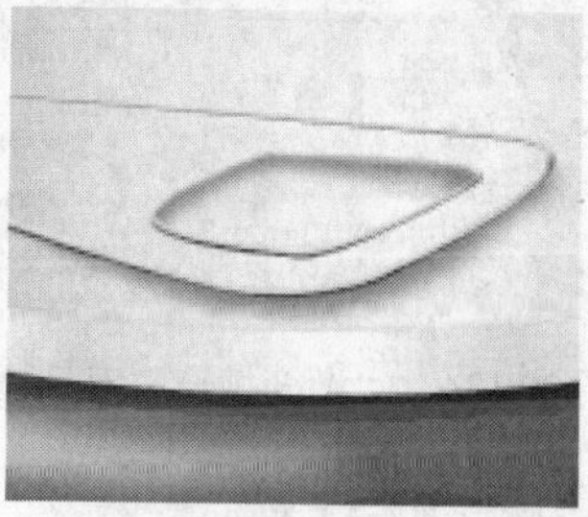

图 20.127　添加蒙版后的状态

图 20.128　添加的蒙版状态

提示

上步操作绘制阴影时可以设置画笔的不透明度或者设置图层的不透明度来调整阴影的强度。

步骤 16 选择横排文字工具 T，并在其工具选项条上设置适当的字体和字号，输入“MAX”，得到如图 20.129 所示的效果，得到文字图层“MAX”。利用“变形”命令，调整文字到如图 20.130 所示的效果，然后将图层的“填充”设置为 0，添加图层样式设置如图 20.131 所示，确认后得到如图 20.132 所示的效果。

图 20.129　输入文字

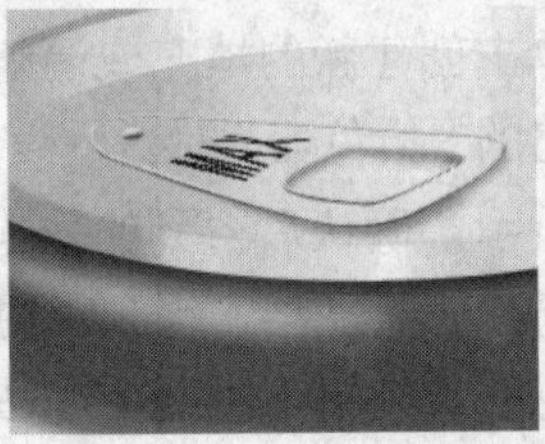

图 20.130　调整状态

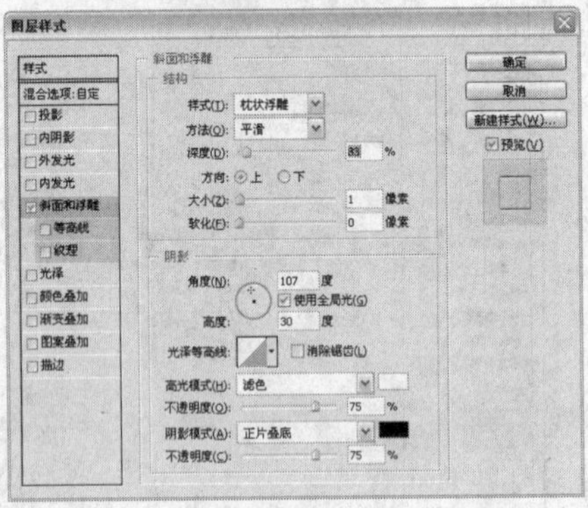

图 20.131　“图层样式”对话框

图 20.132　添加图层样式的状态

提示

“变形”命令调用较为快捷的方式是按 Ctrl+T 组合键调出自由变换控制框，再右击弹出菜单选择“变形”选项即可。

步骤 17 使用椭圆工具，激活工具选项条上的路径命令按钮，在图中绘制如图 20.133 所示圆的路径，创建渐变填充图层得到“渐变填充 7”。设置如图 20.134 和图 20.135 所示，得到的效果如图 20.136 所示。

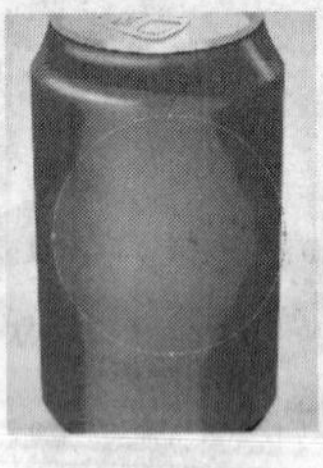

图 20.133　绘制路径

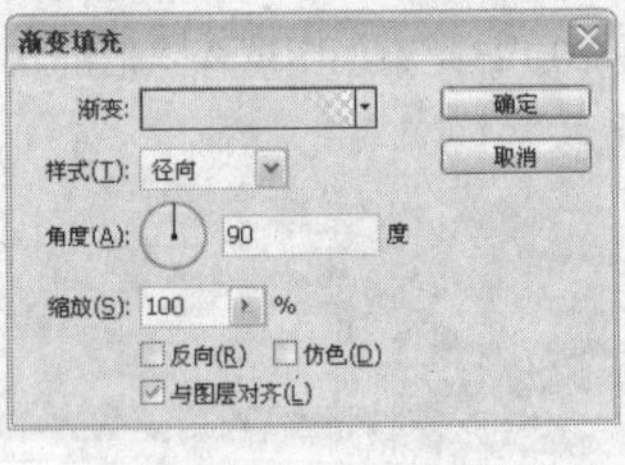

图 20.134　“渐变填充”对话框 8

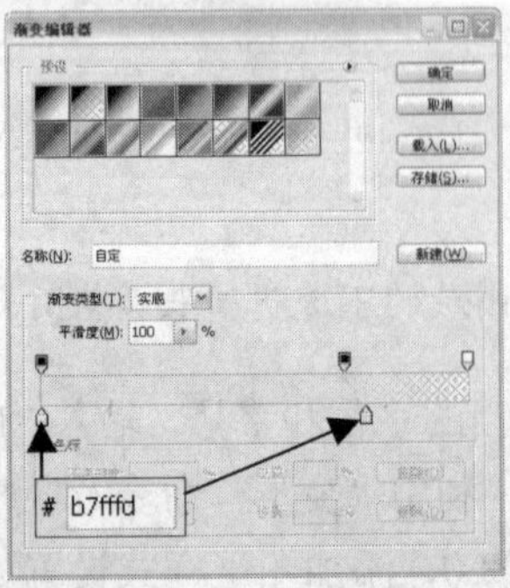

图 20.135　“渐变编辑器”对话框 8

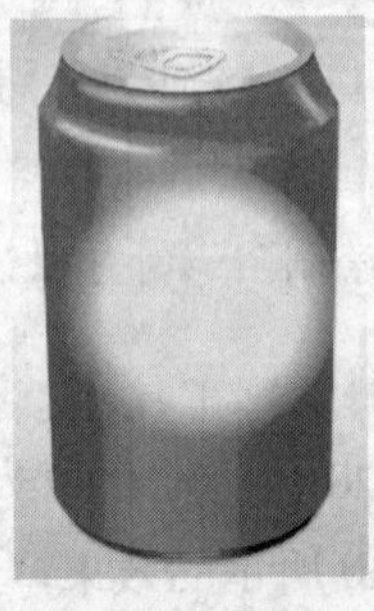

图 20.136　添加渐变后的状态

步骤 18 使用路径选择工具，选择“渐变填充 2”的矢量蒙版路径，按 Ctrl+C 组合键拷贝路径，再选择图层最顶层，按 Ctrl+V 组合键粘贴，复制出一份路径，单击创建新的填充或调整图层按钮，在弹出的菜单中选择“实色”命令，然后在弹出的“拾色器”对话框中设置其颜色值为黑色，确认后再将图层混合模式设置为“柔光”，得到如图 20.137 所示的效果，得到图层“颜色填充 2”。

步骤 19 单击添加图层蒙版命令按钮，给图层“颜色填充 2”添加蒙版，选择线性渐变工具，设置渐变颜色为“黑色、白色”，渐变类型为“径向”，然后在“颜色填充 2”的蒙版上拖动，得到如图 20.138 所示的效果，按 Ctrl+L 组合键调出“色阶”对话框，调整到如图 20.139 所示状态，单击“确定”按钮退出对话框。

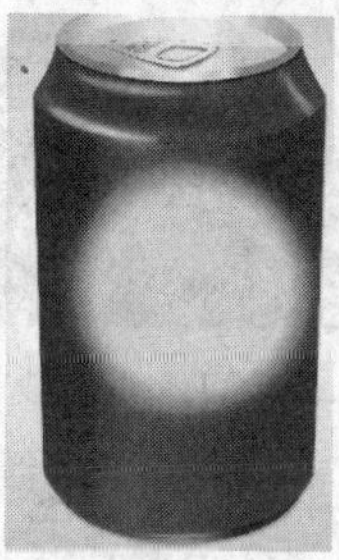

图 20.137　设置混合模式的状态

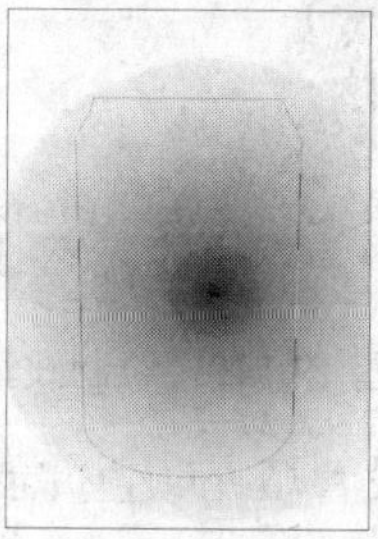

图 20.138　绘制的渐变

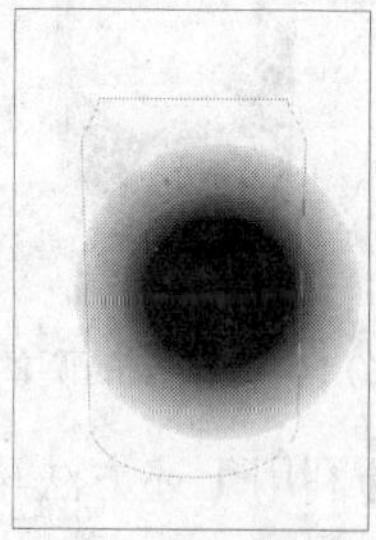

图 20.139　调整渐变的状态

提示

显示图层蒙版的方法是按 Alt 键再单击图层蒙版缩览图，在绘制渐变时可以以矢量蒙版路径作为参考，方法是先单击矢量蒙版，再利用前面所讲的方法显示图层蒙版即可实现。

步骤 20 应用“滤镜”|“像素化”|“彩色半调”命令，设置弹出的对话框如图 20.140 所示，确认后使用画笔工具将多余的部分删除，得到如图 20.141 所示的效果。

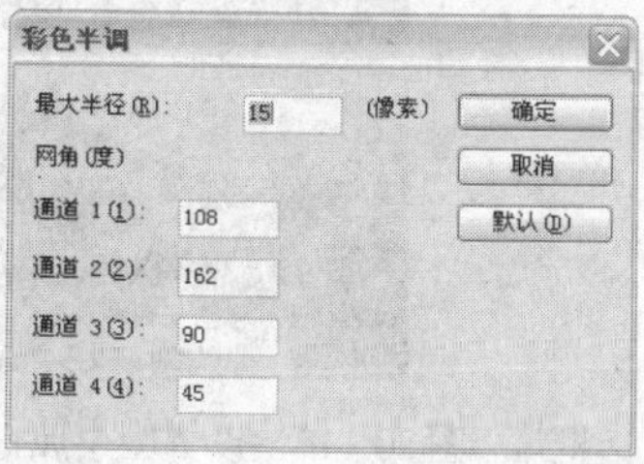

图 20.140　“彩色半调”对话框

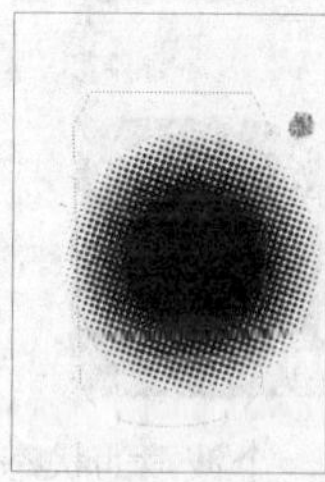

图 20.141　编辑出的网点效果

步骤 21 单击“颜色填充 2”的蒙版缩览图，得到的效果如图 20.142 所示，选择画笔工具设置黑色，在图层蒙版上涂抹以将过渡较硬的地方涂抹柔和，状态如图 20.143 所示。

图 20.142　编辑完蒙版后的状态

图 20.143　瓶盖上涂抹的效果

步骤22 设置前景色的颜色值为白色，选择椭圆工具，在工具选项条上选择形状图层按钮，然后在蓝色圆的上面绘制一个如图 20.144 所示的圆，得到图层“形状 2”。

步骤23 选择钢笔工具，在工具选项条上选择路径命令按钮，在白色圆上绘制如图 20.145 所示的路径，单击创建新的填充或调整图层按钮，在弹出的菜单中选择“实色”命令，然后在弹出的“拾色器”对话框中设置其颜色值为 b90204，确认后得到图层“颜色填充 3”，然后按 Ctrl+Alt+G 组合键创建剪贴蒙版，得到的效果如图 20.146 所示。

图 20.144　绘制的圆的形状

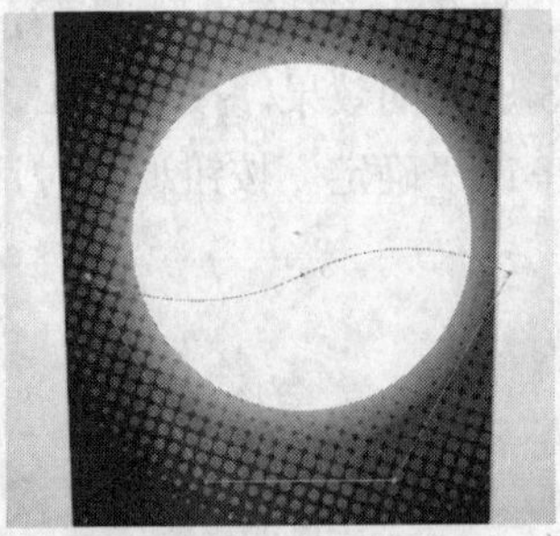

图 12.145　绘制波浪路径

图 12.146　创建剪贴蒙版后的状态

步骤24 利用上述方法再绘制路径，设置填充颜色并创建剪贴蒙版，得到的效果如图 20.147 所示，其中颜色设置为 fc9938。

步骤25 选择路径选择工具，选择“形状 2”的矢量蒙版路径，按 Ctrl+C 组合键拷贝，再选择图层最顶层，按 Ctrl+V 组合键粘贴路径，单击创建新的填充或调整图层按钮，在弹出的菜单中选择“渐变”命令，设置弹出的对话框如图 20.148 所示，确认后将其混合模式设置为“线性光”，“不透明度”为 70%，得到如图 20.149 所示的效果。

图 20.147　绘制另一个波浪的状态

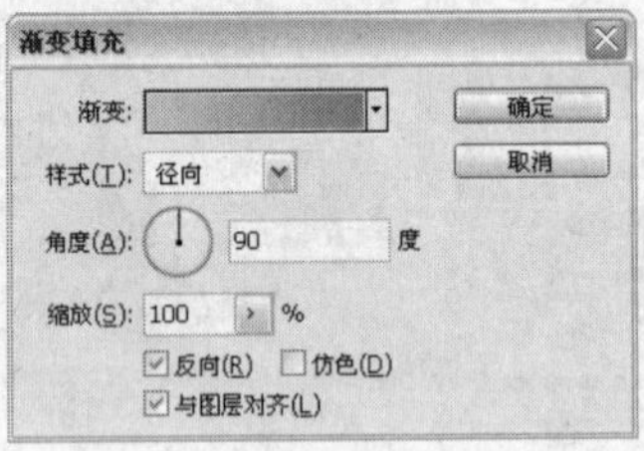

图 20.148　“渐变填充”对话框

图 20.149　设置图层属性后的状态

提示

单击“渐变填充”对话框中的渐变色条，弹出“渐变编辑器”对话框设置如图 20.150 所示，单击“确定”按钮退出“渐变编辑器”对话框，然后使用鼠标将渐变中心点移动到如图 20.151 所示的位置。

步骤26 将前景色设置为白色，选择钢笔工具，激活工具选项条上的形状图层按钮，在图中绘制如图 20.152 所示的亮光形状，得到图层“形状 3”，在图层名称上右击弹出菜单选择“栅格化图层”，应用“滤镜”|“模糊”|“高斯模糊”命令，设置弹出的对话框如图 20.153 所示，确认后将图层混合模式设置为“叠加”，得到如图 20.154 所示的效果。

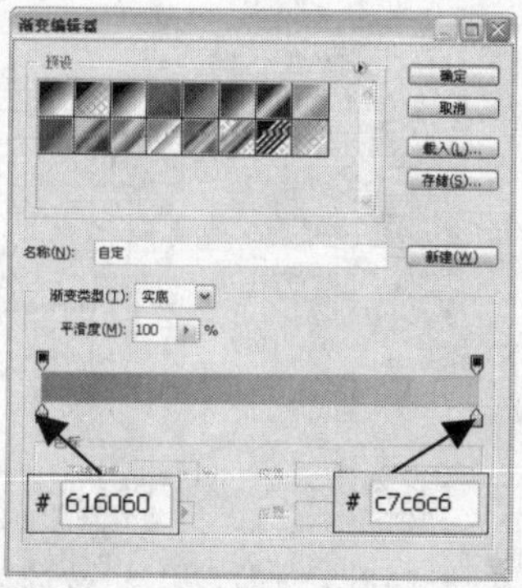

图 20.150 “渐变编辑器”对话框

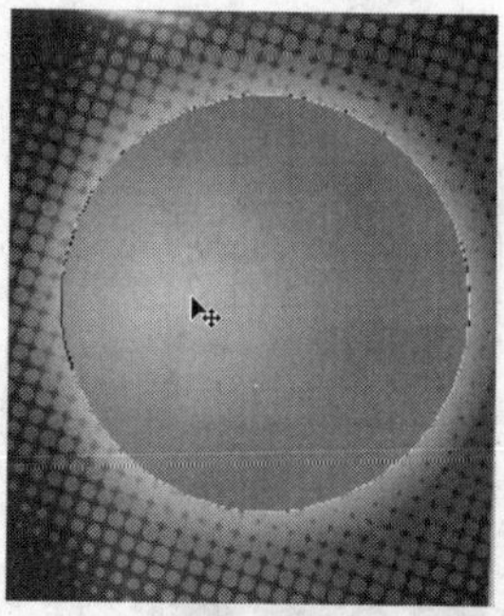

图 20.151 调整渐变中心点的状态

图 20.152 绘制的形状

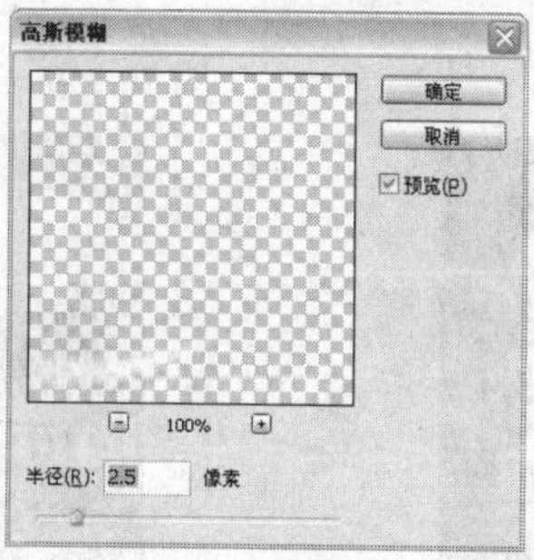

图 20.153 “高斯模糊”对话框

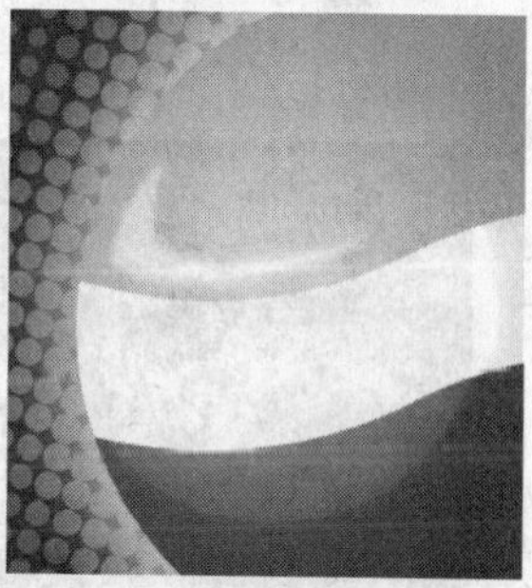

图 20.154 设置混合模式后的状态

步骤 27 将图层“形状 3”复制一份得到“形状 3 副本”，应用“编辑”|“变换”|“旋转 180 度”，然后使用移动工具将其移动到如图 20.155 所示的地方。

步骤 28 选择图层“渐变填充 2 副本”，将前景色设置为白色，选择钢笔工具，激活工具选项条上的形状图层命令按钮，绘制如图 20.156 所示的射光效果，得到图层“形状 4”，按 Ctrl+Alt+G 组合键创建剪贴蒙版，得到的效果如图 20.157 所示。

图 20.155 复制并变换后的状态

图 20.156 绘制形状的状态

图 20.157 创建剪贴蒙版的状态

提示

绘制形状时，绘制完第 1 个形状后激活工具选项条上的添加到形状区域命令按钮，然后再绘制其他的形状，这样不会生成很多形状图层。

步骤 29 选择图层最顶层，选择横排文字工具，设置适当的字体、字号及颜色输入文字并添加图层样式及文字变形，得到如图 20.158 所示的效果，完成作品。为方便管理可以将图层进行分组，图 20.159 为“图层”调板的状态，图 20.160 为应用效果。

图 20.158　完成效果

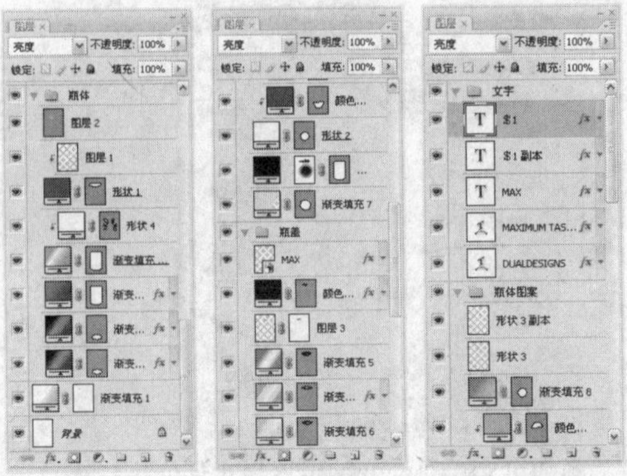

（a）　（b）　（c）

图 20.159　“图层”蒙版的状态

（a）　（b）

图 20.160　应用效果

Photoshop　CS3

20.4 热爱音乐

步骤01 按 Ctrl+N 组合键新建一个文件，设置弹出的对话框如图 20.161 所示，单击“确定”按钮退出对话框，以创建一个新的空白文件。

步骤02 单击创建新的填充或调整图层按钮，在弹出的菜单中选择“渐变”命令，设置弹出的对话框如图 20.162 所示，然后使用鼠标将渐变中心稍向上拖动，得到如图 20.163 所示的效果，同时得到图层“渐变填充 1”。

提示

在“渐变填充”对话框中，渐变类型设置如图 20.164 所示。

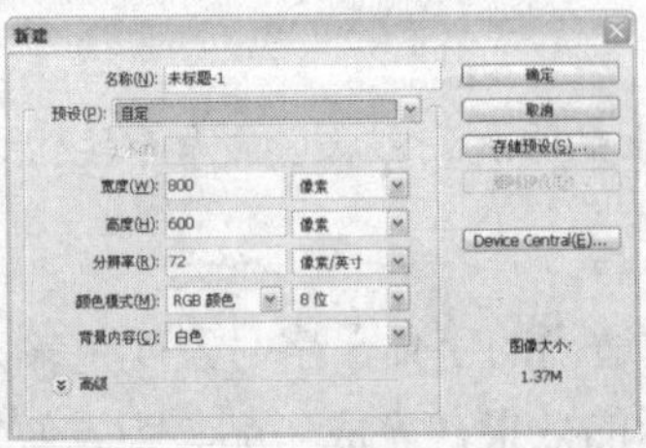

图 20.161　“新建”对话框

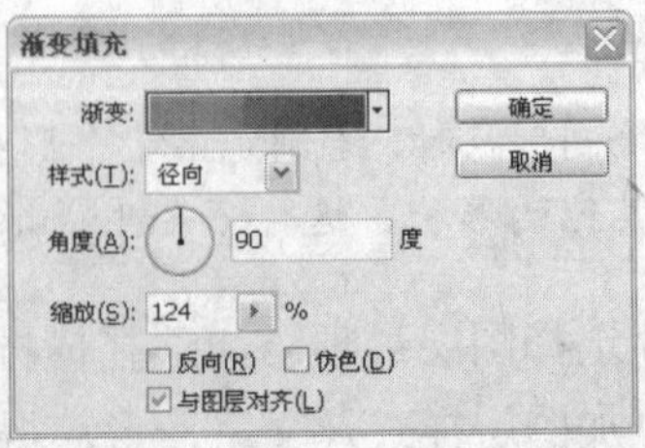

图 20.162　“渐变填充”对话框

图 20.163　调整渐变的状态

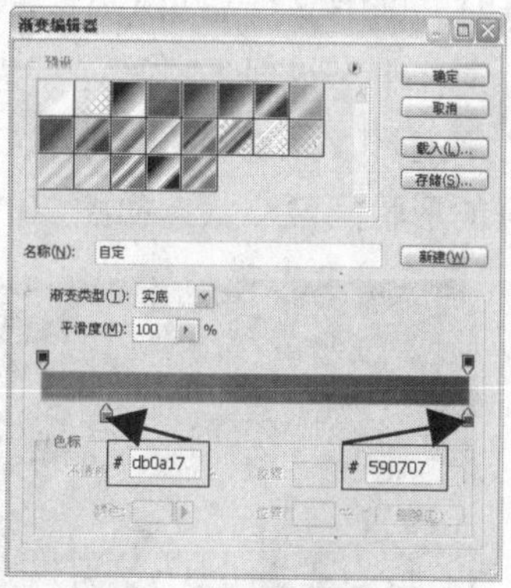

图 20.164　“渐变编辑器”对话框

步骤 03 设置前景色的颜色值为 ff8a00，选择钢笔工具，在工具选项条上选择形状图层按钮，在图中绘制如图 20.165 所示的形状，得到图层“形状 1”。按 Ctrl+Alt+T 组合键调出自由变换复制控制框，使用鼠标将控制中心调整到控制框的左下角，然后设置工具选项条上的旋转角度为-30 度，得到如图 20.166 所示的效果，按 Enter 键确认操作。

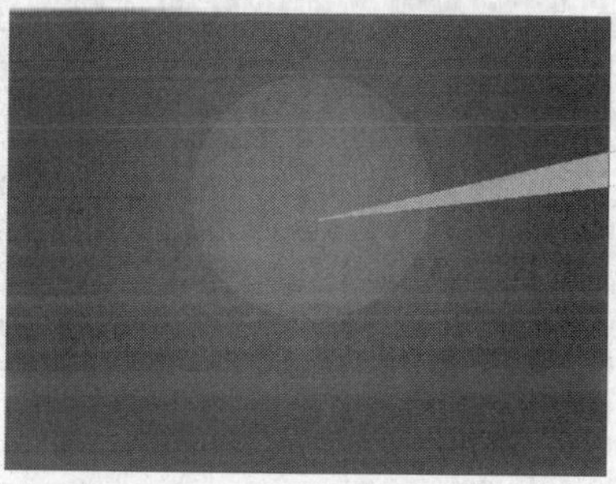

图 20.165　绘制形状

图 20.166　调整形状的状态

步骤 04 按 Alt+Ctrl+Shift+T 组合键 10 次，执行再次变换并复制操作，得到如图 20.167 所示的效果，单击添加图层蒙版按钮为“形状 1”添加蒙版，选择径向渐变工具，按 D 键将前景色与背景色设置为默认状态，在画布内右击，弹出渐变类型选择框，选择“白色、黑色”，从形状中心向外拖动，直至得到如图 20.168 所示的效果。

图 20.167　执行再制的状态

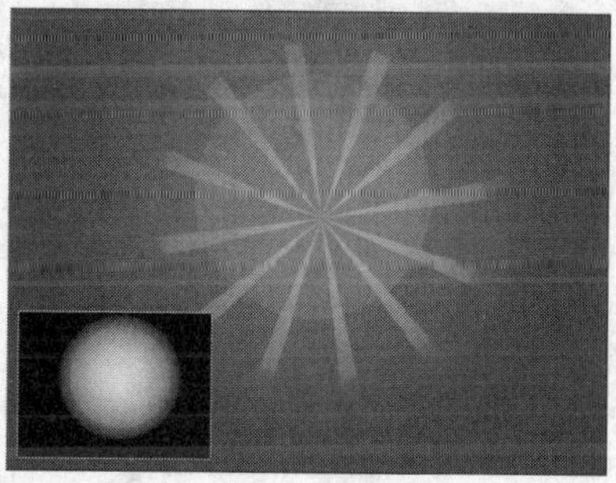

图 20.168　添加蒙版的状态及蒙版状态

步骤 05 将图层“形状 1”复制一份得到“形状 1 副本”，按 Ctrl+T 组合键调出自由变换控制框，设置旋转角度为-2 度，得到如图 20.169 所示的效果。

步骤06 打开随书光盘:\d20z\20.4-素材 1.psd，如图 20.170 所示，使用移动工具将其拖到作品文件中，得到“图层 1”，配合自由变换控制框调整到如图 20.171 所示的状态，选择画笔工具，分别在“形状 1”与“形状 1 副本”的蒙版上车窗位置涂抹，以将车窗里的形状隐藏，状态如图 20.172 所示。

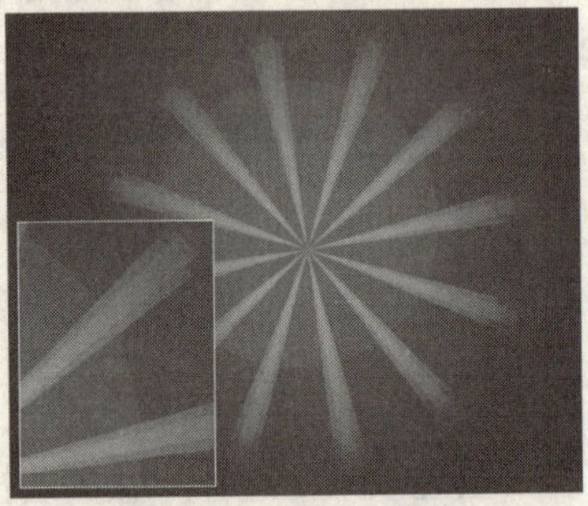
图 20.169 复制并调整角度的状态

图 20.170 素材状态 1

图 20.171 调整素材的状态

图 20.172 将车窗内的形状隐藏

步骤07 打开随书光盘:\d20z\20.4-素材 2.psd，如图 20.173 所示，使用移动工具将人物拖到作品文件中，得到图层“人物”，将其拖到“图层 1”的下面，然后配合自由变换控制框调整到如图 20.174 所示的状态。单击添加图层样式按钮 fx.，在弹出的菜单中选择“描边”命令，设置弹出的对话框如图 20.175 所示，确认后得到的效果如图 20.176 所示。

图 20.173 素材状态 2

图 20.174 添加素材的状态

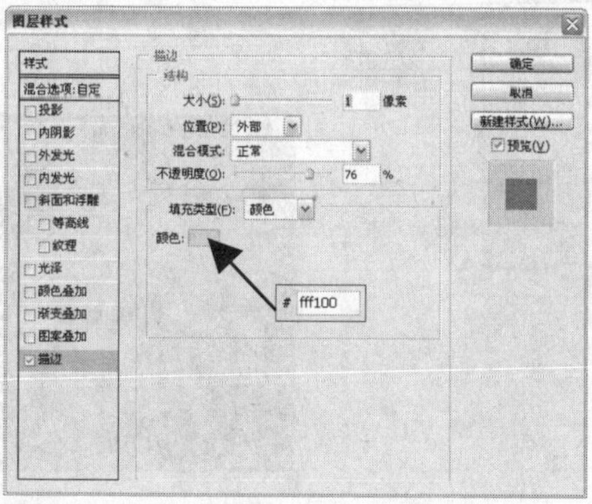

图 20.175　“图层样式”对话框 1

图 20.176　添加图层样式的状态 1

步骤 08 选择图层最顶层，使用横排文字工具 T，设置适当的字体、字号及颜色输入文字状态，如图 20.177 所示，单击添加图层样式按钮 fx，在弹出的菜单中选择“投影”命令，设置如图 20.178 和图 20.179 所示，再选择“描边”选项，设置对话框如图 20.179 所示，确认后得到如图 20.180 所示的效果。

图 20.177　输入文字的状态

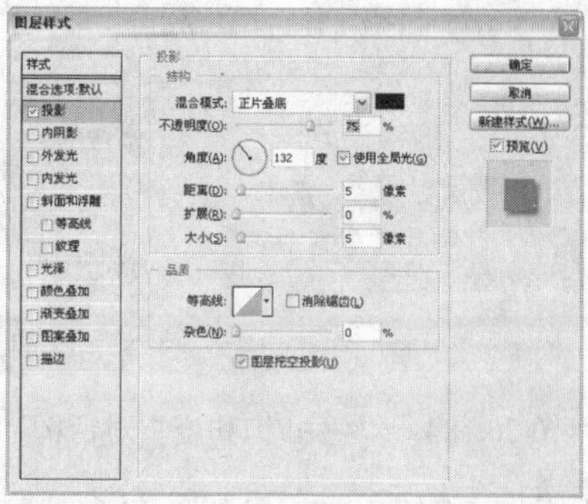

图 20.178　“图层样式”对话框 2

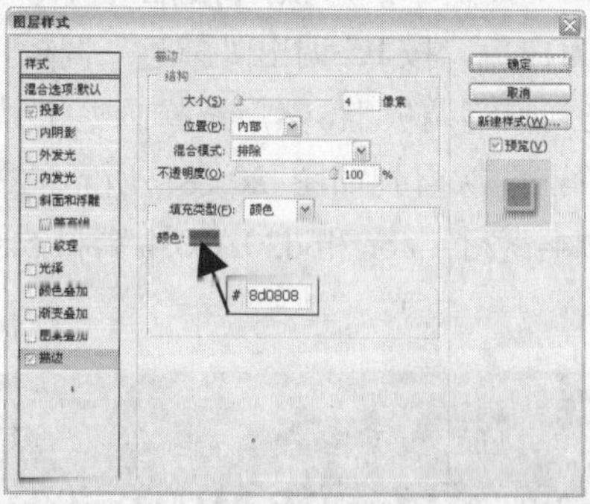

图 20.179　“图层样式”对话框 3

图 20.180　添加图层样式的状态 2

步骤 09 新建一个图层得到“图层 2”，使用画笔工具，沿文字在图层 2 上面涂抹绘制图像，状态如图 20.181 所示，应用“滤镜”|“模糊”|“动感模糊”命令，设置弹出的对话框如图 20.182 所示，确认后按 Ctrl+Alt+G 组合键创建剪贴蒙版，得到的效果如图 20.183 所示。

提示

绘制图形时笔者使用的颜色色值是 fdd200、7e0a08、030200。

图 20.181 绘制图像的状态

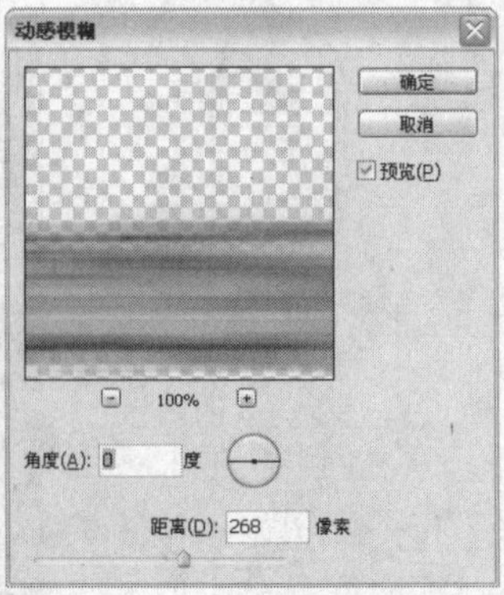

图 20.182 “动感模糊”对话框

图 20.183 创建剪贴蒙版的状态

步骤 10 单击创建新的填充或调整图层按钮，在弹出的菜单中选择“色相/饱和度”命令，设置弹出的对话框如图 20.184 所示，单击“确定”按钮退出对话框，按 Ctrl+Alt+G 组合键创建剪贴蒙版，得到如图 20.185 所示的效果，同时得到图层“色相/饱和度 1”。

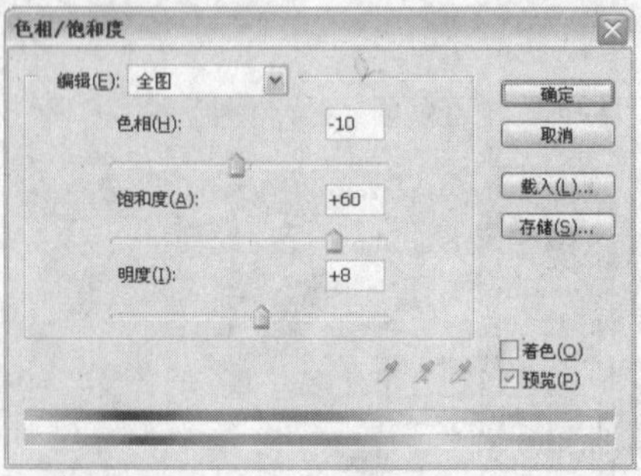

图 20.184 “色相/饱和度”对话框

图 20.185 调整颜色的状态

步骤 11 选择“图层 1”，设置前景色的颜色值为 7c0808，选择钢笔工具，在工具选项条上选择形状图层按钮，在“U”字的下面绘制如图 20.186 所示的形状，得到图层“形状 3”。

步骤 12 新建一个图层，得到“图层 3”，将前景色设置为白色，按 F5 调出“画笔”调板，选择随书光盘画笔素材:\d20z\20.4-素材 3.abr，将其拖到画笔调板上，然后选择画笔工具选择刚载入的画笔，在“图层 3”上同一个地方单击两次得到如图 20.187 所示的效果，以同样的方法再使用随书光盘画笔素材:\d20z\20.4-素材 4.abr 和\d20z\20.4-素材 5.abr，单击出如图 20.188 和图 20.189 所示的效果。

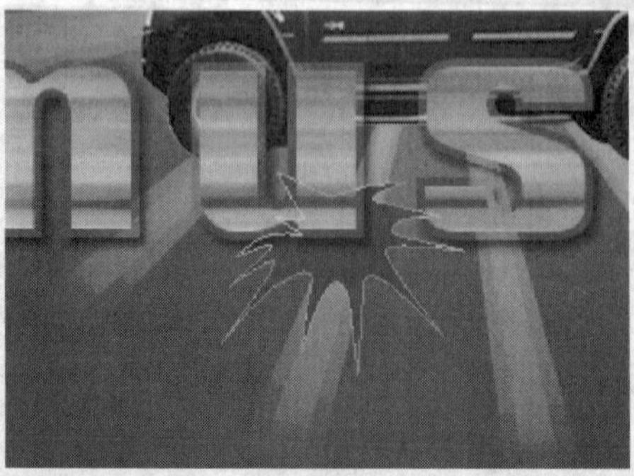

图 20.186 绘制形状的状态

图 20.187 绘制图像 1

图 20.188　绘制图像 2

图 20.189　绘制图像 3

提示

上步操作中，画笔在一个地方单击两次其原因是画笔绘制的图像稍模糊，多次单击可让模糊表现得较小。

步骤 13 选择“图层 2”，单击添加图层蒙版按钮 为其添加蒙版，设置前景色为黑色，选择画笔工具，选择喷溅类型的画笔，在图层蒙版中进行多次单击，直至得到如图 20.190 所示的效果，按 Ctrl+L 组合键调出“色阶”对话框，设置如图 20.191 所示，确认后得到如图 20.192 所示的效果。

图 20.190　在蒙版上涂抹的状态

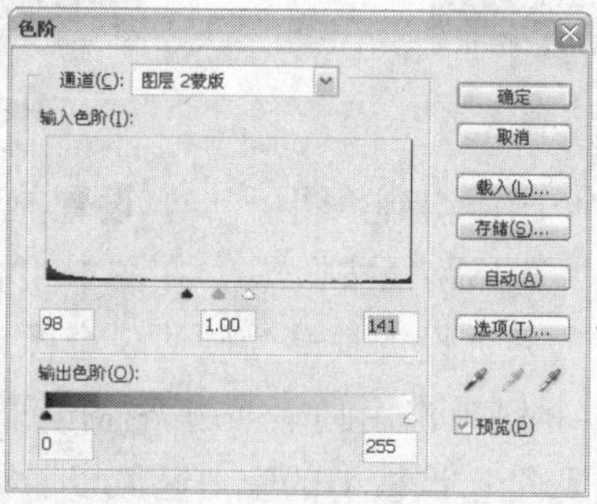

图 20.191　“色阶”对话框

图 20.192　调整图像的状态

步骤 14 打开随书光盘:\d20z\20.4-素材 6.psd，如图 20.193 所示，使用移动工具将其拖到作品文件中，得到“图层 4”，配合自由变换控制框调整到如图 20.194 所示的状态，选择图层“人物”，在图层名称上右击弹出菜单，选择“拷贝图层样式”命令，再选择“图层 4”，在图层名称上右击弹出菜单，选择“粘贴图层样式”命令，得到如图 20.195 所示的效果。

图 20.193　素材图像

图 20.194　添加素材的状态

图 20.195　创建蒙版的状态

提示

下面操作将吉他和描边效果部分进行隐藏，看起来像是放在文字“U”的上面，要做到隐藏图层样式描边，必须双击吉他的图层缩览图，弹出“图层样式”对话框，勾选“高级混合”里“图层蒙版隐藏效果”选项，才能将图层样式进行隐蔽，然后再接下面的操作即可制作出效果。

步骤 15 单击添加图层蒙版按钮为其添加蒙版，设置前景色为黑色，选择画笔工具，在图层蒙版中进行涂抹，以将吉他部分图像隐藏，直至得到如图 20.196 所示的效果，再将前景色设置为 fff100，使用钢笔工具绘制形状并调整到“图层 4”的下面，状态如图 20.197 所示。

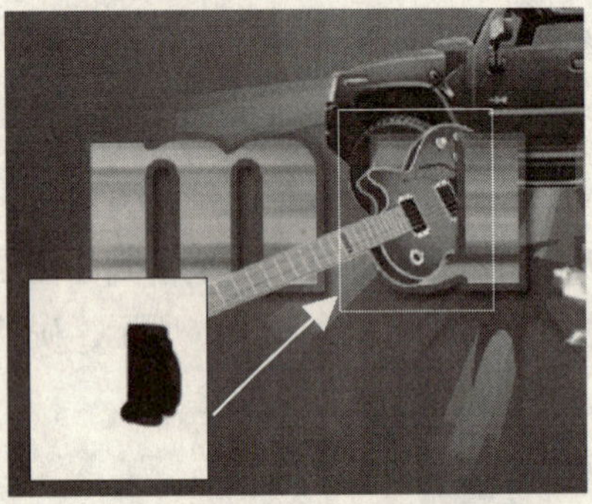

图 20.196　添加蒙版的状态

图 20.197　绘制形状的状态

步骤 16 选择“图层 4”，新建一个图层得到“图层 5”，设置前景色的颜色值为黑色，选择钢笔工具，在工具选项条上选择路径按钮，在图中绘制如图 20.198 所示的路径，选择画笔工具，在工具选项条上设置画笔为硬边 3 个像素。

步骤 17 选择“路径”调板，按 Alt 键单击用画笔描边路径按钮，弹出对话框，不勾选“模拟压力”，确认后单击“路径”调板中的空白区域以隐藏路径，得到如图 20.199 所示的效果。

图 20.198　绘制路径的状态

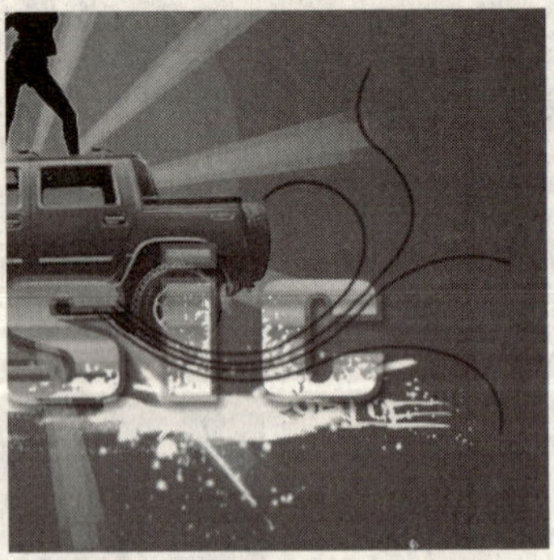

图 20.199　描边后的状态

步骤 18 打开随书光盘:\d20z\20.4-素材 7.psd，如图 20.200 所示，使用鼠标将其拖到作品文件中，得到图层“花形”，配合自由变换控制框调整到如图 20.201 所示的状态，将其接好，按 Enter 键确认，将图层“花形”复制多次并利用同样的方法配合自由变换控制框调整到如图 20.202 所示的状态，选择“图层 5”，以上的所有图层按 Ctrl+G 组合键创建组，得到“组 1”，图 20.203 为“图层”调板的状态。

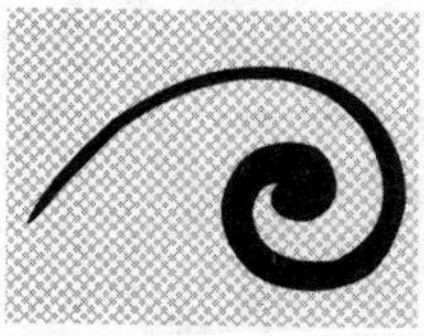

图 20.200　素材图像

图 20.201　调整素材的状态

图 20.202　多次复制并调整的状态

图 20.203　“图层”调板的状态

步骤 19 选择“组 1”，按 Ctrl+Alt+E 组合键执行“盖印”操作，从而将选中图层中的图像合并至一个新图层中“组 1（合并）”，然后将“组 1”隐藏，选择“组 1（合并）”添加图层样式，设置如图 20.204～图 20.208 所示，确认后得到的效果如图 20.209 所示。

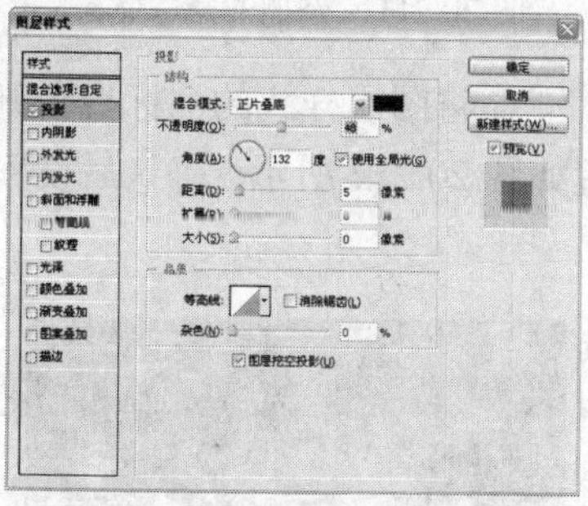

图 20.204　“图层样式”对话框 1

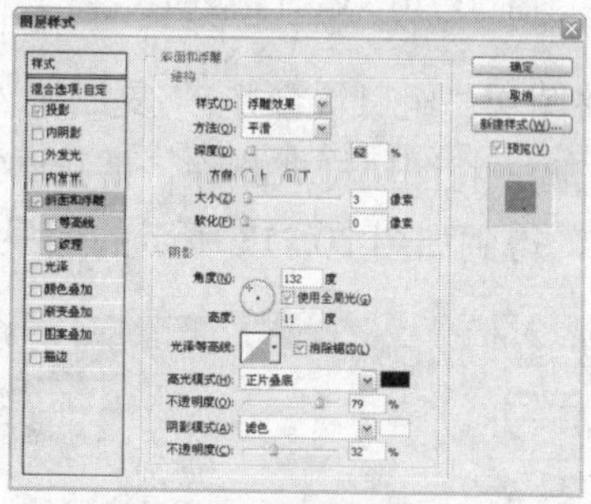

图 20.205　“图层样式”对话框 2

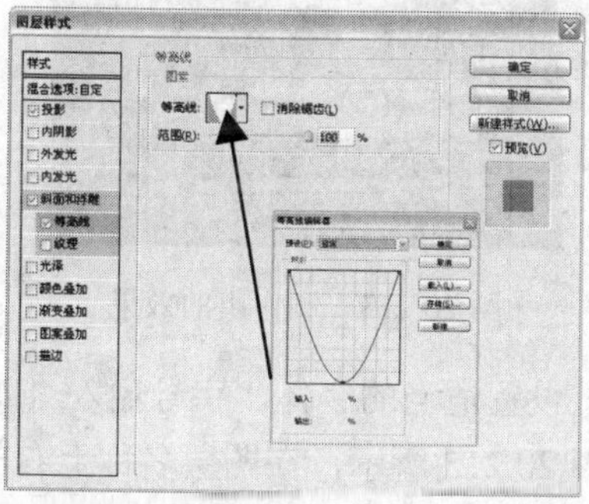

图 20.206　“图层样式”对话框 3

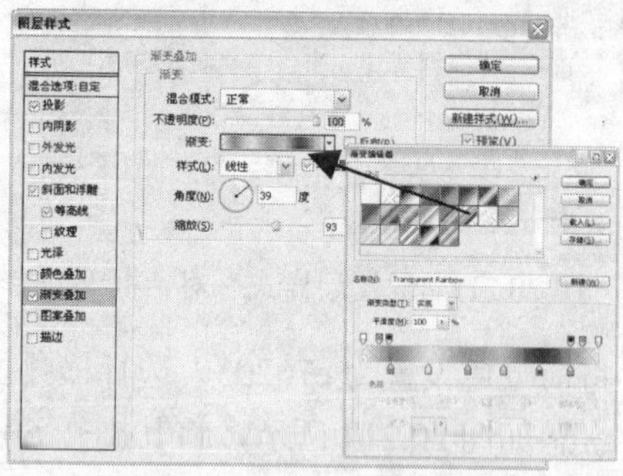

图 20.207　“图层样式”对话框 4

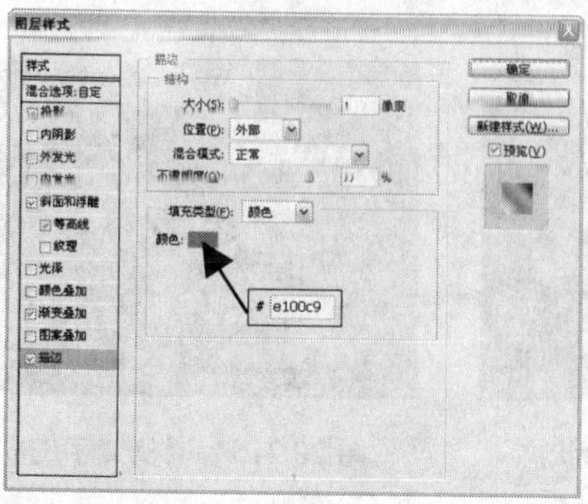

图 20.208　“图层样式”对话框 5

图 20.209　添加图层样式的状态

步骤 20 单击添加图层蒙版按钮 为“组 1（合并）”添加蒙版，设置前景色为黑色，选择画笔工具，在其工具选项条中设置适当的画笔大小及不透明度，在图层蒙版中进行涂抹，以将花形的部分隐藏起来，直至得到如图 20.210 所示的效果，此时蒙版中的状态如图 20.211 所示。

图 20.210　添加蒙版的状态

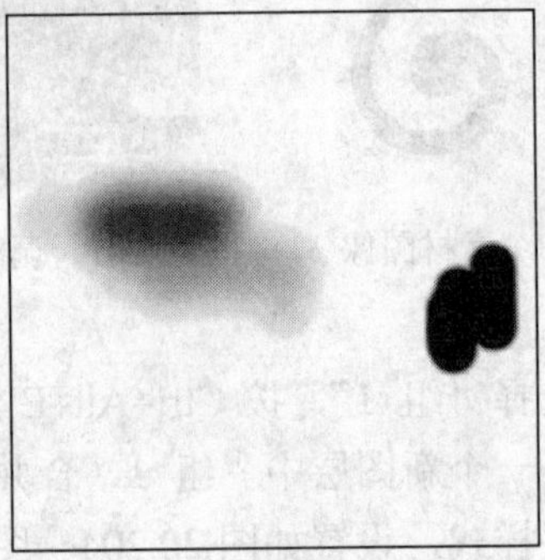

图 20.211　添加的蒙版状态

步骤 21 将图层“组 1（合并）”复制得“组 1（合并）副本”，将图层样式的图标拖到删除按钮 ，将图层样式删除，重新添加图层样式，设置如图 20.212 所示，确认后设置填充为 0，得到如图 20.213 所示的效果。

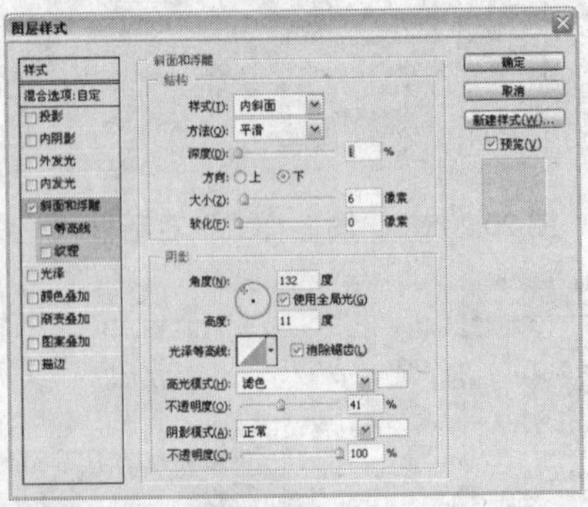

图 20.212　“图层样式”对话框

图 20.213　制作出的效果

步骤 22 将前景色设置为 e76205，选择横排文字工具 ，设置适当的字体、字号输入“D”字，状态如图 20.214 所示，将其旋转 60°，状态如图 20.215 所示，在图层名称上右击，弹出菜单，选择“转化为形状”命令，将其转化为形状，选择直接选择工具 调整其节点，直至得到如图 20.216 所示的状态。

图 20.214　输入文字的状态

图 20.215　旋转文字的状态

图 20.216　调整文字的状态

步骤 23 选择路径选择工具 ，选择调整好的形状，按 Alt 键拖动复制形状，应用“编辑”|“变

换”|“水平翻转”命令，再使用路径选择工具，将其调整到如图 20.217 所示的状态，设置图层“不透明度”为 30%，得到的效果如图 20.218 所示。

图 20.217 复制并调整的状态

图 20.218 设置“不透明度”的状态

步骤 24 设置前景色的颜色值为 ffcc00，选择矩形工具，在工具选项条上选择形状图层按钮，在图中绘制一条直线，得到图层“形状 5”，状态如图 20.219 所示，单击添加图层蒙版按钮，为图层“形状 5”添加蒙版，设置前景色为黑色，选择画笔工具，在其工具选项条中设置适当的画笔大小，在图层蒙版中进行涂抹，以将直线边缘隐藏起来，直至得到如图 20.220 所示的效果。

图 20.219 绘制直线

图 20.220 添加蒙版的状态

步骤 25 新建一个图层得到“图层 6”，设置前景色的颜色值为 fed400，选择画笔工具，设置工具选项条如图 20.221 所示，然后在画布中单击，得到如图 20.222 所示的图像。按 Ctrl+T 组合键调出自由变换控制框调整到如图 20.223 所示的状态，按 Enter 键确认。

图 20.221 “工具选项条”设置

图 20.222 单击出的图像状态

图 20.223 调整图像的状态

步骤26 设置“图层 6”的“填充”为30%，得到如图 20.224 所示的效果，选择横排文字工具T，设置适当的字体、字号及颜色输入文字，得到的状态如图 20.225 所示。

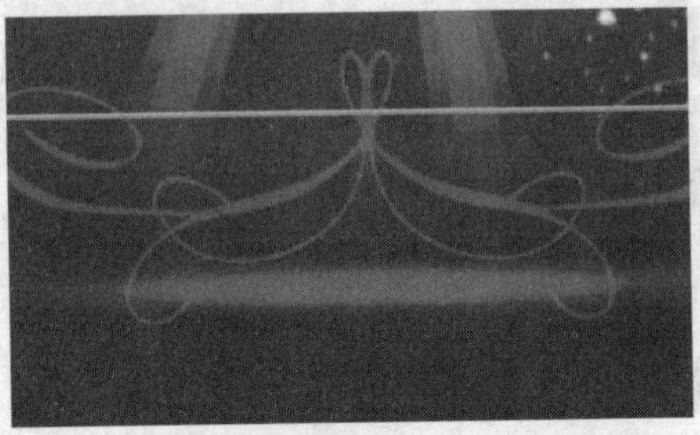

图 20.224 设置“填充”的状态

图 20.225 输入文字的状态

步骤27 新建一个图层，得到“图层 7”，使用画笔工具设置适当的颜色，在文字“2008”的中间单击出如图 20.226 所示的圆点，此时作品整体效果如图 20.227 所示。

图 20.226 单击圆点的状态

图 20.227 整体效果

步骤28 新建一个图层得到“图层 8”，将前景色设置为 fe8000，使用画笔工具设置适当的大小，在人物旁边单击出如图 20.228 所示的圆点。选择形状图层“D”将其复制得到“D 副本”，将其调整到文字图层“MUSIC”的下面，并配合自由变换控制框调整到如图 20.229 所示的状态。

图 20.228 添加光点效果

图 20.229 复制并调整形状的状态

步骤29 选择“图层 8”，使用自定形状工具，分别利用颜色色值 000000 和 fff100 绘制形状，得到两个形状图层“形状 6”和“形状 7”，图像状态如图 20.230 所示，给小猫图层拷贝图层“人物”的图层样式，再设置音乐符号的图层填充为 20%，得到如图 20.231 所示的效果，此时“图层”调板如图 20.232 所示，完成作品。

图 20.230 绘制形状的状态

图 20.231 最终效果

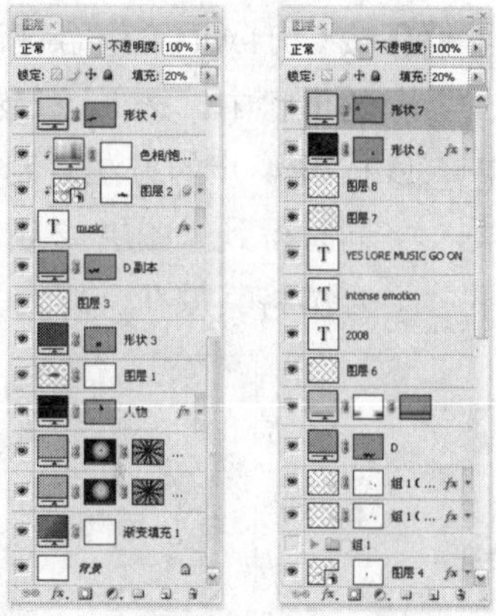

(a) (b)

图 20.232 “图层”调板

20.5 茅台贡包装

第 1 部分 主体元素

步骤 01 按 Ctrl+N 组合键新建一个文件，设置弹出的对话框如图 20.233 所示。

步骤 02 打开随书光盘:\d20z\20.5-素材 1.psd，如图 20.234 所示，使用移动工具将其拖到文件内，得到“图层 1”，并按 Ctrl+T 组合键调出自由变换控制框，按 Shift 键缩放并调整位置至如图 20.235 所示的状态，按 Enter 键确认操作。

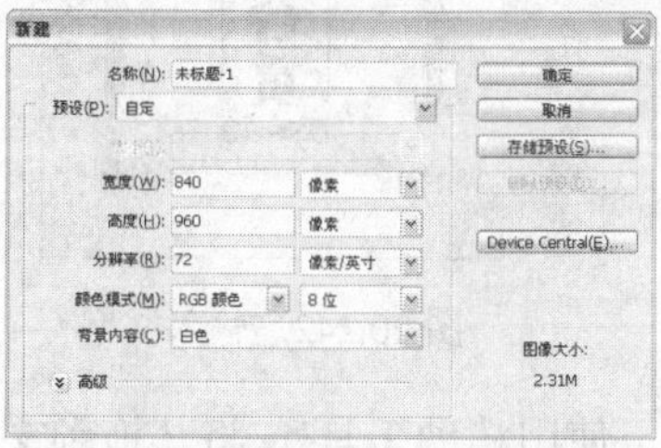

图 20.233 “新建”对话框

图 20.234 素材图像 1

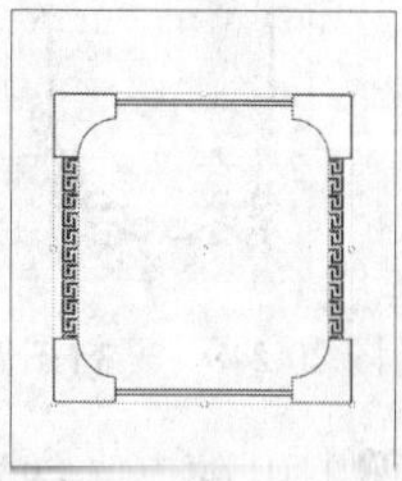

图 20.235 调整的状态

步骤 03 打开随书光盘:\d20z\20.5-素材 2.psd，如图 20.236 所示，使用移动工具将其拖到文件内，得到“图层 2”，并按 Ctrl+T 组合键调出自由变换控制框，按 Shift 键缩放并调整位置至如图 20.237 所示的状态，按 Enter 键确认操作。

图 20.236 素材图像 2

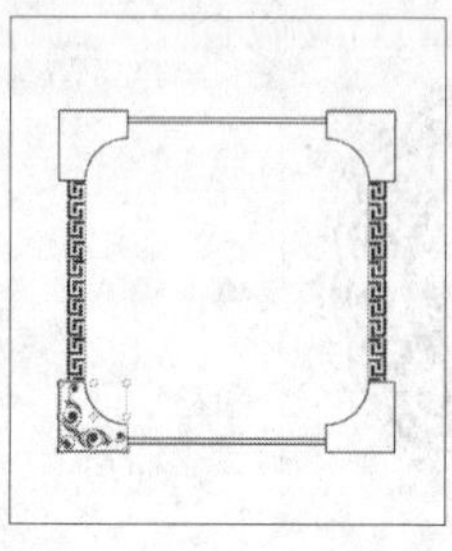

图 20.237 调整素材的状态

步骤04 按 Ctrl+Alt+T 组合键调出自由变换复制控制框，按 Shift 键旋转 90° 并调整位置至右边的形状中，按 Enter 键确认操作，效果如图 20.238 所示，得到“图层 2 副本”。

步骤05 按第 4 步的方法复制并调整位置到上面的两个形状中，得到如图 20.239 所示的效果。同时得到“图层 2 副本 2”和“图层 2 副本 3”，选择“图层 2”及副本，按 Ctrl+G 组合键将其放在一组内并修改组名为“角偶”。

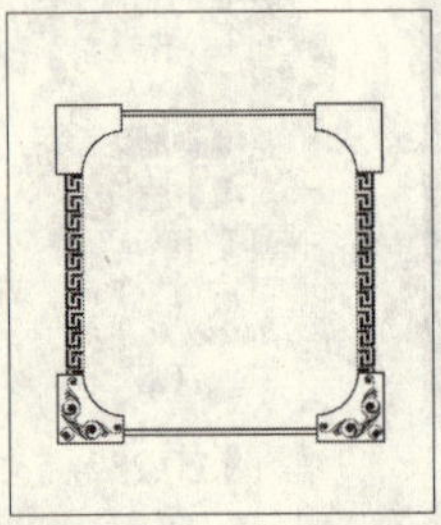

图 20.238 复制并调整后的状态

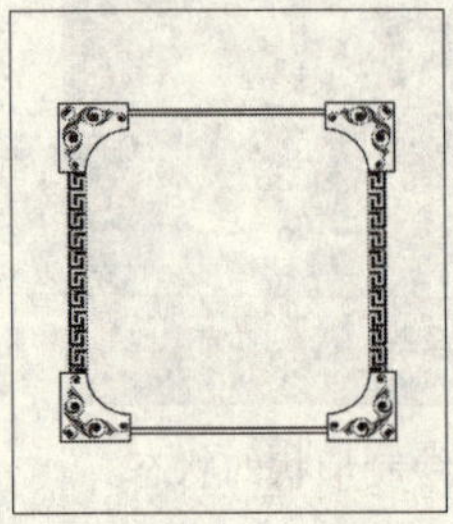

图 20.239 调整其他的状态

步骤06 打开随书光盘:\d20z\20.5-素材 3.psd，如图 20.240 所示，使用移动工具将其拖到文件内，得到“图层 3”，并按 Ctrl+T 组合键调出自由变换控制框，按 Shift 键缩放并调整位置至如图 20.241 所示的状态，按 Enter 键确认操作，

步骤07 选择直排文字工具，设置适当的颜色、字体字号，输入文字“茅台贡”，效果如图 20.242 所示，得到文字图层“茅台贡”。

图 20.240 素材图像 3

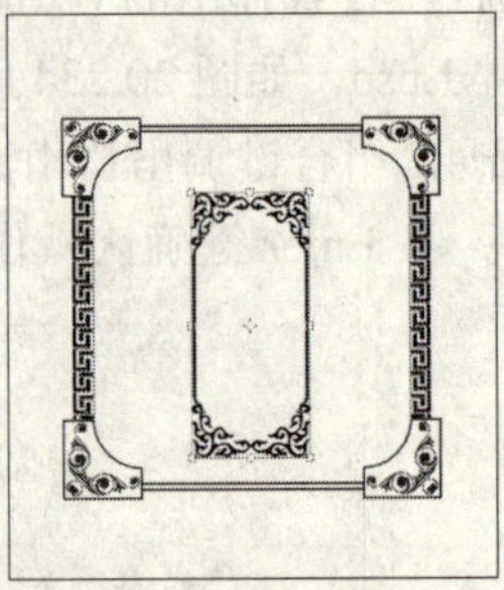

图 20.241 添加素材的状态

图 20.242 输入文字

步骤08 打开随书光盘:\d20z\20.5-素材 4.psd，如图 20.243 所示，使用移动工具将其拖到文件内，得到“图层 4”，并按 Ctrl+T 组合键调出自由变换控制框，按 Shift 键缩放并调整位置至画布的左下角如图 20.244 所示的状态，按 Enter 键确认操作。

步骤09 按照步骤 04 和步骤 05 的方法，将素材复制到画布的四个角，制作如图 20.245 所示的效果。

图 20.243 素材图像 4

图 20.244 调整素材的状态

图 20.245 制作其他的状态

步骤 10 打开随书光盘:\d20z\20.5-素材 5.psd，如图 20.246 所示，使用移动工具将其拖到文件内，得到“图层 5”，并按 Ctrl+T 键调出自由变换控制框，按 Shift 键缩放并调整位置到画布的下方，按 Enter 键确认操作，状态如图 20.247 所示。

步骤 11 单击添加图层蒙版命令按钮，给“图层 5”添加蒙版，将前景色设置为黑色，选择画笔工具，设置适当的大小，在蒙版上图案相交的位置涂抹，得到如图 20.248 所示的效果，蒙版状态如图 20.249 所示。

图 20.246 素材图像 5

图 20.247 添加素材的状态

图 20.248 添加蒙版的状态

图 20.249 蒙版状态

步骤 12 选择横排文字工具，设置适当的颜色、字体字号，在画布内输入“历史名酒”，状态如图 20.250 所示，得到文字图层“历史名酒”。

步骤 13 打开随书光盘:\d20z\20.5-素材 6.psd，如图 20.251 所示，使用移动工具将其拖到文件内，得到“图层 6”，并按 Ctrl+T 组合键调出自由变换控制框，按 Shift 键缩放并调整位置至文字“历史名酒”的右边，如图 20.252 所示，按 Enter 键确认操作。

步骤 14 单击添加图层蒙版命令按钮，给“图层 6”添加蒙版，将前景色设置为黑色，选择画笔工具，设置适当的大小，在蒙版上涂抹，得到如图 20.253 所示的效果。

步骤 15 将“图层 6”拖到创建新图层命令按钮上，复制出一个图层“图层 6 副本”，应用“编辑”|“变换”|“水平翻转”命令，并使用移动工具将其移至文字“历史名酒”的左边，效果如图 20.254 所示，此时“图层”调板状态如图 20.255 所示。

图 20.250 输入文字

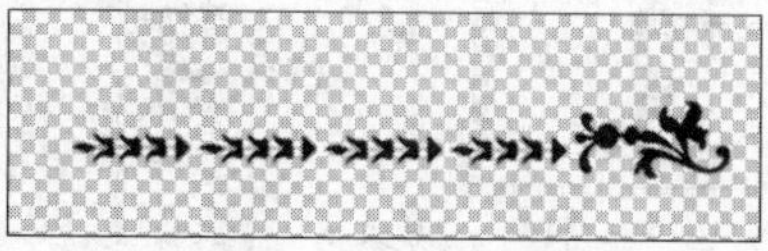

图 20.251 素材图像 6

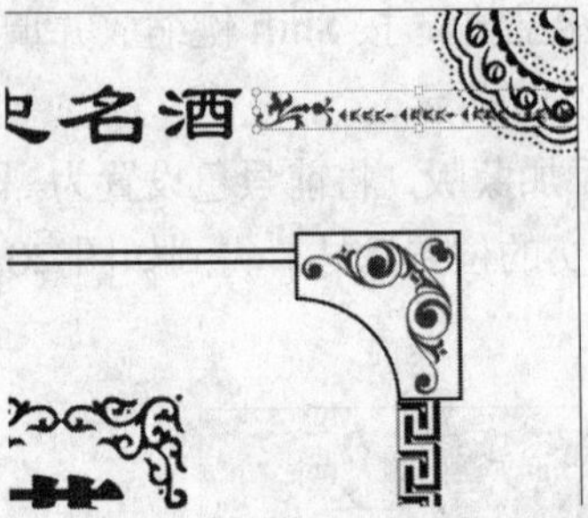

图 20.252　调整素材图像的状态

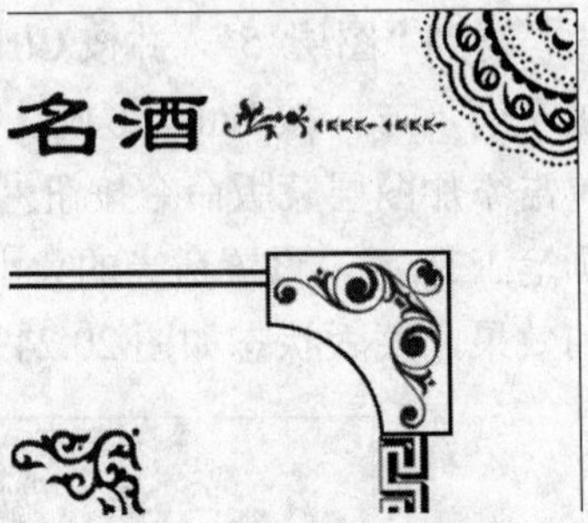

图 20.253　添加蒙版的状态

图 20.254　复制另一边的状态

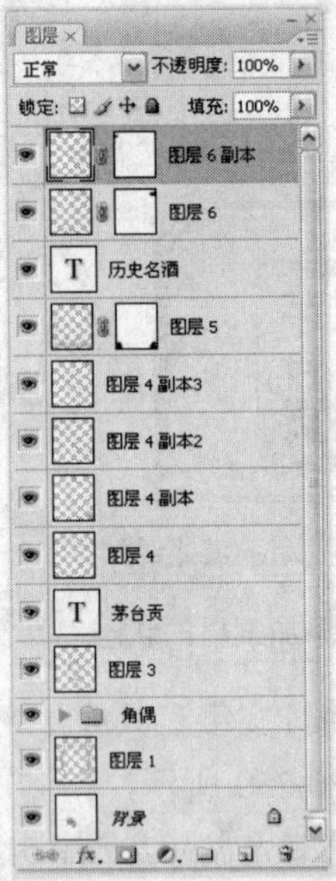

图 20.255　“图层”调板

步骤 16 将前景色设置为白色，选择圆角矩形工具，单击工具选项条上的形状图层命令按钮，将“半径”值设置为 20，在画布下方绘制如图 20.256 所示的形状，得到形状图层“形状 1”。

步骤 17 选择图层“形状 1”，单击添加图层样式命令按钮 fx，在弹出的菜单中选择“描边”命令，设置弹出的对话框如图 20.257 所示，得到如图 20.258 所示的效果。

图 20.256　绘制圆角矩形

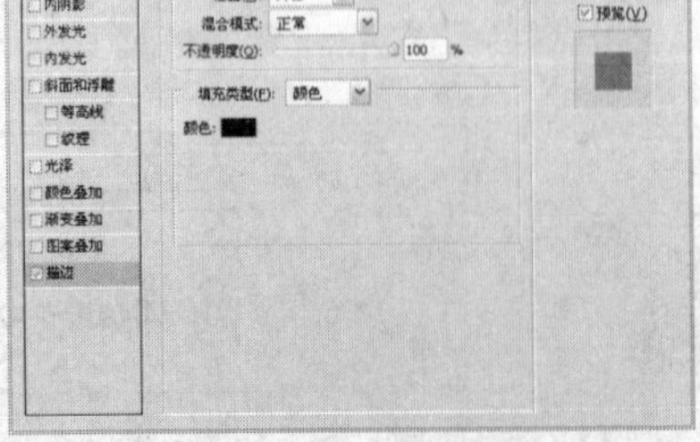

图 20.257　“图层样式”对话框

图 20.258　添加图层样式的状态

步骤 18 选择横排文字工具T，设置适当的颜色、字体字号，在画布的中间位置输入如图 20.259 所示的文字，得到对应的文字图层。

步骤 19 将前景色设置为黑色，选择矩形工具，单击工具选项条上的形状图层命令按钮，绘制如图 20.260 所示的直线，得到图层“形状 1”，选择路径选择工具，选中直线，按 Alt 键拖动复制出一条并移动到如图 20.261 所示的位置。

图 20.259　输入文字

图 20.260　绘制直线 1

图 20.261　复制直线 1

步骤 20 将前景色设置为黑色，选择矩形工具，单击工具选项条上的形状图层命令按钮，绘制如图 20.262 所示的直线，得到图层“形状 2”，选择路径选择工具，选中直线，按 Alt 键拖动复制出一条并移动到如图 20.263 所示的位置。

图 20.262　绘制直线 2

图 20.263　复制水平直线

步骤 21 单击添加图层蒙版命令按钮，给图层“形状 2”添加蒙版，将前景色设置为黑色，选择画笔工具，设置适当大小，在蒙版上涂抹得到隐藏直线与图案相交的部分，效果如图 20.264 所示，蒙版状态如图 20.265 所示。

步骤 22 选择路径选择工具，选择图层“形状 2”，绘制第一条直线，按 Alt 键往下拖动复制路径，用调整位置的方法复制两条线并调整到如图 20.266 所示的状态。

图 20.264　添加蒙版式的状态

图 20.265　蒙版状态

图 20.266　复制直线 2

步骤 23 选择“通道”调板，将“蓝”通道拖至创建新通道命令按钮上，得到“蓝 副本”通道，将“蓝 副本”通道再拖至创建新通道命令按钮上，得到“蓝 副本 2”通道。

提示

复制通道“蓝 副本”是为了以后方便制作选区，复制通道“蓝 副本 2”是为了制作后面操作的光照通道。

步骤 24 选择“蓝 副本 2”通道，按 Ctrl+I 组合键执行“反相”操作，将其反相，如图 20.267 所示，并应用“滤镜”|“模糊”|“高斯模糊”命令，在弹出的对话框中设置“半径”为 1.5，确定后得到如图 20.268 所示的效果。

步骤 25 选择魔棒工具，将工具选项条的“容差”设置为 50，选中工具选择条上的“连续”选项，按 Shift 键分别在“蓝 副本”通道如图 20.269 所示的位置单击载入如图 20.270 所示的选区，选择“蓝 副本 2”通道，应用“滤镜”|“杂色”|“添加杂色”命令，设置弹出的对话框如图 20.271 所示，得到的局部效果如图 20.272 所示。

图 20.267 反相的状态

图 20.268 模糊的状态

图 20.269 魔棒制作选区的单击点

图 20.270 制作的选区

图 20.271 “添加杂色”对话框

图 20.272 添加杂色后的局部图

步骤 26 单击创建新图层命令按钮，新建一个图层，得到“图层 7”，将前景色设置为 fde0b4，按 Alt+Delete 组合键进行填充，应用“滤镜”|“渲染”|“光照效果”命令，设置弹出的对话框如图 20.273 所示，得到如图 20.274 所示的效果。

步骤 27 单击创建新的填充或调整图层命令按钮，在弹出的菜单中选择“色相/饱和度”命令，设置弹出的对话框如图 20.275 所示，得到如图 20.276 所示的效果。

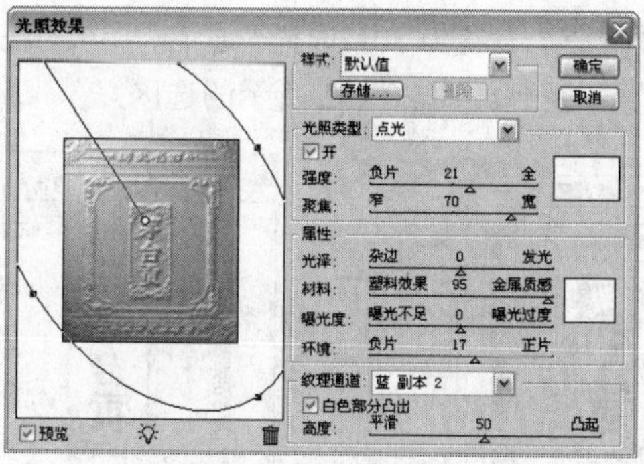

图 20.273　“光照效果”对话框

图 20.274　光照的效果

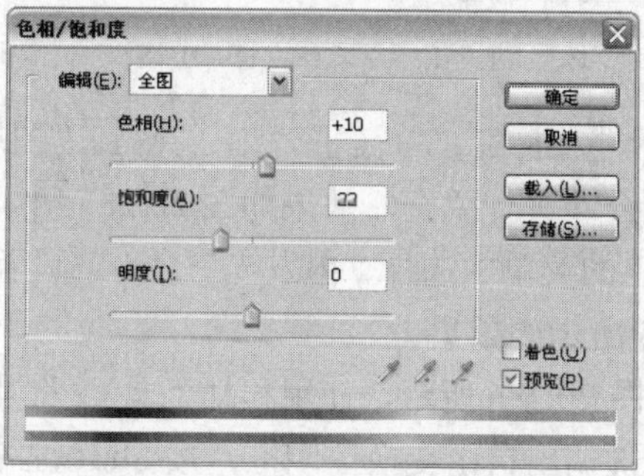

图 20.275　“色相/饱和度”对话框

图 20.276　应用“色相/饱和度”的状态

第 2 部分　修饰调整

步骤 01 单击创建新图层命令按钮，新建一个图层得到“图层 8”，将前景色设置为 ffc066，选择矩形工具，单击工具选项条上的填充像素命令按钮，在画布内绘制如图 20.277 所示的矩形。

步骤 02 将“图层 8”混合模式设置为“颜色”，“不透明度”设为 45%，得到如图 20.278 所示的效果。

步骤 03 选择图层“形状 1”，将其拖到创建新图层命令按钮上，复制出一个图层，得到图层“形状 1 副本”，并拖到图层最顶层，状态如图 20.279 所示。

图 20.277　绘制矩形

图 20.278　设置混合模式

图 20.279　复制圆角矩形

步骤 04 双击图层“形状 1 副本”缩览图，弹出“拾色器”对话框，设置色值为 500011，确认后将图层混合模式设置为“叠加”，效果如图 20.280 所示。

步骤05 选择魔棒工具，将工具选项条上的“容差”设置为50，选择“通道”调板，在“蓝 副本”通道，单击如图20.281所示的位置，得到如图20.282所示的选区。

图 20.280　设置圆角矩形

图 20.281　魔棒制作选区的单击点

图 20.282　制作的选区

步骤06 返回“图层”调板，单击创建新图层命令按钮，新建一个图层得到“图层 9”，将前景色设置为650e14，按Alt+Delete组合键进行填充，效果如图20.283所示。

步骤07 单击添加图层样式命令按钮，在弹出的菜单中选择“内发光”命令，设置弹出的对话框如图20.284所示，得到如图20.285所示的效果。

步骤08 打开随书光盘:\d20z\20.5-素材 7.psd，如图20.286所示，使用移动工具将其拖到文件内，得到“图层 10”，并按Ctrl+T组合键调出自由变换控制框，按Shift键缩放并调整位置至如图20.287所示的状态，按Enter键确认操作。

图 20.283　填充颜色的状态

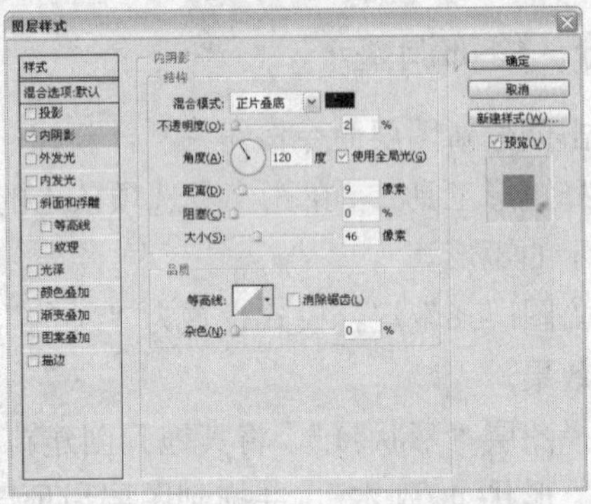

图 20.284　“图层样式”对话框

图 20.285　添加图层样式的状态

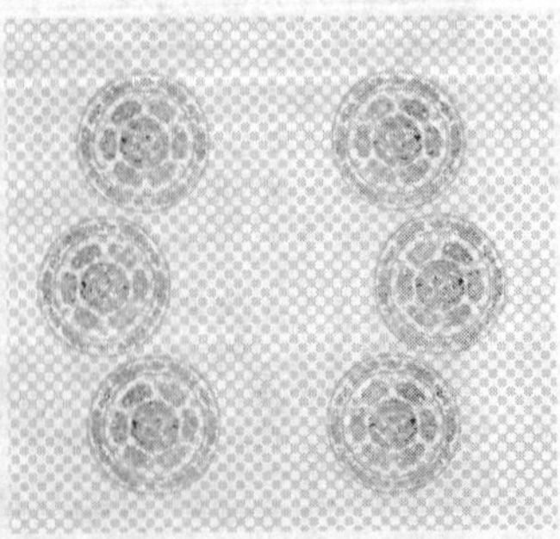

图 20.286　素材图像

图 20.287　调整素材的状态

步骤09 按住 Alt 键，按创建新的填充或调整图层命令按钮，在弹出的菜单中选择“色相/饱和度”命令，弹出“新建图层”对话框，选择“使用前一图层创建剪贴蒙版”选项，单击“确定”按钮，设置弹出的对话框如图 20.288 所示，得到如图 20.289 所示的效果，得到调整图层“色相/饱和度 2”。

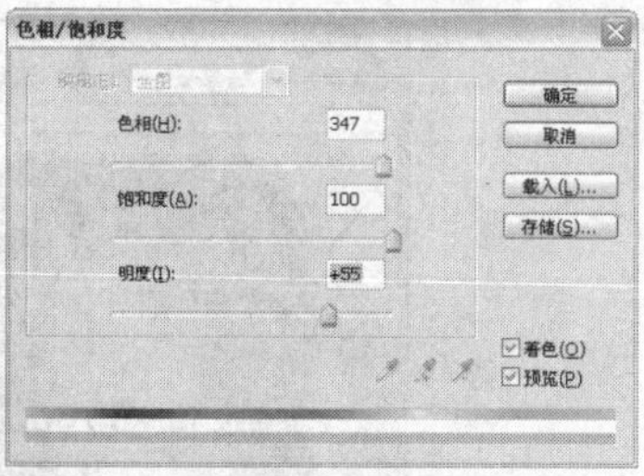

图 20.288　“色相/饱和度”对话框

图 20.289　调整颜色的状态

提示

为方便观看位置状态，暂将图像设置为白色。

步骤 10 按 Ctrl 键单击“图层 9”图层缩览图，将其载入选区，选择“图层 10”，单击添加图层蒙版命令按钮 ，给“图层 10”添加蒙版，得到如图 20.290 所示的效果，并将混合模式设置为“叠加”，得到如图 20.291 所示的效果。

图 20.290　添加蒙版的状态

图 20.291　设置图层模式的状态

步骤 11 单击创建新图层命令按钮 ，得到新图层“图层 11”，按 Ctrl+Shift 组合键，分别单击第 1 部分的三个文字图层，得到如图 20.292 所示的选区，将前景色设置为 fffed7，按 Alt+Delete 组合键进行填充，效果如图 20.293 所示，“图层”调板如图 20.294 所示。

图 20.292　制作选区

图 20.293　填充颜色的状态

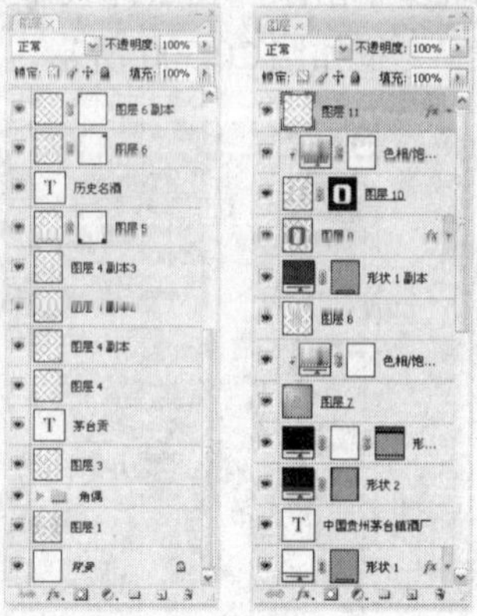

(a)　(b)

图 20.294　“图层”调板

步骤 12 单击添加图层样式命令按钮 fx，在弹出的菜单中选择“投影”命令，设置弹出的对话框如图 20.295 所示，得到如图 20.296 所示的效果。

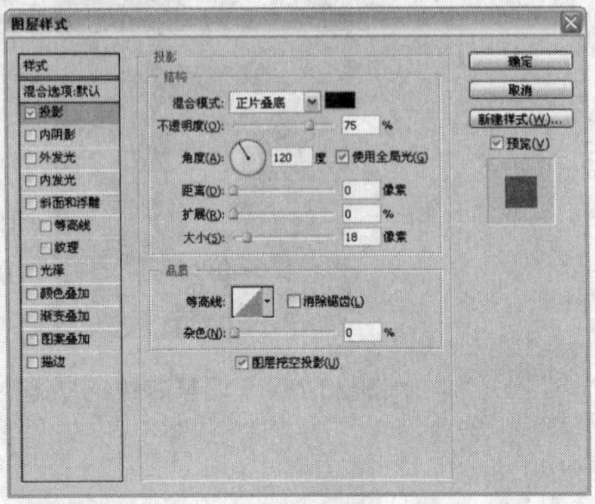

图 20.295 “图层样式”对话框 1

图 20.296 添加图层样式后的效果

步骤 13 按 Ctrl 键单击“通道”调板的“蓝 副本”通道，载入选区，并按 Ctrl+Shift+I 组合键将选区反选，如图 20.297 所示，选择矩形选框工具，按 Alt 键框选文字选区，得到如图 20.298 所示的选区。

步骤 14 单击创建新图层命令按钮，得到新图层“图层 12”，将前景色设置为 fffed7，按 Alt+Delete 组合键进行填充，效果如图 20.299 所示。

图 20.297 载入选区

12.298 编辑选区

图 20.299 填充颜色状态

步骤 15 单击添加图层样式命令按钮 fx，在弹出的菜单中选择“投影”命令，设置弹出的对话框如图 20.300 所示，得到如图 20.301 所示的效果。

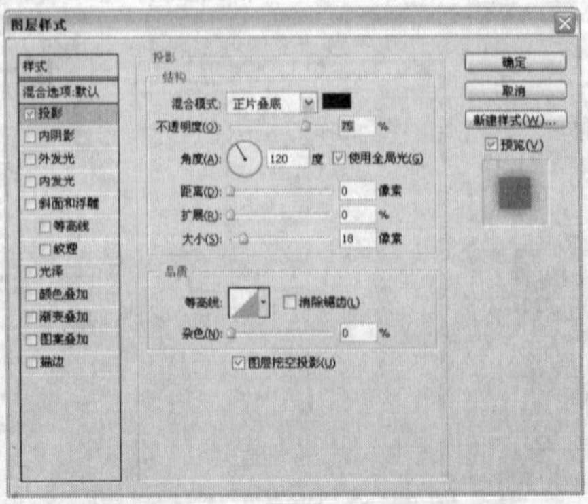

图 20.300 “图层样式”对话框 2

图 20.301 添加图层样式的状态

步骤 16 单击创建新的填充或调整图层命令按钮，在弹出的菜单中选择“色相/饱和度”命令，设置弹出的对话框如图 20.302 所示，得到如图 20.303 所示的效果，得到调整图层“色相/饱和度 3”。

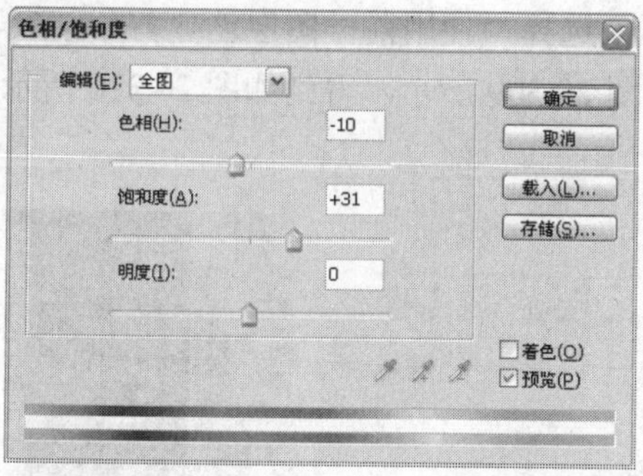

图 20.302　“色相/饱和度”对话框

图 20.303　调整颜色的状态

步骤 17 选择直排文字工具，设置适当的颜色、字体字号，输入如图 20.304 所示的文字，单击添加图层样式命令按钮，在弹出的菜单中选择“投影”命令，设置弹出的对话框如图 20.305 所示，得到如图 20.306 所示的效果。

步骤 18 打开随书光盘:\d20z\20.5-素材 8.psd，如图 20.307 所示，使用移动工具将其拖到文件内，得到“图层 13”，并按 Ctrl+T 组合键调出自由变换控制框，按 Shift 键缩放并调整位置至如图 20.308 所示的状态，按 Enter 键确认操作。

图 20.304　输入文字

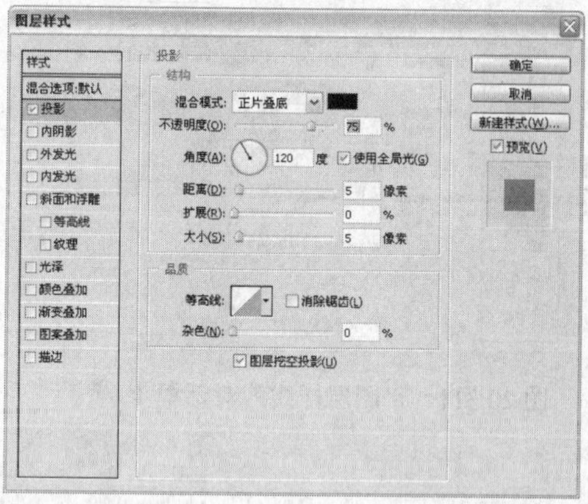

图 20.305　“图层样式”对话框 3

图 20.306　添加图层样式的状态

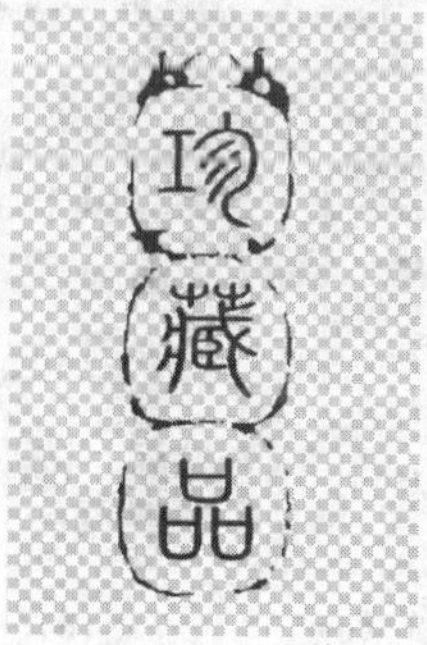

图 20.307　素材图像

图 20.308　调整素材的状态

提示

为方便观看位置，暂将图设置为白色。

步骤19 按住 Alt 键，按创建新的填充或调整图层命令按钮，在弹出的菜单中选择“色相/饱和度”命令，弹出“新建图层”对话框，选择“使用前一图层创建剪贴蒙版”选项，单击“确定”按钮，设置弹出的对话框如图 20.309 所示，得到如图 20.310 所示的效果，得到调整图层“色相/饱和度 4”。

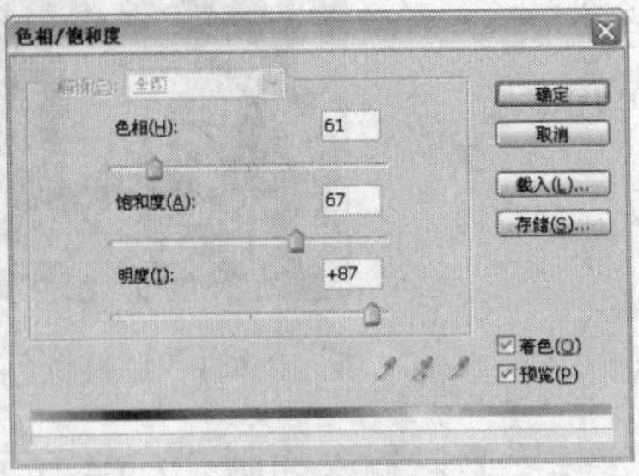

图 20.309 “色相/饱和度”对话框

图 20.310 调整颜色的状态

步骤20 单击添加图层样式命令按钮，在弹出的菜单中选择“投影”命令，设置弹出的对话框如图 20.311 所示，得到如图 20.312 所示的效果，完成作品，图 20.313 为最终整体效果，“图层”调板如图 20.314 所示，图 20.315 所示为本例作品制作的效果图。

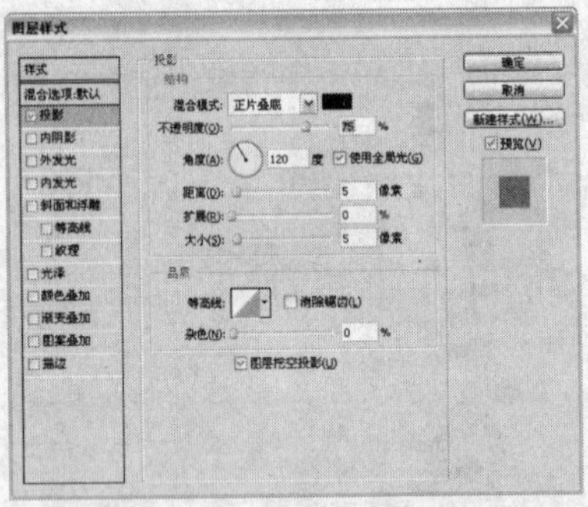

图 20.311 “图层样式”对话框 4

图 20.312 添加图层样式的状态

图 20.313 最终效果

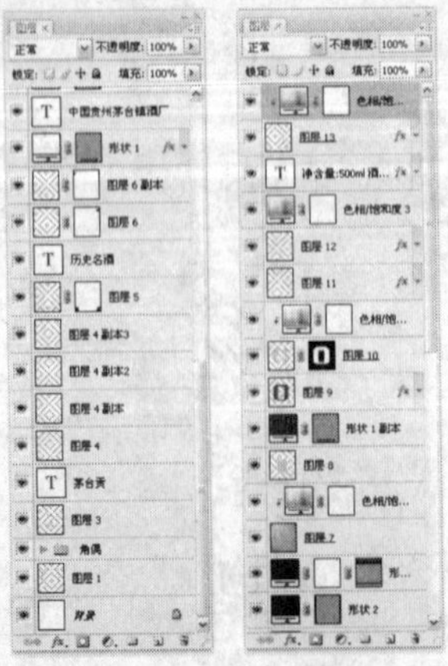

（a） （b）

图 20.314 “图层”调板

图 20.315 效果图

Photoshop CS3

20.6 促销传单

步骤01 按 Ctrl+N 组合键新建一个文件，设置弹出的对话框如图 20.316 所示，单击“确定”按钮退出对话框，以创建一个新的空白文件。

步骤02 单击创建新的填充或调整图层按钮，在弹出的菜单中选择“渐变”命令，设置弹出的对话框如图 20.317 所示，并使用鼠标将渐变中心向上拖动直至如图 20.318 所示的状态，单击“确定”按钮退出对话框，同时得到图层“渐变填充 1”。

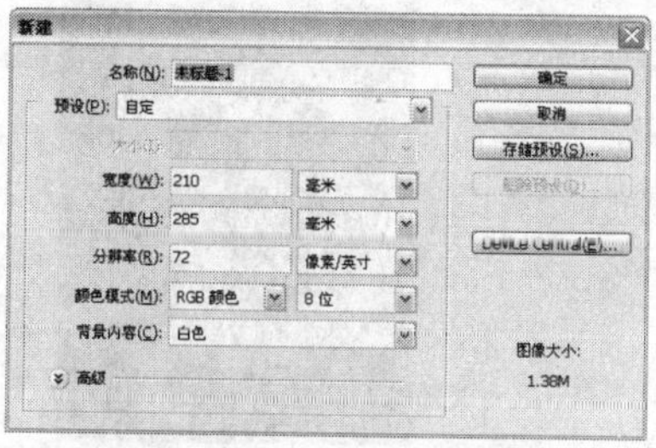

图 20.316　“新建”对话框

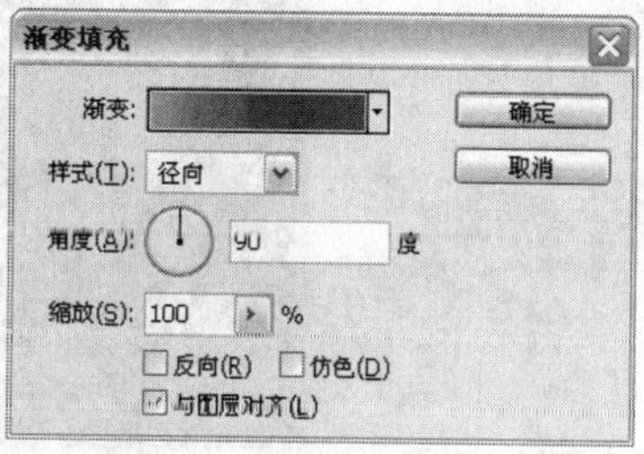

图 20.317　“渐变填充”对话框

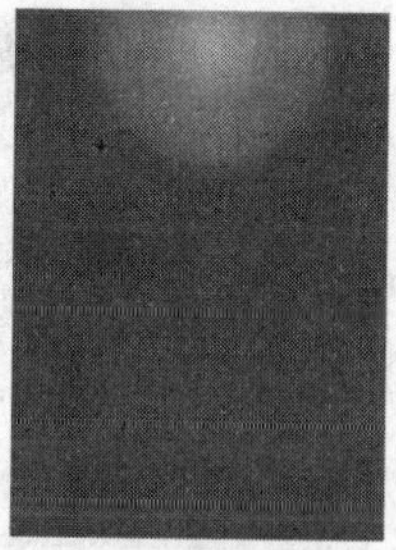

图 20.318　调整渐变的中心状态

提示

在“渐变填充”对话框中，单击渐变色条可弹出“渐变编辑器”对话框，设置如图 20.319 所示。

步骤03 设置前景色为白色，选择矩形工具，在工具选项条上选择形状图层按钮，在图中绘制如图 20.320 所示的形状，得到图层“形状 1”。单击添加图层样式按钮，在弹出的菜单中选择“内发光”命令，设置弹出的对话框如图 20.321 所示，选择“渐变叠加”选项，设置如图 20.322 所示，确认后得到的效果如图 20.323 所示。

步骤04 设置前景色为黑色，选择圆角矩形工具，在其工具选项条上选择形状图层命令按钮，并设置“半径”数值为 10，在图中绘制如图 20.324 所示的形状，得到图层“形状 2”，选择路径选择工具，按 Alt 键拖动复制出一条路径，然后使用直接选择工具将其调整到如图 20.325 所示的状态。

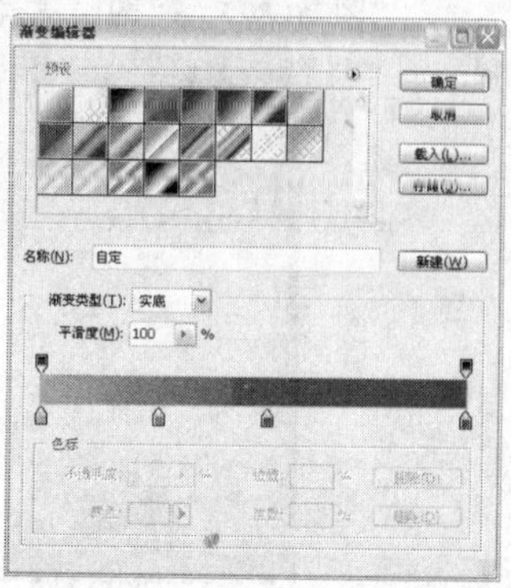

图 20.319　“渐变编辑器”对话框

图 20.320　绘制形状的状态

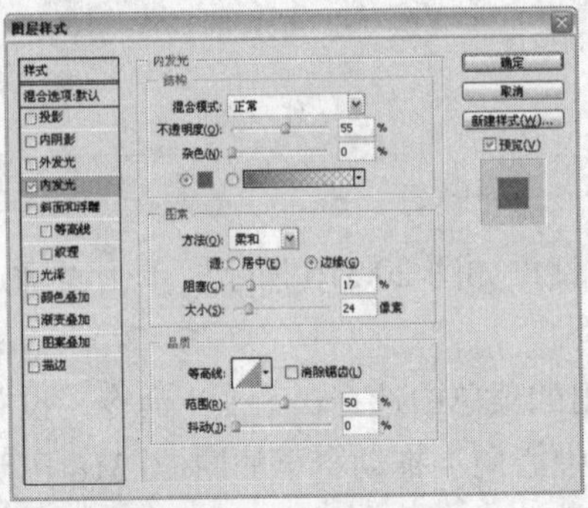

图 20.321 “图层样式”对话框 1

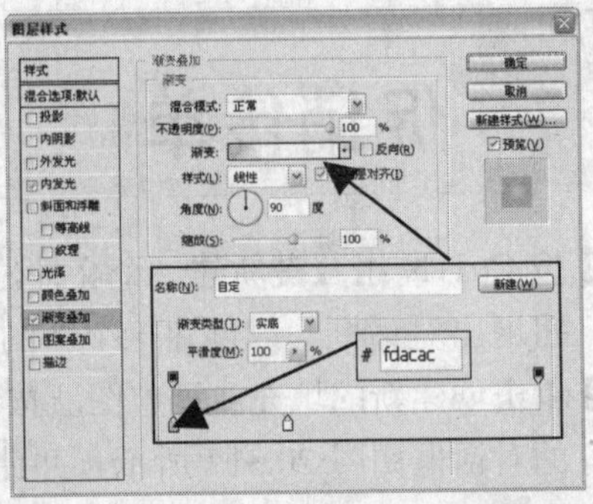

图 20.322 “图层样式”对话框 2

图 20.323 添加图层样式的状态

图 20.324 绘制圆角矩形的状态

图 20.325 调整路径的状态

步骤05 使用路径选择工具选择里边的路径，单击工具选项条上的从形状区域减去命令按钮，得到如图 20.326 所示的效果。单击添加图层样式按钮，在弹出的菜单中选择“斜面和浮雕”命令，设置弹出的对话框如图 20.327 所示，选择“颜色叠加”选项，设置如图 20.328 所示，确认后得到的效果如图 20.329 所示。

图 20.326 运算路径的状态

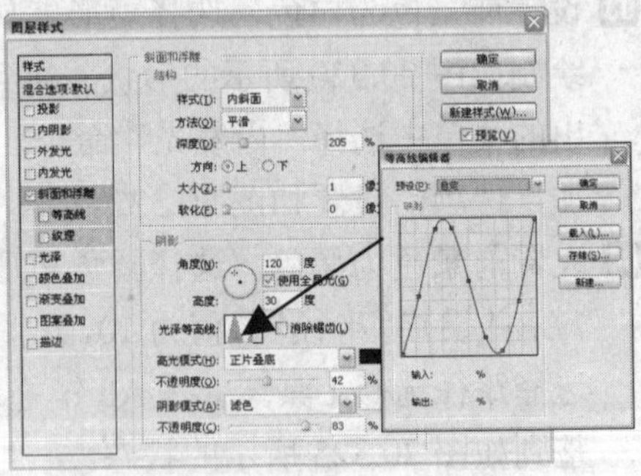

图 20.327 “图层样式”对话框 3

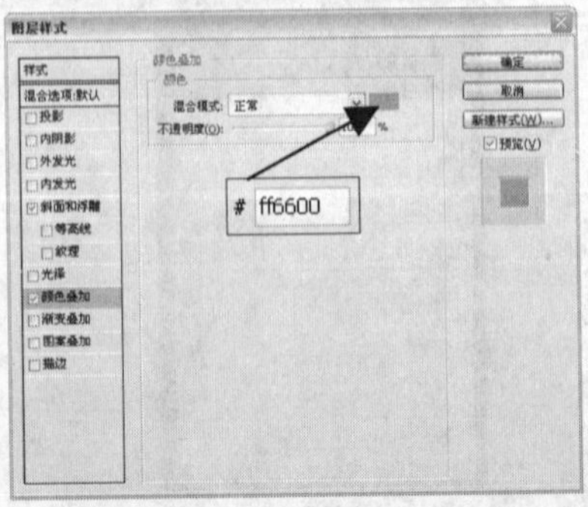

图 20.328 “图层样式”对话框 4

图 20.329 添加图层样式的状态

步骤 06 将随书光盘图案素材：\d20z\20.6-素材 1.pat 拖入 Photoshop 界面中，按 Ctrl 键单击“形状 2”的矢量蒙版，载入选区，单击创建新的填充或调整图层按钮，在弹出的菜单中选择“图案”命令，设置弹出的对话框如图 20.330 所示，得到如图 20.331 所示的效果，同时得到图层“图案填充 1”，设置图层混合模式为“叠加”，得到的效果如图 20.332 所示。

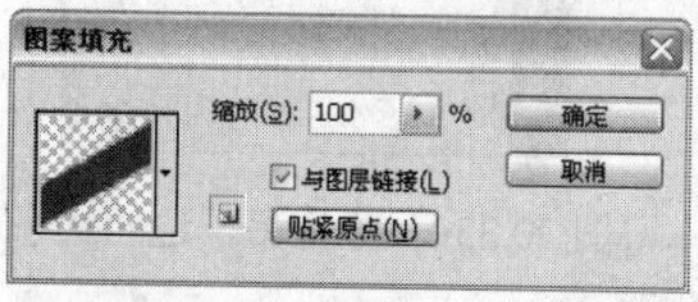

图 20.330　“图案填充”对话框 1

图 20.331　添加图案填充的状态

图 20.332　设置混合模式的状态

步骤 07 选择矩形工具，在工具选项条上选择路径按钮，在图中绘制如图 20.333 所示的矩形，单击创建新的填充或调整图层按钮，在弹出的菜单中选择“渐变”命令，设置弹出的对话框如图 20.334 所示，得到如图 20.335 所示的效果，同时得到图层“渐变填充 2”。

提示

在“渐变填充”对话框中，单击渐变色条可弹出“渐变编辑器”对话框，设置如图 20.336 所示。

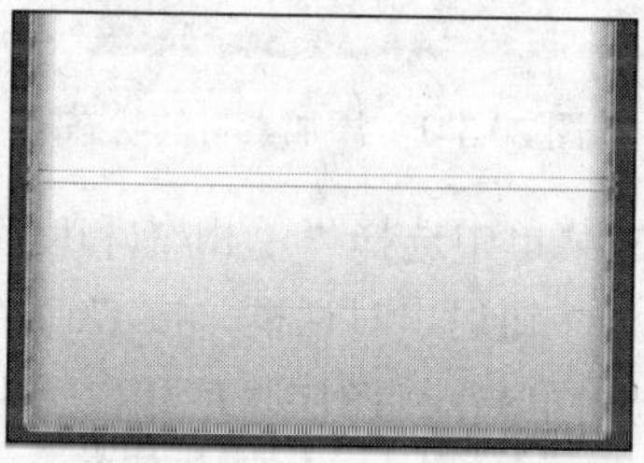

图 20.333　绘制路径的状态

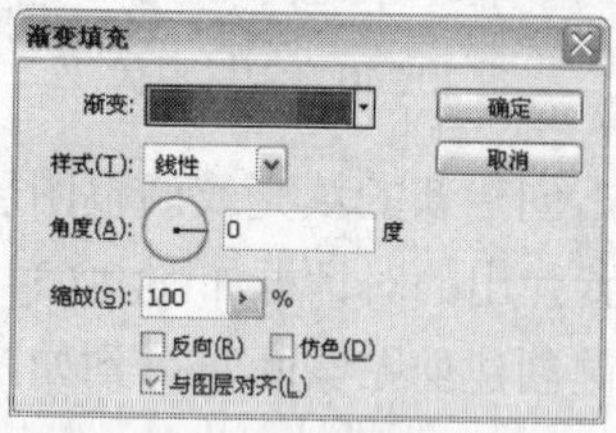

图 20.334　“渐变填充”对话框 2

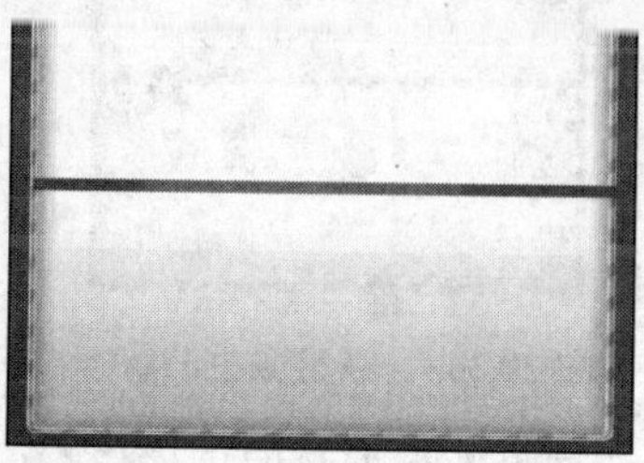

图 20.335　添加渐变的效果

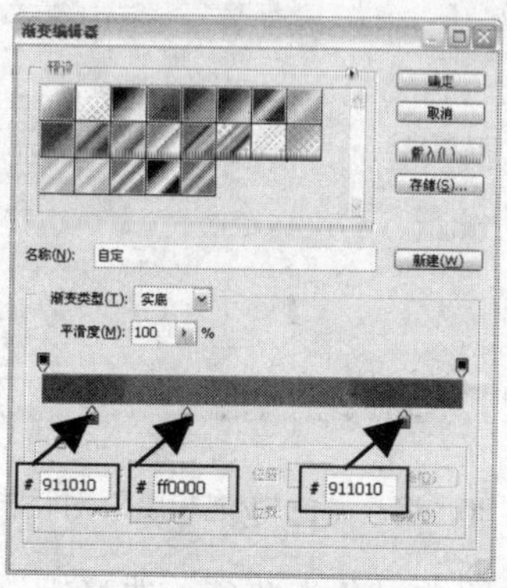

图 20.336　“渐变编辑器”对话框

步骤08 应用“图层”|“新建”|“图层”命令，设置弹出的对话框如图 20.337 所示，确认后得到“图层 1”，分别选择减淡工具和加深工具，在“渐变填充 2”与“形状 2”相交的地方涂抹，制作出如图 20.338 所示的立体效果。用同样的方法可将左边也制作出如图 20.339 所示的效果。

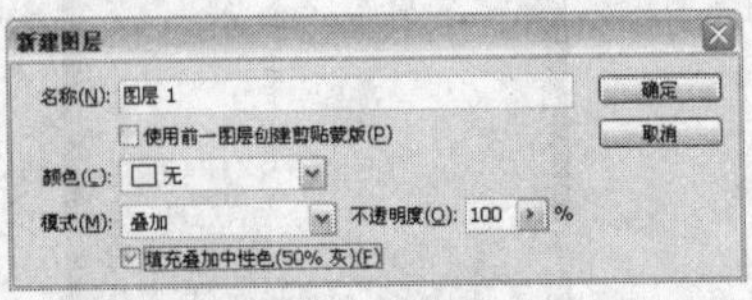

图 20.337 “新建图层”对话框

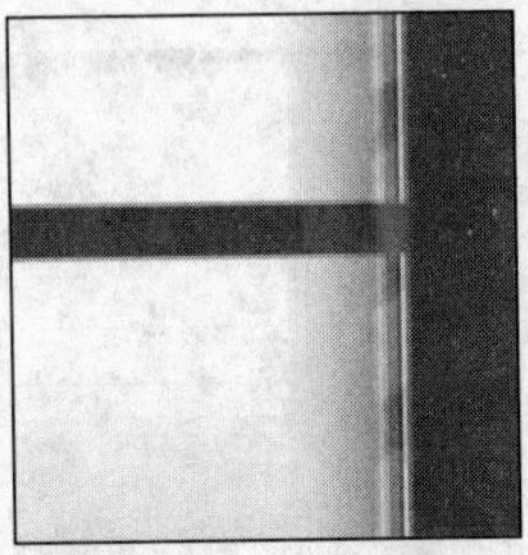

图 20.338 涂抹的状态

图 20.339 涂抹另一边的状态

步骤09 打开随书光盘:\d20z\20.6-素材 2.psd，如图 20.340 所示，使用移动工具将其拖入作品文件中，得到“图层 2”，配合自由变换控制框调整到如图 20.341 所示的状态。

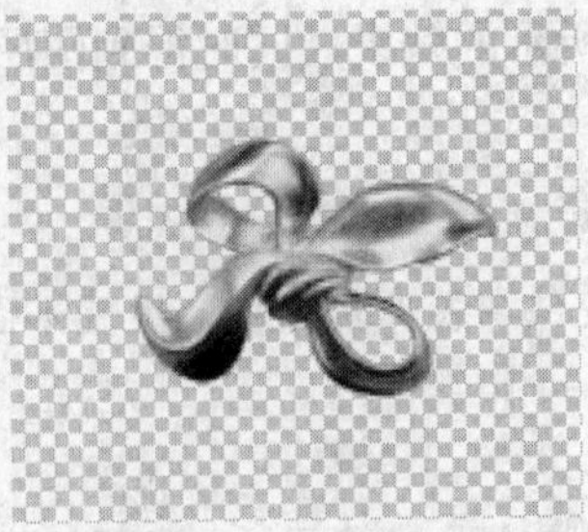

图 20.340 素材图像

图 20.341 添加素材的状态

步骤10 单击创建新的填充或调整图层按钮，在弹出的菜单中选择“色相/饱和度”命令，设置弹出的对话框如图 20.342 所示，单击“确定”按钮退出对话框，按 Ctrl+Alt+G 组合键创建剪贴蒙版，得到如图 20.343 所示的效果，同时得到图层“色相/饱和度 1”。

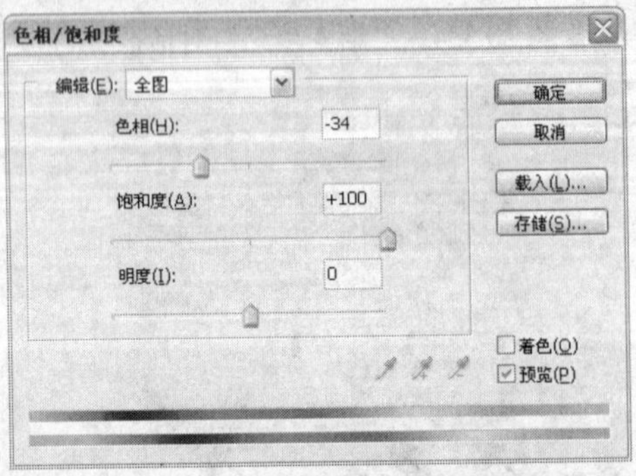

图 20.342 “色相/饱和度”对话框

图 20.343 调整颜色的状态

步骤11 设置前景色为白色，选择钢笔工具，在工具选项条上选择形状图层按钮，在图中绘制如图 20.344 所示的形状，得到“形状 3”，单击添加图层样式按钮，在弹出的菜单中选择“混合选项”命令，设置弹出的对话框如图 20.345 所示，设置“投影”选项、“内阴影”选项如图 20.346 和图 20.347 所示，确认后得到效果如图 20.348 所示。

步骤 12 单击添加图层蒙版按钮 为“形状 3”添加蒙版，设置前景色为黑色，选择画笔工具 ，在其工具选项条中设置适当的画笔大小及不透明度，在图层蒙版中进行涂抹，直至得到如图 20.349 所示的效果。

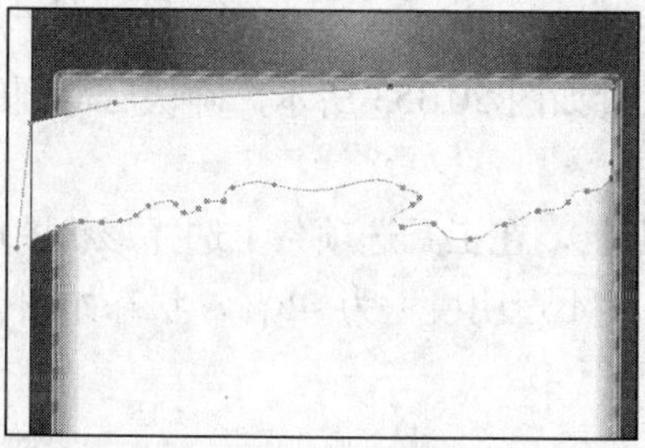

图 20.344　绘制形状的状态 1

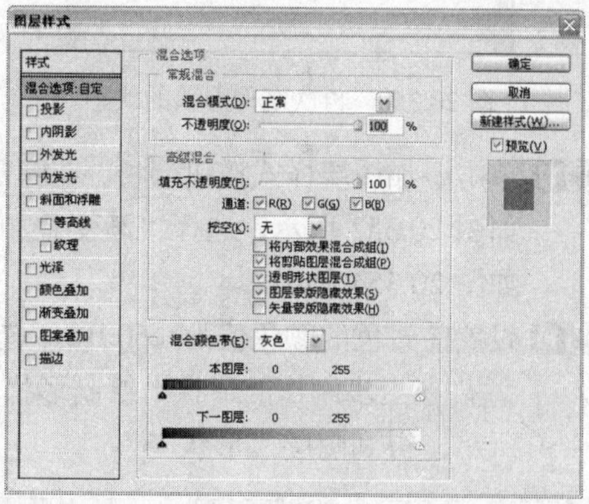

图 20.345　“图层样式”对话框 5

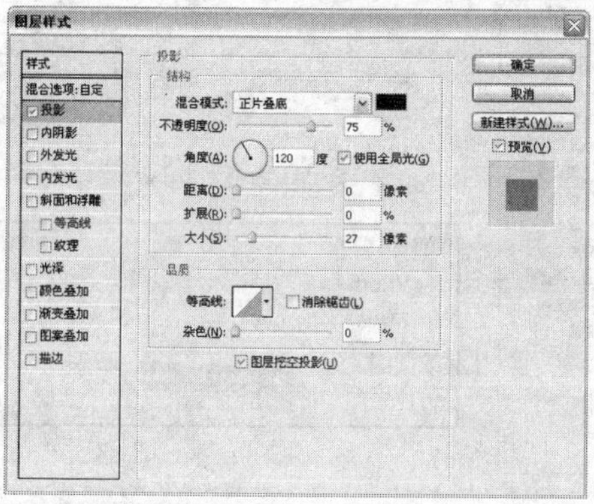

图 20.346　“图层样式”对话框 6

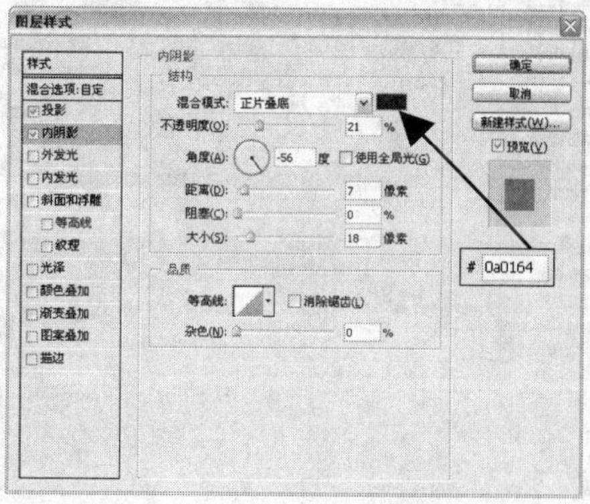

图 20.347　“图层样式”对话框 7

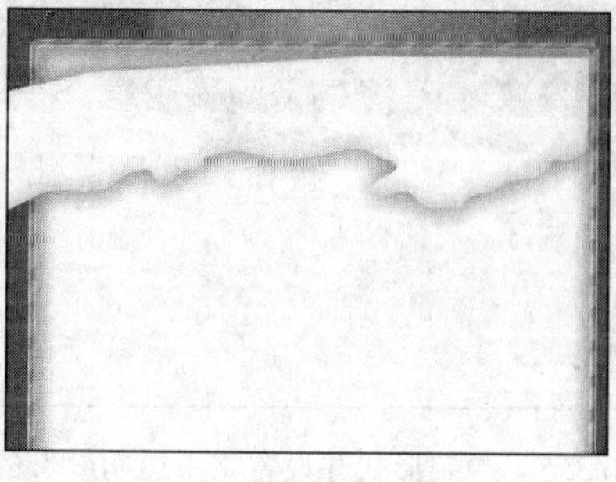

图 20.348　添加图层样式的状态

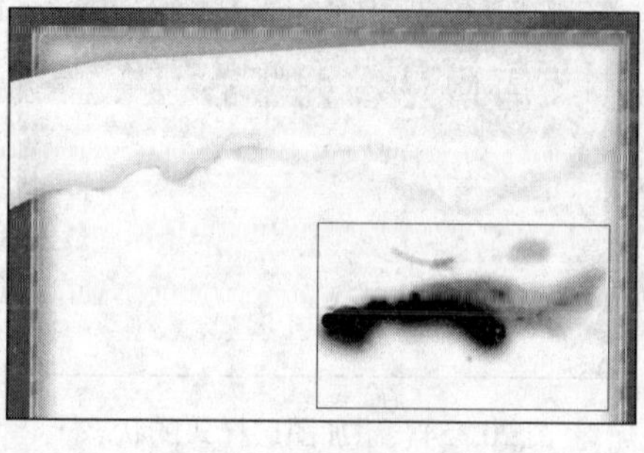

图 20.349　添加蒙版的状态

步骤 13 利用上两步的方法制作出如图 20.350 所示的叠层效果，设置前景色的颜色值为 ad2222，选择钢笔工具 ，在工具选项条上选择形状图层按钮 ，在图中绘制如图 20.351 所示的形状，得到图层“形状 5”。

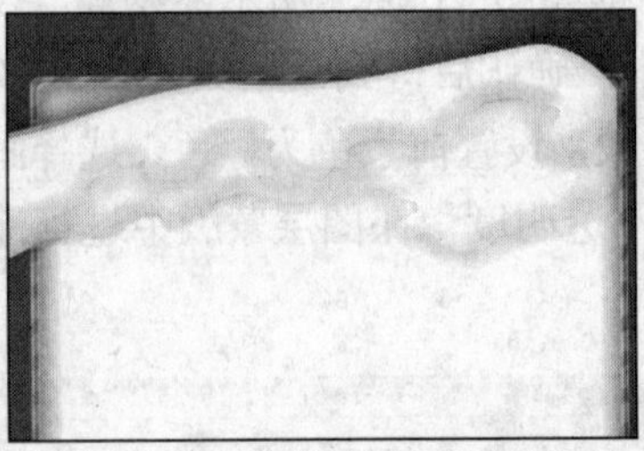

图 20.350　再次制作形状的状态

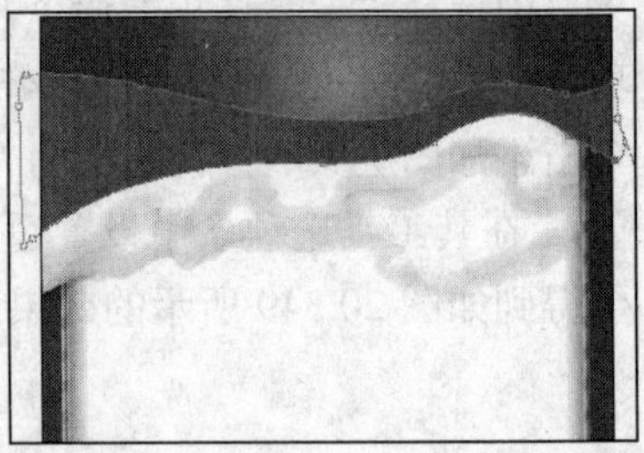

图 20.351　绘制形状的状态 2

步骤 14 单击添加图层样式按钮 fx，在弹出的菜单中选择“内阴影”命令，设置弹出的对话框如图 20.352 所示，选择“渐变叠加”选项，设置如图 20.353 所示，确认后得到的效果如图 20.354 所示。

步骤 15 设置前景色的颜色值为 e60012，选择钢笔工具，在工具选项条上选择形状图层按钮，在上步制作的形状上绘制形状并设置图层“不透明度”为 45%，状态如图 20.355 所示，得到图层“形状 6”。

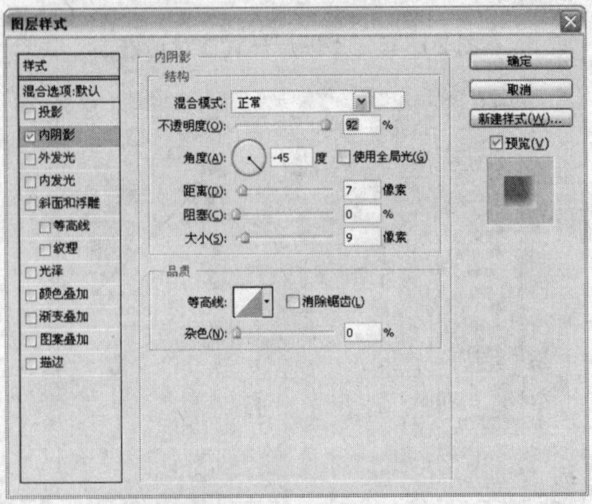

图 20.352　“图层样式”对话框 8

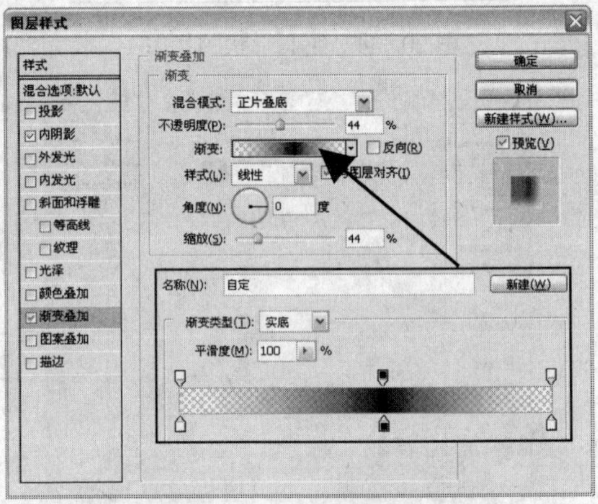

图 20.353　“图层样式”对话框 9

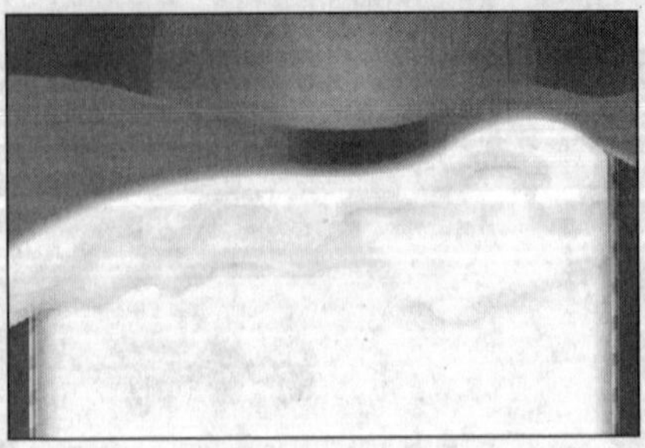

图 20.354　添加图层样式的状态

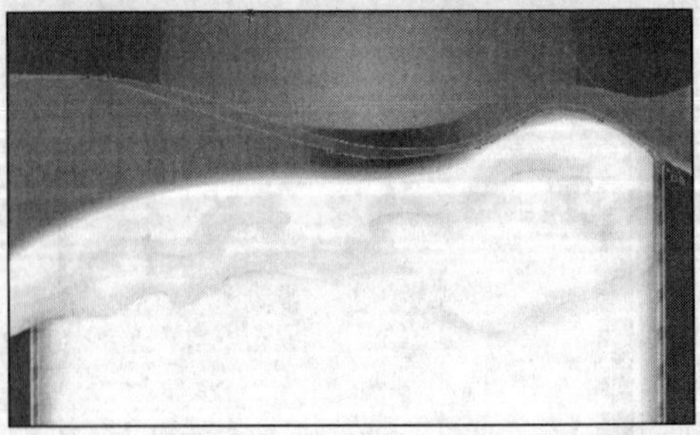

图 20.355　绘制形状并设置“不透明度”的状态

步骤 16 将图层“形状 6”复制得到“形状 6 副本”，将其向上移动少许出现层叠的效果，如图 20.356 所示，保持上步的前景色，使用钢笔工具再绘制一个形状，状态如图 20.357 所示，得到图层“形状 7”，将前景色设置为 e8d03a，再绘制一个黄色形状，状态如图 20.358 所示，得到图层“形状 8”。

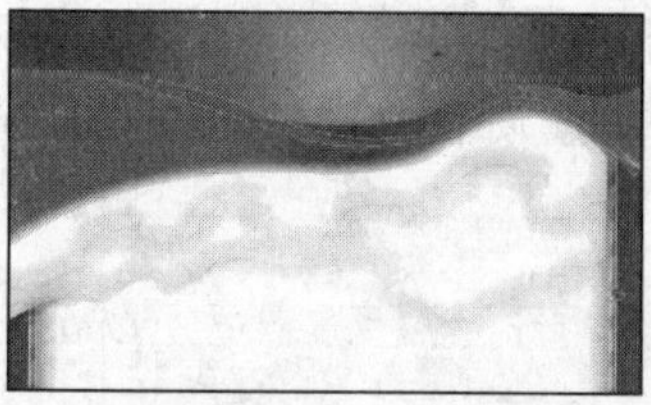

图 20.356　复制并调整的状态

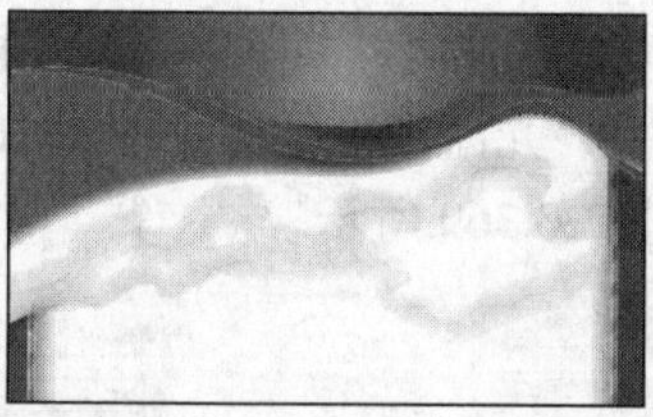

图 20.357　绘制形状的状态 3

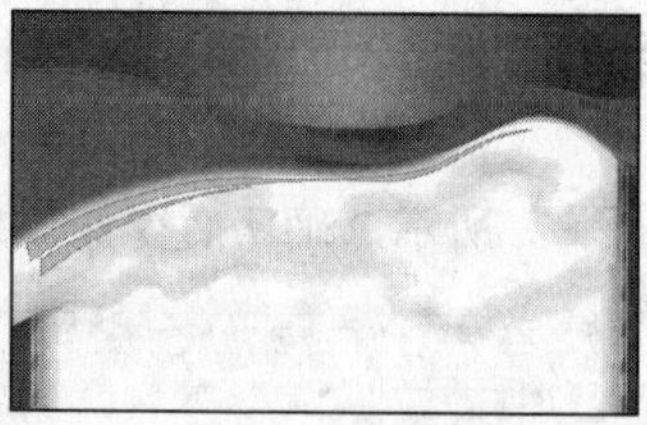

图 20.358　绘制形状的状态 4

步骤 17 设置前景色为白色，选择自定形状工具，在工具选项条上选择形状图层按钮，再单击形状后面的下拉菜单，弹出对话框，选择如图 20.359 所示的形状，在图中画布的左上角绘制形状，得到图层“形状 9”，并设置图层不透明度为 50%，得到效果如图 20.360 所示。

图 20.359　形状选择框

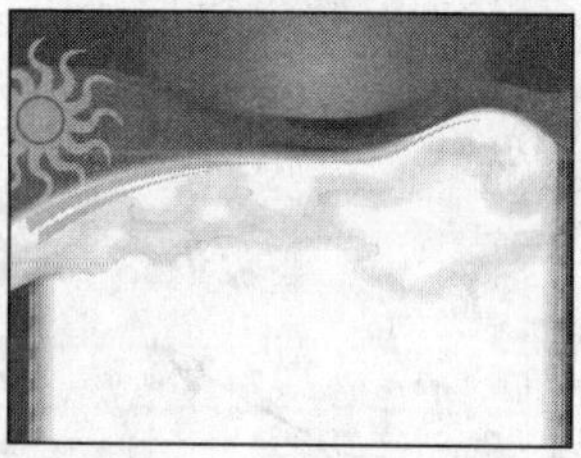

图 20.360　绘制形状

步骤 18 打开随书光盘:\d20z\20.6-素材 3.psd，如图 20.361 所示，将其拖入文件中，得到“图层 3”，配合自由变换控制框调整到如图 20.362 所示的状态，将“图层 3”复制得到“图层 3 副本”，将其向右移动并调整到如图 20.363 所示的状态。

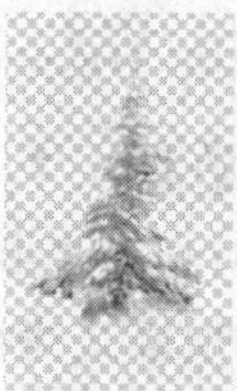

图 20.361　素材图像

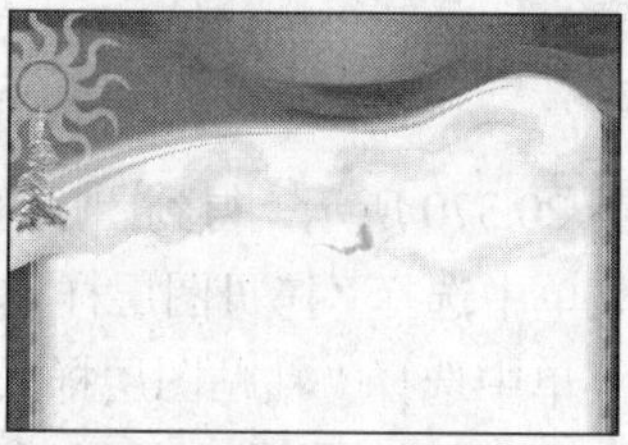

图 20.362　添加素材的状态

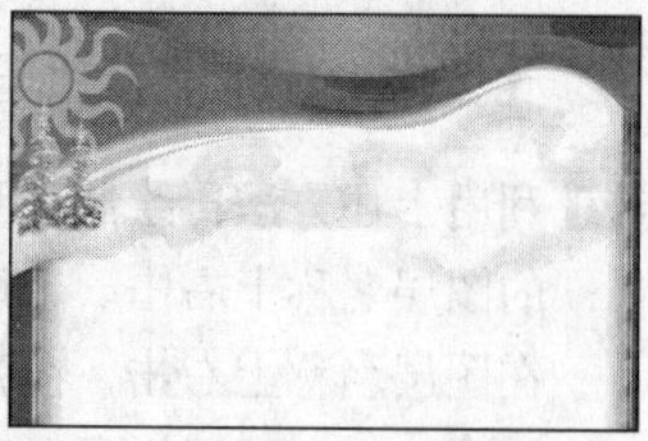

图 20.363　复制素材并调整的状态

步骤 19 设置前景色为白色，选择自定形状工具，在工具选项条上选择形状图层按钮，再单击形状后面的下拉菜单，弹出对话框，选择如图 20.364 所示的形状，在图中画布顶部绘制形状，如图 20.365 所示，得到图层“形状 9”。

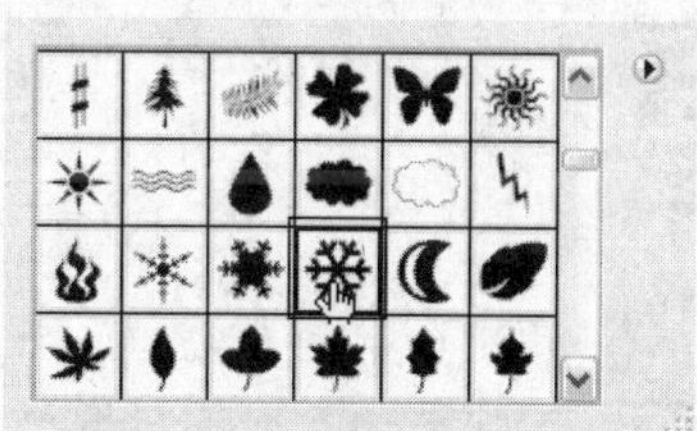

图 20.364　形状选择框

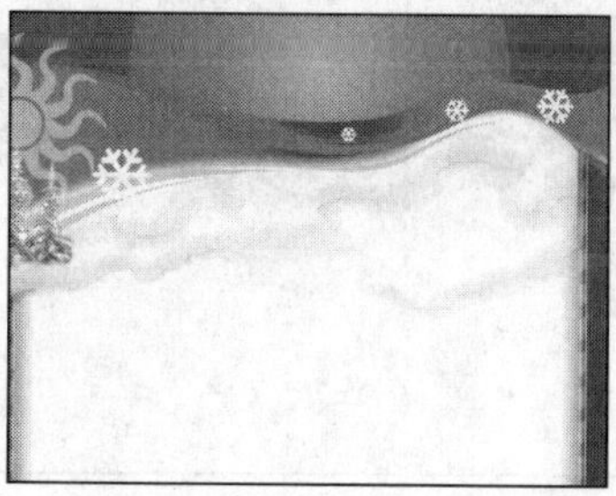

图 20.365　绘制形状的状态 5

步骤 20 单击添加图层样式按钮 fx，在弹出的菜单中选择“斜面和浮雕”命令，设置弹出的对话框如图 20.366 所示，设置“光泽”选项、“颜色叠加”选项，如图 20.367 和图 20.368 所示，确认后得到效果如图 20.369 所示。

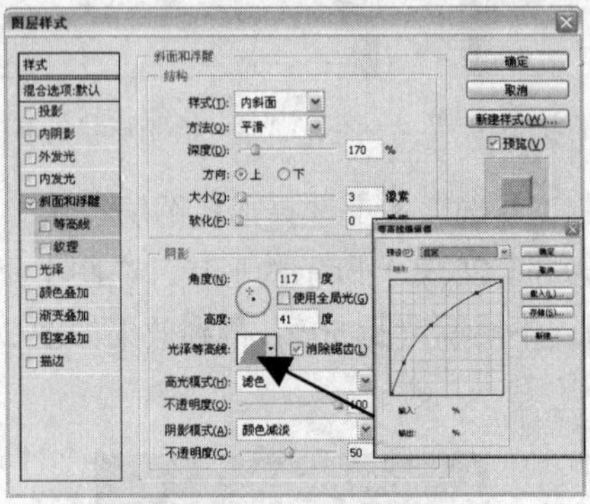

图 20.366 “图层样式”对话框 10

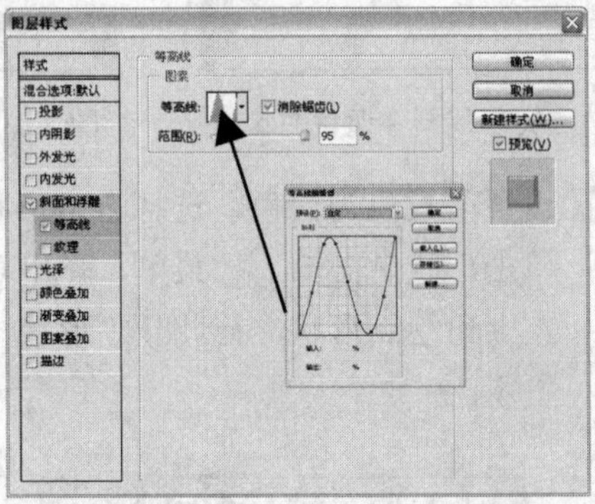

图 20.367 “图层样式”对话框 11

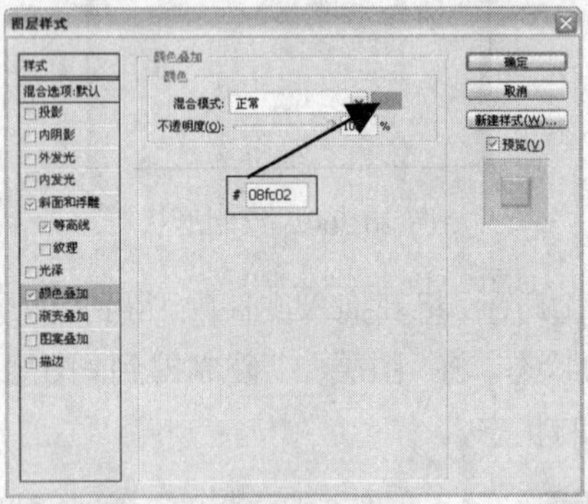

图 20.368 “图层样式”对话框 12

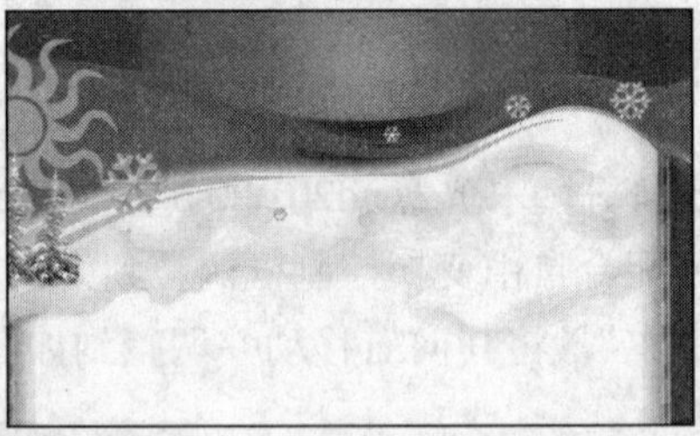

图 20.369 添加图层样式的状态

步骤 21 利用上述方法再绘制形状，如图 20.370 所示，得到图层“形状 11”，在图层“形状 10”的图层名称上右击，在弹出的菜单中选择“拷贝图层样式”命令，选择图层“形状 11”，在图层名称上右击，在弹出的菜单中选择“粘贴图层样式”即可将图层样式拷贝，双击“形状 11”图层样式名称“颜色叠加”，设置弹出的对话框如图 20.371 所示，确认后得到的效果如图 20.372 所示。

步骤 22 利用上述方法再绘制一此形状，添加图层样式，得到如图 20.373 所示的效果。

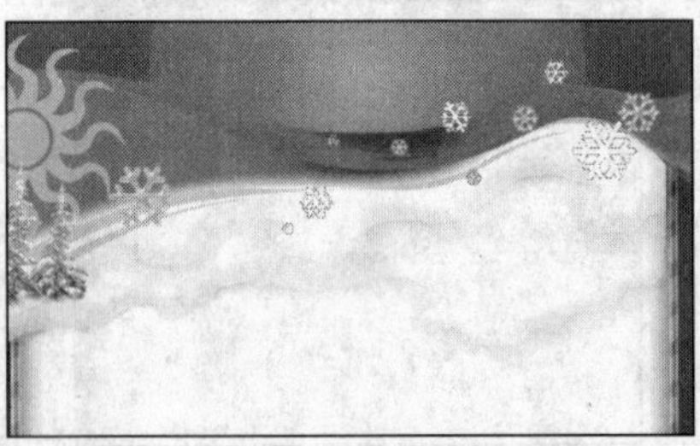

图 20.370 绘制形状

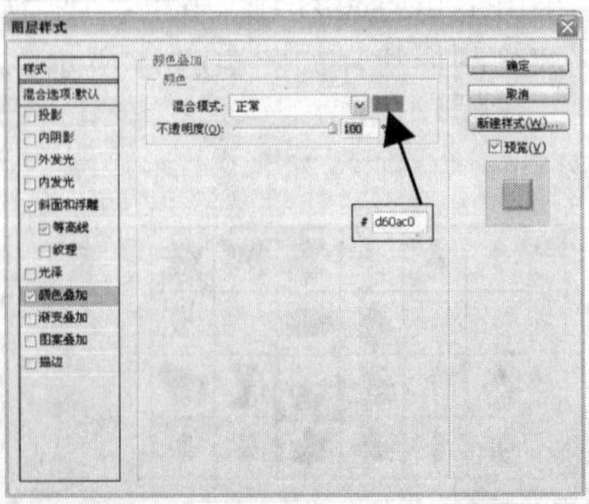

图 20.371 “图层样式”对话框 13

图 20.372　修改图层样式的状态

图 20.373　添加其他形状的状态

步骤 23 设置前景色为白色，选择自定形状工具，在工具选项条上选择形状图层按钮，再单击形状后面的下拉菜单，弹出对话框，选择如图 20.374 所示的形状，在画布中绘制形状并调整角度，得到如图 20.375 所示的状态，得到图层“形状 14”。

图 20.374　形状选择框

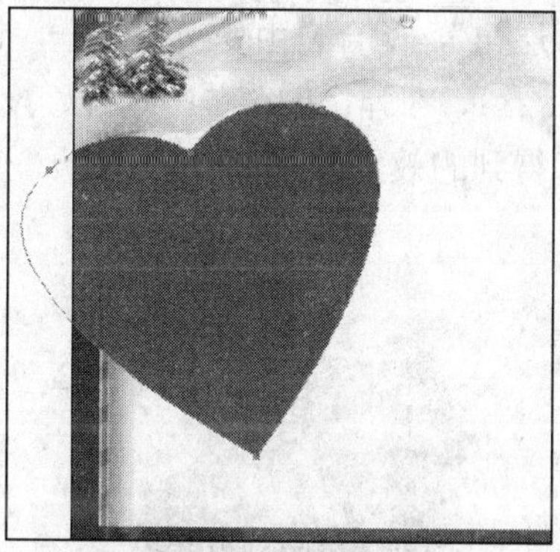

图 20.375　调整的形状

步骤 24 单击添加图层样式按钮 fx，在弹出的菜单中选择“投影”命令，设置弹出的对话框如图 20.376 所示，设置“斜面和浮雕”选项，如图 20.377 所示，确认后得到的效果如图 20.378 所示。

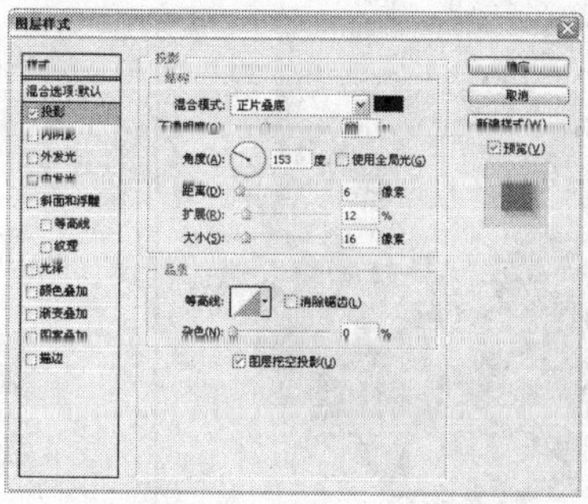

图 20.376　“图层样式”对话框 14

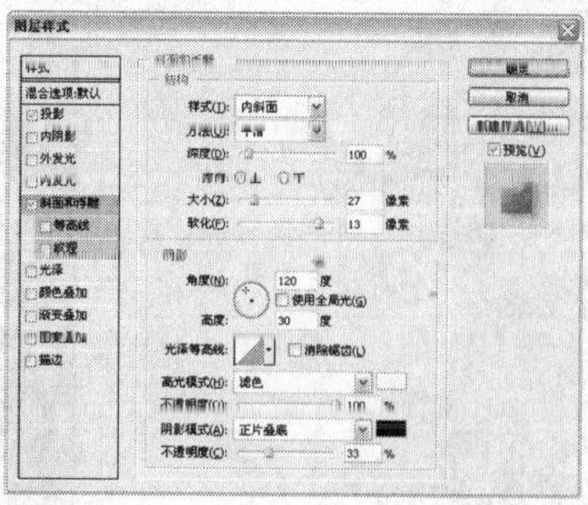

图 20.377　“图层样式”对话框 15

图 20.378　添加图层样式的状态

步骤 25 选择图层“形状 14”，将其复制得到“形状 14 副本”，将图层“填充”设置为 0，使用鼠标将“形状 13 副本”图层样式名称“投影”拖到删除按钮上将其删除，然后双击图层名称“斜面和浮雕”，设置弹出的对话框如图 20.379 所示，确认后得到的效果如图 20.380 所示。

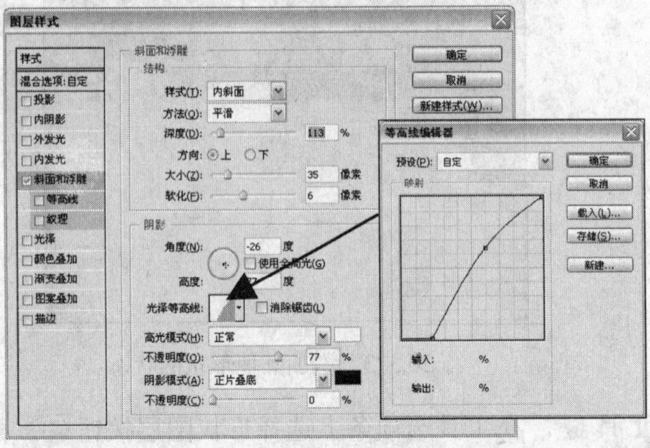

图 20.379 “图层样式”对话框 16

图 20.380 修改图层样式的状态

步骤26 打开随书光盘:\d20z\20.6-素材 4.psd，如图 20.381 所示，将其拖入作品文件中，得到“图层 4”，配合自由变换控制框，调整到如图 20.382 所示的状态，单击添加图层样式按钮 fx，在弹出的菜单中选择“投影”命令，设置弹出的对话框如图 20.383 所示，确认后得到的效果如图 20.384 所示。

图 20.381 素材图像

图 20.382 添加素材的状态

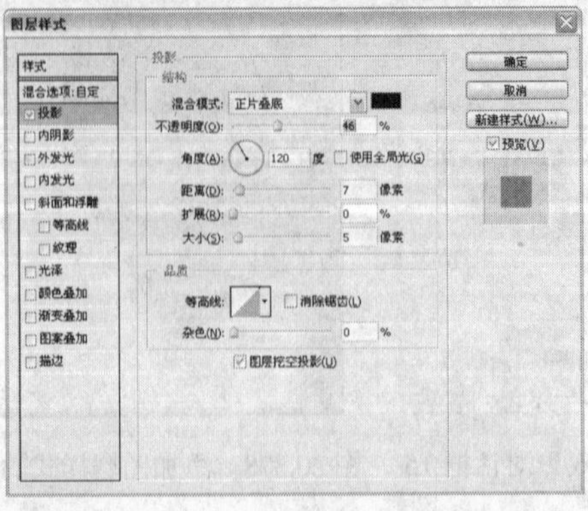

图 20.383 “图层样式”对话框 17

图 20.384 添加图层样式的状态

步骤27 选择图层“形状 14”和“形状 14 副本”，按 Ctrl+Alt+E 组合键盖印图层，得到图层“形状 14 副本（合并)”，将图层“形状 14 副本（合并)”复制得到“形状 14 副本（合并） 副本”，然后配合自由变换控制框将两个图层调整到如图 20.385 所示的状态。

步骤 28 打开随书光盘:\d20z\20.6-素材 5.psd 和\d20z\20.6-素材 6.psd，使用移动工具将其拖入作品文件中，得到“图层 5”和“图层 6”，配合自由变换控制框调整到如图 20.386 所示的状态。

图 20.385　复制并调整的状态

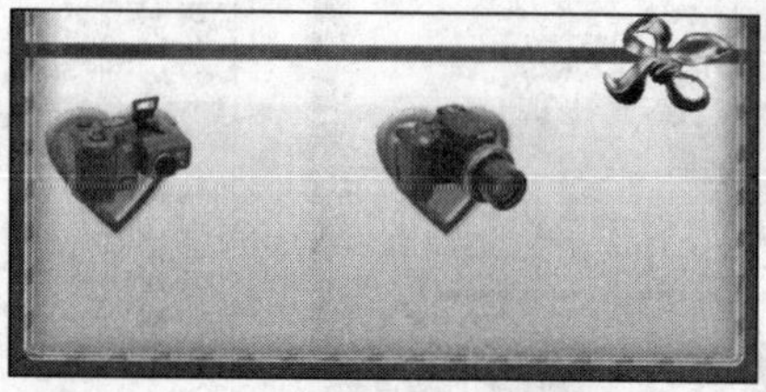

图 20.386　添加素材图像的状态

步骤 29 设置前景色的颜色值为 ff0000，选择自定形状工具，在工具选项条上选择形状图层按钮，再单击形状后面的下拉菜单，在弹出的对话框中选择心形形状，在画布中绘制形状并调整角度，得到如图 20.387 所示的状态，得到图层“形状 15”。单击添加图层样式按钮 fx，在弹出的菜单中选择“斜面和浮雕”命令，设置弹出的对话框如图 20.388 所示，确认后得到的效果如图 20.389 所示。

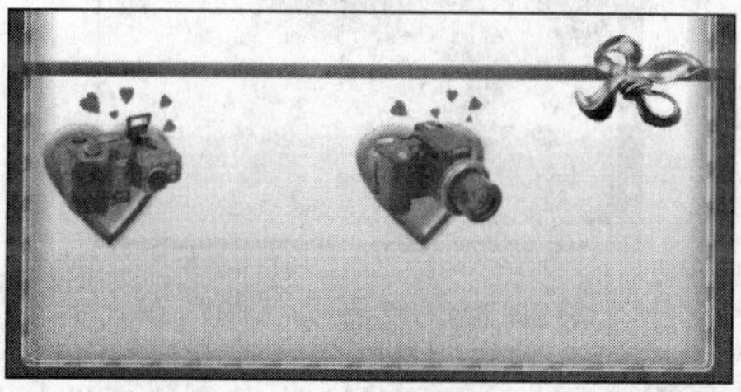

图 20.387　绘制心形的状态

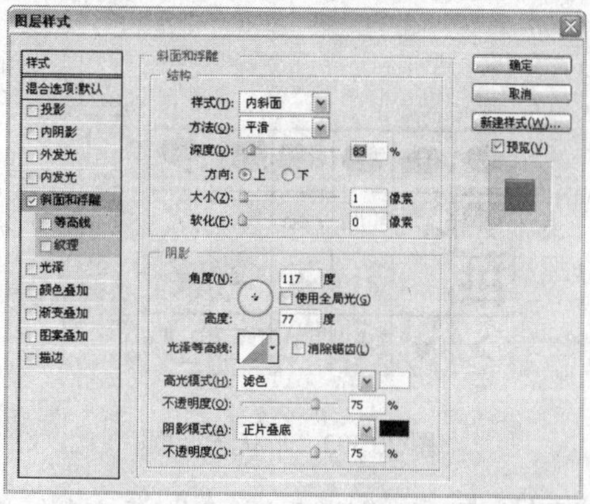

图 20.388　“图层样式”对话框 18

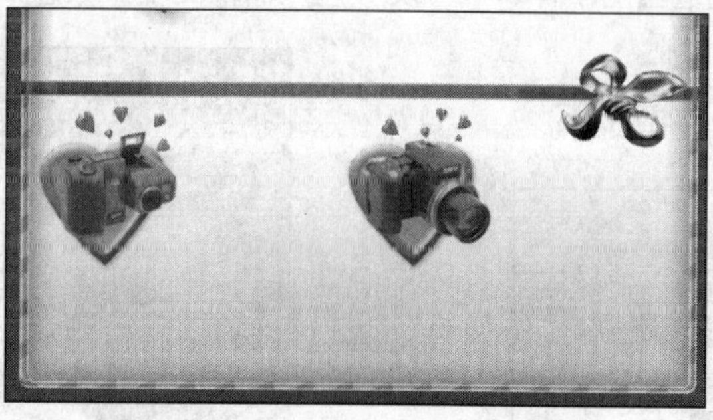

图 20.389　添加图层样式的状态

步骤 30 设置前景色的颜色值为 fff100，选择钢笔工具，在工具选项条上选择形状图层按钮，在图中绘制如图 20.390 所示的形状，得到图层“形状 16”，单击添加图层样式按钮 fx，在弹出的菜单中选择“投影”命令，设置弹出的对话框如图 20.391 所示，确认后得到的效果如图 20.392 所示。

图 20.390　绘制形状的状态

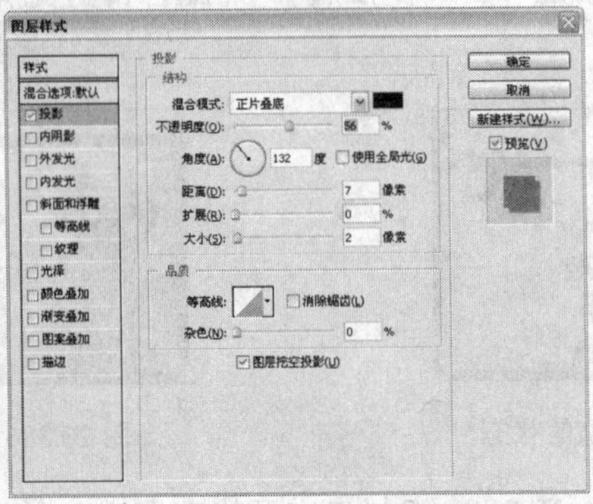

图 20.391　“图层样式”对话框 19

图 20.392　添加图层样式的状态

步骤 31 设置前景色的颜色值为 fff9b1，选择自定形状工具，在工具选项条上选择形状图层按钮，再单击形状后面的下拉菜单，在弹出的对话框中选择如图 20.393 所示的形状，在画布中绘制形状并调整角度，得到如图 20.394 所示的状态，得到图层“形状 17”。

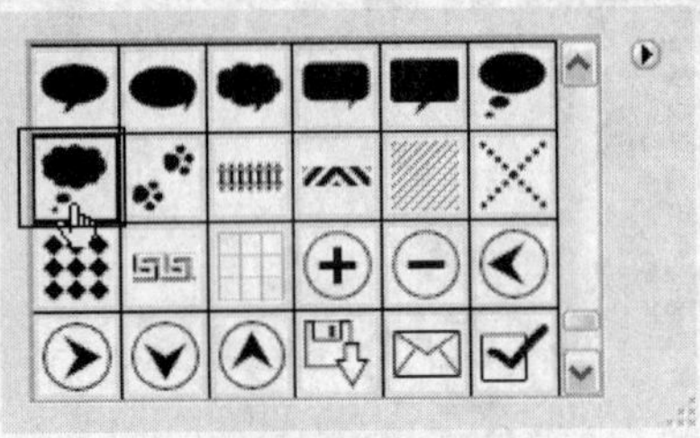

图 20.393　形状选择框

图 20.394　绘制形状的状态

步骤 32 应用“编辑”|“变换”|“垂直翻转”命令，得到如图 20.395 所示的效果，然后选择横排文字工具，设置适当的字体、字号及颜色，输入文字，状态如图 20.396 所示。

图 20.395　调整形状的状态

图 20.396　输入文字的状态

步骤 33 选择文字图层“打折促销”，配合自由变换控制框将其旋转角度，确认后如图 20.397 所示，单击添加图层样式按钮 fx，在弹出的菜单中选择“投影”命令，设置弹出的对话框如图 20.398 所示，确认后效果如图 20.399 所示。

图 20.397　调整文字的角度

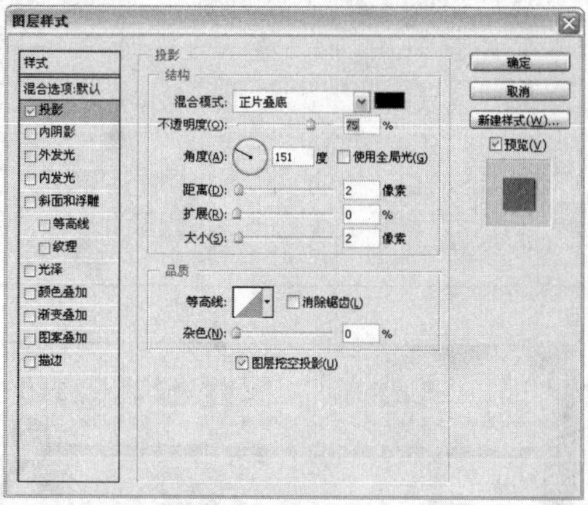

图 20.398　“图层样式”对话框 20

图 20.399　添加图层样式的状态

步骤 34 选择文字图层“ZUOFU”，单击添加图层样式按钮 fx，在弹出的菜单中选择“外发光”命令，设置弹出的对话框如图 20.400 所示，确认后效果如图 20.401 所示。

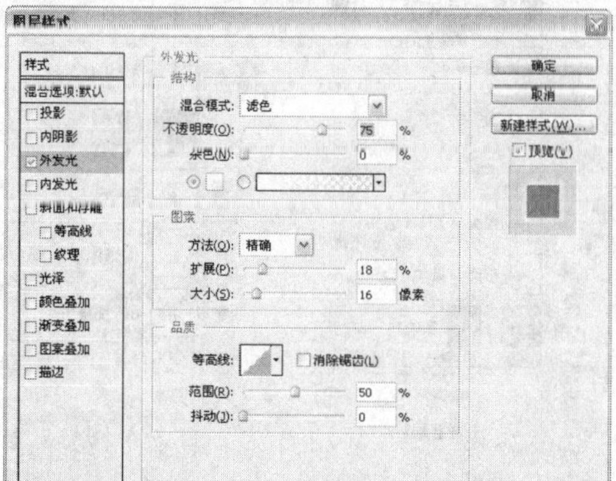

图 20.400　“图层样式”对话框 2　　图 20.401　添加图层样式的状态

步骤35 将前景色设置为黑色，选择图层最顶层，选择矩形工具▭，激活工具选项条上的形状图层命令按钮▭，然后在图中绘制如图 20.402 所示的四条直线，最后使用横排文字工具T输入说明文字，状态如图 20.403 所示，“图层”调板如图 20.404 所示。

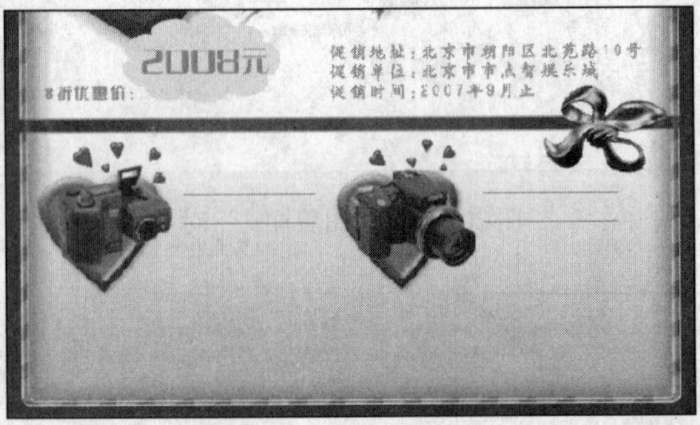

图 20.402 绘制直线

图 20.403 最终效果

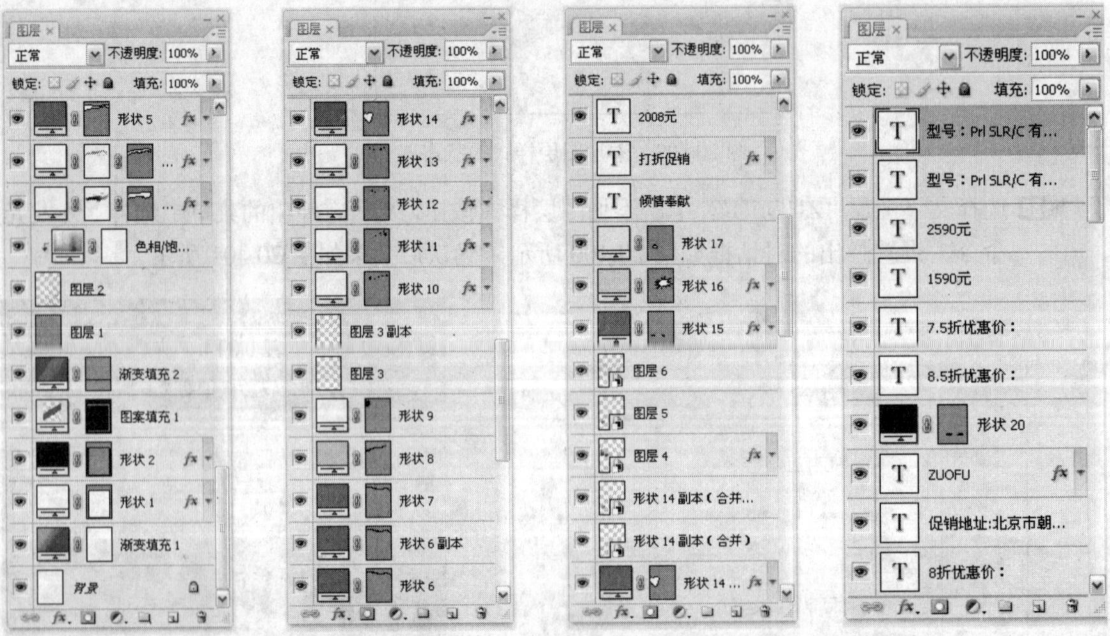

（a） （b） （c） （d）

图 20.404 “图层”调板